U0203036

中国科学院科学出版基金资助出版

基于群体智能的无人机集群自主控制

Unmanned Aerial Vehicle Swarm Autonomous Control Based on Swarm Intelligence

段海滨　邱华鑫　著

科学出版社

北京

内 容 简 介

本书系统深入地论述了基于群体智能的无人机集群自主控制的原理、模型、理论、仿真及验证。全书共11章，首先概述了群体智能和无人机集群自主控制的新进展，在分析自然界中的生物群体特性基础上，建立了鸽群、雁群、狼群等典型生物群体智能模型，研究了从群体智能到无人机集群控制的映射机理，设计了基于群体智能的无人机集群自主控制框架。针对自主编队、任务分配、目标跟踪、资源分配等关键技术难题，提出了基于群体智能的无人机集群自主控制方法，并通过无人机集群飞行平台验证了相关技术。本书突出前沿学科交叉，强调工程应用背景，力求使广大读者能快速掌握和应用无人机仿生集群自主控制的理论、方法和技术。

本书可作为控制科学与工程、智能科学与技术、计算机科学与技术、系统科学、航空宇航科学与技术等相关学科领域科研工作者、工程技术人员、高等院校师生的参考书，也可作为相关专业研究生和高年级本科生的教科书。

图书在版编目（CIP）数据

基于群体智能的无人机集群自主控制 / 段海滨，邱华鑫著. —北京：科学出版社，2018.12

ISBN 978-7-03-059938-4

Ⅰ. ①基… Ⅱ. ①段… ②邱… Ⅲ. ①无人驾驶飞机-集群-自动飞行控制 Ⅳ. ①V279

中国版本图书馆CIP数据核字（2018）第274984号

责任编辑：钱 俊 陈艳峰 / 责任校对：杨 然
责任印制：赵 博 / 封面设计：有道文化

科学出版社 出版
北京东黄城根北街16号
邮政编码：100717
http://www.sciencep.com

涿州市般润文化传播有限公司印刷

科学出版社发行 各地新华书店经销

*

2018年12月第 一 版 开本：720×1000 B5
2024年 1 月第六次印刷 印张：24 插页：4
字数：470 000

定价：168.00元

（如有印装质量问题，我社负责调换）

序

随着信息技术特别是人工智能技术的飞速发展，作为“平台无人、系统有人”的无人机系统，在军事领域使现代战争模式正在发生重大变革，在民用领域催生了庞大的产业链，是社会经济发展的新动力。任务复杂以及动态不确定环境决定了无人机系统势必朝着集群化、自主化和智能化方向发展。无人机集群自主控制是当今无人系统领域的瓶颈性关键技术和研究热点。

“一骑初来只又双，全军突出阵成行。”自然界中的飞禽、走兽、游鱼等生物群体中，个体的感知、决策和行动能力有限，但能遵循简单规则，通过相互协作完成迁徙、觅食、筑巢、栖息、社群、御敌等复杂行为，在群体层面上呈现出有序的自组织协调模式。这种生物群集的智能涌现行为与无人机集群本质上十分吻合。通过研究生物群体智能，并将其映射到无人机集群控制领域中，可提高其在复杂环境条件下的智能决策、高效协调和自主控制能力，使集群系统中的无人机平台仅在局部感知能力下，通过与其他无人机及环境的相互作用来实现复杂任务。这是一条“换道超车”实现无人机集群飞行的新技术途径。

北京航空航天大学段海滨教授长期从事基于仿生智能的无人机自主控制研究，且成绩显著，形成了较为丰厚的研究积累，在国内外学术界和工业部门有较高认可度。该书正是作者及其研究组成员最近十多年来的部分创新成果总结，是一本难得的系统介绍无人机集群自主控制最新进展的学术专著。

该书遵循建模、理论、方法、仿真、集成和试飞的逻辑思路，在对生物群体特性分析和群体智能建模基础上，研究了从生物群体智能到无人机集群自主控制的映射机理，给出了基于群体智能的无人机集群自主编队、任务分配、目标跟踪、动态资源分配等技术，并进行了飞行验证。全书学科交叉性强，立题新颖，前瞻性强，结构严谨，内容阐述深入浅出，理论联系实际，对工程应用也具有重要参考价值。

我相信，该书的出版能够对无人机集群领域的研究发展有所帮助，对新一代人工智能颠覆性技术在无人机集群系统中的应用必将起到重要的推动作用。

中国工程院院士
2018年10月

前 言

无人化、智能化和集群化是现代飞行器技术发展的必然趋势。在拥有一定智能水平的低成本无人机集群系统中，具备部分或完全自主能力的无人机可在高级操作员监控下，通过分布式智能决策，以低成本、高分散的组织形式满足集群功能需求，以去中心化自组网提升系统高效信息共享、抗故障与自愈能力，以功能分布化提高体系生存率和效率交换比，引发了集群代替机动、数量指增能力、成本创造优势的颠覆性变革。

生物群集行为是一种普遍存在的自然现象，鸟类、兽类、鱼类等群居性生物为适应生存环境，历经长期演化后，涌现出高度协调一致的群集运动。生物群体中的个体利用简单的规则、局部的交互，形成了鲁棒性强、自适应度高、可扩展性好的自组织行为，在系统层面体现为群体智能的涌现。这种具有无中心、共识主动性、简单性和自组织性等“散而不乱”的群体智能特点与无人机集群飞行的自主控制需求本质上十分吻合。通过借鉴自然界中的生物群体智慧，采用分布式策略设计自主控制算法，可为实现无人机集群自主控制提供一条新的技术途径。

自 2006 年起，作者在国家杰出青年科学基金(61425008)、国家自然科学基金重点项目(61333004)、国家自然科学基金重大研究计划(91648205)、国家自然科学基金面上项目(60975072、61273054)、国家自然科学基金青年基金(60604009)、中央军委科技委国防科技创新特区项目、国家 863 计划、武器装备预研、空军装备预研、海军装备预研、陆航装备预研、航空科学基金等课题持续支持下，对群体智能及无人机集群自主控制的机制原理、系统设计、关键技术进行了系统研究，并通过基于群体智能的无人机集群自主协调集成验证平台进行了大量飞行验证，形成了一定的研究积累。本书系统总结了依托上述课题所取得的部分研究成果，旨在为读者提供一部关于无人机仿生集群自主控制理论与技术方面较为全面系统的学术专著，为进一步提高无人机集群自主控制水平，促进相关领域的跨学科交流和发展抛砖引玉。

本书由 11 章构成。第 1 章一方面从无人机自主性入手简要论证了发展无人机集群的必然性，列举了国内外在无人机集群方面取得的最新进展；另一方面着眼于鸽群、雁群、狼群三种典型生物群体的机制研究，总结了群体智能的特点，归纳了现有群体运动模型，进而初步探讨了基于群体智能的无人机集群自主控制框架；第 2 章在回顾群集运动经典 Vicsek 模型的基础上，根据最新生物群集特性研究成果，提出了三种改进 Vicsek 模型；第 3 章在第 2 章所建立的生物群集运动广泛模型基础上，对鸽群、雁群和狼群三种典型生物群体的突出特点进行建模；第 4 章给出了生物群体智能的行为到无人机群自主控制的典型映射机制；第 5 章至第 9 章在以上工作基础上，阐述了基于鸽群、雁群、狼群行为机制的集群编队和任务分配以及基于生物群集自组织的集群目标跟踪、动态资源分配等理论、方法和技术；第 10 章分别对第 5 至 9 章的部分关键技术进行外场飞行验证；第 11 章从发展趋势、关键技术、应用领域、发展战略等角度对群体智能与无人机集群自主控制的未来研究方向进行了展望。本书第二作者是我指导的博士，协助完成了本书部分章节的工作。本书内容自成体系，覆盖面较广，取材新颖，撰写过程中力求以点带面，并注重系统性。

衷心感谢无人机侦察技术专家、中国工程院樊邦奎院士在百忙之中认真审阅了书稿，给予了宝贵意见和建议，并为本书作序。感谢本领域相关同事和国内外同行专家、学者在本书撰写过程中给予的热心指导和宝贵建议。感谢北京航空航天大学仿生自主飞行系统研究组全体成员，特别感谢我的博士研究生邓亦敏、李沛、罗琪楠、孙昌浩、张祥银、张岱峰、孙永斌、申燕凯、徐小斌、辛龙、霍梦真、陈琳和硕士研究生马冠军、刘森琪、李霜天、周子为、朱威仁、张天捷、杨庆等同学的贡献和帮助。本书出版得到了中国科学院科学出版基金和中国航空学会“学术活动质量提升计划”学术专著出版项目的资助，在此表示感谢。

非常希望能献给大家一本无人机集群方面既有前沿理论又重视工程实践的好书，但囿于作者水平，书中难免存在疏漏和不妥之处，恳请各位专家、学者和广大读者不吝指正。

段海滨
Email: hbduan@buaa.edu.cn
2018 年 9 月于北京航空航天大学

目　　录

序
前言
第 1 章　绪论 …… 1
1.1　引言 …… 1
1.2　无人机集群系统 …… 5
1.2.1　无人机自主性 …… 5
1.2.2　无人机集群特点 …… 7
1.2.3　典型无人机集群系统 …… 8
1.3　生物群体行为机制及模型 …… 13
1.3.1　典型生物群体行为机制 …… 13
1.3.2　群体智能行为特点 …… 17
1.3.3　典型群体运动模型 …… 18
1.4　仿生物群集行为的自主集群 …… 21
1.4.1　生物群集与无人机集群的映射机制 …… 21
1.4.2　基于生物群集行为的集群自主控制 …… 22
1.5　本书体系结构 …… 24
1.6　本章小结 …… 25
参考文献 …… 25
第 2 章　生物群体运动模型 …… 30
2.1　引言 …… 30
2.2　Vicsek 模型 …… 32
2.2.1　模型描述 …… 32
2.2.2　性能参数 …… 33
2.2.3　个体分布图 …… 35
2.3　基于随机视线方向的 Vicsek 模型 …… 36
2.3.1　模型描述 …… 36
2.3.2　随机视线方向对邻域范围的影响 …… 38
2.3.3　同步性能分析 …… 39
2.3.4　仿真实验分析 …… 44

2.4　基于改进拓扑规则的 Vicsek 模型 …… 49
2.4.1　拓扑距离规则 …… 49
2.4.2　对拓扑距离规则的改进 …… 50
2.4.3　仿真实验分析 …… 52
2.5　基于分数阶微积分的 Vicsek 模型 …… 55
2.5.1　分数阶微积分 …… 55
2.5.2　分数阶 Vicsek 模型 …… 55
2.5.3　仿真实验分析 …… 56
2.6　本章小结 …… 61
参考文献 …… 61
第 3 章　典型生物群体智能建模 …… 64
3.1　引言 …… 64
3.2　鸽群层级引领机制建模 …… 66
3.2.1　基于改进拓扑交互规则的层级引领网络模型 …… 66
3.2.2　鸽群交互行为规则建模 …… 71
3.2.3　稳定性时延条件 …… 80
3.2.4　仿真实验分析 …… 83
3.3　雁群线性编队机制建模 …… 85
3.3.1　大雁空气动力学模型 …… 85
3.3.2　雁群群体行为规则 …… 90
3.3.3　拓扑稳定性分析 …… 92
3.3.4　仿真实验分析 …… 95
3.4　狼群协同围捕机制建模 …… 97
3.5　本章小结 …… 102
参考文献 …… 102
第 4 章　从生物群体智能行为到无人机集群控制 …… 106
4.1　引言 …… 106
4.2　编队控制 …… 107
4.2.1　模型及约束条件 …… 107
4.2.2　姿态及位置控制 …… 110
4.2.3　引领-跟随编队控制 …… 112
4.2.4　基于鸽群优化的控制参数整定 …… 115
4.3　无人机紧密编队控制 …… 118
4.3.1　编队模型 …… 119
4.3.2　长机尾流模型 …… 120

4.3.3 长机尾流引起僚机气动力的变化 …… 124
4.3.4 长机尾流干扰下的紧密编队模型 …… 125
4.3.5 基于改进鸽群优化的紧密编队控制 …… 128
4.4 仿鸽/雁群的无人机实时避障 …… 133
4.4.1 仿鸽子飞行的无人机实时避障 …… 133
4.4.2 仿雁群飞行的无人机实时避障 …… 137
4.5 本章小结 …… 142
参考文献 …… 142
第5章 基于鸽群行为机制的无人机集群编队 …… 146
5.1 引言 …… 146
5.2 基于鸽群行为机制的紧密编队及重构 …… 147
5.2.1 基于鸽群智能的紧密编队控制方法 …… 147
5.2.2 捕食逃逸鸽群优化测试 …… 152
5.2.3 仿真实验分析 …… 154
5.3 基于鸽群行为机制的集群编队及避障 …… 168
5.3.1 基于鸽群层级引领的集群编队控制方法 …… 168
5.3.2 鸽子飞行避障导引及改进人工物理避障测试 …… 171
5.3.3 仿真实验分析 …… 185
5.4 本章小结 …… 190
参考文献 …… 191
第6章 基于雁群行为机制的无人机集群编队 …… 193
6.1 引言 …… 193
6.2 基于雁群行为机制的编队保持 …… 195
6.2.1 基于雁群行为机制的编队构型设计 …… 195
6.2.2 仿真实验分析 …… 196
6.3 基于雁群行为机制的编队重构 …… 201
6.3.1 基于头雁变换的队形变换 …… 201
6.3.2 基于局部通信的队形变换 …… 203
6.3.3 仿真实验分析 …… 205
6.4 本章小结 …… 219
参考文献 …… 219
第7章 基于狼群行为机制的无人机集群任务分配 …… 221
7.1 引言 …… 221
7.2 基于狼群劳动分工的集群静态目标分配 …… 223
7.2.1 无人机集群静态目标分配建模 …… 223

7.2.2 仿狼群劳动分工的目标分配 …… 226
7.2.3 仿真实验分析 …… 229
7.3 基于狼群游猎的集群动态任务分配 …… 234
7.3.1 无人机集群动态任务分配建模 …… 234
7.3.2 基于狼群游猎的动态任务分配 …… 236
7.3.3 仿真实验分析 …… 242
7.4 本章小结 …… 248
参考文献 …… 248
第 8 章 基于生物群集自组织的无人机集群目标跟踪 …… 250
8.1 引言 …… 250
8.2 生物自组织运动群集模型 …… 251
8.2.1 虚拟力框架下的群集模型 …… 251
8.2.2 基于注意力机制的群集运动模型 …… 254
8.3 集群协同目标跟踪控制 …… 258
8.3.1 集群协同目标对峙跟踪 …… 258
8.3.2 基于滚动预测的障碍物规避 …… 269
8.3.3 仿真实验分析 …… 274
8.4 本章小结 …… 282
参考文献 …… 283
第 9 章 基于群体智能的无人机集群动态资源分配 …… 286
9.1 引言 …… 286
9.2 基于群体智能的合作进化动力学 …… 287
9.2.1 网络进化博弈软控制 …… 287
9.2.2 模型描述 …… 288
9.2.3 动力学特性分析 …… 292
9.3 基于群体动力学的无人机连续资源分布式优化 …… 298
9.3.1 问题描述 …… 298
9.3.2 基于进化博弈群体动力学的协调算法 …… 302
9.3.3 仿真实验分析 …… 314
9.4 本章小结 …… 326
参考文献 …… 327
第 10 章 基于群体智能的无人机集群自主协调集成飞行验证 …… 329
10.1 引言 …… 329
10.2 基于群体智能的无人机集群飞行综合验证平台 …… 331
10.2.1 硬件平台搭建 …… 331

10.2.2 软件系统设计…… 333
10.3 集群自主协调飞行验证…… 335
10.3.1 基于鸽群行为的编队…… 335
10.3.2 基于雁群行为的编队…… 338
10.3.3 基于狼群行为的目标分配…… 344
10.3.4 基于群体智能的协同跟踪…… 351
10.4 本章小结…… 355
参考文献…… 355
第 11 章　研究前沿与展望…… 357
11.1 引言…… 357
11.2 发展趋势…… 358
11.3 关键技术…… 362
11.4 应用领域…… 365
11.5 发展战略…… 367
11.6 本章小结…… 368
参考文献…… 369
彩图

第1章 绪　论

1.1 引　言

从明朝万户飞天，到达芬奇扑翼机草图，再到莱特兄弟“飞行者1号”，人类的飞天梦想经过一代代人的大胆设想与不懈努力已最终实现[1]。随着数字时代的到来，无人机(Unmanned Aerial Vehicle, UAV)应运而生，它打破了曾经仅有少数人可以征服天空的固有格局。无人机，作为一种“平台无人，系统有人”的无人驾驶飞行器[2]，在执行枯燥、恶劣和危险(the Dull, the Dirty and the Dangerous，3D)任务时，相比于有人机具有更大的优势[3]。

无人机的发展历史可以追溯到1914年，一项名为“AT计划”的军事绝密实验在英国悄然展开(如图1-1)，该项计划的前期实验虽未取得成功，却掀起了航空发展史上的无人机热潮。三年后，美国成功使用自动陀螺稳定器改装Curtis N-9型教练机实现对其的无线电控制，第一架无人机就此诞生。1985年，中国第一架无人机——北京5号，历经坎坷终于在北京航空航天大学问世。中国无人机发展虽然起步较晚，但发展迅速，如今中国生产的各型无人机，如图1-2所示的被称为中国版“收割鹰”无人机的“彩虹四号(CH-4)”、“翼龙Ⅱ”中空长航时察打一体无人机、中高空远程无人侦察机(BZK-005)、大疆公司推出的定位于专业级航拍的精灵(Phantom)系列无人机，在国际市场得到广泛认可，销量不断增加。

(a) 英国AT计划

(b) 美国Curtis N-9遥控

(c) 北京5号

图1-1　无人机起源

(a) 军用CH-4

(b) 军用BZK-005

(c) 民用Phantom-2

图1-2　中国典型无人机

未来战场环境瞬息万变，随着电子信息技术的迅猛发展，飞行器在执行情报侦察与监视、攻防对抗等作战任务时所面临的情况越来越复杂，特别是在强干扰、高动态的对抗性拒止环境下，有人机的生存能力面临极大挑战。以战场上的无人作战飞机为例，单架无人机平台载荷相对较小，信息处理能力相对较弱，执行任务时仍存在很多问题。如执行侦察任务时，单架无人机可能会受到传感器的角度限制，不能从多个不同方位对目标区域进行观测，当面临大范围搜索任务时，不能有效地覆盖整个侦察区域。执行攻击任务时，单架无人机在作战范围、杀伤半径、摧毁能力、攻击精度等方面均受到限制，会影响整个作战任务的成功率。另外，一旦单架无人机中途出现故障，必须立即中断任务返回，在战争中有可能贻误战机而破坏整个作战计划。在作战环境日益复杂、作战任务日渐多样、作战范围日趋扩大的趋势下，需要多无人机进行协同作战，以扩展其任务能力、提高执行效率。这些无人机通过共享信息和分工合作来达成一个或多个共同目标。在这一协同系统内，通过对信息的高度共享以及资源的优化调度，可产生远远超出一架无人机单独完成任务时的效果。执行任务的复杂性以及动态不确定环境决定了无人机系统势必朝着集群化、自主化和智能化的方向发展。

集群概念最早源于生物学研究。法国动物学家 Grassé 基于白蚁筑巢行为(如图 1-3)，首次提出了共识自主性(Stigmergy)概念[4]：一种个体间间接协调的机制，即无需任何集中规划以及直接通信完成复杂智能活动。这是自主集群概念开始走入人类视野并逐步发展的开端。从生物延展到无人机，自主集群的概念亦在不断演化与丰富。无人机自主集群是大量自驱动系统的集体运动，集群内的无人机间通过信息的传输与合作突现出智能，具备一定程度的共识自主性。具体来说，无人机自主集群飞行，就是大量具有自主能力的无人机按照一定结构形式进行三维空间排列，且在飞行过程中可保持稳定队形，并能根据外部情况和任务需求进行队形动态调整，以体现整个机群的协调一致性。无人机自主集群的内涵在“数”“质”“变”三个方面有别于传统的多架无人机协同：“数”是指二者数量规模不在一个量级，集群一般指几十架甚至上百架无人机；“质”是指二者技术水平差距大，二者在智能传感、环境感知、分析判断、网络通信、自主决策等方面均不在一个

(a) 法国动物学家 Grassé

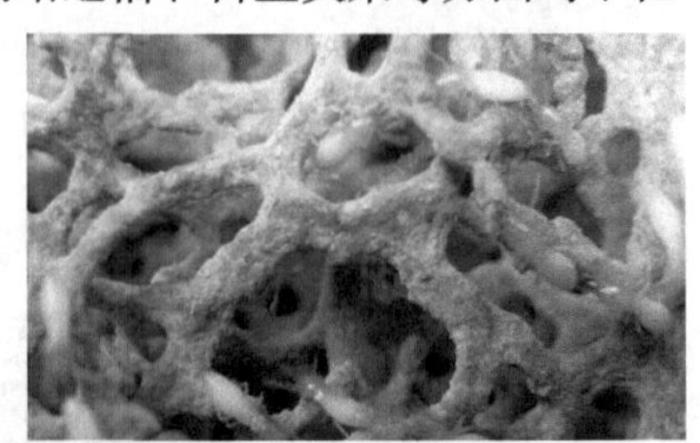

(b) 白蚁筑巢

图 1-3 共识自主性提出者

层次，无人机自主集群具有很强的智能涌现的共识自主性；“变”是指二者适变和应变能力差距大，无人机自主集群可针对威胁等突发状况进行复杂协作、动态调整以及自愈组合。虽然无人机集群飞行可提高系统性能，但多个飞行器并存也导致了一些新的问题，比如系统协调管理的难度提升，系统整体状态的不确定性增加，系统对通信的依赖性加大，因此设计合理高效的无人机集群自主控制算法至关重要[5]。

自然界中大量个体聚集时往往能够形成协调、有序，甚至令人感到震撼的运动场景[6, 7](如图 1-4)。比如宏观上，恒星、行星、星云等天体之间聚集形成的星系运动，大气中水汽的聚集形成的大气运动。生物界中，水中成群游动的鱼，纷乱而有序地随着洋流和食物忽东忽西，整齐划一的行进，而当遇到攻击的时候，鱼

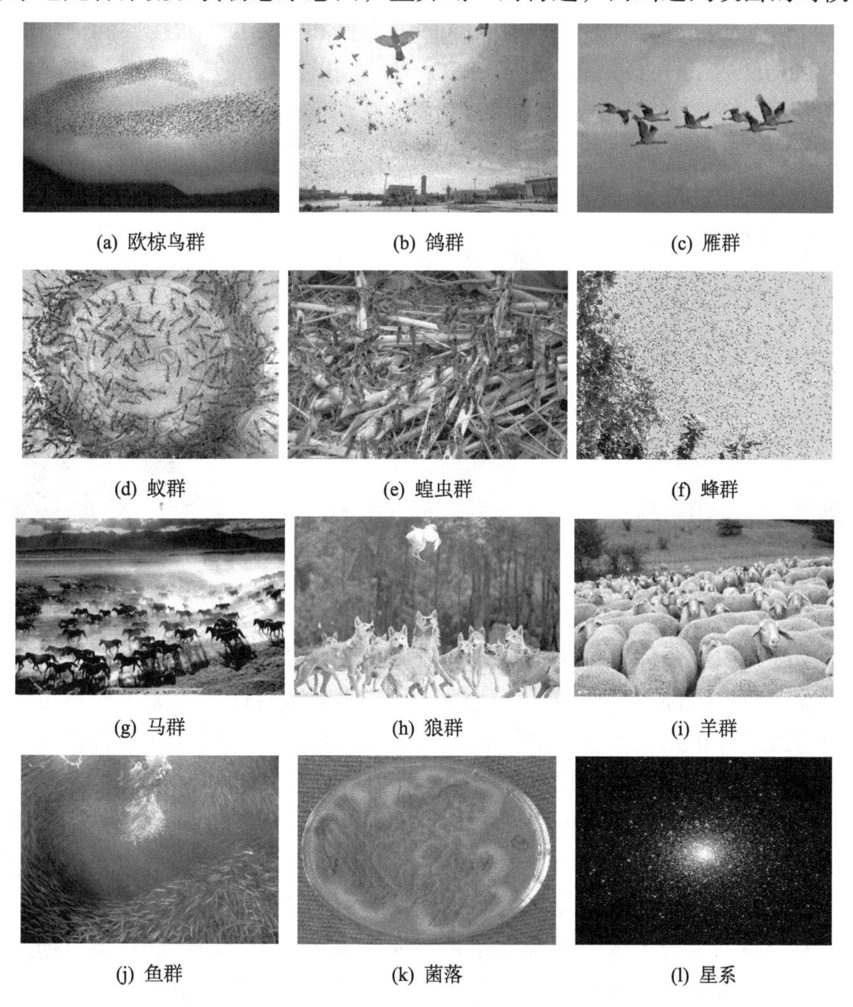

(a) 欧椋鸟群　(b) 鸽群　(c) 雁群

(d) 蚁群　(e) 蝗虫群　(f) 蜂群

(g) 马群　(h) 狼群　(i) 羊群

(j) 鱼群　(k) 菌落　(l) 星系

图 1-4　自然界中典型的群体行为(后附彩图)

群倏忽聚散，展现出十分严密的分工协作；欧椋鸟在迁徙过程中往往会聚集形成巨大的群体，有时甚至会包含上百万只鸟，庞大的鸟群集体翱翔，在空中形成动态激荡又迷幻的场景。微观上，细菌等微生物以及人类的黑色素细胞也会进行群集运动。实际上，无论是在生命体，还是在非生命体的世界中，都广泛存在着类似的大规模群体运动场景。这些群体现象表现出了分布、协调、自组织、稳定、智能涌现等特点，而群体智能(Swarm Intelligence，SI)的概念正是来自对自然界中生物群体的观察[8]。群体智能最早被应用于设计优化算法，比如国际群体智能会议(International Conference on Swarm Intelligence，ICSI)[9]创办者(北京大学谭营教授于 2010 年也创办了同名会议[10])及 *Swarm Intelligence*：*From Natural to Artificial Systems*[11]一书作者 Dorigo 提出的蚁群优化(Ant Colony Optimization，ACO)[12]，以及 *Swarm Intelligence*[13]一书作者 Kennedy 教授和 Eberhart 教授共同提出的粒子群优化(Particle Swarm Optimization，PSO)[14, 15](如图 1-5)。后经不断探索，群体智能逐渐发展成为两个分支：群体智能优化算法和分布式群体智能系统。正如 Dorigo 所述，任何受群居性动物集体行为启发，用于设计问题求解算法和分布式系统的理论与方法都属于群体智能[11]。

(a) Dorigo

(b) Kennedy

(c) Eberhart

图 1-5 群体智能奠基人

生物群体通过个体自主决策和简单信息交互，经过演化，最终使整个群体宏观上涌现出自组织性、协作性、稳定性及对环境的适应性[16]。无人机自主集群的目的则是通过分布式决策实现能够自组织、协调性好、鲁棒性强的群体飞行。由于生物群体群集行为去中心化的邻近个体交互、整体的自组织性等特点与无人机集群自主控制的局部性、分布式、鲁棒性等要求有着紧密的契合之处[17-19]，因此，通过模拟鸽群、雁群、狼群等自然界中的生物群体智能行为，形成多平台分布式自组织控制方面的研究，将仅具有局部感知能力的简单平台对象聚成复杂的人工群体系统，通过平台主体的协调合作来实现群体系统的全局智能行为，使之具有生物群体那样协调、鲁棒等优势，是一条构建具有“平台简单、高度协调、完全自主、群体智能”特点的无人机集群系统的切实可行新途径。

1.2　无人机集群系统

1.2.1　无人机自主性

日益复杂的任务与环境决定了无人机系统必须具备很高的自主性[20-23]。无人机的自动控制与自主控制的主要区别就在于：自动控制是系统按照指令控制执行任务，而系统本身并没有决策与协调能力；而自主控制则需要无人机自身在必要的时刻做出决策。因此，无人机自主控制应该使无人机具有自治的能力，必须能够在不确定对象和环境条件下，在无人参与的情况下，持续完成必要的控制功能。自主性、机载信息获取、传输及其应用能力将是未来无人机在动态战场环境下完成复杂任务的关键。

美国致力于打造无人机自主集群系统，力保军事技术全球领先。美国国防高级研究计划局(Defense Advanced Research Projects Agency，DARPA)、海军研究局等组织机构，在无人机集群高风险/高回报的概念验证研究方面成果显著。2005 年 8 月，美国国防部发布的《无人机系统路线图 2005—2030》(如图 1-6)将无人机自主控制等级分为 1 至 10 级，包括单机自主(遥引导、实时故障诊断、故障自修复和环境自适应、机载航路重规划)、多机自主(多机协调、多机战术重规划、多机战术目标)、集群自主(分布式控制、群组战略目标、全自主集群)三个层面，并指出“全自主集群”是无人机自主控制的最高等级，预计 2025 年后无人机将具备全自主集群能力[24,25]。2016 年 5 月，美空军发布了《小型无人机系统飞行规划 2016—2036》(如图 1-7)，从战略层面肯定了小型无人机系统的前景和价值[26]，规划中对“蜂群”、“编组”和“忠诚僚机”三种集群作战概念进行了阐述，其中“编组”是人对人，“忠诚僚机”是人对机，“蜂群”是机对机，从侧面印证了无人机集群发

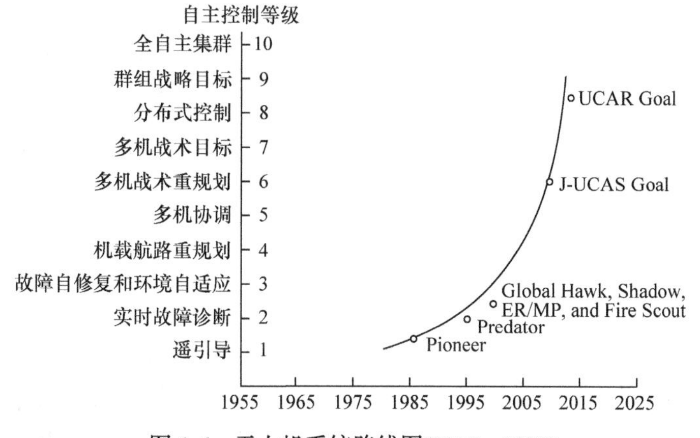

图 1-6　无人机系统路线图(2005—2030)

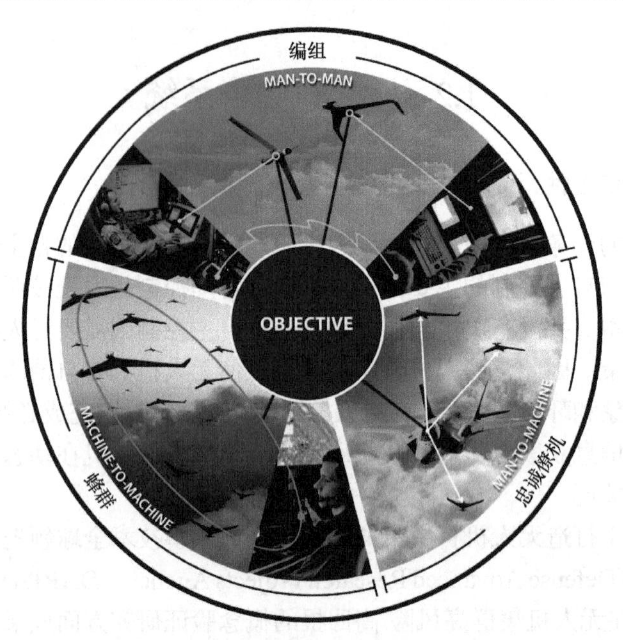

图 1-7 小型无人机系统飞行规划(2016—2036)

展的重要性。2018 年 8 月,美国国防部发布了《无人系统综合路线图 2017—2042》,在新版路线图中再次强调了自主性对于加速无人系统领域进步的重要作用，即自主性技术的发展可极大提高人和无人系统的效率和效能[27]。

关于无人机自主性评价的方法除《无人机系统路线图 2005—2030》中采用的等级法外，还有双坐标轴法、三坐标轴法、查表法、公式法等。评定无人机的自主等级,实际上是评估无人机在完成特定任务过程中所呈现的自主能力[28]。因此,可以将无人机的关键技术作为其自主性的评价项目,构建图 1-8 所示的蛛网模型:从原点往外辐射出代表评价项目或关键技术的若干条轴，每个项目都有若干个表征技术成熟程度的等级，对于每一个无人机系统，将其在每条轴上对应的等级依次连接起来，即可用类似蛛网的纬线评价该无人机系统的自主性。

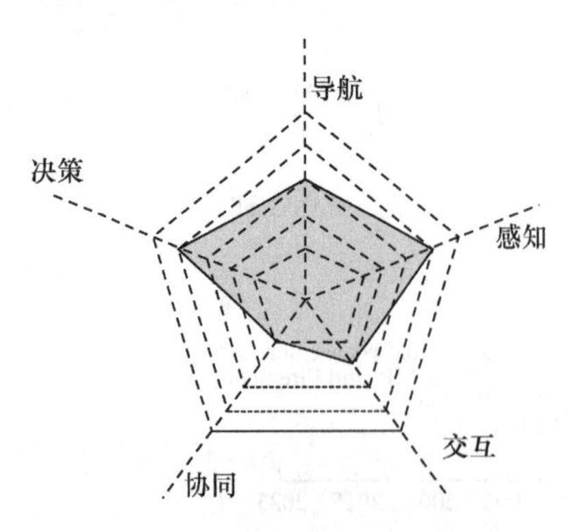

图 1-8 自主性评价的蛛网模型

通过探讨无人机自主性的内涵和评价方法可知，自主表达的是行为方式，由自身决策完成某行为[29]。自主不同于智能，智能是实施行为的能力，行为过程符合自然规律。二者间存在紧密关联：首先，自主在前，智能在后，二者相辅相成；其次，自主未必智能，但自主希望有智能；最后，智能依赖自主，智能的等级取决于自主权的高低。无人机智能水平可划分为 3 个层级，与美国国防部《无人机系统路线图 2005—2030》中的无人机自主控制等级的对应关系如下：第一层级高可靠活着，包含遥引导、实时故障诊断、故障自修复和环境自适应、机载航路重规划；第二层级高品质工作，包含多机协调、多机战术重规划、多机战术目标；第三层级为集体使命高效工作，包含分布式控制、群组战略目标、全自主集群。无人机自主控制技术按照人类智能的一般发展路径可从“智商”“情商”和“逆商”三方面提出对应的发展要求[30]。“智商”对应无人机个体能力，即计算和决策方面无人机的自主控制技术，比如航路规划、舰载起降、对地攻击、空战决策等；“情商”对应无人机群体融合能力，即高带宽互联和互操作类技术，例如无人机协同编队、有人/无人协同飞行、协同侦查/打击等；“逆商”对应无人机应对非预期状况的能力，即高容错和提高环境适应性类技术，比如健康管理、故障重构、容错控制、碰撞检测与规避等。从目前所能达到的技术水平来看，真正实现复杂动态环境下无人机的自主控制是一项具有挑战性的关键技术难题。

1.2.2　无人机集群特点

随着无人与自主技术的深化应用，开发无人机自主集群系统已成为无人机的一个重要发展方向，通过紧密的协作，无人机自主集群系统可以体现出比人工系统更卓越的协调性、智能性和自主能力[31]。无人机自主集群具有以下特点：可有效解决有限空间内多无人机之间的冲突；可以低成本、高度分散的形式满足功能需求；可形成动态自愈合网络，通过去中心化自组网实现信息高速共享、抗故障与自愈；具有分布式集群智慧，可通过分布式投票解决问题，且往往该种方式的正确率更高；可采用分布式探测方式，提高主动与被动探测的探测精度。

鉴于无人机集群所具备的以上特点，无人机自主集群势必成为未来作战的主流趋势。无人机自主集群作战是指一组具备部分自主能力的无人机系统通过有人或无人操作装置的辅助，在一名高级操作员监控下完成作战任务的过程。无人机自主集群作战优势可概括为以下五点。首先，在去中心化的无人机集群作战中，不存在某一个体处于主导地位，任一个体故障均不影响群体功能；其次，集群内的所有个体仅通过观察临近个体位置，控制自身行动，即可实现实时的自主协同；此外，集群具有强大的复原能力，当集群受外力发生改变时，会快速自动形成新结构，并保持稳定；同时，集群能够克服个体能力的不足，通过协同实现整体能力放大；最后，集群作战运用具有较低决策门槛和政治风险的优势，无人机集群作战有望实现低成本低损失。综上所述，采用无人机集群作战方式，将逐步改变作战形态，其应用形式大致可以归纳为以下四点(如图 1-9)：

1) 渗透侦察：无人机集群内平台轻小，节点雷达散射截面积较小，且可任意拆分形成小的群组从多个方向渗透，隐蔽性和迷惑性较强，有利于突破敌方防空体系，可进行抵近侦察，通过集群机间链通信中继方式接力向后方控制与指挥中心传回情报；

2) 诱骗干扰：采用无人机集群充当诱饵或干扰机，替代隐身轰炸机或战斗机直接进入战场的传统作战方式，可引诱敌方防空探测设备开机工作从而暴露阵位，消耗敌方防空兵器；此外，可携带电子干扰设备，对敌方预警雷达、制导武器等进行更加抵近的电子干扰、压制欺骗；

3) 察打一体：无人机集群可以根据任务需要通过灵活配置集群内平台的侦察探测、电子干扰、火力打击力模块，可形成侦察—打击编队，对关键或高危目标的薄弱部位进行实时侦察打击，以达到出其不意的作战目的；

4) 协同攻击：无人机集群可作为前沿作战编队，由有人机控制，并掩护有人机安全，为有人机发射的大吨位防区外导弹提供精确制导信息，用以目标指示实现有人无人共融作战；此外，运用复眼战术，利用数量众多的具有自主控制能力的无人机组成集群，可进行全方位、多角度的饱和攻击，实现局部“以多打少”的对抗形式，使敌方难以应对。

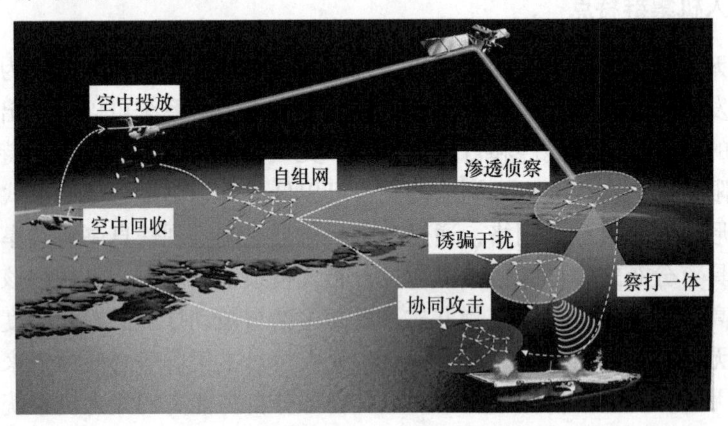

图 1-9 典型的无人机集群作战模式

1.2.3 典型无人机集群系统

国外典型的无人机集群系统研究包括匈牙利罗兰大学的室外四旋翼自主集群、美国海军研究生院 50 架固定翼飞机集群飞行、“小精灵”(Gremlins)项目、“拒止环境中的协同作战”(Collaborative Operations in Denied Environment，CODE)项目、“体系综合集成技术及试验”(System of Systems Integration Technology and Experimentation, SoSITE)项目、“低成本无人机集群技术”(Low-Cost UAV Swarming Technology，LOCUST)项目，“集群使能攻击战术”(Offensive Swarm-Enabled Tactics，OFFSET)项目[32]。

Vicsek 团队在 2014 年实现了 10 架四旋翼在室外环境下的自主集群飞行[33, 34]，该创新性工作被国际顶级期刊 *Nature* 报道[35]，该项工作最大的特点是在任务决策层利用了生物群集行为机制，实现了像鸟群一样的自主飞行，四旋翼通过与临近个体进行信息交互实现自主决策，不存在中心控制节点(如图 1-10)。利用基于自驱动粒子的运动机制，实现了四旋翼集群在 GPS 噪声、通信延迟和故障环境下的稳定飞行，包括有界区域内的碰撞规避和聚集，队形的稳定保持，以及集群目标跟踪。

图 1-10　Vicsek 教授团队的室外四旋翼自主编队飞行

Chung 团队在 2015 年实现了 50 架固定翼飞机的集群飞行，该次试验打破了此前保持的一人操控 30 架无人机的记录[36, 37]。所研制的链传动弹射器每 30s 可发射一架无人机，无人机按照主从模式飞行，利用无线自组织网络进行信息交互和共享(如图 1-11)。与以往每架飞机需要一个操作员不同，该项目通过集群地面控制站实现了同时对 50 架无人机的控制，其工作重点是实现操控权的转移，将控制权逐渐转移至飞行器，使飞机进行自主飞行和决策，以减轻操控人员的压力。

图 1-11　Chung 团队的 50 架无人机集群飞行

DARPA“小精灵”项目致力于发展高效、低廉的分布式空中作战技术，旨在促进空中作战概念的转变[38]。传统拓展作战范围主要依靠空中加油技术，比如美国 Northrop Grumman 公司曾提出依靠空中加油将由 15 架 X-47B 无人机组成的集群续航时间延长到 50 小时，作战半径拓展到航母战斗群 1750 海里以外。该项目通过载机在防区外发射携带有侦察或电子战载荷的无人机集群，通过集群内部的信息共享与协同，突破敌方防御系统，执行侦察与电子攻击任务，并在任务完成后对幸存的无人机进行回收(如图 1-12)。这些无人机将配备多种不同载荷，具有数量大、尺寸小、廉价、可重复使用等特点，该项目目前拟采用 C-130 运输机作为载机进行空中回收，具体技术方案细节尚未公布。

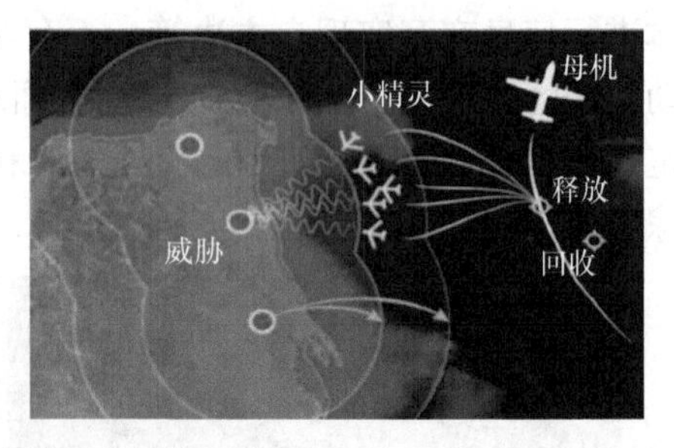

图 1-12 “小精灵”计划

DARPA 在 2015 年发布的“拒止环境中的协同作战”项目[39]，旨在搭建一个模块化的软件架构。与现有标准相比，该架构可以抗“带宽限制”以及“通信中断”，有利于指挥人员在电子对抗、通信降级等不利条件下保持态势感知并控制无人机，从而提高无人机在高对抗环境中的自主性和协同作战能力，同时降低对操作人员数量及成本的要求(如图 1-13)。目前海军陆战队已成功测试了一名操纵员一次控制六架无人机，未来目标是进一步验证单人控制最多十五架无人机的能力，在区域拒止和其他复杂环境下进行目标搜索、目标识别和交战之类的任务。

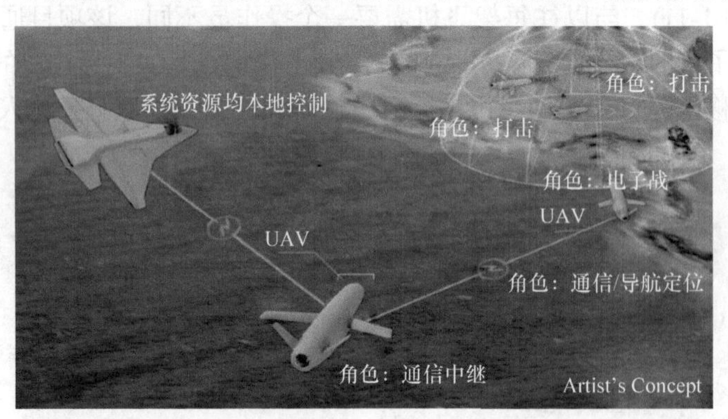

图 1-13 “拒止环境中的协同作战”项目

DARPA 主持的“体系综合集成技术及试验”项目[40]，聚焦于发展分布式空战的概念、架构和技术集成工具，期望以现有航空系统能力为基础，通过开放式系统架构，把传感器、武器、定位导航和授时以及数据链等能力拆分到大量可实时通信的平台上，执行侦察监视和目标打击任务(如图 1-14)。这种开放式的系统架构为发展可互换的组件和平台提供了统一的技术标准和工具，便于进行快速的升级和替换。该项目希望依托开放式系统架构，实现系统的快速整合，以实现分布式作战。

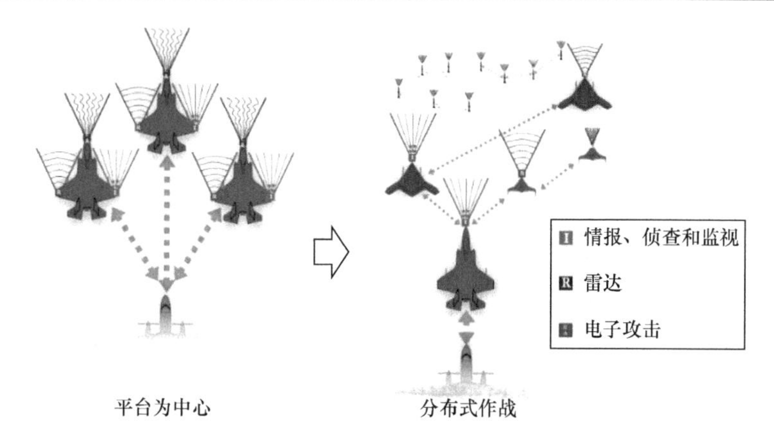

图 1-14 “体系综合集成技术及试验”项目

美国海军研究局开展的“低成本无人机集群技术”项目(又称蝗虫(LOCUST)计划)[41]，在 2016 年 4 月完成了 30 架无人机连续发射和编组飞行试验(如图 1-15)。项目开发了一套多管发射装置，可以实现陆基、舰载无人机的连续发射。同造价昂贵的有人战机、制导炸弹等高精尖武器相比，该系统在拥有信息化系统各要素支持的同时，造价却远远低于前者。美国海军负责无人系统的 Frank Kelley 在美国国际无人系统协会主办的 2016 年“国防无人系统”大会上，阐释了海军关于无人系统技术的 8 个目标，其中第 6 个为“实现无人机集群及突袭”。

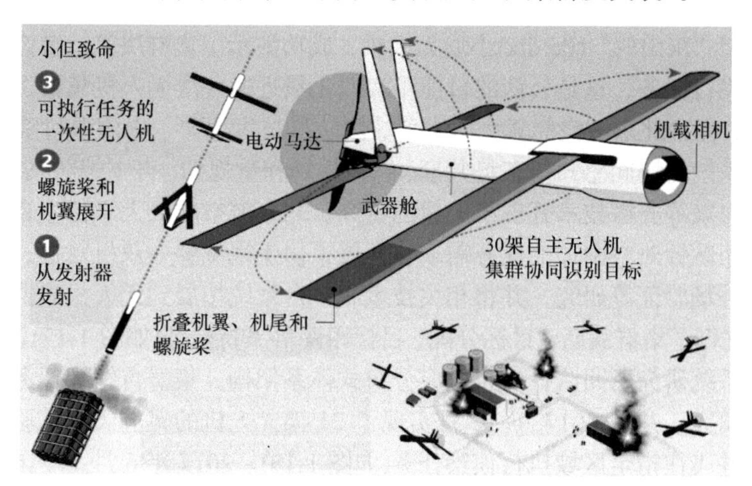

图 1-15 “低成本无人机集群技术”项目

为显著提升小型地面部队在城市环境下的作战效能，DARPA 在 2016 年启动了“集群使能攻击战术”项目[42]，目标是开发并演示验证 100 多个作战相关的集群战术，应用于无人机和/或地面无人车辆集群(如图 1-16)。该项目旨在提供一种集群战术快速生成工具，对这些战术的有效性进行评估，未来可将其中效能最好的集群战术应用于实战。为实现以上目标，项目寻求构建一个支持开放式系统架构的活跃的集群战术开发生态系统，该系统具备先进的人-集群接口、实时的网络化虚拟环境以及社区驱动的集群战术交换门户，可协助参与者设计集群战术、组合协同行为和集群算法。

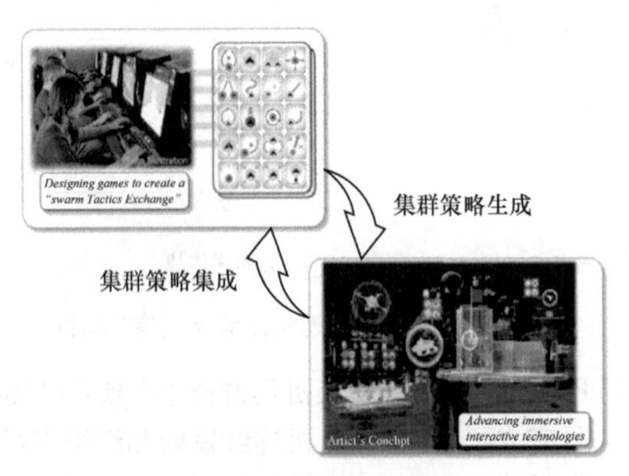

图 1-16 “集群使能攻击战术”项目

有趣的是，美军无人机集群平台验证系统中的无人机常用动物名字命名。动物的名字与无人机重量有自然而然的映射关系，比如几十克的“蝉”、几百克的“灰山鹑”、几千克的“郊狼”以及几百千克的“小精灵”等。2016 年 10 月，在美国加利福尼亚州的中国湖试验场，美国海军 2 架 F/A-18E/F “超级大黄蜂”战斗机投放了 103 架“灰山鹑”(Perdix)小型无人机，成功演示了集群决策、自修复和自适应编队等飞行任务，这是公认的目前距实战化最近的一次无人机集群飞行验证。

目前，国内北京航空航天大学[43-45]、国防科技大学[46]、中国电科院[47]等单位围绕多机系统的协同感知与态势共享、航路规划和重规划、自主编队飞行与重构、智能协同决策等支撑技术开展了大量的研究。北京航空航天大学仿生自主飞行系统研究组团队针对空中加油任务需求，开展了仿生视觉感知双机对接、多紧密编队保持及外场验证等研究，并将相关技术和平台系统拓展到无人机集群自主控制中，先后进行了集群编队、目标分配、目标跟踪等飞行验证(如图 1-17)。国防科技大学无人系统研究所团队针对自适应分布式体系架构、集群自组织任务规划等技术进行了研究，并在 2017 年 12 月实现了 21 架无人机的集群飞行试验，在空中完成集结并飞往指定区域执行侦察任务(如图 1-18)。2017 年 6 月，中国电子科技集团电子科学研究院、清华大学和北京泊松技术有限公司团队合作，实现了 119 架小型固定翼无人机集群飞行，成功演示了密集弹射起飞、空中集结、多目标分组、编队合围、集群行动等动作(如图 1-19)。总体而言，中国在无人机集群方面的研究与美国相比，在概念探索、理论研究，尤其是系统集成验证方面仍存在着一定的差距。

(a) 集群编队

(b) 加油编队

图 1-17　北京航空航天大学多无人机编队验证

(a) 集群飞行

(b) 集群轨迹

图 1-18　国防科技大学多无人机编队验证

(a) 多目标分组

(b) 编队合围

图 1-19　中国电科院无人机集群验证

1.3　生物群体行为机制及模型

1.3.1　典型生物群体行为机制

自然界中的生物群体通过独特的机制可形成协调有序的群体。比如，美鳊通过当光亮消失时减慢游动速度的行动原则形成群集；蚁群内部发生拥挤碰撞时，每 20 分钟就会进行协调性的摇摆活动；人类缺乏正常沟通时，通过单纯的追随行为形成涌动的人群；蝗虫通过同类相食形成蝗虫大军，来自后方的撕咬会让个体逃往安全地带；欧椋鸟通过模仿临近的六到七个个体形成群集；当蜂群内存在多处位置可选时，蜜蜂会用头撞击正在跳舞的其他成员，以主张自己的选择，被撞击多次后会停止舞蹈，直至确定唯一选择。本节重点阐述典型的鸟群(以鸽群和雁群为例)、狼群群体内部的行为机制。

(1) 鸽群行为机制

鸽群是一种常见的鸟类群体，具有特殊的长距离导航能力，能够通过交互协作形成稳定的飞行群集(如图 1-20)，并且可以通过学习产生一定的条件反射[48]。目前对于鸽群行为内在机制的研究主要是从鸽群的群集飞行的观测分析入手[49]，国内外的研究学者借助三维模拟成像、机器视觉协作定位、轻型 GPS 定位等技术观测获得鸽群长距离归巢飞行与短距离自由飞行时个体的位置及运动轨迹，并采用统计分析的相关工具结合统计物理的相关理论[50]，进一步分析鸽群内部产生的相对位置与相对速度关系背后可能存在的通信网络结构、信息交流机制及集体决策方法[51]。

(a) 鸽群归巢飞行

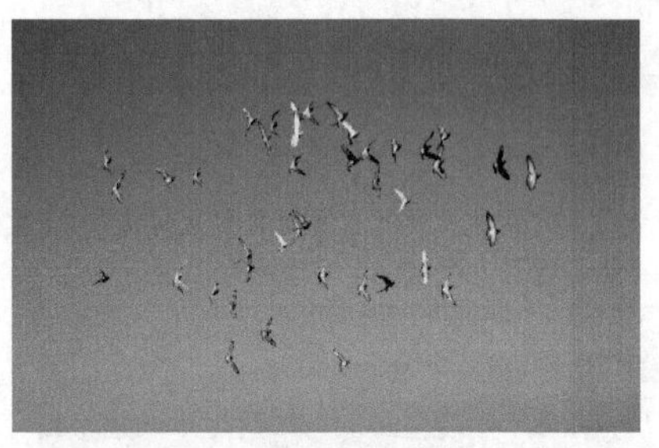

(b) 鸽群盘旋飞行

图 1-20　鸽群归巢飞行与自由飞行(后附彩图)

Vicsek 研究团队对鸽群中的分层领导行为进行了研究，该研究团队在具有年龄、飞行速度和导航经验差异的鸽子上安装高精度 GPS 设备，采集鸽群飞行中个体的飞行轨迹，并进一步分析飞行速度的大小和方向。基于鸽群飞行观测数据，Vicsek 提出了一种鸽群飞行中个体飞行速度的相关度函数模型，在此基础上分析每对鸽子的领导-跟随关系，进而建立层次化的鸽群领导网络。研究结果表明，虽然鸽群中不同的个体在跟随领导者进行飞行方向选择时存在时间延迟，但是鸽群内部可以通过层次领导网络形成稳定的飞行群集，鸽群中的个体在群集飞行中的相对位置取决于该个体在层级网络中的等级。同时，在针对飞行速度与导航经验差异的实验中，鸽群层级网络结构体现出了较强的对导航误差的鲁棒性[52]，进一步说明了鸽群中自组织的分层网络制度或许比完全平等的组织形式更加有效。此外，理论分析也进一步说明鸽群中存在的领导层级对于保持鸽群切换拓扑的领导跟随一致性起到了至关重要的作用[53]。

多数针对鸽群归巢导航策略的研究都是在室外长距离大空间尺度的条件下进行的，对于鸽子在狭小空间内的飞行策略，特别是复杂环境下应对近距离障碍的避撞策略研究较少。Lin 等通过追踪鸽子穿越人工设置的树木障碍时的飞行轨迹，研究鸽子应对多个近距离障碍的飞行轨迹调整方法[54]。实验在一个室内狭长走廊中进行，空间中布置多根“树木”形成复杂的“森林”环境，通过多相机协同定位的方式采集鸽子在穿越障碍时的飞行轨迹。通过分析鸽子飞行轨迹与障碍间的相对位置，Lin 发现鸽子只在靠近障碍 1.5m 时才改变自身的飞行轨迹，并且通过观察障碍间的缝隙进行航迹规划，通过偏航角调整以对准最宽的缝隙。Lin 基于实验结果重建了鸽子穿越障碍时的视觉感知模型，并提出了一种反应式避撞轨迹规划模型，并进一步将该模型映射到基于航向角偏差的 PD 控制器中，最后通过对比控制器生成轨迹与实际飞行轨迹，验证了时延与快速决策限制下鸽子避撞行为模型的有效性。

(2) 雁群行为机制

对雁群群集行为的观察与研究古已有之，《博物志》(*Naturalis Historia*)中即有关于大雁以“V”字队形编队飞行的记载[55]。每当秋季来临，通常可以看到成群的大雁编队迁徙向南飞行的场景。如图 1-21 所示，当大雁聚集在一起编队飞行时，通常会形成“V”字形、“J”字形或者梯次编队的线性队形，针对这种常见而又神奇的自然现象，国内外学者进行了长期的探索和研究，并取得不少的成果。

(a) “V” 字形编队

(b) “J” 字形编队

(c) 梯次形编队

图 1-21 自然界中雁群编队飞行图(后附彩图)

Wieselsberger 研究发现雁群之所以采用“V”字形队形编队飞行，主要是为了利用飞行过程中产生的空气动力优势。大雁在飞行过程中需要拍动翅膀提供升力。大雁拍动翅膀时，在翼尖处会产生涡旋，如果后方的大雁处于上升气流处，那么后方的大雁则会在上洗气流的作用下受到向上的抬升力，从而增加了升力，减少了翅膀拍动的次数，进而可以节省体力，达到远距离飞行的目的[56]。Lissaman 等人对顺风的条件下的雁群编队飞行进行了分析，研究发现大雁在编队中飞行的距离要比其单独飞行时远，编队飞行能够增加大雁 70%的飞行距离。通过分析进一步发现，当“V”字形两个边夹角约为 120°时雁群编队飞行最为省力[57]。利用空气动力学理论对雁群编队飞行进行分析，可以更直观地看出线性编队的优势。在 Lissaman 之后，有很多研究者从动力学与几何学角度对雁群编队飞行中涡旋产生原理及作用进行分析，进一步验证了雁群编队飞行省力这一观点[58, 59]。此外，Malte等人通过实际观测也进一步证实了雁群编队飞行省力的假说[60]。

除了以上能量节省假说，部分科学家认为雁群线性编队飞行是为了进行视觉方面交流。在雁群长距离编队迁徙过程中，大雁通过信息的交流来得到天敌位置，以躲避进攻，并确保整个雁群的安全，因此雁群中的每只大雁需要有足够的视野完成上述要求。Hamilton 提出了线性编队中能够为其余个体提供信息的最优视觉组合策略，即既能够清楚地观察到邻居的位置，同时又能够拥有前方最佳视野。Heppner 通过研究发现为了能够更好地调整自身在编队中的位置，需要使每只大雁都能清楚的观察到前方大雁的位置，因此雁群在编队迁徙过程中需要具有一定的角度，以避免个体间的碰撞[61]。此外，线性编队方式飞行，亦可提高群体的导航能力[62]。

(3) 狼群行为机制

狼的社会组织具有较强的亲缘特征和婚配特征，较为明确的社会等级与分工，可以更有效地保护后代不受其他捕食者的侵扰。可按照社会等级差异将狼群个体细分为四类：头狼、成年次级狼、外围狼以及幼狼[63]。头狼是狼群的统治者，社会等级最高，具有繁殖权利，可以支配其他个体行为，狼群的大部分活动都由头狼发起组织。

Mech 在 1993—1996 年跟随观察了加拿大 Ellesmere Island 上的狼群[64]。据观察，狼群主要捕食北极兔、麝牛和驯鹿，而往往组织和发起捕猎的通常是一对繁殖狼。究竟是繁殖公狼还是母狼发动进攻或在进攻中占据领导地位很大程度上取决于追击和进攻中变化的实况。Mech 曾观察到繁殖公母狼在其余成员不在场时，独自捕杀有蹄类动物。进一步，有理由认为狼群中任意一个有经验的个体都有可能组织发动捕猎，但通常繁殖狼会占据有利位置来发动进攻。通过观察，进一步总结出两条狼群狩猎规则：1) 狼向猎物移动，直至达到安全距离；2) 到达安全距离后，狼会相互分散包围猎物。典型狼群行为如图 1-22 所示。

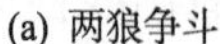

(a) 两狼争斗

(b) 狼群搜索游猎

(c) 狼群围攻野牛　　(d) 狼群进食

图 1-22　典型狼群行为(后附彩图)

Bekoff 和 Wells 通过对北美草原狼的研究发现，狼群具有十分多变的社会组织形式，从独居到经常定居的配对个体，再到长期群居的稳定社群，似乎与食物来源相关，即猎物的数量、时间分布、季节分布等[63]。草原狼在夏季捕食分布在其栖息地内的小型啮齿类动物；而冬季，则会以大型有蹄类为食，如驼鹿等。通常，狼群内的个体数量大约为 2—8 只，但也存在数目多达 36 只的大种群，如阿拉斯加南部曾有过相关的观察记录[65]。Jordan 等在观察中发现自然界中存在约 8%—28%的独狼，猜测独狼可能为年老、牙齿磨损的雄狼、失去伴侣的雌狼，或不被种群接受的外围/边缘狼等[66]。社会等级并非一成不变，但等级的流动需要环境的改变或扰动，如种群内个体的死亡。在圈养狼的社会组织中，维持地位的稳定需要付出努力，并需要经常性地在种群内宣告领导权。Rabb 等曾将国家公园中一群狼的头狼隔离，发现原种群中的次级狼晋升为头狼，且老头狼回归后非但不能较快顺利融入群体，反而成为等级最低的边缘狼，时常受到新头狼的攻击。

1.3.2　群体智能行为特点

大多数现有的研究认为群集行为体现出了五大基本原则[67]：邻近原则，即群集中的成员能够进行简单的空间和时间计算；品质原则，即能够响应环境中的品质因子；多样性反应原则，要求群集行动范围不应该太窄；稳定性原则，要求群集不应在每次环境变化时都改变自身的行为；适应性原则，群集在所需代价不太高的情况下，能够在适当的时候改变自身的行为。生物群集行为具有如下特点[32]。

(1) 组织结构的分布式

生物群体中不存在中心节点，个体遵循简单的行为规则，仅具备局部的感知、规划和通信能力，通过与环境和邻近同伴进行信息交互从而适时地改变自身的行为模式以适应动态环境。群集系统具有较强的鲁棒性，不会由于某一个体或部分个体出现故障而对系统整体造成影响，表现出一定的自愈能力。

(2) 行为主体的简单性

群体中个体的能力或遵循的行为规则非常简单，每个个体仅执行一项或者有限的几项动作，并针对外部情况做出简单的几种反应，这种看似笨拙的个体行为却使它们组成的群体极其高效，体现出智能的涌现。但生物群集系统不是个体的简单加和，而是通过个体之间的组织、协调、合作，实现能力的倍增。以蚂蚁为例，尽管蚂蚁个体比较简单，但整个蚂蚁群体却表现为一个高度机构化的社会组织，在许多情况下能完成远远超过蚂蚁个体能力的复杂任务，如通过信息素的作用找到食物源和巢穴之间的最短路径[68]。

(3) 作用模式的灵活性

灵活性主要体现在群体对于环境的适应性。在遇到环境变化时，群集中的个体通过改变自身行为来适应环境的变化。如鸟群在遇到捕食者时能迅速做出集体逃避动作，鱼群在受到鲨鱼攻击时会改变自身旋涡运动，以获得更强的生存能力。这些群体中表现出的灵活性，与系统群集运动的稳定性是相矛盾的，而自然界中的生物群体，往往兼具稳定性和灵活性，这种奇妙的特性的内部作用机制，是群集行为研究的一项重要内容。物理学家提出一种假设，生物群集工作在系统相变的临界点附近，使得系统在保持稳定性的同时又具备灵活性，这也是生物群集体现智能的一个重要方面。

(4) 系统整体的智能性

在生物群体中，个体通过感知周围的环境信息，进行信息的交换和共享，按照一定的行为规则，对外部刺激做出响应，通过调整自身状态来增强群体的生存能力，这个过程即为学习和进化的过程。群体中的个体通过环境反馈的状态适应性地改变自身行为，实现策略、经验的学习，以获取自身对外部环境的最佳适应性。群体的学习和进化包含时、空两个方面，在时间上表现为个体对自身历史经验的学习，在空间上表现为与其他个体、外部环境间的交互学习。

1.3.3 典型群体运动模型

理论建模是理解群集运动的发生机理，研究个体行为与群体特性之间关系的重要手段，而群集运动建模手段又分为自上而下的建模方法和自下而上的基于个体的微观建模方法，其中基于个体的微观模型作为最为常见的一种建模手段[73-75]，从个体的感知、交互规则入手进行建模，对整个群体所表现出的宏观特性进行分析。一般来说，该类模型以个体为建模对象，通过差分方程描述个体的感知、交互和运动规律，同时可以考虑外部刺激、随机噪声以及不同个体之间的差异性等因素，表 1-1 从群体构成、建模方式、避障能力、运动所需信息等角度总结了不同的群集运动建模方式。微观模型符合人类思维方式，直观灵活，方便加入各种因素进行分析，但该类模型一般难以得到解析解，多通过数值仿真分析群体特性。

表 1-1 群集运动建模研究

模型	成员	离散/连续	避障功能	位置/速度/方向	仿真区域
Reynolds C. W.等[75]	同构	连续	有	有/有/有	无界/障碍
Vicsek T.等[77]	同构	离散	无	有/无/有	重复边界
Jadbabaie A.等[68]	同构	离散	无	有/无/有	无
Couzin I. D.等[78]	异构	离散	内部	有/有/无	无界
Tanner H. G.等[69]	同构	连续	内部	有/有/有	无界
Olfati-Saber R.等[70]	同构	离散	有	有/无/有	无界/障碍
Hildenbrandt H.等[92]	同构	连续	内部	有/有/有	有界
Levine H.等[71]	同构	连续	内部	有/无/无	重复边界

群集建模的研究开始于 20 世纪 80 年代对鱼群和鸟群运动的计算机仿真[76, 77]，在探讨群集运动机理方面较为突出的代表人物(如图 1-23)有 Reynolds、Vicsek 以及 Couzin。Reynolds 等人[76]在模拟鸟群飞行进行建模过程中，明确提出的分离(Seperation)、聚集(Cohesion)、速度一致(Alignment)三个基本规则(如图 1-24)，这三个规则对集群模型的建立具有基础性的意义，后续研究者提出的大部分群集运动模型均建立在这三个规则的框架之下。后续将针对 Vicsek 模型[78]、Couzin 模型[79]、社会力模型[74, 80]等代表性的群集运动建模工作进行介绍。

(a) Reynolds

(b) Vicsek

(c) Couzin

图 1-23 群集运动模型奠基人

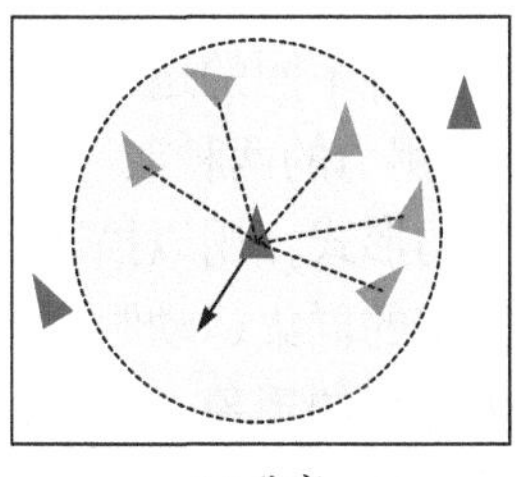

(a) 分离

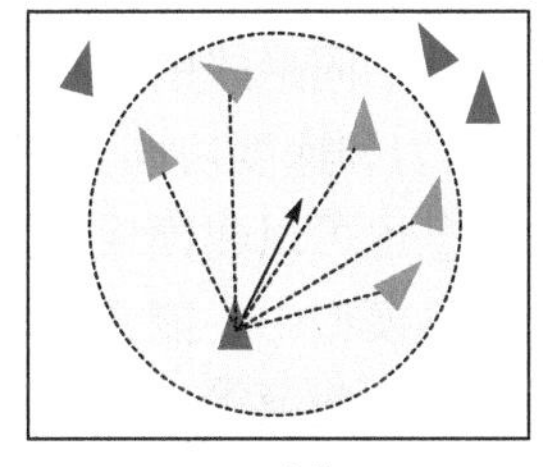

(b) 聚集

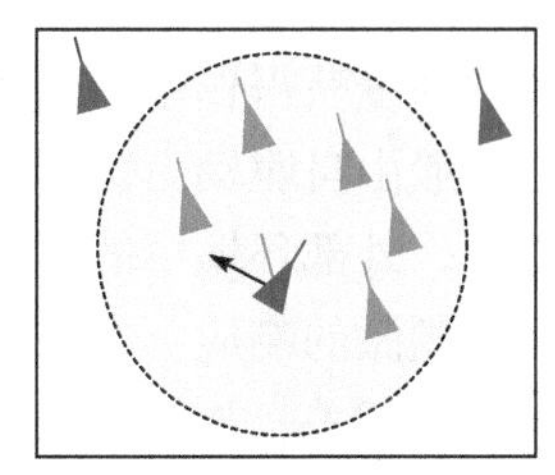

(c) 速度一致

图 1-24 Reynolds 三条基本规则

在 Vicsek 模型[78]中，个体的速度大小保持不变，朝着周围一定范围内的个体的平均方向进行运动。该模型仅遵循速度平均这一条规则，符合物理学家极简化的研究思路。在个体间密度较大且噪声较小时，个体的运动状态从无序运动向有序运动转变，且这种相变行为是在密度和噪声值超过临界值后突然发生的。Vicsek 模型对理解和分析群集行为的内部作用机制提供了独特的视角，后续很多研究者针对该模型进行了扩展研究[81, 82]：Tian 等人[83]根据实际生物视觉感知范围的限制，提出了有限视场角的 Vicsek 模型，并给出了使得个体速度收敛最快的最佳视场角。在此基础上，Zhang 等人[84]提出了随机视线方向的有限视场角模型，并对该模型下的收敛速度和信息交互特性进行了分析。

Couzin 模型将个体的感知区域由内而外依次分为排斥区域、对齐区域和吸引区域三个互不重叠的区域，分别对应群体中分离、速度一致和聚集规则。当个体的排斥区域存在其他个体时，则个体仅受到避障作用的影响，否则，个体同时受到对齐区域和吸引区域内个体的共同作用，其中对齐域内个体产生速度一致作用，吸引域内个体产生空间的聚集作用。随着对齐区域的增大，会依次出现聚集、涡旋、松散平移和一致平移 4 种不同的群集运动模式。通过在 Couzin 模型中引入信息个体[85]，以表示实际生物群集中感知到捕食者威胁、环境变化或寻找到食物的个体，群集中的非信息个体仅仅受到模型中的社会力的作用，分析信息个体在群集运动中的作用。当群集中信息个体的数量达到一定的比例时，可以引导整个群集朝着期望的方向运动，且该比例会随着群集规模的增大而减小。而当群集中的信息个体有着分歧的期望方向时，群集会沿着其中一个方向或者平均方向运动，显示了信息个体在群集运动决策中的作用。

另外一种代表性的群集模型为社会力模型[80, 86]，该模型并非特定的具体数学模型，而是一类基于牛顿力学的建模方式，通过将个体之间的协同关系抽象为相互之间的作用力，从而驱动个体的运动状态发生改变。一般而言，社会力会被建模成关于邻居个体位置和速度的函数，以描述他们之间的交互关系，其中与邻居位置相关部分被称作是位置协同力，与邻居速度相关部分被称为是速度协同力。位置协同力用以刻画个体间的避障和空间聚集特性，而速度协同力用以刻画个体间的速度一致特性。社会力的具体实现形式有很多，例如，利用 Morse 势场，求取势场的梯度获得作用力的大小。不同形式的势场模型具有不同的运动特点，受到的力一般由自驱动力、位置协同力和速度协同力三种作用力的两种或三种构成。除此之外，外部环境中的刺激信息也可以建模成作用力的形式，用以描述个体对外部环境刺激的响应。在该类群集模型中，能否形成完整的群集运动跟所有个体的初始状态相关，如初始密度、运动速度等，容易产生分裂的现象。针对这一问题，Olfati-Saber 等人[87]通过在模型中引入速度、位置反馈项，以实现对虚拟领导者的跟踪，在实现分离、聚集、速度匹配的同时，有效避免了分裂的产生。

随着对真实生物群集行为研究的深入，人们逐渐认识到交互邻居的选择性对群集行为的重要影响，以往基于尺度距离的交互假设并不能反应信息在群集内部的传播特性，提出了不同交互模式的模型，如拓扑交互模型[88]、视线导引的交互模型[89, 90]、Voronoi 图交互模型[91]等。在 Lemasson 等人提出的基于视线导引的群集模型中[90]，个体根据周围个体在自身视网膜上形成的投影大小和运动方向来选择交互邻居。邻近个体在其视网膜上投影的大小隐含着该个体的大小和距离信息，而投影的移动速度隐含着邻居的速度和距离信息。若某一方位存在多个个体，较远的个体会被近距离的个体遮挡，这样只有最近的个体在视网膜上形成投影，实现了对部分个体的筛选和滤除。视线导引的群集模型提供了一种根据视觉感知信息来选择交互邻居的方法，可以实现感知负载和选择注意的平衡。Ginelli 等人[91]根据椋鸟群中发现的拓扑交互现象，提出了基于 Voronoi 图交互的 Vicsek 模型，这是一种非尺度距离的拓扑交互模式。Voronoi 图的特性使得个体所选择的邻居与他们之间的实际尺度距离无关，同时 Voronoi 图对应的 delaunay 三角具有最小角最大化的性质，保证了个体的邻居在角度上尽可能分布均匀[92]。Hildenbrandt 等人[93]在社会力模型的框架下建立了模拟鸟类集群飞行的群集模型 Star Display，采用固定邻居数目的拓扑交互模式，社会作用力由分离力、聚集力和速度一致力组成，同时引入环境作用力模拟鸟群在栖息地附近飞行受到的作用力，除此之外，引入个体飞行中所受到的升力、阻力和推力，以实现滚转运动模式。该模型能够产生一致的协调运动，且表现出与实际生物群集相近的特点[93-95]。

1.4 仿生物群集行为的自主集群

1.4.1 生物群集与无人机集群的映射机制

生物群集和无人机集群在直观上存在着诸多相似性[32](如表 1-2)。

表 1-2 生物群集和无人机集群的映射关系

特点	生物群集	无人机集群
组织结构的分布式	不存在中心节点，各自通过与邻近同伴进行信息交互	不存在指挥控制站，各无人机自主地进行决策
行为主体的简单性	个体能力(感知/行为)、遵循的行为规则非常简单	尺寸小、价格低廉，仅能携带部分传感器或载荷
作用模式的灵活性	对环境变化具有较强的适应性，能够躲避捕食者	应对信息不完全、环境不确定、高动态的任务环境
系统整体的智能性	组成的群体有着极高的效率，智能的涌现	规模效应使得其作战能力倍增，生存力提高

(1) 组织结构上的分布式

生物群集中不存在中心控制节点，各自通过与邻近同伴进行信息交互从而改变自身的行为；无人机集群中不存在传统意义上的指挥控制站，每架无人机根据自身感知到的局部信息，自主地进行行动和决策。

(2) 行为主体的简单性

生物群体中单个个体的能力或遵循的规则非常简单，每个个体仅执行一项或者有限的几项动作，并针对外部情况做出简单的几种反应，如蚂蚁、蜜蜂等无论从感知能力、运动能力，还是行为能力都极其简单；与普通的无人机不同，无人机集群一般要求无人机尺寸小、价格低廉，仅能携带一定的传感器或载荷，具有部分的感知能力，自主等级不高。

(3) 作用模式的灵活性

生物群体对环境变化往往具有较强的适应性，在遇到威胁和变化时能够快速一致地应对，如鸟群、鱼群在遇到捕食者时能迅速做出集体逃避动作；无人机集群多处于不完全、不确定、高动态的任务环境，需要具有较强的灵活性来获取平台更强的生存能力。

(4) 系统整体的智能性

群居性动物中，看似笨拙的个体行为通过相互协作却使它们组成的群体有着极高的效率，体现出智能的涌现；无人机集群一方面希望利用平台的数量实现其规模优势，另一方面也希望实现无人机集群通过相互的组织协调，引入智能性，实现能力的倍增。

无人机集群相对于单个无人机，具有更好的鲁棒性、适应性，如何对集群系统进行设计，使之能够相互协调合作，完成复杂的任务，具有非常重要的实际意义。目前对于多无人机，特别是无人机集群的设计，一般是采取自上而下的思想，严重依赖工程经验和反复试凑。基于行为的设计也是一种常见的方法，它通过对个体的行为进行配置和完善，直到得到满足要求的整体群集行为。这种自下而上的设计方法的灵感往往来源于对自然中生物群体的观察，加深群集行为和数学模型的理解可使设计更加简单。目前对于群集运动的理论建模研究，帮助研究者解释了群集行为和智能涌现的部分规律，但很多模型对于个体交互的定义大都建立在一些未经证实的假设之上，并无法完全揭示生物群集行为的内在机理。倘若有效掌握自然界群集行为与智能的产生机理，预测群集行为的发展演化，深刻理解系统进化的实质性规律，设计出一种完全自下而上的关于个体关联、群集运动、群体决策、智能涌现的群集控制方法，对于无人机集群的设计无疑有着重要的参考意义。

1.4.2 基于生物群集行为的集群自主控制

生物集群中所体现的分布式、自适应、鲁棒性等特点，与无人机集群实现协调自主控制的要求相符合[32]。通过研究生物群体智能，并将其映射到无人机集群自主控制领域中，可以提高其在复杂环境条件下的自主决策和规划能力，使得系统中的无人机仅仅在局部感知能力下，通过同其他无人机以及环境的相互作用实现复杂的行为模式。无人机通过收集和处理信息来适应环境，进行个体“知识”的更新。这样，无人机通过与集群中其他个体的交互，进行历史经验学习和社会学习，不断进化，从而获得更强的生存能力以及对环境的适应性，从集群的宏观尺度上表现为智能的涌现。若某个无人机出现故障，其他无人机检测不到其信号会自动填补其位置，在集群系统层面表现为具备“自愈”能力；若有新的无人机加入集群，只要与边界处的无人机建立通信，新的集群会迅速完成融合。这样，整个系统不仅具有强鲁棒性，同时在数量上的可扩展性极强。

前文提到的共识自主性是自然界中生物群体中的一个核心概念，它被用来表示是生物个体自治的信息协调机制。例如，蚂蚁的大脑或基因中并没有巢穴建造的计划、组织和控制机制，个体间也没有直接的交流，但是蚂蚁个体通过识别其他蚂蚁留下的信息素，达成共识，共同完成了复杂和精致的蚁巢建造。生物群体在没有控制中心和直接交流的条件下，通过同频共振识别其他个体遗留的信息和留存物，进行自发的后续活动，这就是共识自主性。这种间接的通信机制，为缺乏记忆、交流的简单个体提供了一种高效的合作机制。在无人机集群中，通信是无人机之间进行控制和决策行为的基础，传统意义上的通信是一种显式通信，需要装载机间高速数据链共享目标信息、态势信息和指挥控制信息，且往往处于强电磁干扰环境中。如果将生物群集中的共识自主性这种隐式通信和传统的数据链显式通信的优势结合起来，通过隐式通信进行群集成员之间的底层协调，在出现隐式通信无法解决的冲突或死锁时再利用显式通信进行协调加以解决，无疑能够增强群集系统的鲁棒性。从信息流的角度，研究群集内各成员之间的通信机制，既可以增强系统的协调协作能力、容错能力，又可提高通信效率，避免通信中的瓶颈效应。

通过对生物群集中的空间聚集性、运动的有序性、环境的适应性进行深入研究，建立群集运动理论模型，分析个体行为与群体特性之间的关系，可建立起微观个体和宏观整体之间的联系，从而指导群集系统的设计和控制，这样可根据系统的性能指标要求，通过对个体进行设计使得整个群体产生期望的行为。生物群集行为中的速度-精度权衡问题是一项重点的研究。从控制理论角度看，正反馈和负反馈作为群集行为的两个基本内在要素，对于群集智能行为的形成起到了重要的作用。其中，正反馈对初始时刻系统微弱的变化进行强化，促使系统应对外界环境变化，而负反馈起到阻尼作用，抑制扰动输入，正反馈对应快速性，负反馈对应稳定性(精度)。在群集行为中，这两种因素如何权衡，使得群体一方面能够快速应对环境变化(如鸟群在遇到捕食者时能迅速做出集体逃避动作)，另一方面群体在遇到一定干扰的情况下仍能够保持稳定性，即速度-精度的权衡，深入研究其内在作用过程有助于实现对群集的控制，也是群集行为智慧性的重要体现。

1.5 本书体系结构

本书核心内容分为群体智能模型、映射机理、无人机集群自主控制、集成验证四个部分。具体来说，第一部分群体智能模型分别对应第 2 章和第 3 章。其中第 2 章在分析 Vicsek 模型基础上，提出了三个改进模型；第 3 章建立了鸽群、雁群、狼群三种典型群居性生物的群体智能模型。第二部分映射机理对应于第 4 章从生物群体智能行为到无人机集群自主控制，本书在该章中通过设计无人机编队控制系统、无人机紧密编队控制系统以及避障导引方法实现将群体智能模型引入无人机集群自主控制。第三部分无人机集群自主控制对应于第 5 章至第 9 章。其中第 5 章提出了基于鸽群行为机制的无人机紧密编队及重构方法，以及无人机集群编队及避障方法；第 6 章提出了基于雁群行为机制的无人机编队保持，以及编队重构方法；第 7 章提出了基于狼群劳动分工的静态目标分配方法，以及基于狼群游猎的无人机协同动态目标分配方法；第 8 章在建立自组织运动群集模型的基础上，提出了无人机集群协同目标跟踪控制；第 9 章在分析基于群体智能的合作进化动力学基础上，提出了无人机连续资源分布式优化方法。第四部分集成验证对应于第 10 章基于群体智能的无人机集群自主协调集成飞行验证，本书在该章中分别验证了第 5 章至第 9 章中的无人机集群自主控制方法。全书共 11 章，其内容基本构成了一个完整的封闭体系，本书的具体组织结构如图 1-25 所示。

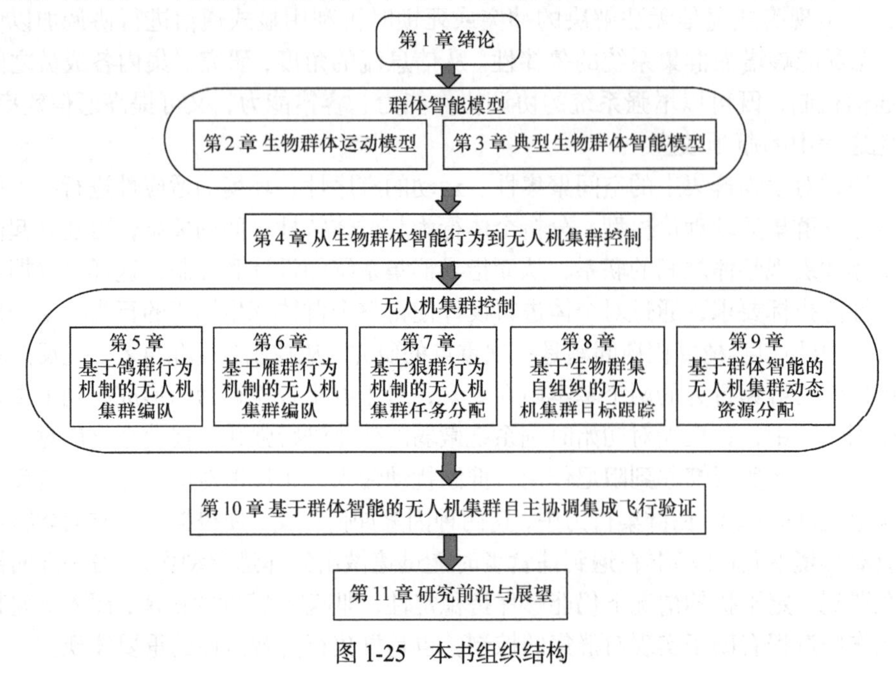

图 1-25　本书组织结构

1.6 本章小结

本章作为全书的第1章，介绍了无人机集群的发展现状，总结了其主要特点和亟待发展的关键技术。以鸽群、雁群和狼群三种典型群居生物为例，描述了其群体行为机制，总结了群体智能行为特点，并进一步简要介绍了现有的典型群体运动模型。在此基础上，分析了生物群集与无人机集群系统的映射机理。为了便于读者理清本书的撰写脉络和各章的逻辑关系，给出了本书的体系结构。

参考文献

[1] 段海滨, 邱华鑫, 陈琳, 等, 无人机自主集群技术研究展望[J]. 科技导报, 2018, 36(21): 90-98.
[2] 邱华鑫, 段海滨. 从鸟群群集飞行到无人机自主集群编队[J]. 工程科学学报, 2017, 39(3): 317-322.
[3] Lundquist E. H. Drone duties: the dull, the dirty, and the dangerous[J]. Naval Forces, 2003, 24(3): 20.
[4] Grassé P. P. La reconstruction du nid et les coordinations interindividuelles chezBellicositermes natalensis et Cubitermes sp. la théorie de la stigmergie: Essai d'interprétation du comportement des termites constructeurs[J]. Insectes Sociaux, 1959, 6(1): 41-80.
[5] 陈杰, 方浩, 辛斌. 多智能体系统的协同群集运动控制[M]. 北京: 科学出版社, 2017.
[6] Duan H. B., Zhang X. Y. Phase transition of vortexlike self-propelled particles induced by a hostile particle[J]. Physical Review E, 2015, 92(1): 012701
[7] 段海滨, 孙昌浩, 史玉回. 群体智能研究进展[J]. 中国自动化学会通讯, 2013, 34(3): 65-74.
[8] Bonabeau E. G., Dorigo M., Theraulaz G. Inspiration for optimization from social insect behavior[J]. Nature, 2000, 406: 39-42.
[9] http://www.swarm-intelligence.eu/
[10] http://www.ic-si.org/
[11] Bonabeau E., Dorigo M., Theraulaz G. Swarm intelligence: from natural to artificial systems[M]. Oxford University Press, 1999.
[12] Colorni A., Dorigo M., Maniezzo V. Distributed optimization by ant colonies[A]. Proceedings of the first European conference on artificial life[C]. The MIT Press, 1991: 134-142.
[13] Eberhart R. C., Shi Y. H., Kennedy J. Swarm Intelligence[M]. Elsevier, 2001.
[14] Kennedy J., Eberhart R. C. Particle swarm optimization[A]. Proceedings of IEEE International Conference on Neural Networks IV[C]. IEEE, 1995: 1942-1948.
[15] Shi Y. H., Eberhart R. C. A modified particle swarm optimizer[A]. Proceedings of IEEE International Conference on Evolutionary Computation[C]. IEEE, 1998: 69-73.
[16] 段海滨, 张祥银, 徐春芳. 仿生智能计算[M]. 北京: 科学出版社, 2011.
[17] Duan H. B., Shao S., Su B. W., et al. New development thoughts on the bio-inspired intelligence based control for unmanned combat aerial vehicle[J]. Science China Technological Sciences,

2010, 53(8): 2025-2031.

[18] 段海滨. 从群体智能到多无人机自主控制[J]. 系统与控制纵横, 2014, 1(2): 76-88.

[19] Qiu H. X., Wei C., Dou R., et al. Fully autonomous flying: from collective motion in bird flocks to unmanned aerial vehicle autonomous swarms[J]. Science China Information Sciences, 2015, 58(12): 1-3.

[20] 李明. 无人机系统发展中的若干问题[J]. 现代军事, 2007(6): 45-49.

[21] 赵煦. 走向智能自主的无人机控制技术[J]. 科技导报, 2017, 35(7): 1.

[22] 沈林成. 移动机器人自主控制理论与技术[M]. 北京: 科学出版社, 2011.

[23] 沈林成, 牛轶峰, 朱华勇. 多无人机自主协同控制理论与方法[M]. 北京: 国防工业出版社, 2013.

[24] Cambone S. Unmanned Aircraft Systems Roadmap 2005-2030[R]. Office of the Secretary of Defense, 2005.

[25] 陈宗基, 魏金钟, 王英勋, 等. 无人机自主控制等级及其系统结构研究[J]. 航空学报, 2011, 32(6): 1075-1083.

[26] Robert O. Small unmanned aircraft systems (SUAS) flight plan: 2016-2036[R]. United States Air Force, 2016.

[27] Fachey K. M., Miller M. J. Unmanned systems integrated roadmap 2017-2042[R]. Office of the Secretary of Defense, 2018.

[28] 王越超, 刘金国. 无人系统的自主性评价方法[J]. 科学通报, 2012, 57(15): 1290-1299.

[29] 范彦铭. 无人机的自主与智能控制[J]. 中国科学: 技术科学, 2017, 47(3): 221-229.

[30] 石鹏飞. 无人机自主控制技术发展与挑战[J]. 科技导报, 2017, 35(7): 32-38.

[31] Hauert S., Leven S., Varga M., et al. Reynolds flocking in reality with fixed-wing robots: communication range vs. maximum turning rate[A]. Proceedings of IEEE/RSJ International Conference on Intelligent Robots and Systems[C]. IEEE, 2011: 5015-5020.

[32] 段海滨, 李沛. 基于生物群集行为的无人机集群控制[J]. 科技导报, 2017, 35 (7): 17-25.

[33] Vasarhelyi G., Viragh C., Somorjai G., et al. Outdoor flocking and formation flight with autonomous aerial robots[A]. IEEE/RSJ International Conference on Intelligent Robots and Systems[C]. IEEE, 2014: 14-18.

[34] Virágh C., Vásárhelyi G., Tarcai N., et al. Flocking algorithm for autonomous flying robots[J]. Bioinspiration & Biomimetics, 2014, 9(2): 025012.

[35] Yong E. Autonomous drones flock like birds[EB/OL]. (2016-04-05)[2016-11-25]. http://www.nature.com/news/autonomous-drones-flock-like-birds-1.14776.

[36] Chung T. H., Clement M. R., Day M. A., et al. Live-fly, large-scale field experimentation for large numbers of fixed-wing UAVs[A]. IEEE International Conference on Robotics and Automation[C]. IEEE, 2016: 16-21.

[37] Day M. A., Clement M. R., Russo J. D., et al. Multi-UAV software systems and simulation architecture[A]. International Conference on Unmanned Aircraft Systems[C], IEEE, 2015: 426-435.

[38] Daniel P. Gremlins[EB/OL]. (2014-06-09)[2016-11-25]. http://www.darpa.mil/program/ gremlins.

[39] Ledé J.C. Collaborative operations in denied environment (CODE)[EB/OL]. (2015-01-21)[2016-11-25]. http://www.darpa.mil/program/collaborative-operations-in-denied-environment.

[40] DARPA Public Affairs. Operating in contested environments[EB/OL]. (2015-03-30)[2016-11-25]. http://www.darpa.mil/news-events/2015-03-30.
[41] Office of Naval Research. LOCUST: Autonomous, swarming UAVs fly into the future[EB/OL]. (2015-04-14)[2016-11-25]. http://www.onr.navy.mil/en/Media-Center/Press-Releases/2015/LOCUST-low-cost-UAV-swarm-ONR.aspx.
[42] DARPA Public Affairs. OFFSET envisions swarm capabilities for small urban ground units [EB/OL]. (2016-12-07)[2016-11-25]. http://www.darpa.mil/news-events/2016-12-07.
[43] Duan H. B., Yang Q., Deng Y. M., et al. Unmanned aerial systems coordinate target allocation based on wolf behaviors [J]. Science China Information Sciences, 2019, 62(1): 014201.
[44] 杨庆, 段海滨. 仿鸿雁编队的无人机集群飞行验证[J]. 工程科学学报, 2019, 41(12): 1599-1608.
[45] 段海滨, 霍梦真, 范彦铭. 仿鹰群智能的无人机集群协同与对抗[J].控制理论与应用, 2018, 35(12): 1812-1819.
[46] 解放军报. 国防科大智能科学学院试验无人机集群自主作战[EB/OL]. http://www.mod.gov.cn/topnews/2017-12/05/content_4799038.htm, 2017-12-05 /2018-04-13.
[47] 人民日报. 我国成功完成 119 架固定翼无人机集群飞行试验[EB/OL]. http://paper.people.com.cn/rmrb/html/2017-07/07/nw.D110000renmrb_20170707_4-20.htm, 2017-07-07/2018-04-13.
[48] 段海滨, 罗琪楠. 仿自然界鸽群行为的无人机集群自主控制[J]. 系统与控制纵横, 2018, 5(2): 28-36.
[49] Nagy M., Ákos Z., Biro D., et al. Hierarchical group dynamics in pigeon flocks[J]. Nature, 2010, 464(7290): 890-893.
[50] Nagy M., Vásárhelyi G., Pettit B., et al. Context-dependent hierarchies in pigeons[J]. Proceedings of the National Academy of Sciences, 2013, 110(32): 13049-13054.
[51] Magalhães P., White K.G. A good time to leave? The sunk time effect in pigeons[J]. Behavioural Processes, 2014, 105: 1-5.
[52] Turgut A. E., Çelikkanat H., Gökçe F., et al. Self-organized flocking in mobile robot swarms[J]. Swarm Intelligence, 2008, 2(2-4): 97-120.
[53] Shao J., Zheng W. X., Huang T. Z., et al. On leader-follower consensus with switching topologies: an analysis inspired by pigeon hierarchies[J]. IEEE Transactions on Automatic Control, 2018, 63(10): 3588-3593.
[54] Lin H. T., Ros I. G., Biewener A. A. Through the eyes of a bird: modelling visually guided obstacle flight[J]. Journal of the Royal Society Interface, 2014, 11 (96): 20140239.
[55] 周子为, 段海滨, 范彦铭. 仿雁群行为机制的多无人机紧密编队[J]. 中国科学: 技术科学, 2017, 47(3): 230-238.
[56] Bajec I. L., Heppner F. H. Organized flight in birds[J]. Animal Behaviour, 2009, 78(4): 777-789.
[57] Lissman P. B., Shollenberger C. A. Formation flight of birds[J]. Science, 1970, 168(3934): 1003-1005.
[58] John P. B. An analysis of function in the formation flight of Canada geese[J]. The Auk, 1998, 105(4): 749-755.
[59] Hainsworth F.R. Precision and dynamics of positioning by Canada geese flying in formation[J]. The Jounal of Experimental Biology, 1987, 128: 445-462.
[60] Malte A., Johan W. Kin selection and reciprocity in flight formation[J]. Behavioral Ecology, 2004, 15(1): 158-162.

[61] Heppner F. H., Convissar J. L., Moonan D. E., et al. Visual angle and formation flight in Canada geese (Branta Canadensis)[J]. The Auk, 1985, 102:195-198.

[62] Gould L. L., Heppner F. H. The vee formation of Canada geese[J]. The Auk, 1974, 91: 494-506.

[63] Rathbun A. P., Wells M. C., Bekoff M. Cooperative predation by coyotes on badgers[J]. Journal of Mammalogy, 1980, 61(2): 375-376.

[64] Mech L. D. Leadership in wolf, Canis lupus, packs[J]. Canadian Field Naturalists, 2000, 114(2): 259-263.

[65] Baan C., Bergmüller R., Smith W. D., et al. Conflict management in free-ranging wolves, Canis lupus[J]. Animal Behaviour, 2014, 90: 327-334.

[66] Jordan A. P., Shelton C. P., Allen L. D. Numbers, turnover, and social structure of the isle royale wolf population[J]. American Zoologist, 1967, 7(2): 233-252.

[67] Millonas M. M. Swarms, phase transitions, and collective intelligence[J]. 1993, 101(8):137-151.

[68] 段海滨. 蚁群算法原理及其应用[M]. 北京：科学出版社, 2005.

[69] Jadbabaie A., Lin J., Morse A.S. Coordination of groups of mobile autonomous agents using nearest neighbor rules[J]. IEEE Transactions on Automatic Control, 2003, 48(6): 988-1001.

[70] Tanner H. G., Jadbabaie A., Pappas G.J. Flocking in fixed and switching networks[J]. IEEE Transactions on Automatic Control, 2007, 52(5): 863-868.

[71] Olfati-Saber R. Flocking for multi-agent dynamic systems: algorithms and theory[J]. IEEE Transactions on Automatic Control, 2006, 51(3): 401-420.

[72] Levine H., Rappel W. J., Cohen I. Self-organization in systems of self-propelled particles[J]. Physical Review E, 2000, 63(1): 017101.

[73] Fine B. T., Shell D. A. Unifying microscopic flocking motion models for virtual, robotic, and biological flock members[J]. Autonomous Robots, 2013, 35(2-3): 195-219.

[74] Schellinck J., White T. A review of attraction and repulsion models of aggregation: methods, findings and a discussion of model validation[J]. Ecological Modelling, 2011, 222(11): 1897-1911.

[75] Giardina I. Collective behavior in animal groups: theoretical models and empirical studies[J]. HFSP Journal, 2008, 2(4): 205-219.

[76] Reynolds C. W. Flocks, herds and schools: adistributed behavioral model[J]. ACM SIGGRAPH Computer Graphics, 1987, 21(4): 25-34.

[77] Huth A., Wissel C. The simulation of the movement of fish schools[J]. Journal of Theoretical Biology, 1992, 156(3): 365-385.

[78] Vicsek T., Czirók A., Ben-Jacob E., et al. Novel type of phase transition in a system of self-driven particles[J]. Physical Review Letters, 1995, 75(6): 1226.

[79] Couzin I. D., Krause J., James R., et al. Collective memory and spatial sorting in animal groups[J]. Journal of Theoretical Biology, 2002, 218(1): 1-11.

[80] Mogilner A., Edelstein-Keshet L., Bent L., et al. Mutual interactions, potentials, and individual distance in a social aggregation[J]. Journal of Mathematical Biology, 2003, 47(4): 353-389.

[81] Aldana M., Dossetti V., Huepe C., et al. Phase transitions in systems of self-propelled agents and related network models[J]. Physical Review Letters, 2007, 98(9): 095702.

[82] Chaté H., Ginelli F., Grégoire G., et al. Modeling collective motion: variations on the Vicsek model[J]. The European Physical Journal B, 2008, 64(3-4): 451-456.

[83] Tian B. M., Yang H. X., Li W., et al. Optimal view angle in collective dynamics of self-propelled agents[J]. Physical Review E, 2009, 79(5): 052102.

[84] Zhang X., Jia S., Li X. Improving the synchronization speed of self-propelled particles with restricted vision via randomly changing the line of sight[J]. Nonlinear Dynamics, 2017, 90(1): 43-51.

[85] Couzin I. D., Krause J., Franks N. R., et al. Effective leadership and decision-making in animal groups on the move[J]. Nature, 2005, 433(7025): 513-516.

[86] Leonard N. E., Fiorelli E. Virtual leaders, artificial potentials and coordinated control of groups[A]. Proceedings of 40th IEEE Conference on Decision and Control[C], IEEE, 2001: 2968-2973.

[87] Olfati-Saber R., Murray R.M. Consensus problems in networks of agents with switching topology and time-delays[J]. IEEE Transactions on Automatic Control, 2004, 49(9): 1520-1533.

[88] Ballerini M., Cabibbo N., Candelier R., et al. Interaction ruling animal collective behavior depends on topological rather than metric distance: Evidence from a field study[J]. Proceedings of the National Academy of Sciences, 2008, 105(4): 1232-1237.

[89] Lemasson B. H., Anderson J. J., Goodwin R. A. Motion-guided attention promotes adaptive communications during social navigation[J]. Proceedings of the Royal Society B: Biological Sciences, 2013, 280(1754): 20122003.

[90] Lemasson B., Anderson J., Goodwin R. Collective motion in animal groups from a neurobiological perspective: The adaptive benefits of dynamic sensory loads and selective attention[J]. Journal of Theoretical Biology, 2009, 261(4): 501-510.

[91] Ginelli F., Chaté H. Relevance of metric-free interactions in flocking phenomena[J]. Physical Review Letters, 2010, 105(16): 168103.

[92] Aurenhammer F. Voronoi diagrams-a survey of a fundamental geometric data structure[J]. ACM Computing Surveys (CSUR), 1991, 23(3): 345-405.

[93] Hildenbrandt H., Carere C., Hemelrijk C.K. Self-organized aerial displays of thousands of starlings: A model[J]. Behavioral Ecology, 2010, 21(6): 1349-1359.

[94] Hemelrijk C. K., Hildenbrandt H. Some causes of the variable shape of flocks of birds[J]. PLoS ONE, 2011, 6(8): e22479.

[95] Hemelrijk C. K., Van Zuidam L., Hildenbrandt H. What underlies waves of agitation in starling flocks[J]. Behavioral Ecology and Sociobiology, 2015, 69(5): 755-764.

第 2 章　生物群体运动模型

2.1　引　　言

无论鸟群在空中的集群飞翔，或大型哺乳动物群体在地面上的集群奔跑，以及鱼群在水中的集群巡游，生物群体内部协调合作的一个首要条件就是个体之间实现同步运动，即速度一致[1-3](如图 2-1)。随着时间演化，群体系统中在空间随机分布着的有一定规模的个体间经由基于局部信息的相互耦合作用，在无中心控制节点及全局通信的情形下，所有个体的运动方向可趋于一致从而形成同步运动[4-6]。

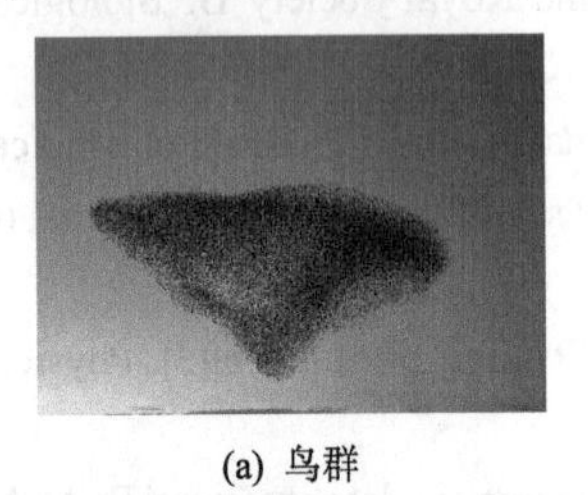

(a) 鸟群

(b) 羊群

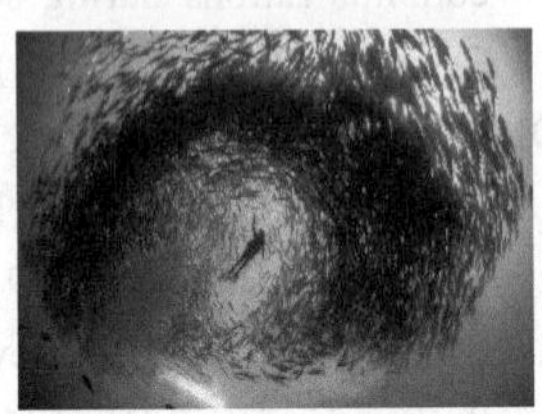

(c) 鱼群

图 2-1　自然界中的群集行为

经典的生物群体运动模型有 Reynolds 模型、Vicsek 模型、Couzin 模型、Cuker-Smale 模型等。本章以 Vicsek 模型为例，重点研究 Vicsek 模型及其改进模型的相关特性。在 Reynolds 的群体运动规则中，速度一致(或同步)规则是群体之间实现协调合作的重要条件[7, 8]。为了真实地模拟自然界中大量生物个体聚集过程中产生的同步运动现象，Vicsek 从统计力学的角度建立了一个简单但又不失其本质的群体运动模型——Vicsek 模型(Vicsek Model，VM)[9, 10]。Jadbabaie 等人[11]在 Vicsek 模型中引入了由所有个体位置关系形成的邻居图序列，并从理论上证明了如果这些邻居图按照某种一致的方式联合连通时，群体将实现同步。Vicsek 模型最初是用于研究由大量群体构成的非平衡系统中的聚簇(Cluster)、平移(Transport)和相变(Transition)行为，但是借助该模型能够便捷而有效地对大规模群体运动的同步行为进行仿真模拟，从而引发了数学、凝聚态物理、计算机网络以及控制理论等多个专业研究者的持续关注。近年来，借助于 Vicsek 模型对群体系统同步运动的研究十分活跃，大量的新成果不断涌现出来。这些研究成果在多智能体、无人机集群以及导弹集群系统的分布式控制、决策与管理方面也发挥了重要的作用[12]。

在 Vicsek 模型中，每个个体可全方位感知到所有位于自身感知范围内邻居个体，无论邻居个体的位置是在自身运动方向的前方、侧方，还是位于身后。实际上，Vicsek 模型隐含了一个基本的假定，即个体的感知视场是全角度的，或者说每个个体都具有 360°的全景视角。对于自然界中的蜻蜓、果蝇等具有复眼的昆虫，它们的视场角度最大确实可接近 360°，但是对于更多的动物个体来说，它们的视场角度往往是有限的[13, 14]。例如，人类通常是 120°，当集中注意力时约为五分之一，即 25°；鸟类中鸽子的最大视场角度大约为 300°，而鹰的有效视场角度大约为 200°，部分鱼类的视场角度可达到 300°。表 2-1 列出了部分鸟类的视场范围大小[15]。可见，Vicsek 模型的全局视场角度假定并不能反映生物群体运动的真实情境。出于此点考虑，Tian 等人[16-18]将有限视场角度限制引入到了基本的 Vicsek 模型中，即每个个体只能接收到有限视场角度内的邻居个体信息，仿真结果显示存在一个最优的视场角度使得群体系统能够最快收敛到方向同步状态。Couzin 模型中[19]在对群体运动进行建模研究时也提出了视场角度的问题，认为个体存在 360°–α 的视野盲区，α 取值范围为 200°—360°。在 Vicsek 模型中引入有限视场角度本意是为了真实地模拟动物群体，但实际测试结果证明有限视场角度能够提高基本 Vicsek 模型的同步效率。这一研究成果从侧面表明了基本 Vicsek 模型中的个体对邻居信息的利用存在冗余，即个体并不需要接收到全视场内的所有邻居信息，邻居个数的增加并不一定意味着同步效率的提高。无独有偶，Ballerini 等人[20]在最近的研究中发现，鸟群中的个体在运动中仅与周围距离最近的 6—7 个邻居存在交互关系，且与群体的密度和邻居的距离不相关。此外，生物个体大多具有记忆能力，历史信息对于个体的即时行为决策有着不可忽略的影响。George 等人[21]在研究中认为，如果能够有效地利用历史邻居信息，也将会提高群体的同步收敛速度。

表 2-1　一些鸟类的视场范围大小　(单位：°)

	单目视场范围	中央眼视场范围	双目视场范围
灰林鸮	124	201	48
欧椋鸟	161	286	36
鸽子	169	316	22
牛背鹭	167	321	22.5
黄池鹭	167	324	18
岩鹭	168	320	15
绿头野鸭	183	360	8
丘鹬	182	359	4.5

本章针对 Viscek 模型中群体系统由随机初始无序状态到速度同步状态的转变，研究了群体系统的同步运动加速收敛方法，主要包含三方面的内容：

1) 考虑到自然界中的动物仅具有有限的视场角度这一事实情况，提出了具有有限视场角以及随机视线方向的群体运动模型，个体可通过调整视线方向来弥补有限视场角度带来的限制。

2) 针对在群体运动中的个体仅能获得固定数目的邻居信息，即“拓扑交互规则”，提出的改进模型使得固定数目的邻居个体均匀分布自身周围各个方向上，从而避免邻居对自身视线的遮蔽。

3) 为了使个体在运动中能够充分利用到历史运动信息，将分数阶微积分引入到基本 Vicsek 模型中，使个体按照分数阶计算规则对自身运动方向进行更新。通过仿真实验分别对三种改进模型进行了测试，统计结果验证了三种改进模型有效地提高了 Vicsek 模型的同步效率。

2.2 Vicsek 模型

2.2.1 模型描述

在基本 Vicsek 模型中[9]，由 N 个自治的个体(或粒子)组成离散时间系统，用集合 $\Sigma=\{1,2,\cdots,N\}$ 表示所有个体构成的集合，个体的初始位置和运动方向均是随机分布。所有个体都在 $L\times L$ 的平面区域内自由移动，且设定该平面区域具有周期性边界条件。每一时刻的个体运动速率恒定，运动方向则是依照其所有邻居运动角度的矢量平均来进行更新，且方向更新过程中还会受到一个均值为零的噪声信号的干扰。

为便于研究，在基本的 Vicsek 模型中对系统作如下假设：

假设 2-1 群体中的所有个体在二维平面上运动，忽略群体内的个体质量以及形状大小，所有个体均视为质点。

群体中的所有个体均具有相同的感知能力，每个个体只能感知到其邻域范围内邻居个体的信息。个体 i 的邻居由以个体自身的当前位置 $\vec{x}_i(t)\in \mathrm{R}^2$ 为中心，与该个体的欧氏距离小于感知范围 $R>0$ 的个体组成。用 $\Gamma_i(t)$ 表示个体 i 在 t 时刻的邻居组成的集合，即

$$\Gamma_i(t)=\left\{j \middle| \|\vec{x}_j(t)-\vec{x}_i(t)\|\leqslant R, j=1,2,\cdots,N\right\} \tag{2-1}$$

式中，$\|\cdot\|$ 为向量的欧式距离。显然，个体 i 的邻居是以其自身位置 $\vec{x}_i(t)$ 为中心、以感知范围 R 为半径的圆形区域内的所有个体(如图 2-2)。且每个个体都是自身的邻居。

所有个体都具有相同的速率 v_0，个体 i 在 t 时刻的运动方向为 $\theta_i(t)\in(-\pi,\pi]$ 为，则其速度矢量为 $\vec{v}_i(t)=\left[v_0\cos\theta_i(t), v_0\sin\theta_i(t)\right]^{\mathrm{T}}$。个体 i 在 t+1 时刻的位置按照

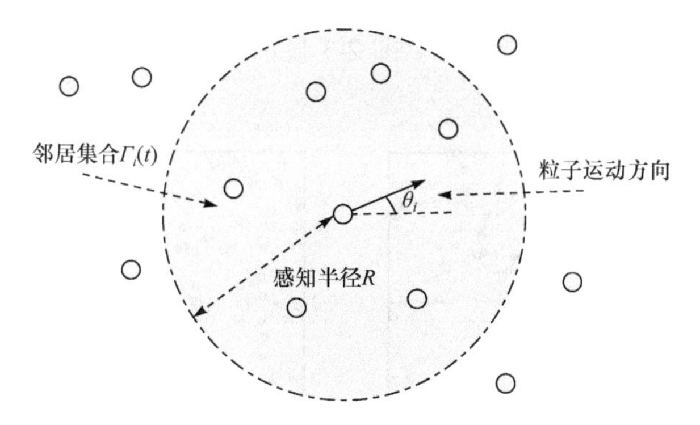

图 2-2　Vicsek 模型中的邻居范围示意图

下式进行更新

$$\vec{x}_i(t+1)=\vec{x}_i(t)+\vec{v}_i(t) \tag{2-2}$$

每个个体的运动方向按照下式进行更新

$$\theta_i(t+1)=\langle\theta_i(t)\rangle_\Gamma+\xi_i(t) \tag{2-3}$$

式中，$\xi_i(t)$为$[-\eta,\eta]$上均匀分布的噪声信号；$\langle\theta_i(t)\rangle_\Gamma$表示个体 i 包含自身在内的所有邻居个体的平均运动方向。$\langle\theta_i(t)\rangle_\Gamma$可用下式进行计算

$$\langle\theta_i(t)\rangle_\Gamma=\arctan\frac{\sum_{j\in\Gamma_i(t)}\sin\theta_j(t)}{\sum_{j\in\Gamma_i(t)}\cos\theta_j(t)} \tag{2-4}$$

在复平面上也可将 Vicsek 模型的位置和运动方向的更新公式表示为如下形式

$$\vec{x}_i(t+1)=\vec{x}_i(t)+v_0\mathrm{e}^{\mathrm{i}\theta_i(t)} \tag{2-5}$$

$$\mathrm{e}^{\mathrm{i}\theta_i(t+1)}=\mathrm{e}^{\mathrm{i}\xi_i(t)}\frac{\sum_{j\in\Gamma_i(t)}\mathrm{e}^{\mathrm{i}\theta_j(t)}}{\left\|\sum_{j\in\Gamma_i(t)}\mathrm{e}^{\mathrm{i}\theta_j(t)}\right\|} \tag{2-6}$$

Vicsek 模型虽然形式简单，却可以进行上千个体的群体运动仿真，是研究群体运动行为的有力工具。

2.2.2　性能参数

定义 2-1：(方向同步)　由 N 个个体组成的群体系统，如果存在某一时刻 $t_0>0$，使得当$t\geqslant t_0$时，有$\theta_i(t)=\theta_j(t)$，$\forall i,j=1,2,\cdots,N$，则称群体系统在t_0时刻达到了方向同步；如果对任意的$\theta_i(0)$，$\forall i=1,2,\cdots,N$，在$t\to\infty$时满足

$$\lim_{t\to\infty}\theta_i(t)=\lim_{t\to\infty}\theta_j(t)，\quad\forall i,j \tag{2-7}$$

则称群体系统渐近地达到方向同步。图 2-3 显示了 Vicsek 模型由初始随机运动状态最终收敛到了同步状态。

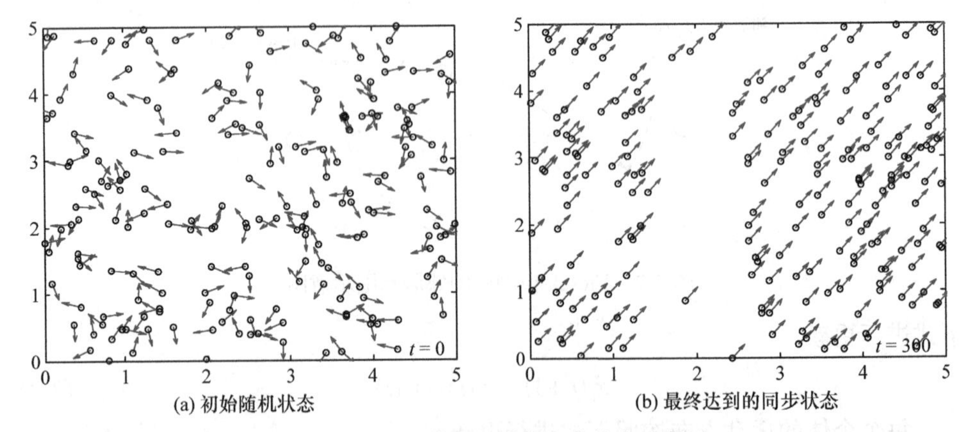

(a) 初始随机状态　　(b) 最终达到的同步状态

图 2-3　Vicsek 模型的群体运动状态示意图

定义 2-2：(序参量)[22]　表征群体系统中所有个体运动方向同步程度的指标，称为群体系统的序参量，按照如下方式计算

$$V_a(t) = \frac{1}{Nv_0}\left\|\sum_{i=1}^{N}\vec{v}_i(t)\right\| = \frac{1}{N}\left\|\sum_{i=1}^{N}\mathrm{e}^{\mathrm{i}\theta_i(t)}\right\| \tag{2-8}$$

群体系统的的序参量，又叫极化程度、有序度，可看作是所有粒子的归一化平均速率。序参量越大，表示群体运动方向同步的程度越高。当序参量为 1 时，表示有个体朝着相同的方向运动，即达到了方向同步。反之，序参量取值越小，则群体运动方向的同步程度越低，所有个体的运动方向越杂乱无章。

定义 2-3：(收敛时间)　由 N 个个体组成的群体系统，如果存在某一时刻 $t_0 > 0$，使得当 $t \geqslant t_0$ 时，有 $\theta_i(t) = \theta_j(t), \forall i, j = 1, 2, \cdots, N$，则称 t_0 时刻为群体系统的收敛时间。

Vicsek 模型在不考虑噪声情况下，所有个体均能够渐近地达到方向同步。离散系统仿真中，一般将群体的序参量达到 0.99 时所用的最短仿真步长作为系统的收敛时间，即

$$T_c = \min_{V_a(t) \geqslant 0.99} t \tag{2-9}$$

式中，收敛时间 T_c 表征群体运动达到方向同步的效率。

定义 2-4：(平均邻居个体数)　设 $n_i(t) = |\Gamma_i(t)|$ 为个体 i 在 t 时刻的邻居个体数量，则群体系统在 t 时刻的平均邻居个体数为

$$\overline{n}(t) = \frac{1}{N}\sum_{i=1}^{N} n_i(t) \tag{2-10}$$

平均邻居个体数能够表征群体中个体间交互作用的规模以及个体在决策过程中所需要的信息量。

在存在噪声干扰的情况下，即便经过长时间的演化，群体系统的序参量仍然表现为上下波动，而不会稳定地收敛到 1。为了考察噪声干扰下群体系统的同步运动，在统计意义上引入了群体系统稳态统计序参量的概念。

定义 2-5：(稳态统计序参量)　当系统演化较长时间($t_S \gg 0$)后，统计某段时间($n_S > 0$)上序参量的均值，记为群体系统的稳态统计序参量，如下所示

$$\phi_S(\eta) = \frac{1}{n_S} \sum_{t=t_S+1}^{t_S+n_S} V_a(t) \tag{2-11}$$

式中，可取 $t_S = 2500$， $n_S = 500$ [17]。

2.2.3　个体分布图

个体分布图记录了整个群集中每个粒子与其他粒子间的相对位置关系。绘制原理是分别以每个粒子作为参考点，计算该粒子与其余粒子间的距离 $\|\vec{x}_i(t) - \vec{x}_j(t)\|$ 以及到其余粒子的视线角 $\text{angle}(\vec{x}_i(t) - \vec{x}_j(t)) - \theta_i(t)$，然后将所有粒子与其余粒子的相对位置关系汇总[23]。如图 2-4 所示，将运动平面均匀划分为若干网格，分别统计粒子相对位置落在各网格内的数量，将网格内粒子数量相对于网格位置的分布图绘出，即为整个群体的个体分布图。

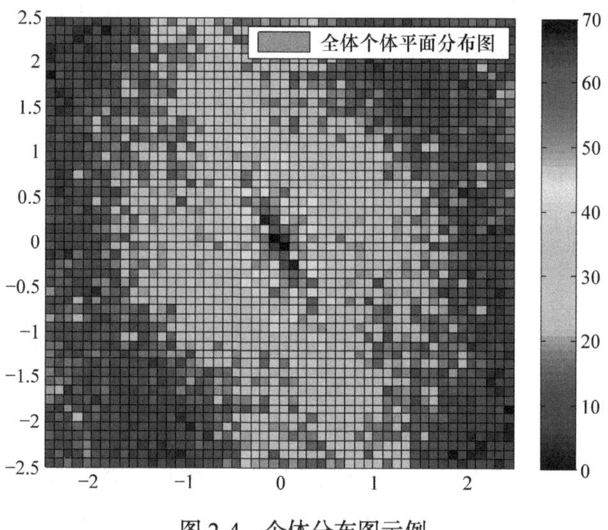

图 2-4　个体分布图示例

个体分布图反映了整个群体的宏观分布规律。根据观察到的鸟群运动现象，

绘制个体分布图，并以之为评价工具，通过比较采用不同通信机制仿真得到的个体分布图，来寻找最接近鸟群运动中实际情况的通信机制[13]。

2.3 基于随机视线方向的 Vicsek 模型

尽管动物的视场角度有限而不易看到视场以外的区域，但它们往往可通过视线的转动扩大自身的观察区域。比如人类的视场虽然只有约 120°，但是却可以通过眼珠的移动使得人的运动视场达到 150°，并且通过头的转动看到身后信息。而在 Tian 等人的有限视场角模型[17]中，有限视场边界对称分布于个体运动方向两侧，即个体只能“正视”前方，这一假定同样与真实的群体运动情境不符。本节在基本 Vicsek 模型的基础上，提出带有有限视场角度及随机视线方向的群体运动模型。在改进模型中，个体可以通过调整视线方向以获取更大范围内的信息。个体的视场围绕着自身的运动方向随机左右摆动，而位于焦点个体感知半径范围内的邻居都会以一定的概率被焦点个体“看”到，这一处理方式能够有效地提高了群体系统的收敛效率。

需要指出的是，Calvão 等人[24]在最近的研究中同样提出了有限视场范围和凝视方向(Gazing Direction)的概念，用来对群体的有序聚集行为进行建模。但该模型中个体的视线方向并不能随意改变，而是总朝向视场范围内距离自己最近的邻居并向此方向移动。Calvão 等人的模型[24]主要用来解释群体如何形成有序的聚集结构。而在本节的改进模型中，个体的视线方向一般不沿着自身运动方向，而是围绕运动方向按正态分布随机变化。

2.3.1 模型描述

改进模型在 Vicsek 模型的基础上引入了有限视场限制和随机视线方向策略，称之为随机视线方向模型(Random LOS Vicsek Model, RLosVM)，下面分别给出描述。

(1) 随机视线方向

个体在运动时，总是不停地调整自身的视线方向。个体 i 通常在运动过程中所关注的区域不局限于正前方，导致个体的视线方向 $\overline{LOS_i}$ 与运动方向 $\vec{v}_i$ 并不重合，而是存在一个从运动方向到视线方向的视线偏角 $\vartheta_i(t)\in[-\pi,\pi]$，如图 2-5 所示。

本节提出的改进模型假设个体视线方向在运动方向周围随机变化，其变化规律服从正态分布，即 $\vartheta_i(t)\sim N(0,\sigma^2)$，其中 σ 为视线偏角变化的标准差，均值为 0 表明个体“看”向正前方的概率要大于“扭头看”向左右侧的概率。

(2) 有限视场角

设个体$i=1,2,\cdots,N$的视场角度为$\omega\in(0,2\pi]$，则与个体i的视线方向左右夹角为$\omega/2$的视场边界之间的区域构成的个体的视场范围，只有位于该区域内的个体才有可能成为个体i的邻居，视场左右边界如图 2-5 中的实线所示。

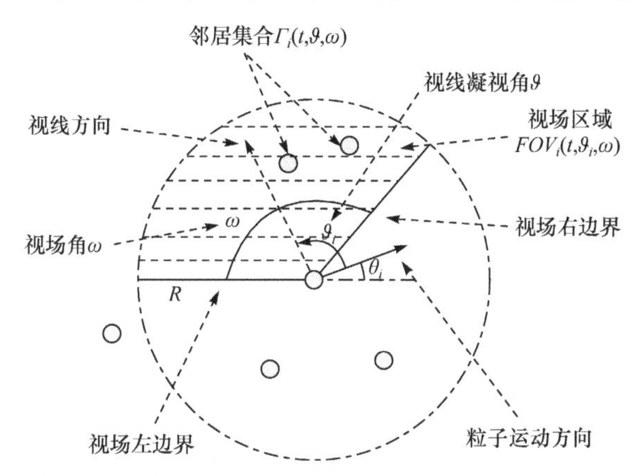

图 2-5　个体邻居集合与视场角、视线方向关系示意图

设$FOV_i(\vartheta_i(t),\omega)$为个体$i$在$t$时刻的视场范围，$\Gamma_i(\vartheta_i(t),\omega)$为个体$i$在$t$时刻的邻居集合，则有

$$\begin{aligned}&\Gamma_i(\vartheta_i(t),\omega)\\&=\left\{j\middle|\vec{x}_j(t)\in FOV_i(\vartheta_i(t),\omega),j=1,\cdots,N\right\}\\&=\left\{j\middle|\ \|\vec{x}_j(t)-\vec{x}_i(t)\|\leqslant R\ \wedge\ \left\langle\overrightarrow{x_ix_j},\overrightarrow{LOS_i}\right\rangle\leqslant\frac{\omega}{2},j=1,\cdots,N\right\}\end{aligned}\tag{2-12}$$

式中，$\overrightarrow{x_ix_j}$为由个体i指向个体j的向量；$\left\langle\overrightarrow{x_ix_j},\overrightarrow{LOS_i}\right\rangle$为两个向量之间的夹角，表示个体$j$相对于个体$i$视线方向的方位角。

在模型中考虑视场角度与视线方向后，RLosVM 模型中个体运动的更新方式可表示为

$$\mathrm{e}^{\mathrm{i}\theta_i(t+1)}=\mathrm{e}^{\mathrm{i}\Delta\theta}\frac{\sum\limits_{j\in\Gamma_i(\vartheta_i(t),\omega)}\mathrm{e}^{\mathrm{i}\theta_j(t)}}{\left\|\sum\limits_{j\in\Gamma_i(\vartheta_i(t),\omega)}\mathrm{e}^{\mathrm{i}\theta_j(t)}\right\|}\tag{2-13}$$

注 2-1　当视线偏角变化标准差$\sigma=0$时，有$\vartheta_i(t)=0,\ \forall t$，个体的视线方向将始终沿着自身的运动方向。此时，RLosVM 模型等效于 Tian 等人提出的有限视角模型[17]。

注 2-2　当视场角度$\omega=2\pi$时，无论σ如何取值，个体都能看到周围感知范

围内的所有邻居个体。此时，RLosVM 模型完全等效于基本 Vicsek 模型(2-5)。因此，基本 Vicsek 模型[9]以及 Tian 等人[17]的有限视角模型都可以视作 RLosVM 的特殊情况。

2.3.2　随机视线方向对邻域范围的影响

个体受到有限视角的限制,使得周围的邻居不能完全进入焦点个体的视场内。但由于个体的视线方向的调整，当前时刻位于个体视场外的邻居有可能在下一时刻进入到焦点个体的视场范围内。个体在运动过程中，前方各个相对方向上的邻居个体都会以一定的概率进入焦点个体的视场内，而这一概率与 ω 、σ 有关。

由于随机视线偏角 ϑ 的取值服从正态分布 $N(0,\sigma^2)$ ，且考虑到角度变量的周期性，视线偏角 ϑ 的概率密度为

$$f(\vartheta)=\sum_{n=0,\pm1,\pm2,\cdots}\frac{1}{\sqrt{2\pi}\sigma}\mathrm{e}^{-\frac{(\vartheta+2n\pi)^2}{2\sigma^2}} \tag{2-14}$$

对于与个体运动方向的相对方位角度为 $\phi\in(-\pi,\pi]$ 的某一方向来说，个体的视线偏角 $\vartheta\in[\phi-\omega/2,\phi+\omega/2]$ 时，都可以将该方向上的邻居个体纳入到自身的邻居集合中。因此，将上式从 $\phi-\omega/2$ 到 $\phi+\omega/2$ 做积分，便可得到与焦点个体运动方向成相对方位角 ϕ 上的邻居个体被“看”到的概率，即

$$P(\phi)=\int_{\phi-\omega/2}^{\phi+\omega/2}f(\vartheta)\mathrm{d}\vartheta \tag{2-15}$$

图 2-6 给出了个体向前运动时，其周围各个方位处在视场范围内的概率，这里横坐标表示的相对方位角 ϕ 为与个体运动方向之间的夹角，位于个体左侧为正，位于右侧为负。图 2-7 用深度图形式显示了个体对四周方向的关注概率，颜色越

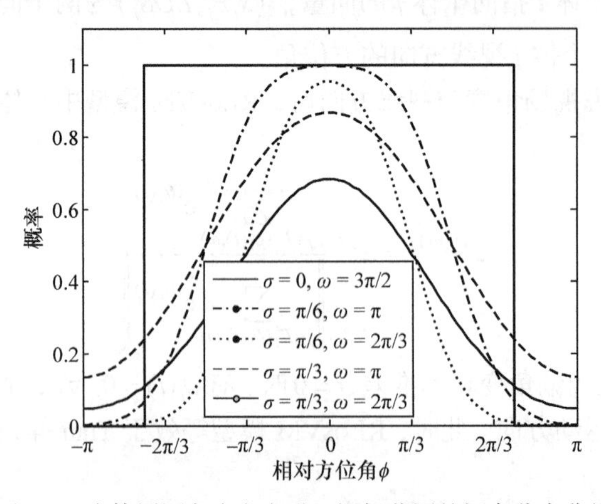

图 2-6　个体周围各个方向进入视场范围的概率分布曲线

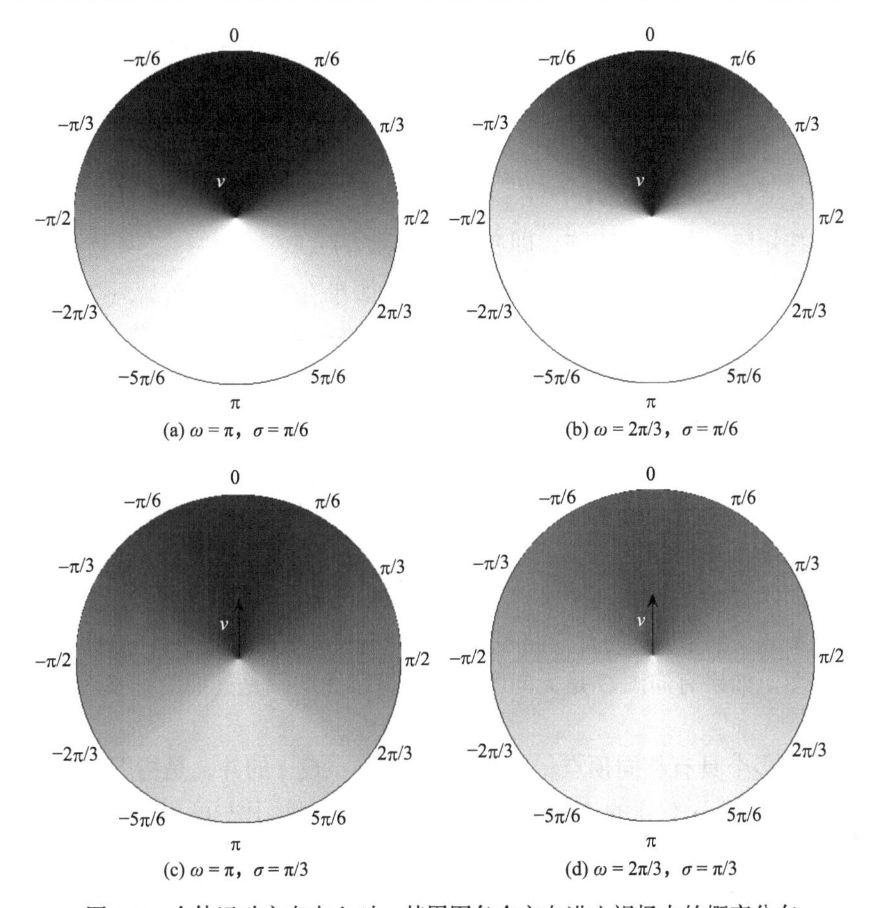

(a) $\omega=\pi$，$\sigma=\pi/6$　(b) $\omega=2\pi/3$，$\sigma=\pi/6$

(c) $\omega=\pi$，$\sigma=\pi/3$　(d) $\omega=2\pi/3$，$\sigma=\pi/3$

图 2-7　个体运动方向向上时，其周围各个方向进入视场内的概率分布

深表示被关注的概率越大。显然，对于视场角 $\omega=2\pi$ 的基本 Vicsek 模型，对任意的 ϕ 都有 $P(\phi)=1$。当视线偏角标准差 σ 相等时，ω 越大，则个体四周所有方向上的邻居被关注到的概率越大。在视场角 ω 相等时，σ 越小，则个体注意身前区域的概率越大；而 σ 越大，则个体的视场分布越分散，其身后区域被关注的概率被提高。对比 Tian 等人提出的有限视场角度模型[17]，RLosVM 模型引入了随机视线方向后，位于个体后方的区域也有一定的概率被个体关注到，从而使个体的视场范围变大。

2.3.3　同步性能分析

(1) 图论基础[25-27]

加权有向图 $G=(V,E,A)$，其中有限非空集合 $V=\{1,\cdots,n\}$ 是图 G 的节点集，V 中的元素是节点的编号，$E\subset V\times V$ 是图 G 的边集，有向边 $e_{ij}=(i,j)\in E$ 表示存

在从节点 i 到节点 j 的有向通路，$A=[a_{ij}]\in\Re^{n\times n}$ 是图 G 的加权邻接矩阵，A 中的元素 a_{ij} 是有向边 e_{ji} 的权重，并且有 $a_{ij}>0$、$a_{ii}=0$ 以及 $a_{ij}>0\Leftrightarrow e_{ji}\in E$，$\forall i,j\in V$。图 G 的阶，也是它的节点数，记为 $|G|=|V|=n$。

如果 $e_{ij}\in E\Leftrightarrow e_{ji}\in E,\forall i,j\in V$，那么图 G 是无向图。无向图是有向图的特例，其加权邻接矩阵 A 是对称矩阵，即有 $a_{ij}=a_{ji},\forall i,j\in V$。

对有向图 G 中的任意两个节点 i 和 j，如果存在集合 $\{k_1,k_2,\cdots,k_l\}$，使得 $a_{ik_1}>0$，$a_{k_1k_2}>0$，$\cdots$，$a_{k_lj}>0$ 都成立，则称存在一条从节点 i 到节点 j 的有向路径。对任意有向边 $e_{ij}\in E$，称节点 i 是节点 j 的父节点，节点 j 是节点 i 的子节点。有向树是一个有向图，其中每个节点除根外都有且仅有一个父节点，根没有父节点，根到其他任意节点都有一条有向路径。有向图 G 的有向生成树是一个包含 V 中所有节点的有向树。如果有向图 G 包含一个是它的有向生成树的子图，则称有向图 G 含有有向生成树。

对有向图 G 中的任意两个节点 i 和 j，如果同时存在从节点 i 到节点 j 的有向路径和从节点 j 到节点 i 的有向路径，那么有向图 G 是强连通的，也称有向图 G 是强连通图。如果有向图 G 是无向图，那么简称无向图是连通的，或者无向图是连通图。

图 G 是多个具有相同顶点集 V 的图 $\{G_1,G_2,\cdots,G_m\}$ 的并，是指图 G 的边集 E 是所有图 $\{G_1,G_2,\cdots,G_m\}$ 的边集 $E_1,E_2,\cdots,E_m$ 的并。我们说 $\{G_1,G_2,\cdots,G_m\}$ 是联合连通是指它们的并图 G 是连通的。

(2) 理论分析

为了便于分析模型的同步性，这里利用 Jadbabaie A.等人[11]提出的方法，忽略随机噪声信号，将式(2-13)中的 RLosVM 模型角度更新变为如下线性化形式

$$\theta_i(t+1)=\frac{1}{n_i(t,\vartheta_i,\omega)}\sum_{j\in\Gamma_i(t,\vartheta_i,\omega)}\theta_j(t) \tag{2-16}$$

式中，$n_i(t,\vartheta_i,\omega)=|\Gamma_i(t,\vartheta_i,\omega)|$ 为个体 i 在 t 时刻视场范围内邻居个体的数量。相应地，粒子运动方向更新公式可写成如下矩阵形式

$$\boldsymbol{\Theta}(t+1)=H(t)\boldsymbol{\Theta}(t) \tag{2-17}$$

式中，状态变量 $\boldsymbol{\Theta}(t)=[\theta_1(t),\theta_2(t),\cdots,\theta_N(t)]^{\mathrm{T}}$，状态转移矩阵 $H(t)$ 中各元素为

$$h_{ij}(t)=\begin{cases}\dfrac{1}{n_i(t,\vartheta_i,\omega)}, & 若\ j\in\Gamma_i(t,\vartheta_i,\omega)\\ 0, & 否则\end{cases} \tag{2-18}$$

记由所有 n 阶加权邻接矩阵组成的集合为 P，对于任意一个 $p\in P$，都可以

对应于某一个图 G_p。设邻接矩阵 A_p 中的所有非零元素为 1，即 $a_{ij}=1$、$a_{ii}=0$ 且 $a_{ij}>0 \Leftrightarrow e_{ji}\in E$，$\forall i,j\in V$；对角阵 $D_p = diag(d_1,d_2,\cdots,d_n)$，其中 $d_i=\sum_{j=1}^{n} a_{ij}$；定义矩阵乘积

$$F_p=(I+D_p)^{-1}(A_p+I) \tag{2-19}$$

因此，线性化 Vicsek 模型也可表示为如下形式

$$\boldsymbol{\Theta}(t+1)=F_{p(t)}\boldsymbol{\Theta}(t) \tag{2-20}$$

式中，下标 $p(t)$ 对应于群体在 t 时刻的邻接关系形成的图。可知，$F_{p(t)}=H(t)$。

引理 2-1 离散时间系统 $\boldsymbol{\Theta}(t+1)=H(t)\boldsymbol{\Theta}(t)$ 渐进达到一致的充分必要条件为，当时间 $t\to\infty$ 时，有

$$H(t-1)H(t-2)\cdots H(2)H(1)H(0)\to \boldsymbol{1}_n\boldsymbol{c}^{\mathrm{T}} \tag{2-21}$$

式中，$\boldsymbol{1}_n$ 为元素全为 1 的 n 维列向量；$\boldsymbol{c}$ 为 n 维常数列向量。

证明 注意到群体系统渐进达到一致当且仅当集合

$$S=\{\boldsymbol{\Theta}\in\Re^n:\theta_1=\theta_2=\cdots=\theta_n\} \tag{2-22}$$

是吸引且正不变集[28]。

因为 $\boldsymbol{\Theta}(t)=H(t-1)H(t-2)\cdots H(2)H(1)H(0)\boldsymbol{\Theta}(0)$，由式(2-21)得

$$\lim_{t\to\infty}\boldsymbol{\Theta}(t)=\boldsymbol{1}_n\boldsymbol{c}^{\mathrm{T}}\boldsymbol{\Theta}(0)=[\boldsymbol{c}^{\mathrm{T}}\boldsymbol{\Theta}(0),\cdots,\boldsymbol{c}^{\mathrm{T}}\boldsymbol{\Theta}(0)]^{\mathrm{T}} \tag{2-23}$$

表明集合 S 是吸引且正不变的。

反之，若 S 是吸引且正不变集合，则有

$$\lim_{t\to\infty}\boldsymbol{\Theta}(t)=\lim_{t\to\infty}H(t-1)H(t-2)\cdots H(2)H(1)H(0)\boldsymbol{\Theta}(0)=\boldsymbol{\alpha} \tag{2-24}$$

式中，$\boldsymbol{\alpha}$ 为 n 维常数向量。从而可证

$$\lim_{t\to\infty}H(t-1)H(t-2)\cdots H(2)H(1)H(0)=\boldsymbol{1}_n\boldsymbol{c}^{\mathrm{T}}$$

引理 2-2[28] 设 $M_1,M_2,\cdots,M_m$ 为遍历矩阵的一个有限集合，且对于任意矩阵序列 $M_{i_1},M_{i_2},\cdots,M_{i_j}$，它们的矩阵乘积 $\prod_{k=1}^{j}M_{i_k}$ 是遍历的，那么对于任何无穷序列 $M_{i_1},M_{i_2},\cdots$，存在一个行向量 $\boldsymbol{c}^{\mathrm{T}}$，使得下式成立

$$\lim_{j\to\infty}M_{i_j}M_{i_{j-1}}\cdots M_{i_1}=\boldsymbol{1}_n\boldsymbol{c}^{\mathrm{T}} \tag{2-25}$$

引理 2-3[11] 设 $\{p_1,p_2,\cdots,p_m\}$ 为 P 中的一个权值矩阵集合，其对应的连接图 $\{G_{p_1},G_{p_2},\cdots,G_{p_m}\}$ 为联合连通的图，那么这些图对应(由式(2-19)确定)的矩阵乘积

$F_{p_1}, F_{p_2}, \cdots, F_{p_m}$ 是遍历的。

引理 2-4　给定初始状态 $\boldsymbol{\Theta}(0)$，$p_0, p_1, \cdots$ 为离散的时变矩阵信号，若存在一个以 $t_0 = 0$ 为初始点的连续非空有界无穷时间序列 $[t_i, t_{i+1})$，$i \geqslant 0$，使得在每个时间区间中，整个群体的邻居关系图是联合连通的，则有

$$\lim_{t \to \infty} \boldsymbol{\Theta}(t) = \theta_{\mathrm{ss}} \boldsymbol{1}_n \tag{2-26}$$

式中，θ_{ss} 依赖于群体的初始状态 $\boldsymbol{\Theta}(0)$、速率 v、感知半径 R、视场角度 ω 以及视线变化标准差 σ。

证明　设 T 为在时间序列 $[t_i, t_{i+1})$，$i \geqslant 0$ 中的最小上界，假定 $T < +\infty$。令转移矩阵

$$\Phi(t, \tau) = H(t-1)H(t-2)\cdots H(\tau+2)H(\tau+1)H(\tau), \quad t > \tau \geqslant 0 \tag{2-27}$$

显然有 $\Phi(t,t) = I$，$t \geqslant 0$。进而可得 $\boldsymbol{\Theta}(t) = \Phi(t,0)\boldsymbol{\Theta}(0)$。故式(2-23)等价于下式

$$\lim_{t \to \infty} \Phi(t, 0) = \boldsymbol{1}_n \boldsymbol{c}^{\mathrm{T}} \tag{2-28}$$

式中，$\boldsymbol{c}$ 为 n 维常数向量，且有 $\theta_{\mathrm{ss}} = \boldsymbol{c}^{\mathrm{T}} \boldsymbol{\Theta}(0)$。

已知在每个时间段 $[t_i, t_{i+1})$，$i \geqslant 0$ 内的群体邻居关系图 $G_{p_0}, G_{p_1}, G_{p_2}, \cdots$ 是联合连通，由引理 2-3 可知，这些图对应的矩阵乘积 $F_{p_0}, F_{p_1}, F_{p_2}, \cdots$ 是遍历的。又因为 $\Phi(t_{i+1}, t_i) = F_{p_i}$，可得转移矩阵 $\Phi(t_{i+1}, t_i)$ 也是遍历的。

对于固定规模的群体系统来说，其可能的邻居连接矩阵信号 $p \in P$ 是可数且有限的，因此序列 $\{F_p : p \in P\}$ 是有限集合，记由 $\{F_p : p \in P\}$ 产生的矩阵最大个数为 T，进而可以得到 $\Phi(t_i, t_{i-1})$，$\Phi(t_{i-1}, t_{i-2})$，…，$\Phi(t_1, t_0)$ 是有限且遍历的矩阵序列。根据定理 2-2，可得

$$\lim_{i \to \infty} \Phi(t_i, 0) = \lim_{i \to \infty} \Phi(t_i, t_{i-1}) \Phi(t_{i-1}, t_{i-2}) \cdots \Phi(t_1, t_0) = \boldsymbol{1}_n \boldsymbol{c}^{\mathrm{T}} \tag{2-29}$$

对于离散时间系统，有 $i \to \infty \Leftrightarrow t \to \infty$，因此式(2-27)得证，进而证得式(2-26)。而对于连续时间系统，对于任意 $t \geqslant 0$，设 i_t 是满足条件 $i_t \leqslant t$ 的最大正整数，有 $\Phi(t, t_{i_t}) \boldsymbol{1}_n = \boldsymbol{1}_n$，可得

$$\Phi(t,0) - \boldsymbol{1}_n \boldsymbol{c}^{\mathrm{T}} = \Phi(t, t_{i_t}) \Phi(t_{i_t}, 0) - \Phi(t, t_{i_t}) \boldsymbol{c}^{\mathrm{T}} = \Phi(t, t_{i_t}) \cdot (\Phi(t_{i_t}, 0) - \boldsymbol{1}_n \boldsymbol{c}^{\mathrm{T}}) \tag{2-30}$$

因为 $\Phi(t, t_{i_t})$ 是由 $T-1$ 时刻的有限邻接关系图产生的矩阵，所以 $\Phi(t, t_{i_t})$ 可以视作是关于时间 t 的有界函数，即 $\left| \Phi(t, t_{i_t}) \right| < \infty$。

由式(2-29)，知 $\lim\limits_{t \to \infty} (\Phi(t_{i_t}, 0) - \boldsymbol{1}_n \boldsymbol{c}^{\mathrm{T}}) = 0$，所以有

$$\lim_{t \to \infty} (\Phi(t, 0) - \boldsymbol{1}_n \boldsymbol{c}^{\mathrm{T}}) = 0 \tag{2-31}$$

因此，式(2-28)及式(2-26)得证。

值得注意的是，式(2-13)的 RLosVM 模型中群体的邻接关系图是有向的，即 $i \in \Gamma_j(t, \vartheta_j, \omega) \not\Leftrightarrow j \in \Gamma_i(t, \vartheta_i, \omega)$。这与基本 Vicsek 模型是不同的，因为基本 Vicsek 模型中的群体邻接关系是双向的，形成的邻接图是无向图。将引理 2-4 中无向图的连通条件推广到有向图，应保证有向图是强连通的。

下面基于有向图的连接关系给出 RLosVM 模型的同步性定理。

定理 2-5　给定群体的初始状态 $\boldsymbol{\Theta}(0)$，群体位置记为 $\boldsymbol{X}(t) = [\boldsymbol{x}_1(t), \boldsymbol{x}_2(t), \cdots, \boldsymbol{x}_1(t)]^{\mathrm{T}}$，$D_0, D_1, \cdots, D_t, \cdots$ 是群体在各个离散时刻按照式(2-12)确定的有向连接图，其对应的权值矩阵信号为 $p_0, p_1, \cdots, p_t, \cdots$，若存在一个有限整数 $n \geqslant 0$，使得在每个时间段 $[t_i, t_{i+n})$，$i \geqslant 0$ 上的有向图 $D_{t_i}, D_{t_{i+1}}, \cdots, D_{t_{i+n}}$ 的并 $\tilde{D}_t$ 是强连通的，那么下面的群体运动方程

$$\begin{cases} \boldsymbol{X}(t+1) = \boldsymbol{X}(t) + v_0 \mathrm{e}^{\mathrm{i}\boldsymbol{\Theta}(t)} \\ \boldsymbol{\Theta}(t+1) = F_{p_t} \boldsymbol{\Theta}(t) \end{cases} \tag{2-32}$$

在时间 $i \to \infty$ 能够达到同步状态，且最终的同步状态依赖于群体初始状态、速率 v、感知半径 R、视场角度 ω 以及视线变化标准差 σ。

证明　由整数 $n < \infty$ 可知，时间序列 $[t_i, t_{i+n})$，$i \geqslant 0$ 是连续非空有界无穷的。注意到有向图 $D_{t_i}, D_{t_{i+1}}, \cdots, D_{t_{i+n}}$ 的并 $\tilde{D}_t$ 是强连通的，那么在时间段 $[t_i, t_{i+n})$ 上的群体连接关系图是联合连通。根据引理 2-4，可推出 $\lim\limits_{t \to \infty} \boldsymbol{\Theta}(t) = \theta_{\mathrm{ss}} \boldsymbol{I}_n$，即在 $t \to \infty$ 时，有 $\theta_i \to \theta_j \to \theta_{\mathrm{ss}}$，$\forall i, j$，整个群体能够达到同步状态。因此，定理 2-5 得证。

结合定理 2-5 和引理 2-1，易得关于 RLosVM 模型的一致性的结论如下。

推论 2-6　给定群体的初始状态 $\boldsymbol{\Theta}(0)$，群体位置记为 $\boldsymbol{X}(t) = [\boldsymbol{x}_1(t), \boldsymbol{x}_2(t), \cdots, \boldsymbol{x}_1(t)]^{\mathrm{T}}$，$D_0, D_1, \cdots, D_t, \cdots$ 是群体在各个离散时刻按照式(2-12)确定的有向连接图，若存在一个有限整数 $n \geqslant 0$，使得在每个时间段 $[t_i, t_{i+n})$，$i \geqslant 0$ 上的有向图 D_{t_i}，$D_{t_{i+1}}, \cdots, D_{t_{i+n}}$ 的并 $\tilde{D}_t$ 是强连通的，那么下面的群体运动方向更新方式(2-17)能够渐近达到一致。这个推论的证明是显然的。

一般情况下，所有个体在一段连续的时间内得到其他个体的运动信息越多，即个体间传递的信息通路越多，则整个系统形成的连通图的可能性越大。具体到 Vicsek 模型，若要使群体系统在时间段 $[t_i, t_{i+n})$，$i \geqslant 0$ 上的连接关系形成联合连通，应该要求所有的个体在运动过程中应尽可能多地让其他个体成为自己的邻居。因此，增大个体的感知半径、或者在运动空间不变的情况下增加个体数量，都有利于实现群体连接关系的联合连通。同时，个体为了充分利用到联合连通的优势，最好尽量使出现在自己邻居范围内的个体不总局限于上一时刻出现过的个体。即

在时间段$[t_i,t_{i+n})$，$i \geqslant 0$，$0 \leqslant n < \infty$上的有向图的并$\tilde{D}_t$强连通的同时，如果各个时刻的有向图$D_{t_i},D_{t_{i+1}},\cdots,D_{t_{i+n}}$之间重合的有向边数量相对较小，那么将有利于整个群体对各个时刻邻居关系的充分利用，从而提高群体的同步效率。

基于上述分析，得到 RlosVM 模型中保证群体连通性的命题如下：

命题 2-7 RlosVM 模型的同步收敛性与群体在有限时间段$[t_i,t_{i+n})$，$i \geqslant 0$，$0 \leqslant n < \infty$上有向连接关系图的联合连通性有关，有

1) 在一定范围内，增大群体规模N、个体感知半径R、运动速率v均有利于群体最终实现同步；

2) 增大个体的视场角度ω有利于群体的同步，但是ω太大将不利于对邻居信息的充分利用从而影响同步速度；

3) 在视场角度ω较小时，提高视线变化标准差σ有利于群体邻接关系的联合连通，保证群体最终收敛到同步状态。

对于这一命题，本章将在下一节通过蒙特卡罗仿真的方式进行验证。

2.3.4 仿真实验分析

设定群体的二维平面运动区域边长为$L=10$，且具有周期性边界条件。初始情况下，所有个体的位置与速度方向均是随机产生。为了消除随机因素造成的偏差，本节列出的所有实验结果都是 300 次独立重复实验后的平均统计数据。考虑无噪声情况下$(\eta=0)$群体系统同步运动的收敛情况。设定每次仿真实验时间为$t=1000$，若群体系统在仿真结束时仍未收敛到同步状态，则收敛时间T_c按 1000 处理。

(1) 与已有模型的对比

首先将本节提出的 RLosVM 与已有模型进行对比，包括基本 Vicsek 模型(VM)以及有限视场模型(Restricted Visual Field Vicsek Model, RFVM)[17]。假定系统中的个体数量为$N=400$，感知半径为$R=0.6$，个体速度大小为$v_0=0.04$；对于 RFVM 模型，取使系统最快达到同步状态的最优视场角$\omega_{\text{opt}}=3\pi/2$；对于随机视线方向模型，取$\omega=\pi$，$\sigma=\pi/3$。图 2-8 显示了群体的序参量$V_a$与平均邻居个数$\bar{n}(t)$随时间的变化曲线，其中每条曲线均是取 300 次仿真计算的平均。可见本节提出的 RLosVM 比 VM 以及 RFVM 更快地收敛到了同步运动状态；同时 RLosVM 的平均邻居个数也小于 VM 和 RFVM，表明 RLosVM 中个体之间使用的通信信息相对较少。

在 Vicsek 模型中引入有限视场限制得到的 RFVM，使个体在较少通信信息的情况下获得了更好的收敛速度，表明 Vicsek 模型的全视场通信存在着信息的冗余。而在 RFVM 上加入随机视线作用后，即本节建立的 RLosVM，尽管个体的视

场角度更小，通信信息更少，但是随机视线机制使个体能够以概率收到更多方向上的邻居传来的信息，进而使得整体群体能够以最短的时间收敛到同步运动状态。

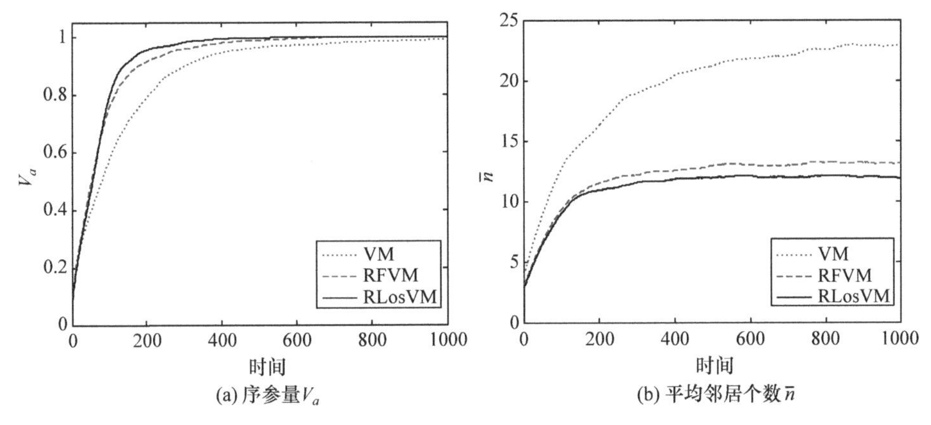

(a) 序参量 V_a　(b) 平均邻居个数 $\bar{n}$

图 2-8　不同的模型的参数随时间变化的对比曲线

(2) 收敛时间 T_c 随视线标准差 σ 与视场角 ω 的变化

在不同的视线变化标准差 σ 下，群体的收敛时间 T_c 随视场角 ω 变化的情况如图 2-9 所示，其中 σ 分别取值 0 、$\pi/6$ 、$\pi/4$ 、$\pi/3$ 、$\pi/2$ ，ω 则在 $(0,2\pi]$ 区间上取值，所有数据点取 300 次独立计算的平均结果，相关参数设置为 $L=10$、$R=0.6$、$v_0=0.04$、$N=400$。可以看到，在 σ 取值一定时，总是存在一个最优的 $\omega_{\text{opt}}(\sigma)$ 值，使得群体的收敛时间最小。当 $\sigma=0$ 时，如前所述，此时的 RLosVM 等效于 RFVM，这种情况下的最优视场角大约为 $\omega_{\text{opt}}(0)=3\pi/2$ 。当 $\sigma>0$ 时，$\omega_{\text{opt}}(\sigma)$ 的值随 σ 的增大而减小。在 $\omega_{\text{opt}}(\pi/6)=5\pi/4$ 处，群体系统取得了最佳收敛性能。可见，RLosVM 在取得最佳同步效果时的视场角度更小。

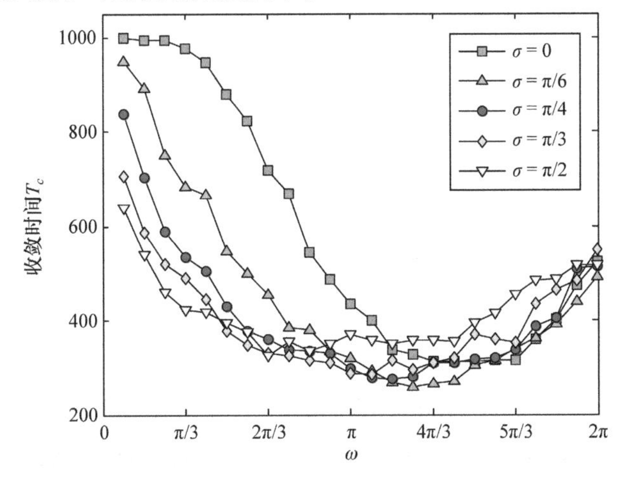

图 2-9　不同的视线变化标准差下，随机视线模型的收敛时间随视场角的变化关系

此外，在视场角ω较小时，视线变化标准差σ越大，群体的收敛时间越小；而当视场角ω较大时，趋势却恰恰相反，即视线变化标准差σ越大，群体的收敛时间反而变大。ω较小时，若σ较大，则个体可以有更大的概率获得侧面以及后面邻居的信息，因此在连续的时间区间$[t,t+\Delta t]$内，焦点个体能够获得更多的邻居个体在近期内的运动信息，从而更快的收敛到同步状态。而考虑到个体视场过大会带来信息冗余，这并不利于群体的收敛。因此ω较大时，若σ取值较大，则更易引起信息冗余，从而使得系统的收敛时间要明显大于σ取值较小的系统。仿真结果也验证了命题 2-7 中关于ω和σ的判断。

(3) 收敛时间T_c随感知半径R的变化

群体的收敛时间与个体感知半径之间的变化关系如图 2-10 所示，包括基本 Vicsek 模型、RFVM、以及 RLosVM 三种模型的对比。仿真中 RFVM 均取各个参数下的最优视场角ω_{opt}，RLosVM 的相关参数取值固定为$\sigma=\pi/6$、$\omega=5\pi/4$。可见，群体的收敛性能随着感知半径R的增大而提高。当R较大时，基本 Vicsek 模型与 RFVM 具有相同的收敛时间，表明此时的最优视场角$\omega_{\text{opt}}=2\pi$。而对于本节提出的 RLosVM，即便是视场角ω远小于2π，达到同步所用的收敛时间却明显要小于上述两种模型。

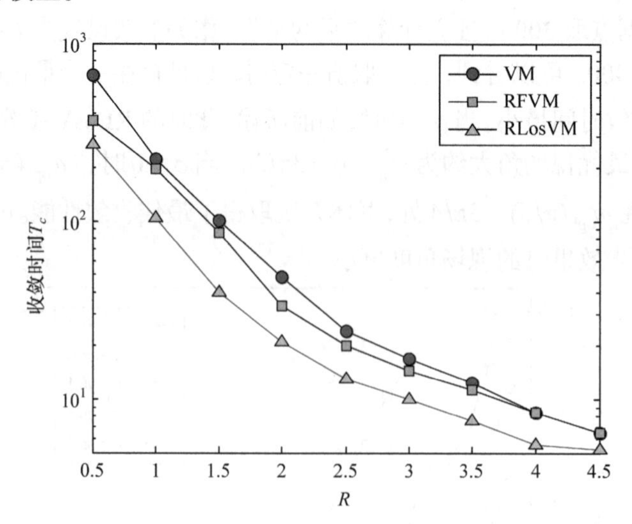

图 2-10　随机视线模型的收敛时间随感知半径的变化关系

(4) 收敛时间T_c随速度大小v_0的变化

采用三种不同的群体运动模型，仿真得到群体同步运动收敛时间与个体运动速度之间的关系如图 2-11 所示。RFVM 仍取各个参数下的最优视场角ω_{opt}，RLosVM 的参数同样固定为$\sigma=\pi/6$、$\omega=5\pi/4$。群体的收敛时间T_c随着个体速

度 v_0 的增大而减小。个体速度越大，则在单位时间内进入个体视场范围内的邻居个体数量越多，因此有利于群体运动实现同步。在每一个速度取值下，RLosVM 的收敛效率均优于 RFVM 和基本 Vicsek 模型。

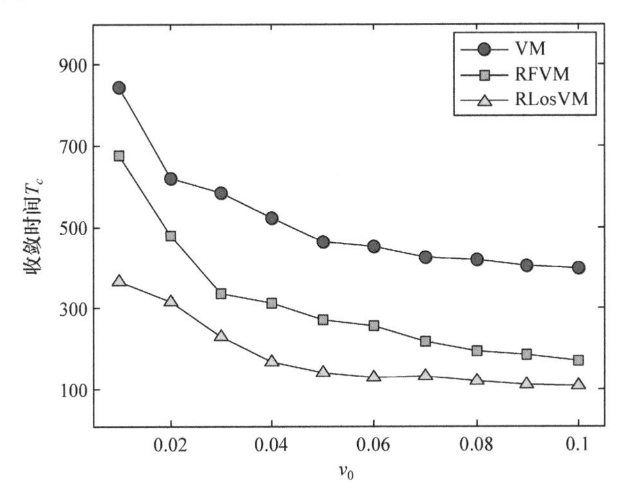

图 2-11　随机视线模型的收敛时间随速度大小的变化关系

(5) 收敛时间 T_c 随群体规模 N 的变化

在不同的群体规模下，RLosVM、基本 Vicsek 模型、以及 RFVM 的收敛时间的对比如图 2-12 所示。可见，三种模型的收敛时间随群体中个体数目的增多而减小。而对于三种模型中收敛速度最快的 RLosVM，当个体数目 $N \geqslant 800$ 时，群体的收敛时间趋于稳定。

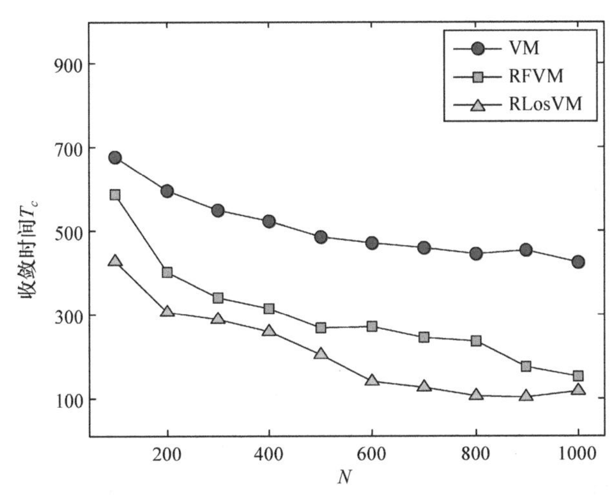

图 2-12　随机视线模型的收敛时间随群体规模的变化关系

(6) 引入噪声后的结果

上述仿真都是在假定不存在噪声信号的情况下进行的，下面将对引入噪声后系统的性能进行讨论。图 2-13 给出了在不同的噪声强度下($\eta = 0.1$、0.2、0.5、1.0)，群体的稳态统计序参量ϕ_S随视场角ω以及视线变化标准差σ的变化关系。可见，随着噪声的增强，系统的同步性变差。稳态统计序参量ϕ_S随视场角度ω的增大而增大，当$\omega = 2\pi$时，群体系统对噪声的抵抗能力最强，ϕ_S最接近于 1；同时，群体的稳态统计序参量ϕ_S也在随着视线变化标准差σ的增大而增大；即，相同ω情况下，σ越大群体同步性越高；相同σ情况下，ω越大系统同步越高。而在$\sigma = 0$时，系统的ϕ_S最小，表明引入随机视线方向作用后的 RLosVM 在对噪声的鲁棒性能上明显强于 RFVM。总之，RLosVM 比 RFVM 具有更强的同步特性。

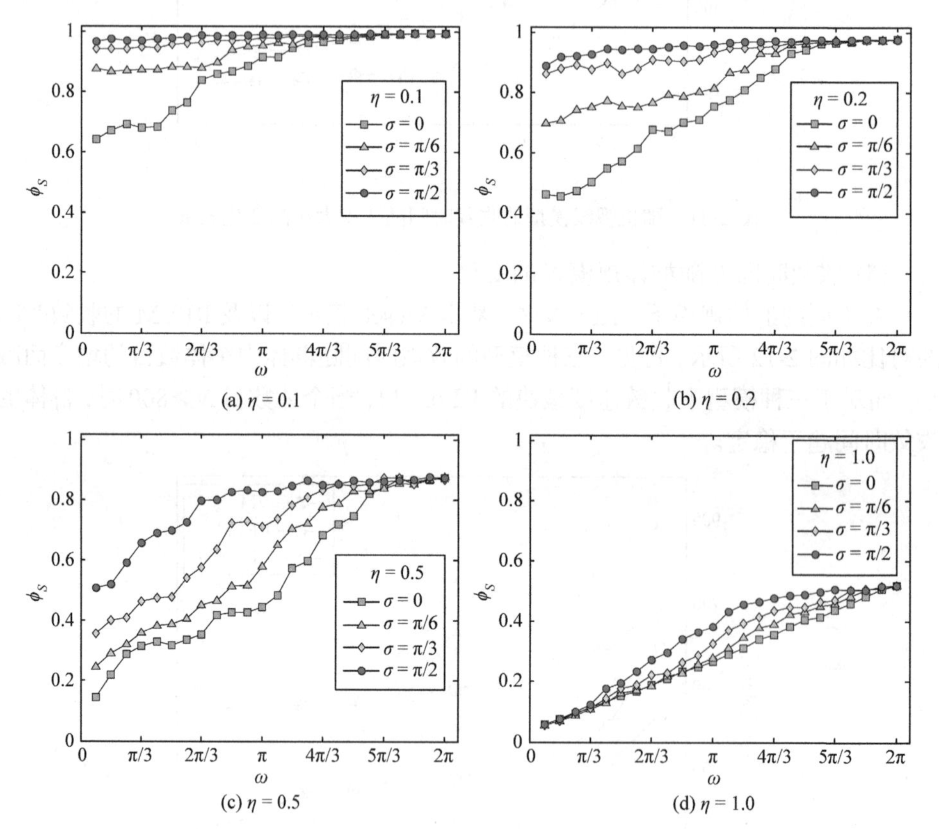

图 2-13　不同噪声强度下，稳态统计序参量随视场角和视线变化标准差变化的情况

本节在 Vicsek 模型中同时引入了有限视场角度和随机视线方向，这与实际情况更加接近，更能反映群体运动的本质特征。而综合上面的仿真结果可以看出，这一改进模型有效地提高了群体系统实现同步运动的效率，使得群体能够以更小

的时间达到完全同步的运动状态，同时使得群体系统也具有了更强的抗噪声能力。这一研究结果表明，Vicsek 模型中个体之间的通信存在着多余的信息，且这部分多余信息不仅不能促进群体更快地实现同步，反而干扰并阻碍了系统的同步运动。此外，个体通过视线的随机调整，能够更加充分地利用各个方面的信息，对减少通信量、提高信息利用率起到了显著的作用。本节提出的 RLosVM 模型有助于对 Vicsek 模型的深层次解释；同时，在无人机集群同步运动控制方面的研究中也可以借鉴本节的研究成果以达到提高控制效能、节省能量的目的。

2.4　基于改进拓扑规则的 Vicsek 模型

上一节的研究表明在 Vicsek 模型中，个体之间的通信存在一定的多余信息，个体使用少量的邻居信息也可以获得良好的同步收敛性能。而在生物实证方面的研究也显示，生物群体内部交互邻居的数量并非越多越好，比如椋鸟在运动中仅与周围 6—7 个邻居存在交互关系，且与邻居的距离不相关。这种交互方式被称为拓扑距离交互(Topological Distance Interaction)[29]，以区别于传统的尺度距离交互(Metric Distance Interaction)形式[30]。本节针对群体间的拓扑交互规则，提出了一种改进邻居个体选择方式，并通过大量的仿真验证了改进方法的有效性。

2.4.1　拓扑距离规则

在自然界的生物群体中，此前被普遍接受的观点是个体之间采用尺度距离的交互方式，即交互过程中个体会同时与其感知范围内所有的邻居进行交互，这种交互方式意味着个体交互邻居的数量取决于自身的感知能力，又被叫做固定邻居范围(Fixed Neighborhood Region, FNR)模型，如图 2-14(a)所示。而拓扑距离交互方式是一种固定邻居数目(Fixed Number of Neighbors, FNN)模型，即个体邻居个数固定为 $n_i(t)=k$ ，如图 2-14(b)所示。在 FNN 模型中，个体邻居数目要远远小于个体感知范围内存在的邻居数量。

鸟类的视觉虽然发达，但受到大脑“认知”能力限制，个体只能处理视野内有限数目的邻居运动信息，即个体交互邻居的数量取决于自身的“计数”能力而非“感知”能力。另有研究者指出，拓扑交互方式可能源自于个体根据群体密集程度对自身感知半径大小的自适应调整，即个体通过间接“计数”的方式控制邻居数量[31]。Bode 等人[32]利用一个简单的基于异步更新架构的理论模型，证明了拓扑交互规则与“计数”之间并没有必然的联系。个体在每一时刻依概率从周围选择一个邻居作为交互对象，获得的仿真数据与 Ballerini 等人[20]从椋鸟群体飞行中获得的实验数据一致，这表明即便个体不采用任何直接或间接与“计数”相关的交互机制，整个群体仍然可以表现出拓扑交互现象。对于拓扑交互方式的产生机理，以及个体如何确定固定数目的邻居，目前尚存争论，下面将给出一种利用角度方位确定邻居的方式。

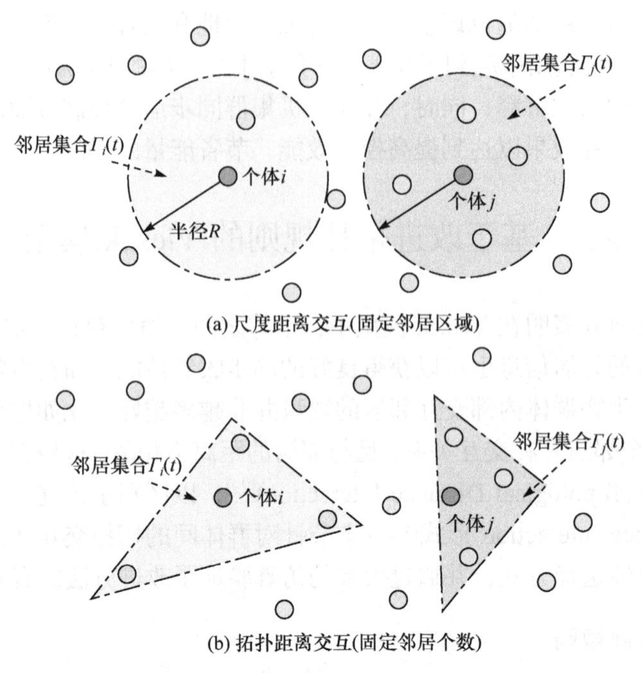

图 2-14 群体内部两种交互方式示意图

2.4.2 对拓扑距离规则的改进

目前研究中，基于拓扑交互规则的 FNN 模型更多的是将距离自身最近的 k 个个体(包括焦点个体自身在内)作为邻居，即邻居选取方式遵循基本的 k 最近邻(k-nearest Neighbors)准则。但是基本 FNN 模型的一大弊病在于个体无法在空间上兼顾邻居的分散分布，比如一旦距离焦点个体较近的邻居们密集的位于一定区域内，焦点个体在获取邻居信息的时候视线难免会受到遮蔽。视线遮蔽缩小了个体有效获取信息的范围，造成可用信息量的减少，因而个体并不能完全有效地获得距离最近的 k 个邻居个体的信息。另一方面，个体在运动过程往往会同时留意周围各个方向上的邻居信息，即所谓“眼观六路，耳听八方”，而基本 FNN 模型在邻居的选择上并没有引入邻居在空间上的分布情况。本节将设计一种改进的 FNN 模型(MFNN)，个体只能获得各方向上距离最近邻居个体的运动信息。在该模型中，隐含了对环境信息的“过滤”和“提炼”，各个方向上距离最近的邻居个体显然在短期内最有可能对自身运动产生直接的影响。

假定个体在每一时刻都需要数量为 k 的邻居个体的信息，则除去个体自身信息以外，需要额外获得 k–1 个邻居个体的运动信息。如图 2-15 所示，将个体 i 周围区域沿自身运动方向 θ_i 向两侧对称分为 k–1 个夹角大小为 $\dfrac{2\pi}{k-1}$ 的子区间 $angle_i^n(t,k)$，其中 $n=1,2,\cdots,k-1$。所有位于子区间 $angle_i^n(t,k)$ 内的个体构成了集合 $S_i^n(t,k)$，即

$$
\begin{aligned}
S_i^n(t,k) &= \left\{ j \middle| \boldsymbol{x}_j(t) \in angle_i^n(t,k), j=1,\cdots,N, n=1,\cdots,k-1 \right\} \\
&= \left\{ j \middle| (\theta_i - \pi) + \frac{2\pi}{k-1}(n-1) \leqslant \vartheta_{ij} \leqslant (\theta_i - \pi) + \frac{2\pi}{k-1} n, j=1,\cdots,N, n=1,\cdots,k-1 \right\}
\end{aligned}
\tag{2-33}
$$

式中，ϑ_{ij} 为个体 j 的位置相对于个体 i 运动方向的方位角度。

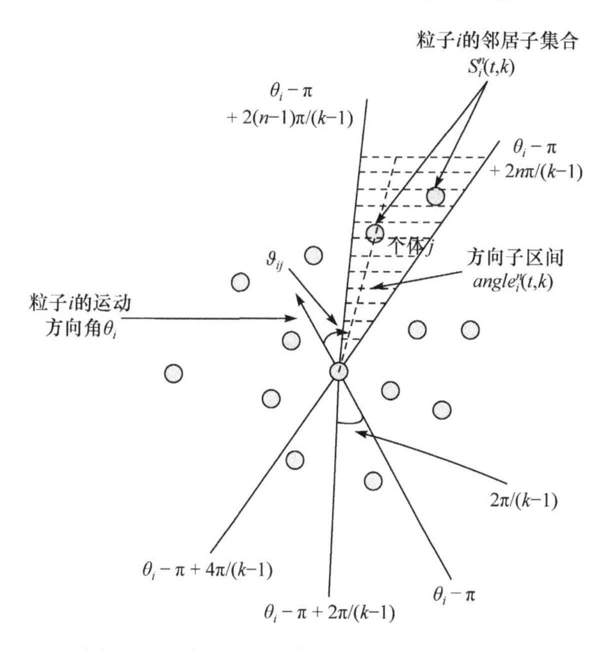

图 2-15　改进 KNN 模型的邻居集合示意图

个体 i 仅考虑各个方向上距离自身最近的个体运动信息，即取每一个集合 $S_i^n(t,k)$ 中与个体 i 相对距离最小的一个个体的信息。邻居集合 $\varGamma_i^n(t,k)$ 由下式表示

$$
\varGamma_i^n(t,k) = \left\{ m \middle| m = \mathop{\arg\min}_{j \in S_i^n(t,k)} \| \vec{x}_j(t) - \vec{x}_i(t) \|, n=1,\cdots,k-1 \right\} \cup \{i\} \tag{2-34}
$$

式中，$\|\vec{x}_j(t)-\vec{x}_i(t)\|$为个体 i 与个体 j 之间的距离。

个体运动方向 $\theta_i(t+1)$ 的更新公式为

$$
\mathrm{e}^{\mathrm{i}\theta_i(t+1)}=\mathrm{e}^{\mathrm{i}\Delta\theta}\frac{\sum\limits_{j\in\Gamma_i^n(t,k)}\mathrm{e}^{\mathrm{i}\theta_j(k)}}{\left\|\sum\limits_{j\in\Gamma_i^n(t,k)}\mathrm{e}^{\mathrm{i}\theta_j(k)}\right\|} \tag{2-35}
$$

不同于基本的 FNN 模型，上述 MFNN 模型中个体的邻居数目并不固定为 k 个，原因在于集合 $S_i^n(t,k)$ 可能为空集，即在个体的某个方位空间内不存在任何邻居个体。因此，MFNN 模型中个体获得邻居信息数目的最大值为 k。

2.4.3 仿真实验分析

将所提出的改进方法 MFNN 模型与基本 FNN 模型进行仿真对比实验。首先不考虑系统噪声 $(\eta=0)$，周期运动区域的边长为 $L=10$。初始时刻，所有个体位置与速度方向完全随机产生，每次仿真时间为 $t=500$。所有实验结果都是 300 次独立重复实验后的平均统计数据。图 2-16 与图 2-17 分别显示了 FNN 模型与 MFNN 模型的平均收敛时间随邻居个数 k(5～12)以及个体数量 N(50～400)的变化情况，其中个体速度 $v_0=0.04$。可见，FNN 模型与 MFNN 模型的收敛时间都随着邻居个数的的增加而变小，随着个体数量的增加而变大。在相同的参数设置下，MFNN 模型的收敛时间明显小于 FNN 模型，表明邻居信息的分散分布对于群体的同步收敛有着重要作用。本节提出的 MFNN 模型有效地提高了群体运功的同步收敛效率。

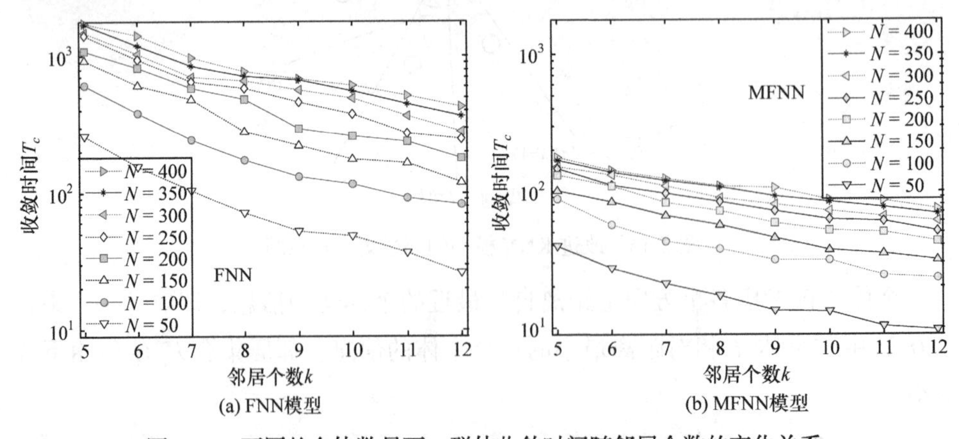

(a) FNN模型 (b) MFNN模型

图 2-16 不同的个体数量下，群体收敛时间随邻居个数的变化关系

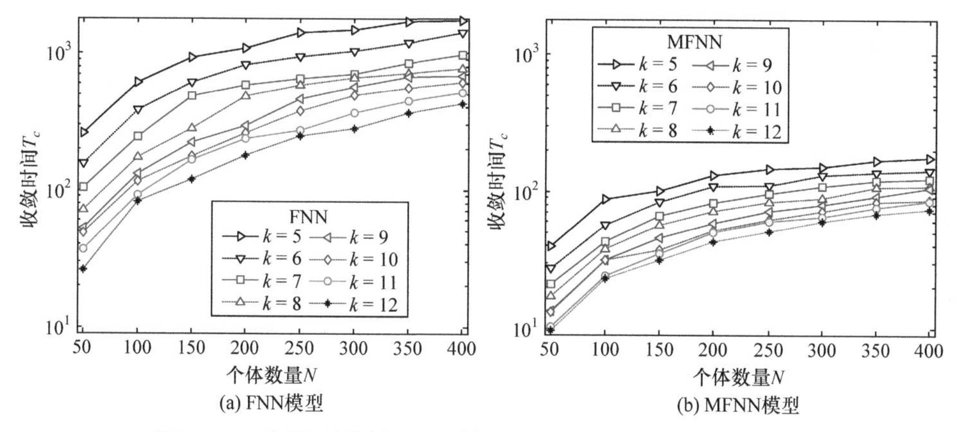

(a) FNN模型　　　　(b) MFNN模型

图 2-17　不同邻居个数下，群体收敛时间随个体数量的变化关系

群体系统的收敛时间与个体数量 N、邻居个数 k 的近似拟合关系如图 2-18 所示。FNN 模型和 MFNN 模型的收敛时间都与 $\sqrt{N}$ 成正比，同时 FNN 模型的收敛时间与邻居个数 k 成反比，而 FNN 模型的收敛时间与邻居个数的对数值 $\ln k$ 成反比，即 $T_c(\text{FNN}) \sim \sqrt{N}/k$，而 $T_c(\text{MFNN}) \sim \sqrt{N}/\ln k$。

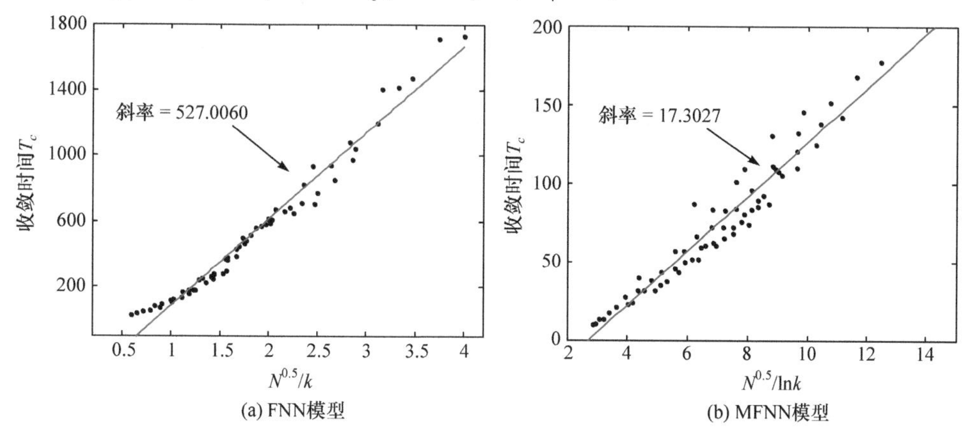

(a) FNN模型　　　　(b) MFNN模型

图 2-18　群体收敛时间随个体数量、邻居个数的近似拟合曲线

FNN 模型与 MFNN 模型的收敛时间随个体速度 v (0.01—0.1)的关系如图 2-19 的变化曲线，其中邻居个数 k 取 5—10。可见，在个体速度取值不同时，MFNN 模型的收敛时间均小于 FNN 模型，表明了本节提出的 MFNN 模型能够提高群体运动的同步收敛效率。在 FNN 模型的邻居个数 k 取值较小时，且个体速度 v 增大到一定程度时，群体的收敛时间几乎不再随个体速度的增大而变化。而对于 MFNN 模型，群体的收敛时间随个体速度的增大而单调递减。对比 FNN 模型中 $k=10$ 的曲线与 MFNN 模型中 $k=5$ 的曲线可以看出，即便是使用较少的邻居信息，如果邻居能够均匀地分布在自身周围，同样可以获得较快的收敛速度。

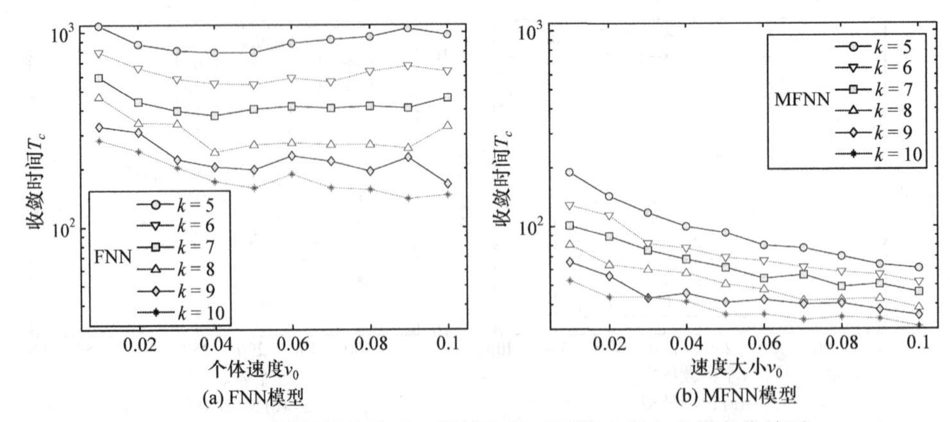

(a) FNN模型　(b) MFNN模型

图 2-19　不同邻居个数下，群体收敛时间随速度大小的变化关系

本节对比了 FNN 模型与 MFNN 模型在受噪声干扰时的收敛情况。在邻居个数 k 取 7、8、9 时，FNN 模型与 MFNN 模型的稳态统计序参数 ϕ_S 随噪声强度 η (0.1—1.0)的变化情况如图 2-20 所示。可见，随着噪声的增强，FNN 模型与 MFNN 模型的同步特性均变差，但是 MFNN 模型的同步性明显优于 FNN 模型。在邻居个数变化时，MFNN 模型的稳态同步性变化不大，说明 MFNN 模型在噪声环境下的同步特性受到邻居个数的影响较小。总之，本节提出的 MFNN 模型比 FNN 模型具有更强的抗噪声干扰能力。

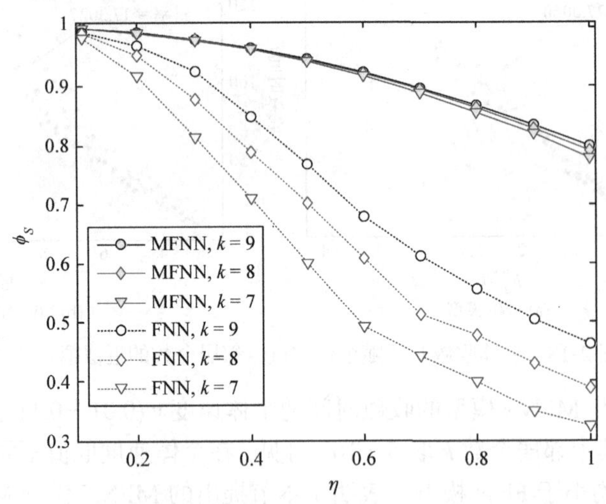

图 2-20　FNN 与 MFNN 模型的稳态统计序参量随噪声强度变化关系

本节研究了拓扑交互规则下 Vicsek 模型的同步收敛特性，提出了一种固定个数邻居的空间位置分布方式，旨在提高个体对邻居信息的利用效率，进而使得所有个体能够快速实现同步。从仿真结果中可以看出，本节的 MFNN 模型大大提升了 FNN 模型的同步收敛效率以及抗干扰能力。群体系统在同等条件下实现相同

的同步收敛速率时，MFNN 模型中个体需要的邻居交互信息更少，从而具有更加高效的信息利用率。本节的研究结果进一步表明了群体系统在实现同步运动过程中并不需要过多的邻居信息，邻居个体在空间的合理分布有助于邻居信息的有效利用、提高群体系统的同步效率。

2.5　基于分数阶微积分的 Vicsek 模型

基本 Vicsek 模型在进行更新时仅考虑前一个时刻的信息，而在现实中进行群体运动的个体，往往具有“记忆”功能，进行决策时也会利用到一些历史信息。本节将分数阶微积分(Fractional Calculus)的思想引入到 Vicsek 模型的更新方程中，使得个体在计算下一时刻的运动方向时，不仅考虑当前时刻的邻居信息，同时也考虑前几个时刻的信息，从而获得了更好的收敛效果。

2.5.1　分数阶微积分

分数阶微积分是整数阶微积分的推广，不同的是在分数阶微积分中，微分和积分的阶次是任意的，可以是实数甚至是复数。与传统的整数阶微积分相比，分数阶微积分增加了微分阶次与积分阶次两个自由度的可变性[33, 34]。

分数阶微积分的定义方法很多，若某信号 $x(t)$ 的分数阶次为 α，则在零初始条件下，其分数阶 $D^{\alpha}[x(t)]$ 的 Laplace 变换形式如下[35]

$$L\{D^{\alpha}[x(t)]\}=s^{\alpha}X(s) \tag{2-36}$$

上式意味着基于频域的分析方法可以直接应用于分数阶。分数阶微分的一种常用表达方式是 Grünwald–Letnikov 定义，如下所示

$$D^{\alpha}[x(t)]=\lim_{h\to 0}\frac{1}{h^{\alpha}}\sum_{k=0}^{+\infty}\frac{(-1)^{k}\Gamma(\alpha+1)x(t-kh)}{\Gamma(k+1)\Gamma(\alpha-k+1)} \tag{2-37}$$

一般在计算中，将上式近似为如下离散形式

$$D^{\alpha}[x(t)]=\frac{1}{T^{\alpha}}\sum_{k=0}^{r}\frac{(-1)^{k}\Gamma(\alpha+1)x(t-kT)}{\Gamma(k+1)\Gamma(\alpha-k+1)} \tag{2-38}$$

式中，T 为采样周期；r 为可信阶次。

由式(2-38)可知，函数在某时刻上的分数阶微分不是像整数阶微积分那样求该点处的极限，而是与从初始时刻到当前所有时刻的函数值有关，因此分数阶微积分具有记忆性，这也是分数阶微积分相对于整数阶微积分的最大优点。

2.5.2　分数阶 Vicsek 模型

对于 Vicsek 模型，个体可以利用分数阶微分项记忆功能，在状态更新时引入邻居历史信息，进而提高群体系统的同步性能[36]。本节提出的分数阶 Vicsek 模型

(Fractional Order Vicsek Model，FOVM)利用如下方式对运动方向进行更新

$$\theta_i(t+1) = D^{\alpha}\left(\langle\theta_i(t)\rangle_{\Gamma}\right) + \xi_i(t) \tag{2-39}$$

考虑到分数阶微积分的含义，邻居平均运动方向的阶次$0 \leqslant \alpha \leqslant 1$使得个体具有一定时间的记忆效应。将式(2-38)代入上式，并取可信阶次$r = 4$，得

$$\begin{aligned}\theta_i(t+1) = &\langle\theta_i(t)\rangle_{\Gamma} - \alpha\langle\theta_i(t-1)\rangle_{\Gamma} - \frac{1}{2}\alpha(1-\alpha)\langle\theta_i(t-2)\rangle_{\Gamma} \\ &- \frac{1}{6}\alpha(1-\alpha)(2-\alpha)\langle\theta_i(t-3)\rangle_{\Gamma} + \xi_i(t)\end{aligned} \tag{2-40}$$

将上式在复平面内表示为如下形式

$$\mathrm{e}^{\mathrm{i}\theta_i(t+1)} = \mathrm{e}^{\mathrm{i}\xi_i(t)} \frac{\mathrm{e}^{\mathrm{i}\langle\theta_i(t)\rangle_{\Gamma}} - \mathrm{e}^{\mathrm{i}\alpha\langle\theta_i(t-1)\rangle_{\Gamma}} - \mathrm{e}^{\mathrm{i}\frac{1}{2}\alpha(1-\alpha)\langle\theta_i(t-2)\rangle_{\Gamma}} - \mathrm{e}^{\mathrm{i}\frac{1}{6}\alpha(1-\alpha)(2-\alpha)\langle\theta_i(t-3)\rangle_{\Gamma}}}{\left\|\mathrm{e}^{\mathrm{i}\langle\theta_i(t)\rangle_{\Gamma}} - \mathrm{e}^{\mathrm{i}\alpha\langle\theta_i(t-1)\rangle_{\Gamma}} - \mathrm{e}^{\mathrm{i}\frac{1}{2}\alpha(1-\alpha)\langle\theta_i(t-2)\rangle_{\Gamma}} - \mathrm{e}^{\mathrm{i}\frac{1}{6}\alpha(1-\alpha)(2-\alpha)\langle\theta_i(t-3)\rangle_{\Gamma}}\right\|} \tag{2-41}$$

上式中的$\langle\theta_i(t)\rangle_{\Gamma}$由式(2-3)确定。显然，当分数阶次$\alpha = 0$时，FOVM 等效于基本的 Vicsek 模型，可见基本 Vicsek 模型利用 0 阶次邻居信息；而当$\alpha = 1$时，式(2-40)变为$\theta_i(t+1) = \langle\theta_i(t)\rangle_{\Gamma} - \langle\theta_i(t-1)\rangle_{\Gamma}$，即个体利用邻居信息的增量进行更新。

2.5.3 仿真实验分析

仿真实验不考虑系统噪声影响，设定群体的二维平面运动区域边长为$L = 5$，且具有周期性边界条件，所有个体的初始位置与速度方向都是随机产生，相关参数设置为：$L = 5$，$R = 0.6$，$v_0 = 0.04$，$N = 100$。设定每次仿真实验时间为$t = 300$，若群体系统在仿真结束时仍未收敛到同步状态，则收敛时间T_c按 300 处理。所有实验结果都是 300 次独立重复实验后的平均统计数据。图 2-21 为分数阶次α取不同的值时，群体系统的序参量随时间变化的情况。可以看出，当α取 0.3、0.4、0.46 时，群体同步运动的收敛效率明显优于$\alpha = 0$时的收敛效率；而当$\alpha = 0.5$时，群体系统的同步收敛情况明显变差，在仿真时间内甚至没有达到同步状态。

在个体的感知半径R分别为 0.5、0.7、1.0、1.2、1.5 时，FOVM 的平均收敛时间T_c随分数阶次α的变化情况如图 2-22 所示，其中$\alpha \in [0, 0.6]$，取值间隔为 0.01，个体速度大小为$v = 0.04$，个体数量N分别为 200、100、50。图 2-23 显示了群体最终的同步程度(即序参量V_a)随分数阶次α的变化情况。在α的取值比较小时，群体的收敛时间T_c随着α的增大而减小；但当α增大到一定程度时，群体收敛时间T_c迅速增大，直至无法收敛。同时，可以看出，个体感知半径R越小，收敛时间T_c随α变化的敏感程度越强。当$R = 1.5$时，α增大时，收敛时间T_c几乎不变。由图 2-23 也可以看出，群体系统的同步程度随α的增大而增大，但当α超过某一阈值时，群体最终无法达到同步状态。

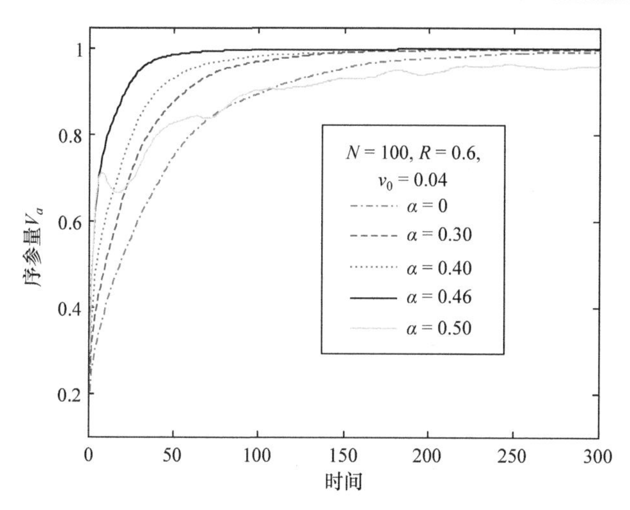

图 2-21　FOVM 的序参量随时间的演化曲线

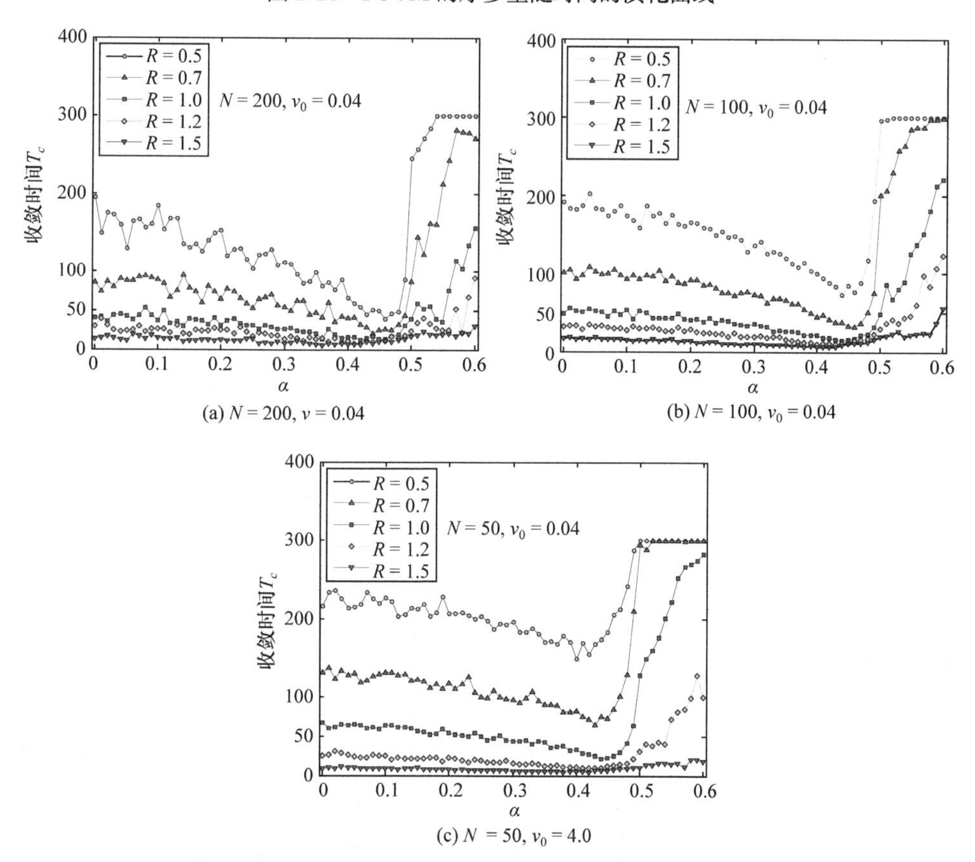

图 2-22　不同感知半径下，FOVM 的收敛时间随分数阶次变化情况

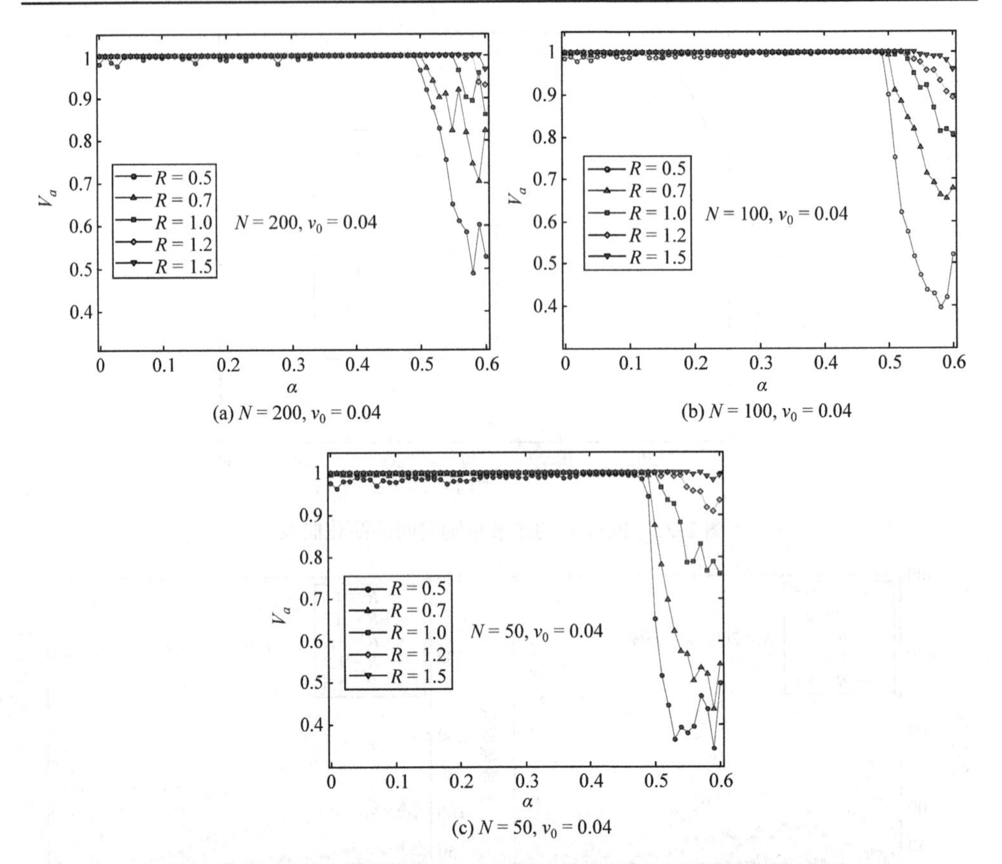

(a) $N = 200, v_0 = 0.04$　(b) $N = 100, v_0 = 0.04$

(c) $N = 50, v_0 = 0.04$

图 2-23　不同感知半径下，FOVM 最终序参量随分数阶次变化情况

对于 FOVM，存在一个最优的分数阶次 $\alpha_{\text{opt}} > 0$，使得群体系统具有最优的同步性能，即在最短的时间内达到同步状态。图 2-24 为在不同的个体数量 N 下，FOVM 的最优分数阶次随感知半径 R 变化的情况。最优分数阶次 α_{opt} 总体上随着 R 的增大而减小，但当 $R > 1.5$ 时，α_{opt} 的变化趋势不再显著。

个体速度 v 分别取 0.01、0.03、0.05、0.10、0.15 时，FOVM 的平均收敛时间 T_c 随分数阶次 α 的变化情况如图 2-25 所示，其中个体数量与感知半径取值分别为 $N = 100$、$R = 0.6$，$N = 100$、$R = 0.8$，以及 $N = 50$、$R = 0.8$。相应的群体最终同步程度(即序参量 V_a)随分数阶次 α 的变化情况如图 2-26 所示。对于不同的个体速度，群体的收敛时间 T_c 随着 α 的增大，先是逐渐减小，后迅速增大，最终增大到群体无法收敛。对于不同的 v，同样存在一个最优的分数阶次 $\alpha_{\text{opt}} > 0$，使得系统具有最佳的同步收敛性能。图 2-27 显示了 FOVM 的最优分数阶次随个体速度变化的曲线，可见 α_{opt} 的取值基本在 0.45 上下浮动。

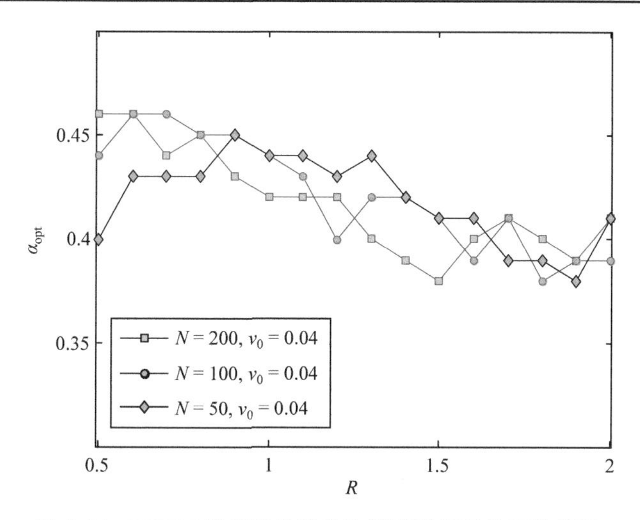

图 2-24　FOVM 的最优分数阶次随感知半径的变化情况

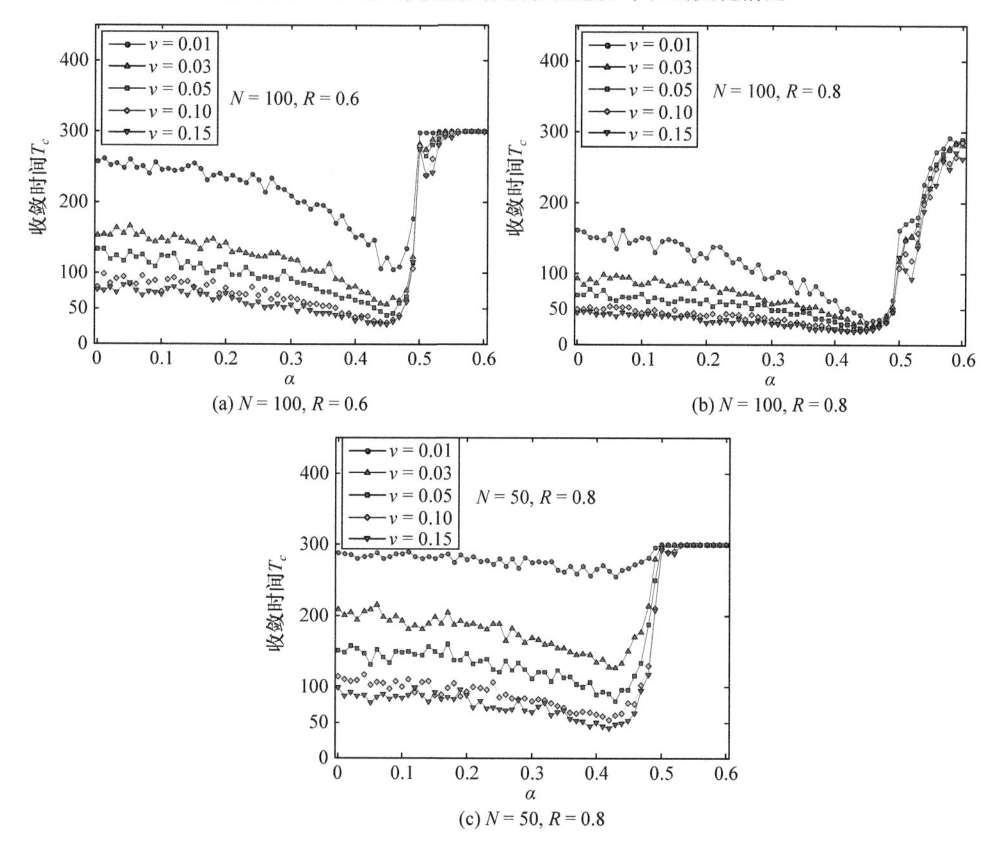

图 2-25　不同速度大小下，FOVM 的收敛时间随分数阶次变化关系

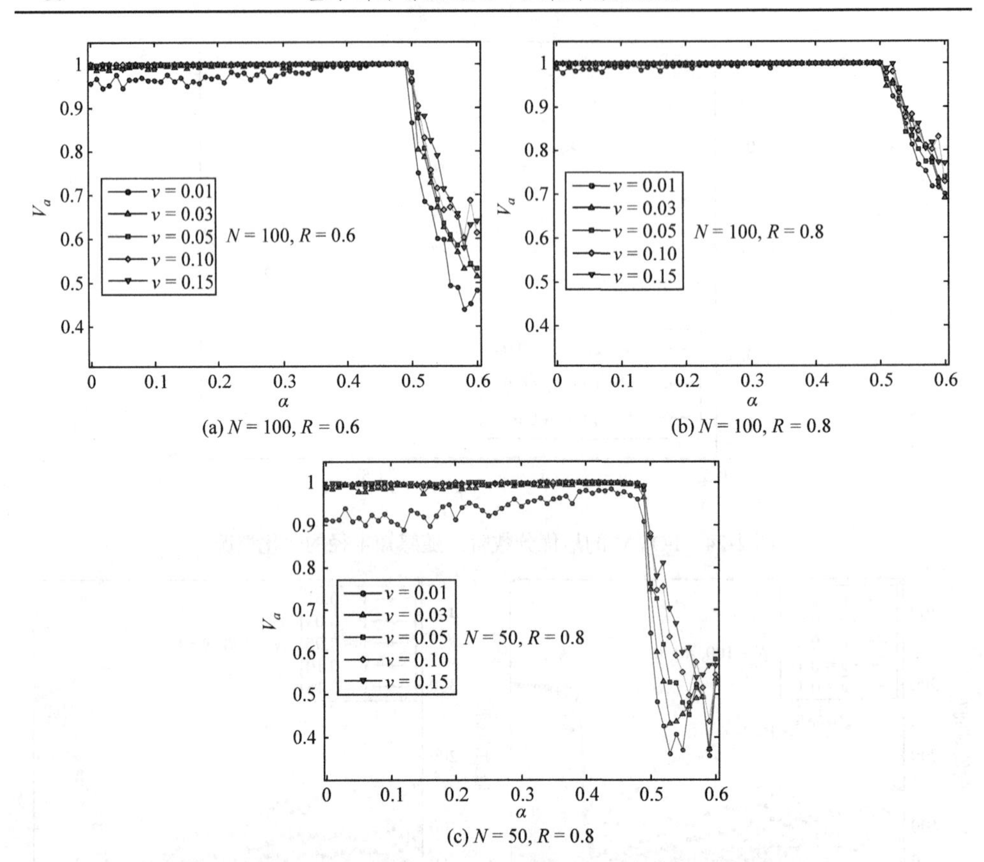

(a) $N = 100, R = 0.6$　　(b) $N = 100, R = 0.8$

(c) $N = 50, R = 0.8$

图 2-26　不同速度大小下，FOVM 最终序参量随分数阶次变化关系

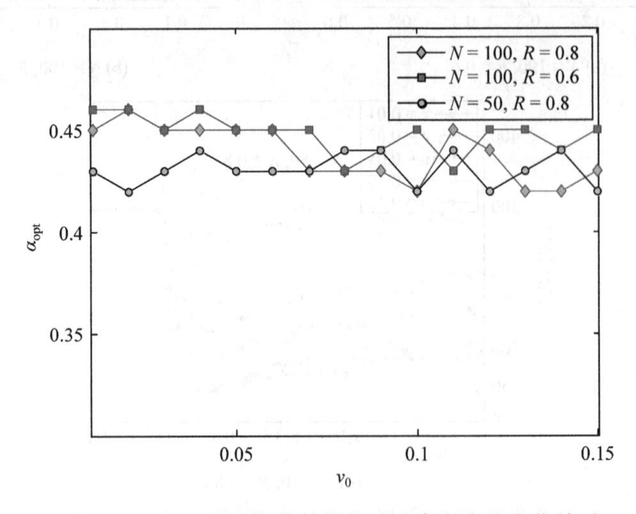

图 2-27　FOVM 的最优分数阶次随速度大小的变化关系

从上述仿真结果可得,通过引入分数阶微积分作用使得个体具有了记忆功能,在个体的决策过程中加入了历史信息的影响，可以有效提高群体的同步程度以及收敛时间。大量的数值仿真实验表明，在不同的系统参数下，存在一个最优的分数阶次 $\alpha_{\text{opt}} \in [0.35, 0.48]$ ，使得系统获得最有的收敛性能。如前所述，当分数阶次 $\alpha = 0$ 时，FOVM 等效于基本的 Vicsek 模型，而 $\alpha_{\text{opt}} > 0$ 意味着分数阶次比整数阶次更有利于群体系统同步运动的实现。总之，本节提出的 FOVM 模型能够有效地提高 Vicsek 模型的同步性能。

2.6 本章小结

本章首先介绍了 Vicsek 模型以及关于群体系统同步性能的评价指标，然后从不同角度提出了旨在提高 Vicsek 模型同步收敛效率的改进模型。考虑到自然界中的真实动物个体往往受到自身视场角度的限制，提出了具有有限视场角以及随机视线方向的群体运动 RLosVM 模型，使得个体能够通过调整视线方向来弥补有限视场角度带来的限制，并给出了 RLosVM 模型同步性的理论证明。RLosVM 模型更加接近于自然界中的实际场景。针对欧椋鸟群体内部通过拓扑交互规则进行信息交流这一最新的研究成果，提出了将邻居个体在自身周围均匀分布的 MFNN 模型。这种邻居个体的分布方式有助于避免真实场景中近处的邻居对远处邻居的遮挡。为了使个体在运动中能够充分利用到历史信息，将分数阶微积分引入到 Vicsek 模型中，建立了 FOVM 模型。对这三种改进模型，给出了一系列的仿真对比实验。统计结果表明，上述三个改进模型都有效地提高了群体运动的同步收敛效率。综合本章的研究结果，可得出如下结论：1) Vicsek 模型中，个体间通信存在多余信息，且部分多余信息不仅不能促进群体更快地实现同步，反而干扰并阻碍了系统的同步运动；2) 个体间维持一个中等程度的交互密度，可提高群集的运动鲁棒性，也能够提高群体内部信息传播和共享的效率，这些都有助于增强群体的环境适应能力；3) 邻居个体在空间上的合理分布有助于减少通信量以及提高信息利用率；4) 历史信息对提高个体在即时决策的效能方面也能起到促进作用。这些研究结果能够为无人机集群的同步协调控制提供借鉴，以达到提高控制效能、节省能量的目的。

参考文献

[1] Vicsek T., Zafeiris A. Collective motion[J]. Physics Reports, 2012, 517(3-4): 71-140.
[2] 段海滨. 从群体智能到多无人机自主控制[J]. 系统与控制纵横, 2014, 1(2): 76-88.

[3] 段海滨, 李沛. 基于生物群集行为的无人机集群控制[J]. 科技导报, 2017, 35(7): 17-25.
[4] Duan H. B., Zhang X. Y. Phase transition of vortexlike self-propelled particles induced by a hostile particle[J]. Physical Review E, 2015, 92(1): 012701.
[5] Zhang X. Y., Duan H. B. Altitude consensus based 3D flocking control for fixed-wing unmanned aerial vehicle swarm trajectory tracking[J]. Proceedings of the Institution of Mechanical Engineers Part G: Journal of Aerospace Engineering, 2016, 230(14): 2628-2638.
[6] Zhang Y. P., Duan H. B., Zhang X. Y. Stable flocking of multiple agents based on molecular potential field and distributed receding horizon control[J]. Chinese Physics Letters, 2011, 28(4): 040503.
[7] 张祥银. 基于群体智能的无人机集群协调控制研究[D]. 北京航空航天大学, 2016.
[8] Luo Q. N., Duan H. B. Distributed UAV flocking control based on homing pigeon hierarchical strategies[J]. Aerospace Science and Technology, 2017, 70: 257-264.
[9] Vicsek T., Czirók A., Ben-Jacob E. Novel type of phase transition in a system of self-driven particles[J]. Physical Review Letters, 1995, 75(6): 1226-1229.
[10] Czirók A., Vicsek M., Vicsek T. Collective motion of organisms in three dimensions[J]. Physica A, 1999, 264(1-2): 299-304.
[11] Jadbabaie A., Lin J., Morse A. S. Coordination of groups of mobile autonomous agents using nearest neighbor rules[J]. IEEE Transactions on Automatic Control, 2003, 48(6): 988-1001.
[12] 金久才, 张杰, 官晟, 王岩峰. 自推进粒子群的空间同步平行编队控制[J]. 控制理论与应用, 2011, 28(4): 587-590.
[13] Lukeman R., Li Y. X., Edelstein-Keshet L. Inferring individual rules from collective behavior[J]. Proceedings of the National Academy of Sciences, 2010, 107(28): 12576-12580.
[14] Reynolds C. Flocks, birds, and schools: a distributed behavioral model[J]. Computer Graphics, 1987, 21: 25-34.
[15] Wang X. G., Zhu C. P., Yin C. Y., Hu D. S., Yan Z. J. A modified Vicsek model for self-propelled agents with exponential neighbor weight and restricted visual field[J]. Physica A, 2013, 392(10): 2398-2405.
[16] 田宝美. 基于 Vicsek 模型的自驱动集群动力学研究[D]. 中国科学技术大学, 2009.
[17] Tian B. M., Yang H. X., Li W., Wang W. X., Wang B. H., Zhou T. Optimal view angle in collective dynamics of self-propelled agents[J]. Physical Review E, 2009, 79(5): 711-715.
[18] Li Y. J., Wang S., Han Z. L., Tian B.M., Xi Z. D., Wang B.H. Optimal view angle in the three-dimensional self-propelled particle model[J]. Europhysics Letters, 2011, 93(6): 3437-3442.
[19] Couzin I. D., Jens K., Richard J., Ruxton G.D., Franks N. R. Collective memory and spatial sorting in animal groups[J]. Journal of Theoretical Biology, 2002, 218(1): 1-11.
[20] Ballerini M., Cabibbo N., Candelier R. Interaction ruling animal collective behavior depends on topological rather than metric distance: evidence from a field study[J]. Proceedings of the National Academy of Sciences, 2008, 105(4): 1232-1237.
[21] George M., Ghose D. Reducing convergence times of self-propelled swarms via modified nearest neighbor rules[J]. Physica A, 2012, 391(16): 4121-4127.
[22] http://en.wikipedia.org/wiki/Collective_animal_behavior.

[23] 李霜天. 基于鸟群行为机制的多无人机自主协同[D]. 北京航空航天大学, 2014.
[24] Calvão A. M., Brigatti E. The role of neighbours selection on cohesion and order of swarms[J]. PLoS One, 2014, 9(5): e94221.
[25] Bondy J. A., Murty U. S. R. Graph Theory[M]. New York: Springer-Verlag, 2008.
[26] Godsil C., Royle G. Algebraic graph theory[M]. New York: Springer-Verlag, 2001.
[27] Ren W., Beard R. W. Distributed consensus in multi-vehicle cooperative control: theory and applications[M]. London: Springer-Verlag, 2009.
[28] Wolfowitz J. Products of indecomposable aperiodic stochastic matrices[J]. Proceedings of the American Mathematical Society, 1963, 14(5): 733-737.
[29] Zhang H. T., Chen Z.Y., Vicsek T., Feng G. J., Sun L. S., Su R.Q., Zhou T. Route-dependent switch between hierarchical and egalitarian strategies in pigeon flocks[J]. Scientific Reports, 2014, 4: 5805-5805.
[30] Qiu H.X., Duan H. B. Pigeon interaction mode switch-based UAV distributed flocking control under obstacle environments[J]. ISA Transactions, 2017, 71: 93-102.
[31] Hildenbrandt H., Carere C., Hemelrijk C.K. Self-organized aerial displays of thousands of starlings: A model[J]. Behavioral Ecology, 2010, 21(6):1349-1359.
[32] Bode N. W. F., Franks D. W., Wood A. J. Limited interactions in flocks: Relating model simulations to empirical data[J]. Journal of the Royal Society Interface, 2011, 8(55): 301-304.
[33] Xue Q., Duan H. B. Robust attitude control for reusable launch vehicles based on fractional calculus and pigeon-inspired optimization[J]. IEEE/CAA Journal of Automatica Sinica, 2017, 4(1): 89-97.
[34] Monje C. A., Chen Y. Q., Vinagre B. M., et al. Fractional-order systems and controls: fundamentals and applications[M]. Springer Science & Business Media, 2010.
[35] 朱呈祥, 邹云. 分数阶控制研究综述[J]. 控制与决策, 2009, 24(2): 161-169.
[36] Biro D., Sasaki T., Portugal S.J. Bringing a time–depth perspective to collective animal behaviour[J]. Trends in ecology & evolution, 2016, 31(7): 550-562.

第3章　典型生物群体智能建模

3.1　引　　言

在生物群体智能的相关研究中，生物群集运动建模与机制分析是进一步研究群体决策与智能涌现的前提[1]。本章以鸽群、雁群以及狼群典型生物群体为例(如图 3-1)，基于鸽群飞行层级引领机制、雁群线性编队飞行交互机制、狼群分工围捕合作机制分别建立鸽群、雁群以及狼群群体智能模型。

(a) 鸽群群集

(b) 雁群编队

(c) 狼群围捕

图 3-1　典型生物群体行为

自然界中鸽子往往会成群结伴飞行在天空中形成群集，个体间通过紧密协调使鸽群飞行成为一场让人惊叹的特技表演。唐太宗年间宰相王缙曾在《游悟真寺诗》一诗中描绘到："感彼云外鸽，群飞千翩翩。来添砚中水，去吸岩底泉。"鸽群中不同个体间存在严格等级关系[2, 3]，鸽群领导机制并不类似于狼群等其他陆地群体的模式[4-6]。鸽群中除头鸽外，其他跟随鸽也存在层次等级：头鸽处于绝对领导地位，其余跟随鸽下层服从上层，但无法影响上层。即下层鸽子行为不仅受头鸽影响，也受其他上层鸽子的影响，而往往来自于临近上层的影响更为直接迅速。针对鸽群飞行中展现出的飞行层级引领机制，本章将从三个方面展开研究[7]：

1) 鸽群层级网络组织结构建模与分析。鸽群层级网络不仅反映了鸽群中不同领导者-跟随者在飞行中进行交流的情况，也反映了鸽群中不同等级的领导者数量及智能化程度、个体之间的社会关系、个体成员的等级地位、整个群体以及各个个体享有的资源空间等关系，是鸽群进行紧密群集分析及执行特定飞行任务的基础；

2) 鸽群个体间的交互联络关系与规则。包括在飞行中随着时间的演化个体通过交互形成同步运动采用的通信方式、交互规则，以及群体最终表现出的宏观行为如何由微观个体之间的交互而产生等；

3) 鸽群演化的动力。演化动力影响群体行为发生和发展的关键因素和影响程度。在分析鸽群系统行为机制的基础上，利用现有的群体运动模型，从速度一致、航向一致以及群集聚簇等方面建立面向群体协调运动的鸽群运动模型。

每到秋冬或春夏交替的季节，经常能够看到大雁等候鸟群在天空中南北飞行的情景，唐代著名诗人白居易曾在《江楼晚眺景物鲜奇》一诗中赞到：“风翻白浪花千片，雁点青天字一行。”面对这样壮观的飞行场景，很多研究学者对其产生浓厚的兴趣，并进行长期的研究[8, 9]。这些候鸟在做长途迁徙时总是形成编队飞行，大多以“V”字形、“J”字形或梯次形的线性编队飞行。针对雁群迁徙过程中展现出的线性编队局部交互机制，本章将从两个方面展开研究[10]：

1) 雁群空气动力学优势。雁群编队飞行所利用的空气动力学优势，主要是来自编队中其他大雁产生的上洗气流，大雁在飞行时翅膀下方的气流变化会形成一对细长涡流，会在尾涡的内侧产生一个下洗流，在其外侧产生一个上洗流。当后方的大雁(从雁)位于其前面大雁(前雁)合适的横侧向位置飞行时，就可获得上洗流产生的附加能量；

2) 雁群群体飞行三原则。包括寻找头雁原则、寻找邻居原则以及飞行方向原则。在雁群编队中，头雁需要在成年的、体力好的大雁中产生，因此首先根据一定规则选择头雁。在飞行过程中，会形成“局部通信”的原则，大雁通过选择离自己拓扑距离最近的两只大雁作为自己的邻居，并与邻居形成局部通信网络。雁群飞行方向包括两个方面，一个是雁群整体飞行方向的选择，另一个是雁群中从雁飞行方向的选择，即雁群中的从雁会跟随其对应前雁飞行，飞行的位置恰好处于前方大雁尾流产生的上洗气流最大处。

长久以来，狼群在恶劣的自然选择环境中始终能够保持自身强大的生存优势，这与其强大的环境认知和快速决策能力不无关联。不管在地形复杂的丛林，还是在河流汹涌的山川，狼群始终能够通过敏捷的判断和行动选择合理的战法和布局完成对目标猎物的准确捕获。狼群合作捕猎的行为在著名作家姜戎所著的《狼图腾》小说中就有精彩的描述：“……突然，狼群开始总攻。最西边的两条大狼在一条白脖白胸狼王的率领下，闪电般地冲向靠近黄羊群的一个突出山包，显然这是三面包围线的最后一个缺口。抢占了这个山包，包围圈就成形了……”狼群狩猎的优势在于以强凌弱，以多击少；分工明确，互帮互助，群起而攻之，成功的诀窍在于“协同”，有两重含义：一是态势信息共享，知己知彼，百战不殆，信息越丰富，狩猎的不确定风险越低，可行的战术越明晰；二是多只狼在同一时间同一地点对猎物发动袭击，有的负责扰乱猎物阵型，有的驱赶目标运动，有的追逐，有的埋伏，狼群内部存在完备的打击链条[11]。针对狼群协同围捕工程中表现出的分工合作机制，本章用 Matlab 的类变量 Class 来建立狼群智能体模型[12]，通过类成员变量和成员函数来描述狼群行为机制。

3.2 鸽群层级引领机制建模

3.2.1 基于改进拓扑交互规则的层级引领网络模型

在过去数十年间，传感器技术的迅猛发展使得精确测量鸽群中个体的飞行轨迹成为了可能[13]。如图 3-2 所示，在鸽群飞行过程中，群体的飞行轨迹体现出了个体的偏好轨迹与领导者的经验轨迹之间的折衷等智能行为[14]，通过研究鸽群个体的飞行轨迹变化，可以为建立鸽群运动模型提供观测数据支持[15]，加深对鸽群飞行策略的理解，揭示鸽群的通信网络机制及运动规则[16]。

(a) 自然界中

(b) 城市中

图 3-2 飞行的鸽群

通过佩戴小型化 GPS 定位装置获取鸽群在自由飞行和归巢飞行状态下的运动情况，可以对快速运动的鸽群中个体之间的互相影响机制进行研究[17]，这种影响基于个体与群体之间产生的一种独特的富有经验的运动评估方法[18]。定量对比鸽群 GPS 位置变化并进行统计学分析后可以发现，个体对相邻个体存在引领的作用(类似于势场力对个体的牵引作用)，同时群体中存在着分层领导的策略[19]，不同层级的鸽子只对相邻的层级产生较大的引领作用[20]。研究鸽群智能行为及建立鸽群运动模型的前提是确定鸽群分层引领-跟随的网络结构[21]。

在分析 11 组自由飞行以及 4 组归巢飞行数据速度相关性的基础上，建立鸽群层级引领网络模型，即如图 3-3 所示的固定分层引领结构[7, 22]。图中 A、M、G、D、B、H、L、I、C、J 代表不同层级的鸽子，鸽子间的带箭头的连线代表引领-跟随关系，连线上的数字代表引领时的固定时延大小。鸽群分层引领结构中的领导者-跟随固定时延为全部 15 组飞行试验的平均固定时延，同时去除不足 5 组数据的引领-跟随关系，基于总数为 12 只鸽群的飞行数据建立 10 只鸽群的网络模型。

从层级网络图中不同鸽子间的引领-跟随关系及引领-跟随时延可以看出，处于最上层的领导者对大多数鸽子具有引领作用，处于最底层的跟随者则同时受到多个上层领导者的引领。随着引领-跟随层数的增加，引领-跟随的时延也不断增加，使得跨层的领导者对跟随者的实际引领作用减弱。综合多组自由飞行与归巢飞行的数据分析结果，在鸽群的层级网络中领导者与跟随者的位置基本保持在固定位置。

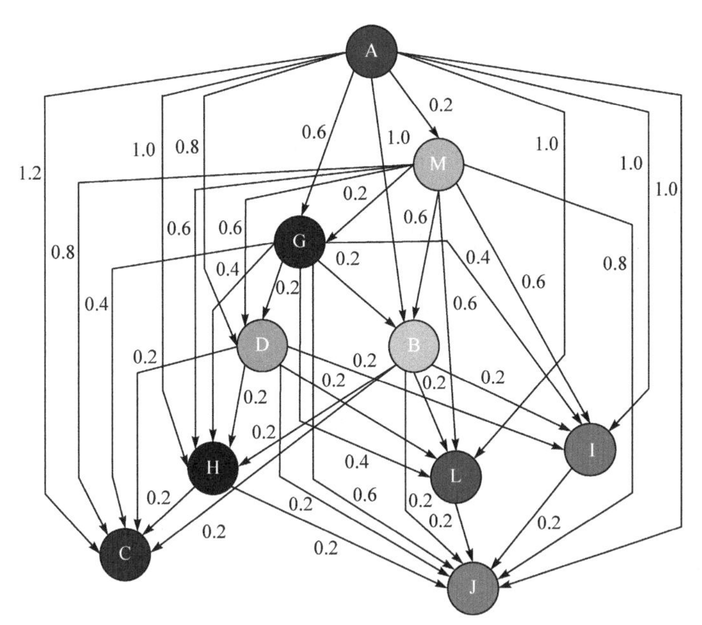

图 3-3　鸽群分层引领-跟随拓扑结构图

假设由 N 只鸽子组成的鸽群层级网络，从最顶层的领导者至最底层的跟随者具有 L 层引领-跟随关系，且每层跟随者的数量趋近于平均分配，时间延迟随着层级的递进呈等比变化，则鸽群层级网络模型可表示为引领-跟随时延矩阵 $\boldsymbol{A}(N\times N)$

$$
\boldsymbol{A}=\begin{bmatrix} \tau_{11} & \tau_{12} & \cdots & \tau_{1N} \\ \tau_{21} & \tau_{22} & \cdots & \tau_{2N} \\ \vdots & \vdots & \ddots & \vdots \\ \tau_{N1} & \tau_{N2} & \cdots & \tau_{NN} \end{bmatrix}
$$

$$
\tau_{ij}=0(i=j) \tag{3-1}
$$

$$
\tau_{ij}=-\tau_{ji}
$$

式中，领导者 i 与跟随者 j 间的固定延迟 τ_{ij} 根据试验数据通过计算速度相关因子得到，每一层引领-跟随的固定时延呈现等比数列的规律。若 i 与 j 之间不存在引领-跟随关系，则 τ_{ij} 标记为 NaN。假设在引领-跟随时延矩阵 $\boldsymbol{A}$ 中鸽子 1 为最高层领导者，鸽子 N 为最底层跟随者，且 $\tau_{12}=\tau_p$ 为最高层领导者至次级领导者的最小固定时延，则有 $\tau_{23}=2\tau_{12}=2\tau_p$，$\tau_{34}=3\tau_{12}=3\tau_p$，…，以此类推。根据试验观测，每一层跟随者的数量呈现等差数列的规律，设跟随者数量差为 K，则 L 层引领-

关系每一层的跟随者数量与群集总数之间的关系为

$$1+1+K+1+2\cdot K+\cdots+1+(L-1)\cdot K=N \tag{3-2}$$

研究表明在固定拓扑的群体运动网络通信模型中，个体之间的通信存在一定的多余信息[23]，个体使用少量的邻居信息也可获得良好的同步收敛性能[24]。在对大规模椋鸟群体和食蚊鱼群体进行运动分析和研究后发现[25]，个体仅与周围 6 至 7 个邻居存在交互关系，且与距离邻居的远近不相关[26]。

在研究鸟类群体运动过程中，固定邻居范围(Fixed Neighborhood Region, FNR)模型和固定邻居数目(Fixed Number of Neighbors, FNN)模型是两种常用的交互模型。在 FNR 模型中，个体之间采用尺度距离作为交互的条件，在二维空间上个体的感知范围表示为具有固定半径的圆，个体交互邻居的个数取决于感知范围内邻居的个数，如图 3-4(a)所示。在 FNN 模型中，个体邻居的个数固定为一个常数，个体交互邻居的个数往往小于个体感知范围内邻居的总数量，如图 3-4(b)所示。

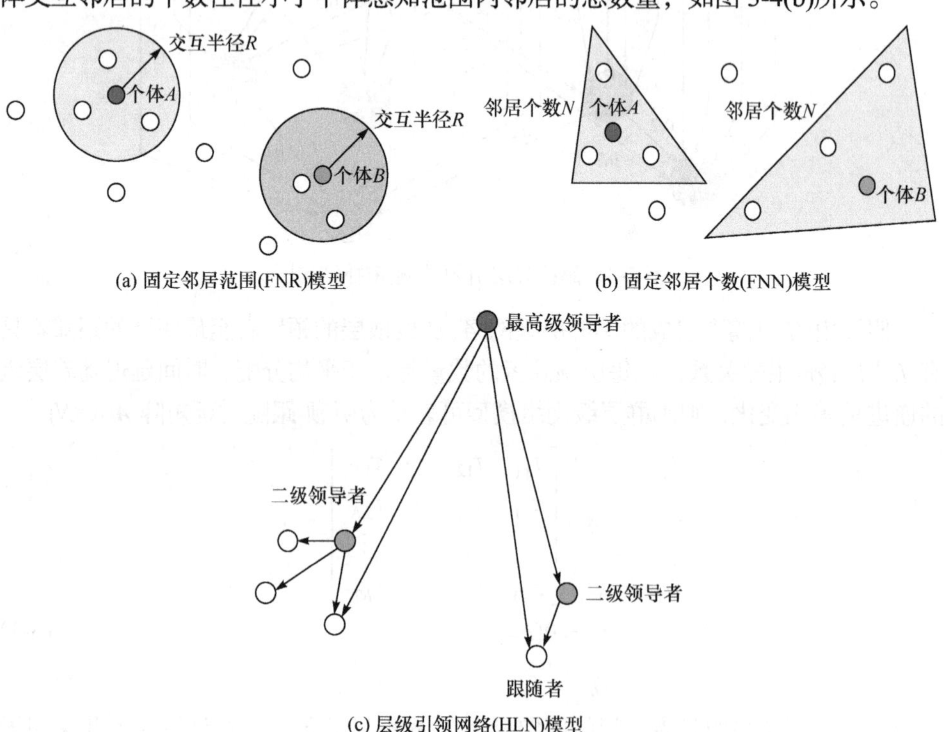

图 3-4 群体内部三种交互方式示意图

在生物实证方面的研究发现，鸽群内部交互邻居的数量是基于拓扑距离交互形式的，与 FNN 模型类似。进一步研究表明，鸽群中不同等级的领导者对于跟随者产生不同的引领作用。在鸽群交互网络研究中，为了替代传统的引领者-跟随者模型，在鸽群层级引领网络(Hierarchical Leadership Network, HLN)模型中，鸽群中的个体即被上层的领导者引领，也对下层的跟随者产生引领作用，如图 3-4(c)所示，该模型呈现混合集中式网络与分布式网络的特点，每只鸽子既受到最高层领导者的引领作用，也可根据其他上层领导者的信息改变自身状态。

在目前的研究中，FNN 模型并不能反映鸽群特殊的交互规则，而 HLN 模型也未考虑飞行过程中群体交互的拓扑变化情况，且不能应用于完全分布式可扩展的无人系统集群。HLN 模型中的顶层领导者对各层的跟随者均有引领作用，但对最底层的跟随者的引领具有较大延迟，这种引领-跟随关系在一定程度上是冗余的。本节将设计改进的 MFNN(Modified Fixed Number of Neighbors)模型与 MHLN (Modified Hierarchical Leadership Network)模型，并结合 MFNN 与 MHLN 模型进行鸽群层级网络设计，建立一种 MFNN-MHLN 混合模型。在对 FNN 模型的改进中，引入有限视场限制和平均分布机制，鸽群个体获得视场内各方向上距离最近邻居个体的运动信息。在对 HLN 模型的改进中，简化不需要的领导-跟随交互关系，降低引领层级的阶数。在 MFNN-MHLN 混合模型中，鸽群的交互机制在 MHLN 模型的基础上进行 MFNN 模型的交互，当鸽群沿着平滑的轨迹飞行时，采用 MFNN 交互规则以降低通讯代价并保持较为松散的群体，当鸽群进行转弯机动时，采用 MHLN 交互规则以实现快速的航向机动。

改进 FNN 模型在基本 FNN 模型上引入有限视场角模型，鸽群个体的视场有限并且对称分布于个体运动方向的两侧。在改进 FNN 模型中，有限视场的角度边界分布于个体运动前进方向的两侧，即假定在飞行中个体注意前方的邻居个体。

根据鸽子整体视场范围，设个体 i，$i=1,2,\cdots,N$ 的视场角度范围为 $S=[-150°, 150°]$，处于个体 i 前进方向的邻居个体与个体的视场夹角为 0°，只有处于视场角度范围内的个体才有可能成为 i 的邻居。在有限视场角的基础上，加入邻居平均分布机制。基本 FNN 模型遵循 k 最近邻(k-nearest Neighbors)规则，即选取距离个体 i 最近的 k 个个体作为邻居，但这种邻居选取规则无法在空间上应对邻居的密集分布，当邻居密集地处于一个方向时，个体获取的邻居信息冗余并且单一，造成可用信息量减少[27]。在鸽群中，为了降低视线遮蔽带来的邻居信息获取不足[28]，个体在飞行时会留意周围各个方向上的邻居，即在选取邻居时考虑空间上的平均分布[29]。

假设个体在每一时刻选取的邻居个数上限为 M，则个体 i 的视场范围 S 将沿运动方向两侧对称分为 M 个夹角大小为 300/M 的子区间 $S_i^n(t,M), n=1,2,\cdots,M$，所有子区间 $S_i^n(t,M)$ 内的个体构成邻居集合 $N_i^n(t,M)$，即

$$\begin{aligned}N_i^n(t,M) &= \{j \mid x_j(t)\in S_i^n(t,M), j=1,\cdots,N, n=1,\cdots,M\} \\ &= \{j \mid -150+300\frac{n-1}{M} \leqslant \theta_{ij} \leqslant -150+300\frac{n}{M}, j=1,\cdots,N, n=1,\cdots,M\}\end{aligned} \tag{3-3}$$

式中，θ_{ij} 为邻居 j 的位置相对于个体 i 前进方向的夹角(如图 3-5)。

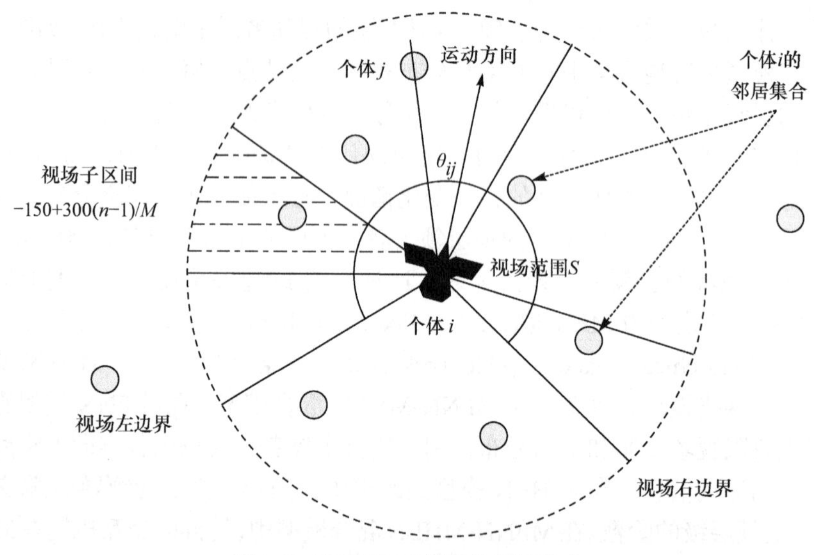

图 3-5　改进 FNN 模型的邻居集合

不同于传统 FNN 模型，上述改进 FNN 模型中个体的邻居数目并不固定为 M 个，原因在于集合 $S_i^n(t,M)$ 可能为空集，即在个体 i 的某个方位空间内不存在任何邻居个体，且所有方向空间内也不存在总数大于 M 的邻居个体。当个体的邻居数目 $N<M$ 时，则按上述规则划分 N 个区间，当个体的邻居数目 $N>M$ 时，在每个区间内选取最近的邻居。

在对 HLN 模型的改进中，简化不需要的领导-跟随交互关系，降低引领层级的阶数，假设网络中允许的最大固定时延为 τ_L，去除基本 HLN 网络中的固定时延矩阵 $\boldsymbol{A}$ 中的 $\tau_{ij}>\tau_L$ 的元素。通过简化引领-跟随关系，去除 HLN 模型中具有较大时延的信息传递路线，从而降低传输代价并且提高传输质量，最终建立如图 3-6 所示的 MHLN 结构。

在去除较大时延的信息传递路线简化后的改进鸽群层级网络模型中，引领-跟随时延矩阵 $\boldsymbol{A}(N\times N)$的元素具有大量的空值，假设在引领-跟随时延矩阵 $\boldsymbol{A}$ 中鸽子 1 为最高层领导者，鸽子 2、3 为第二层领导者，鸽子 4、5、6 为第三层领导者，鸽子 N 为最底层跟随者，则有 $\tau_{14}=\tau_{15}=\cdots=\tau_{1N}=NaN$，$\tau_{27}=\tau_{28}=\cdots=\tau_{2N}=NaN$，…，($NaN$ 代表空集)。

在 MFNN-MHLN 混合模型中，鸽群的交互机制在 MHLN 模型的基础上进行 MFNN 模型的交互，鸽群中的个体通过 MFNN 规则挑选信息传递范围内的邻居个体，观测到邻居状态变化时通过 MHLN 模型确立引领-跟随关系和固定时延，使用较少的邻居信息，同时可以获得较快的收敛速度。

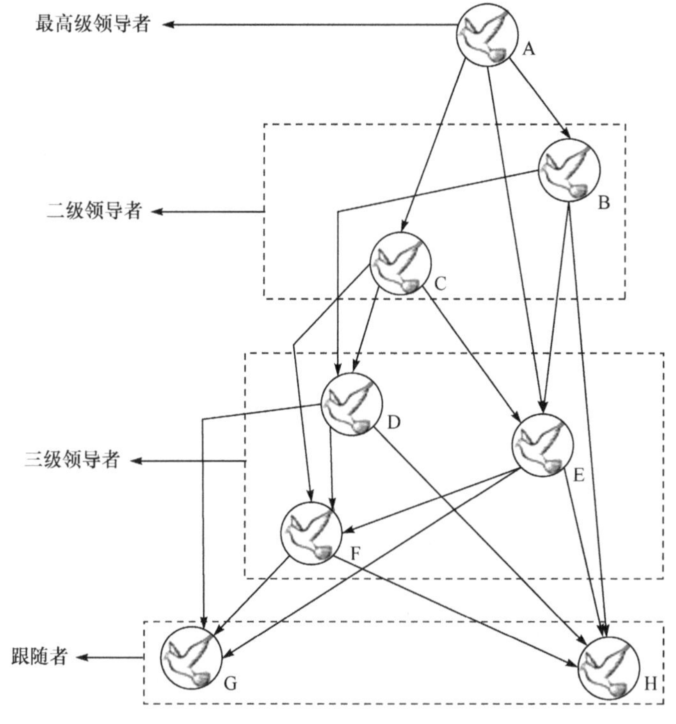

图 3-6　改进 HLN 模型的引领-跟随关系

3.2.2　鸽群交互行为规则建模

(1) 鸽群演化动力模型

本节建立飞行时鸽群的动力学模型，以基于个体运动的拉格朗日法为主，通过试验数据分析确立鸽群个体由近及远的交互规则[30]，利用人工势场方法描述个体之间的交互行为作用准则，并在分段引力/斥力模型的基础上，引入鸽群运动的一些行为机制，包括层级引领、各向异性、协商折衷以及邻居个数固定等[31]。建立满足聚集、分离、速度一致等要求的鸽群智能运动模型，同时具有鲁棒、稳定、可扩展等特性[32]。

首先，对于具有 n 个个体的群体运动，可对单个个体 i 建立拉格朗日模型

$$\begin{cases} \dfrac{\mathrm{d}\vec{x}_i}{\mathrm{d}t} = \vec{v}_i \\ \dfrac{\mathrm{d}\vec{v}_i}{\mathrm{d}t} = \vec{f}_{i,\mathrm{aut}} + \vec{f}_{i,\mathrm{int}} + \vec{\xi}_i \end{cases} \tag{3-4}$$

式中，$\vec{x}_i$ 和 $\vec{v}_i$ 分别为个体 i 的位置和速度；$\vec{f}_{i,\mathrm{int}}$ 为个体间的相互作用力(速度一致性/吸引力/排斥力)；$\vec{f}_{i,\mathrm{aut}}$ 为个体自主航行的作用力；$\vec{\xi}_i$ 为高斯噪声。群体中个体的运动受到一定范围内邻居平均运动速度的影响。

环境因素对群体的影响可表示为对个体产生摩擦力作用

$$\vec{f}_{i,\mathrm{aut}} = \vec{a} - \gamma \vec{v}_i \tag{3-5}$$

式中，$\vec{a}$ 为群体固有的聚集因子；γ 为摩擦系数，根据群体在不同环境中的加速情况进行设定。

鸽群的运动特性主要取决于个体间的相互作用力 $\vec{f}_{i,\mathrm{int}}$，个体间的相互作用需要考虑个体对邻居的感知范围、个体的视场范围和盲区以及群体的分层决策机制。在集群运动模型中，可以根据可能的情况加入这些群集作用，建立个体运动特性的组合形式。如图 3-7 所示，个体将远离 R 区域内个体，靠近 ATT 区域内个体，并尝试与 AL 区域内个体保持速度一致。α 表示感知范围，$(360°-\alpha)$的角度范围则表示感知盲区。记 R，AL，ATT 的半径分别为 r_{rep}、$r_{\mathrm{rep}} < x < r_{\mathrm{al}}$ 和 $r_{\mathrm{al}} < x < r_{\mathrm{att}}$。

值得注意的是，尽管动物的视场角度有限而不易看到视场以外的区域，但是它们往往可以通过视线的转动扩大自身的观察区域。比如人类的视场虽然只有约 120°，但却可通过眼珠的移动使得人的运动视场达到 150°，并且通过头的转动看到身后信息。个体受到有限视角的限制，使得周围的邻居不能完全进入焦点个体的视场内。但由于个体的视线方向的调整，当前时刻位于个体视场外的邻居有可能在下一时刻进入到焦点个体的视场范围内。个体在运动过程中，前方各个相对方向上的邻居个体都会以一定的概率进入焦点个体的视场内。

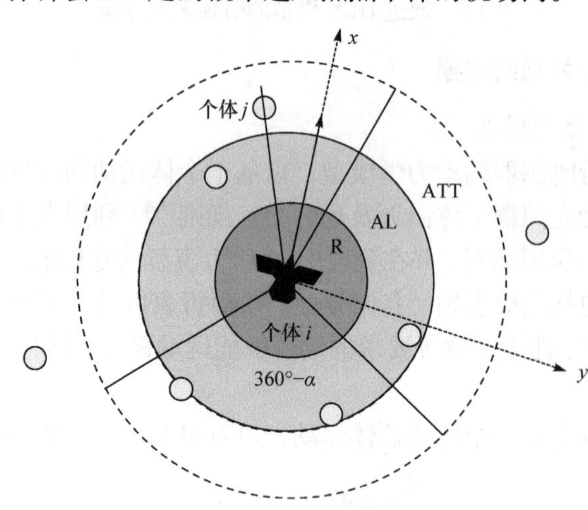

图 3-7　个体的感知与交互范围

假设个体间的相互作用力包括吸引力、排斥力、队列一致和前进时的交互作用力

$$\vec{f}_{i,\mathrm{int}} = \omega_{\mathrm{rep}} \vec{f}_{i,\mathrm{rep}} + \omega_{\mathrm{att}} \vec{f}_{i,\mathrm{att}} + \omega_{\mathrm{al}} \vec{f}_{i,\mathrm{al}} + \omega_{\mathrm{front}} \vec{f}_{i,\mathrm{front}} \tag{3-6}$$

与速度常量模型中只改变个体的运动速度方向不同，这里将个体间的相互作

用表示为相互作用力对个体产生的加速作用，并建立一定距离内相互作用力的函数 $g(x)$。

通过对鸽群自由飞行与归巢飞行时个体与邻居的相对距离和相对加速度进行分析，可得到鸽群中排斥力、队列一致和吸引力作用的空间分布与近似函数曲线。图 3-8(a)—(c)分别给出第一组自由飞行试验中巡航阶段时间段(持续时间为 200s)内不同鸽群个体与邻居的相对位置分布，同时图 3-9(a)—(c)分别给出个体与邻居的相对加速度曲线，在该组试验中鸽群由 8 只鸽子组成。

在相对加速度曲线中，*rx* 表示沿 *x* 轴的相对距离，*ry* 表示沿 *y* 轴的相对距离，*raccx* 表示沿 *x* 轴的相对加速度大小分布，*raccy* 表示沿 *y* 轴的相对加速度大小分布。

图 3-10(a)—(c)分别给出第一组归巢飞行试验中巡航阶段时间段(持续时间为 200s)内不同鸽群个体与邻居的相对位置分布，同时图 3-11(a)—(c)分别给出个体与邻居的相对加速度曲线，在该组试验中鸽群由 10 只鸽子组成。

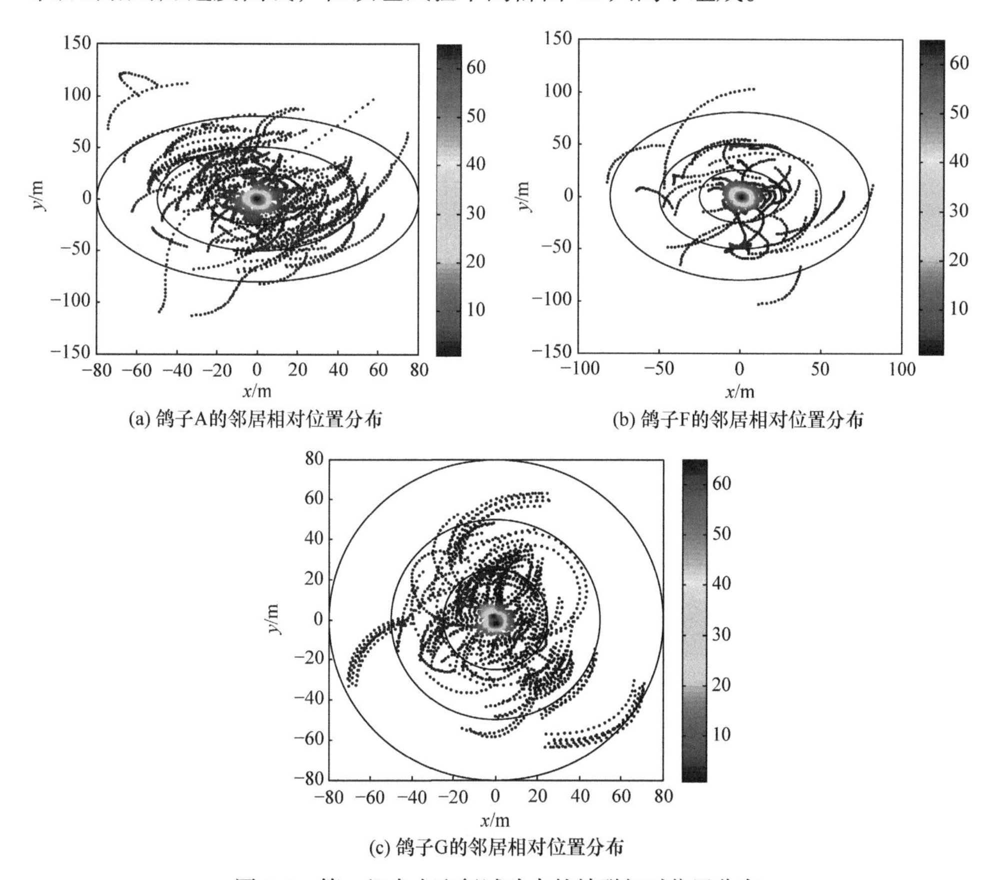

图 3-8　第一组自由飞行试验中的鸽群相对位置分布

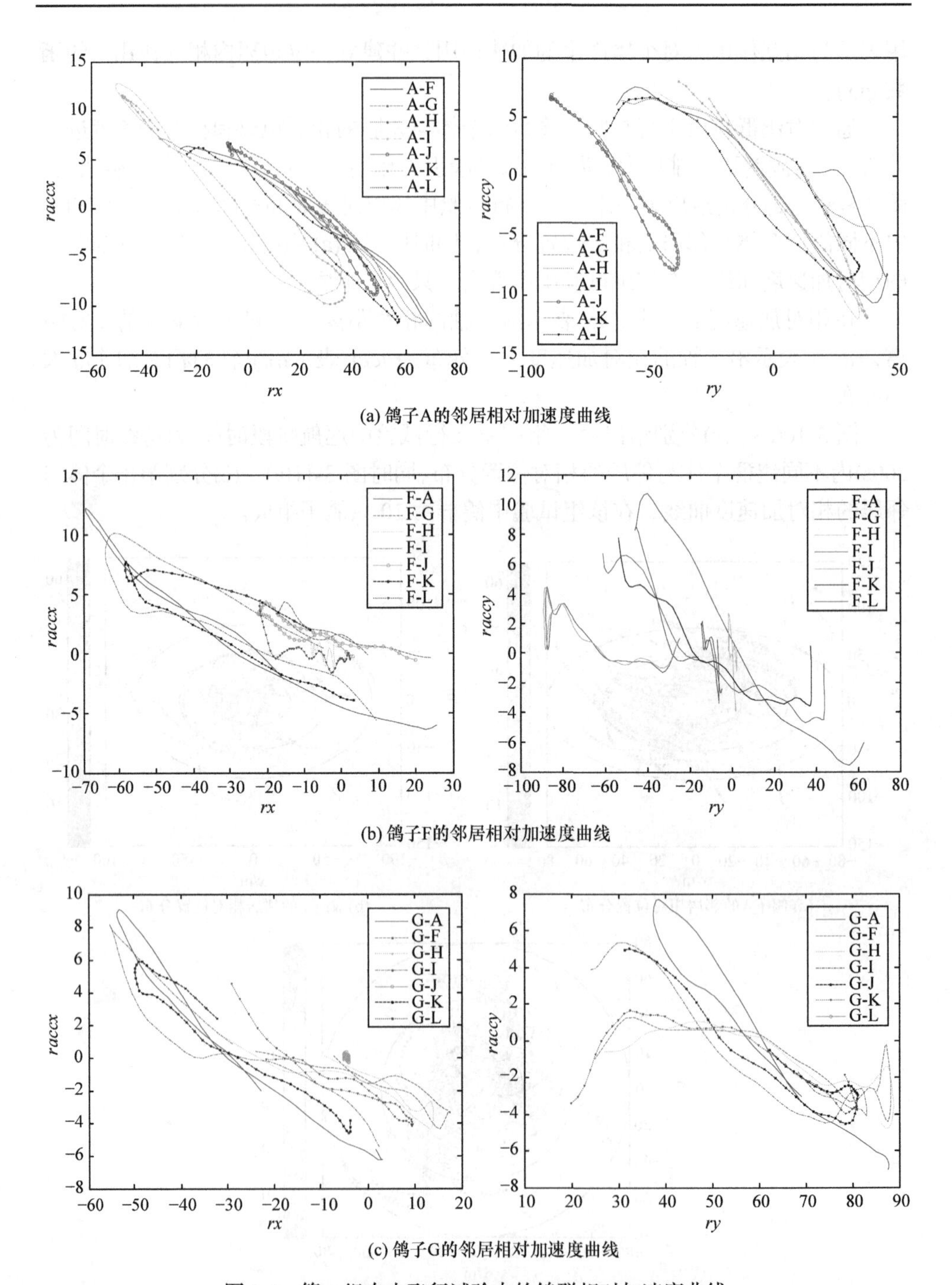

(a) 鸽子A的邻居相对加速度曲线

(b) 鸽子F的邻居相对加速度曲线

(c) 鸽子G的邻居相对加速度曲线

图 3-9 第一组自由飞行试验中的鸽群相对加速度曲线

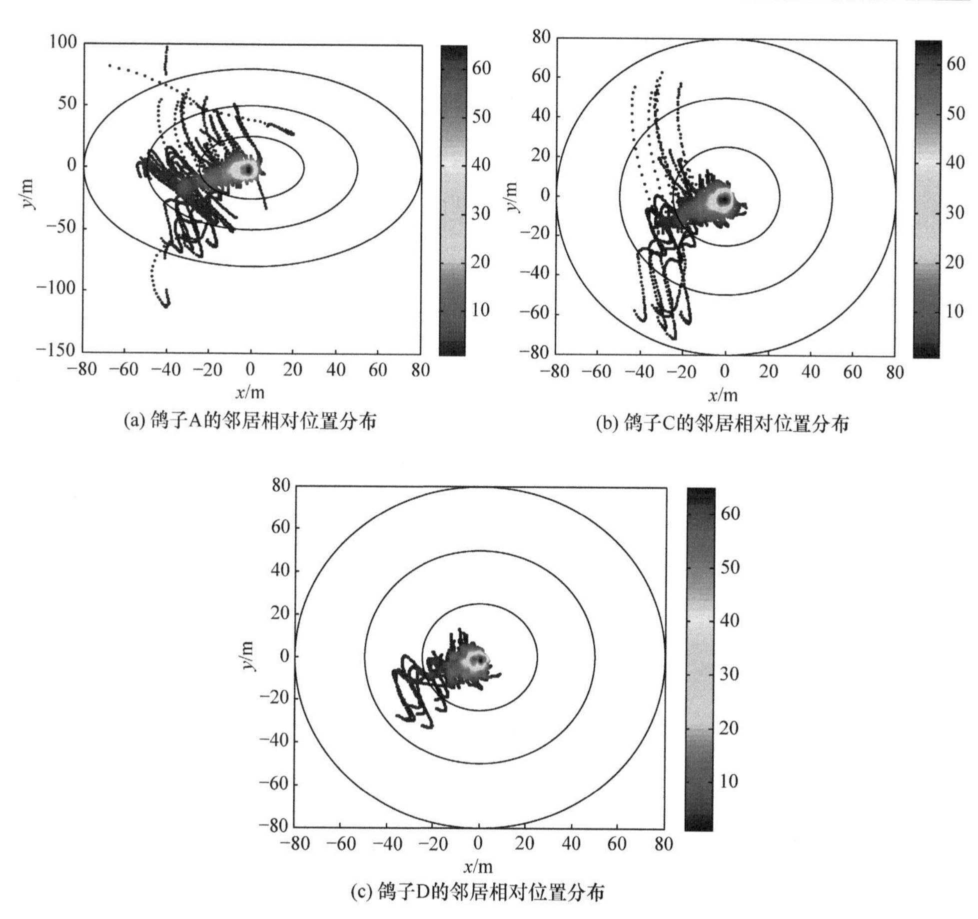

(a) 鸽子A的邻居相对位置分布

(b) 鸽子C的邻居相对位置分布

(c) 鸽子D的邻居相对位置分布

图 3-10　第一组归巢飞行试验中的鸽群相对位置分布

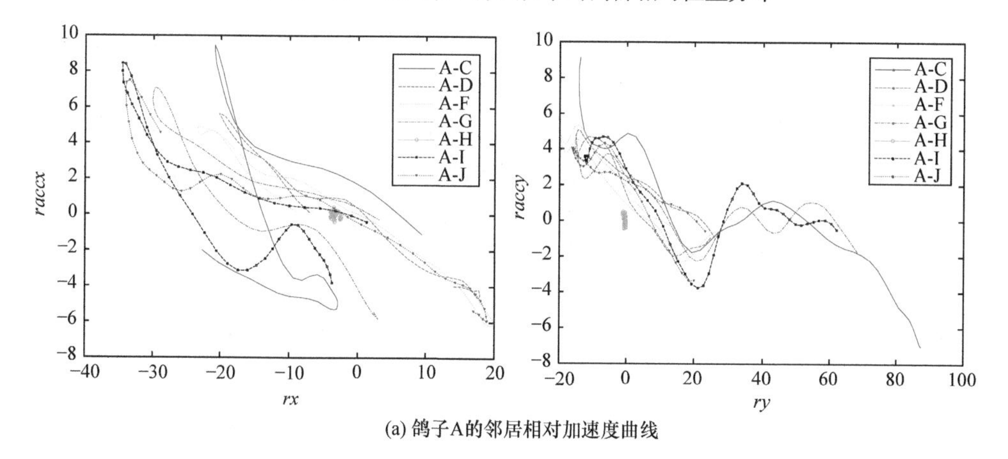

(a) 鸽子A的邻居相对加速度曲线

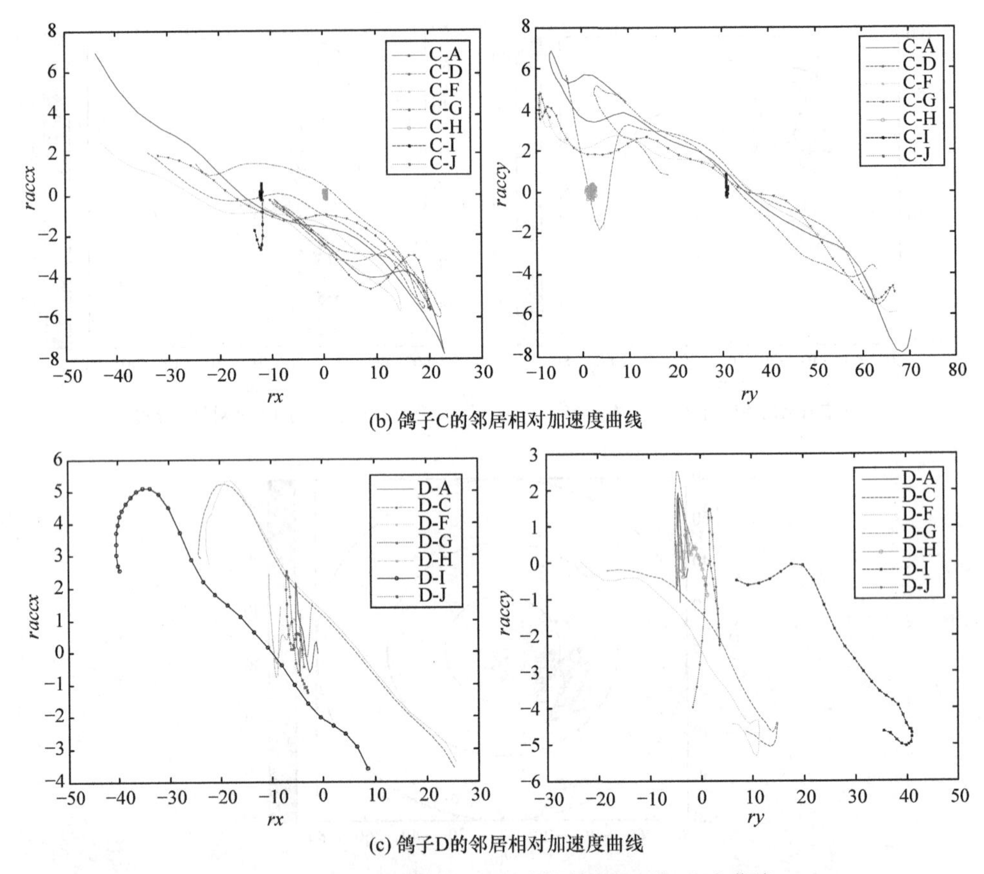

(b) 鸽子C的邻居相对加速度曲线

(c) 鸽子D的邻居相对加速度曲线

图 3-11　第一组归巢飞行试验中的鸽群相对加速度曲线

从鸽群相对位置分布及相对加速度曲线可以看出鸽群呈现出排斥力、队列一致和吸引作用的空间分布特点。在归巢飞行试验中，越上层的领导者处于集群的前方，邻居的相对位置在正后方分布。下面进一步根据相对加速度曲线建立相互作用力函数。如图 3-12 所示，规定$|g(x)|$最大值为 1，x 表示个体与邻居的距离，当 $g(x)<0$，表示排斥力。r_{rep}、r_{al} 和 r_{att} 分别表示排斥力、队列一致和吸引力的作用半径，相应的作用区域表示为 $\mathrm{R}(0<x<r_{\mathrm{rep}})$、$\mathrm{AL}(r_{\mathrm{rep}}<x<r_{\mathrm{al}})$和 $\mathrm{ATT}(r_{\mathrm{al}}<x<r_{\mathrm{att}})$。

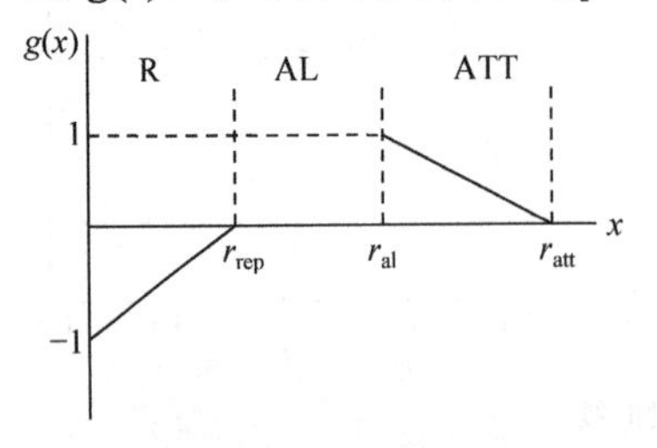

图 3-12　相邻个体间产生的吸引力与排斥力函数

假设某个体 i 在相互作用力范围内有 n 个邻居，受到不同相互作用力的总数分别为 n_{rep}、n_{al} 和 n_{att}。

在区域 R 内，排斥力可表示为

$$\vec{f}_{i,\mathrm{rep}}=\frac{1}{n_{\mathrm{rep}}}\sum_{j=1}^{n_{\mathrm{rep}}}g(d_{ij})\vec{u}_{ij},\quad \vec{x}_j\in\mathrm{R} \tag{3-7}$$

式中，$d_{ij}=|\vec{x}_j-\vec{x}_i|$ 为相对位置向量；$\vec{u}_{ij}=(\vec{x}_j-\vec{x}_i)/d_{ij}$ 为单位相对位置向量。

当 $n_{\text{rep}}=0$，$n_{\text{att}}>0$ 时，在区域 ATT 内，吸引力可表示为

$$\vec{f}_{i,\text{att}}=\frac{1}{n_{\text{att}}}\sum_{j=1}^{n_{\text{att}}}g(d_{ij})\vec{u}_{ij},\vec{x}_j\in\text{ATT} \tag{3-8}$$

当 $n_{\text{rep}}=0$，$n_{\text{al}}>0$ 时，处于区域 AL 内的邻居产生的队列一致(即速度一致)的作用力可表示为

$$\vec{f}_{i,\text{al}}=\frac{1}{n_{\text{al}}}\sum_{j=1}^{n_{\text{al}}}\frac{\vec{v}_j}{|\vec{v}_j|},\vec{x}_j\in\text{AL} \tag{3-9}$$

如果处于区域 AL 内的所有邻居与个体 i 已经完成队列一致的群体行为，则队列一致的作用力与个体的自驱动速度方向一致。当 $n_{\text{al}}=0$ 时，设定

$$\vec{f}_{i,\text{al}}=\frac{\vec{v}_i}{|\vec{v}_i|} \tag{3-10}$$

前进时的交互作用力是距离个体 i 最近的一个邻居在一定角度 θ 内沿前向剖面对个体 i 所产生吸引力/排斥力。如图 3-13 所示，该作用力的作用半径为 r_{att}，当 $0<x<r_{\text{rep}}$ 时，产生排斥力，当 $r_{\text{rep}}<x<r_{\text{att}}$ 时，该作用力为一个常值的吸引力

$$\vec{f}_{i,\text{front}}=g_f(d_{ij})\vec{u}_{ij} \tag{3-11}$$

通过上述公式，群体中个体与邻居间的吸引力、排斥力、队列一致和前进时的交互作用力的幅值界限被设定为 1，加入相互作用力的权重后，个体 i 受到的合力可以表示为

$$\vec{f}_{i,\text{int}}=\omega_{\text{rep}}\vec{f}_{i,\text{rep}}+\omega_{\text{att}}\vec{f}_{i,\text{att}}+\omega_{\text{al}}\vec{f}_{i,\text{al}}+\omega_{\text{front}}\vec{f}_{i,\text{front}} \tag{3-12}$$

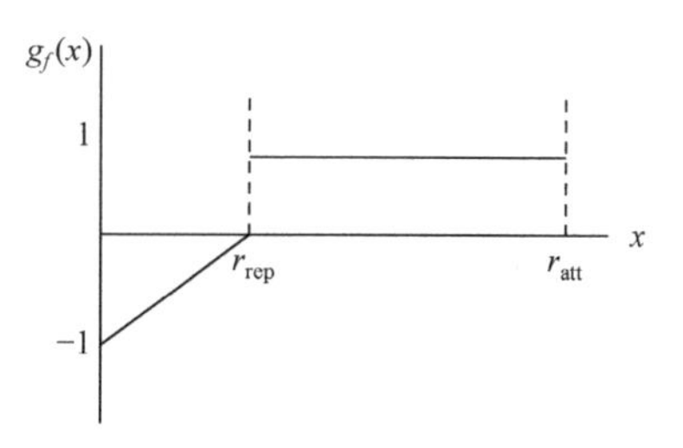

图 3-13　相邻个体间产生的速度一致作用力函数

式中，ω_{rep}、ω_{att}、ω_{al} 和 ω_{front} 分别为相应作用力的权重，权重的数值可以通过实际数据记录和模型优化确定。

将权重参数分为确定不变的常数和时变参数两类，确定不变的参数可以通过观测数据决定，而时变参数需要通过数学模型进行表示。

排斥力、队列一致和吸引力的作用半径为 r_{rep}、r_{al} 和 r_{att}，前进时的交互作用力产生的角度范围为 θ。自驱动作用力的幅值大小为 a，则自驱动的平衡速度为

$$v_0=\frac{a+\omega_{\text{al}}}{\gamma} \tag{3-13}$$

通过上式可确定摩擦系数 γ 的数值。设定高斯噪声的相对幅值 $\vec{\xi}_i=\omega_\xi\hat{\vec{\xi}}_i$，其

中 $\hat{\xi}_i$ 的平均值为 0，方差为 1。

在相互作用力中加入角度权重后，吸引力和排斥力表示为

$$\begin{cases} \vec{f}_{i,\text{att}} = \dfrac{1}{n_{\text{att}}} \displaystyle\sum_{j=1}^{n_{\text{att}}} \dfrac{\exp(w\cos(\theta_{ij}))}{\exp(w)} g(d_{ij}) \vec{u}_{ij}, \vec{x}_j \in \text{ATT} \\ \vec{f}_{i,\text{rep}} = \dfrac{1}{n_{\text{rep}}} \displaystyle\sum_{j=1}^{n_{\text{rep}}} \dfrac{\exp(w\cos(\theta_{ij}))}{\exp(w)} g(d_{ij}) \vec{u}_{ij}, \vec{x}_j \in \text{R} \end{cases} \tag{3-14}$$

式中，θ_{ij} 为相对位置向量 $\vec{u}_{ij}$ 和速度向量 $\vec{v}_i$ 之间的夹角。

(2) 鸽群航向一致行为规则

鸽群在长距离飞行过程中，通过引领-跟随网络对个体间不同的航向偏差进行修正[33]。假设具有 N 个个体的鸽群进行航向修正，每个个体 i 具有位置向量 $c_i(t)$和速度向量 $v_i(t)$，整个群体在二维平面上朝着一个特定的固定目标点进行运动[34]。群体中个体与其邻居的交互具有距离限制，感知范围为固定半径的圆形区域，感知区域分为三个部分[35]：避撞区域(半径为 r_R)，同步区域(半径为 r_O)和吸引区域(半径为 r_A)。为了在飞行过程中避免碰撞，当邻居 j 处于个体 i 的避撞区域内时，个体 i 将产生航向偏转，以保持与邻居 j 的最小距离，个体 i 的航向变化 d_i 可表示为

$$d_i(t+\Delta t) = -\sum_{j\neq i} \frac{c_j(t)-c_i(t)}{\left|c_j(t)-c_i(t)\right|} \tag{3-15}$$

在飞行过程中避撞机制产生的航向角变化具有最高的权重。当个体 i 的避撞区域内没有其他个体时,所有的邻居将会被吸引至同步区域并最终产生速度同步。此时个体 i 的航向角变化可表示为

$$d_i(t+\Delta t) = \sum_{j\neq i} \frac{c_j(t)-c_i(t)}{\left|c_j(t)-c_i(t)\right|} + \sum_{j=1}^{N} \frac{v_j(t)}{\left|v_j(t)\right|} \tag{3-16}$$

将 $d_i(t+\Delta t)$ 归一化为单位向量：$\tilde{d}_i : d_i(t+\Delta t) = \tilde{d}_i(t+\Delta t)/|\tilde{d}_i(t+\Delta t)|$。为了将鸽群引导至目标区域，设定群体每个领导者获得目标的位置坐标，并且在领导者的运动中加入朝目标飞行的航向角向量 d_{ig}。在飞往目标点的过程中，领导者需要在保持群体聚集和保持目标指向直接进行平衡，此时领导者航向角变化可表示为

$$d_i'(t+\Delta t) = \frac{(1-\omega)d_i'(t+\Delta t)+\omega d_{ig}}{\left|(1-\omega)d_i'(t+\Delta t)+\omega d_{ig}\right|} \tag{3-17}$$

式中，$\omega \in [0,1]$ 为群体聚集权重，ω 越小时，群体越趋向于优先保持聚集性。在鸽群网络中，群体间的交互由于领导层级的不同具有不同的权重值，为了表示鸽

群分层引领的特性，在个体交互中加入社会影响因子 h，表示不同个体间交互权重的区别

$$d_i(t+\Delta t)=\sum_{j\neq i}\frac{c_j(t)-c_i(t)}{\left|c_j(t)-c_i(t)\right|}+\sum_{j=1}^{N}h_{ij}\frac{v_j(t)}{\left|v_j(t)\right|} \tag{3-18}$$

式中，h_{ij} 为邻居 j 对个体 i 产生影响的权重，h_{ij} 越大，邻居 j 对个体 i 的运动产生的影响越大。

(3) 鸽群航向协商折中行为规则

为研究鸽群个体与邻居及环境变化的交互机制，在本章的前几节中基于鸽群数据分析，建立了改进的自驱动粒子模型对鸽群行为机制进行仿真建模。自驱动粒子模型中个体的状态由速度和速度方向决定，而速度和速度方向的变化受到邻居位置和运动方向的影响。通过对实际鸽群数据的分析，不同于传统的粒子模型，在模型中考虑速度变化产生的影响[36]。通过模型仿真并调整邻居个体交互机制，可以一定程度上复现鸽群在特定飞行任务下的引领-跟随飞行模式和群体决策特性[37]，并进一步研究个体在飞行性能上的差异带来的决策变化[38]。

如图 3-14 所示，在鸽群长距离集群飞行时，领导者具有一定的航迹先验信息，因此能够引领整个鸽群以较短的距离到达目的地。当不同层级的鸽子在航向信息存在较大偏差或者鸽子间的相对距离较远，无法形成有效的群体沟通时，鸽子间需要在较长的飞行距离内进行航向协商折中。在鸽群模型中，个体的方向角变化率取决于邻居的位置和飞行方向，个体的速度变化取决于群体引领-跟随网络结构，当个体为领导者时，个体将自行调整速度跟随特定的航迹，当个体为跟随者时，个体的速度将随领导者变化，且个体跟随速度较快的领导者。

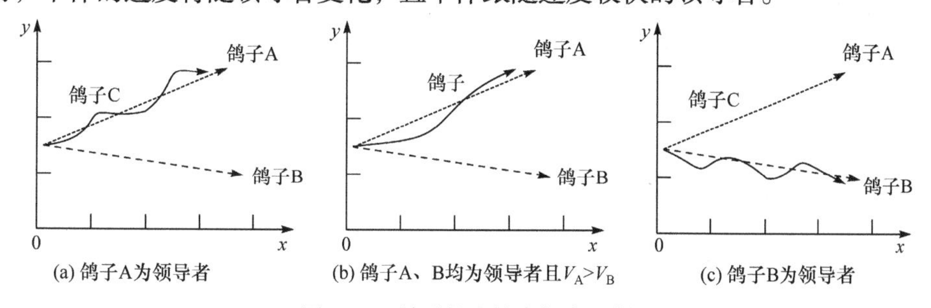

图 3-14　鸽群航向协商折中机制

在自然界的生物群体中，此前被普遍接受的观点是个体之间采用尺度距离的交互方式，即交互过程中个体会同时与其感知范围内所有的邻居进行交互，这种交互方式意味着个体交互邻居的数量取决于自身的感知能力。

个体只受到处于一定方向角偏差内邻居的影响($|\theta|<\frac{3\pi}{5}$)。当个体的感知范围内没有邻居时，个体具有一条特定的自主飞行轨迹。为了对鸽子间的航向信息冲

突进行建模，将自主飞行轨迹定义为从当前点向左右分叉的两条直线轨迹。定义个体 i 的位置向量 $(x_i(t), y_i(t))$ 、飞行方向 $\alpha_i(t)$ 和速度 $s_i(t+1)$ 。在每一时刻，个体 i 根据下列四个响应更新自己的飞行方向。

$$\alpha_i(t+1) = \alpha_i(t) + P_i(t) + O_i(t) + A_i(t) + E_i(t) \tag{3-19}$$

式中，$P_i(t)$ 为自主飞行轨迹的选择响应，当个体选择向右飞行时，$P_i(t) > 0$ ，当个体选择向左飞行时，$P_i(t) < 0$

$$P_i(t) = \begin{cases} \lambda d_i(t)\mathrm{e}^{-(d_i(t)/d_0)} \\ -\lambda d_i(t)\mathrm{e}^{-(d_i(t)/d_0)} \end{cases} \tag{3-20}$$

式中，$d_i(t)$ 为 t 时刻个体当前位置距离自主飞行轨迹最近点的距离；d_0 为自主飞行轨迹对个体产生最大吸引力时的距离；参数 λ 决定方向角变化的幅度。

邻居的方向趋同作用 $O_i(t)$ 可表示为

$$O_i(t) = a\tanh(\varphi_i(t)a_{sl}) \tag{3-21}$$

式中，$\varphi_i(t) = \alpha_j(t) - \alpha_i(t)$ 为个体 i 相对于邻居 j 的方向角，根据实验数据，用双曲正切函数对 $\varphi_i(t)$ 与方向角变化 $\alpha_i(t)$ 之间的关系进行拟合。控制参数 a_{sl} 和 a 决定函数渐近线的幅值。

邻居对个体的吸引和排斥作用可表示为

$$A_i(t) = c\sin(\theta_i(t))\tanh((r_i(t) - r_0)r_{sl}) \tag{3-22}$$

式中，$\theta_i(t) = \mathrm{atan2}(x_j(t) - x_i(t), y_j(t) - y_i(t)) - \alpha_i(t)$ 为邻居相对于个体当前飞行方向的角度，当邻居与当前个体之间的距离大于排斥半径 r_0 时，吸引-排斥函数 $\tanh((r_i(t) - r_0)r_{sl}$ 为正，此时邻居对个体产生吸引作用。参数 r_{sl} 和 c 决定吸引-排斥作用的强度和幅值，$E_i(t)$ 为高斯随机噪声。

在更新完个体的速度方向后，速度大小的更新可表示为

$$s_i(t+1) = Is_i(t) + (1-I)s_i^* + g\cos\theta_i(t) + e_i(t) \tag{3-23}$$

式中，s_i^* 为个体的参考速度。

3.2.3 稳定性时延条件

本节研究鸽群系统内部具有层级引领关系时引领-跟随关系中时延特性对群体运动稳定性的影响。在智能群体系统稳定性分析的基础上，利用李雅普诺夫理论、代数矩阵理论以及图论的相关工具，给出鸽群运动聚集时的模型参数中引领-跟随时延的稳定条件[39]。

鸽群中个体运动能力差异影响群集信息网络的形成，导致某些个体在群集运动中具有更大的决策权重。通过对比个体单独飞行时的特性与群集飞行时该个体对群集运动方向施加的影响可以发现，个体在群集中的引领等级与个体单独飞行

时的速度直接相关，与飞行效率无关。在成为领导者后，个体需要进行强化学习来优化导航路径，提高整个群体的飞行效率。在自组织群集中，分层引领是异构飞行中必不可少的特征，虽然引领等级与个体的初始导航能力无关，但领导者能更快地学习以增加自身的导航能力[40]。在鸽群层级引领网络中，以引领-跟随关系构成基本的信息交互路径，而引领-跟随关系中的速度同步时延是影响鸽群群体运动的关键参数[41]。通过研究鸽群层级网络拓扑下二阶群集系统的稳定性问题和运动特征，可以得到引领-跟随关系时延对鸽群群集运动的稳定条件[42]。

鸽群层级引领网络通信过程中存在延迟，对于鸽群飞行的队形保持具有较大影响，高层引领者与底层跟随者之间存在较大的延迟不仅会降低速度一致性的收敛速度，而且当延迟增大到一定程度后，会造成信息流发散，跟随者脱离群集。为了便于分析鸽群模型的引领-跟随时延稳定性，这里忽略随机噪声信号，考虑由 n 个个体组成的具有自延迟的二阶离散系统

$$
\begin{aligned}
&x_i[k+1]=x_i[k]+Tv_i[k] \\
&v_i[k+1]=v_i[k]-T\sum_{j=1,j\neq i}^{N}a_{ij}[k]((x_i[k-\tau_{ij}]-x_j[k-\tau_{ij}])+\gamma(v_i[k-\tau_{ij}]-v_j[k-\tau_{ij}])) \\
&i=1,2,\cdots,N
\end{aligned}
\tag{3-24}
$$

式中，$x_i[k]$和 $v_i[k]$分别为系统的一、二阶状态；k 为离散时间序列；T 为采样周期；a_{ij} 为系统加权邻接矩阵中对应的值；τ_{ij} 为节点 i 与节点 j 之间的延迟；γ 为速度一致的权重系数。

定义 3-1:(Nyquist 判据) $\lambda(G(\mathrm{e}^{\mathrm{j}\omega}))$ [43]为系统的 Nyquist 曲线，$G(z)$，$z=\mathrm{e}^{\mathrm{j}\omega},\omega\in[-\pi,\pi]$ 为离散系统的开环传递函数，且 $G(\mathrm{e}^{\mathrm{j}\omega})=c+\mathrm{j}d,\ c,d\in\mathrm{R}$。如果系统的 Nyquist 曲线不环绕点(−1，j0)，特征值全部位于复平面的左半平面，则该系统是稳定的。

定理 3-1 具有自延迟的二阶离散系统(3-24)达成一致稳定的充分条件为任意两个节点之间的延迟 τ_{ij} 满足条件

$$
\tau_{ij}<\frac{2-2T\gamma\sum a_{ij}}{\pi^2T\gamma\sum a_{ij}} \tag{3-25}
$$

证明 采用 Z 变换得到频域系统

$$
\begin{cases}
zX_i(z)-zx_i(0)=X_i(z)+TV_i(z) \\
zV_i(z)-zv_i(0)=V_i(z)-T\sum a_{ij}((X_i(z)z^{-\tau_{ij}}-X_j(z)z^{-\tau_{ij}})+\gamma(V_i(z)z^{-\tau_{ij}}-V_j(z)z^{-\tau_{ij}}))
\end{cases}
\tag{3-26}
$$

式中，$X_i(z)$ 和 $V_i(z)$ 分别为 $x_i[k]$ 和 $v_i[k]$ 的 Z 变化。

定义 $n\times n$ 的矩阵 $\overline{L}(z)$

$$\overline{L}(z)=[l_{ij}(z)],l_{ij}(z)=\begin{cases}-a_{ij}z^{-\tau_{ij}},j\in N_i\\ \sum a_{ij}z^{-\tau_{ij}},j=i\\ 0,\qquad 其他\end{cases} \tag{3-27}$$

当自延迟 $\tau_{ij}=0$ 时，为系统的拉普拉斯矩阵 $L(z)$ 。利用矩阵 $\overline{L}(z)$ 表示式(3-26)得

$$\begin{aligned}&\left(\frac{(z-1)^2}{T}I+(T+\gamma(z-1))\overline{L}(z)\right)X(z)\\&=\left(\frac{z(z-1)}{T}+\gamma z\overline{L}(0)\right)x(0)+zv(0)\end{aligned} \tag{3-28}$$

式中，$x(0)$ 和 $v(0)$ 均为 $n\times 1$ 的向量，$x(0)=[x_1(0),x_2(0),\cdots,x_n(0)]^{\mathrm{T}}$，$v(0)=[v_1(0),v_2(0),\cdots,v_n(0)]^{\mathrm{T}}$ 。进一步得到系统开环传递函数为

$$\begin{aligned}G(z)&=\frac{T(\gamma z+T-\gamma)}{(z-1)^2}\overline{L}(z)\\&=\frac{T\gamma}{(z-1)^2}\overline{L}(z)\end{aligned} \tag{3-29}$$

根据广义 Nyquist 稳定性判据，并基于盖尔圆原理，系统的广义 Nyquist 曲线 $\lambda(G(\mathrm{e}^{\mathrm{j}\omega}))$ 的所在区域为

$$\lambda(G(\mathrm{e}^{\mathrm{j}\omega}))\in\bigcup\left\{\eta:\eta\in C,\left|\eta-\frac{\mathrm{e}^{-\tau_{ij}\omega}T\gamma\sum a_{ij}}{\mathrm{e}^{\mathrm{j}\omega}-1}\right|\leqslant\sum\left|\frac{a_{ij}\mathrm{e}^{-\tau_{ij}\omega}T\gamma}{\mathrm{e}^{\mathrm{j}\omega}-1}\right|\right\} \tag{3-30}$$

$$\frac{\mathrm{e}^{-\tau_{ij}\omega}T\gamma\sum a_{ij}}{\mathrm{e}^{\mathrm{j}\omega}-1}=\frac{(\cos(\omega\tau_{ij})-\mathrm{j}\sin(\omega\tau_{ij}))T\gamma\sum a_{ij}}{\cos\omega+\mathrm{j}\sin\omega-1} \tag{3-31}$$

该特征根的实部为

$$-\frac{1}{2}T\gamma\sum a_{ij}\left(\cos(\omega\tau_{ij})+\frac{\sin(\omega\tau_{ij})\sin\omega}{1-\cos\omega}\right) \tag{3-32}$$

由引理可知当该实部大于 $-\frac{1}{2}$ 时，系统的广义 Nyquist 曲线不环绕点(−1，j0)，所以有

$$\begin{aligned}&T\gamma\sum a_{ij}\left(\cos(\omega\tau_{ij})+\frac{\sin(\omega\tau_{ij})\sin\omega}{1-\cos\omega}\right)<1\\&T\gamma\sum a_{ij}\left(\cos(\omega\tau_{ij})+\frac{\tau_{ij}}{2}\left(\frac{\sin(\omega\tau_{ij})}{\omega\tau_{ij}}\right)\left(\frac{\sin\omega}{\omega}\right)\left(\frac{\omega}{\sin(\omega/2)}\right)^2\right)<1\end{aligned} \tag{3-33}$$

式中，$\cos(\omega\tau_{ij})<1$，$\dfrac{\sin(\omega\tau_{ij})}{\omega\tau_{ij}}<1$，$\dfrac{\sin\omega}{\omega}<1$，$\dfrac{\omega}{\sin(\omega/2)}<\pi$，最终得到

$$\tau_{ij}<\frac{2-2T\gamma\sum a_{ij}}{\pi^2 T\gamma\sum a_{ij}} \tag{3-34}$$

如果系统自延迟满足上式，则所有的特征根都位于复平面的左半平面，系统能够达到一致稳定。因此，定理 3-1 得证。

3.2.4　仿真实验分析

在自由飞行仿真中，随机生成鸽群的初始位置和最高级领导者的速度方向，其余个体的初始速度沿最高级领导者的速度方向在[−30°，30°]内进行随机生成。设定鸽群的二维平面运动区域边长为 $L=20$，鸽子的归一化速度上限为 $V_{\max}=1$，且具有周期性边界条件，设定每次仿真实验时间为 $t=300$。为消除随机因素造成的偏差，仿真实验结果中列出的统计值均由 100 次独立重复实验的平均统计数据得出。

在长距离飞行仿真中，随机生成目标的位置坐标，距离鸽群的起飞点 9000m，鸽群中个体的初始速度和位置服从随机正态分布($\mu=0$；$\sigma=1$)。为了模拟环境对鸽群的影响，在个体的航向角变化中加入高斯噪声($\sigma=0.001$)。在任意时刻，个体的航迹角变化速率限制为 2°/s。在鸽群交互参数中，排斥力、队列一致和吸引力的作用半径 r_{rep}、r_{al} 和 r_{att} 分别设定为 $r_{\text{rep}}=1.45$，$r_{\text{al}}=3$，$r_{\text{att}}=5$。前进时的交互作用力产生的角度范围设为 $\theta=\pm30°$，自驱动作用力的幅值大小设定为 $a=0.5$。在鸽群航向一致参数中，设定群体聚集权重因子 $\omega=0.5$，邻居 j 对个体 i 产生影响的权重 $h_{ij}=5\cdot\tau_{ij}$，设定避撞区域($r_R=1\text{m}$)，同步区域($r_O=3\text{m}$)和吸引区域($r_A=5\text{m}$)。

在鸽群航向协商参数中，根据实验数据取个体的参考速度 $s_i^*=20.62\text{m/s}$，$I=0.9944$ 为惯性作用因子，邻居与当前个体之间的排斥半径 $r_0=2.92$，吸引-排斥作用的强度和幅值参数设为 $r_{sl}=0.4$ 和 $c=2.63\times10^{-2}$。方向角变化的幅度参数 $d_0=213$，$\lambda=3.53\times10^{-4}\text{rad/s}$，控制参数设为 $a_{sl}=14.15$ 和 $a=2.79\times10^{-2}$。$g=2.08\times10^{-2}\text{m/s}$ 为邻居相互作用的强度，为高斯随机噪声，均值为 0，标准差为 $\sigma_2=6.7\times10^{-3}\text{m/s}$，$E_i(t)$为外部高斯随机噪声，均值为 0，标准差为 $\sigma_1=2.24\times10^{-2}\text{rad/s}$。

首先进行鸽群自由飞行仿真，仿真中鸽群由 8 只鸽子组成，采用如图 3-6 所示的 MFNN-MHLN 拓扑网络结构，在领导者采用不同轨迹进行引领飞行时，鸽群的三维运动轨迹及飞行速度状态的变化情况如图 3-15 和图 3-16 所示。

图 3-15(a)—(c)给出第一组自由飞行仿真中鸽群的三维飞行轨迹(鸽子 A、B、C、D、E、F、G、H 进行集群飞行)，图中圆点代表鸽子的最终位置，每只鸽子

的飞行轨迹以不同线型的曲线表示。鸽子 A 为最高级领导者，其飞行方式为定常转弯，飞行轨迹为 x-y 平面内的正圆，鸽子 B—H 为跟随者，并且组成层级引领-

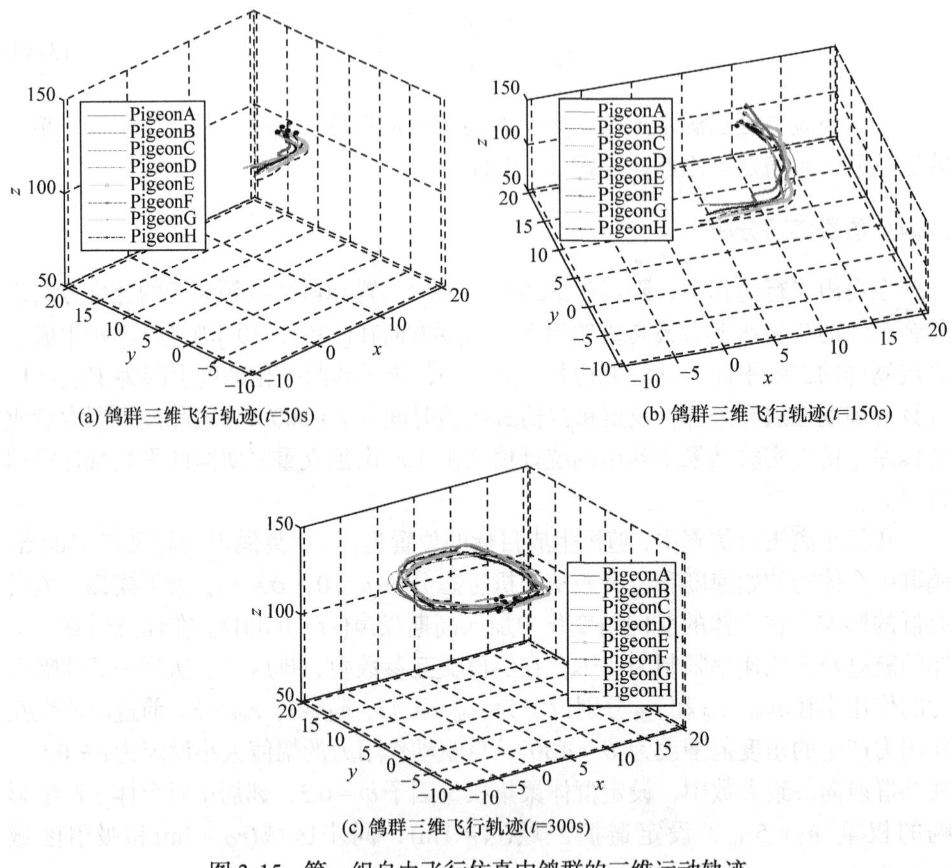

(a) 鸽群三维飞行轨迹(t=50s)　(b) 鸽群三维飞行轨迹(t=150s)

(c) 鸽群三维飞行轨迹(t=300s)

图 3-15　第一组自由飞行仿真中鸽群的三维运动轨迹

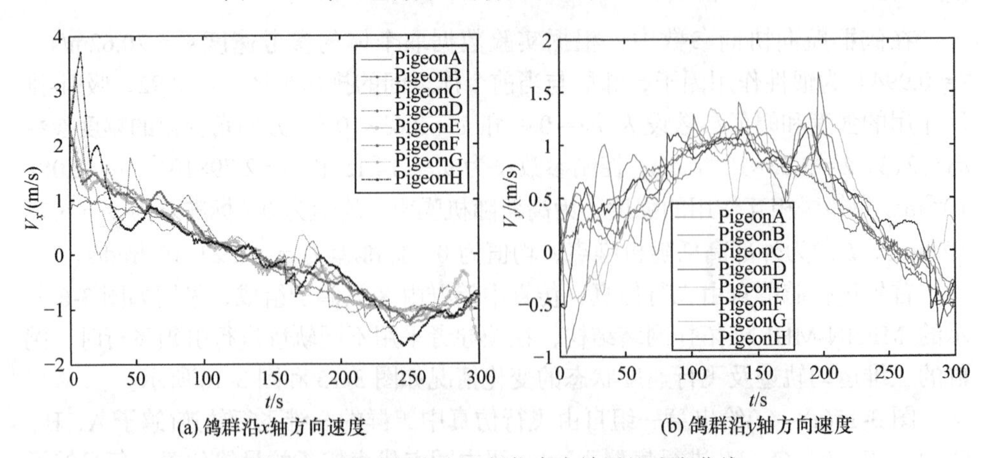

(a) 鸽群沿x轴方向速度　(b) 鸽群沿y轴方向速度

图 3-16　第一组自由飞行仿真中鸽群的速度曲线

跟随网络。在自由飞行仿真的初始阶段由于速度的随机初始化鸽群的速度偏差较大，随着仿真的进行鸽群从随机初始状态跟随领导者最终达到集群飞行的稳定状态。图 3-16(a)和(b)给出自由飞行仿真中的鸽群速度曲线，从速度曲线可以看出，仿真中鸽群在形成稳定飞行状态的过程中，由于层级网络的存在，飞行速度的变化呈现分层的先后一致性，引领者通过领导下层的跟随者，使跟随者的速度与领导者的速度产生一致。在形成稳定的集群飞行状态后，由于一些外部的环境影响，鸽群中的个体(鸽子 F)可能产生掉队的情况，此时掉队的鸽子可通过观察上层领导者的行为重新加入鸽群。

在自由飞行仿真中将提出的 MFNN-MHLN 与已有模型进行对比，包括基本 FNN 模型以及基本 HLN 模型。图 3-17 显示了仿真中鸽群的平均速度偏差 ξ_V 与平均邻居个数 n 随时间的变化曲线，其中每条曲线均是取 100 次仿真计算的平均，每次仿真时长为 100s。可以看出基于提出的 MFNN-MHLN 模型的鸽群比使用 FNN 以及 HLN 模型更快地收敛到了同步运动状态，同时 MFNN-MHLN 的平均邻居个数也小于 FNN 和 HLN，表明 MFNN-MHLN 中个体之间使用的通信信息相对较少。

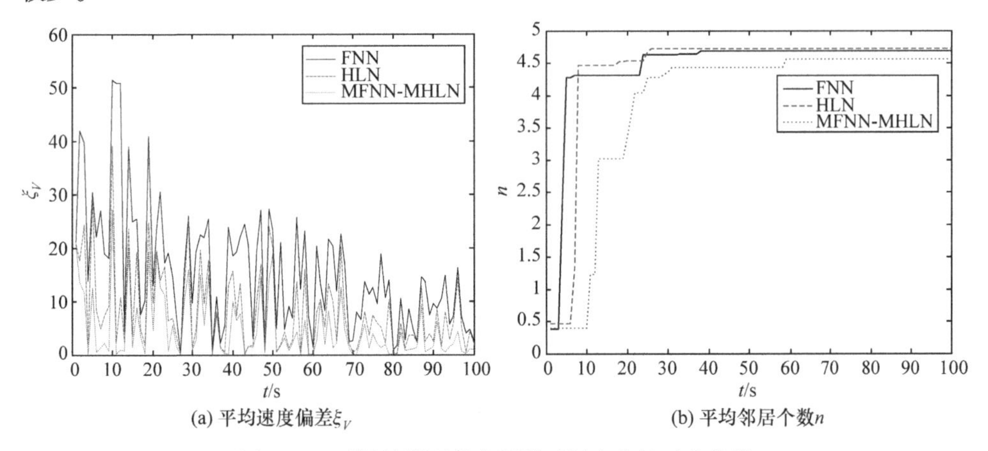

图 3-17　不同的模型的参数随时间变化的对比曲线

3.3　雁群线性编队机制建模

3.3.1　大雁空气动力学模型

(1) 涡流模型

大雁等大型鸟类往往会在飞行中排列成 V 型、J 型和梯形等线性编队，如图 3-18 所示，从雁往往飞行在前雁翅膀和大气间的相互作用产生的尾流中，很多文献中已经对涡流进行集中建模[44, 45]。一种最基本的并且广泛使用的模型是马蹄铁模型[46, 47]。在马蹄铁模型中，在大雁后涡流面与翅膀局部的附着涡流建模为一对无限的涡流。涡流的模型结构如图 3-19 所示，其中 $\varGamma$ 是涡旋环流(m^2/s)，V 是鸟飞行的速度，a 是两条尾流之间的距离。根据研究发现，尾流之间的距离大概是 $a = b\pi/4 \approx 0.78b$，其中 b 是大雁的翼展。因此，模型中将用这一估计值，并且假设大雁产生的两条半无限的尾流具有方向相反、大小相同的环流，同时它们之间相距 $a = b\pi/4$。

图 3-18 线性编队中的前雁和从雁

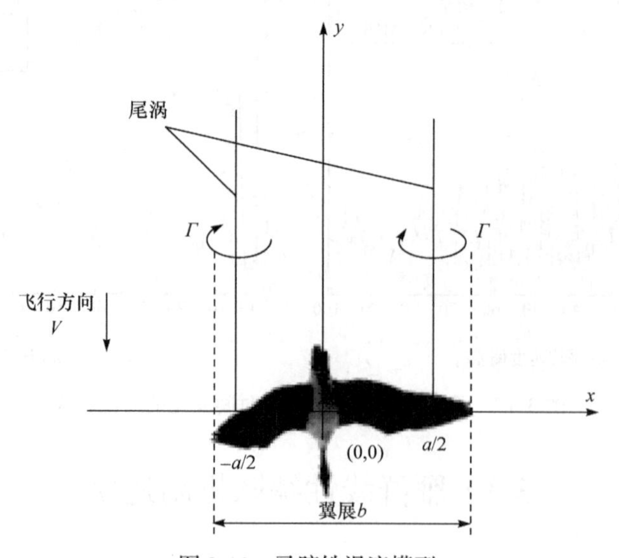

图 3-19 马蹄铁涡流模型

每条半无限尾流会在其周围产生诱导速度，而对于诱导速度的建模已经有很多模型。一个最简单的模型来源于毕奥-萨伐尔定理。考虑图 3-20 中的一条涡流，根据毕奥-萨伐尔定理，由无穷小的涡流 dl 和涡流量产生的 $\varGamma$ 诱导速度由位置 $\bar{r}$ 给出[9]

$$\mathrm{d}\vec{v}(\vec{r}) = \frac{\Gamma}{4\pi} \cdot \frac{\mathrm{d}\vec{l} \times \vec{r}}{|\vec{r}|^3} \tag{3-35}$$

则在一条单独的涡流线上，在点 (x, y) 距离为 h 处的总诱导速度为

$$v_{\text{single}}(h, \theta_1, \theta_2) = \frac{\Gamma}{4\pi h} \cdot (\cos\theta_1 + \cos\theta_2) \tag{3-36}$$

诱导速度的方向与图 3-20 的平面，对于单独一条从 (0,0) 点起始并沿着 y 轴正方向扩展的半无穷的涡流线，可得到 $\theta_2 = 0$ ，因此上式可化简成

$$v_{\text{single}}(x, y) = \frac{\Gamma}{4\pi x} \cdot \left(1 + \frac{y}{\sqrt{x^2 + y^2}}\right) \tag{3-37}$$

在涡流无限远的地方(即 $y \to \infty$)，可得到如下形式的诱导速度

$$v_{\text{single}}(x, \infty) = \frac{\Gamma}{2\pi x} \tag{3-38}$$

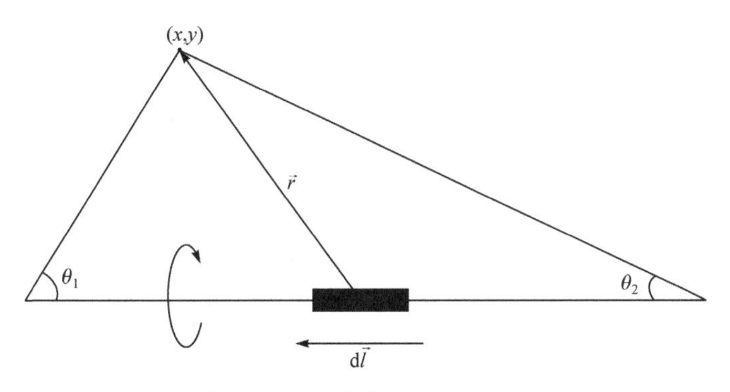

图 3-20　涡线引起的诱导速度

在上式中，当 x 很大时，该结果是个比较恰当的值，但在 $x = 0$ 时，产生的诱导速度为无穷大，该速度在涡流附近是没有物理意义的。因此，在文献中给出了不同的模型，如 Rankine 模型[48]

$$v_{\text{single}}(x, \infty) = \begin{cases} \dfrac{\Gamma}{2\pi x}, & |x| > r_c \\ \dfrac{\Gamma x}{2\pi r_c}, & |x| < r_c \end{cases} \tag{3-39}$$

NASA–Burnham–Hallock 模型[49]

$$v_{\text{single}}(x, \infty) = \frac{\Gamma}{2\pi} \cdot \frac{x}{r_c^2 + x^2} \tag{3-40}$$

Lamb–Oseen 模型[47]

$$v_{\text{single}}(x,\infty)=\frac{\Gamma}{2\pi x}\cdot(1-\mathrm{e}^{-x^2/r_c^2}) \tag{3-41}$$

在所有模型中，r_c 为涡核半径。当 x 很小时，Lamb–Oseen 模型与 NASA–Burnham–Hallock 模型相似，而当 x 很大时，三种模型都与毕奥-萨伐尔定律相似[50]。

经过实践，NASA–Burnham–Hallock 模型可以提供一个很好的结果，因此本章选用 NASA–Burnham–Hallock 模型。为了表示翼边缘涡流衰减(即 $y\to 0$)，将 $(1+\cos\theta_1)$ 项引入，得到[49, 51]

$$v_{\text{single}}(x,y)=\frac{\Gamma}{2\pi}\cdot\frac{x}{r_c^2+x^2}\left(1+\frac{y}{\sqrt{x^2+y^2}}\right) \tag{3-42}$$

为简化后续分析，将上式中的速度在 x、y 方向分离，也就是速度形式满足 $v(x,y)=v_x(x)v_y(y)$。为简化，需要将 $\dfrac{y}{\sqrt{x^2+y^2}}$ 的值在 $x=\pm b/2$ 附近近似，就好像在 $x=\pm b/2$ 附近大雁可以感受到涡流。此外，在实际中，涡流在 y 方向可以扩展到无限远的假设并不是很合理，因此在与方向假设一个高斯涡流衰减，通过乘以一个衰减因子 $\mathrm{e}^{-\frac{(y-\beta)^2}{2\sigma}}$ 实现。将这些因子相乘就可以得到从 $(0,0)$ 点起始并沿着 y 轴正方向扩展的半无穷的涡流线模型

$$v_{\text{single}}(x,y)=\frac{\Gamma}{2\pi}\cdot\frac{x}{r_c^2+x^2}\left(1+\frac{y}{\sqrt{(b/2)^2+y^2}}\right)\mathrm{e}^{-\frac{(y-\beta)^2}{2\sigma}} \tag{3-43}$$

同时可将其写成

$$v(x,y)=v_x(x)v_y(y) \tag{3-44}$$

式中，$v_x(x)=\dfrac{\Gamma}{2\pi}\cdot\dfrac{x}{r_c^2+x^2}$，$v_y(y)=\left(1+\dfrac{y}{\sqrt{(b/2)^2+y^2}}\right)\mathrm{e}^{-\frac{(y-\beta)^2}{2\sigma}}$。考虑图 3-21 中两条涡流所产生的中心位置在 $(x,y)=(0,0)$ 处，得到 (x,y) 诱导速度如下

$$\begin{aligned}v(x,y)&=v_{\text{single}}(x-a/2,y)-v_{\text{single}}(x+a/2,y)\\&=v_y(y)[v_x(x-a/2)-v_x(x+a/2)]\end{aligned} \tag{3-45}$$

诱导速度的方向是垂直 (x,y) 平面。

(2) 上洗气流模型

由飞行的大雁诱导出的速度场可以由跟随的大雁通过调整自己在速度场的位置以获得向上的速度。这个向上的速度也称为上洗速度，将会帮助尾迹上的大雁在保持位置的时候节约能量。

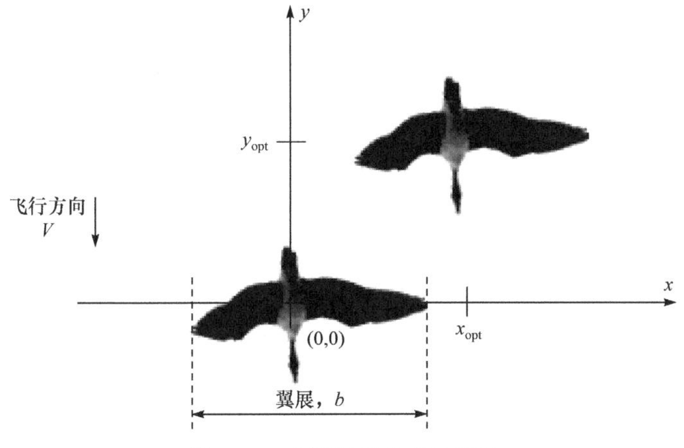

图 3-21　大雁相对参考示意图

假设大雁以速度V沿y轴负方向飞行，大雁的翼展为b，并假设所有大雁的翼展都相同。头雁处在(0,0)的位置，并且沿着y轴负方向运动。跟随的大雁相对于头雁处在(x,y)的位置上，并且试图运动到它所经历的上洗流最大的位置。

跟随的大雁所经历的平均上洗流可以通过将大雁的翼展b范围内的速度场进行积分再除以b得到[52]，上洗流可表示为

$$\begin{aligned}f_0(x,y)&=\frac{1}{b}\int_{x-b/2}^{x+b/2}v(\eta,y)\mathrm{d}\eta\\&=v_y(y)\frac{1}{b}\int_{x-b/2}^{x+b/2}[v_x(\eta-a/2)-v_x(\eta+a/2)]\mathrm{d}\eta\end{aligned}\tag{3-46}$$

定义

$$f_x(x)=\frac{1}{b}\int_{x-b/2}^{x+b/2}v_x(\eta)\mathrm{d}\eta\tag{3-47}$$

经过计算上式可得

$$f_x(x)=\frac{\varGamma}{4\pi b}\cdot\ln\frac{(x+b/2)^2+r_c^2}{(x-b/2)^2+r_c^2}\tag{3-48}$$

则

$$f_0(x,y)=v_y(y)[f_x(x-a/2)-f_x(x+a/2)]\tag{3-49}$$

或者等价于

$$\begin{aligned}f_0(x,y)=&\frac{\varGamma}{4\pi b}\cdot\left(\ln\frac{(x-a/2+b/2)^2+r_c^2}{(x-a/2-b/2)^2+r_c^2}-\ln\frac{(x+a/2+b/2)^2+r_c^2}{(x+a/2-b/2)^2+r_c^2}\right)\\&\cdot\left(1+\frac{y}{\sqrt{(b/2)^2+y^2}}\right)\mathrm{e}^{-\frac{(y-\beta)^2}{2\sigma}}\end{aligned}\tag{3-50}$$

本章给出了位于(0,0)位置的飞行的大雁产生的上洗流并且向 y 轴负方向飞行[10](如图 3-22)。这里将参数设置为如下值 $r_c = 0.1, b = 1, a = \pi / 4, \beta = 0.7, \sigma = 4$，可以看出，上洗气流在 $(\pm\Delta x_0^o, \Delta y_0^o)$ 处达到最大，定义为

$$(\pm\Delta x_0^o, \Delta y_0^o) = \arg \max_{\Delta x \geqslant 0, \Delta y} f_0(\Delta x, \Delta y) \tag{3-51}$$

此处，定义 Δx_0^o 为正，并由于 $f_0(x, y)$ 为偶对称函数，所以 $(\Delta x_0^o, \Delta y_0^o)$ 与 $(-\Delta x_0^o, \Delta y_0^o)$ 均是后方大雁的理想位置。

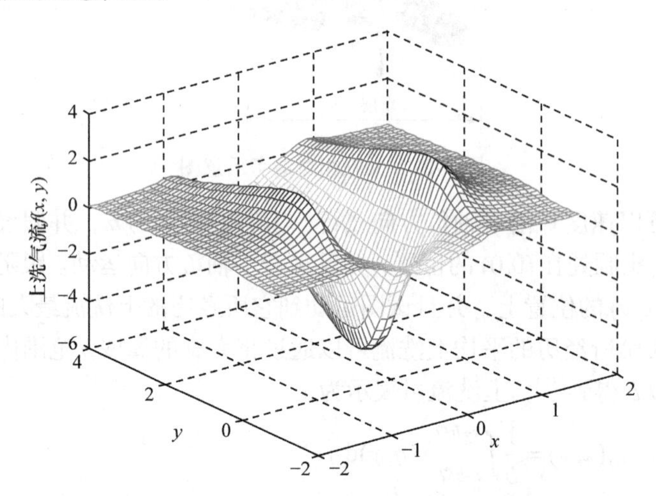

图 3-22　位于(0,0)位置的大雁产生的上洗气流

(其中 $r_c = 0.1, b = 1, a = \pi / 4, \beta = 0.7, \sigma = 4$)

3.3.2　雁群群体行为规则

假设共有 N 只鸟，i 时刻位于 $\{(x_{k,i}, y_{k,i})\}, k = 1, \cdots, N$，雁群中的所有大雁都沿着 y 轴负方向运动。对于该雁群的原则进行如下定义[47, 53, 54]：

1) 寻找头雁原则：本章假设所有的大雁都是一样的。定义 i 时刻在 y 方向拥有最小值 $y_{k,i}$ 的为头雁，并定义头雁的指数为 $k_{0,i}$，也就是 $k_{0,i} = \arg\min_k y_{k,i}$。

2) 寻找邻居原则：在雁群编队中，假设雁群中除了头雁的每一只大雁将会根据邻居来调整自己的飞行状态，通常大雁会选择离自己最近的两只大雁作为自己的邻居，它们之间会相互交换信息，通过这些信息，调整自己的飞行状态。

3) 雁群飞行方向原则：处于雁群中的从雁会跟随它前方离它最近的大雁飞行，飞行的位置恰好处于前方大雁尾流产生的上洗气流最大处，并且初始时刻该从雁在头雁的左侧，那么它就会向其邻居的左侧上洗气流最大处飞行，反之，则会向其邻居的右侧上洗气流最大处飞行。定义如下量：

$$p_k = \begin{cases} 1, & \text{如果大雁}k\text{在头雁左侧} \\ -1, & \text{如果大雁}k\text{在头雁右侧} \end{cases} \tag{3-52}$$

假设对于第 k 只大雁，在 i 时刻参考的大雁所在的位置为 $(x_{k,i}^{\text{ref}}, y_{k,i}^{\text{ref}})$，群体中头雁在 i 时刻不会跟随任意一只雁，并且头雁在每个时刻是可以交换的。

考虑两只分别在 (x_1, y_1)，(x_2, y_2) 位置的鸟，定义两只大雁之间的加权距离为[47]

$$d_\xi^2(x_1, y_1, x_2, y_2) = (x_1 - x_2)^2 + \xi(y_1 - y_2)^2 \tag{3-53}$$

式中，$\xi > 0$ 群体中的头雁用 $k_{0,i}$ 表示，头雁没有参考的大雁。对于每一只不是头雁的大雁 k，定义离大雁 k 最近的前方的大雁作为一个参考坐标集，也就是

$$\begin{aligned} &(x_{k,i}^{\text{ref}}, y_{k,i}^{\text{ref}})^2 = \arg\min_{x_{l,i}, y_{l,i}} d_\xi^2(x_{k,i}, y_{k,i}, x_{l,i}, y_{l,i}) \\ &\text{subject to } y_{k,i} - y_{l,i} > 0 \end{aligned} \tag{3-54}$$

式中，d_ξ 满足欧氏距离，当 $\xi < 1$，x 方向将会比 y 方向有更大的权重。利用加权距离是为了使机群编队更加灵活，这使大雁直接跟随前面的趋势大于跟随旁边大雁的趋势。在分析 V 字编队稳定性的时候很有帮助。

当一只大雁更新了它根据与参考雁的相对位置估计的 $\omega_{k,i}$，它需要向估计的方向移动。当大雁 k 在 i 时刻处于 $(x_{k,i}, y_{k,i})$ 位置，获得了一个新的最优位置估计值 $\omega_{k,i}$，这只大雁将会根据 $\omega_{k,i}$ 移动到一个新的位置 $(x_{k,i+1}, y_{k,i+1})$。理想情况下，如果估计值比较好，大雁将飞到一个新的位置，坐标为 $x_{k,i+1} = x_{k,i}^{\text{ref}} + e_1^{\text{T}}\omega_{k,i}p_k, y_{k,i+1} = y_{k,i}^{\text{ref}} + e_2^{\text{T}}\omega_{k,i}$。但是，正常情况下，大雁不能足够快地飞到期望地点，因此，将之前的位置和期望的位置结合来更新，故非头雁的位置更新如下

$$\begin{cases} x_{k,i+1} = x_{k,i} + \gamma(x_{k,i}^{\text{ref}} + e_1^{\text{T}}\omega_{k,i}p_k) + \upsilon_{k,i} \\ y_{k,i+1} = y_{k,i} + \gamma(y_{k,i}^{\text{ref}} + e_2^{\text{T}}\omega_{k,i}) - s_{k,i} + \zeta_{k,i} \end{cases} \tag{3-55}$$

式中，$\omega_{k,i}$ 为大雁 k 在该时刻的最优位置；e_m 为一个向量，其定义为当在 m 位置时为 1 向量，当在其他位置时为 0 向量；$0 < \gamma < 1$；$s_{k,i}$ 是一个固定的正值来决定 i 时刻大雁 k 向 y 轴负方向需要的补偿；$\upsilon_{k,i}$ 和 $\zeta_{k,i}$ 为大雁在运动过程中模型与不确定因素噪声，噪声的均值为 0，在时间和空间上是独立的，方差分别为 σ_υ^2 和 σ_η^2。编队中头雁更新如下

$$\begin{cases} x_{k_0,i+1} = x_{k_0,i} \\ y_{k_0,i+1} = y_{k_0,i} - s_{k,i} \end{cases} \tag{3-56}$$

当所有大雁以速度 V 向 y 轴负方向运动时，对于所有的 k 和 i，设置 $s_{k,i} = V \cdot \Delta T$，其中 ΔT 为离散时间步长。

3.3.3 拓扑稳定性分析

首先分析运动方程(3-55)和(3-56)的限制行为，并说明当邻居不随时间变化的时候，大雁的相对位置的期望值是收敛的[47]。因此，令

$$\boldsymbol{z}_{k,i}=\begin{bmatrix}\boldsymbol{x}_{k,i}\\ \boldsymbol{y}_{k,i}\end{bmatrix}\quad \boldsymbol{z}_{k,i}^{\text{ref}}=\begin{bmatrix}\boldsymbol{x}_{k,i}^{\text{ref}}\\ \boldsymbol{y}_{k,i}^{\text{ref}}\end{bmatrix}\quad P_k=\begin{bmatrix}p_k & 0\\ 0 & 1\end{bmatrix}$$
$$b_{k,i}=\begin{bmatrix}0\\ -V\cdot\Delta T\end{bmatrix}\quad \eta_{k,i}=\begin{bmatrix}\upsilon_{k,i}\\ \zeta_{k,i}\end{bmatrix}\tag{3-57}$$

同时，对于头雁，有如下定义

$$z_{k_0,i}^{\text{ref}}=z_{k_0,i}-P_{k_0}\omega_{k_0,i}\tag{3-58}$$

引入如下量

$$\begin{aligned}\boldsymbol{z}_i&=col\left\{z_{1,i},\cdots,z_{N,i}\right\}\\ \boldsymbol{z}_i^{\text{ref}}&=col\left\{z_{1,i}^{\text{ref}},\cdots,z_{N,i}^{\text{ref}}\right\}\\ \boldsymbol{\eta}_i&=col\left\{\eta_{1,i},\cdots,\eta_{N,i}\right\}\\ \boldsymbol{\omega}_i&=col\left\{P_1\omega_{1,i},\cdots,P_N\omega_{N,i}\right\}\\ \boldsymbol{b}_i&=col\left\{b_{1,i},\cdots,b_{N,i}\right\}\end{aligned}\tag{3-59}$$

对于整个群集，式(3-55)的位置更新可写成如下形式

$$z_{i+1}=\gamma z_i+(1-\gamma)(z_i^{\text{ref}}+\omega_i)+b_i+\eta_i\tag{3-60}$$

上式同样适用于头雁k_0，对于头雁$z_{k_0,i+1}=z_{k_0,i}+b_{k_0,i}+\eta_{k_0,i}$。参考向量可写成

$$\boldsymbol{z}_i^{\text{ref}}=H_i z_i+(\boldsymbol{e}_{k_0}\otimes\boldsymbol{z}_{k_0,i}^{\text{ref}})\tag{3-61}$$

式中，$H_i=\bar{H}_i\otimes I_2$，I_2是一个2×2的单位矩阵，$\bar{H}_i$是$N\times N$且元素为1或0的矩阵，代表哪只大雁以其他大雁为参考。例如，对于$N=3$，有下述矩阵

$$\bar{H}_i=\begin{bmatrix}0&1&0\\0&0&1\\0&0&0\end{bmatrix}\tag{3-62}$$

该矩阵表示，在i时刻，大雁2是大雁1的参考，大雁3是大雁2的参考，大雁3是头雁。

利用H_{i+1}乘以式(3-60)并加上$(\boldsymbol{e}_{k_0}\otimes\boldsymbol{z}_{k_0,i+1}^{\text{ref}})$，可得到

$$\begin{aligned}z_{i+1}=&\gamma H_{i+1}z_i+(1-\gamma)H_{i+1}z_i^{\text{ref}}\\&+(1-\gamma)H_{i+1}\omega_i+H_{i+1}(b_i+\eta_i)+(\boldsymbol{e}_{k_0}\otimes\boldsymbol{z}_{k_0,i+1}^{\text{ref}})\end{aligned}\tag{3-63}$$

为了继续进行分析，假设现在邻居不随时间变化，进而 $H_i = H$ ， $\boldsymbol{e}_{k_0} = e_{k_0}$ ，于是上式可写成

$$
\begin{aligned}
z_{i+1} &= \gamma H z_i + (1-\gamma) H z_i^{\text{ref}} + (1-\gamma) H \omega_i + H(b_i + \eta_i) \\
&\quad + [\boldsymbol{e}_{k_0} \otimes (\boldsymbol{z}_{k_0,i}^{\text{ref}} + b_{k_0,i} + \eta_{k_0,i} + P_{k_0} \omega_{k_0,i} - P_{k_0} \omega_{k_0,i+1})] \\
&= \gamma z_i^{\text{ref}} + (1-\gamma)\left[H z_i^{\text{ref}} + (e_{k_0} \otimes z_{k_0,i}^{\text{ref}}) \right] + (1-\gamma) H \omega_i \\
&\quad + b + H \eta_i + [e_{k_0} \otimes (\eta_{k_0,i} + P_{k_0} \omega_{k_0,i} - P_{k_0} \omega_{k_0,i+1})]
\end{aligned} \tag{3-64}
$$

将上式与式(3-60)相减得 $\tilde{z}_i = z_i - z_i^{\text{ref}}$ ，于是得

$$
\begin{aligned}
\tilde{z}_{i+1} &= [\gamma I + (1-\gamma) H] \tilde{z}_i + (1-\gamma)[I - H] \omega_i + [I - H] \eta_i \\
&\quad - \left[e_{k_0} \otimes (\eta_{k_0,i} + P_{k_0} \omega_{k_0,i} - P_{k_0} \omega_{k_0,i+1}) \right]
\end{aligned} \tag{3-65}
$$

此时，矩阵 H 的特征值为 0，因此矩阵 $Q = \gamma I + (1-\gamma) H$ 的特征值为 γ ，由于 $0 < \gamma < 1$ ，因此矩阵 Q 式稳定的。进而求上式的期望，得到

$$
E\tilde{z}_{i+1} = [\gamma I + (1-\gamma) H] E\tilde{z}_i + (1-\gamma)[I - H] E\omega_i \tag{3-66}
$$

由于有

$$
\lim_{i \to \infty} E\omega_i = \begin{bmatrix} P_1 \omega^o \\ \cdots \\ P_N \omega^o \end{bmatrix} \tag{3-67}
$$

于是得到

$$
\lim_{i \to \infty} E\tilde{z}_i = (1-\gamma)[I - Q]^{-1}[I - H] \lim_{i \to \infty} E\omega_i \tag{3-68}
$$

其中 $[I - Q]^{-1} = (1-\gamma)^{-1}[I - H]^{-1}$ ，于是

$$
\lim_{i \to \infty} E\tilde{z}_i = \lim_{i \to \infty} E\omega_i \tag{3-69}
$$

在稳定状态下，根据上式可得

$$
\begin{aligned}
\left| E(x_{k,i} - x_{k,i}^{\text{ref}}) \right| &= e_1^{\text{T}} \omega^o \\
\left| E(y_{k,i} - y_{k,i}^{\text{ref}}) \right| &= e_2^{\text{T}} \omega^o
\end{aligned} \tag{3-70}
$$

同时看出如果邻居不变化，每只大雁的相对距离都是相同的，并且由参数 ω^o 决定。式(3-69)表明，在未定状态下，每个节点与它参考之间的水平和垂直距离是固定的，图 3-23 是一些满足这一性质的拓扑[47]。

在图 3-24 中的三种拓扑就是不稳定的，考虑拓扑(a)，节点 3 在节点 1 左方跟随，而节点 2 也要在节点 1 的左方跟随，根据式(3-69)，在稳定状态下，节点 2 相对于节点 1 的位置需要根据 ω^o 调整，也就是说节点 2 会尝试将自己运动到节点

3 的位置，当节点 2 一接近节点 3，节点 3 就会开始跟随节点 2。最终，当拓扑稳定后，节点的相对距离将不再变化，拓扑将会形成(a)中右侧的拓扑关系，这是 V 字形编队的特殊形式。

图 3-23　满足要求的拓扑

考虑拓扑(a)，可见，节点 4 既可以跟随节点 2，也可以跟随节点 3，如果跟随节点 3，它将会移动到节点 3 的左边，于是得到图(b)右侧的结果。

对于拓扑(c)，利用式(3-53)中的权重距离，节点 3 将会更接近节点 2，如果节点 3 是左节点，它将会运动到节点 1 的左边，如图 3-24 所示。进而考虑，在节点 2 和节点 3 之间的水平距离 Δx_0^o 上加入噪声，并在节点 1 和节点 2 与节点 2 和节点 3 之间竖直距离 Δy_0^o 上加入噪声，于是节点 3 与节点 2 之间的加权距离为：$d_\xi^2(2,3)=(\Delta x_0^o)^2+\xi(\Delta y_0^o)^2$；节点 1 与节点 3 之间的加权距离 $d_\xi^2(1,3)=4\xi(\Delta y_0^o)^2$。此时如果 $4\xi(\Delta y_0^o)^2<(\Delta x_0^o)^2+\xi(\Delta y_0^o)^2$ 或 $\xi<\dfrac{(\Delta x_0^o)^2}{3(\Delta y_0^o)^2}$ 则得到 $d_\xi^2(1,3)<d_\xi^2(2,3)$。对于特殊情况 $\Delta x_0^o\approx\Delta y_0^o$，则 $\xi<1/3$，此时仍然会形成 V 字形编队。

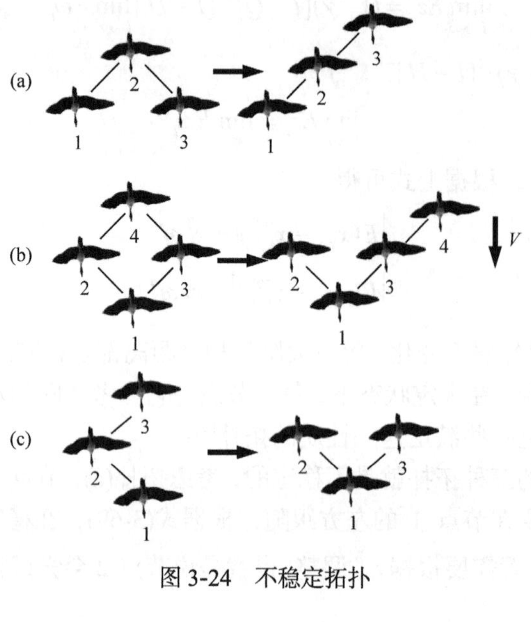

图 3-24　不稳定拓扑

3.3.4 仿真实验分析

仿真设定如下：$N=19$ 只大雁，翼展 $b=1$，涡流距离 $a=\pi/4$，涡核半径 $r_c=0.1$，$\beta=0.7$，$\sigma=4$。对于雁群运动，采样时间为 $T=0.05$，速度为 $V=5\text{m}/\text{s}$，$\gamma=0.1$，权重系数 $\xi=1/3$。每个节点的噪声方差为 $\sigma_{v,k}^2=0.001$，步长 $\mu_k=0.002$，对于头雁 $\mu_k=0$，位置噪声的方差为 $\sigma_\eta^2=\sigma_\zeta^2=10^{-6}$，大雁的邻居定义为离它最近的两只大雁。初始位置 $(x_{k,-1},y_{k,-1})$ 的 x 方向满足 $-Nb/2$ 到 $Nb/2$ 之间均匀分布，y 方向满足 0 到 Nb 之间均匀分布。

不同时刻的雁群编队如图 3-25 所示，共 100 代 $(t=8\text{s})$ 仿真，最终可以形成稳定的 V 字形编队，图 3-26 显示了 19 只大雁产生的总上洗气流的结果。从图中可以看出，编队很快的向 V 字形进化，在大约 $t=7.5\text{s}$ 时形成了稳定的编队，并在接下来的运动中，稳定地保持了这一队形。

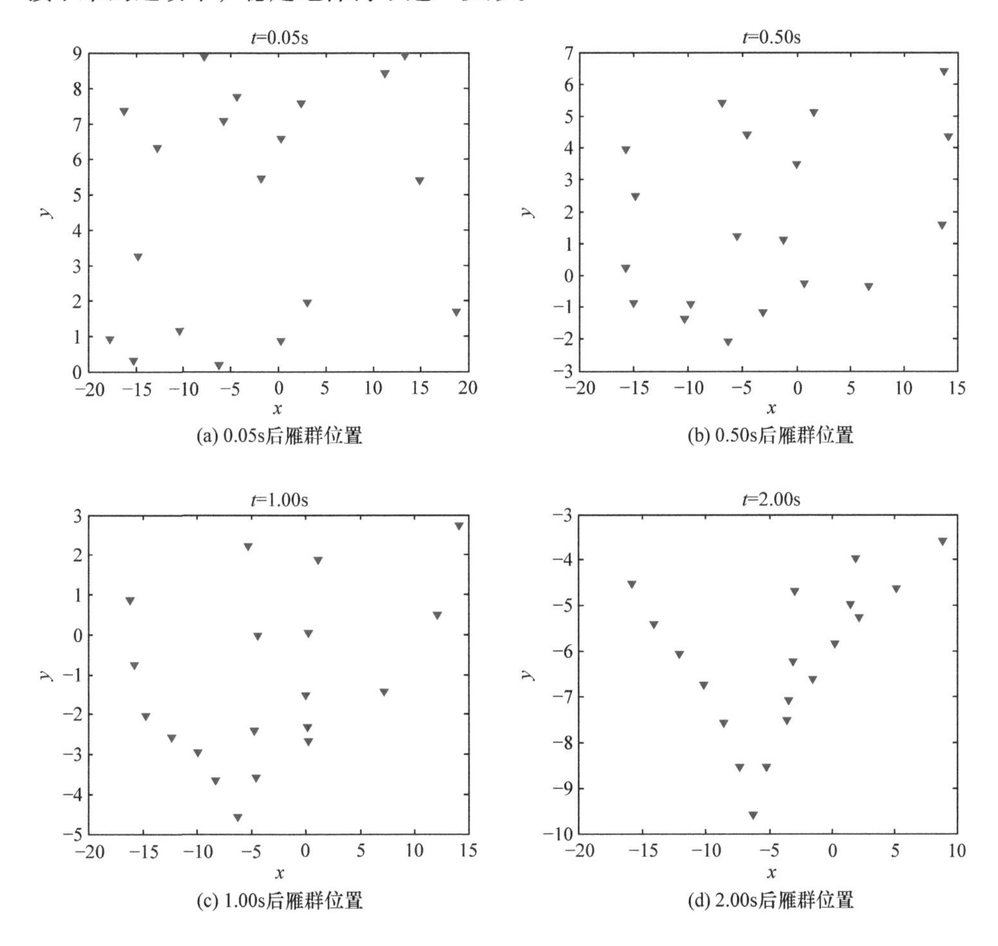

(a) 0.05s后雁群位置　(b) 0.50s后雁群位置

(c) 1.00s后雁群位置　(d) 2.00s后雁群位置

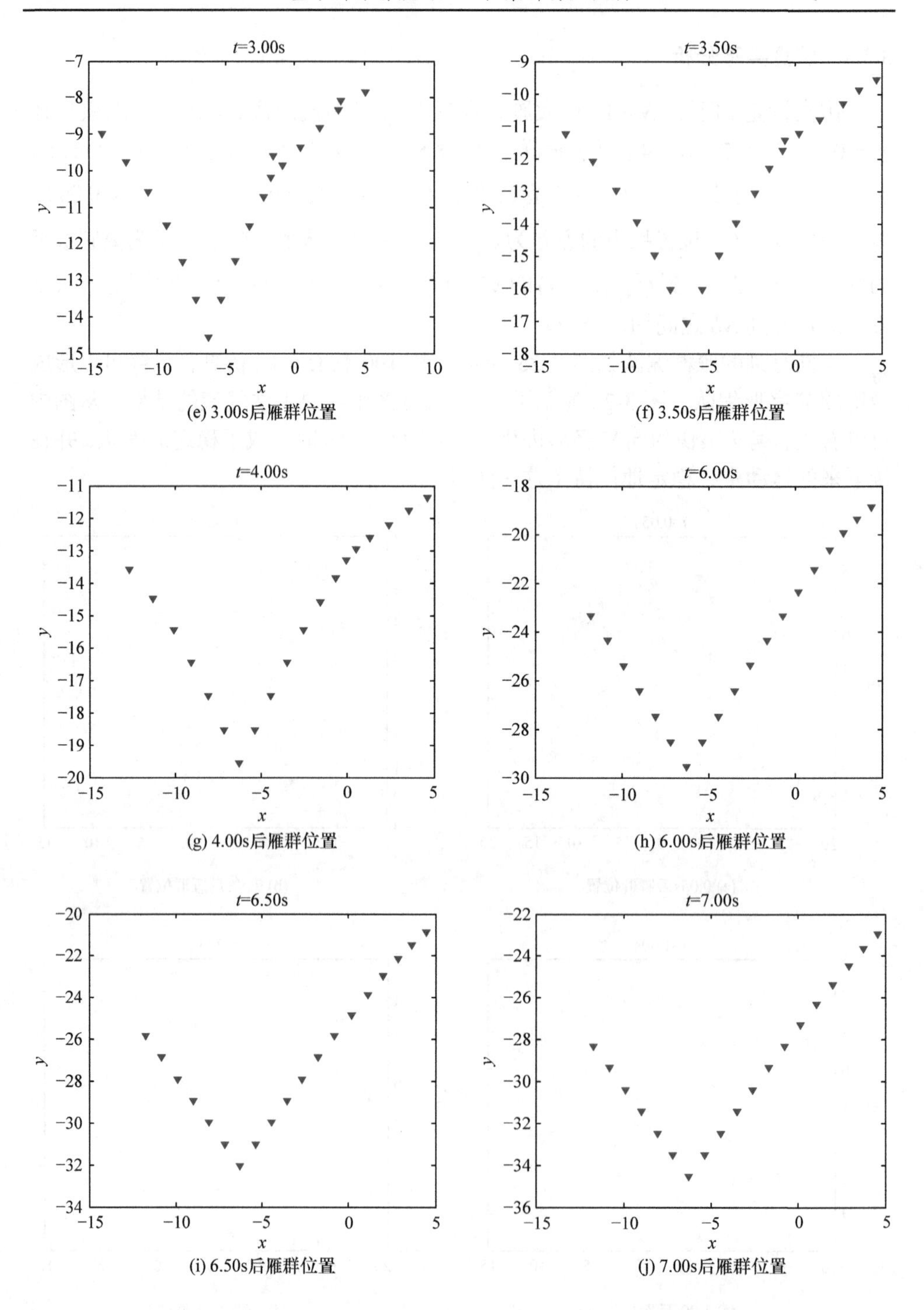

(e) 3.00s后雁群位置

(f) 3.50s后雁群位置

(g) 4.00s后雁群位置

(h) 6.00s后雁群位置

(i) 6.50s后雁群位置

(j) 7.00s后雁群位置

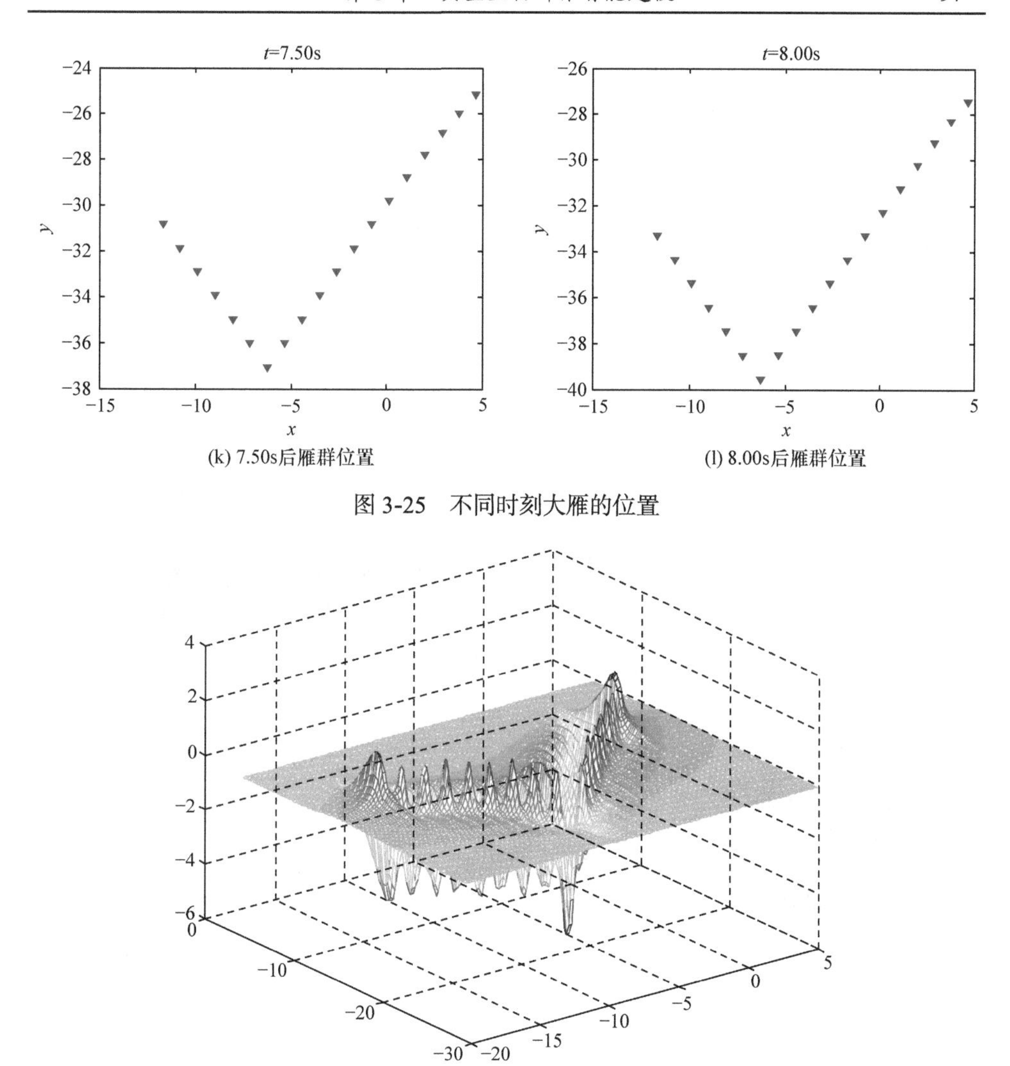

(k) 7.50s后雁群位置　(l) 8.00s后雁群位置

图 3-25　不同时刻大雁的位置

图 3-26　稳定状态下所有大雁产生的上洗气流

3.4　狼群协同围捕机制建模

基于智能体的分配模型采用智能体来描述参与任务的执行者，其不再只能被动接受任务或只会进行简单 If-Then 式判断，而是具有更为复杂的推理、评估、交流能力，会对任务多角度评判；遇到个体无法胜任的任务时，不再简单地拒绝，而是向其他智能体求助，协同完成任务，个体角色可在管理者与执行者之间灵活转变[55]。

本章采用基于狼群策略的智能体模型来完成任务分配，首先介绍狼群智能体模型[12]。如图 3-27 所示，狼群中捕猎时由一只狼组织进攻，组织者并非一成不变，这次捕猎的组织者可以是下次捕猎的执行者，组织者不一定是头狼，头狼意味着享有繁殖权，而集群活动的组织领导权可以由其他个体行使[56-59]。本章学习狼群捕猎中的“组织-执行”的角色转变策略，让每个狼群智能体具备任务管理功能，可以接受地面站指令或者依据自身传感器或网络获得新任务信息，并将这些任务向其他狼群智能体发布；同样其也具有任务执行者功能，在获知其他个体发布的任务消息后，可以参与任务分配。任务管理者与执行者合二为一是狼群智能体的特征。

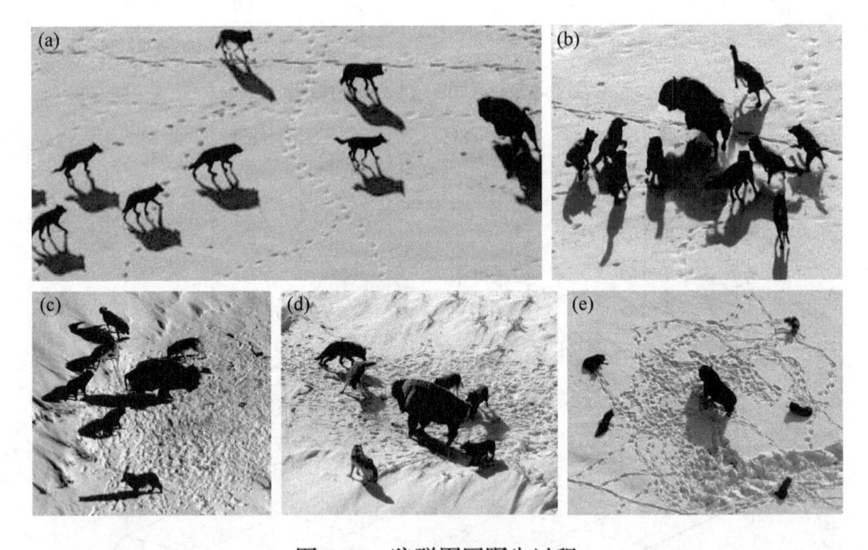

图 3-27　狼群围困野牛过程

每个狼群智能体如图 3-28 所示，可用四元组来描述 *wolf_agent=<Task_condition, Action, Decision, Environment>*。其中，*Task_condition* 代表该智能体的任务状态，细分为

Task_condition=<Waiting, Done, Task_full>

Waiting 是待分配任务序列，是某次分配协商结束，交给该智能体而尚未确认的任务。*Done* 是已分配任务序列，按任务分配完成的时间顺序排序，先成功分配的任务排在前面。当所有任务均分配完毕后，输出每个狼群智能体的 *Task_condition. Done* 即获得其任务分配清单。*Waiting* 是一种暂态，其中的任务终要由本体执行或协同执行，当所有任务分配结束后，每个狼群智能体的 *Task_condition. Waiting* 应该为空。

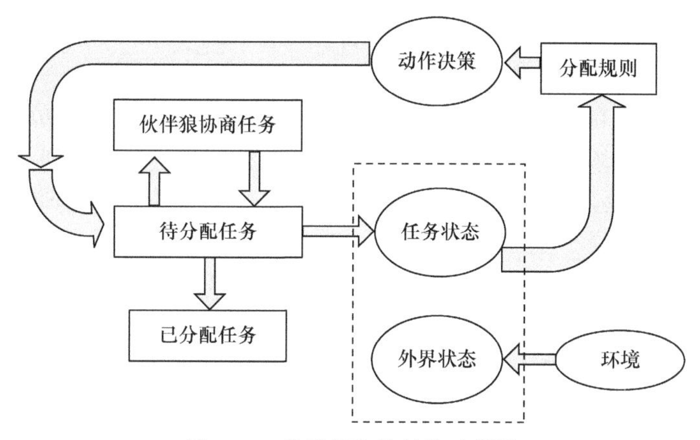

图 3-28　狼群智能体结构示意图

狼群在协同捕猎时，尤其是捕杀体重数倍于己的大型猎物时，不同个体轮流上阵，以车轮战的方式拖垮猎物；训练幼崽时，也会合理分摊训练量，让能力强与弱的幼狼共同进步，狼群注重任务分配的均衡性。传统的分配方法都是基于个体能力的，能力越强分担的任务量越大，能力弱的个体少有任务，得不到训练，能力无法提高，导致强者愈强，弱者愈弱。从群体发展的角度看，一味基于个体能力的分配原则是短视的，只追求当前任务效能最优，长此以往，会导致群体的两极分化，能力弱的个体会逐步变成群体的负担；同时能力强的个体负载过大，会加速老化，使用寿命缩短，因此需要均衡分配任务。

有必要引入任务饱和度指标作为分配的约束条件之一，每个狼群智能体有任务上限，即任务队列中最多接纳 n 个任务，依次顺序执行。*Task_full* 是任务饱和标志位，每个狼群智能体的 *Task_condition.Waiting* 长度有限，设为 n，即最多同时参与 n 个任务的协商。若待分配队列已饱和，则不再向该智能体发送新任务通知

$$\text{if } Task\_full_i \geqslant 1\ ,\quad U_i \notin \{U_1, U_2, \cdots, U_K\}$$

式中，U_i 为第 i 个狼群智能体；$Task\_full_i$ 为其任务饱和度，若无任务，取 $Task\_full_i = 0$，反之取 $Task\_full_i = 1$。$\{U_1, U_2, \cdots, U_K\}$ 为可领取任务的狼群智能体集合，若 U_i 任务饱和，则 U_i 退出分配任务集合。

Action 是狼群智能体的动作库，包含改变 *Task_condition* 的所有操作，*Action*= <*Creation, Get_con, Change,Rank, Mov, Recv, Fail*>。

Creation 用于创造任务状态 *Task_condition*，主要用于狼群智能体的初始化。

Get_con 用于获知某智能体的参数，例如获知其任务饱和标志位 *Task_full*，以确定其是否可参与新任务分配。

Change 用于改变智能体的某参数，例如智能体参与一个新任务的分配后，*Task_full* 自增。

Rank 表示任务按优先级排序，狼群智能体将 *Task_condition.Waiting* 中的任务按某种规则排序，择优选取。

Mov 用于将某项任务从 *Task_condition.Waiting* 移入 *Task_condition.Done*，即该狼群智能体确认领取任务，将任务由待分配队列移入已分配队列。

Recv 用于向 *Task_condition.Waiting* 添加任务，即智能体接受到新任务，参与分配。

Fail 用于从 *Task_condition.Waiting* 清除任务，即未能获得任务。

Decision 包含分配规则，即如何根据自身任务状态 *Task_condition* 和外界环境信息 *Environment* 产生下一步动作 *Action*，可描述为

$$Decision: Task\_condition \times Environment \rightarrow Action$$

目前 *Decision* 主要包括任务优先级决策、伙伴狼决策与头狼分配方法。

任务优先级决策模拟狼群选择捕猎目标的决策行为，狼群确定目标后，才向每只狼分配任务，因此猎物的选择十分重要，要综合考虑捕猎的代价与收益。Mech曾连续数年观察北美洲黄石公园、Ellesmere 岛等多处的狼群[57]，他发现在食物相对丰沛的夏季，狼更倾向于分头捕猎小型目标，如野兔；而在食物匮乏的冬季，狼群会聚集，尚未建立群体的成年子女会回到父母身边，组成更大规模的狼群，进而捕杀体型更大、更危险的猎物，如野牛。狼群会依据自身状态调整不同目标优先级，选取最优目标。

用于任务分配时，获知多个新任务的狼群智能体一次只能领取部分任务，对于动态任务分配，随着任务执行，不断产生新任务，理论上任务可以无限多，而一次分配的任务的数量是有限的；考虑到分配的效率，一次分配的任务过多必然导致运算缓慢。因此，充当任务管理者的狼群智能体有必要为待分配的任务划定优先级，并挑选优先级较高的任务优先分配。本章采用基于距离的计算优先级的方法，在自然界中，距离近的猎物总是被先发现，当有多个猎物可供挑选时，狼群优先考虑直线距离最近的猎物。应用于任务分配，狼群智能体会依据距离远近，优先将近的目标加入待分配序列，这里只是优先参与分配，并不意味着优先分配，在具体分配时，还会考虑任务收益与代价，即使某目标距离很近，优先加入待分配序列，但收益小代价高，仍然会滞后分配。

计算优先级所采用的距离应该依据具体的目标分布情况来设计，如采用爪形函数距离 Dis_{paw}，使方形区域的任务均匀分布给 5 个狼群智能体，不同狼群智能体的任务区域尽量不交叠。

伙伴狼决策模拟自然界的狼群结构，狼在捕食大型猎物时不会单打独斗，而是协作捕猎，侦察狼发现目标后，会通知狼群成员，等待增援，接受协助请求参与捕猎的狼就是伙伴狼。

用于任务分配时，伙伴狼决策指每个狼群智能体都有数个伙伴，该个体对这些伙伴的能力有深入了解，当其遇到自身无法独立完成的任务时，例如某任务最少需要两个狼群智能体参与执行，则优先向其伙伴狼发出协作请求，若所有伙伴狼无法满足要求，则向狼群所有个体广播，寻求协助。同理，当一个狼群智能体同时接收到伙伴狼的协作请求和以广播形式播报的新任务时，会优先响应伙伴狼的任务。伙伴狼集合会动态调整，当某个伙伴连续若干次不参与协同任务时，该个体被剔除伙伴集合；相应，某个不属于伙伴集合的狼群智能体通过广播的形式参与任务，若分配任务的效果良好，如分配时任务收益高代价小，那么该智能体会加入伙伴集合，实现伙伴集的更新。

如果没有伙伴狼决策，则所有任务都会以广播的形式在所有狼群智能体中传播，若参与分配的狼群智能体过多，容易造成网络负载过重，分配效率低下。采用伙伴集可缩小参与分配的狼群智能体集合，有助于提高效率。

头狼分配方法指充当管理者的狼群智能体将任务信息传递给多个执行者，回收到执行者的反馈后，如何依据反馈值将任务与执行者配对。在自然界中，组织捕猎的狼选定目标后会为不同的狼分配子任务，有的负责监视，有的负责制造混乱，驱赶猎物集群跑动，有的负责分离弱小个体，有的负责伏击。分配的依据应该是能力与信任。

对于充当管理者的狼群智能体，向 n 个执行者发送 m 个任务信息，回收到 $n\times m$ 的反馈值矩阵，(i,j)元素是执行者 i 对任务 j 的评估值，如可取代价与收益之差，那么该值越小表明执行者 i 适合执行任务 j，头狼分配问题转化为如何为 n 个执行者分配任务，使得总反馈值尽可能小。

容易想到的方法是遍历求解，将所有可能的任务-执行者组合一一列出，计算反馈值，选取最小的方案。遍历求解的方法只适用于任务数、执行者数较小的情况，不具备普适性。编写程序时曾考虑过一种逐步调整方法，首先针对每个任务，选取每一列的最小值；针对每一行，检查每个狼群智能体获得的任务数是否超过其最大任务数，若超过，寻找缺少任务的智能体，在这些智能体中选择反馈值最小的，将此任务向其转移。还尝试过贪心算法，每次选择反馈值最小的任务-执行者组合(i,j)，进行分配；任务 j 已完成分配，将删除第 j 列；检查执行者 i 任务队列是否饱和，若饱和，i 退出分配，删除第 i 行，直至所有执行者获得任务。当任务数远大于执行者数目时，本章采用贪心算法。

Environment 指外界环境信息，目前用于存储具体的任务信息，如 3.2 节中任务地图信息。自然界中，狼群会依据环境变化调整集群行为，如食物丰沛时分散捕猎，匮乏时集群捕猎。狼群智能体也应该依据环境信息调整对策。每个狼群智能体接收待分配的任务后将该任务的环境信息存储于 *Environment* 中，当该任务完成分配后，从 *Environment* 移除相应信息。对于本书的多无人机任务分配问题，

环境信息包括某任务节点的坐标、任务密度、任务价值、预估任务完成概率、任务代价等。

3.5 本章小结

本章首先借鉴社会生物学、动物行为学、统计物理以及生物物理学方面的相关成果，分析鸽群自由飞行模式与归巢飞行模式下群集运动的交互规则以及决策方法。通过分析鸽群飞行时的速度相关性，确立鸽群系统智能涌现行为起关键作用的机制、准则。针对鸽群飞行中展现出的特殊行为机制，从鸽群层级网络组织结构、鸽群个体间的交互联络关系与规则以及鸽群演化的动力三个方面进行影响群体行为发生和发展的关键因素和影响程度研究。

随后，对雁群线性编队行为机制进行了建模。首先分析了雁群的行为机制，描述了雁群“V”字形编队的原因。然后对大雁的空气动力学进行建模，建立了大雁拍动翅膀产生的尾流的涡流模型，并对大雁诱导出的上洗气流进行了建模。根据大雁气动力模型提出了雁群的“V”字编队算法，大雁根据最优位置跟随头雁飞行，从而使雁群形成最为省力的“V”字形编队。最后，通过仿真实验验证了该算法的有效性。

最后，用 Matlab 类变量建立狼群智能体模型，将抽象出的狼群行为涵盖于成员变量、函数中，该智能体模型包括任务状态、动作库、狼群策略集和任务环境，将任务状态与环境作为输入，依据狼群策略集从动作库中选出下一步的行动，这即是狼群智能体运行的简要步骤。

参考文献

[1] Feng L., Jiang C. X., Jun D., et al. A distributed gateway selection algorithm for UAV networks[J]. IEEE Transactions on Emerging Topics in Computing, 2015, 3(1): 22-33.

[2] Nagy M., Ákos Z., Biro D., et al. Hierarchical group dynamics in pigeon flocks[J]. Nature, 2010, 464(7290): 890-893.

[3] Nagy M., Vásárhelyi G., Pettit B., et al. Context-dependent hierarchies in pigeons[J]. Proceedings of the National Academy of Sciences, 2013, 110(32): 13049-13054.

[4] 邱华鑫, 段海滨, 范彦铭. 基于鸽群行为机制的多无人机自主编队[J]. 控制理论与应用, 2015, 32(10): 1298-1304.

[5] Qiu H. X., Duan H. B. Multiple UAV distributed close formation control based on in-flight leadership hierarchies of pigeon flocks[J]. Aerospace Science and Technology, 2017, 70: 471-486.

[6] Qiu H. X., Duan H. B. Pigeon interaction mode switch-based UAV distributed flocking control

under obstacle environments[J]. ISA Transactions, 2017, 71: 93-102.
[7] 罗琪楠. 基于鸽群行为机制的多无人机协调围捕及验证[D]. 北京航空航天大学, 2017.
[8] Speakman J. R., Banks D. The function of flight formations in Greylag Geese Anser anser; energy saving or orientation?[J]. Ibis, 1998, 140(2): 280-287.
[9] Henri W., Julien M., Yannick C., et al. Energy saving in flight formation. Nature, 2001, 413(6857): 697-698.
[10] 周子为. 基于雁群行为机制的多无人机编队及验证[D]. 北京航空航天大学, 2017.
[11] Stahlberg S., Bassi E., Viviani V., et al. Quantifying prey selection of northern and southern European wolves(Canis lupus)[J]. Mammalian Biology, 2017, 83: 34-43
[12] 张天捷. 基于狼群行为机制的无人机协同任务规划及验证[D]. 北京航空航天大学, 2018.
[13] Mischiati M., Lin H. T., Herold P., et al. Internal models direct dragonfly interception steering[J]. Nature, 2015, 517(7534): 333-338.
[14] Klotsman M., Tal A. Animation of flocks flying in line formations[J]. Artificial life, 2012, 18(1): 91-105.
[15] Zhang H. T., Chen M. Z. Q., Stan G.B., et al. Collective behavior coordination with predictive mechanisms[J]. IEEE Circuits and Systems Magazine, 2008, 8(3): 67-85.
[16] Yomosa M., Mizuguchi T., Vásárhelyi G., et al. Coordinated behaviour in pigeon flocks[J]. Plos One, 2015, 10(10): e0140558.
[17] Stringham S. A., Mulroy E. E., Xing J., et al. Divergence, convergence, and the ancestry of feral populations in the domestic rock pigeon[J]. Current Biology, 2012, 22(4): 302-308.
[18] Castro L., Wasserman E. A. Executive control and task switching in pigeons[J]. Cognition, 2016, 146: 121-135.
[19] Usherwood J. R., Stavrou M., Lowe J. C., et al. Flying in a flock comes at a cost in pigeons[J]. Nature, 2011, 474(7352): 494-497.
[20] Watts I., Pettit B., Nagy M., et al. Lack of experience-based stratification in homing pigeon leadership hierarchies[J]. Royal Society open science, 2016, 3(1): 150518.
[21] Williams C.D., Biewener A.A. Pigeons trade efficiency for stability in response to level of challenge during confined flight[J]. Proceedings of the National Academy of Sciences, 2015, 112(11): 3392-3396.
[22] Luo Q. N., Duan H. B. Distributed UAV flocking control based on homing pigeon hierarchical strategies[J]. Aerospace Science and Technology, 2017, 70: 257-264.
[23] Antoniou P., Pitsillides A., Blackwell T., et al. Congestion control in wireless sensor networks based on bird flocking behavior[J]. Computer Networks, 2013, 57(5): 1167-1191.
[24] Reyes L. A.V., Tanner H. G. Flocking, formation control, and path following for a group of mobile robots[J]. IEEE Transactions on Control Systems Technology, 2015, 23(4): 1268-1282.
[25] Weng L., Liu Q., Xia M., et al. Immune network-based swarm intelligence and its application to unmanned aerial vehicle (UAV) swarm coordination[J]. Neurocomputing, 2014, 125: 134-141.
[26] Canale E., Dalmao F., Mordecki E., et al. Robustness of Cucker–Smale flocking model[J]. IET Control Theory & Applications, 2015, 9(3): 346-350.
[27] Tian B. M., Yang H. X., Li W., et al. Optimal view angle in collective dynamics of self-propelled

agents[J]. Physical Review E, 2009, 79(5): 711-715.

[28] Li Y. J., Wang S., Han Z. L., et al. Optimal view angle in the three-dimensional self-propelled particle model[J]. Europhysics Letters, 2011, 93(6): 3437-3442.

[29] George M., Ghose D. Reducing convergence times of self-propelled swarms via modified nearest neighbor rules[J]. Physica A, 2012, 391(16): 4121-4127.

[30] Yang H. X., Rong Z. H. Promoting collective motion of self-propelled agents by discarding short-range interactions[J]. Physica A, 2015, 432(1): 180-186.

[31] Bajec I. L., Heppner F. H. Organized flight in birds[J]. Animal Behaviour. 2009, 78(4): 777-789.

[32] Couzin I. D., Jens K., Richard J., et al. Collective memory and spatial sorting in animal groups[J]. Journal of Theoretical Biology, 2002, 218(1): 1-11.

[33] Couzin I. D., Krause J., Franks N. R., et al. Effective leadership and decision-making in animal groups on the move[J]. Nature, 2005 433: 513-516.

[34] Pettit B., Flack A., Freeman R., et al. Not just passengers: pigeons, Columba livia, can learn homing routes while flying with a more experienced conspecific[J]. Proceedings of the Royal Society of London B: Biological Sciences, 2012, 280(1750): 20122160.

[35] Flack A., Biro D., Guilford T., et al. Modelling group navigation: transitive social structures improve navigational performance[J]. Journal of the Royal Society Interface, 2015, 12(108): 20150213.

[36] Pettit B., Perna A., Biro D., et al. Interaction rules underlying group decisions in homing pigeons[J]. Journal of the Royal Society Interface, 2013, 10(89): 20130529.

[37] Watts I., Nagy M., de Perera T. B., et al. Misinformed leaders lose influence over pigeon flocks[J]. Biology Letters, 2016, 12(9): 20160544.

[38] Flack A., Guilford T., Biro D. Learning multiple routes in homing pigeons[J]. Biology Letters, 2014, 10(4): 20140119.

[39] 罗琪楠, 段海滨, 范彦铭. 鸽群运动模型稳定性及聚集特性分析[J]. 中国科学: 技术科学, 2019, 49(6): 652-660.

[40] Bode N. W. F., Franks D. W., Wood A.J. Limited interactions in flocks: Relating model simulations to empirical data[J]. Journal of the Royal Society Interface, 2011, 8(55): 301-304

[41] Mogilner A., Edelstein-Keshet L., Bent L. Mutual interactions, potentials, and individual distance in a social aggregation[J]. Journal of Mathematical Biology, 2003, 47(4): 353-389.

[42] D'Orsogna M. R., Chuang Y. L., Bertozzi A.L. Self-propelled particles with soft-core interactions: Patterns, stability, and collapse[J]. Physical Review Letters, 2006, 96(7): 104302.

[43] Nils G., Paul B., Sergio M. Obstacle detection and collision avoidance for a UAV with complementary low-cost sensors[J]. IEEE Access, 2015, 3:599-609.

[44] Higdon J. J. L., Corrsin S. Induced drag of a bird flock[J]. American Naturalist, 1978, V112 (986): 727-744.

[45] Hallock J. N. Aircraft wake vortices: an assessment of the current situation[R]. U.S. Dept. of Transportation, Rep. DOT-FAA-RD-90-29, 1991.

[46] Cattivelli F. S., Sayed A. H. Self-organization in bird flight formations using diffusion adaptation[A]. Proceedings of 2009 IEEE International Workshop on Computational Advances

in Multi-Sensor Adaptive Processing[C], IEEE, 2009: 49-52.

[47] Cattivelli F. S., Sayed A. H. Modeling bird flight formations using diffusion adaptation[J]. IEEE Transactions on Signal Processing, 2011, 59(5): 2038-2051.

[48] Rankine W. J. A manual of applied mechanics[M]. Charles Griffin and Company, 1872.

[49] Blake W., Multhopp D. Design, performance and modeling considerations for close formation flight[A]. Proceedings of 23rd Atmospheric Flight Mechanics Conference[C], AIAA, 1998: 476-486.

[50] Bhagwat M. J., Leishman J. G. Generalized viscous vortex model for application to free-vortex wake and aeroacoustic calculations[A]. Proceedings of Annual Forum Proceedings-American Helicopter Society[C]. American Helicopter Society, 2002, 58(2): 2042-2057.

[51] Binetti P., Ariyur K. B., Krstic M., et al. Formation flight optimization using extremum seeking feedback[J]. Journal of Guidance, Control, and Dynamics, 2003, 26(1): 132-142.

[52] Hummel D. Aerodynamic aspects of formation flight in birds[J]. Journal of Theoretical Biology, 1983, V104(3): 321-347.

[53] 周子为, 段海滨, 范彦铭, 等. 仿雁群行为机制的多无人机紧密编队[J]. 中国科学: 技术科学. 2017, 47(3): 230-238.

[54] Duan H. B., Qiu H.X. Unmanned aerial vehicle distributed formation rotation control inspired by leader-follower reciprocation of migrant birds[J]. IEEE Access, 2018, 6: 23431-23443.

[55] 段海滨, 张岱峰, 范彦铭, 邓亦敏. 从狼群智能到无人机集群协同决策[J]. 中国科学: 信息科学, 2019, 49(1): 112-118.

[56] Mech L. D. Leadership in wolf, canis lupus, packs[J]. Canadian Field Naturalists, 2000, 114(2): 259-263.

[57] Mech L. D. Alpha status, dominance and division of labor in wolf packs[J]. Canadian Journal of Zoology, 1999, 77: 1196-1203.

[58] Rathbun A. P., Wells M. C., Bekoff M. Cooperative predation by coyotes on badgers[J]. Journal of Mammalogy, 1980, 61(2): 375-376.

[59] Baan C., Bergmüller R., Smith W. D., et al. Conflict management in free-ranging wolves, canis lupus[J]. Animal Behaviour, 2014, 90: 327-334.

第 4 章　从生物群体智能行为到无人机集群控制

4.1　引　　言

自从人类开始仰望天空，就一直希望可以像鸟儿一样在天空翱翔，一百多年前飞机的发明帮助人类实现了这一梦想，但富于幻想的人类从未停止不断探索的脚步，今天他们又开始脑洞大开，希望无人机机群可以像鸟群一样集群飞行，即开发并实现类似自然界中生物群体系统一样的无人机集群系统。设计无人机集群这类智能的人工复杂系统势必离不开自然生命系统的智慧。鸽群、雁群、狼群等群居性生物能够基于自身对环境的感知，通过相互之间有限的信息交流，自发地形成空间、时间上的有序分布，实现运动协调一致。若想借鉴生物群体智慧赋予无人机集群以智能，除需基于生物群体智能设计分布式控制算法外，还要求无人机集群系统必须具有协调自主运动的能力，包括实现多无人机聚集及编队队形的控制，以及实现无人机集群的协同障碍规避。队形控制是无人机集群执行任务的基础和主要形式，要求无人机集群在执行任务过程中形成并保持一定的几何构型以适应战术任务的需要；协同障碍规避则是提高无人机集群安全性能和生存力的必要条件。

无人机集群协同控制首先要求单无人机系统必须具有自主控制、规划与决策的能力[1]，同时无人机集群系统通过协同感知与内部、外部障碍规避形成稳定聚集及集群运动的控制[2]。由于多机编队飞行中的转弯机动与实时避障协同控制方法有别于传统的协同编队飞行与队形跟踪方法，往往具有很强的动态性、机动性和实时性[3]。传统的编队飞行与跟踪将飞行器动力学约束简化为最小转弯半径或最大机动过载，但由于紧密飞行带来的编队间控制指令限制及集群内避撞的需求，传统的编队飞行结果在某些集群条件下无法正确飞行，因为在不同的速度、高度、航向和集群构型等飞行状态约束下，内部的机动能力和约束是动态变化的[4]。

基于生物群体智能的无人机集群编队控制将主要考虑避撞机动的实时、快速，局部队形组成简单等需求，并考虑平台动力学特性[5]。在建立群体智能到无人机集群协调的映射关系时，首先建立无人机的模型及约束条件，内环姿态控制器及外环位置控制的自动驾驶仪，及双机编队下的基本引领-跟随无人机编队飞行控制算法，并将鸽群优化应用于无人机控制参数整定问题中。其次，针对集群编队中紧密编队，建立了双机松散编队时的相对运动模型，利用马蹄涡模型分析了紧密编队时长机尾流对僚机的气动耦合影响，得出了长机尾流对僚机升力、阻力、侧力以及编队稳定性导数的变化，然后将长机的气流影响耦合进入僚机的动态方程，从而建立了紧密编队下考虑气动耦合作用的编队动力学方程，基于小扰动原理得到了线性化的紧密编队方程，并且分别基于 PID 控制和鸽群优化设计了紧密编队控制器。最后，基于鸽子飞行避障规则、改进人工势场法以及雁群飞行避障规则的无人机避障控制器考虑了稀疏柱状障碍、较大型障碍以及复杂障碍布局不同的特点，利用鸽子飞行中反应式视觉感知与航向规避行为以及热源对于雁群迁徙的趋向作用的特点，实现无人机在保持队形的同时避免与外部障碍发生碰撞，实现协同飞行，并且在避开障碍物后重新构建队形。

4.2 编 队 控 制

4.2.1 模型及约束条件

在实现无人机协调控制时，为了使整个无人机编队形成期望的构型，必须将每个无人机控制在期望的位置，本节以四旋翼无人机为例设计编队控制系统。对于四旋翼无人机，位置的控制取决于沿各个方向的速度控制以及姿态控制[6, 7]。

首先建立旋翼无人机的数学模型，如图 4-1 所示，建立地面坐标系 O_GE，坐标原点为无人机起飞点，X 轴在地平面内指向正北方向，Y 轴在地平面内且与 X 轴垂直，Z 轴垂直于地平面指向天空，X，Y，Z 构成右手直角坐标系[8]。建立机体坐标系 OB，假设无人机质量均匀分布，机体坐标系原点为无人机质心，假设无人机以‘X’模式飞行，X 轴指向无人机机头，Y 轴在无人机平面内与 X 轴垂直，Z 轴垂直于无人机平面指向天空，X，Y，Z 构成右手直角坐标系[9]。

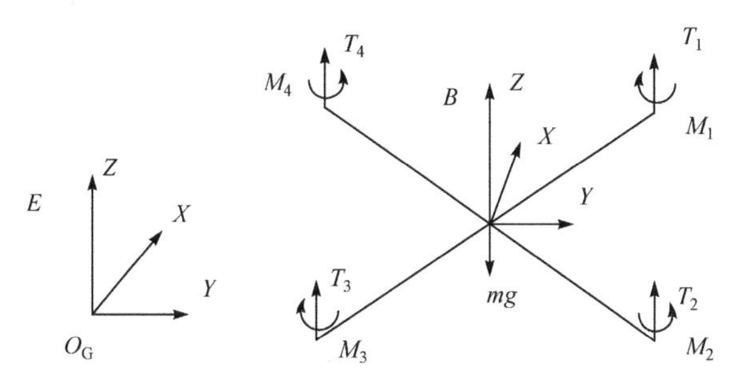

图 4-1　四旋翼无人机坐标系

地面坐标系 O_GE 与机体坐标系 OB 的转换关系可表示为

$$
\begin{aligned}
O_GE &= R(\theta,\psi,\varphi)OB \\
&= \begin{bmatrix} \cos\psi\cos\varphi & \cos\psi\sin\theta\sin\varphi & \cos\psi\sin\theta\cos\varphi+\sin\psi\sin\varphi \\ \sin\psi\cos\varphi & \sin\psi\sin\theta\sin\varphi & \sin\psi\sin\theta\cos\varphi-\cos\psi\sin\varphi \\ -\sin\theta & \cos\theta\sin\varphi & \cos\theta\cos\varphi \end{bmatrix} OB
\end{aligned} \tag{4-1}
$$

式中，θ，ψ，φ 分别为无人机的俯仰角、偏航角和滚转角。

定义四旋翼每个轴上电机产生的拉力 T_i 为

$$T_i = C_{T_i}\Omega_i, i=1,2,3,4 \tag{4-2}$$

式中，C_{T_i} 和 Ω_i 分别为拉力系数和电机的转速。在机体坐标系上，每个电机产生的拉力方向都朝机体轴 Z 方向，产生的合力为[10]

$$F_B = \begin{bmatrix} 0 \\ 0 \\ \sum_{i=1}^{4} T_i \end{bmatrix} \tag{4-3}$$

将上述表达式经过矩阵变换可得到无人机在地面坐标系下受到的力

$$F_E = R(\theta,\psi,\varphi)F_B = \begin{bmatrix} \sum_{i=1}^{4} T_i(\cos\psi\sin\theta\cos\varphi+\sin\psi\sin\varphi) \\ \sum_{i=1}^{4} T_i(\sin\psi\sin\theta\cos\varphi-\cos\psi\sin\varphi) \\ \sum_{i=1}^{4} T_i\cos\theta\cos\varphi \end{bmatrix} \tag{4-4}$$

此外质量为 m 的无人机受到沿地面坐标系向下的重力 mg。

考虑无人机在飞行过程中受到的空气阻力，建立机体坐标系下阻力与无人机速度的关系

$$D_E = \begin{bmatrix} D_x \\ D_y \\ D_z \end{bmatrix} = \begin{bmatrix} -\frac{1}{2}|V_x|V_x C_{dx} \\ -\frac{1}{2}|V_y|V_y C_{dy} \\ -\frac{1}{2}|V_z|V_z C_{dz} \end{bmatrix} \tag{4-5}$$

式中，V_x，V_y，V_z 分别为无人机沿 X，Y，Z 方向的速度向量；C_{dx}，C_{dy}，C_{dz} 分别为沿 X，Y，Z 方向的阻力系数。

无人机在飞行过程中受到的俯仰力矩 M_θ 和滚转力矩 M_φ 由电机拉力差产生

$$\begin{aligned}M_\theta &= l(T_2 - T_4)\\ M_\varphi &= l(T_1 - T_3)\end{aligned} \tag{4-6}$$

式中，l 为无人机机臂长度。偏航力矩 M_ψ 由电机转速差产生

$$M_\psi = d(\Omega_1^2 + \Omega_2^2 - \Omega_2^2 - \Omega_4^2) \tag{4-7}$$

式中，d 为偏航力矩系数。由于在飞行过程中无人机的姿态发生改变，电机转轴的方向随之改变，此时每个旋翼会产生陀螺力矩 M_g

$$M_{gi} = H_{gi} \times \omega = I_r \Omega_i \times \omega, i = 1,2,3,4 \tag{4-8}$$

式中，ω 为旋翼转轴随无人机运动的转速；H_{gi} 为每个旋翼沿电机转轴方向上的角动量；I_r 为旋翼的惯性矩阵。

考虑到无人机运动沿机体轴 Z 轴转动时并不改变电机旋转轴的方向，并且由于电机轴与无人机刚性连接，电机轴角动量等于机体旋转角速度，即 $\omega=[p, q, 0]^{\mathrm{T}}$。设旋翼的惯性矩阵 I_r 为

$$I_r = \begin{bmatrix} I_{rx} & 0 & 0 \\ 0 & I_{ry} & 0 \\ 0 & 0 & I_{rz} \end{bmatrix} \tag{4-9}$$

综上可得到单个旋翼的陀螺力矩 M_{gi} 和总陀螺力矩 M_g 为

$$M_{gi} = \begin{bmatrix} -I_{rz}q \\ I_{rz}p \\ 0 \end{bmatrix} \Omega_i, i = 1,2,3,4 \tag{4-10}$$

$$M_g = \begin{bmatrix} -I_{rz}q \\ I_{rz}p \\ 0 \end{bmatrix} (\Omega_1 + \Omega_3 - \Omega_2 - \Omega_4) \tag{4-11}$$

同理可得无人机运动时的惯性陀螺力矩 M_{gB} 为

$$M_{gB} = \begin{bmatrix} (I_y - I_z)qr \\ (I_z - I_x)pr \\ (I_x - I_y)pq \end{bmatrix} \tag{4-12}$$

根据以上四旋翼无人机运动时所受的力和力矩分析，根据牛顿第二定律和动量矩公式，并考虑小扰动条件下姿态角与角速度的近似关系，建立地面坐标系下四旋翼无人机运动方程

$$\begin{cases} m\ddot{x} = (\sin\theta\cos\varphi\cos\psi + \sin\varphi\sin\psi)U_1 \\ m\ddot{y} = (\sin\theta\cos\varphi\sin\psi - \sin\varphi\cos\psi)U_1 \\ m\ddot{z} = \cos\varphi\cos\theta U_1 - mg \\ I_x\ddot{\varphi} = \dot{\theta}\dot{\psi}(I_y - I_z) - I_{rz}\dot{\theta}\Omega + U_2 \\ I_y\ddot{\theta} = \dot{\varphi}\dot{\psi}(I_z - I_x) - I_{rz}\dot{\varphi}\Omega + U_3 \\ I_z\ddot{\psi} = \dot{\varphi}\dot{\theta}(I_x - I_y) + U_4 \\ U_1 = \sum_{i=1}^{4} T_i \\ U_2 = l(T_3 - T_1) \\ U_3 = l(T_4 - T_2) \\ U_4 = d(\Omega_1^2 + \Omega_3^2 - \Omega_2^2 - \Omega_4^2) \\ \Omega = \Omega_1 + \Omega_3 - \Omega_2 - \Omega_4 \end{cases} \tag{4-13}$$

式中，$[x,y,z]$为无人机在地面坐标系下的位置向量；$[u,v,w]$为无人机的速度向量，从无人机的运动方程中可以看出，偏航运动和垂直运动之间不存在耦合关系，可分开控制。

对于四旋翼无人机，无人机在运动过程中可以停下或后飞，因此在考虑其运动限制时，主要考虑沿水平方向的加速度$\ddot{x}$，$\ddot{y}$限制，即俯仰角θ、滚转角φ限制，并考虑竖直平面内的上升、下降速率$\ddot{z}$限制，因此四旋翼无人机的运动应满足如下约束

$$\begin{aligned} & a_{\min} \leqslant \ddot{x}_i \leqslant a_{\max} \\ & a_{\min} \leqslant \ddot{y}_i \leqslant a_{\max} \\ & |\theta_i| \leqslant \theta_{\max} \\ & |\varphi_i| \leqslant \varphi_{\max} \\ & \lambda_{\min} \leqslant \ddot{z}_i \leqslant \lambda_{\max} \end{aligned} \tag{4-14}$$

式中，$a_{\max}$、$a_{\min}$、$\theta_{\max}$、$\varphi_{\max}$、$\lambda_{\max}$和$\lambda_{\min}$为正常数，分别代表无人机的最大水平加速度、最小加速度、最大俯仰角、最大滚转角、最大爬升速率以及最小下降速率。

4.2.2　姿态及位置控制

为了控制无人机按照指定的航迹飞行，需要对无人机的位置进行控制，对于四旋翼无人机，位置控制等效于速度控制[11]。建立无人机速度控制结构如图 4-2 所示。

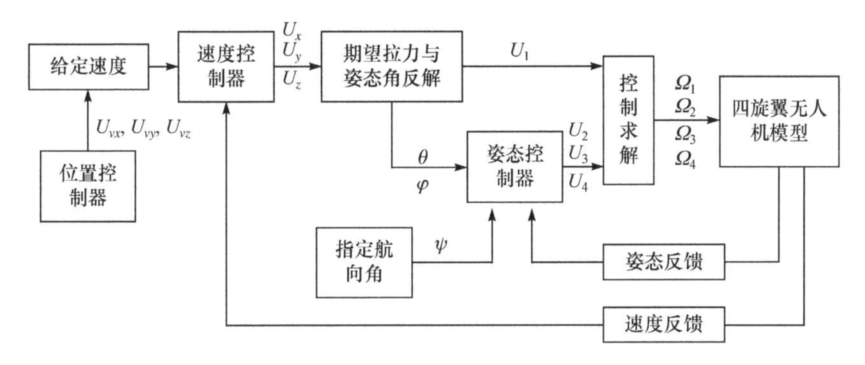

图 4-2　四旋翼无人机控制结构

设无人机的期望速度和实际速度分别为$(v_x^d,\ v_y^d,\ v_z^d)$和$(v_x,\ v_y,\ v_z)$，建立 PID 速度控制器如下[12]

$$\begin{cases} U_x = k_{p1}(v_x^d - v_x) + k_{i1}\int(v_x^d - v_x)\mathrm{d}t + k_{d1}(\dot{v}_x^d - \dot{v}_x) \\ U_y = k_{p2}(v_y^d - v_y) + k_{i2}\int(v_y^d - v_y)\mathrm{d}t + k_{d2}(\dot{v}_y^d - \dot{v}_y) \\ U_z = k_{p3}(v_z^d - v_z) + k_{i3}\int(v_z^d - v_z)\mathrm{d}t + k_{d3}(\dot{v}_z^d - \dot{v}_z) \end{cases} \tag{4-15}$$

式中，k_{pj}、k_{ij}、k_{dj}分别对应三个通道的 PID 参数(j=1，2，3)。设已知当前位置和期望位置，给定偏航角输入ψ_d为已知量，根据下式反解总拉力、滚转角和俯仰角

$$\begin{cases} T = m\sqrt{U_x^2 + U_y^2 + (U_z + g)^2} \\ \varphi_d = \arcsin((\sin\psi_d U_x - \cos\psi_d U_y)m / T) \\ \theta_d = \arcsin((U_x m - T\sin\psi_d \sin\varphi_d) / (T\cos\psi_d \cos\varphi_d)) \end{cases} \tag{4-16}$$

姿态控制器采用与速度控制器相同的 PID 控制器形式。当任务决策模块和编队控制器求解出每架无人机应跟踪的轨迹或期望的位置点时，通过对每架无人机的速度进行调整，使它们运动到各自的指定位置[13]。

位置控制器采用基于速度反馈和位置反馈的 PID 控制，设无人机的期望位置和实际位置分别为$(p_x^d,\ p_y^d,\ p_z^d)$和$(p_x,\ p_y,\ p_z)$，联系速度控制器的相关定义可以得到速度控制器的输入(U_{vx}，U_{vy}，U_{vz})为

$$\begin{cases} U_{vx} = k_{px}(p_x^d - p_x) + k_{ix}\int(p_x^d - p_x)\mathrm{d}t + k_{\mathrm{dx}}(\dot{p}_x^d - \dot{p}_x) \\ U_{vy} = k_{py}(p_y^d - p_y) + k_{iy}\int(p_y^d - p_y)\mathrm{d}t + k_{dy}(\dot{p}_y^d - \dot{p}_y) \\ U_{vz} = k_{pz}(p_z^d - p_z) + k_{iz}\int(p_z^d - p_z)\mathrm{d}t + k_{dz}(\dot{p}_z^d - \dot{p}_z) \end{cases} \tag{4-17}$$

式中，k_{pj}、k_{ij}、k_{dj}分别对应三维位置上的 PID 参数(j=x，y，z)。

在四旋翼无人机飞行中，可以通过调整沿三维方向的速度使无人机到达指定的三维位置，但是在指定航迹飞行中，还需要调整无人机的机头指向，即调整航向。假设在航迹飞行中有两个航程点，初始点(p_x^{dA}, p_y^{dA}, p_z^{dA})和目标点(p_x^{dB}, p_y^{dB}, p_z^{dB})，航程点连线在地面坐标系下的方向为ψ_d，根据无人机当前位置计算偏离航线的距离为Δd，向右偏离航线为正。此时无人机偏航指令为

$$\psi^c = \psi_d + k_{p\psi}\Delta d + k_{i\psi}\int \Delta d\mathrm{d}t + k_{d\psi}\frac{\mathrm{d}(\Delta d)}{\mathrm{d}t} \tag{4-18}$$

当无人机进入下一段航线时，更新航线方向ψ_d和偏离航线距离Δd。

4.2.3 引领-跟随编队控制

生物群体在运动中所表现出的智能主要体现基于速度和方向匹配的引领-跟随飞行模式[14]。因此，在建立群体智能到多无人机协调的映射关系时，考虑多无人机需要展现出群体智能一致的运动协调并完成特定的任务，建立双机编队下的基本引领-跟随无人机编队飞行控制算法[15]。设定引领的无人机为领导者，跟随的无人机为跟随者，通过控制跟随者相对于领导者的距离和航向来调整引领-跟随队形，通过控制每一对引领-跟随关系并进一步结合分布式控制算法来调整无人机的队形[16]。

如图 4-3 所示，在地面坐标系下分别定义领导者和跟随者的位置向量和速度向量为(x_L, y_L)，(v_{Lx}, v_{Ly})，(x_F, y_F)，和(v_{Fx}, v_{Fy})，二者之间的距离为P，方向角偏差为φ_L，由领导者和跟随者之间的几何关系可得

$$\begin{aligned} p_x &= -(x_L - x_F)\cos\psi_L - (y_L - y_F)\sin\psi_L \\ p_y &= (x_L - x_F)\sin\psi_L - (y_L - y_F)\cos\psi_L \end{aligned} \tag{4-19}$$

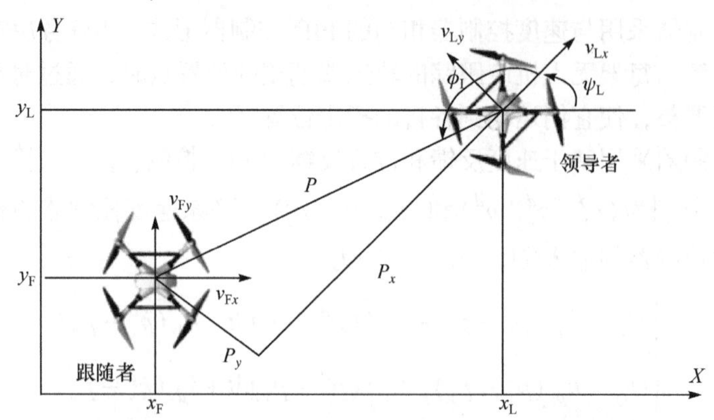

图 4-3 地面坐标系下引领-跟随关系示意图

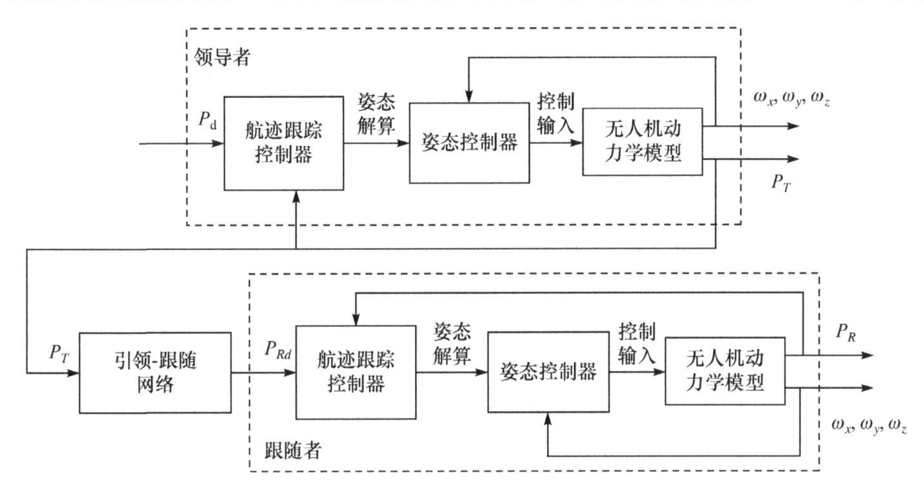

图 4-4　无人机引领-跟随关系控制框架

在引领-跟随关系下跟随者无人机在领导者机体坐标系下的运动可表示为

$$
\begin{aligned}
\dot{x}_i &= v_{ix}\cos\psi_i - v_{iy}\sin\psi_i \\
\dot{y}_i &= v_{ix}\sin\psi_i + v_{iy}\cos\psi_i \\
\dot{\psi}_i &= \omega_i, i = \mathrm{L},\mathrm{F}
\end{aligned}
\tag{4-20}
$$

式中，$v_{\mathrm{L}x}$ 和 $v_{\mathrm{L}y}$ 分别为跟随者飞行速度在领导者机体坐标系下沿 x 和 y 方向上的分量；ψ_{L} 和 ω_{L} 分别为领导者的偏航角和偏航角速度。

定义期望的距离为 P_x^d 和 P_y^d，期望的航向角偏差为 φ_d，并在此基础上定义引领-跟随的误差

$$
\begin{aligned}
e_x &= P_x^d - P_x \\
e_y &= P_y^d - P_y \\
e_\psi &= \varphi_d - (\pi/2 - \psi_{\mathrm{L}} + \psi_{\mathrm{F}})
\end{aligned}
\tag{4-21}
$$

将上式中的引领-跟随误差带入无人机运动方程并求导得到动态误差方程

$$
\dot{X} = F(X) + G(X)v
$$

$$
X = \begin{bmatrix} e_x \\ e_y \\ e_\psi \end{bmatrix}, v = \begin{bmatrix} v_{\mathrm{F}x} \\ v_{\mathrm{F}y} \\ \omega_{\mathrm{F}} \end{bmatrix}
$$

$$
F(X) = \begin{bmatrix} e_y\omega_{\mathrm{L}} + \gamma_1 \\ -e_x\omega_{\mathrm{L}} + \gamma_2 \\ -\omega_{\mathrm{L}} \end{bmatrix}
$$

$$G(X)=\begin{bmatrix}-\cos e_{\psi} & \sin e_{\psi} & 0\\ -\sin e_{\psi} & -\cos e_{\psi} & 0\\ 0 & 0 & 1\end{bmatrix}$$

$$\begin{aligned}&\gamma_1 = v_{\mathrm{L}x}-\omega_{\mathrm{L}}P_y^d\\&\gamma_2 = v_{\mathrm{L}y}-\omega_{\mathrm{L}}P_x^d\end{aligned} \tag{4-22}$$

引领-跟随编队的控制律应设计为使得误差向量 X 在有限的时间内收敛到 0，通过控制两架无人机在水平面上的距离以及航向角偏差，使无人机形成稳定的引领-跟随编队飞行。

定义误差转换关系

$$\sigma = X + k_f\int X\mathrm{d}t \tag{4-23}$$

式中，k_f 为常数矩阵。为了实现 k_f 选取任意值的情况下都有动态误差恒等于零，选择合适的系数使系统的动态误差保持在 $\sigma=0$ 平面上，即 $\dot{\sigma}=0$，可得

$$\dot{\sigma} = \dot{X} + k_f X = 0 \tag{4-24}$$

将系统的动态误差方程代入上式可进一步得到

$$\dot{\sigma} = F(X) + G(X)v + k_f X = 0 \tag{4-25}$$

通过矩阵求逆可以得到满足系统动态误差要求的控制输入

$$v = G^{-1}(X)(-F(X) - k_f X) \tag{4-26}$$

当存在外界扰动与噪声误差时，为了保证系统的误差能收敛至零，通过李雅普诺夫稳定性定理构建误差导数函数，使误差与误差的导数符号相反，扩大稳定区域

$$\dot{\sigma} = F(X) + G(X)v + k_f X = -L\,\mathrm{sgn}(\sigma) \tag{4-27}$$

式中，L 为正常数，在求解的控制输入中加入误差导数项得到

$$v = G^{-1}(X)(-F(X) - k_f X - L\,\mathrm{sgn}(\sigma)) \tag{4-28}$$

进一步给出存在有界扰动 $\|\Delta F(X)\| < l$ (l 为正常数)时系统的动态误差方程

$$\dot{X} = F(X) + \Delta F(X) + G(X)v \tag{4-29}$$

构建李雅普诺夫函数并求导

$$\begin{aligned}&V = \frac{1}{2}\sigma^{\mathrm{T}}\sigma\\&\dot{V} = \sigma^{\mathrm{T}}\dot{\sigma} = \sigma^{\mathrm{T}}(F(X) + \Delta F(X) + G(X)v + k_f X)\end{aligned} \tag{4-30}$$

将求得的控制输入代入上式得到

$$\begin{aligned}\dot{V} &= \sigma^{\mathrm{T}}(\Delta F(X) - L\operatorname{sgn}(\sigma)) \\ &\leqslant \|\sigma\| l - L\|\sigma\|\end{aligned} \tag{4-31}$$

当选取 $L>l$ 时，保证李雅普诺夫函数 V 为负，系统动态误差将在有限时间内收敛至 $\sigma=0$ 平面并保持 $\dot{\sigma}=0$，且在有界扰动的情况下依然能够保持系统误差收敛。

4.2.4　基于鸽群优化的控制参数整定

(1) 鸽群优化

鸽子是一种非常常见的鸟类，具有很强的记忆力，甚至可以产生牢固的条件反射。因其惊人的导航能力，奇妙的群体飞行机制，独特的眼睛布局，又因其易于饲养，方便观察，成为很多学者的研究对象。

鸽群在归巢过程中(如图 4-5)会使用太阳、地球磁场和地标寻找路径，并在旅程的不同阶段使用不同的导航工具。Guilford[17]借助数学模型预测鸽子会在旅程中的什么阶段切换导航工具，研究发现：当鸽子开始飞行时，会更多依赖类似于指南针一样的导航工具；而在旅程的中间部分，会将导航工具切换至地标，同时重新评估自己的路线并进行必要修正。Mora[18]就鸽子的磁感机制进行了研究，认为磁石粒子的信号是通过鼻子经三叉神经反馈给大脑的。Whiten[19]认为太阳也是鸽子的一种导航工具，太阳的高度会对鸽子的导航能力造成影响。

图 4-5　归巢中的鸽子

基于鸽群在寻的过程中的特殊导航行为，Duan 和 Qiao[20]提出了一个新的仿生群体智能优化算法——鸽群优化(Pigeon-Inspired Optimization，PIO)。在这个算法中模仿鸽子寻的不同阶段使用的不同导航工具提出了两种不同的算子模型[21-24]：

1) 地图和指南针算子(Map and Compass Operator)：如图 4-6 所示，地图和指南针算子是模仿鸽子利用太阳和地球磁场这两种导航工具进行飞行的机制。首先在 D 维优化空间中设定鸽子 i 的位置 X_i 和速度 V_i，通过下式更新 t 时刻鸽子新的位置和速度：

$$\begin{aligned}V_i(t)&=V_i(t-1)\cdot \mathrm{e}^{-Rt}+rand\cdot(X_{\mathrm{g}}-X_i(t-1))\\X_i(t)&=X_i(t-1)+V_i(t)\end{aligned}\tag{4-32}$$

式中，R 为控制参数；$rand$ 为 0 至 1 的随机数；X_{g} 为当前的全局最优点位置。

图 4-6　地图和指南针算子模型

2) 地标算子(Landmark Operator)：如图 4-7 所示，地标算子是模仿目的地附近地标导航对鸽子的影响。当鸽子接近目的地时，鸽群会依靠已知地标信息进行导航。设 X_{c} 为当前鸽群的中心位置，N_{p} 为鸽群总数，鸽子 i 通过下式更新 t 时刻的位置：

$$\begin{aligned}N_{\mathrm{p}}(t)&=\frac{N_{\mathrm{p}}(t-1)}{2}\\X_{\mathrm{c}}(t)&=\frac{\sum X_i(t)\cdot fitness(X_i(t))}{N_{\mathrm{p}}\cdot\sum fitness(X_i(t))}\\X_i(t)&=X_i(t-1)+rand\cdot(X_{\mathrm{c}}(t)-X_i(t-1))\end{aligned}\tag{4-33}$$

(2) 基于鸽群优化的无人机控制参数整定

无人机飞行控制系统参数整定中，需要确立适应度函数反映控制器的控制效能，选取无人机的实际输出与指定输出误差的积分值作为鸽群优化的适应度函数，以俯仰通道为例，适应度函数由下式得到

$$\begin{aligned}f&=\omega_1 f_1+\omega_2 f_2\\f_1&=\int\left|\theta(t)-\theta_c\right|\mathrm{d}t\\f_2&=\int\left|\ddot{x}(t)-\ddot{x}_c\right|\mathrm{d}t\end{aligned}\tag{4-34}$$

图 4-7　地标算子模型

式中，ω_1 和 ω_2 为权重因子，通过调整权重因子调整姿态控制和位置控制的权重

将鸽群优化应用于无人机控制参数整定问题，将无人机姿态控制和位置控制建模为如上式所描述的优化问题。首先计算出每一时刻无人机状态输出的适应度函数，用以评价无人机控制器参数是否满足要求；而后根据式(4-32)和式(4-33)进行鸽群优化操作[25]，在迭代次数 N_c 结束后得到候选的控制参数；最后通过仿真验证优化算法获得最优参数，当参数不满足要求时可再进行迭代优化，最终获得满足控制效能需求的控制器参数[26]。鸽群优化用于求解无人机控制参数整定问题的具体流程如图 4-8 所示。

算法 4.1 描述了鸽群优化求解无人机控制参数整定问题的具体步骤。

算法 4.1：基于鸽群优化的无人机控制参数整定问题求解步骤	
1	初始化鸽群优化的参数，确定优化目标的维数 D，鸽群优化的群体总数 N_P，算法最大迭代次数 $N_{c\max}$，控制参数 R、ω_1 和 ω_2。
2	确定适应度函数，根据步骤 1 中确定的控制参数，计算初始种群的适应度函数。
3	通过地图和指南针算子生成新种群的位置和速度，计算适应度函数。
4	计算新的种群数量和种群中心位置，通过地标算子计算新种群的位置和速度，计算适应度函数。
5	判断是否计算生成 N_p 个新个体，如果未生成 N_p 个个体，则跳至步骤 3。
6	如果 $N_c \leqslant N_{c\max}$，跳至步骤 3 继续求解，如果 $N_c > N_{c\max}$ 则结束循环输出最优解。

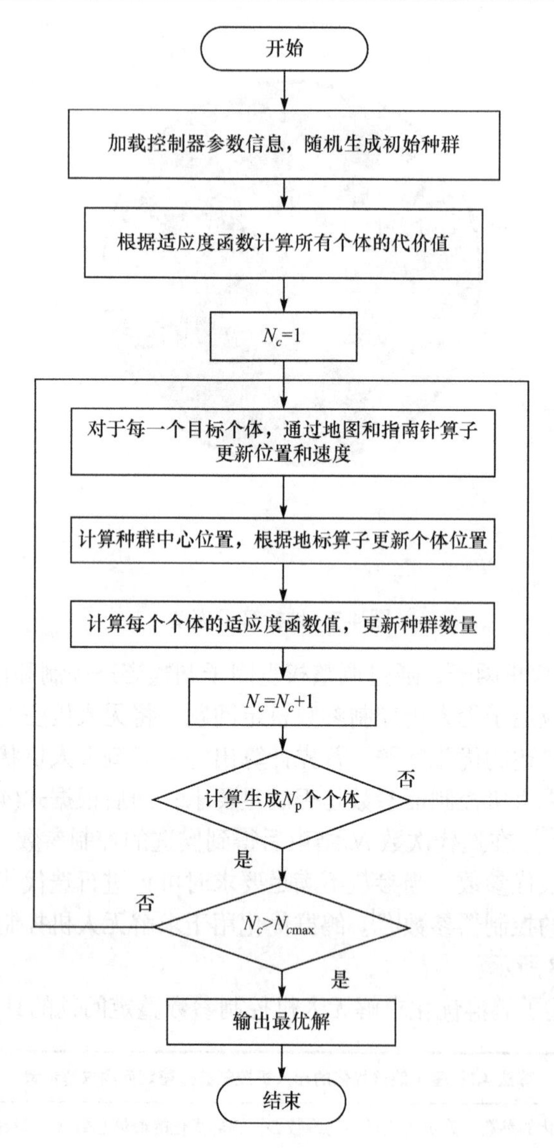

图 4-8　鸽群优化求解无人机控制参数整定问题的流程图

4.3　无人机紧密编队控制

紧密编队飞行是指在多无人机编队飞行时无人机间的横向距离小于翼展的一种编队[27]。这种编队飞行可以在一定程度上减少无人机编队整体的飞行阻力，进而减小无人机飞行所需要的能量，以达到编队飞行的航程与续航时间，并提高编队飞行整体的飞行效率。对于紧密编队，国内外已有很多研究成果，这些成果很多是针对无人机紧密编队间的气动力的影响方面进行研究。对于气动力的影响方面的研究主要有两个方向：第一种是对编队飞行进行直接的飞行测试，从而获得测试相关数据，通过分析数据研究气动影响[28]；另一种是通过建立无人机紧密编队飞行下的无人机气动力数学模型，在理论上分析气动影响。虽然目前对于紧密编队飞行进行了很多研究，但是在实现上依然存在很多困难，但是由于紧密编队在节省燃油，减小阻力，延长续航时间等方面有着巨大优势，所以这个十分具有挑战性的课题成为现如今空气动力学研究的热点。

4.3.1　编队模型

首先假设采用两架无人机进行飞行编队，如图 4-9 所示，前方的为长机 L，后面的为僚机 W，建立固连在僚机上的旋转坐标系[29, 30]。

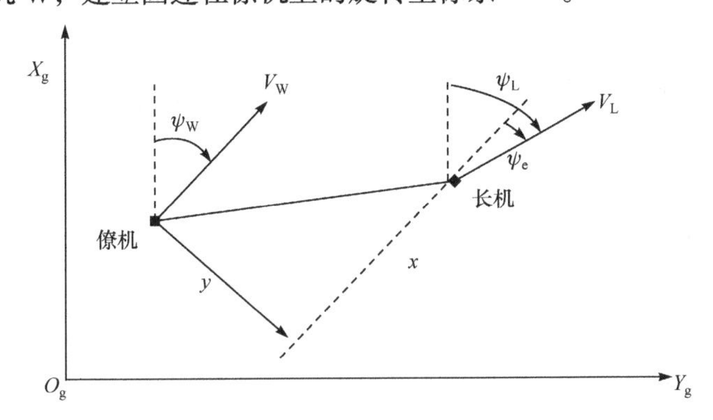

图 4-9　编队飞行的相对运动图

无人机编队 x 、 y 方向上的运动方程为

$$
\begin{aligned}
\dot{y} &= V_L \cdot \sin\psi_E - x \cdot \dot{\psi}_W \\
\dot{x} &= V_L \cdot \cos\psi_E - V_W + y \cdot \dot{\psi}_W
\end{aligned}
\tag{4-35}
$$

本章中将两架无人机在 z 方向上即竖直方向的间距进行单独处理，即无人机高度信号表示为

$$
z = h_W - h_L \tag{4-36}
$$

式(4-35)中的 $\psi_E = \psi_L - \psi_W$ ，为无人机航迹方向角的偏差，即长机和僚机速度向量之间的夹角； V_L 、 V_W 分别为长机和僚机水平方向上的速度分量，不包含升降速度； h_L 、 h_W 分别为长机和僚机的飞行高度。

在设计的无人机编队飞行中，僚机是跟随长机运动的，这里的传感器和编队飞行控制器均安装在僚机上。僚机的传感器通过探测长机相关信息，包括长机的相对位置、速度和航向角，与编队飞行控制器构成反馈系统，该系统用于输出僚机速度、航向角以及高度的控制信号。对于传统的飞机来说，自动驾驶仪回路主要包括高度保持驾驶仪、航向保持驾驶仪以及速度保持驾驶仪。而自动驾驶仪回路是内嵌于编队回路中的。通过编队控制器来调节速度、航向、高度三个驾驶仪回路参考信号，进而控制无人机的飞行轨迹。

对于由无人机以及自动驾驶仪组成的系统，在建立各自的动力学模型时，暂时不需要考虑外界气流的扰动，并且可以忽略掉非线性环节的影响。对于无人机速度以及航向角的运动，可近似采用一阶惯性模型描述其动力学模型[31-33]

$$
\begin{aligned}
\frac{\psi_W(s)}{\psi_{W_c}(s)} &= \frac{1}{\tau_{\psi_\mathrm{W}} s + 1} \\
\frac{V_W(s)}{V_{W_c}(s)} &= \frac{1}{\tau_{V_\mathrm{W}} s + 1}
\end{aligned}
\tag{4-37}
$$

式中，W_c 为僚机的控制输入量，即编队飞行控制器的输出信号；W 为在编队回路控制下僚机的状态；τ_{ψ_W} 与 τ_{V_W} 分别为僚机在速度和航向角回路上的时间常数。

在考虑无人机的爬升过程时，高度控制自驾仪采用二阶过阻尼环节进行描述

$$
\frac{h(s)}{h_c(s)} = \frac{1}{(\tau_a s + 1)\cdot(\tau_b s + 1)}
\tag{4-38}
$$

式中，τ_a、τ_b 均为无人机高度通道上小于零的时间常数。

可得到僚机的状态方程为

$$
\begin{aligned}
\dot{\psi}_\mathrm{W} &= -\frac{1}{\tau_{\psi_\mathrm{W}}}\cdot\psi_\mathrm{W} + \frac{1}{\tau_{\psi_\mathrm{W}}}\cdot\psi_{W_c} \\
\dot{V}_\mathrm{W} &= -\frac{1}{\tau_{V_\mathrm{W}}}\cdot V_\mathrm{W} + \frac{1}{\tau_{V_\mathrm{W}}}\cdot V_{W_c} \\
\ddot{h}_\mathrm{W} &= -\left(\frac{1}{\tau_a} + \frac{1}{\tau_b}\right)\cdot\dot{h}_\mathrm{W} - \frac{1}{\tau_a\cdot\tau_b}\cdot h_\mathrm{W} + \frac{1}{\tau_a\cdot\tau_b}\cdot h_{W_c}
\end{aligned}
\tag{4-39}
$$

代入方程式，于是可以得到不考虑气流扰动时的编队数学模型

$$
\begin{aligned}
\dot{x} &= -\frac{\overline{y}}{\tau_{\psi_\mathrm{W}}}\cdot\psi_\mathrm{W} - V_\mathrm{W} + V_\mathrm{L}\cdot\cos\psi_E + \frac{\overline{y}}{\tau_{\psi_\mathrm{W}}}\cdot\psi_{W_c} \\
\dot{y} &= V_\mathrm{L}\cdot\sin\psi_E + \frac{\overline{x}}{\tau_{\psi_\mathrm{W}}}\cdot\psi_\mathrm{W} - \frac{\overline{x}}{\tau_{\psi_\mathrm{W}}}\cdot\psi_{W_c} \\
\dot{z} &= \zeta \\
\dot{\zeta} &= -\left(\frac{1}{\tau_a} + \frac{1}{\tau_b}\right)\cdot\zeta - \frac{1}{\tau_a\tau_b}z + \frac{1}{\tau_a\tau_b}h_{W_c} - \frac{1}{\tau_a\tau_b}h_{L_c}
\end{aligned}
\tag{4-40}
$$

4.3.2 长机尾流模型

以两架无人机组成的紧密编队为例，讨论长机的尾流对僚机会产生怎样的影

响。来自长机尾流的气动干扰可以帮助后面的僚机获得更高的飞行效率，尤其是当僚机位于长机尾涡的上洗区飞行时。如果两架无人机紧密编队飞行时处于最优的编队结构，那么就可以通过所设计的编队控制器使无人机紧密编队稳定地保持最优编队结构，进而节省动力需求。在实际情况中，如果无人机编队处于一个安全的飞行状态时，气动干扰也可以帮助长机提高飞行性能，但是由于这种作用的影响微乎其微，因此本章只考虑长机翼尖尾流对僚机产生的气动干扰作用。

本节主要是为了研究紧密编队中长机飞行时产生的尾流对僚机动态特性的影响，也就必须知道长机尾流引起的诱导速度的分布，因此必须首先建立合适的翼尖涡模型。目前对于涡流模型的建模已经有很多种，如经典的 Helmhotlz 马蹄涡模型、修正的马蹄涡模型、Kurylowich 模型等，这些模型都是基于 Biot-Savart 定律提出的，并在马蹄涡模型的基础上发展起来的。

本章中的涡流模型是采用经典的 Helmholtz 马蹄涡模型，利用 Biot-Savart 定律来计算长机飞行时产生的涡流在尾流场中任意一点产生的诱导速度。一架飞机在飞行过程中，会在其后面产生向机翼内侧旋转的旋涡流。根据右手定律，将长机产生的尾流表示为图 4-10 所示的涡线 A、B。

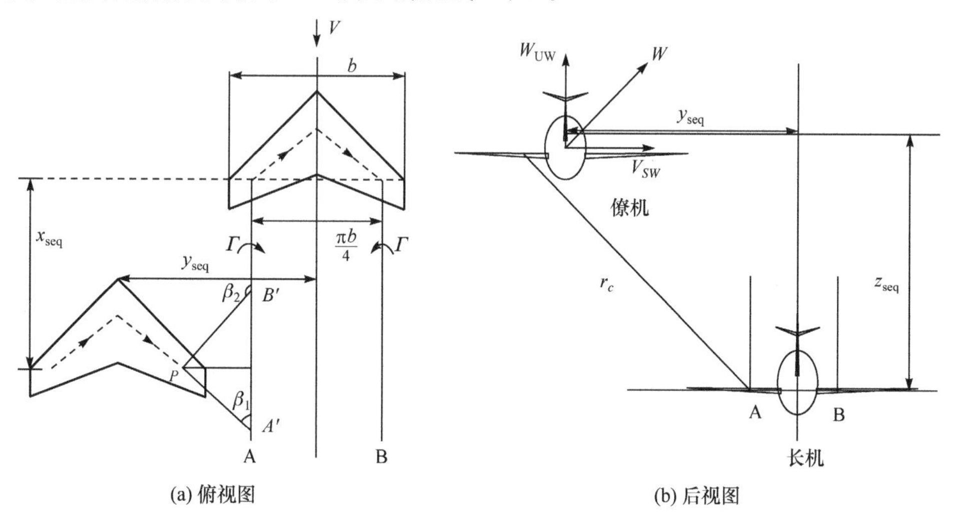

(a) 俯视图　　(b) 后视图

图 4-10　长机尾流模型

长机机翼翼尖所产生的马蹄形旋涡在僚机的机翼上会形成上洗速度和侧洗速度，编队飞行时气动耦合效应主要是由于这两个速度产生的。在建立了涡流模型后，利用 Biot-Savart 定律来分析长机尾流在僚机上引起的上洗速度和侧洗速度。对于处于尾流场中长机侧后方的任一点 P ，单位长度的流线所引起的洗流速度 $\mathrm{d}\vec{V}$ ，利用 Biot-Savart 定律表示为

$$\mathrm{d}\vec{V}=\frac{\Gamma}{4\pi}\cdot\frac{\mathrm{d}\vec{l}\times\vec{r}}{|\vec{r}|^{3}}=\frac{\Gamma\cdot\vec{\Phi}}{4\pi}\cdot\frac{\mathrm{d}l\cdot\sin\theta}{r^{2}} \tag{4-41}$$

式中，Γ 为单位长度的涡流强度；$\mathrm{d}\vec{l}$ 为单位涡线长度；$\vec{r}$ 为由 P 点指向涡线的向量；$\vec{\Phi}$ 为方向向量；θ 为 $\vec{r}$ 与 $\mathrm{d}\vec{l}$ 的夹角；等效翼展 $b'=\frac{\pi}{2}b$ 。

对于点 P，其受到涡线 $A'B'$ 的作用而产生的洗流速度为

$$\vec{W}=\frac{\vec{\Phi}\cdot\Gamma}{4\pi r_c}(\cos\beta_1-\cos\beta_2) \tag{4-42}$$

当涡线趋于无穷长时，可以得到 $\beta_1\approx 0$，$\beta_2\approx\pi$，此时可近似认为洗流速度与 P 点到涡线的距离成反比

$$\vec{W}=\frac{\vec{\Phi}\cdot\Gamma}{2\pi r_c} \tag{4-43}$$

僚机上任一点 P（设其在僚机坐标系上的坐标为 (x,y)）到长机的两个机翼的涡线的距离分别为

$$\begin{aligned}\vec{r}_A&=\left(\bar{y}-\frac{b'}{2}-y\right)\cdot\vec{y}+(\bar{z}-z)\vec{z}\\ \vec{r}_B&=\left(\bar{y}+\frac{b'}{2}-y\right)\cdot\vec{y}+(\bar{z}-z)\vec{z}\end{aligned} \tag{4-44}$$

于是长机尾流场在 P 点所产生的竖直方向上的上洗诱导速度 $\vec{W}_{UW}$ 和横向上的侧洗诱导速度 $\vec{V}_{SW}$ 分别为

$$\begin{gathered}\vec{W}_{UW}=\frac{\Gamma_{\mathrm{L}}}{2\pi}\left[\frac{\bar{y}-\frac{b'}{2}-y}{\left(\bar{y}-\frac{b'}{2}-y\right)^{2}+\bar{z}^{2}}-\frac{\bar{y}+\frac{b'}{2}-y}{\left(\bar{y}+\frac{b'}{2}-y\right)^{2}+\bar{z}^{2}}\right](-\vec{z}),\\ -\frac{b'}{2}\leqslant y\leqslant\frac{b'}{2}\end{gathered} \tag{4-45}$$

$$\begin{gathered}\vec{V}_{SW}=\frac{\Gamma_{\mathrm{L}}}{2\pi}\left[\frac{\bar{z}-z}{\left(\bar{y}-\frac{b'}{2}\right)^{2}+(\bar{z}-z)^{2}}-\frac{\bar{z}-z}{\left(\bar{y}+\frac{b'}{2}-y\right)^{2}+(\bar{z}-z)^{2}}\right]\cdot\vec{y},\\ -h_z\leqslant z\leqslant 0\end{gathered} \tag{4-46}$$

对于僚机来说，沿机翼等效翼长 $b'=\frac{\pi}{2}b$ 积分求均值可以得到僚机机翼的平均上洗速度 $\vec{W}_{UW_{\mathrm{avg}}}$

$$
\begin{aligned}
&\vec{W}_{UW_{\text{avg}}} \\
&= \frac{\Gamma_{\text{L}}}{2\pi b}\int_{-\frac{b'}{2}}^{\frac{b'}{2}}\left[\frac{\bar{y}-\frac{b'}{2}-y}{\left(\bar{y}-\frac{b'}{2}-y\right)^2+\bar{z}^2}-\frac{\bar{y}+\frac{b'}{2}-y}{\left(\bar{y}+\frac{b'}{2}-y\right)^2+\bar{z}^2}\right]\mathrm{d}y\cdot(-\vec{z}) \\
&= \frac{\Gamma_{\text{L}}}{4\pi b'}\left[\ln\frac{\bar{y}^2+\bar{z}^2}{(\bar{y}-b')^2+\bar{z}^2}-\ln\frac{(\bar{y}+b')^2+\bar{z}^2}{\bar{y}^2+\bar{z}^2}\right]\cdot(-\vec{z})
\end{aligned} \tag{4-47}
$$

沿机身高度 h_z 积分求均值能够得到僚机受到的平均侧洗速度 $\vec{V}_{SW_{\text{avg}}}$

$$
\vec{V}_{SW_{\text{avg}}} = \frac{\Gamma_{\text{L}}}{4\pi h_z}\left[\begin{array}{l}\ln\dfrac{\left(\bar{y}-\dfrac{b'}{2}\right)^2+\bar{z}^2}{\left(\bar{y}-\dfrac{b'}{2}\right)^2+(\bar{z}+h_z)^2}- \\ \ln\dfrac{\left(\bar{y}+\dfrac{b'}{2}\right)^2+\bar{z}^2}{\left(\bar{y}+\dfrac{b'}{2}\right)^2+(\bar{z}+h_z)^2}\end{array}\right]\cdot\vec{y} \tag{4-48}
$$

这里对长度进行归一化，令 $y'\equiv\dfrac{\bar{y}}{b},z'\equiv\dfrac{\bar{z}}{b}$，同时考虑空气的物理黏滞，可得

$$
\vec{W}_{UW_{\text{avg}}} = \frac{\Gamma_{\text{L}}}{4\pi b'}\left[\begin{array}{l}\ln\dfrac{y'^2+z'^2+\mu^2}{\left(y'-\dfrac{\pi}{4}\right)^2+z'^2+\mu^2} \\ -\ln\dfrac{\left(y'+\dfrac{\pi}{4}\right)^2+z'^2+\mu^2}{y'^2+z'^2+\mu^2}\end{array}\right]\cdot(-\vec{z}) \tag{4-49}
$$

$$
\vec{V}_{SW_{\text{avg}}} = \frac{\Gamma_{\text{L}}}{4\pi h_z}\left[\begin{array}{l}\ln\dfrac{\left(y'-\dfrac{\pi}{8}\right)^2+z'^2+\mu^2}{\left(\bar{y}-\dfrac{\pi}{8}\right)^2+\left(z'+\dfrac{h_z}{b}\right)^2+\mu^2} \\ -\ln\dfrac{\left(y'+\dfrac{\pi}{8}\right)^2+z'^2+\mu^2}{\left(y'+\dfrac{\pi}{8}\right)^2+\left(z'+\dfrac{h_z}{b}\right)^2+\mu^2}\end{array}\right]\cdot\vec{y} \tag{4-50}
$$

式中，μ^2 为物理黏滞因子。

4.3.3 长机尾流引起僚机气动力的变化

在紧密编队飞行时，长机产生的尾流所产生的上洗气流作用在僚机上会引起僚机迎角的变化，并引起阻力与升力向量的方向发生旋转，进而引起僚机阻力和升力的变化，如图 4-11 所示；而长机尾流产生的侧洗气流作用在僚机上使僚机产生侧滑，使得侧力发生变化。

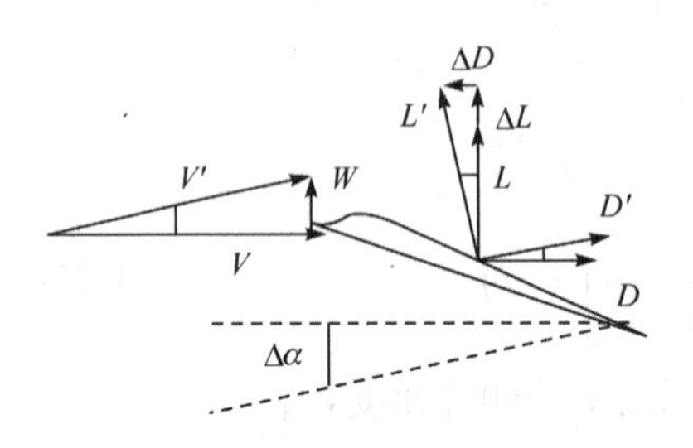

图 4-11　升力以及阻力的变化

(1) 阻力变化

如上图所示，在上洗诱导速度的作用下，僚机迎角发生的变化如下

$$\Delta\alpha = \arctan\left(\frac{\left|\vec{W}_{UW}\right|}{V}\right) \approx \frac{\left|\vec{W}_{UW}\right|}{V} \tag{4-51}$$

迎角的改变会引起升力向量的偏转，从而使僚机阻力发生变化，阻力变化如下所示

$$\Delta D_{\mathrm{W}} = -L_{\mathrm{W}} \cdot \tan\Delta\alpha \approx -L_{\mathrm{W}} \cdot \frac{\left|\vec{W}_{UW}\right|}{V} \cdot \vec{x} \tag{4-52}$$

式中，L_{W} 为僚机升力。L_{W} 除以动压 $q = \frac{1}{2}\rho V^2$ 及机翼面积 S，可得到僚机的稳定性导数的变化

$$\Delta C_{D_{\mathrm{W}}} = \frac{\Delta D_{\mathrm{W}}}{qS} = -\frac{L_{\mathrm{W}}}{qS}\frac{\left|\vec{W}_{UW}\right|}{V} = C_{L_{\mathrm{W}}}\frac{\left|\vec{W}_{UW}\right|}{V} \tag{4-53}$$

将式(4-49)代入上式，得到

$$\Delta C_{D_{\mathrm{W}}} = \frac{1}{\pi A_R} C_{L_{\mathrm{L}}} C_{L_{\mathrm{W}}} \frac{2}{\pi^2}\left[\ln\frac{y'^2 + z'^2 + \mu^2}{\left(y' - \frac{\pi}{4}\right)^2 + z'^2 + \mu^2} - \ln\frac{\left(y' + \frac{\pi}{4}\right)^2 + z'^2 + \mu^2}{y'^2 + z'^2 + \mu^2}\right] \tag{4-54}$$

单位长度上的涡强 $\varGamma$ 为

$$\varGamma = \frac{L_{\mathrm{L}}}{\rho V b'} = \frac{2}{\pi A_R} C_{L_{\mathrm{L}}} V b \tag{4-55}$$

式中，$C_{L_{\mathrm{L}}}$ 和 $C_{L_{\mathrm{W}}}$ 分别为长机和僚机的升力系数；A_R 为机翼的展弦比。

(2) 升力变化

升力系数的变化如下式所示

$$\Delta C_{L_{\mathrm{W}}} = \Delta\alpha \cdot \alpha_{\mathrm{W}} = \frac{\left|\vec{W}_{UW}\right|}{V} \cdot \alpha_{\mathrm{W}} \tag{4-56}$$

式中，α_{W} 为僚机的升力线迎角导数。将式(4-49)、式(4-55)代入可得到僚机升力系数的表达式

$$\Delta C_{L_{\mathrm{W}}} = \frac{\alpha_{\mathrm{W}}}{\pi A_R} C_{L_{\mathrm{L}}} \frac{2}{\pi^2} \left[\ln \frac{y'^2 + z'^2 + \mu^2}{\left(y' - \frac{\pi}{4}\right)^2 + z'^2 + \mu^2} - \ln \frac{\left(y' + \frac{\pi}{4}\right)^2 + z'^2 + \mu^2}{y'^2 + z'^2 + \mu^2} \right] \tag{4-57}$$

(3) 侧力变化

飞行过程中长机会产生侧洗流，当侧洗流作用在僚机上时，侧力将会产生变化，垂尾上的侧力的变化为

$$\Delta \vec{F}_Y = \eta q S_{vt} a_{vt} \frac{\left|\vec{V}_{SW}\right|}{V} \vec{y} \tag{4-58}$$

式中，η 为垂尾的气动力因数；S_{vt} 为垂尾的面积；a_{vt} 为垂尾的侧力线导数。于是侧力稳定性导数的变化为

$$\begin{aligned} \Delta C_Y &= \frac{\Delta \vec{F}_Y}{\bar{q} S} = \eta \frac{S_{vt}}{S} a_{vt} \frac{\left|\vec{V}_{SW}\right|}{V} \\ &= \frac{1}{\pi A_R} \frac{\mu S_{vt} a_{vt} C_{L_{\mathrm{L}}} b}{2 S h_z} \frac{2}{\pi} \left[\begin{gathered} \ln \frac{\left(y' - \frac{\pi}{8}\right)^2 + z'^2 + \mu^2}{\left(\bar{y} - \frac{\pi}{8}\right)^2 + \left(z' + \frac{h_z}{b}\right)^2 + \mu^2} - \\ \ln \frac{\left(y' + \frac{\pi}{8}\right)^2 + z'^2 + \mu^2}{\left(y' + \frac{\pi}{8}\right)^2 + \left(z' + \frac{h_z}{b}\right)^2 + \mu^2} \end{gathered} \right] \end{aligned} \tag{4-59}$$

4.3.4　长机尾流干扰下的紧密编队模型

根据求得的长机的尾流干扰下僚机气动特性后，有两种对于紧密编队中僚机的控制策略：

1) 依然采用式(4-39)和式(4-40)的形式作为编队模型，这种方式下将长机尾流的影响看作是对僚机的不确定干扰，再利用自适应鲁棒控制策略同时结合极值搜索算法[34]，使僚机稳定在最优的位置上。此时，长机的尾流对僚机的作用在僚机

动力模型之外。

2) 根据飞行的实验数据得出当无人机紧密编队具有最优飞行效益时，僚机相对于长机的最优位置，也就是最优的编队结构为 $\overline{y}=\frac{\pi}{4}b,\overline{z}=0$ [35]。计算出当僚机在最优编队位置时所受到的长机尾流引起变化，并将其代入编队的动力学方程中，然后就通过采用一些经典的控制方法对紧密编队飞行进行控制。

本章采用的是第(2)种方法，通过将计算出的长机尾流对僚机的影响代入编队方程得出考虑气动干扰后的紧密编队模型。

在长机尾流的影响下，僚机的阻力、升力以及侧力的稳定性导数都发生了变化，因此，式(4-39)和式(4-40)所描述的紧密编队下僚机的模型无法反映僚机真实的动态性能，所以要将长机对僚机的气动效应耦合入僚机的动力学方程中

$$\begin{aligned}
\dot{\psi}_{\mathrm{W}} &= -\frac{1}{\tau_{\psi_{\mathrm{W}}}}\cdot\psi_{\mathrm{W}}+\frac{1}{\tau_{\psi_{\mathrm{W}}}}\cdot\psi_{W_C} \\
&\quad +\frac{\overline{q}S}{mV}[\Delta C_{Y_{W_x}}\cdot x+\Delta C_{Y_{W_y}}\cdot y+\Delta C_{Y_{W_z}}\cdot z] \\
\dot{V}_{\mathrm{W}} &= -\frac{1}{\tau_{V_{\mathrm{W}}}}\cdot V_{\mathrm{W}}+\frac{1}{\tau_{V_{\mathrm{W}}}}\cdot V_{W_C} \\
&\quad +\frac{\overline{q}S}{m}[\Delta C_{D_{W_x}}\cdot x+\Delta C_{D_{W_y}}\cdot y+\Delta C_{D_{W_z}}\cdot z] \\
\dot{\zeta} &= -\left(\frac{1}{\tau_a}+\frac{1}{\tau_b}\right)\cdot\zeta-\frac{1}{\tau_a\tau_b}z+\frac{1}{\tau_a\tau_b}h_{W_C} \\
&\quad -\frac{1}{\tau_a\tau_b}h_{L_C}+\frac{\overline{q}S}{m}[\Delta C_{L_{W_x}}\cdot x+\Delta C_{L_{W_y}}\cdot y+\Delta C_{L_{W_z}}\cdot z]
\end{aligned} \tag{4-60}$$

式中，阻力、升力以及侧力的稳定性导数变化都写成了相对位置 (x,y,z) 的函数，如 $\Delta C_{Y_{W_x}}=\frac{\partial}{\partial x}\Delta C_{Y_W}$ 为侧力稳定性导数的变化 ΔC_{Y_W} 在 x 方向上的梯度。

对于本章所建立的长机尾流模型中，尾流对僚机的气流扰动的作用主要是体现在横向和垂向上，不考虑纵向上的影响。无人机紧密编队的最优位置为 $\overline{y}=\frac{\pi}{4}b$，$\overline{z}=0$。对阻力、升力以及侧力稳定性导数在最优位置处求梯度值，可以得到

$$\begin{aligned}
\Delta C_{D_{W_x}} &= \left.\frac{\partial\Delta C_{D_W}}{\partial x'}\right|_{y'=\frac{\pi}{4},z'=0}=0 \\
&= \Delta C_{D_{W_x}}=\Delta C_{L_{W_x}}=\Delta C_{Y_{W_x}}=\Delta C_{D_{W_z}}=\Delta C_{L_{W_z}}
\end{aligned} \tag{4-61}$$

将其代入式(4-60)、式(4-35)及式(4-36)中，可得到紧密编队飞行时的状态方程如下

$$
\begin{aligned}
\dot{x} &= -\frac{\overline{y}}{\tau_{\psi_W}} \cdot \psi_W - V_W + V_L \cos\psi_E + \frac{\overline{y}}{\tau_{\psi_W}} \cdot \psi_{W_C} \\
&\quad + \overline{y}\frac{\overline{q}S}{mV}[\Delta C_{Y_{W_y}} \cdot y + \Delta C_{Y_{W_z}} \cdot z] \\
\dot{y} &= \frac{\overline{x}}{\tau_{\psi_W}} \cdot \psi_W + V_L \cdot \sin\psi_E - \frac{\overline{x}}{\tau_{\psi_W}} \cdot \psi_{W_C} \\
&\quad - \overline{x}\frac{\overline{q}S}{mV}[\Delta C_{Y_{W_y}} \cdot y + \Delta C_{Y_{W_z}} \cdot z] \\
\dot{\psi}_W &= -\frac{1}{\tau_{\psi_W}} \cdot \psi_W + \frac{1}{\tau_{\psi_W}} \cdot \psi_{W_C} \\
&\quad + \frac{\overline{q}S}{mV}[\Delta C_{Y_{W_y}} \cdot y + \Delta C_{Y_{W_z}} \cdot z] \\
\dot{V}_W &= -\frac{1}{\tau_{V_W}} \cdot V_W + \frac{1}{\tau_{V_W}} \cdot V_{W_C} + \frac{\overline{q}S}{m} \cdot \Delta C_{D_{W_z}} \cdot z \\
\dot{z} &= \zeta \\
\dot{\zeta} &= -\left(\frac{1}{\tau_a} + \frac{1}{\tau_b}\right) \cdot \zeta - \frac{1}{\tau_a \tau_b} z + \frac{1}{\tau_a \tau_b} h_{W_C} \\
&\quad - \frac{1}{\tau_a \tau_b} h_{L_C} + \frac{\overline{q}S}{m} \cdot \Delta C_{L_{W_y}} \cdot y
\end{aligned}
\tag{4-62}
$$

式中，(x,y,V_W,ψ_W,z,ζ) 为飞机的六个状态量；x、y、$z(z=h_W-h_L)$ 分别为长机与僚机之间的实际间距；V_W、ψ_W 分别为僚机的飞行速度、航向的实际值；$(\psi_{W_c},V_{W_c},h_{W_c})$ 分别为僚机的航向角、飞行速度以及高度的控制输入量；τ_v、τ_ψ 和 (τ_{h_a},τ_{h_b}) 分别为速度时间常量、航向时间常量与高度时间常量；而长机的机动信号 (ψ_L,V_L,h_{L_c}) 可看作是对僚机的扰动量，分别表示长机的航向角、飞行速度以及高度；$\overline{x}$、$\overline{y}$、$\overline{z}$ 分别为僚机与长机之间的纵向、横向以及垂直方向的期望间距；$\overline{q}$ 为动压；S 为机翼面积；m 为飞机质量。

在实际的编队飞行过程中，当编队队形稳定在最优编队结构附近，长机与僚机的航向角相差很小，于是可以作如下的近似处理：$\cos(\psi_L-\psi_W)\approx 1$，$\sin(\psi_L-\psi_W)\approx 0$，于是式(4-62)变成下列线性方程组

$$
\begin{aligned}
\dot{x} &= -\frac{\overline{y}}{\tau_{\psi_W}} \cdot \psi_W - V_W + V_L + \frac{\overline{y}}{\tau_{\psi_W}} \cdot \psi_{W_C} \\
&\quad + \overline{y}\frac{\overline{q}S}{mV}[\Delta C_{Y_{W_y}} \cdot y + \Delta C_{Y_{W_z}} \cdot z]
\end{aligned}
$$

$$
\begin{aligned}
\dot{y} &= \left(\frac{\overline{x}}{\tau_{\psi_W}} - V\right)\cdot \psi_W + V \cdot \psi_W - \frac{\overline{x}}{\tau_{\psi_W}} \cdot \psi_{W_C} \\
&\quad - \overline{x}\frac{\overline{q}S}{mV}[\Delta C_{Y_{W_y}} \cdot y + \Delta C_{Y_{W_z}} \cdot z] \\
\dot{\psi}_W &= -\frac{1}{\tau_{\psi_W}} \cdot \psi_W + \frac{1}{\tau_{\psi_W}} \cdot \psi_{W_C} \\
&\quad + \frac{\overline{q}S}{mV}[\Delta C_{Y_{W_y}} \cdot y + \Delta C_{Y_{W_z}} \cdot z] \\
\dot{V}_W &= -\frac{1}{\tau_{V_W}} \cdot V_W + \frac{1}{\tau_{V_W}} \cdot V_{W_C} \\
&\quad + \frac{\overline{q}S}{m} \cdot \Delta C_{D_{W_z}} \cdot z \\
\dot{z} &= \zeta \\
\dot{\zeta} &= -\left(\frac{1}{\tau_a} + \frac{1}{\tau_b}\right)\cdot \zeta - \frac{1}{\tau_a \tau_b} z + \frac{1}{\tau_a \tau_b} h_{W_C} \\
&\quad - \frac{1}{\tau_a \tau_b} h_{L_C} + \frac{\overline{q}S}{m} \cdot \Delta C_{L_{W_y}} \cdot y
\end{aligned}
\tag{4-63}
$$

定义状态量 $X = [x, y, \psi_W, V_W, z, \zeta]^T$，控制量 $U = [\psi_{W_C}, V_{W_C}, h_{W_C}]^T$，干扰量 $U_L = [\psi_L, V_L, h_L]^T$，方程组(4-63)可写为下列形式

$$\dot{X} = A \cdot X + B \cdot U + D \cdot U_L \tag{4-64}$$

4.3.5 基于改进鸽群优化的紧密编队控制

(1) 基于 PID 控制的紧密编队控制器

目前国内外的研究主要是考虑在长机产生的尾流对僚机的影响下，采用 PID 控制、滑模控制、分数阶控制、自抗扰控制等控制算法对编队队形保持进行控制。PID 控制是最早被作为研究并发展起来的控制策略之一，主要是因为该控制方法的算法简单的同时，还具有鲁棒性强等特点，因此很长时间以来一直占据工业控制器的主流，使用率达到 80%[36]。本章将采用 PID 控制方法设计无人机紧密编队控制器的设计。在进行多无人机紧密编队飞行控制器的设计时，不仅要考虑如何能够将单架无人机进行稳定的控制，同时还要考虑如何在编队过程中控制僚机与长机之间的相对位置符合要求。要使整个无人机紧密编队队形能够保持不变，就是要使僚机能够跟踪长机的状态，也就是说僚机的航向、速度和高度等变化要能紧密地跟踪长机的变化。

本章所设计的编队飞行控制器如图 4-12 所示。该编队控制器用于控制整个紧

密编队结构和紧密编队队形的几何形状，长机和僚机分别响应编队整体层的控制指令以及编队间距的控制指令。

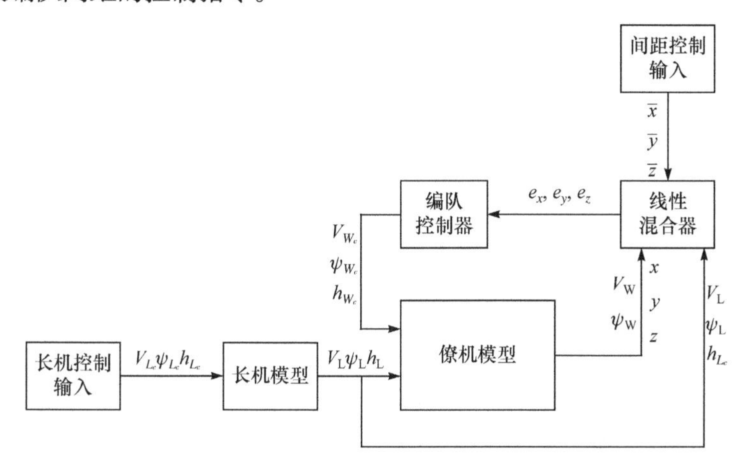

图 4-12　无人机编队控制器框图

本章所设计的无人机紧密编队飞行控制器总共分为三个通道：纵向的 x 通道、横向的 y 通道以及垂直方向的 z 通道。针对这三个通道，本章将设计三个独立的 PID 控制器用于消除无人机紧密编队飞行时三个通道的间距偏差。

1) x 通道中主要考虑 x 方向上的距离偏差 $\Delta x = x - \bar{x}$ 以及长机与僚机之间的速度偏差 $e_V = V_L - V_W$，于是 x 通道的综合控制偏差信号为

$$e_x = k_x \Delta x + k_V e_V \tag{4-65}$$

式中，k_x 为纵向间距偏差信号的控制增益；k_V 为速度偏差信号的控制增益。进而利用 PID 控制律得到速度控制指令

$$V_{W_c} = k_{X_p} e_x + k_{X_I} \int_0^t e_x \mathrm{d}t + k_{X_D} \frac{\mathrm{d}e_x}{\mathrm{d}t} \tag{4-66}$$

式中，k_{X_D} 为微分控制增益；k_{X_I} 为积分控制增益；k_{X_p} 为比例控制增益。

2) y 通道主要考虑 y 方向上的距离偏差 $\Delta y = y - \bar{y}$ 以及长机与僚机之间的相对航向角偏差 $e_\psi = \psi_L - \psi_W$，于是 y 通道的综合控制偏差信号为

$$e_y = k_y \Delta y + k_\psi e_\psi \tag{4-67}$$

式中，k_ψ 为航向角偏差信号的控制增益；k_y 为横向间距偏差信号的控制增益。进而得到速度控制指令

$$\psi_{W_c} = k_{Y_p} e_y + k_{Y_I} \int_0^t e_y \mathrm{d}t + k_{Y_D} \frac{\mathrm{d}e_y}{\mathrm{d}t} \tag{4-68}$$

式中，k_{Y_D} 为微分控制增益；k_{Y_I} 为积分控制增益；k_{Y_p} 为比例控制增益。

3) z 通道只考虑该方向上的垂直距离偏差 $\Delta z = z - \bar{z}$，于是 z 通道的控制偏

差信号为

$$e_z = k_z \Delta z \tag{4-69}$$

式中，k_z 为垂直间距偏差信号的控制增益。进而利用 PID 控制律得到速度控制指令

$$h_{W_c} = k_{Z_p} e_y + k_{Z_I} \int_0^t e_y \mathrm{d}t + k_{Z_D} \frac{\mathrm{d}e_y}{\mathrm{d}t} \tag{4-70}$$

式中，k_{Z_p} 为比例控制增益；k_{Z_I} 为积分控制增益；k_{Z_D} 为微分控制增益。

(2) 基于捕食逃逸鸽群优化的紧密编队控制器

本节针对基本鸽群优化已陷入最优解的问题从两个方面改进鸽群优化，进而提高其在解决无人机紧密编队问题上的有效性及优越性[37]。

1) 导航工具过渡因子。如下图 4-13 所示，基本鸽群优化采用两个独立的迭代循环，两个算子分别作用于不同的循环中，本章通过导航工具过渡因子 tr，将两个算子的工作合并在一个迭代循环中。

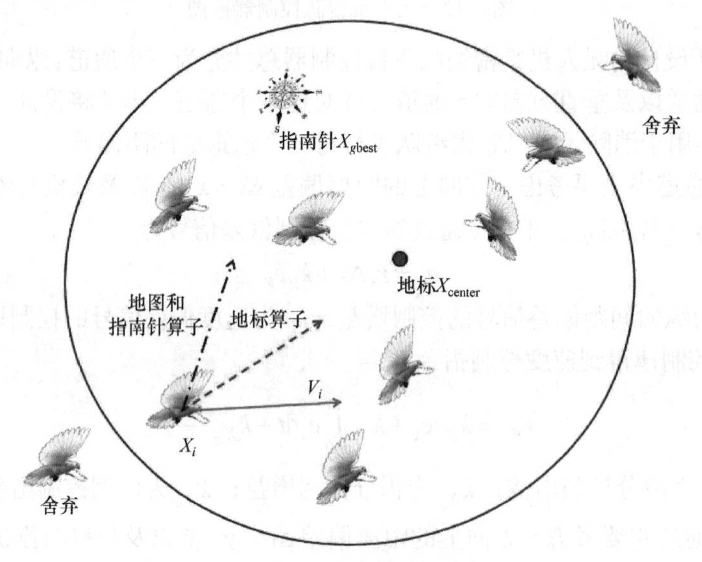

图 4-13　合并算子的改进鸽群优化

具体的更新方式如下

$$\begin{aligned}
N^{N_c} &= N^{N_c-1} - N_{\mathrm{dec}} \\
V_i^{N_c} &= V_i^{N_c-1} \cdot \mathrm{e}^{-R\times N_c} \\
&\quad + \mathrm{rand} \cdot tr \cdot (1 - \lg_{N_{c\max}}^{N_c}) \cdot (X_{\mathrm{gbest}} - X_i^{N_c-1}) \\
&\quad + \mathrm{rand} \cdot tr \cdot \lg_{N_{c\max}}^{N_c} \cdot (X_{\mathrm{center}}^{N_c-1} - X_i^{N_c-1}) \\
X_i^{N_c} &= X_i^{N_c-1} + V_i^{N_c}
\end{aligned} \tag{4-71}$$

式中，N_{dec} 为每次迭代循环中舍弃的鸽子数；$N_{c\max}$ 为最大迭代次数。随着 N_c 增加，X_{gbest} 对 $X_i^{N_c}$ 的影响逐渐降低，$X_i^{N_c}$ 会更加依赖于 $X_{center}^{N_c-1}$，在导航工具过渡因子 tr 的作用下，两个算子间的交接工作得以平稳过渡。

2) 捕食逃逸。基本鸽群优化存在易陷入局部最优解的问题。本章尝试采用捕食逃逸的概念来改进鸽群优化[38, 39]。如下图 4-14 所示，在改进鸽群优化模型中，鸽群分成两类，捕食鸽子(Predator Pigeons, PP)和逃逸鸽子(Escaping Pigeons, EP)。PP 鸽子和 EP 鸽子的行为将依据各自定义的简单规则加以约束，其中 PP 鸽子追捕 EP 鸽子的 X_{gbest}，因而对 EP 鸽子造成了不同的捕食奉献，即 X_{gbest} 也可从 PP 鸽子获取相应信息，从而实现群体的对称社会认知。当 EP 鸽子与 PP 鸽子的距离接近逃逸开始距离(Flight Initiation Distance, FID)时产生逃逸，其逃逸速度取决于能量状态(即适应度值)，能量愈大相应的逃逸能力愈强；若 EP 鸽子与 PP 鸽子的距离小于逃逸开始距离，则需要对 EP 鸽子进行确定性变异，变异前后的 EP 鸽子优胜劣汰。因而，在进化前期，算法具有很好的全局搜索能力。随着迭代次数的增加，将逐步降低 PP 鸽子对 EP 鸽子的影响，以强化群体的局部搜索能力。

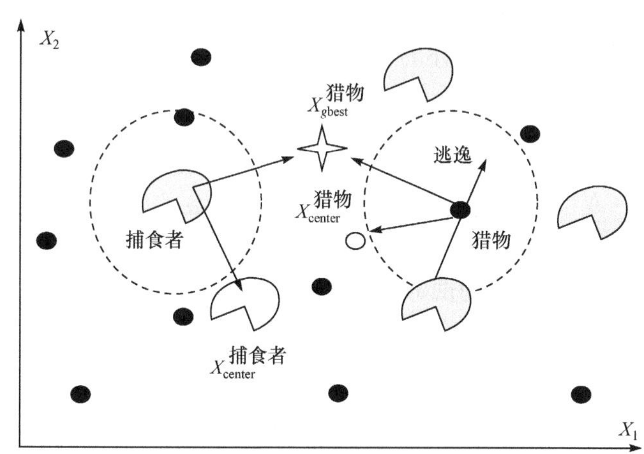

图 4-14　PP 鸽子和 EP 鸽子

对每个 PP 鸽子 i，按照下式更新其速度和位置

$$
\begin{aligned}
N^{PP}(N_c) &= N^{PP}(N_c-1) - N_{dec}^{PP} \\
V_{ij}^{PP}(N_c) &= V_{ij}^{PP}(N_c-1)\cdot e^{-R\times N_c} \\
&\quad + \text{rand}\cdot tr\cdot(1-\lg_{N_{c\max}}^{N_c})\cdot(X_{gbestj}^{EP} - X_{ij}^{PP}(N_c-1)) \\
&\quad + \text{rand}\cdot tr\cdot\lg_{N_{c\max}}^{N_c}\cdot\left(X_{centerj}^{PP}(N_c-1) - X_{ij}^{PP}(N_c-1)\right) \\
X_{ij}^{PP}(N_c) &= X_{ij}^{PP}(N_c-1) + V_{ij}^{PP}(N_c)
\end{aligned}
\tag{4-72}
$$

对每个 EP 鸽子 i，若 $\text{distance}_j \geqslant \text{FID}$，按下式更新其速度和位置

$$
\begin{aligned}
N^{\mathrm{EP}}(N_c) &= N^{\mathrm{EP}}(N_c-1) - N_{\mathrm{dec}}^{\mathrm{EP}} \\
V_{ij}^{\mathrm{EP}}(N_c) &= V_{ij}^{\mathrm{EP}}(N_c-1)\cdot \mathrm{e}^{-R\times N_c} \\
&\quad + \mathrm{rand}\cdot tr\cdot\left(1-\lg_{N_{c\max}}^{N_c}\right)\cdot\left(X_{\mathrm{gbest}j}^{\mathrm{EP}} - X_{ij}^{\mathrm{EP}}(N_c-1)\right) \\
&\quad + \mathrm{rand}\cdot tr\cdot\lg_{N_{c\max}}^{N_c}\cdot\left(X_{\mathrm{center}j}^{\mathrm{EP}}(N_c-1) - X_{ij}^{\mathrm{EP}}(N_c-1)\right) \\
&\quad + \mathrm{rand}\cdot pr\cdot \mathrm{sign}\left(D_j^{\mathrm{EP}} - \mathrm{distance}_j\right)\cdot E_i^{\mathrm{EP}}(N_c-1) \\
&\quad \cdot X_{\max j}\cdot\left(1-P_i^{\mathrm{EP}}(N_c-1)\right) \\
X_{ij}^{\mathrm{EP}}(N_c) &= X_{ij}^{\mathrm{EP}}(N_c-1) + V_{ij}^{\mathrm{EP}}(N_c)
\end{aligned} \tag{4-73}
$$

式中，distance_j 为 EP 鸽子 i 与第 j 维最近 PP 鸽子之间的距离；sign()为 0—1 阈值函数，当且仅当 $D_j^{\mathrm{EP}} - \mathrm{distance}_j > 0$ 时，$\mathrm{sign}(D_j^{\mathrm{EP}} - \mathrm{distance}_j)=1$，其余情况，sign()的值均为 0；$X_{\max j}$ 为第 j 维位置的最大取值；pr 表示捕食影响因子。需要补充定义的是：

a. 警觉距离(Alert Distance，AD)反映了一种普遍的社群现象-EP 鸽子对 PP 鸽子的警惕能力，其大小随群体的规模以及群体的密度的增加而减小

$$
D_j^{\mathrm{EP}} = \mathrm{FID}\cdot\left(1+\frac{N^{\mathrm{PP}}}{\rho\cdot N^{\mathrm{EP}}}\right) \tag{4-74}
$$

式中，$\rho = \dfrac{N^{\mathrm{PP}} + N^{\mathrm{EP}}}{X_j^{\mathrm{span}}}$ 为当前群体的局部密度；X_j^{span} 为第 j 维位置的跨度。

b. 能量状态指 EP 鸽子当前的饥饿状态，用该鸽子的适应度(考虑最小化问题)与 EP 鸽子平均适应度值的比值来表示，即

$$
E_i^{\mathrm{EP}}(N_c) = \frac{\mathrm{fitness}_i^{\mathrm{EP}}(N_c)}{\mathrm{fitness}_{\mathrm{avg}}^{\mathrm{EP}}(N_c)} \tag{4-75}
$$

c. 捕食风险(捕食压力)表示在 EP 鸽子一定时间内被捕食的概率，即

$$
P_i^{\mathrm{EP}}(N_c) = \exp\left(-\alpha_i k \frac{N_{c\max}}{N_c + N_{c\max}}\right) \tag{4-76}
$$

式中，$\alpha_i = \exp\left(-\dfrac{\mathrm{distance}\cdot\beta}{N^{\mathrm{PP}}}\right)$，为 EP 鸽子 i 与 PP 鸽子相遇的概率；β 为控制参数；k 为 PP 鸽子攻击 EP 鸽子的概率(固定为 1)。

综上，可对无人机紧密编队控制器进行离散化设计，具体如下：

a. 首先，给定下一时刻僚机 i 的期望输出 $X_F^{i'}$；

b. 采用基于改进鸽群优化的内环控制器，寻找僚机 i 的控制输入 U_F^i，使得僚机 i 的实际输出 X_F^i 与期望输出 $X_F^{i'}$ 一致性差异最小，也就是代价 J 最小，即

$$J=(X_F^i-X_F^{i'})^{\mathrm{T}}P(X_F^i-X_F^{i'}) \tag{4-77}$$

c. 将鸽群优化循环求得的最终控制输入 U_F^i 输入僚机 i 的模型，由式(4-64)得到下一时刻的僚机状态输出 X_F^i；

d. 重复以上过程，直至达到仿真终了条件。

综上，内外环控制方法解决无人机紧密编队协同控制的基本思想是：外环控制器以当前机群状态作为控制器输入，其输出为下一时刻所期望的僚机状态，即在实现紧密编队最终任务的同时，也为内环控制器提供了一个优化期望目标；改进鸽群优化的目的就是寻找最优的僚机控制输入，使得在该输入下，僚机下一时刻的实际状态与期望状态之间的差异尽可能的小。在外环控制器不断提供僚机期望状态的情况下，内环控制器不断求解相应的僚机输入，如此反复，实现无人机紧密编队协同控制。

4.4　仿鸽/雁群的无人机实时避障

4.4.1　仿鸽子飞行的无人机实时避障

在自由飞行与归巢飞行中，鸽群利用多种导航策略进行大空间尺度下的飞行决策。但是，在复杂环境中鸽子如何避开前进方向中的障碍物并进行近距离的避撞机动尚不明确。已有的一些关于鸽子避障的研究结果表明鸽子主要依赖视觉感知障碍物的相对位置信息，并具有反应式的避撞轨迹规划策略[40]。本节根据鸽子飞行的一些已有研究结果，重建鸽子穿越障碍时的感知模型，并进一步提出一种反应式避撞航向调整策略，通过计算障碍间的缝隙进行偏航角调整以对准最宽的缝隙，最后将该模型映射到无人机基于航向角偏差的 PD 控制器中[7]。

如图 4-15 所示，鸽子的避障策略分为三个步骤：检测障碍、转向机动决策和实施转向机动[41]。首先，鸽子通过视觉感知检测到障碍物，由于鸽子的视觉感知范围有限，新检测到障碍物的信息会不断传输至制导策略进行决策[42]。在转向机动决策中，鸽子主要根据不同障碍的间隙进行航向调整，将自身的飞行方向对准最大的缝隙以保证飞行的安全[43]。最后，鸽子实施转向机动，根据转向机动决策建立的参考航向，通过航向控制器改变飞行状态以对准参考航向，最终飞过障碍物间隙。根据鸽子避障策略建立的无人机航向控制框架如图 4-16 所示。

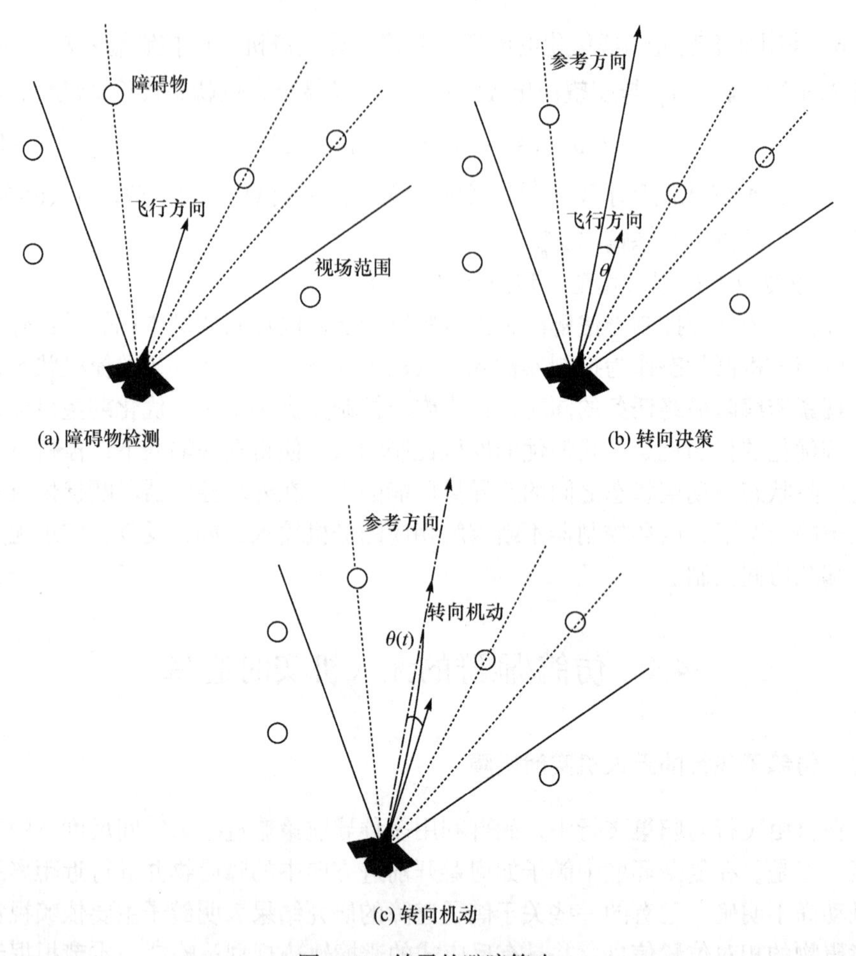

(a) 障碍物检测　(b) 转向决策

(c) 转向机动

图 4-15　鸽子的避障策略

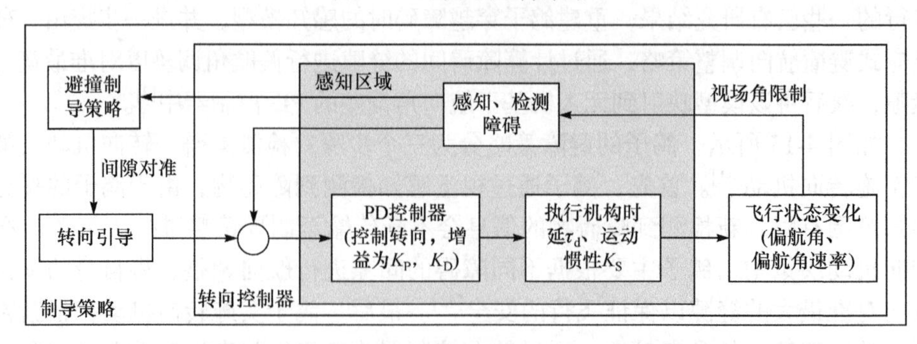

图 4-16　基于鸽子避障策略的无人机航向控制框架

规定角速度 $\dot{\theta}_{\text{pigeon}}$ 作为无人机改变飞行方向时的控制变量并构造相应的转向 PD 控制器。转向控制器中包含三个控制增益：转向比例增益 K_P、转向微分增益

K_D、惯性稳定增益 K_S，控制系统中还具有一个固定的视觉(传感器探测)时延τ。无人机飞行的转向控制器可表示为

$$\dot{\theta}_{\text{pigeon}}(t) = K_P\theta(t-\tau) + K_D\dot{\theta}(t-\tau) + K_S\dot{\theta}_{\text{pigeon}}(t-\tau) \tag{4-78}$$

式中偏航角误差 θ 为无人机当前飞行方向 θ_{pigeon} 与目标飞行方向 θ_{aim} 之差

$$\theta = \theta_{\text{pigeon}} - \theta_{\text{aim}} \tag{4-79}$$

通过调整控制器中的参数实现避撞飞行轨迹的平滑稳定。在飞行过程中，障碍物具有由远及近的变化趋势，此时避撞航向角由下式计算得到

$$\alpha_i = (\theta_{\text{pigeon}} - \theta_i)\frac{\theta_{\text{th}}}{\theta_{\text{pigeon}} - \theta_i}\frac{R_{\text{th}}}{R_i} \tag{4-80}$$

式中，α_i 为期望的航向角，根据需要避开的障碍物计算得到；θ_i 为障碍物的角度坐标；R_i 为无人机与该障碍物之间的距离；θ_{th} 为视场角度限制；R_{th} 为探测距离限制。当障碍物存在于左右视场边缘且距离为最小探测距离时，有$\alpha_i=\theta_{\text{pigeon}}-\theta_i$，此时无人机通过转向决策获得的参考航向为鸽子当前飞行方向，不进行转弯机动。随着障碍物距离的不断缩短以及障碍物角度的不断缩小，α_i 将沿着远离障碍物的方向迅速增加，当在探测范围内存在多个障碍时，期望的航向角为

$$\theta_{\text{aim}} = \sum(\theta_i + \alpha_i) \tag{4-81}$$

为了在仿真中更加接近实际系统运行情况，可在探测障碍时加入高斯噪声表征传感器的不确定性。

基于鸽子飞行避障行为的无人机避障导引方法可使无人机通过判断障碍物间空隙的大小进行飞行穿越，然而面对较大型的障碍物时基于该规则的避障方法不能获得可行的参考偏航方向，因此考虑利用人工物理(Artificial Physics, AP)方法实现对较大型障碍物的规避[44]。

人工物理方法通过施加给运动体上的虚拟力控制其运动状态的改变，通过牛顿法则定义运动体之间的虚拟力的大小由下式确定[45]

$$F = \frac{G}{r^2} \tag{4-82}$$

式中，$\|F\| \leqslant F_{\max}$ 为相邻运动体之间作用力的大小；r 为运动体之间的距离；参数 G 控制了作用力的大小[46]。设运动体之间期望的距离为 d，当 $r<d$ 时，F 为排斥力；当 $r>d$ 时，F 为吸引力；当 $r=d$ 时，虚拟物理力 $F=0$。除了牛顿法则外，Lennard-Jones(L-J)法则也是一种常用的相互作用力法则，L-J 力学模型表达的是分子和原子间的相互作用力[47]，由下式表示

$$F = 24\varepsilon\left(\frac{2dR^{12}}{r^{13}} - \frac{cR^6}{r^7}\right) \tag{4-83}$$

式中，ε、d、c 和 R 表示相互作用力的参数；r 为粒子之间的距离。

考虑无人机在三维空间上的运动情况，将人工物理方法应用于无人机的避障导引，无人机的运动分为规避障碍和朝向目标前进两类基本行为。其中朝向目标前进由无人机中的领导者传递给其他无人机的信息提供，用于引导无人机飞向指定位置。如图 4-17 所示，无人机的规避障碍行为由障碍物施加给无人机的排斥力提供，用于引导无人机调整飞行方向以避开障碍物，采用牛顿万有引力定律形式的人工物理力，无人机受到障碍物的虚拟排斥吸引力由下式表示

$$\vec{F}_{\text{rep}}=\begin{cases}\dfrac{G_{\text{obs}}}{\left\|\vec{p}_{\text{UAV}}-\vec{p}_{\text{obs}}\right\|^2}\cdot\hat{\boldsymbol{r}}_{\text{obs}\to\text{UAV}}, & \text{若}\left\|\vec{p}_{\text{UAV}}-\vec{p}_{\text{obs}}\right\|\leqslant R_{\text{rep}}\\ 0, & \text{否则}\end{cases}\tag{4-84}$$

式中，$\hat{\boldsymbol{r}}_{\text{obs}\to\text{UAV}}$ 表示从障碍物指向无人机的单位向量；R_{rep} 为排斥力的作用半径。

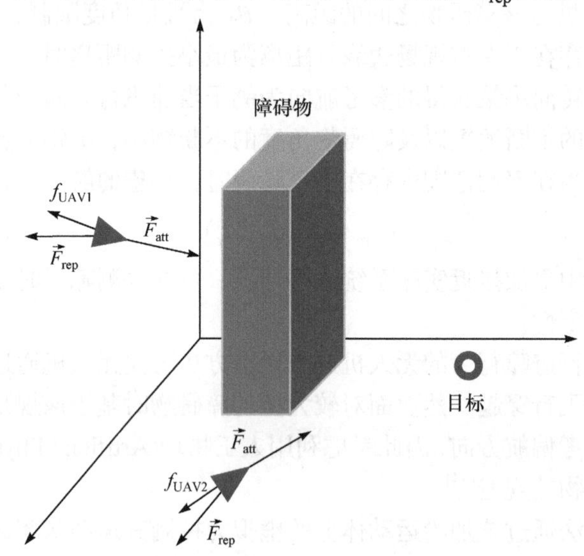

图 4-17　障碍物与无人机间的人工物理力

在采用人工物理法生成无人机避障排斥力的过程中，由于障碍物位置的不确定性，可能存在某些局部势能极小点使无人机无法到达最终的目标位置[48]。因此，对传统的人工物理避障法进行改进，加入随机力避免无人机陷入局部势能极小点[49]。如图 4-18 所示，通过在避障过程中计算相邻两个时刻无人机的位置偏差 $\Delta p_{i+1}=\left\|p_{i+1}-p_i\right\|$，当一段时间 t_{m} 内 Δp_{i+1} 均小于阈值 p_{m} 时，认为无人机在局部势能极小点附近[50]，此时通过生成垂直于飞行方向的随机力 $\vec{F}_{\text{rad}}$ 使无人机改变当前航向，避免陷入局部势能极小点，随机力的大小具有如下限制

$$F_{\text{rad}}\in[\min(F_{\text{att}},F_{\text{rep}}),\max(F_{\text{att}},F_{\text{rep}})]\tag{4-85}$$

考虑速率限制环节$\|\vec{v}\| \leqslant v_{\max}$和虚拟摩擦力的作用

$$\vec{f} = -f \cdot \vec{v} \tag{4-86}$$

改进人工方法作用在无人机上的控制律由随机力、排斥力和摩擦力三部分构成

$$u = F_{\text{rad}} + \sum F_{\text{rep}} + f \tag{4-87}$$

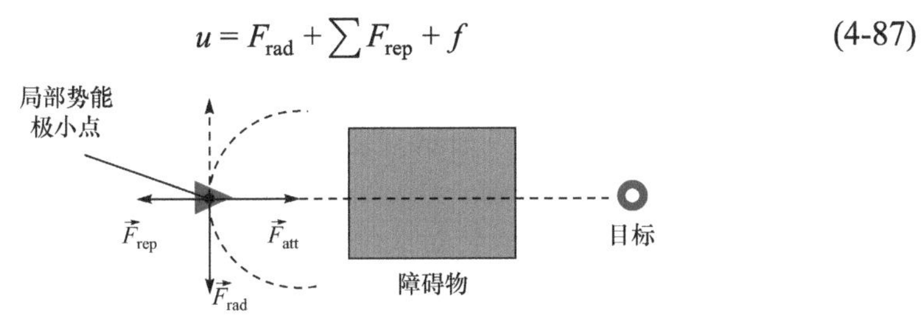

图 4-18　作用于无人机的随机力

4.4.2　仿雁群飞行的无人机实时避障

本章在避障过程中将利用雁群行为机制作为无人机避障的策略，在整个编队迁徙过程中，主要是由头雁进行决策，从雁只是根据头雁的决策信息跟随头雁飞行，当遇到障碍时，从雁也是跟随头雁飞行，本身不参与决策，但是每只大雁本身具备决策能力，在跟随头雁避障过程中，如果从雁将要撞上障碍，它才会自己向远离障碍飞行，随后继续跟随头雁飞行[30, 51]。

根据上述雁群避障的机制，设计无人机飞行过程中的避障策略。多无人机编队飞行过程中，长机会随时探测在自己感知范围内的障碍，并选择避障策略，僚机则跟随长机飞行躲避障碍，只有在僚机感知范围内遇到障碍物时，僚机才会进行避障策略，其中，僚机的感知范围要比长机小得多，这样能够使整个编队中无人机的整体造价降低，同时能够满足无人机避障的需求。当无人机侦测到障碍时，它会受到一个反向力使无人机远离障碍方向运动，反向力的具体选择如下

$$U_{\text{rep}}(q) = \begin{cases} \dfrac{1}{2}\eta\left(\dfrac{1}{\rho(q,q_{\text{obs}})} - \dfrac{1}{\rho_0}\right)^2, & \rho(q,q_{\text{obs}}) \leqslant \rho_0 \\ 0, & \rho(q,q_{\text{obs}}) > \rho_0 \end{cases} \tag{4-88}$$

式中，η为斥力的比例因子，并取正值；$\rho(q,q_{\text{obs}}) = \|q_{\text{obs}} - q\|$为无人机和障碍物$q_{\text{obs}}$之间的最小距离；$\rho_0$为无人机能够感知障碍物的距离，即障碍物的作用范围。如果无人机与障碍物之间的距离超过作用范围时，则障碍物不会对无人机产生斥力的作用，反之则会产生斥力的作用。斥力场函数相应的斥力函数可表示为

$$
\begin{aligned}
F_{\text{rep}}(q) &= -\nabla U_{\text{rep}}(q) \\
&= \begin{cases} \eta\left(\dfrac{1}{\rho(q,q_{\text{obs}})} - \dfrac{1}{\rho_0}\right)\dfrac{\nabla\rho(q,q_{\text{obs}})}{\rho^2(q,q_{\text{obs}})}, & \rho(q,q_{\text{obs}}) \leqslant \rho_0 \\ 0, & \rho(q,q_{\text{obs}}) > \rho_0 \end{cases}
\end{aligned}
\tag{4-89}
$$

在实际飞行中会存在如下特殊情况，当目标点和障碍物的位置关系处于某种特定位置时，可能会导致无人机在某一点受到的方向速度与本身速度相同，从而达到了稳定状态，如下图 4-19 所示。这种情况下，无人机将会陷在这一点或者是这一点附近的某一个很小区域，无法到达预期的目标位置。本章针对上述局部稳定点的成因进行了分析，同时针对上述局部稳定的情况提出了解决方法。在本章中假设：当无人机在以某一点为圆心的较小的圆内运动，并且长时间无法走出该圆的范围时，则认定该无人机处于局部稳定状态。

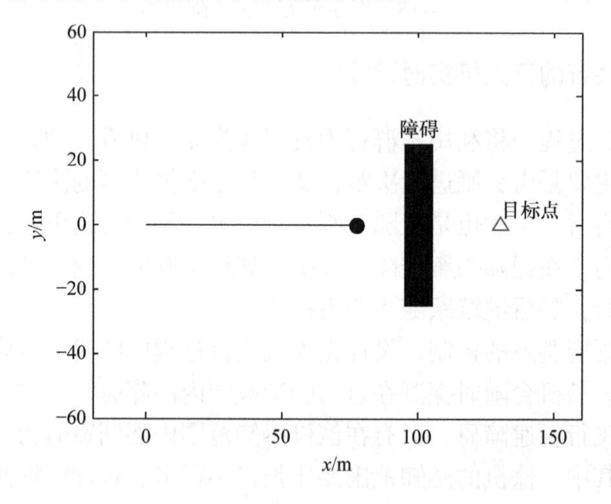

图 4-19　局部稳定点情况

图 4-20 是一种典型的局部稳定情况。无人机一直在这个小圆的范围内飞行，并且长时间无法飞离该圆的范围,此时就可以认定该无人机陷入了局部稳定状态。

本章中提出以下的策略来检测无人机是否陷入局部稳定情况：

1) 设定无人机局部稳定区域的判定半径 R ；

2) 根据无人机本身的飞行速度对检测时间间隔 t 进行设定，每隔 t 间隔的时间进行一次检测，以此来判断是否陷入局部稳定状态；

3) 记录无人机当前点的坐标 $Last\_Pos$ ；

4) 经过时间 t 之后，无人机把当前的坐标设为 $Curt\_Pos$ ，同时计算出 $Curt\_Pos$ 和 $Last\_Pos$ 之间的距离，如果该距离小于半径 R ，则说明无人机已陷入了局部稳定，同时执行局部稳定区域的解决算法，否则无人机处于正常飞行状态，并跳转到步骤 3)同时将检测点更新为无人机当前的坐标，即 $Last\_Pos = Curt\_Pos$。

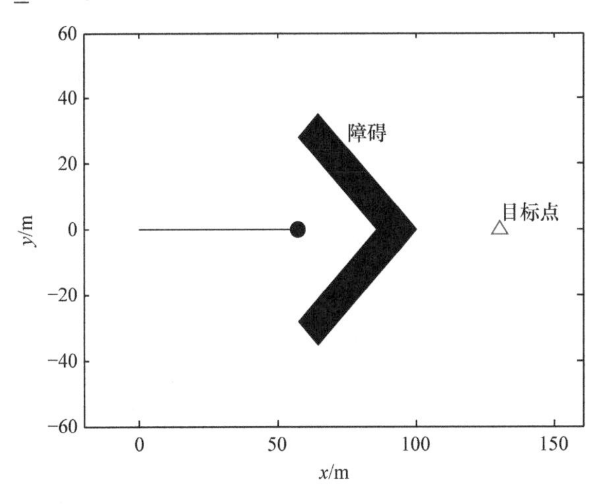

图 4-20　局部稳定情况说明图

算法流程如图 4-21 所示。

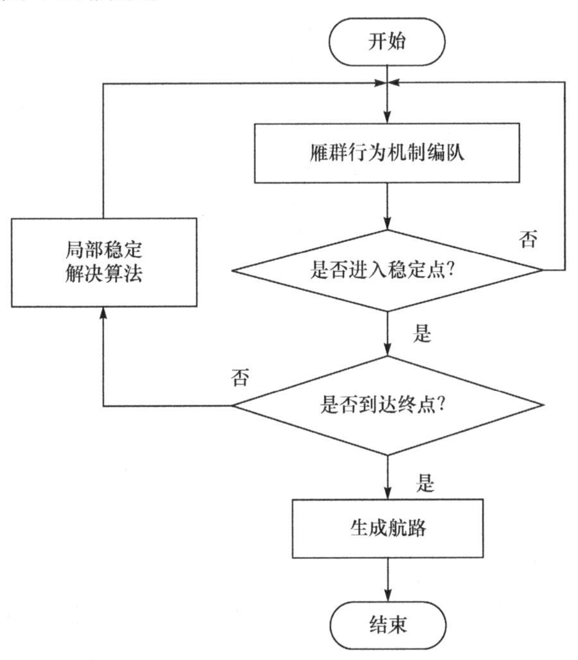

图 4-21　编队避障算法流程图

无人机在飞行中进入到局部稳定区域后，算法会检测并转入局部稳定区域解决算法，利用仿雁群行为机制的方法，通过设置中间目标点的方式帮助无人机飞出局部稳定区域。雁群在编队迁徙过程中，飞行的方向不是一直朝着最终迁徙目标地飞行，在中途会根据周围的环境以及群体需求改变飞行方向，影响雁群飞行方向的因素主要包括：1)雁群目前位置；2)雁群目标点；3)雁群飞行过程中能够感受到的热源。雁群在飞行过程中会首先根据目的地的大致方向选择飞行方向，但是当飞行过程中遇到障碍时，雁群会根据热源方向飞行，如图 4-22 所示，有三组热源在大雁的正常感知范围内，由于热源 3 在障碍后，因此首先把热源 3 所在位置剔除，同时，大雁到热源 2 的距离要比到热源 1 的距离远，因此，大雁选择先飞向热源 1，然后再向目标点飞行。这样大雁通过选择一个中间节点躲避障碍，完成编队迁徙[52]。同样，在整个编队迁徙过程中，主要是由头雁进行决策，从雁只是根据头雁的决策信息跟随头雁飞行，当遇到障碍时，从雁也是跟随头雁飞行，本身不参与决策，但是每只大雁本身具备决策能力，在跟随头雁避障过程中，如果从雁将要撞上障碍，则向远离障碍飞行，随后继续跟随头雁飞行。

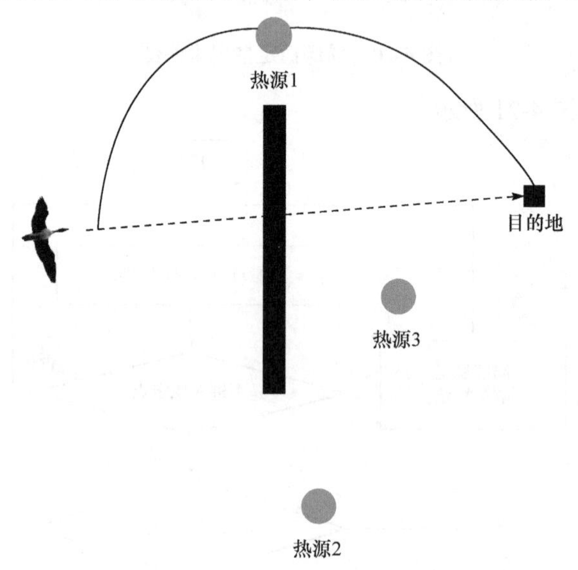

图 4-22　大雁飞行过程避障原理

仿照雁群行为机制，在无人机编队飞行过程中，无人机整体编队飞行状态由长机进行决策，当僚机探测到障碍时，它才会远离障碍，随后继续跟随长机飞行。当遇到陷入局部最优的障碍时，会仿照雁群避障策略，根据自身的判断选择中途的“第二目标点”飞行，以实现避障功能。具体避障算法如下：

1) 计算当前的坐标点与目标点的坐标之间的连线方程，记为直线 $K1$；

2) 以一定的步长沿直线 $K1$ 搜索，并标记出所能探测到的首个障碍物的位置信息，同时根据直线 $K1$ 的斜率计算出经过该障碍物且与直线 $K1$ 垂直的直线 $K2$；

3) 根据直线 $K1$ 的斜率及无人机当前位置计算出经过当前点并与直线 $K1$ 垂直的直线 $K3$；

4) 以一定的步长沿直线 $K3$ 搜索，若是两端都没有搜索到障碍物则沿着直线 $K2$ 计算出当前点到障碍物两端的距离，选择距离较小的方向设置算法需要的中间目标点，如图 4-23 所示。

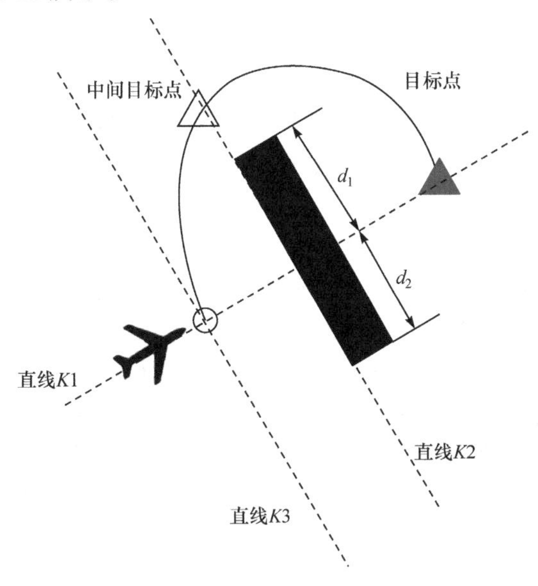

图 4-23　两端无障碍物情况

根据本节中所设计的局部稳定解决算法进行了仿真实验，如下图 4-24 所示。

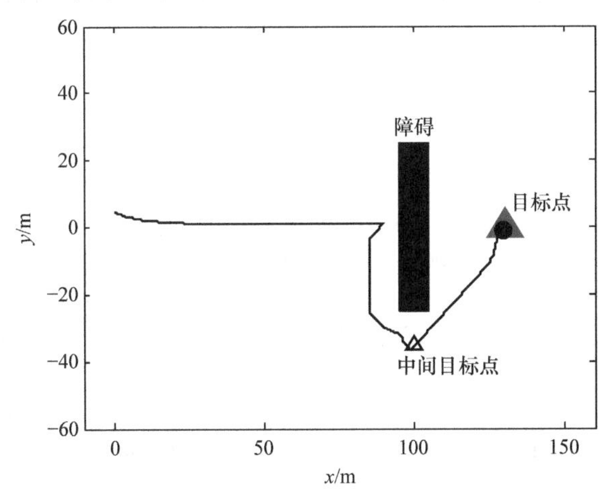

图 4-24　两端无障碍物情况下仿真

4.5 本章小结

本章研究了群体智能行为规则到无人机集群分布式协调控制的映射。首先，分别针对松散编队和紧密编队建立了无人机引领-跟随模式下的编队模型，并分别设计了相应的控制器。然后，基于鸽子飞行避障行为提出了一种面向分散柱状障碍物的无人机避障导引方法，该方法秉承了鸽子避障飞行中的快速性和简单性，与常见的基于节点法、基于数学模型法以及进化算法的无人机避障导引方法相比，该方法有效降低了单机计算负载；该方法是模仿鸽子被动式的避障飞行机制设计的在线无人机避障导引方法，因此相较于常见的基于采样法的无人机避障导引方法，提高了无人机对于复杂动态任务环境的适应能力。针对较大型障碍，设计了一种基于改进人工物理方法的无人机避障控制方法，该方法有效地克服了传统人工物理方法在靠近障碍物、或者通过狭长通道时容易陷入局部势能极小点以及穿过障碍物时产生持续振荡的缺点，提高了无人机飞行的安全性，且缩短了无人机到达目标点的时间。针对势场法避障已陷入局部最优的问题，模仿雁群迁徙时对于热源和目标点的共同趋向，设计了一种基于雁群飞行避障行为的无人机避障导引方法，用以无人机快速跳出局部最优，从而顺利抵达最终期望目标点。

参考文献

[1] 沈林成, 牛轶峰, 朱华勇. 多无人机自主协同控制理论与方法[M]. 北京: 国防工业出版社, 2013.

[2] Pratap T., Joshua V.H., David M., et al. Sensor planning for a symbiotic UAV and UGV system for precision agriculture[J]. IEEE Transactions on Robotics, 2016, 32(6): 1498-1511.

[3] Eberhart R.C., Shi Y.H. Particle swarm optimization: Developments, applications and resources [A]. Proceedings of the 2001 Congress on Evolutionary Computation[C], IEEE, 2001: 81-86.

[4] Prodan I., Olaru S., Bencatel R., et al. Receding horizon flight control for trajectory tracking of autonomous aerial vehicles[J]. Control Engineering Practice, 2013, 21(10): 1334-1349.

[5] Bennet D. J., McInnes C.R. Verifiable control of a swarm of unmanned aerial vehicles[J]. Proceedings of the Institution of Mechanical Engineers, Part G: Journal of Aerospace Engineering, 2009, 223(G7): 939-953.

[6] Fields T., Ellis L.M., King G. Quadrotor 6-DOF HIL simulation and verification using a 6-axis load cell[A]. Proceedings of AIAA Atmospheric Flight Mechanics Conference[C], AIAA. 2015: 1479.

[7] 罗琪楠. 基于鸽群行为机制的多无人机协调围捕及验证[D]. 北京航空航天大学, 2017.

[8] Kendoul F., Lara D., Fantoni I., et al. Real-time nonlinear embedded control for an autonomous quadrotor helicopter[J]. Journal of Guidance, Control, and Dynamics, 2007, 30(4): 1049-1061.

[9] Lanzon A., Freddi A., Longhi S. Flight control of a quadrotor vehicle subsequent to a rotor failure [J]. Journal of Guidance, Control, and Dynamics, 2014, 37(2): 580-591.

[10] Wagster J., Rose M., Yaralian H., et al. Obstacle avoidance system for a quadrotor UAV[M]. Infotech@ Aerospace, 2012: 2548.

[11] Alexis K., Nikolakopoulos G., Tzes A. Model predictive quadrotor control: attitude, altitude and position experimental studies[J]. IET Control Theory & Applications, 2012, 6(12): 1812-1827.

[12] Sydney N., Smyth B., Paley D.A. Dynamic control of autonomous quadrotor flight in an estimated wind field[A]. The 52nd Annual Conference on Decision and Control[C], IEEE, 2013: 3609-3616.

[13] Ryan T., Kim H.J. PD-tunable H_∞ control design for a quadrotor[A]. Guidance, Navigation, and Control(GNC)Conference[C], AIAA, 2013: 4530.

[14] Olfati-Saber R. Flocking for multi-agent dynamic systems: algorithms and theory[J]. IEEE Transactions on Automatic Control, 2006, 51(3): 401-420.

[15] Su H.S., Wang, X.F., Lin, Z.L. Flocking of multi-agents with a virtual leader[J]. IEEE Transactions on Automatic Control, 2009, 54(2): 293-307.

[16] Tanner H.G., Jadbabaie A., Pappas, G.J. Stable flocking of mobile agents part II: Fixed topology [A]. Proceedings of the 42nd IEEE Conference on Decision and Control[C], IEEE, 2003: 2010-2015.

[17] Guilford T., Robert S., Biro D., et al. Positional entropy during pigeon homing II: navigational interpretation of Bayesian latent state models[J]. Journal of theoretical biology, 2004, 227(1): 25-38.

[18] Mora C.V., Davison M., Martin J., et al. Magnetoreception and its trigeminal mediation in the homing pigeon[J]. Nature, 2004, 432(7016): 508-511.

[19] Whiten A. Operant study of sun altitude and pigeon navigation[J]. Nature, 1972, 237(5355): 405-406.

[20] Duan H.B., Qiao P.X. Pigeon-inspired optimization: A new swarm intelligence optimizer for air robot path planning[J]. International Journal of Intelligent Computing and Cybernetics, 2014, 7(1): 27-37.

[21] Duan H.B., Wang X.H. Echo state networks with orthogonal pigeon-inspired optimization for image restoration[J]. IEEE Transactions on Neural Networks, 2016, 27(11): 2413-2425.

[22] Li C., Duan H.B. Target detection approach for UAVs via improved pigeon-inspired optimization and edge potential function[J]. Aerospace Science and Technology, 2014, 39: 352-360.

[23] Zhang D.F., Duan H.B.. Social-class pigeon-inspired optimization and time stamp segmentation for multi-UAV cooperative path planning[J]. Neurocomputing, 2018, 313: 229-246.

[24] Yang Z.Y., Duan H.B., Fan Y.M., et al. Automatic carrier landing system multilayer parameter design based on Cauchy mutation pigeon-inspired optimization[J]. Aerospace Science and Technology, 2018, 79: 518-530.

[25] Zhao J., Zhou R. Pigeon-inspired optimization applied to constrained gliding trajectories[J]. Nonlinear Dynamics, 2015, 82(4): 1781-1795.

[26] Jia Z.X. A type of collective detection scheme with improved pigeon-inspired optimization[J]. International Journal of Intelligent Computing and Cybernetics, 2016, 9(1): 105-123.
[27] Shan J., Liu H. T. Close-formation flight control with motion synchronization[J]. Journal of Guidance, Control, and Dynamics, 2005, 28(6): 1316-1320.
[28] Wagner G., et al. Flight test results of close formation flight for fuel savings[A]. Proceedings of AIAA Atmospheric Flight Mechanics Conference and Exhibit[C], AIAA, 2002:1-11.
[29] Zhang X.Y., Duan H.B., Yu Y.X. Receding horizon control for multi-UAVs close formation control based on differential evolution[J]. Science China Information Sciences, 2010, 53(2): 223-235.
[30] 周子为. 基于雁群行为机制的多无人机编队及验证[D]. 北京航空航天大学, 2017.
[31] Pachter M., D'Azzo J.J., Dardan J.L. Automatic formation flight control[J]. Journal of guidance, control, and dynamics, 1992, V17(6): 1380-1383.
[32] Rohs P.R. A fully coupled, automated formation control system for dissimilar aircraft in maneuvering, formation flight[D]. School of Engineering, Air Force Institute of Technology, Wright-Patterson AFB OH, 1991.
[33] Buzogany L.E. Automated control of aircraft in formation flight[R]. Air Force Institute of Technology, Wright-Patterson AFB OH, 1992.
[34] Binetti P., Ariyur K.B., Krstic M., et al. Formation flight optimization using extremum seeking feedback[J]. Journal of Guidance, Control, and Dynamics, 2003, 26(1): 132-142.
[35] Proud A.W., Pachter M., D'Azzo J.J. Close formation flight control[A]. Proceedings of AIAA Guidance, Navigation and Control Conference[C], AIAA, 1999: 1231-1246.
[36] 周凯汀, 郑力新. 进化算法的 PID 参数最优设计[J]. 华侨大学学报(自然科学版), 2005, 26(1): 85-88.
[37] 段海滨, 邱华鑫, 范彦铭. 基于捕食逃逸鸽群优化的无人机紧密编队协同控制[J]. 中国科学: 技术科学, 2015, 45(6): 559-572.
[38] Higashitani M., Ishigame A., Yasuda K. Particle swarm optimization considering the concept of predator-prey behavior[A]. Proceedings of IEEE Congress on Evolutionary Computation[C]. IEEE, 2006: 434-437
[39] Di Gesu V., Lenzitti B., Lo Bosco G., et al. Comparison of different cooperation strategies in the prey-predator problem[A]. Proceedings of Computer Architecture for Machine Perception and Sensing[C], IEEE, 2006: 108-112
[40] Lin H.T., Ros I.G., Biewener A.A. Through the eyes of a bird: modelling visually guided obstacle flight[J]. Journal of the Royal Society Interface, 2014, 11(96): 20140239.
[41] Fry S.N., Rohrseitz N., Straw A.D., et al. Visual control of flight speed in Drosophila melanogaster[J]. Journal of Experimental Biology, 2009, 212(8): 1120-1130.
[42] Fajen B.R., Warren W.H. Behavioral dynamics of steering, obstable avoidance, and route selection[J]. Journal of Experimental Psychology: Human Perception and Performance, 2003, 29(2): 343.
[43] Dodt E., Wirth A. Differentiation between rods and cones by flicker electroretinography in pigeon and guinea pig[J]. Acta Physiologica, 1954, 30(1): 80-89.

[44] Ren J., McIsaac K.A., Patel R.V. Modified Newton's method applied to potential field-based navigation for mobile robots[J]. IEEE Transactions on Robotics, 2006, 22(2): 384-391.

[45] Ren J., McIsaac K.A, Patel R.V. Modified newton's method applied to potential field-based navigation for nonholonomic robots in dynamic environments[J]. Robotica, 2008, 26(1): 117-127.

[46] Haiwei L., Hao Z., Bing Z., et al. A method suitable for vicarious calibration of a UAV hyperspectral remote sensor[J]. IEEE Journal of Selected Topics in Applied Earth Observations and Remote Sensing, 2015, 8(6): 3209-3223.

[47] Khatib O. Real-time obstacle avoidance for manipulators and mobile robots[J]. International Journal of Robotics Research, 1986, 5(1): 90-98.

[48] Jing X.J., Wang Y.C., Tan D.L. Artificial coordinating field and its application to motion planning of robots in uncertain dynamic environments[J]. Science in China Series E: Engineering & Materials Science, 2004, 47(5): 577-594.

[49] Zhang X.Y., Duan H.B., Luo Q.N. Levenberg-Marquardt based artificial physics method for mobile robot oscillation alleviation[J]. Science China: Physics, Mechanics & Astronomy, 2014, 57(9): 1771-1777.

[50] Luo Q.N., Duan H.B. An improved artificial physics approach to heterogeneous multi-agents coordination[J]. Science China Technological Sciences, 2013, 56(10): 2473-2479.

[51] Portugal S.J., Hubel T.Y., Fritz J., et al. Upwash exploitation and downwash avoidance by flap phasing in ibis formation flight[J]. Nature, 2014, 505(7483): 399-402.

[52] Van Loon E.E., Shamoun-Baranes J., Bouten W., et al. Understanding soaring bird migration through interactions and decisions at the individual level[J]. Journal of Theoretical Biology, 2011, 270(1): 112-126.

第 5 章　基于鸽群行为机制的无人机集群编队

5.1 引　　言

无人机集群编队控制是实现无人机集群自主控制所必需的关键技术之一，即在每架无人机具有自主能力的前提下，于三维空间中把多架无人机按照特定的结构进行排列，并在飞行中保持稳定构型或稳定集群(如图 5-1)，且能依据任务需求及外部环境进行相应动态调整，以体现机群协同一致性，进而提高群体完成任务的效率，拓宽其适用范围。

(a) 固定编队

(b) 集群编队

图 5-1　两种典型无人机集群编队

鸽群行为机制中较为独特的是个体间存在严格等级关系[1, 2]。鸽群层级机制为对无人机自主编队控制有很大借鉴意义。首先，鸽群领导机制不同于一般陆地群体的单一首领机制。飞行中由于通讯距离和视野限制，每只鸽子不能实时发现头鸽，并进行实时跟随，因此必须参照通讯范围内或视野范围内其他鸽子。这一现象与无人机编队飞行有相通之处，在无人机聚集过程中，不能保证长机时刻处于每架僚机的通讯范围内，因此必须建立僚机与其他僚机间的通讯联系。其次，鸽群个体间并不是两两均可构成联系，而是存在严格等级，且个体与群体的联系方式并不唯一。映射到无人机编队，该机制既可节省单机通讯系统的占用空间，又可保证无人机群系统的可靠性，使得在单架无人机出现故障后仍可编队重构，继续执行任务[3]。

针对无人机紧密编队问题，本章采用内外环控制思想，提出了一种基于鸽群层级引领及改进鸽群优化的无人机紧密编队控制方法[3-6]。首先，在已有群集模型

(Vicsek 模型[7]和 A/R 模型[8])基础上，模仿鸽群层级引领机制，设计了无人机紧密编队外环控制器：一方面，利用有向图描述机群中存在的拓扑结构，建立层次结构模型；另一方面选用人工势场法[9]描述机群有向图中的边集，即对上级鸽子对下级的领导作用线建模。由于模型输入存在强耦合，并且性能指标与模型参数并不存在直接的映射关系，因此紧密编队模型控制输入的选取是一个关键技术难题。而群体智能优化算法对求解问题的性态没有特殊要求，故在解决复杂问题时具有明显优势。本章基于第 4 章提出的捕食逃逸鸽群优化算法设计了内环控制器，进行紧密编队模型控制量的优化求解。

针对无人机集群编队问题，本章采用第 3 章所建立的鸽群层级引领机制模型，使多无人机通过相互协调合作，最终形成稳定群体[10, 11]。在第 4 章设计的无人机编队控制系统、鸽子避障导引法以及改进人工势场避障法基础上，进一步将鸽群智能行为映射到无人机集群控制中。鸽群智能行为包括层级引领-跟随、速度趋同、航向趋同及航向协商折衷等行为，在编队飞行中每架无人机均能感知周围一定范围内邻居的运动信息，根据编队中其他无人机飞行信息，结合自身当前运动状态，并在鸽群行为规则的指导下做出下一步决策：避免碰撞、速度一致或航向改变[12]。

5.2　基于鸽群行为机制的紧密编队及重构

5.2.1　基于鸽群智能的紧密编队控制方法

借鉴鸽群层级结构，无人机机群拓扑可用有向图 $\hat{D}=(\hat{V},\hat{E})$ 描述，其中[3]：顶点集 $\hat{V}=\{\hat{v}_1,\hat{v}_2,\cdots,\hat{v}_n\}$，为 n 架无人机；边集 $\hat{E}=\{\hat{e}_1,\hat{e}_2,\cdots,\hat{e}_m\}$，为上级对下级的领导作用线。令 N_i 为对无人机 i 存在领导作用的上级无人机集合

$$N_i=\{j,k,\cdots\}\subseteq\{1,2,\cdots,n\} \tag{5-1}$$

此处人为规定每架无人机的层次等级，及上级无人机的领导范围。仿照鸽群中实际存在的层级网络，简化后的无人机机群层级有向图如图 5-2 所示。图中，圆圈表示无人机，即有向图中的顶点集，箭头表示无人机间的领导关系，即边集。规定僚机除一、二级外，其余等级均设两只，并均受三只上级无人机的领导。长机不受任何无人机领导，一、二级僚机均设为一只，并且一级只受长机领导，二级受长机和一级僚机领导。综上，无人机机群中的领导关系可用 N_i 表示为

$$N_i=\begin{cases}\varnothing, & i=1\\ 1, & i=2\\ 1,2, & i=3\\ 1,2,3, & i=4\\ i-1,i-2,i-4, & i=2k,k=\{3,4,\cdots\}\\ i-2,i-3,i-4, & i=2k+1,k=\{2,3,\cdots\}\end{cases} \tag{5-2}$$

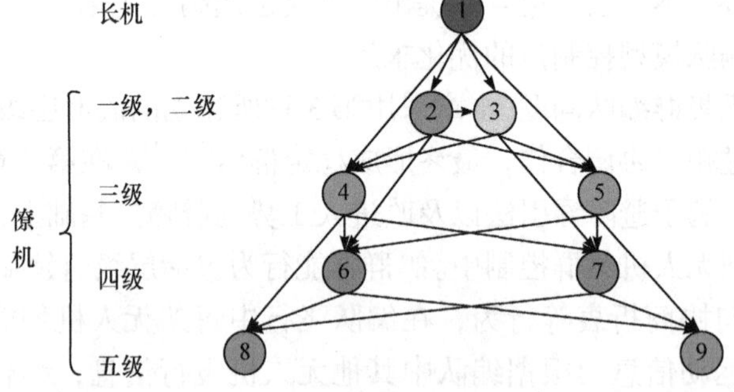

图 5-2　无人机机群层级有向图

从空间队形确定角度，可解释上述设定。假设期望无人机机群以“人”字形编队飞行，且无人机间的领导关系，可起到聚集，防撞和在规定间距处稳定的作用。则如图 5-3 所示长机对一级僚机的领导作用，可使其在以长机为中心，规定间距为半径的圆周上找到稳定点。此时，一级僚机的稳定位置有无数种可能性，而当一级僚机稳定后，二级僚机，受长机和一级僚机领导，其稳定位置有如图所

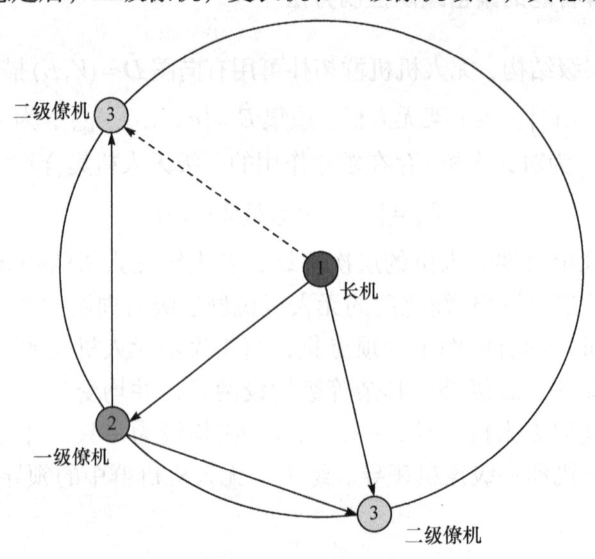

图 5-3　编队确定过程

示两种可能性。而当一、二级僚机均确定位置后，无人机机群编队队形唯一确定。即，其他僚机的稳定位置唯一确定，不再具有多余的自由度。根据定理，与空间内不共线三点的确定距离可唯一确定一点，故其他等级的僚机必受至少三只上级无人机的领导。

考虑由 n 架无人机组成的紧密编队系统在三维的欧氏空间内进行无障碍飞行[4, 13]，每架无人机被视作一个质点，那么每架无人机可用如下动力学模型描述

$$\dot{P}^i = v^i,\ m^i \dot{v}^i = u^i - k^i v^i,\ i = 1,\ \cdots,\ n \tag{5-3}$$

式中，$P^i \in \mathrm{R}^3$，为无人机 i 的位置向量；$v^i \in \mathrm{R}^3$，为无人机 i 的速度矢量；$m^i > 0$，为无人机 i 的质量；$u^i \in \mathrm{R}^3$，为作用在无人机 i 上的控制输入；$-k^i v^i$ 为速度阻尼项，相当于无人机在空气中运动所受到的空气阻力，其中 k^i 表示速度衰减增益，一般大于 0；$P^{ij} = P^i - P^j$ 为无人机 i 与无人机 j 间的相对位置矢量。

为实现整个机群以期望速度并保持个体间恒定距离运动，需要控制每架无人机的速度，使其趋于一致，并趋于期望速度，控制无人机间的距离，使其总势能达到最小，此外还需要对速度的阻尼进行补偿[14]。综上，无人机 i 的控制量 u^i 可由下式表示

$$u^i = \alpha^i + \beta^i + \gamma^i + k^i v^i \tag{5-4}$$

式中，α^i 为机群中人工势场所产生的控制分量，用于保持飞机间距，其来源于势函数 V^{ij}(表征无人机 i 和其受控上级间相对距离的函数)；β^i 为使得无人机 i 与其受控上级速度趋同的控制分量；γ^i 为无人机 i 速度趋于期望速度的控制分量，其依赖于长机的设定输入信号(期望速度 v^1)。

本节选取的无人机 i 与其受控上级 j 之间的势函数为($j \in N_i$)

$$V^{ij}\left(\left\|P^{ij}\right\|\right) = \ln\left\|P^{ij}\right\|^2 + \frac{R_{\text{desire}}^2}{\left\|P^{ij}\right\|^2} \tag{5-5}$$

式中，R_{desire} 为无人机 i 与其受控上级 j 间的期望距离。

僚机 i 的控制量 u^i 包含三维，前两维 $u_{1,2}^i$ 是水平方向上的控制量，第三维 u_3^i 是垂直方向的控制量。假设所有无人机均可以收到外部的输入信号(长机的速度状态)，可把无人机 i 的水平控制量 $u_{1,2}^i$ 定义为

$$\begin{aligned} u_{1,2}^i = & -K_p \sum \nabla_{\left\|P_{1,2}^{ij}\right\|} V^{ij} - K_v \sum (v_{1,2}^i - v_{1,2}^j) \\ & - m^i (v_{1,2}^i - v_{1,2}^1) + k^i v_{1,2}^i \end{aligned} \tag{5-6}$$

式中，$K_v, K_p > 0$，K_v 为速度反馈增益因子；K_p 为人工势场的增益因子。通过改

变 K_p 和 K_v 这两个增益因子的值,可起到调节队形反馈力度和速度匹配反馈力度的作用，实质上就是速度匹配控制和调节队形控制这两种控制作用的优先级。

垂直控制量 u_3^i 的设置较之 $u_{1,2}^i$ 略有差异,可表示为

$$u_3^i = -K_h(P_3^i - P_3^j) - K_v\sum(v_3^i - v_3^j) - m^i(v_3^i - v_3^1) + k^i v_3^i \tag{5-7}$$

式中，K_h 为高度反馈增益因子，用来调节无人机形成队形以及队形保持时高度反馈的力度。

由图 5-4 可见，无人机紧密编队的控制框图，由以下四个部分组成：长机模型，僚机模型，外环控制器以及内环控制器。长机模型可简化表示为如下形式[15]

$$\dot{X}_\mathrm{L} = A'X_\mathrm{L} + B'U_\mathrm{L} \tag{5-8}$$

式中，$U_\mathrm{L} = \left[V_{L_C}, \psi_{L_C}, h_{L_C}\right]$ 为长机的控制输入。除上文所设计的外环控制器外，内环控制器和僚机模型已分别在 4.3.5 节和 4.3.4 节中进行阐述。需要补充说明的是，外环控制器模型与内环控制对象模型应进行状态统一，具体如下

$$\begin{cases} h_\mathrm{L} = P_3^1 \\ x^i = P_1^1 - P_1^i \\ y^i = P_2^1 - P_2^i \\ z^i = P_3^i - P_3^1 \\ \xi^i = v_3^i - v_3^1 \\ V^i = \sqrt{(v_1^i)^2 + (v_2^i)^2} \\ \psi^i = \arctan\left(\dfrac{v_2^i}{v_1^i}\right) \end{cases} \tag{5-9}$$

式中，P_1 和 v_3^1 分别表示长机的坐标及其在垂直方向上的速度。

综上，可对无人机紧密编队协同控制过程进行离散化设计，具体如下[5]：

1) 首先，给定当前长机控制输入 U_L，经长机模型，由式(5-8)得到下一时刻的长机状态输出 X_L；

2) 类比鸽群层级行为中的拓扑结构，由式(5-2)得到僚机 i 的受控上级无人机的集合 N_i；

3) 僚机 i 的受控上级无人机 N_i 的下一时刻的状态输出(X_L 或/和 $X_\mathrm{F}^{N_i \neq 1}$),经鸽群层级机制外环控制器得下一时刻僚机 i 的期望输出 $X_\mathrm{F}^{i'}$；

4) 采用基于改进鸽群优化的内环控制器，寻找僚机 i 的控制输入 U_F^i，使得僚机 i 的实际输出 X_F^i 与期望输出 $X_\mathrm{F}^{i'}$ 一致性差异最小，也就是代价 J 最小，即

$$J = (X_\mathrm{F}^i - X_\mathrm{F}^{i'})^\mathrm{T} P(X_\mathrm{F}^i - X_\mathrm{F}^{i'}) \tag{5-10}$$

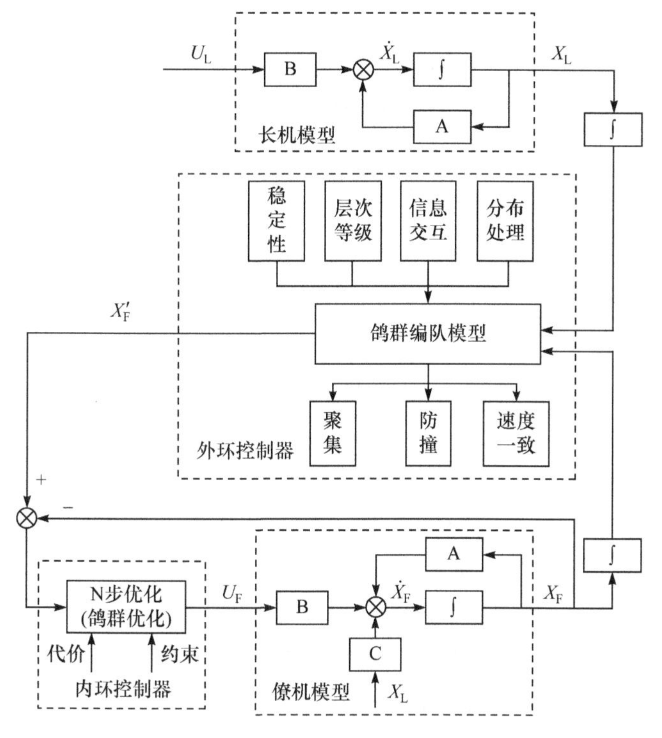

图 5-4　无人机紧密编队协同控制框图

5) 将鸽群优化循环求得的最终控制输入 U_F^i 输入僚机 i 模型，得到下一时刻的僚机状态输出 X_F^i；

6) 返回第(1)步，直至达到仿真终了条件。

在以上所设计的无人机紧密编队协同控制框架基础上，本节进一步考虑紧密编队协同控制中的编队重构问题，即如何协调编队中的各架无人机使之形成新的队形。在编队重构过程中，需要重新规定每架飞机在新编队中的具体位置，从而生成由原位置到新位置的轨迹。这些轨迹必须考虑飞机的动力学特性和输入约束等条件，并以保证飞行安全为前提。

从上述描述中可知，编队问题简单理解，就是在如何满足无人机的动力学特性的条件下，由散乱无序的空间运动状态，达到聚集有序的空间运动状态，而本节中所要解决的编队重构问题，就是在依然满足无人机的动力学特性的条件下，由此前形成的聚集有序的空间运动状态，重新排列，达到所期望的新的聚集有序的空间运动状态。可见，从广义上讲，编队重构问题和编队问题是一个问题，都是解决和实现排列成期望队形并且可以队形保持。较为突出的差别是，初始空间运动状态不同，编队问题的初始状态是散乱无序的，而编队重构问题的初始状态是聚集有序的。也可以说，编队重构问题是编队问题的一种特殊形式，正因为如此，上文所设计的无人机紧密编队协同控制器，对于编队重构问题同样适用，所需要的改动可能仅仅只是如何修改控制器参数，从而形成新的期望队形。

由此可进一步明确，解决编队重构问题的关键是，如何在无人机紧密编队协同控制器基础上进行修改，从而实现编队重构。上文已经明确阐述了无人机紧密编队协同控制器中内外环控制的工作内容：外环控制器，可以给定下一时刻的期望状态，从而给内环控制器设定期望目标；而内环控制器，就是在外环控制器设定的期望目标的参考下，寻找满足无人机自身气动特性的控制参数。可见，在形成编队的过程中起到关键性作用的是外环控制器。而在关于外环控制器模型的具体阐述中，可知外环控制器的模型是从两个方面建立的：一方面是，基于图论，通过模仿鸽群层级结构，而建立的无人机群内部拓扑结构的模型；另一方面是，基于人工势场，通过模仿受控上级鸽子的领导作用，而建立的无人机群内部领导-跟随作用的模型。

具体来说，无人机群内部领导-跟随作用的控制量u_i是由如下四个部分构成的：α_i为无人机群内部人工势场函数所产生的控制分量，它来源于势函数V_i(表征无人机i和其受控上级无人机相对距离的函数)；β_i为使得无人机i与其受控上级无人机速度趋同的控制分量；γ_i为无人机i速度趋于期望速度的控制分量，它取决于长机的设定输入信号(期望的速度)。可见，最终形成编队队形的控制分量是α_i，可以通过改变式(5-5)中的R_{desire}(无人机i与其受控上级无人机j间的期望距离)的值，来改变受控上级无人机j的人工势场，使得无人机i在新的期望间距上达到平衡状态，从而变换队形，实现编队重构的目的。

5.2.2 捕食逃逸鸽群优化测试

为了测试改进鸽群优化的性能[5, 16]，选取了 9 个测试函数作为基准，测试其改进效果。测试函数中包含 4 个单峰函数和 5 个多峰函数，表 5-1 中给出了测试函数的表达式以及其解空间的搜索范围。

表 5-1 测试函数

测试函数		表达式	范围
单峰函数	Sphere	$f_1=\sum_{i=1}^{D}x_i^2$	$[-100,100]^D$
	Schwefel's P221	$f_2=\max_i\{\lvert x_i\rvert\}$	$[-100,100]^D$
	Schwefel's P222	$f_3=\sum_{i=1}^{D}\lvert x_i\rvert+\prod_{i=1}^{D}\lvert x_i\rvert$	$[-10,10]^D$
	Step	$f_4=\sum_{i=1}^{D}(\lvert x_i+0.5\rvert)^2$	$[-100,100]^D$

续表

测试函数		表达式	范围
多峰函数	Ackely	$f_6=-20\exp\left(-0.2\sqrt{\frac{1}{D}\sum_{i=1}^{D}x_i^2}\right)-\exp\left(\frac{1}{D}\sum_{i=1}^{D}\cos(2\pi x_i)\right)+20+e$	$[-32,32]^D$
	Rastrigin	$f_7=\sum_{i=1}^{D}[x_i^2-10\cos(2\pi x_i)+10]$	$[-5.12,5.12]^D$
	Rosenbrock	$f_8=\sum_{i=1}^{D-1}[100(x_{i+1}-x_i^2)^2+(x_i-1)^2]$	$[-30,30]^D$
	Schwefel's P226	$f_9=-\sum_{i=1}^{D}(x_i\sin(\sqrt{\lvert x_i\rvert}))+418.9829D$	$[-500,500]^D$
	Griewank	$f_{10}=\frac{1}{4000}\sum_{i=1}^{D}x_i^2-\prod_{i=1}^{D}\cos\left(\frac{x_i}{\sqrt{i}}\right)+1$	$[-600,600]^D$

选取粒子群优化和基本鸽群优化作为改进鸽群优化的对比参照。表 5-2 给出了三种算法参数的具体选取，需要补充说明的是最大迭代次数 $Nc_{\max}=500$，解空间维数 $D=10$。需要说明的是，为了比较的公平性，需要保证三种算法在仿真过程中评价解的次数相同，即调用测试函数计算代价的次数相同，同时为了对比的可观性更强，需要保证三种算法的最大迭代次数相同。具体来说，在参数选取上需要满足如下公式：

$$\left(N^{\text{PP}}+N^{\text{EP}}-\frac{N_{c\max}\cdot(N_{\text{dec}}^{\text{PP}}+N_{\text{dec}}^{\text{EP}})}{2}\right)\cdot N_{c\max}$$
$$=N\cdot\left(N_{c1\max}+2-\frac{1}{2}^{N_{c\max}-N_{c1\max}-1}\right)=Num\cdot N_{c\max} \tag{5-11}$$

表 5-2　改进 PIO，PIO 和 PSO 的参数

算法	参数	描述	数值
改进 PIO	N^{PP}	捕食鸽子数目	10
	N^{EP}	逃逸鸽子数目	540
	$N_{\text{dec}}^{\text{PP}}$	捕食鸽子每轮递减数目	0
	$N_{\text{dec}}^{\text{EP}}$	逃逸鸽子每轮递减数目	1
	R	地图和指南针因数	0.3
	tr	导航工具过渡因子	2
	pr	捕食影响因子	1

续表

算法	参数	描述	数值
PIO	$N_{c1\max}$	地图和指南针算子循环最大迭代次数	490
	N	鸽子数目	305
	R	地图和指南针因数	0.3
PSO	Num	粒子数目	300
	w	惯性权重	0.5
	$c1$	认知学习因子	2
	$c2$	社会学习因子	2

三种算法针对 9 个测试函数的单次仿真结果如图 5-5 和图 5-6 所示，表 5-3 中给出了 5 次仿真过程中三种算法分别找到的最优解。可见当单峰函数作为测试函数时，改进鸽群优化与鸽群优化的搜索能力基本一致，改进策略并没有发挥优势，但当多峰函数作为测试函数时，改进鸽群优化表现出一定的优越性，较之基本鸽群优化以及粒子群优化算法，可以较快的收敛速度收敛到最优解，且其最优解较之二者更为优异。

表 5-3　改进 PIO，PIO 和 PSO 的解

测试函数		改进 PIO	PIO	PSO
单峰函数	Sphere	0	0	1.33271×10^{-34}
	Schwefel's P221	5.5062×10^{-187}	0	1.03024×10^{-13}
	Schwefel's P222	1.5839×10^{-192}	0	3.99947×10^{-21}
	Step	3.0546×110^{-6}	0	0
多峰函数	Ackely	8.88178×10^{-16}	8.88178×10^{-16}	4.44089×10^{-15}
	Rastrigin	0	0	0
	Rosenbrock	0	0.09337988	3.114381871
	Schwefel's P226	0.000127276	3.80490814	3.781305615
	Griewank	0	0.798798554	0.930220934

5.2.3　仿真实验分析

5 架无人机($m_i = 1\text{kg}$)在三维空间中飞行[5]，其具体身份设置如表 5-4 所示，包含一架长机，四架僚机，其中 1 号无人机为长机。四架僚机又分为三个等级，具体的分配为：2 号无人机为一级僚机，跟随长机(1 号无人机)飞行，3 号无人机为二级僚机，跟随长机(1 号无人机)和一级僚机飞行(2 号无人机)，4 号和 5 号无人机均为三级僚机，跟随长机(1 号无人机)，一级僚机(2 号无人机)以及二级僚机飞行(3 号无人机)。无人机群具体的领导-跟随拓扑结构如图 5-7 所示。

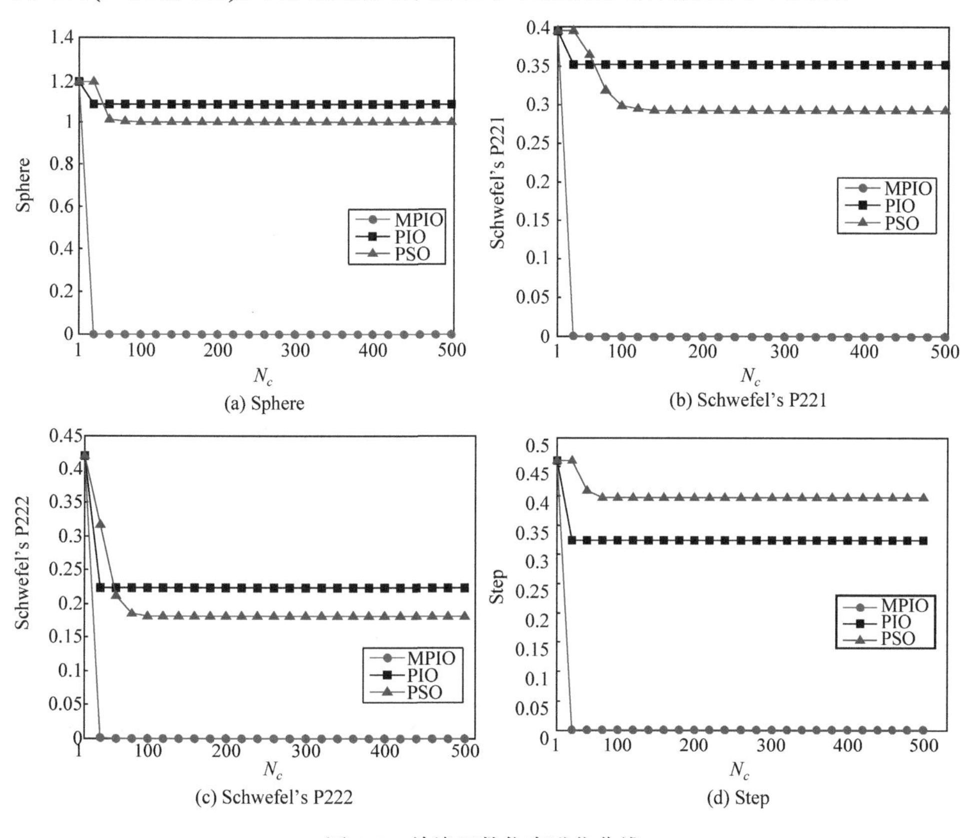

(a) Sphere　(b) Schwefel's P221　(c) Schwefel's P222　(d) Step

图 5-5　单峰函数仿真进化曲线

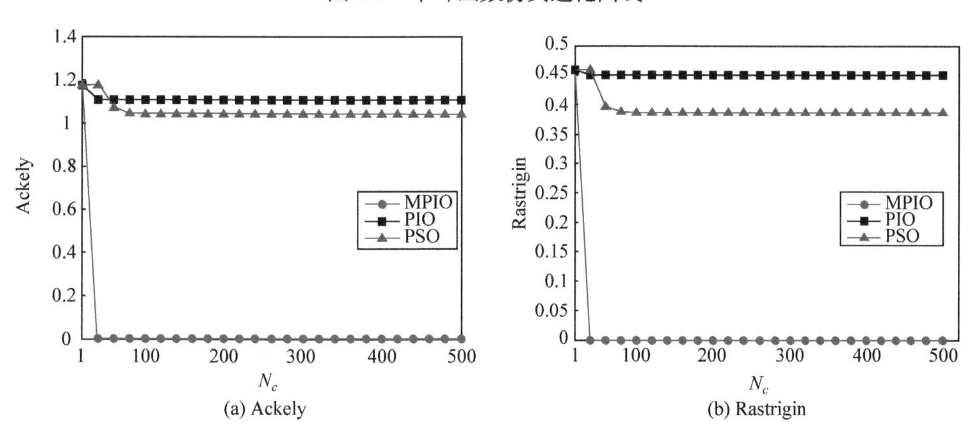

(a) Ackely　(b) Rastrigin

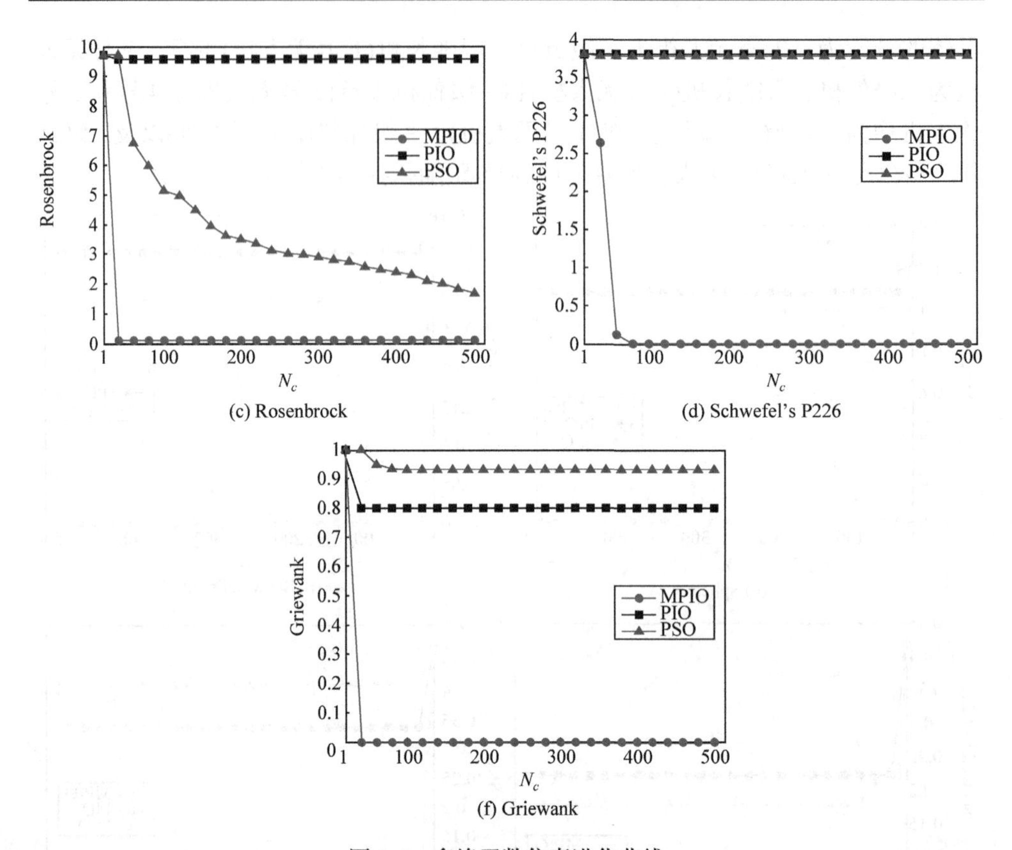

图 5-6　多峰函数仿真进化曲线

仿真共进行 160s，且采样时间为 0.05s。5 架飞机的初始状态(包括水平位置(x_i, y_i)，高度h_i，水平速度V_i，航向角ψ_i以及垂直速度ζ_i)如表 5-5 所示。人为设定长机飞行状态分为三个阶段：第一阶段，从仿真开始到 80s，长机处于匀速直线平飞状态，由于其航向角初始状态为 0，所以长机在前 80s 内始终沿着x_g轴飞行；第二阶段，从 80.05s 到 96.05s，长机以航向角速度 $-0.625°/\mathrm{s}$ 匀速偏转 $-10°$，但水平速度V_1不变；第三阶段，从 97s 到仿真结束，长机继续处于匀速直线平飞状态，但与第一阶段相比，航向不同。需要说明的是长机高度始终没有发生变化，$h_1 = 0$，始终在水平面上飞行。

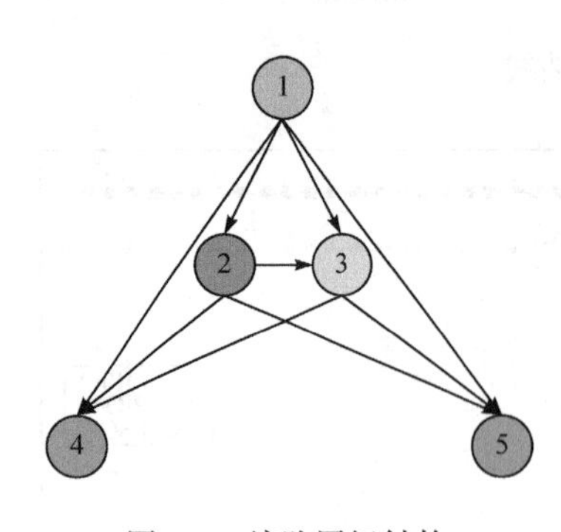

图 5-7　编队层级结构

表 5-4　层级参数设置

类别	所属等级	鸽子编号	受控上级鸽子编号
头鸽	—	1	—
跟随鸽	一级	2	1
	二级	3	1,2
	三级	4	1,2,3
		5	1,2,3

表 5-5　机群的初始状态

	1	2	3	4	5
x/m	0	−10	−15	−25	−20
y/m	0	20	−15	−35	40
h/m	0	10	−10	20	−20
V/(m/s)	2	0.0273	0.4369	0.6511	0.6048
ψ/(°)	0	0	0	0	0
ξ/(m/s)	0	0	0	0	0

其余 4 架僚机在长机领导下，完成预定的编队及编队重构任务，具体任务分为两个阶段：第一阶段，从仿真开始到 106.65s，期望 5 架无人机在空间中聚集实现“人”字形编队，并进行队形保持；第二阶段，从 106.7s 开始任务改变，期望无人机群变换队形，实现“一”字形编队，并进行队形保持。队形中，无人机的具体期望位置安排如图 5-8 所示，子图(a)、(b)分别为“人”字形编队和“一”字形编队的无人机位置排布，其中 $R=10\text{m}$ ，$\theta=60°$ ，$L=10\text{m}$ 。

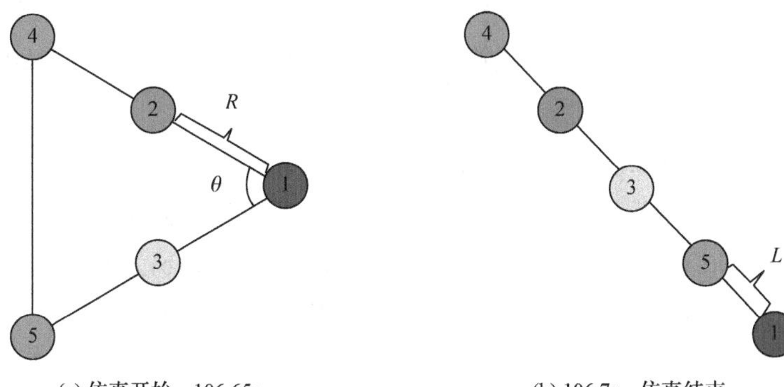

(a) 仿真开始—106.65s　　(b) 106.7s—仿真结束

图 5-8　机群编队队形

4 架僚机使用上文描述的紧密编队控制器和紧密编队重构控制器进行飞行控制。外环控制器的参数设置如下：$K_v = 1$, $K_p = 180$, $K_h = 5$。外环控制中，水平控制分量的人工势场参数设置如表 5-6 所示。

表 5-6　期望间距 R_{desire}　(单位：m)

仿真开始—106.65s				106.7s—仿真结束			
	1	2	3		1	2	3
2	10	—	—	2	30	—	—
3	10	10	—	3	20	10	—
4	20	10	17.3205	4	40	10	20
5	20	17.3205	10	5	10	20	10

通过以上叙述，可见 160s 的仿真状态大致分为三个阶段，每个阶段中无人机群的任务，以及仿真考察点不尽相同：第一阶段，从仿真开始到 80s，此时长机处于匀速平飞状态，期间速度、航向均未发生改变，主要考察无人机群是否可以形成编队，并进行编队保持；第二阶段，从 80.05s 到 106.65s，此时长机飞行状态改变，不再处于匀速平飞状态，主要考察无人机群是否可以在复杂长机运动状态下，依然时刻队形保持；第三阶段，从 106.7s 到仿真结束，在 106.7s 时，外界给出编队重构指令，从此刻开始，编队任务发生改变，主要考察无人机群是否可以进行编队重构，并且可保持队形继续飞行。

同时，为进一步测试第 3 章中设计的内环控制器——改进鸽群优化的有效性与稳定性，继续选取第 3 章中作为参照比对的另外算法——基本鸽群优化和粒子群优化算法，作为对比，替换改进鸽群优化，应用到内环控制器中，用于寻找紧密编队模型的控制参数。其参数设置，除了解空间维数 $D = 3$ 外，其他参数设置与表 5-2 相同。需要说明的是，人为设置算法的解空间搜索范围为 $\psi_{W_C} \in [-100°, 100°]$，$V_{W_C} \in [0, 40\text{m/s}]$，$h_{W_C} \in [-50\text{m}, 60\text{m}]$。

图 5-9 为改进鸽群优化作为内环控制器时的仿真结果，图 5-10 为基本鸽群优化作为内环控制器时的仿真结果，图 5-11 为粒子群优化作为内环控制器时的仿真结果。其中子图(a)为无人机群三维空间的飞行轨迹，子图(b)为无人机群飞行轨迹的俯视图，子图(c)为五架无人机的水平速度变化曲线，子图(d)为航向角的变化曲线，子图(e)为垂直速度的变化。

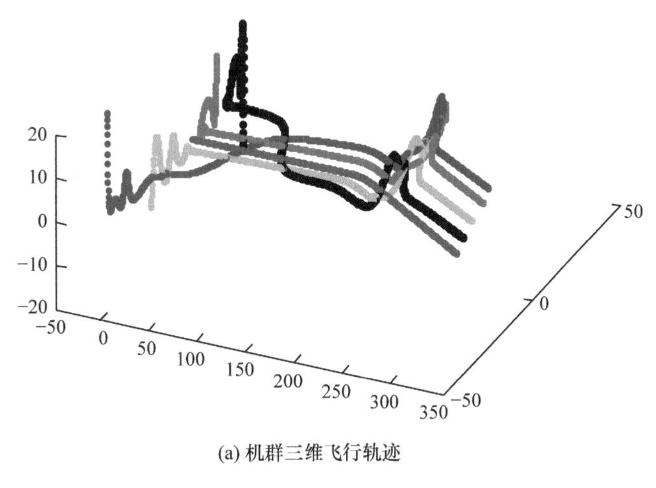

(a) 机群三维飞行轨迹

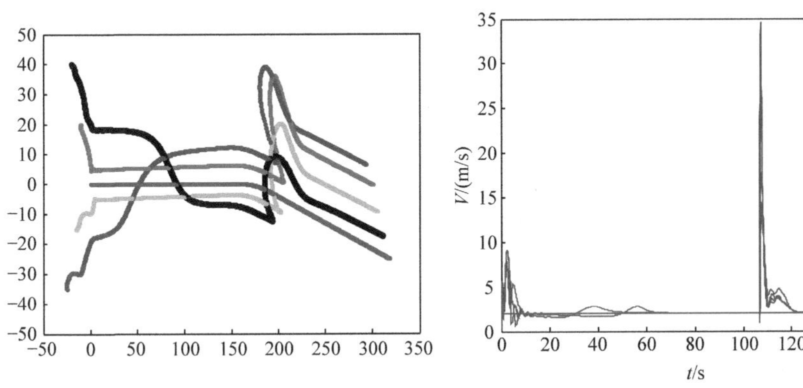

(b) 飞行轨迹俯视图

(c) 水平速度变化曲线

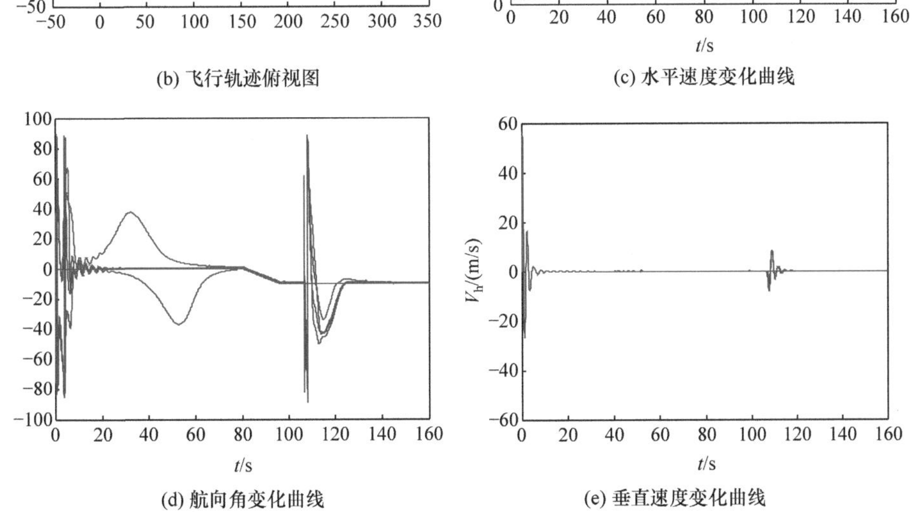

(d) 航向角变化曲线

(e) 垂直速度变化曲线

图 5-9　无人机紧密编队重构仿真结果(改进 PIO)

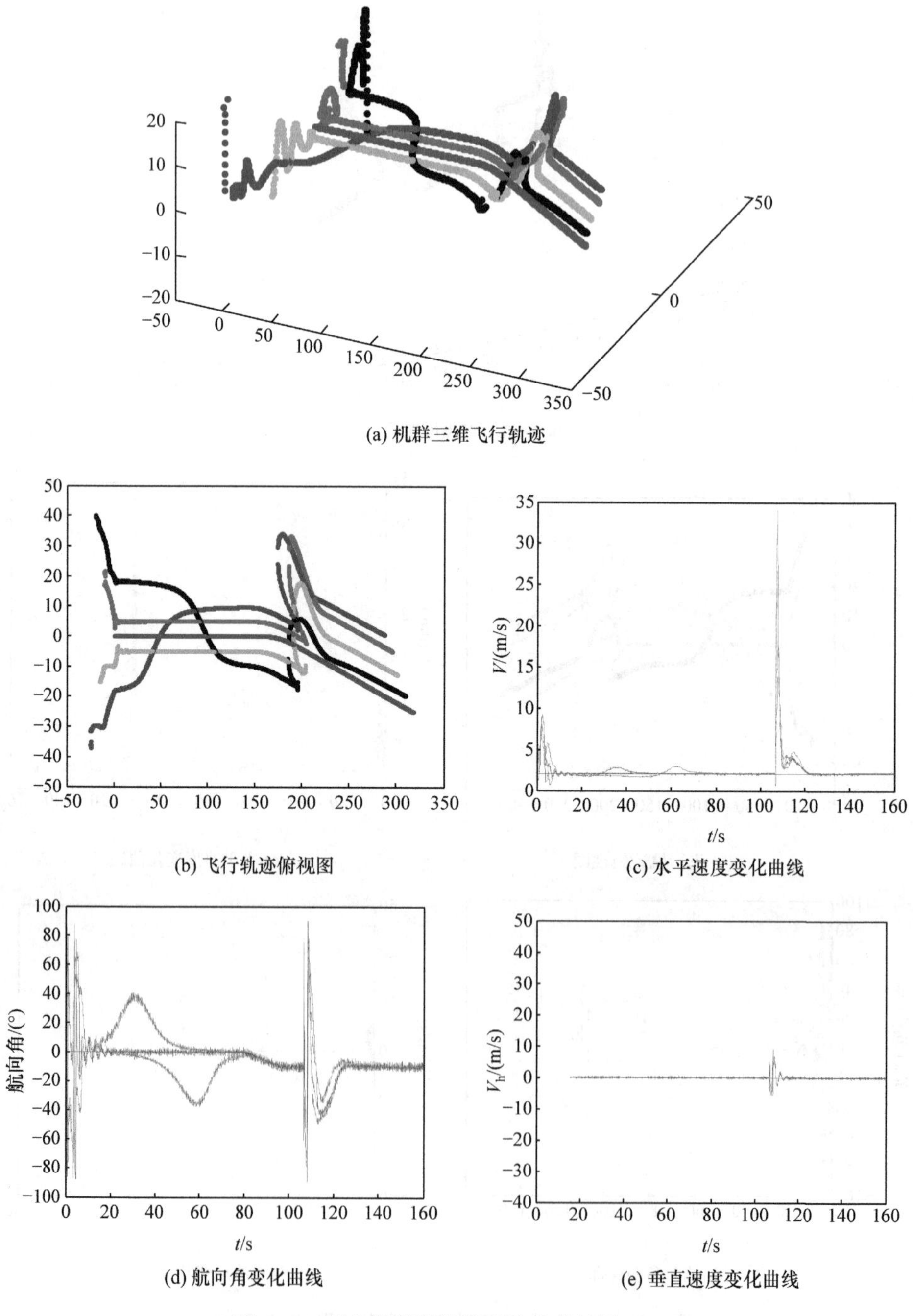

(a) 机群三维飞行轨迹

(b) 飞行轨迹俯视图

(c) 水平速度变化曲线

(d) 航向角变化曲线

(e) 垂直速度变化曲线

图 5-10　无人机紧密编队重构仿真结果(PIO)

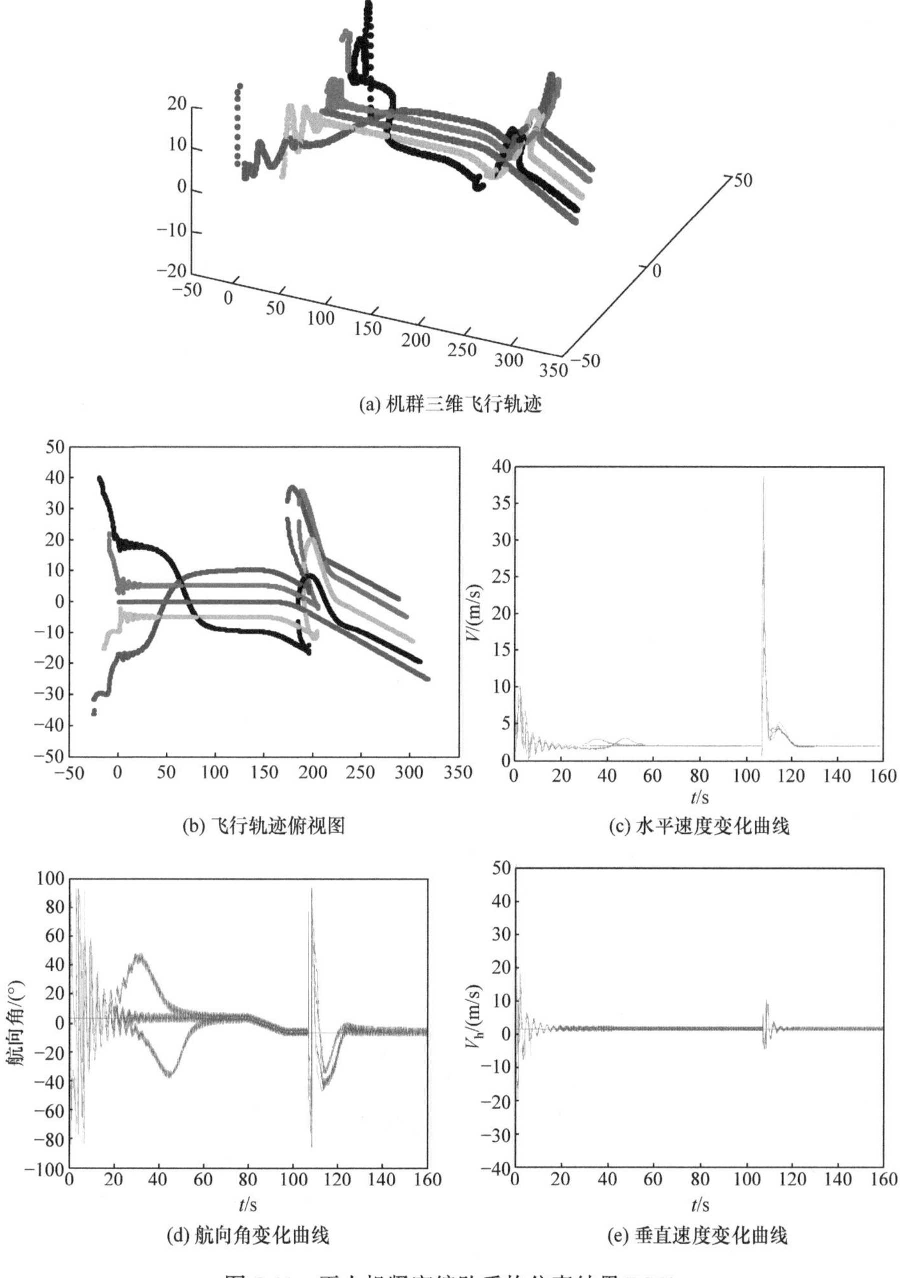

(a) 机群三维飞行轨迹

(b) 飞行轨迹俯视图

(c) 水平速度变化曲线

(d) 航向角变化曲线

(e) 垂直速度变化曲线

图 5-11　无人机紧密编队重构仿真结果(PSO)

从仿真结果可见，无论是改进鸽群优化，鸽群优化还是粒子群优化作为内环控制器，均可以实现仿真三个阶段的三个任务，即编队，复杂长机状态下的编队以及编队重构，但三种内环控制器的性能上却存在着很大差异。

首先，从形成编队的时间上，三者存在差异。在水平速度变化方面，三者均大约在 125s 时实现编队重构，但在前 80s 的“人”字形编队形成时间上存在差异，其中粒子群优化以 55s 表现最佳，而改进鸽群优化 65s 次之，基本鸽群优化 70s 落后。在航向角变化方面，粒子群优化依然表现良好，形成编队以及编队重构分别用时大约 60s 和 125s，针对编队重构，鸽群优化改进前后差异不大，用时均大约 130s，而在仿真前半段形成编队上存在差异，改进鸽群优化用时大约 75s，基本鸽群优化大约落后 5s。在垂直速度变化方面，改进鸽群优化发挥优势，虽然三者均用了大约 120s 编队重构，但在形成编队上，改进鸽群优化仅用大约 10s 就实现稳定，而基本鸽群优化和粒子群算法分别用时 15s 和 20s。令人惊异的是，三种内环控制器均可以实现复杂长机状态下的队形保持。总之，在实现稳定编队以及稳定编队重构的用时上，鸽群优化的表现喜忧参半。

其次，从形成编队的稳定程度上，改进鸽群优化优势明显。对比三种内环控制器的水平速度，航向角以及垂直速度的变化曲线，可以看出改进鸽群优化的曲线变化最为平滑，稳定区波动极小，而基本鸽群优化表现次之，无论是形成编队后还是编队重构后的稳定区，都呈现小幅度的波动，曲线不够光滑，毛刺很多，相比于前两者，粒子群优化的表现就明显处于劣势，其稳定区呈现较宽的带状，局部放大后可见频率很高的波动，虽然幅值不高，但可以分析得到无人机的飞行状态不稳定，处于不断的抖振中。

为更加清晰地观察和衡量三种内环控制器的表现差异，引入函数 Q 来衡量每一采样时刻，形成编队的准确度

$$Q=\sum_{i=2}^{n}\sum_{j\in N_i}\left(\left|\left\|X_{ij}(1,2)\right\|-d_{ij}\right|+\left\|X_{ij}(3)\right\|+\left\|v_{ij}\right\|\right) \tag{5-12}$$

式中，函数 Q 为当前采样时刻形成的编队队形与期望队形的差异，以及每架无人机的速度状态与其受控上级无人机速度状态的差异。

图 5-12 直观地展示了 160s 仿真过程中的编队准确度 Q 的变化曲线。子图(a)是正常坐标下的曲线，可见当改进鸽群优化做内环控制时，其函数 Q 的变化曲线(点划线)大部分仿真时刻均位于基本鸽群优化(虚线)以及粒子群优化(实线)的下方，为了更加清晰地观察三条曲线的差异，将纵坐标，也就是 Q 值进行对数变换，从而得到子图(b)，从图中可见，除了仿真时间大约 45s 到 60s 之外，其余仿真时间，改进鸽群优化内部控制器的 Q 曲线，基本均位于另两种控制器的下方，从曲线上，还可以看出，粒子群优化在前半段仿真过程中，进入稳定区的时间较之改进鸽群优化，以及鸽群优化的确更早。同时对比三者曲线，也可以看出，改进鸽群优化进入的编队稳定区，较之另外两种控制器更为准确，同时曲线最为光滑。子图(c)是仿真 145s 到 160s 的基本鸽群优化以及粒子群优化的局部放大曲线，从

图中可以看出，基本鸽群优化和粒子群优化的稳定区均处于不断的波动中，其中基本鸽群优化的波动幅值较大，但频率较低，粒子群优化虽然波动幅值小，但是频率很高。

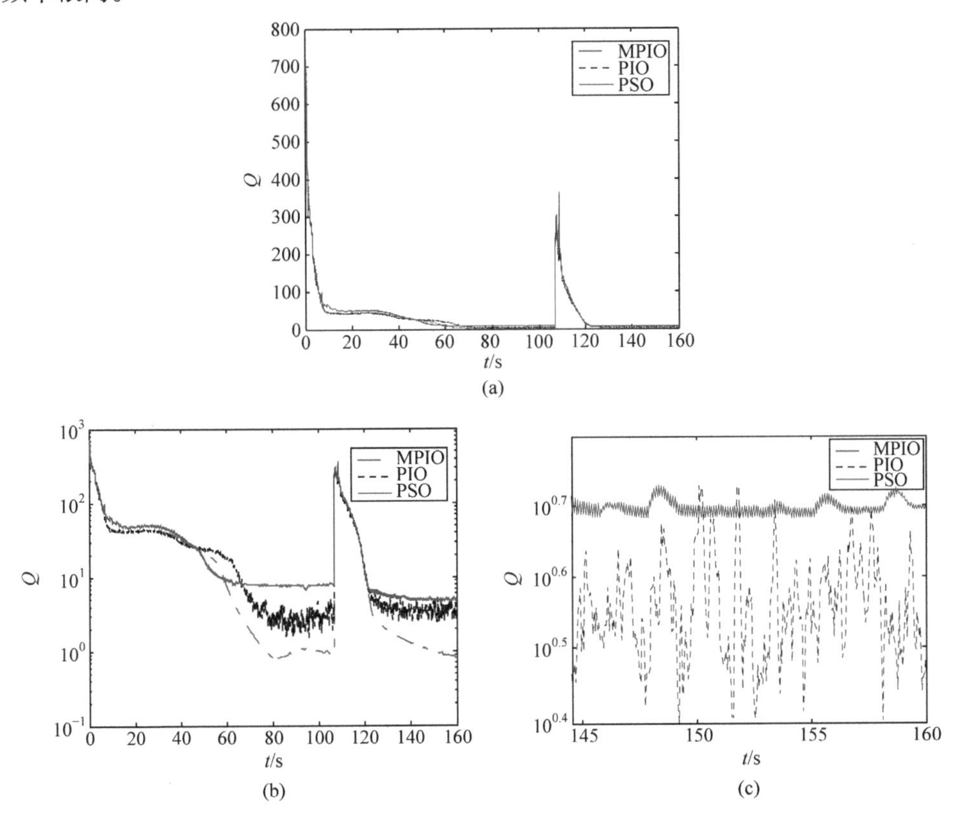

图 5-12　Q 值变化曲线

此前，已经阐述过仿真三个阶段的不同考察点。表 5-7、表 5-8 和表 5-9 分别给出了每个阶段截止采样时刻的无人机群的位置以及状态信息：表 5-7 为仿真进行 80s 时，即长机改变航向前始终保持匀速直线平飞的最后采样时刻，无人机群的位置以及状态信息，表 5-8 为仿真进行 106.65s，也就是无人机群被给定编队重构指令之前，观察无人机群在复杂长机运动状态下队形保持的最后采样时刻；表 5-9 为仿真的最后一个采样时刻，在此时可以验收无人机群编队重构的最终完成情况。对比每个表中，三种不同的内环控制器作用下的编队完成情况，可见每架无人机受控上级间的速度状态，虽然不完全一致，但均在误差允许的范围内。表 5-10 给出了以上三个采样时刻，三种内环控制器下的每架无人机与受控上级无人机间的距离信息，对比其期望距离，可见，无论是形成编队，队形保持还是编队重构，三种控制器控制下的结果均符合期望。

综上所述，在所设计的紧密编队控制器作用下，可实现基于鸽群行为机制的无人机紧密编队及其重构。此外，内环控制器又选取了两种优化算法—基本鸽群优化和粒子群优化，作为改进鸽群优化的对比参照，对比发现，三种内环控制器都可以实现无人机紧密编队及其重构，但是效果上存在差异，改进鸽群优化虽然在形成编队的时间上稍逊于粒子群优化，但是在最终形成编队以及编队重构的稳定度和准确度，都优于二者。

表 5-7　机群状态(80s)

状态			x/m	y/m	h/m	V/(m/s)	ψ/(°)	ξ/(m/s)
长机			160	0	0	2	0	0
僚机	MPIO	2	152.2564	6.3262	0.0026	2.0038	0.2478	−0.0125
		3	150.6679	−3.5468	0.0009	1.9800	0.3945	−0.0097
		4	144.1471	12.2706	−0.0002	2.0281	0.9831	−0.0115
		5	141.2373	−6.9254	0.0035	1.9962	−0.1912	−0.0106
	PIO	2	151.2947	4.9188	−0.0029	2.0482	−0.2043	−0.1147
		3	151.3897	−5.0814	−0.0004	2.1174	−0.8900	−0.0157
		4	142.4907	9.7070	−0.0035	1.9650	0.3102	−0.1119
		5	142.3429	−9.5941	0.0019	2.1466	−0.4948	−0.1125
	PSO	2	151.4683	5.2119	0.0185	2.0422	−3.1274	0.7411
		3	151.2187	−4.7849	0.0185	2.0478	−3.0225	0.7392
		4	142.8738	10.3520	−0.0189	2.1092	3.2370	−0.7380
		5	142.3779	−9.4874	0.0191	2.1016	−3.3453	0.7369

表 5-8　机群状态(106.65s)

状态			x/m	y/m	h/m	V/(m/s)	ψ/(°)	ξ/(m/s)
长机			212.8142	−6.4842	0	2	−10	0
僚机	MPIO	2	205.6147	0.4573	0.0008	2.0086	−9.8149	−0.0067
		3	203.2199	−9.2512	−0.0008	1.9834	−9.7259	−0.0081
		4	198.0682	7.0895	−0.0035	2.0210	−9.0291	−0.0045
		5	193.7389	−12.3239	−0.0023	1.9760	−9.0645	−0.0082
	PIO	2	204.2277	−1.6032	0.0037	2.0538	−8.9321	0.1369
		3	204.0880	−11.6035	−0.0013	2.1196	−9.7986	−0.0662
		4	195.5752	3.4373	−0.0030	2.0161	−8.4004	1.9945
		5	195.3603	−16.4818	0.0002	2.1619	−9.3469	−0.0055

续表

状态			x/m	y/m	h/m	V/(m/s)	ψ/(°)	ξ/(m/s)
僚机	PSO	2	204.4041	−1.3144	−0.0172	2.0099	−6.9586	−0.6927
		3	203.9287	−11.3036	−0.0171	2.1102	−6.9605	−0.6907
		4	195.9417	4.0295	0.0173	1.9754	−12.5440	0.6997
		5	195.0608	−15.9130	−0.0152	2.1533	−6.9967	−0.6065

表 5-9　机群状态(160s)

状态			x/m	y/m	h/m	V/(m/s)	ψ/(°)	ξ/(m/s)
长机			317.8932	−25.0124	0	2	−10	0
僚机	MPIO	2	300.7181	−0.4128	0.0045	2.0046	−9.9097	−0.0093
		3	305.3104	−9.3293	0.0045	2.0113	−9.7539	−0.0067
		4	293.4705	6.5509	0.0036	2.0134	−9.6597	−0.0031
		5	311.2632	−17.4389	0.0026	2.0118	−9.7371	−0.0016
	PIO	2	295.8193	−4.9408	0.0036	2.0553	−10.8067	0.1450
		3	302.0491	−12.8057	0.0007	2.1334	−9.0564	0.0611
		4	287.4482	0.6161	−0.0020	2.0714	−10.9203	−0.0470
		5	309.5861	−19.5111	−0.0013	2.2014	−10.7661	−0.0083
	PSO	2	295.9398	−4.8116	0.0175	2.0455	−12.7389	0.7000
		3	302.1828	−12.6629	0.0167	2.1318	−12.4380	0.6985
		4	287.7463	0.9885	0.0168	2.0130	−12.5267	0.7016
		5	309.6862	−19.3905	0.0164	2.1997	−12.3478	0.6992

表 5-10　无人机与受控上级的水平距离

		MPIO			PIO			PSO		
		1	2	3	1	2	3	1	2	3
80s	2	9.9992	—	—	9.9988	—	—	9.9977		
	3	9.9834	10.0000	—	9.9979	10.0007	—	10.0003	9.9999	
	4	20.0470	10.0547	10.0175	20.0200	10.0218	17.2595	20.0118	10.0143	17.2847
	5	20.0000	17.2344	17.1088	20.0953	17.0517	10.1099	20.0137	17.2831	10.0137
106.65s	2	10.0009	—	—	9.8769	—	—	9.8720	—	—
	3	9.9853	9.9995	—	10.1170	10.0013	—	10.1083	10.0005	—
	4	20.0422	10.0467	17.1335	19.8902	10.0136	17.2827	19.8801	10.0085	17.2886
	5	19.9492	17.4469	9.9665	20.1144	17.3206	9.9985	20.1019	17.3325	9.9943

续表

		MPIO			PIO			PSO		
		1	2	3	1	2	3	1	2	3
160s	2	30.0021	—	—	29.8350	—	—	29.8333	—	—
	3	20.1069	10.0296	—	20.0010	10.0333	—	19.9832	10.0309	—
	4	39.9088	10.0509	19.8082	39.7960	10.0476	19.8326	39.8106	10.0387	19.8689
	5	10.0655	20.0272	10.0599	9.9635	20.0454	10.0881	9.9479	20.0377	10.0778

以上仿真测试是针对仿真前预定义的层级拓扑进行的固定拓扑，虽简单易行但鲁棒性差。针对该问题，在现有框架下，设计一种分布式控制算法，即基于图论描述如何将一个连通拓扑转化为紧密编队所需要的层级拓扑，并在此基础上定义领导-跟随关系，将跟随者引导至领导的相对位置，具体过程如下[17]：

Step 1：由初始位置及通讯范围确立通讯关系无向图；

Step 2：每个个体确立自身的两位通讯信息集合；

Step 3：每个个体反复与邻居个体交互通讯信息集合 $n-1$ 次；

Step 4：每个个体由交互后最终得到的通讯信息集合，按照一定规则寻找无向图中的最长路，并确立群体的总领导个体；

Step 5：寻找到最长路后，按照一定规则继续将最长路以外的个体按照与最长路上的个体交互所需的最短拓扑距离划分成不同的集合，并进一步明确每个个体的当前领导个体，所在层级以及当前领导个体是否为永久领导；

Step 6：如果当前领导个体不是永久领导，则依照一定规则，不断进行领导个体变换，直至确立自身的永久领导；

Step 7：得到最终的领导网络有向树，即群体最终的层级领导关系结构。

为测试该算法的有效性，假定 7 架无人机基于该算法进行紧密编队，初始位置如表 5-11 所示，初始速度为 247.5m/s，初始航向角为 0rad，初始高度变化率为 0m/s。最终形成的编队效果如图 5-13 所示，其中图(a)为飞行轨迹，图(b)为最终编队，图(c)为高度，图(d)为速度，图(e)为航向角，图(f)为高度变化率。编队最终状态数据如表 5-12 所示。由图 5-13 可知，无人机机群可在基于鸽群层级引领的分布式控制算法下，自动生成紧密编队所需要的层级拓扑，形成紧密编队并保持，高度、速度、航向角以及高度变化率状态均趋于一致。

表 5-11　无人机初始位置

	1	2	3	4	5	6	7
X_i/m	0	0	0	0	0	−20	−20
Y_i/m	−40	−20	0	20	40	−20	20
h_i/m	13525	13515	13505	13500	13495	13485	13475

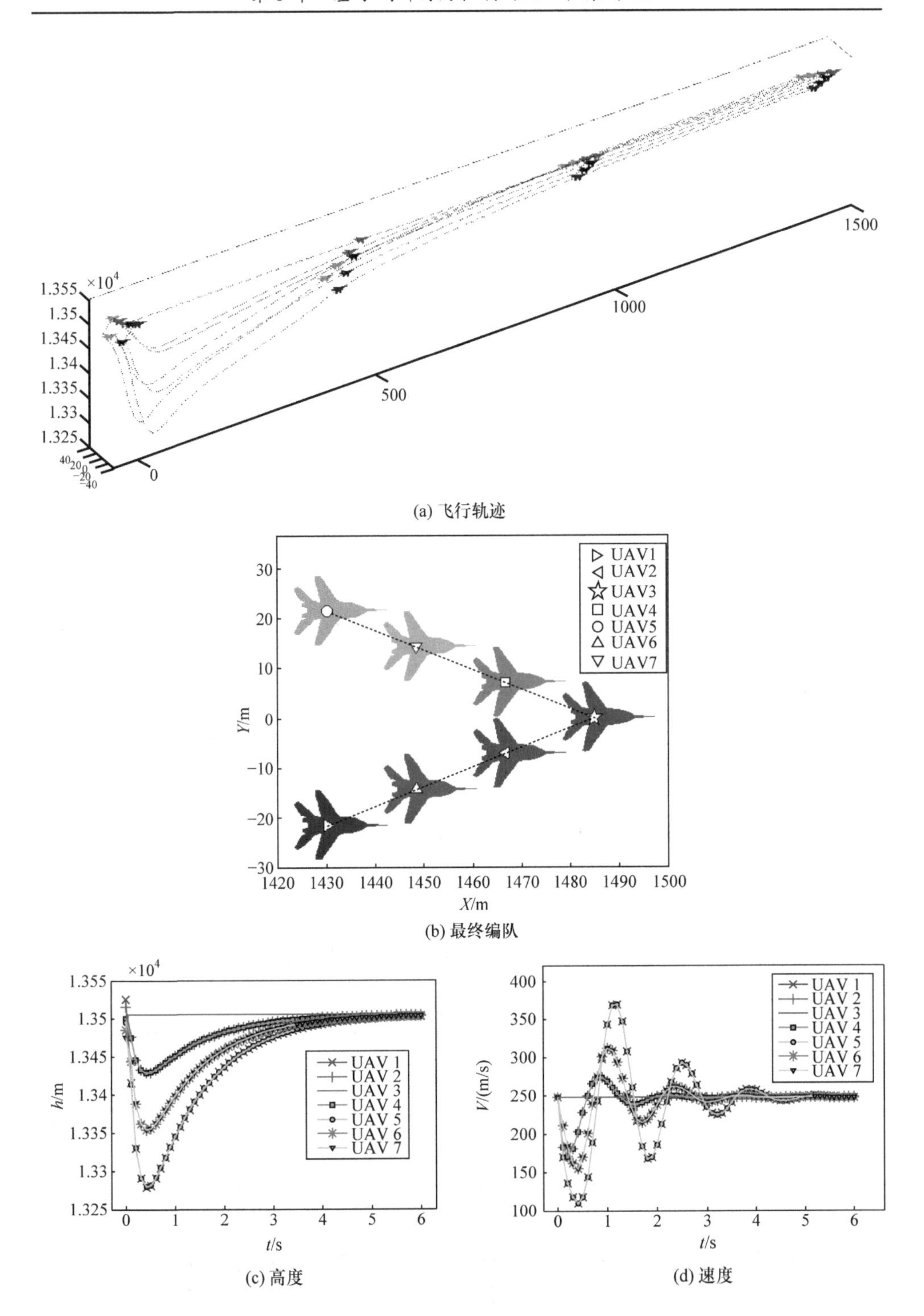

(a) 飞行轨迹

(b) 最终编队

(c) 高度

(d) 速度

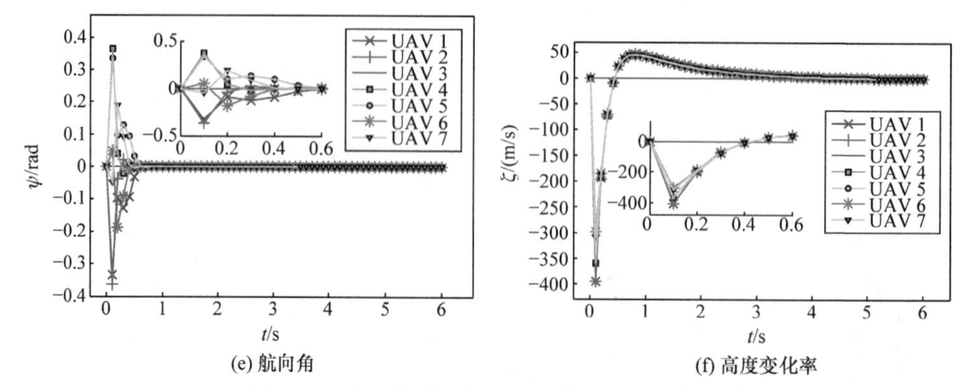

图 5-13　基于鸽群层级引领的无人机紧密编队

表 5-12　无人机机群最终状态

	对应领导	层级	是否为左侧跟随	x/m	y/m	z/m
1	6	4	0	18.2540	−7.1784	−0.7912
2	3	2	0	18.2832	−7.1784	−0.7389
3	0	1	1	—	—	—
4	3	2	1	18.2832	7.1784	−0.7337
5	7	4	1	18.2540	7.1784	−0.7860
6	2	3	0	18.2924	−7.1784	−0.7514
7	4	3	1	18.2924	7.1784	−0.7530

5.3　基于鸽群行为机制的集群编队及避障

5.3.1　基于鸽群层级引领的集群编队控制方法

在完成四旋翼姿态环、位置环及基本双机编队的控制器设计后[10, 11]，为了进一步实现基于鸽群智能行为的无人机编队控制，可以四旋翼无人机的位置和速度为研究对象，建立编队中每个无人机以加速度为控制变量的控制算法[18]。考虑无人机的位置、航向由自动驾驶仪进行控制，则三维欧式空间中由 n 架四旋翼无人机构成的编队可由双积分器模型表示，其中第 i 架无人机的运动方程描述为如下形式[19]

$$\begin{cases}\dot{\vec{q}}_i = \vec{p}_i \\ \dot{\vec{p}}_i = \vec{u}_i\end{cases} \tag{5-13}$$

式中，$\vec{q}_i$、$\vec{p}_i$、$\vec{u}_i \in \mathrm{R}^3$ 分别为第 i 架无人机的位置、速度以及控制向量 $(i=1,2,\cdots,n)$。

基于鸽群行为的无人机控制框架如图 5-14 所示。在该框架下，无人机控制算法由高度一致算法和水平面飞行算法两个控制通道构成。高度控制通道采用一致性算法，为高度自动驾驶仪提供指令信号，使所有无人机保持在近似同一高度上飞行；水平通道采用基于鸽群层级引领-跟随、航向趋同及航向协商折衷规则的控制算法，分别为无人机的速度自动驾驶仪、航向自动驾驶仪提供速度、航向角指令信号，并且无人机的拓扑网络与鸽群层级领导网络一致，使得整个无人机编队满足鸽群行为规则下的速度、航向趋同及航向协商[20]。

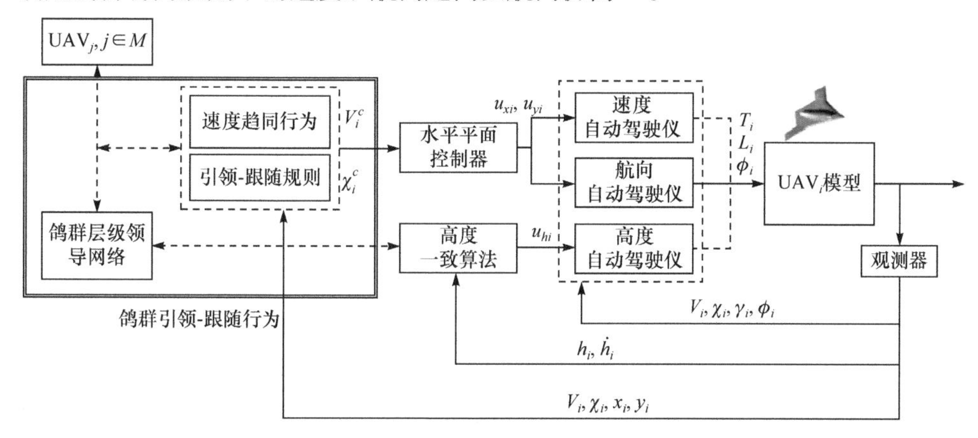

图 5-14　基于鸽群行为的无人机分布式控制框架

在鸽群层级领导网络中，基于改进拓扑交互规则的层级引领网络模型 MFNN-MHLN 建立无人机的通讯拓扑网络，以 10 架无人机构成的编队为例，编队中无人机间的通讯拓扑关系如图 5-15 所示。

基于鸽群智能行为的无人机编队控制算法由三部分构成。对于第 i 架无人机，它的控制输入如下所示

$$u_i = f_i^p + f_i^a + f_i^o$$

式中，控制元素 f_i^p 、f_i^a 和 f_i^o 分别为鸽群速度一致规则、航向一致规则以及航向协商折衷规则的控制项。

第一个控制元素 f_i^p 利用鸽群智能行为中的群集一致与相互吸引/排斥实现无人机的速度匹配，无人机间的速度一致控制项如下式所示

$$\begin{aligned}
&f_i^p = \omega_{\text{rep}} f_{i,\text{rep}} + \omega_{\text{att}} f_{i,\text{att}} + \omega_{\text{al}} f_{i,\text{al}} + \omega_{\text{front}} f_{i,\text{front}} \\
&f_{i,\text{rep}} = \frac{1}{n_{\text{rep}}} \sum_{j=1}^{n_{\text{rep}}} g(d_{ij}) \vec{u}_{ij}, \vec{x}_j \in \text{R} \\
&f_{i,\text{att}} = \frac{1}{n_{\text{att}}} \sum_{j=1}^{n_{\text{att}}} g(d_{ij}) \vec{u}_{ij}, \vec{x}_j \in \text{ATT} \\
&f_{i,\text{al}} = \frac{1}{n_{\text{al}}} \sum_{j=1}^{n_{\text{al}}} \frac{\vec{v}_j}{|\vec{v}_j|}, \vec{x}_j \in \text{AL} \\
&f_{i,\text{front}} = g_f(d_{ij}) \vec{u}_{ij}
\end{aligned} \tag{5-14}$$

式中，ω_{rep}、ω_{att}、ω_{al}和ω_{front}分别为相应作用力的权重；r_{rep}、r_{al}和r_{att}分别为排斥力、队列一致和吸引力的作用半径。

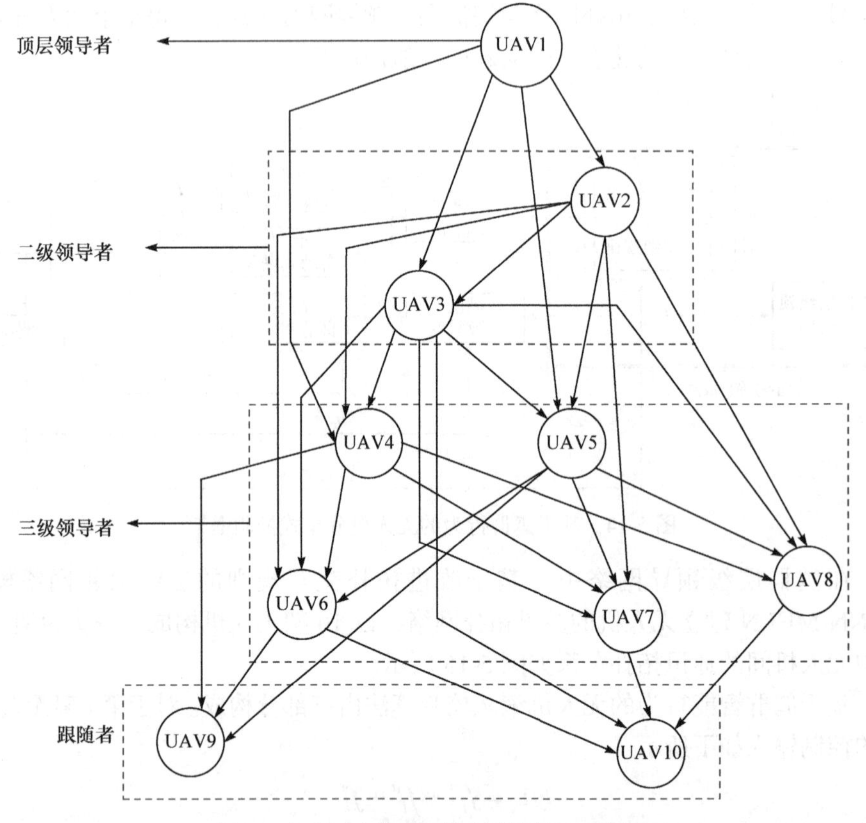

图 5-15　无人机层级引领-跟随关系示意图

第二个控制元素 f_i^a 利用鸽群智能行为中航向一致行为规则进行航向修正，在鸽群网络中，群体间的交互由于领导层级的不同具有不同的权重值，为了表示鸽群分层引领的特性，在个体交互中加入社会影响因子 h，表示不同个体间交互权重的区别，个体的航向变化如下式所示

$$f_i^a = \sum_{j \neq i} \frac{p_j(t) - p_i(t)}{\left|p_j(t) - p_i(t)\right|} + \sum_{j=1}^{N} h_{ij} \frac{v_j(t)}{\left|v_j(t)\right|} \tag{5-15}$$

式中，$p(t)$和 $v(t)$分别为无人机的位置和速度；h_{ij}为邻居 j 对个体 i 产生影响的权重，h_{ij}越大，邻居 j 对个体 i 的运动产生的影响越大。

第三个控制元素 f_i^o 利用鸽群智能行为中航向协商折中行为进行远距离的飞行轨迹导引，在每一时刻，个体 i 根据下列四个响应更新自己的飞行方向

$$
\begin{aligned}
& f_i^o = \alpha_i(t) + P_i(t) + O_i(t) + A_i(t) + E_i(t) \\
& P_i(t) = \begin{cases} \lambda \psi_i(t) \mathrm{e}^{-(\psi_i(t)/d_0)} \\ -\lambda \psi_i(t) \mathrm{e}^{-(\psi_i(t)/d_0)} \end{cases} \\
& O_i(t) = a \tanh(\varphi_i(t) a_{sl}) \\
& A_i(t) = c \sin(\theta_i(t)) \tanh((r_i(t) - r_0) r_{sl})
\end{aligned} \tag{5-16}
$$

式中，$\psi(t)$为无人机的航向；$P_i(t)$为自主飞行轨迹的选择响应；$E_i(t)$为高斯随机噪声。

在无人机协调控制中，为了使所有的无人机保持在同一高度上，在高度控制通道采用一致性算法，为高度自动驾驶仪提供指令信号，使所有无人机保持在同一高度上飞行，无人机 i 的高度控制指令如下式所示

$$
\begin{aligned}
& \dot{h}_i = v_i^h \\
& \dot{v}_i^h = -\frac{1}{\tau_{\dot{h}}} \dot{v}_i^h + \frac{1}{\tau_h}\left(h_i^{\mathrm{c}} - h_i\right) = u_{h,i} \\
& u_{h,i} = -c_{\dot{h}} \sum_{j \in \Gamma_i(t)} \left(\dot{h}_i - \dot{h}_j\right) - c_h \sum_{j \in \Gamma_i(t)} \left(h_i - h_j\right) \\
& -c_{\dot{h}}^1 \left(\dot{h}_i - \dot{h}_{\mathrm{L}}\right) - c_h^1 \left(h_i - h_{\mathrm{L}}\right) + f_i^o \Big|_z
\end{aligned} \tag{5-17}
$$

式中，h_i，v_i^h 分别为无人机 i 的高度与高度变化率；$c_{\dot{h}}$、c_h、$c_{\dot{h}}^1$ 和 $c_{\dot{h}}^1$ 均为控制增益。假设最高级领导者的运动规律为$\left(v_i^h, h_{\mathrm{L}}\right)$，所有无人机将在高度一致控制率的作用下保证整个群体与领导者在同一高度。

5.3.2　鸽子飞行避障导引及改进人工物理避障测试

在进行基于鸽子飞行避障行为及改进人工物理的多无人机避障测试前[10, 11]，为验证前述四旋翼无人机的姿态、位置控制以及双机引领-跟随控制策略的有效性，首先对基于 PID 控制以及引领-跟随编队的无人机控制进行仿真，在仿真中同时应用基于鸽群优化算法的控制器参数整定方法。

设无人机质量 m=1，对无人机姿态控制进行仿真验证，由于四旋翼无人机在横航向与纵向控制方面存在解耦性，在姿态控制和位置控制方面存在半耦合关系，因此在仿真时可从 x、y、z 三个通道分别验证姿态、位置控制器的有效性。设无人机的起始状态为稳定状态，θ=0，φ=0，ψ=ψ_c=0，在各个方向不存在加速度与角加速度，$\dot{x} = \dot{y} = \dot{z} = \dot{\psi} = 0$。仿真中给出阶跃指令信号，无人机跟踪阶跃指令达到目标状态，在位置控制仿真中设定无人机以恒定速度飞行，无人机姿态和位置控制的仿真结果如图 5-16 所示。

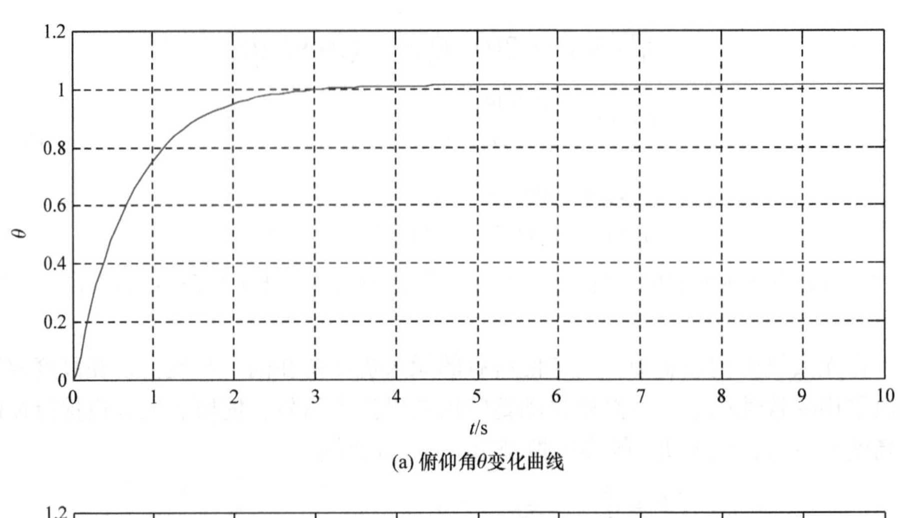

(a) 俯仰角θ变化曲线

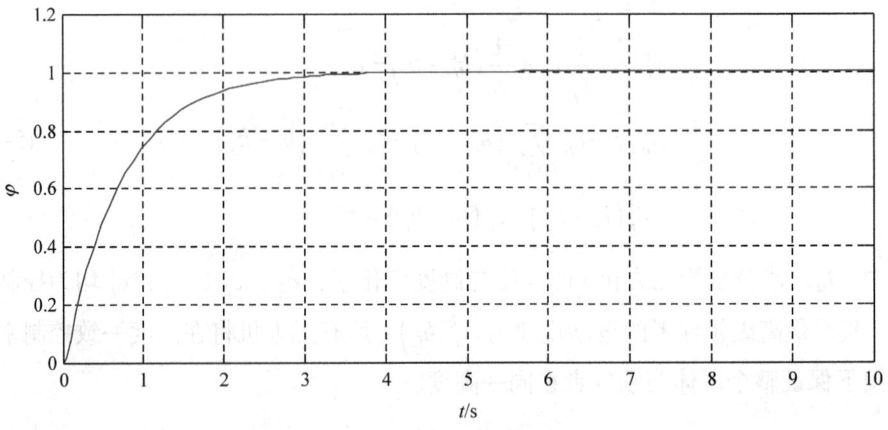

(b) 滚转角φ变化曲线

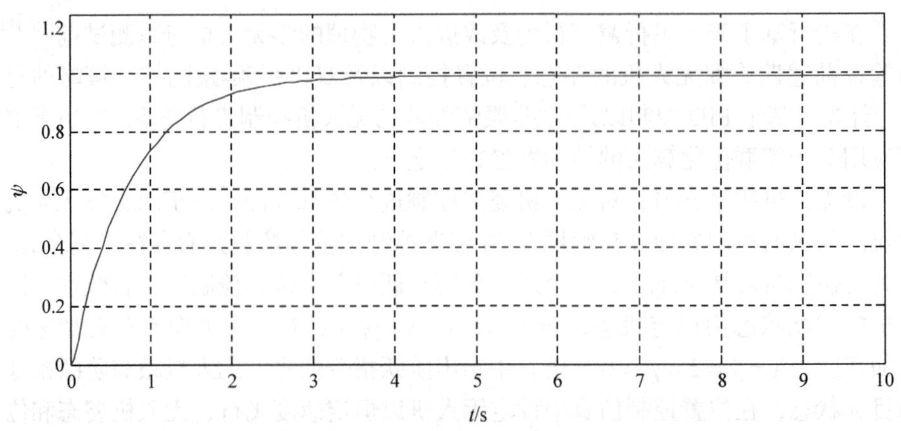

(c) 偏航角ψ变化曲线

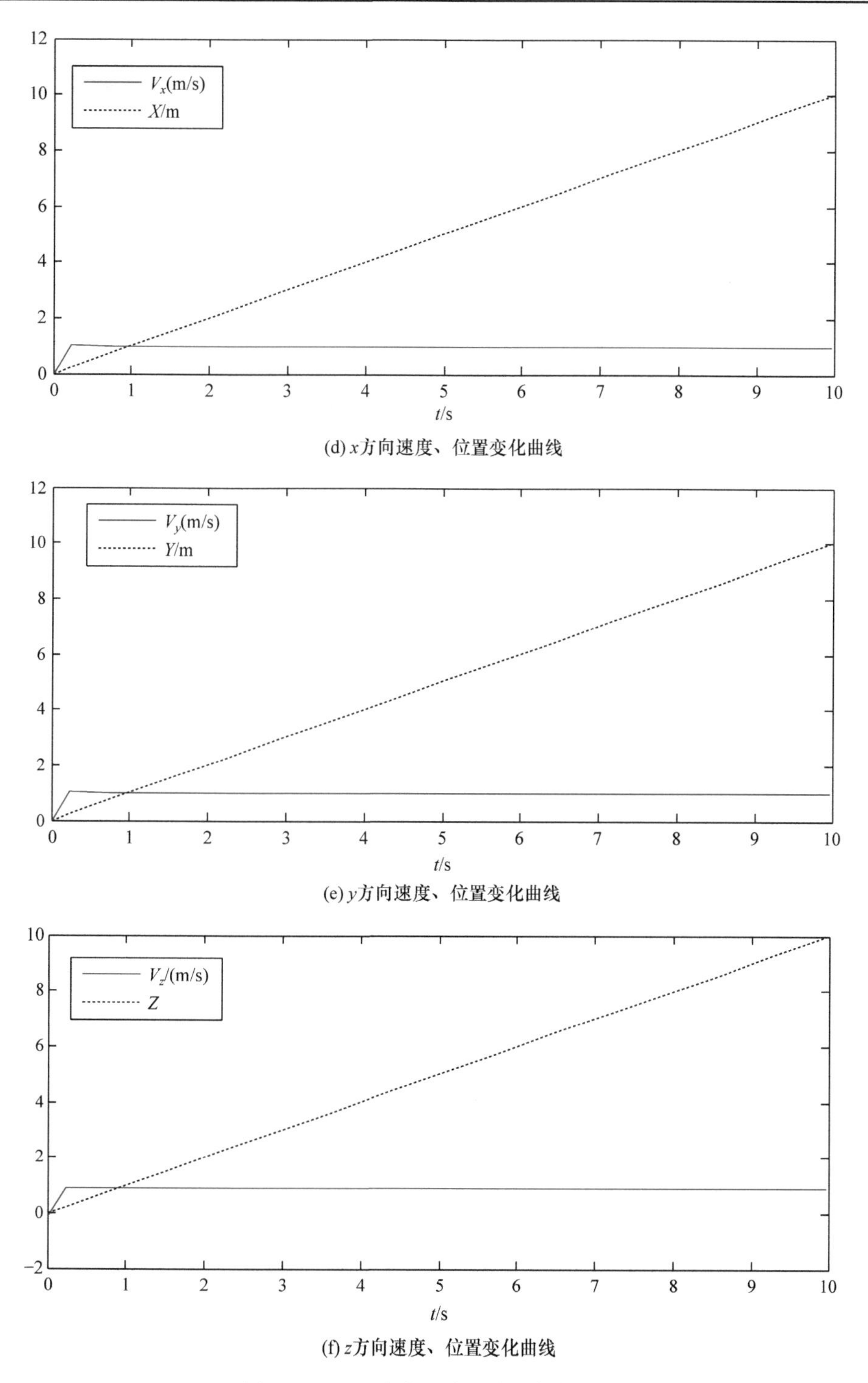

(d) x方向速度、位置变化曲线

(e) y方向速度、位置变化曲线

(f) z方向速度、位置变化曲线

图 5-16　无人姿态、位置控制仿真曲线

从姿态响应曲线可见受控姿态系统是稳定的，而且当目标姿态发生切换时四旋翼无人机姿态控制系统可以进行快速响应，仿真结果中存在微小的稳态误差。在 x、y、z 三个方向上的速度和位置控制器都能够迅速跟踪指令信号，无人机的位置变化精确稳定。

对基于引领-跟随的编队控制算法进行仿真，设跟随者与领导者之间的编队期望距离 x_d=2m，y_d=0m，z_d=3m，跟随者的起始位置为领导者后方，相对编队距离为 x_0=10m，y_0=5m，z_0=8m。领导者先做横侧向机动，再以 1m/s 的速度匀速向前飞行，跟随者从起始位置出发，达到期望编队位置并保持稳定编队飞行，双机引领-跟随控制的仿真结果如图 5-17 所示。

从仿真结果可以看出，采用基于引领-跟随控制方法进行编队飞行控制时，位置误差在各个方向上同步收敛至 0 值。在引领-跟随控制算法中选择的控制状态量为领导者与跟随者在领导者机体坐标系的期望距离与实际距离之差，当领导者的飞行状态稳定时，可以近似地认为该状态量误差为惯性坐标系下的位置误差，此时引领-跟随编队控制器可以使编队位置误差同步收敛，保证双机编队队形的精确与稳定。

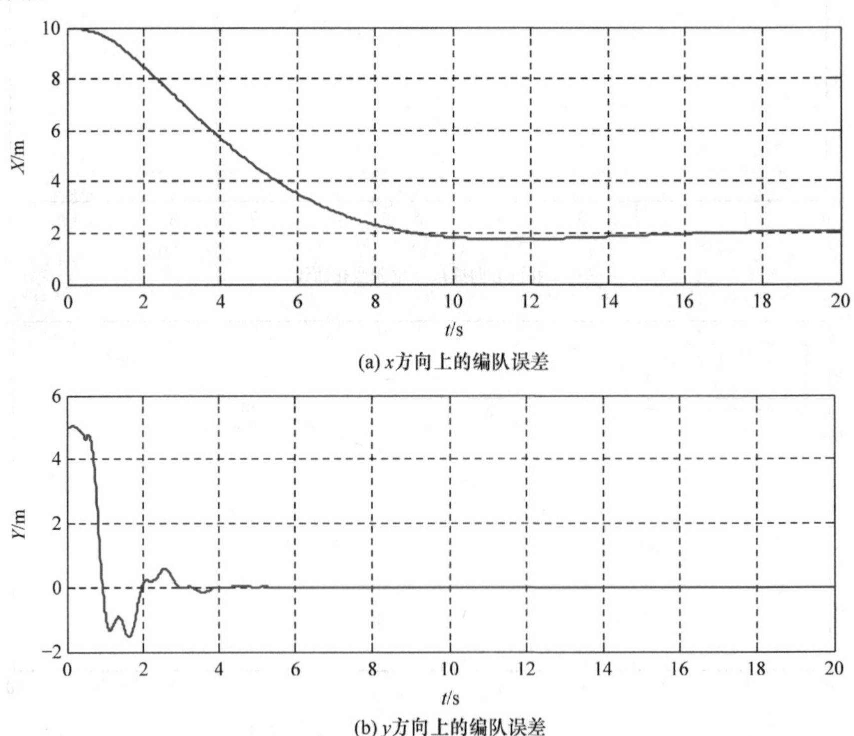

(a) x方向上的编队误差

(b) y方向上的编队误差

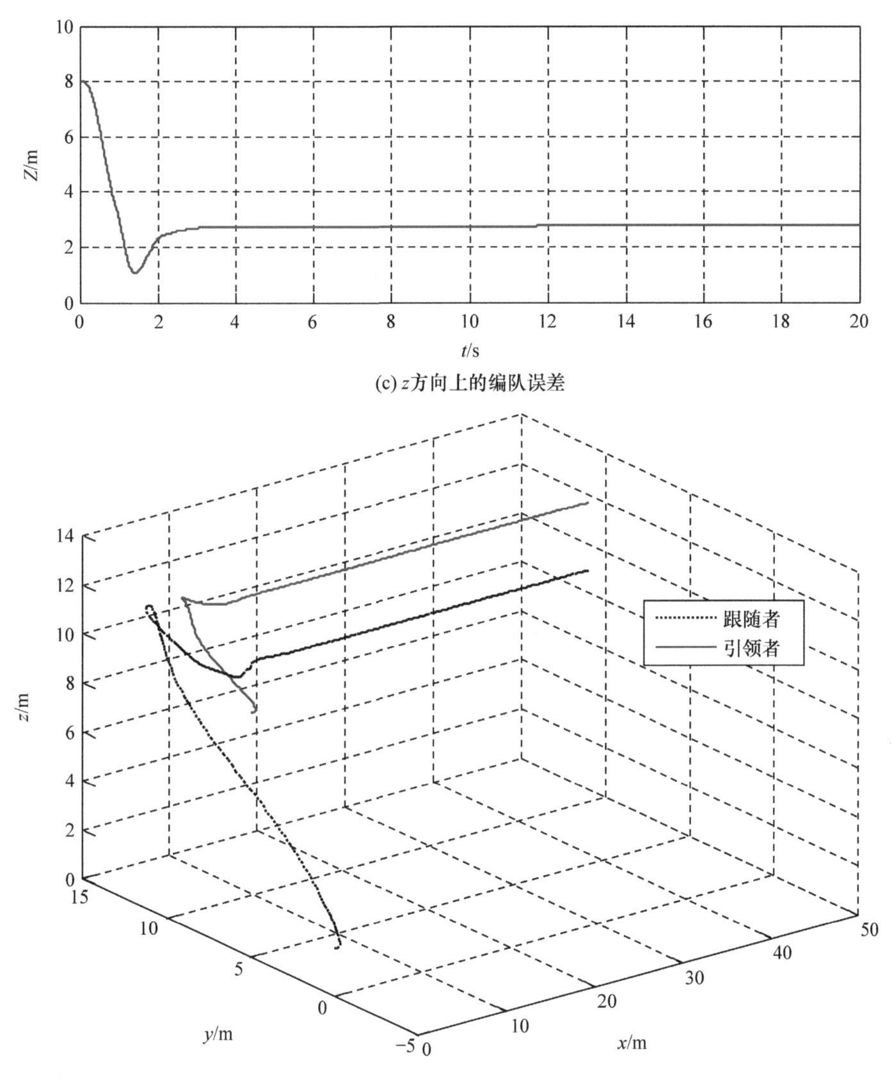

(c) z方向上的编队误差

(d) 引领-跟随编队的三维轨迹

图 5-17　基于引领-跟随控制方法的编队位置误差

鸽群优化算法及其他对比算法在无人机姿态 PID 控制器参数整定时的平均最优代价函数值收敛曲线如图 5-18 所示，每条曲线都是对 50 次独立仿真实验取平均值。在 6 种约束优化算法中，鸽群优化算法取得的最优值和平均值最好，且进化曲线具有最快的收敛速度。

本节选取了不同的仿真算例，对基于鸽子飞行避障行为和改进人工物理避障方法进行了测试，鸽子飞行避障导引方法采用多个较小的圆柱状障碍物进行测试，而改进人工物理方法采用较大型的立方体障碍物进行测试。

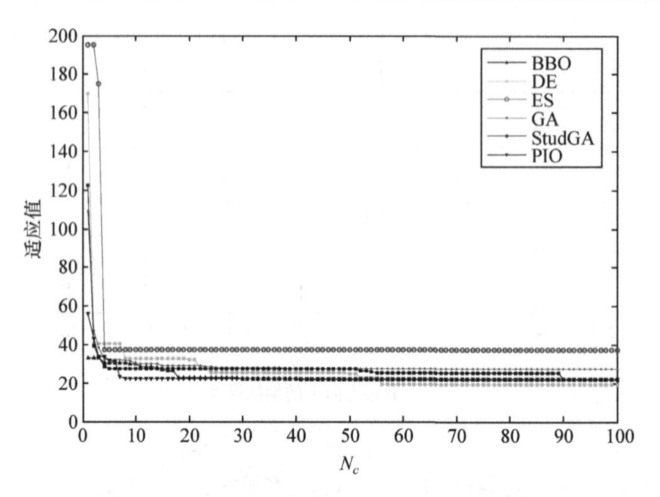

图 5-18　鸽群优化算法与其他算法的平均最优值进化曲线

首先验证基于鸽子飞行避障行为的无人机避障导引方法，在仿真算例中采用的参数设置为：转向比例增益 K_P=0.25，转向微分增益 K_D=0.1，惯性稳定增益 K_S=0.05，控制系统中固定的视觉(传感器探测)时延τ =0.1s。设定视场角度限制为 $-30° < \theta_{th} < +30°$，探测距离限制为 0.25m< R_{th}<1.5m。仿真在二维平面进行，此时无人机只需考虑 x、y、ψ、V 四个状态变量。无人机初始位置在坐标[0～2，8～12]内随机生成，初始飞行速度为 1m/s，初始航向沿 x 轴正方向，在 6m×20m 的正方形空间内随机生成多个圆柱形障碍物(实心圆点所示)，图 5-19 显示了该方法导引无人机在复杂障碍环境下运动的轨迹。从仿真结果可见，基于鸽子飞行避障行为的无人机避障导引方法引导无人机绕开复杂障碍区域，在穿过目标区域后仍保持穿越障碍前的航向。

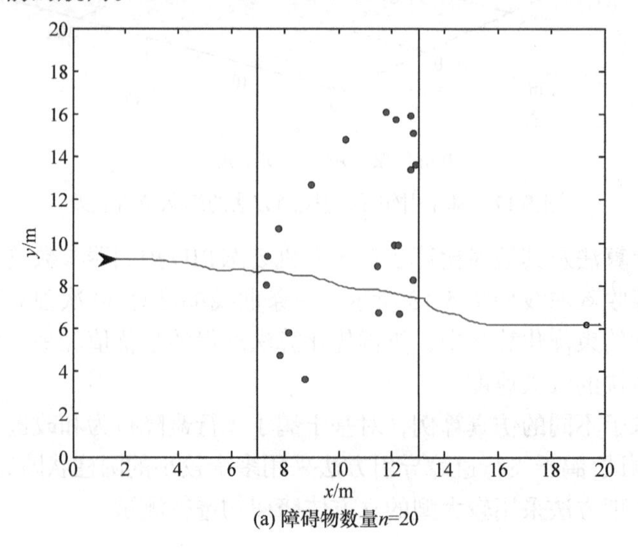

(a) 障碍物数量n=20

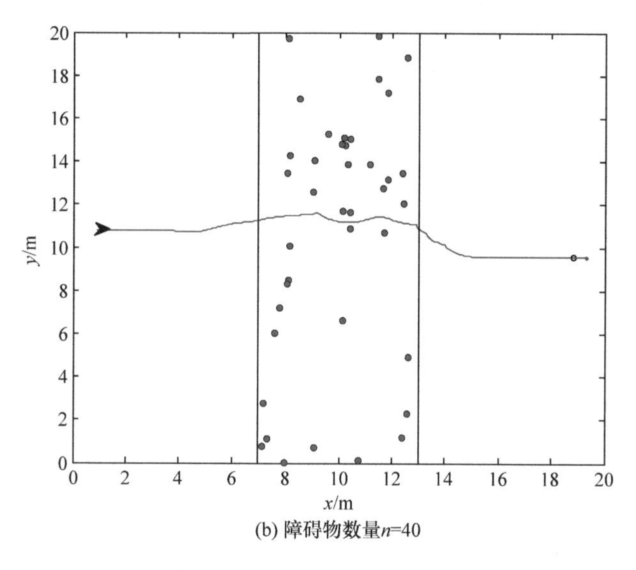

(b) 障碍物数量n=40

图 5-19　单架无人机通过障碍区域时的运动轨迹

图 5-20 显示了由 10 架无人机组成的编队在穿越多个圆柱形障碍区域时的飞行轨迹变化情况。可以看出，在避障方法的导引下，无人机能够以稳定的速度飞行，且避免了频繁的转弯机动，穿越障碍时的航迹平滑，转弯角度的标准差较小，在穿越障碍过程中和穿越障碍后都能保持稳定，表明基于鸽子飞行避障行为的无人机避障导引方法有效地解决了高密度障碍情况下无人机飞行避障导引问题。

以上仿真过程中，无人机主要受鸽子飞行避障导引驱动，机间仅仅只保持航向对齐作用。事实上，当无人机编队在障碍空间飞行时，既需保持集群构型，又

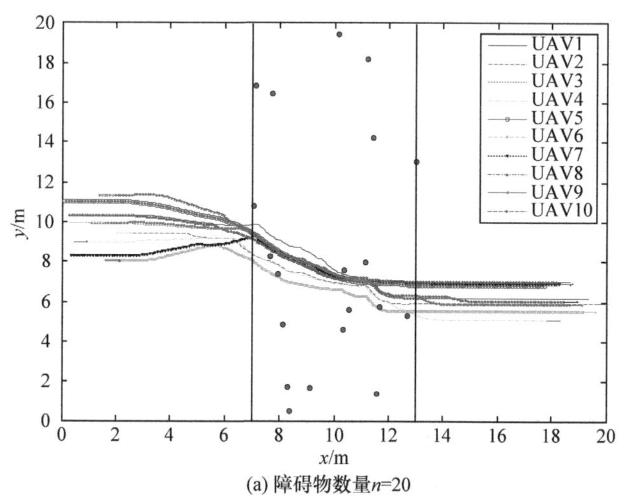

(a) 障碍物数量n=20

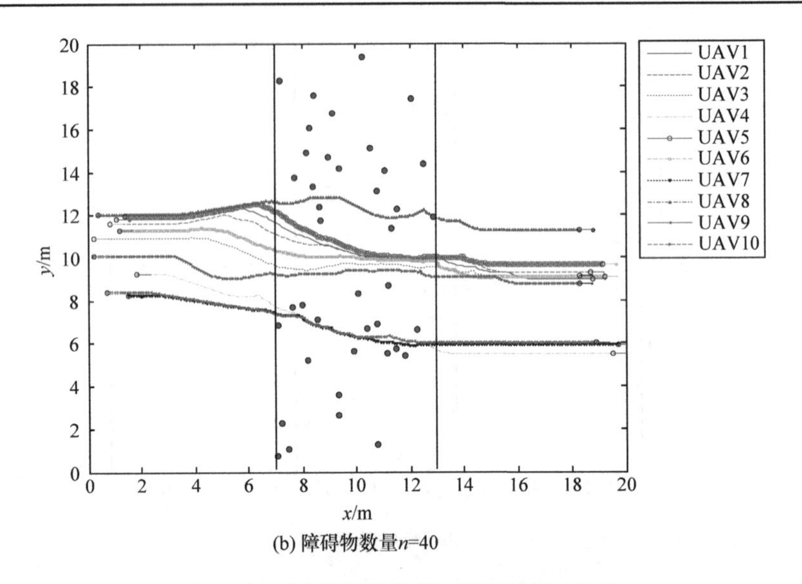

(b) 障碍物数量n=40

图 5-20　无人机通过障碍区域时的运动轨迹

需避开障碍，如何协调二者是一个亟待解决的关键问题。下面将在多目标优化框架下，设计一种基于多目标鸽群优化的无人机编队避障方法，其中待优化的量是无人机集群编队权重以及无人机避障权重，优化的目标函数 $Cost$ 如下[21]

$$Cost_k^{i'}=\begin{cases}\begin{cases}-x^i\cos\theta_e-y^i\sin\theta_e, & \text{if } A_{\mathrm{o}}^i\neq\varnothing\\ \left|v_e\cos\theta_e-V_{xy}^i\cos\psi^i\right|+ & \\ \left|v_e\sin\theta_e-V_{xy}^i\sin\psi^i\right|, & \text{if } A_{\mathrm{o}}^i=\varnothing\end{cases}, & k=1\\ \sum_{j\in N^i}\left(\left|R_{\mathrm{desire}}^{ij}-d^{ij}\right|+\left(\begin{array}{l}\left|V_{xy}^j\cos\psi^j-V_{xy}^i\cos\psi^i\right|+\\ \left|V_{xy}^j\sin\psi^j-V_{xy}^i\sin\psi^i\right|\end{array}\right)\right), & k=2\\ \begin{cases}1,\text{if } \exists d_{\mathrm{o}}^{ij'}\leqslant R_{\lim}^2\\ 0,\text{if } \forall d_{\mathrm{o}}^{ij'}>R_{\lim}^2\end{cases}, & k=3\\ \begin{cases}1,\text{if } \exists d^{ij}\leqslant R_{\lim}^1\\ 0,\text{if } \forall d^{ij}>R_{\lim}^1\end{cases}, & k=4\end{cases}\tag{5-18}$$

式中，v_e 是期望水平速度；A_{o}^i 为感知到的障碍集合；V_{xy}^i 为水平速度；$d_{\mathrm{o}}^{ij'}$ 为无人机 i 与障碍 j' 间的距离；$R_{\lim}^1$ 为无人机间最小安全距离；$R_{\lim}^2$ 为避障最小安全距离。如图 5-21 所示，多目标鸽群优化求取权重的过程如下：

对 N 只鸽子进行非占优排序和拥挤度比较，得到第一前沿 S^1，鸽子 i' 的排名

$rank_{i'}$；如果 $N_c>1$，$N=N-N_d$，删去 $rank_{i'}>N-N_d$ 的鸽子，其中 N_d 是每次迭代递减的鸽子数量；计算鸽子中心 X_c

$$X_{\mathrm{c}}=\frac{\sum_{rank_{i'}\leqslant n_c} X_{N_c}^{i'}}{n_c} \tag{5-19}$$

式中，n_c 为第一前沿 S^1 中的鸽子数目。

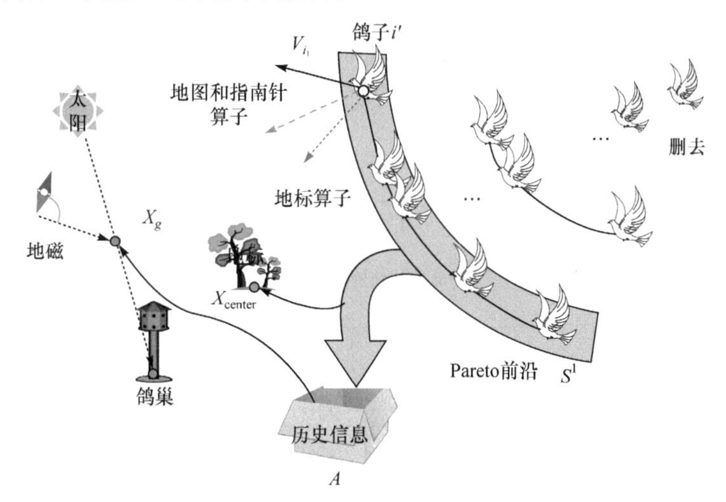

图 5-21　多目标鸽群优化

将 S^1 存入历史集合 S_H 中，对 S_H 中的鸽子进行非占优排序和拥挤度比较，得到历史集合第一前沿 S_H^1，$S_H=S_H^1$，随机选取 S_H 中的任一只鸽子作为全局最优 X_g；计算鸽子速度 $V_{N_c+1}^{i'}$

$$V_{N_c+1}^{i'}=\mathrm{e}^{-R\cdot N_c}V_{N_c}^{i'}+tr\left(rand\left(1-\lg_{Nc_{\max}}^{N_c}\right)\left(X_{\mathrm{g}}-X_{N_c}^{i'}\right)+rand\lg_{Nc_{\max}}^{N_c}\left(X_c-X_{N_c}^{i'}\right)\right) \tag{5-20}$$

式中，R 为地图和指南针算子；tr 为过渡因子；$rand$ 为[0,1]范围内的随机数；$Nc_{\max}$ 为最大迭代次数。

为验证所提出的于多目标鸽群优化的无人机编队避障方法的有效性，选取 7 架无人机进行障碍下的编队测试。无人机 1—7 的初始位置 P^1— P^7 分别为 (20m, 80m, 69.2665m)、(10m, 90m, 43.6688m)、(10m, 70m, 11.5694m)、(0m, 100m, 47.4858m)、(0m, 60m, 77.5678m)、(−10m, 110m, 94.6116m) 以及 (−10m, 50m, 82.8438m)，初始水平速度 V_{xy}^i=10m/s，初始航向角 ψ^i=0rad，初始高度变化率 λ^i=0m/s。仿真共进行 20s，最终的编队避障结果如图 5-22 所示，其中图(a)为飞行轨迹，图(b)为飞行轨迹俯视图，图(c)为高度，图(d)为速度，图(e)

为航向角，图(f)为高度变化率。由图可见，无人机机群可以在所设计的算法作用下有效避开障碍并形成编队，机间保持安全距离，高度、速度、航向角以及速度趋于一致。

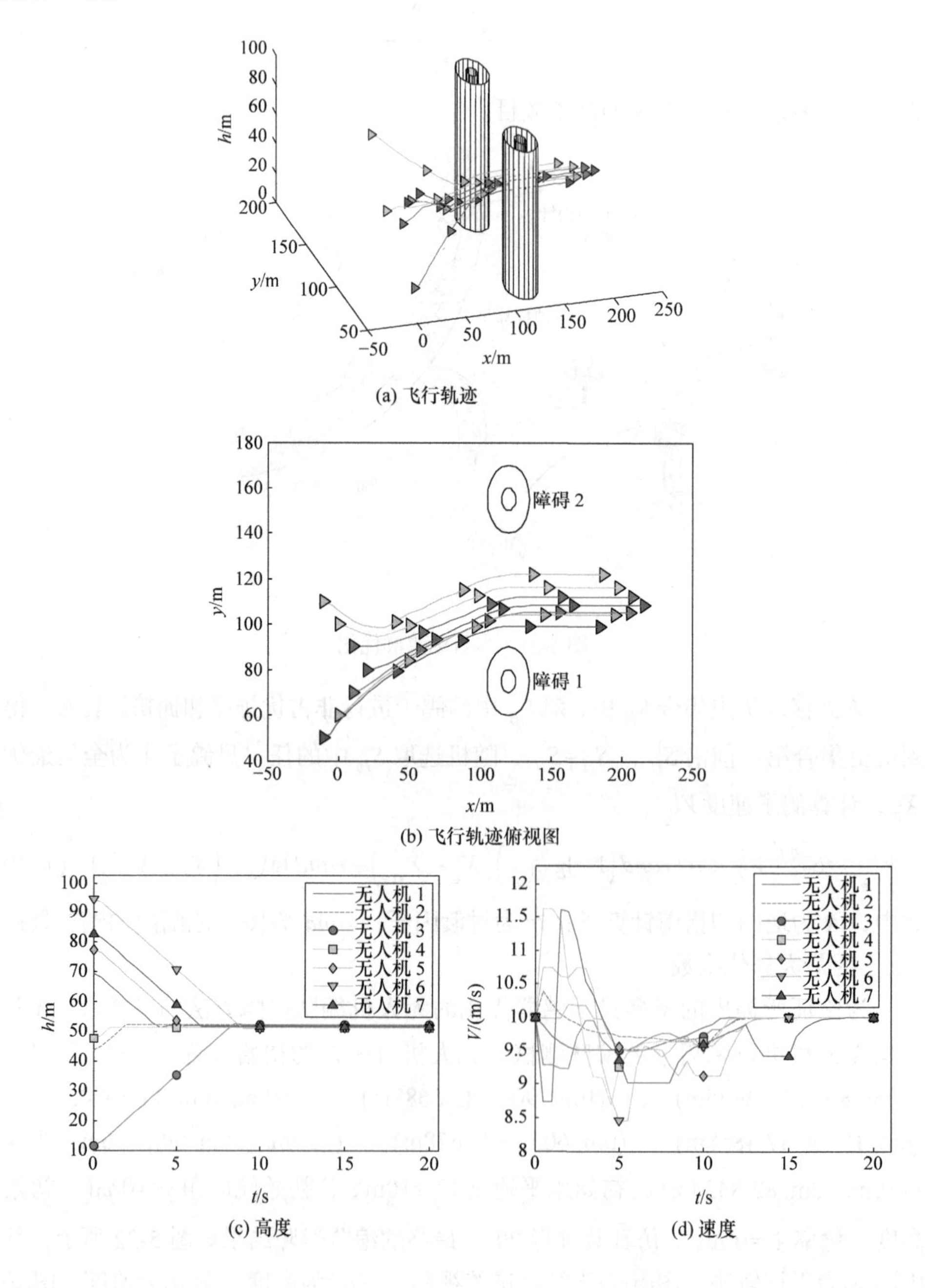

(a) 飞行轨迹

(b) 飞行轨迹俯视图

(c) 高度　　(d) 速度

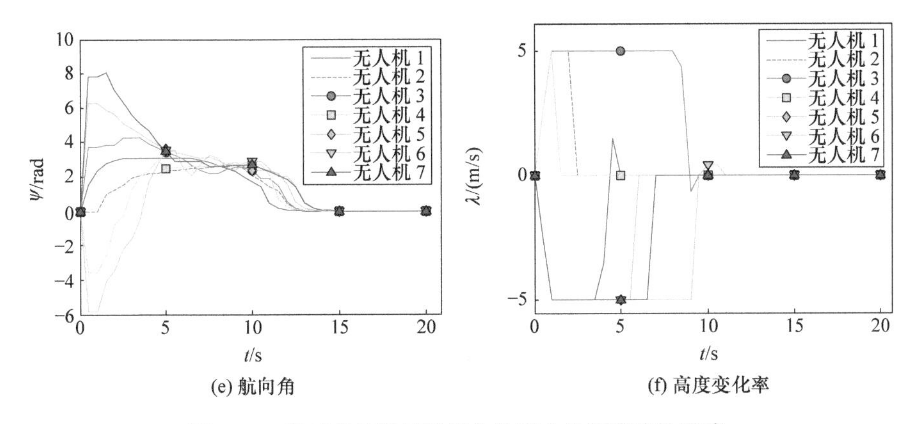

(e) 航向角　　(f) 高度变化率

图 5-22　基于多目标鸽群优化的无人机集群编队避障

其次验证改进人工物理方法避开较大型立方体障碍物，其中改进人工物理方法采用高斯型作用力函数。仿真参数设置为：R_{rep}=2，G_{obs}=100，f=0.2，仿真步长 $\Delta t = 0.1\text{s}$，无人机最大速度为 V_{max}=10m/s。验证改进人工物理法避免陷入局部势能极小点的能力，在 120m×120m×50m 的立方体空间内布置一个目标点(用“★”符号表示)和一个立方体障碍物，在立方体障碍物原理目标点的一面存在局部势能极小点。如图 5-23(a)所示，仿真结果表明使用基于随机力的改进人工物理法可以引导无人机绕开复杂障碍区域到达目标点，并且避免陷入局部势能极小点。如图 5-23(b)所示，在靠近障碍物时，基本人工物理法得到的运动轨迹明显陷入了局部势能极小点，不能导引无人机到达最终目标点。

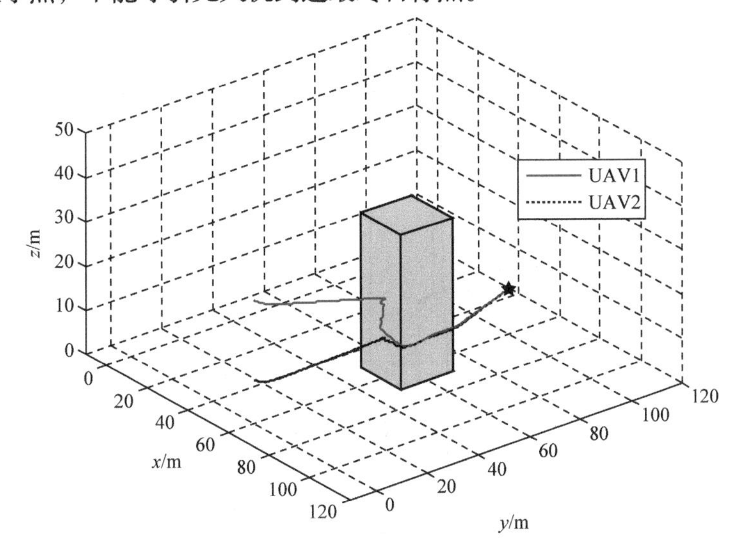

(a) 改进人工物理法

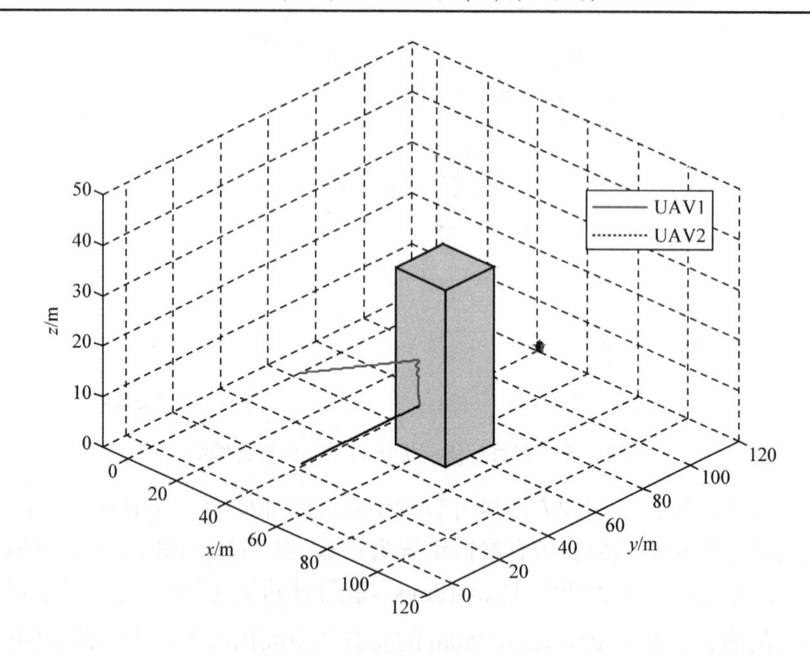

(b) 基本人工物理法

图 5-23　无人机通过局部势能极小点时的运动轨迹对比

将仿真算例设定为具有多种不同形状障碍物的区域，在 120m×120m×50m 的立方体空间内布置一个目标点(用“★”符号表示)和多个立方体障碍物，仿真中的参数设置不变，对避障以及编队会合进行仿真。图 5-24 显示了由 5 架无人

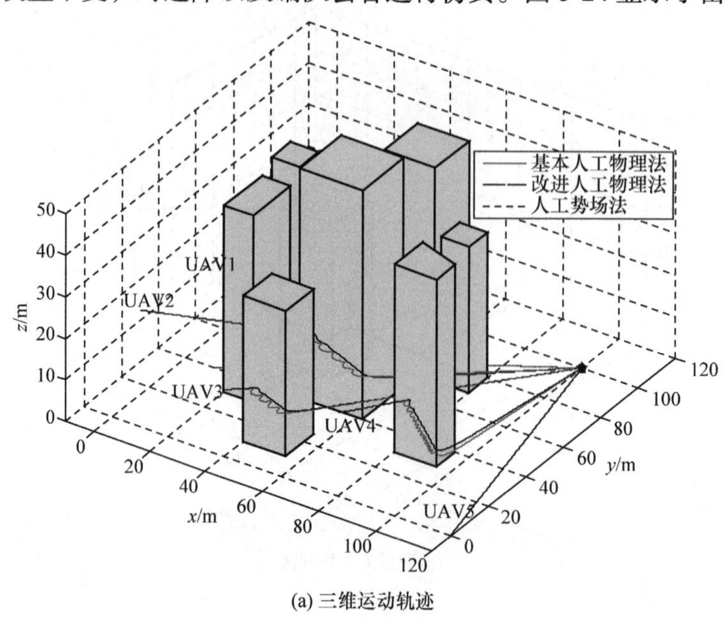

(a) 三维运动轨迹

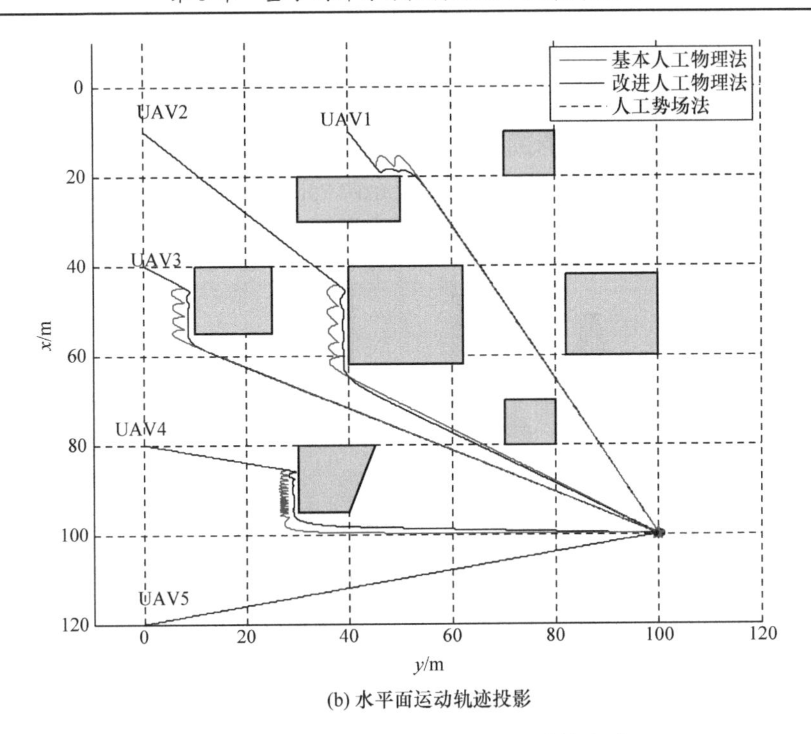

(b) 水平面运动轨迹投影

图 5-24　无人机穿过障碍区域时的运动轨迹对比

机组成的编队穿过多个障碍组成的复杂区域时的运动轨迹。可见改进的人工物理法可导引无人机编队中每一架无人机沿着平滑的航迹到达目标点，并避免与障碍物发生碰撞。与基本人工物理法相比，改进的人工物理法产生的轨迹更加平滑。

从上面的仿真结果与分析可见，本节提出的改进人工物理法应用在无人机避障导引时较之基本人工物理具有如下两个优势：

1) 能够避免陷入局部势能极小点，保证到达全局目标；

2) 获得的轨迹更加平滑，在靠近障碍物时没有产生严重的振荡。

相比于更加复杂的人工势场法，人工物理法不需构造复杂的势场函数，而是直接对无人机施加虚拟的物理力作用，从设计上更加简单，能更加有效地将虚拟物理力接入无人机的速度和航向控制器中。

以上测试过程中所使用的人工势场避障方法往往已陷入局部最优，为此，鸽群层级引领机制可再次被借鉴到避障控制中，即当鸽群在基于人工势场法建立的障碍空间中飞行时，无知个体常常会在抵达最终目标点前陷入局部最优，而了解如何设置合适临时目标点的个体则可以成果跳出局部最优[22]。鸽群中所有个体被划分入层级结构中的不同等级，具有高等级的个体会配备有更多关于如何在陷入局部最优时设置临时目标点的信息。基于鸽群会于飞行不同阶段在层级交互模式和平等交互模式间切换的行为，可设计一种鸽群协调避障方法，即当没有加载先验信息的无人机检测到自己陷入局部最优后，会增加自己对于经验个体的跟随权重，直至避开当前障碍。为测试所设计的鸽群协调避障方法有效性，设定 10 架无人机组成集群穿越 4 个巨型障碍组成的复杂障碍区域，如图 5-25 所示，无人机集群可在所设计的鸽群协调避障方法下，跳出局部最优，顺利穿过障碍。

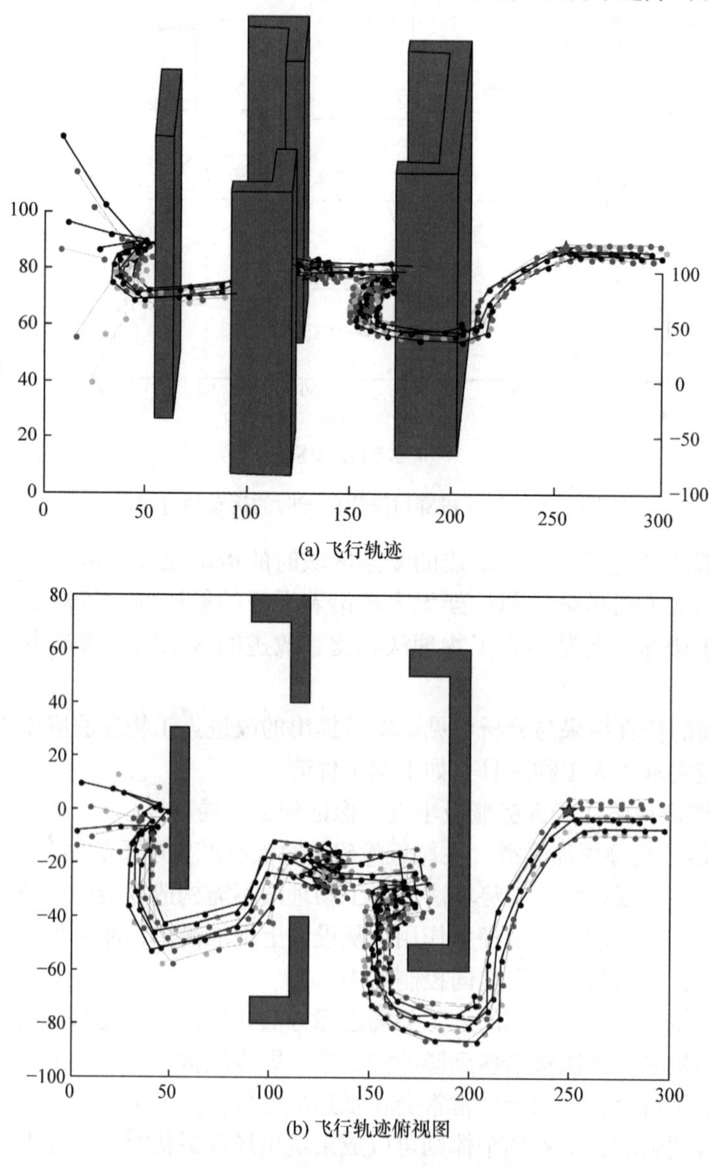

图 5-25　基于鸽群切换行为的机群避障

5.3.3 仿真实验分析

为验证障碍环境下基于鸽群智能的无人机协调控制算法的有效性[10, 11]，下面给出了不同场景设置下的仿真算例。无人机编队由若干架四旋翼无人机组成，数量 N=8，且各个无人机型号和性能参数相同，如表 5-13 所示。在仿真实验中应用鸽群智能行为使无人机形成稳定编队飞行，包括层级网络、速度一致、航向一致和航向协商等规则，鸽群行为规则的相关参数如表 5-14 所示。

表 5-13 无人机模型性能参数

参数名	符号	数值
速度响应时间常数	τ_v	0.3
航向角响应时间常数	τ_ψ	0.25
最小和最大平飞速度/(m/s)	$[v_{\min}, v_{\max}]$	[5, 15]
最大爬升/下滑速度/(m/s)	$[\lambda_{\text{climb}}, \lambda_{\text{glide}}]$	[−5, 5]
最大纵向过载/g	$n_{\max}$	5

表 5-14 鸽群交互行为仿真参数设置

参数名	符号	数值
交互半径/m	r_A	150
速度一致趋同交互半径/m	r_O	20
群内避撞交互半径/m	r_R	3
最小交互半径/m	$r_{\min}$	1
信息交互高斯噪声标准差	σ	0.2
高度趋同控制增益	$[c_{\dot{h}},\ c_h\ \ c_{\dot{h}}^1,\ c_{\dot{h}}^1]$	[1,2,1,2]

首先进行编队盘旋飞行仿真，仿真中编队由 8 架无人机组成，采用如图 5-15 所示的 MFNN-MHLN 拓扑网络结构，仿真时长 100s，仿真步长为 Δt =0.25s。仿真中长机(UAV1)以固定偏航角速率进行盘旋飞行，其余无人机(UAV2-8)进行跟随并形成编队。仿真中在 50s 时模拟无人机失效丢失情况(UAV5 完全失去信息)，验证基于鸽群层级网络的拓扑稳定性，无人机编队的三维运动轨迹及飞行速度、高度变化如图 5-26 和图 5-27 所示。

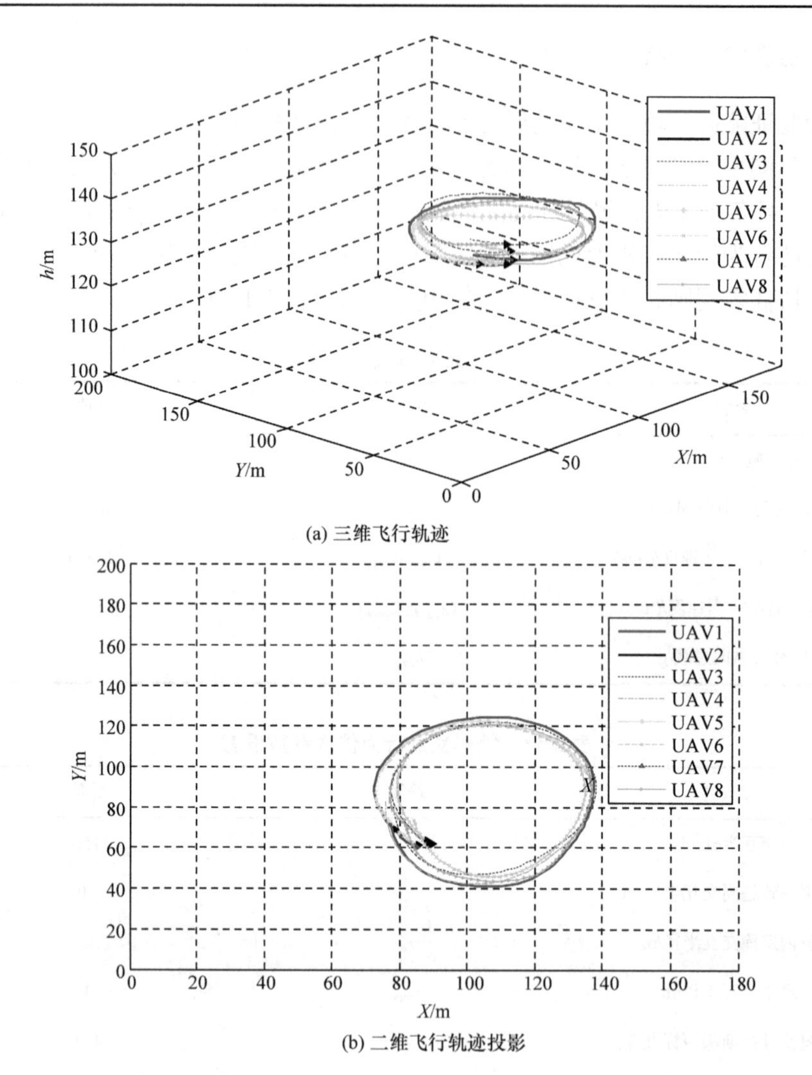

(a) 三维飞行轨迹

(b) 二维飞行轨迹投影

图 5-26　盘旋飞行仿真中无人机的三维运动轨迹(后附彩图)

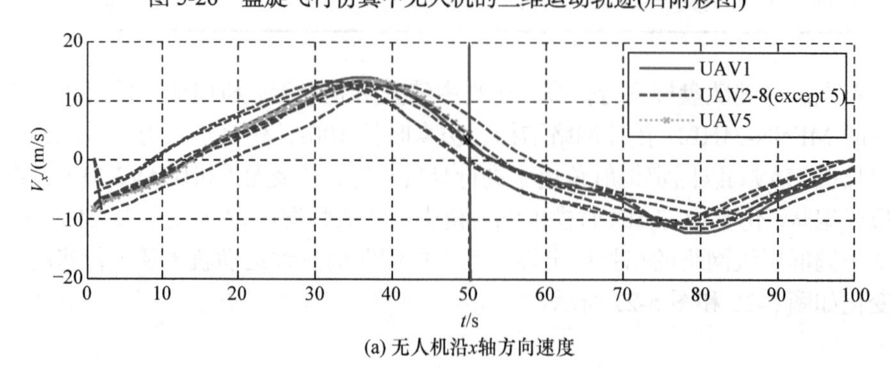

(a) 无人机沿x轴方向速度

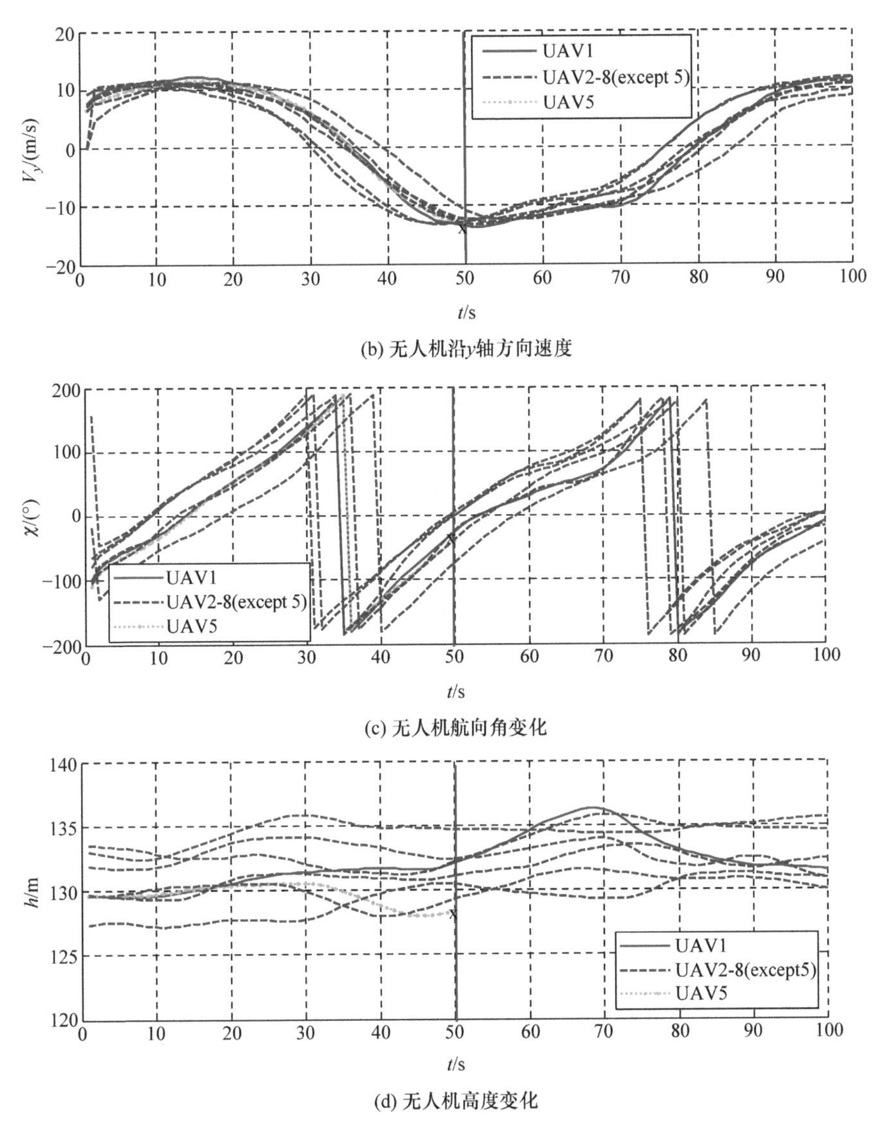

(b) 无人机沿y轴方向速度

(c) 无人机航向角变化

(d) 无人机高度变化

图 5-27　盘旋飞行仿真中无人机状态变化曲线(后附彩图)

从仿真结果上可以看出，经过一段时间后，无人机编队由初始随机位置迅速收敛到了稳定的编队飞行结构中。由于引入了高度趋同控制算法，各架无人机很快收敛到领导者的飞行高度上，而当领导者的航路高度变化时，各架无人机仍能快速地回到新的期望高度上。从速度曲线可以看出，仿真中无人机编队在形成稳定飞行状态的过程中，由于层级网络的存在，飞行速度的变化呈现分层的先后一致性，引领者通过领导下层的跟随者，使跟随者的速度与领导者的速度产生一致。

通过应用鸽群层级拓扑网络结构，在 UAV5 失效丢失后，由于多条备用通讯信道的存在，使得整个无人机编队能够迅速形成新的队形，弥补部分通信信道失效的影响。

图 5-28(a)和(b)给出了障碍空间下飞行仿真中无人机编队的三维飞行轨迹，UAV1 为最高级领导者，其飞行方式为绕八字转弯，同时探测并躲避飞行途中的障碍物，飞行轨迹为 x-y 平面内的八字型，UAV2-8 为跟随者，并且根据 MFNN-MHLN 模型组成层级引领-跟随网络。在飞行仿真中无人机编队从空中的随机初始状态跟随领导者最终达到编队飞行的稳定状态，对航向上出现的障碍也可以有效地进行躲避。图 5-29(a)和(b)给出飞行仿真中无人机的速度曲线，在平稳的群集飞行中，MFNN 网络保证了引领者通过领导下层的跟随者，使跟随者的速度与领导者的速度产生一致，对比短距离的定常转弯飞行，无人机在长距离的飞行中速度误差更小。图 5-29(c)和(d)给出无人机的航向角与高度变化，与定常转弯飞行不同的是，在绕八字转弯飞行中，由于 MHLN 网络的作用，鸽群中的跟随者可以在领导者快速转弯机动的情况下进行紧密跟随，飞行速度的变化呈现分层的先后一致性，同时高度趋同算法保证编队在同一高度飞行。

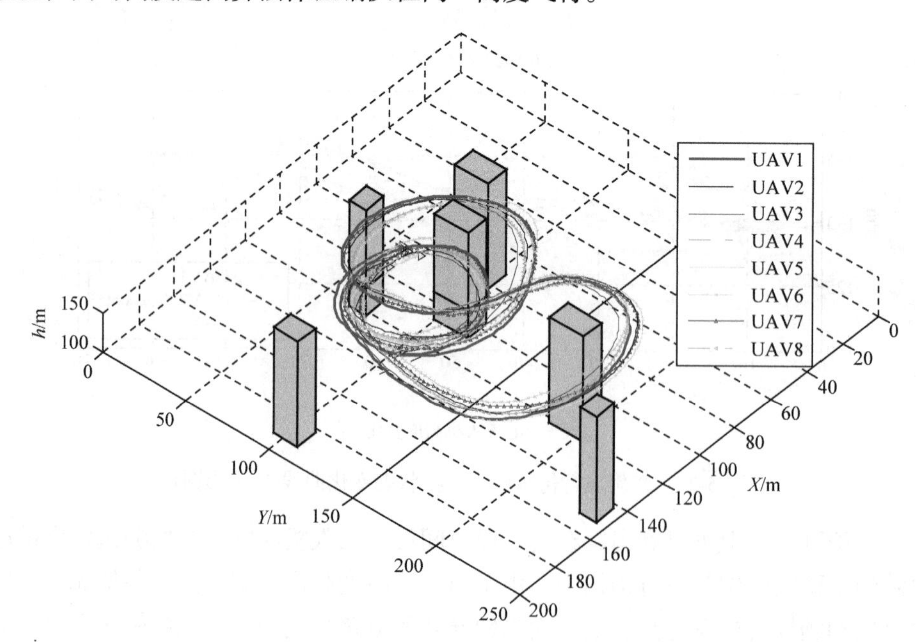

(a) 三维飞行轨迹

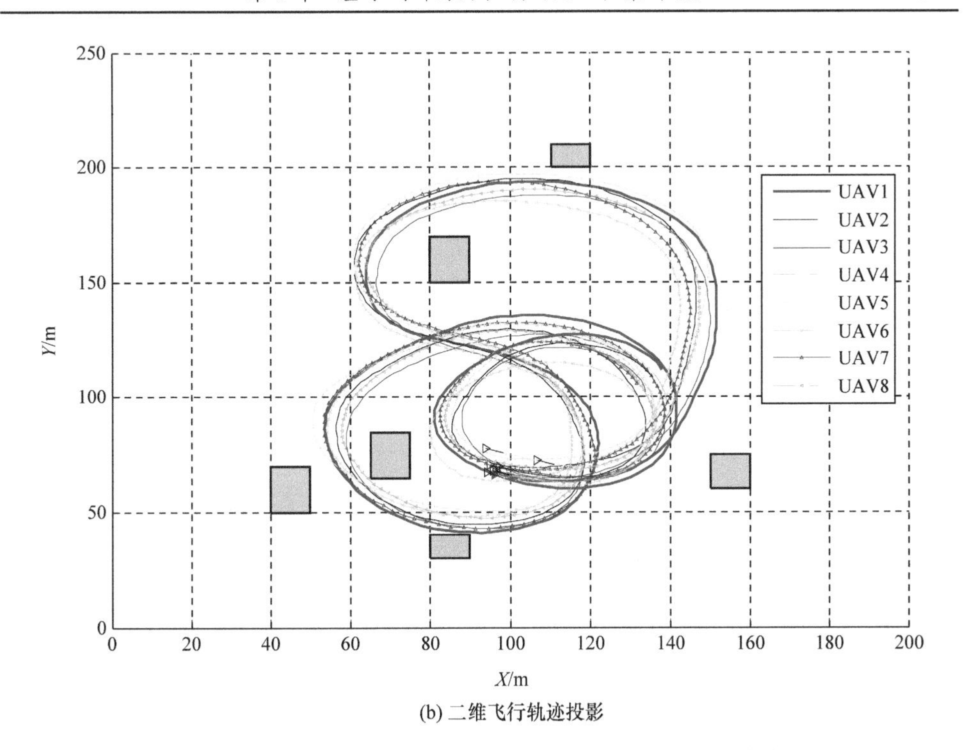

(b) 二维飞行轨迹投影

图 5-28 障碍空间下飞行仿真中无人机的三维运动轨迹(后附彩图)

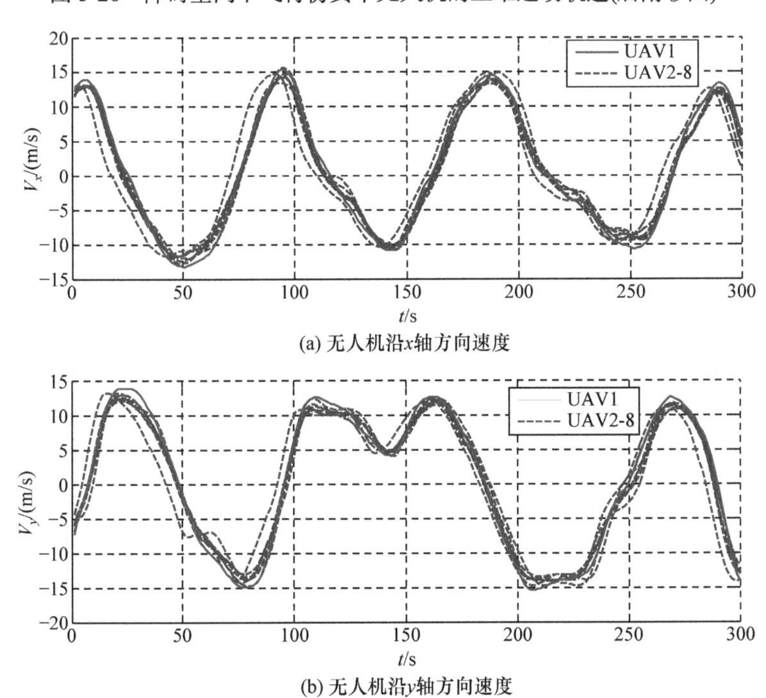

(a) 无人机沿x轴方向速度

(b) 无人机沿y轴方向速度

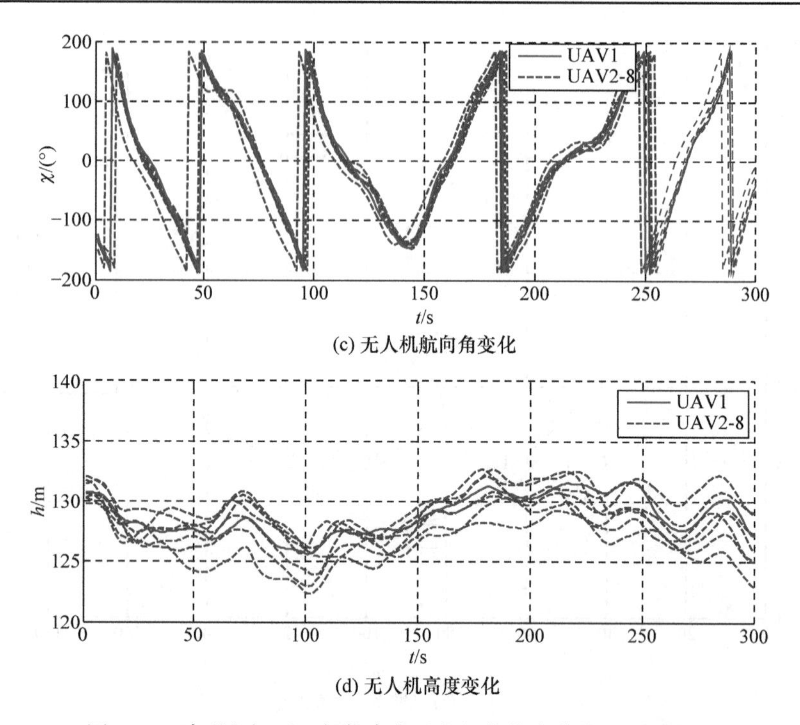

图 5-29　障碍空间下飞行仿真中无人机的状态曲线(后附彩图)

5.4　本 章 小 结

本章研究了基于鸽群行为机制的无人机集群编队控制。首先，利用内外环控制的思想完成了基于鸽群行为机制的无人机紧密编队控制器的设计，并且通过分析编队与编队重构的异同，在编队控制器基础上，完成了编队重构控制器的设计，并进行了仿真，验证了在所设计的控制器作用下，无人机群可以实现紧密编队，队形保持及编队重构。同时通过对比另外两种优化算法作用下的内环控制器，验证了改进鸽群优化做内环控制器时，所形成的紧密编队准确度和稳定性更为优异。基于鸽群运动规则设计了无人机分布式协调控制算法，利用鸽群智能行为中的速度一致、航向一致以及航向协商折衷规则使无人机实现聚集、速度同步、航向同步三个规则，并在无人机集群控制算法中引入了高度趋同，使无人机能够同一水平高度上形成队形。本章给出了典型的应用实例，定义了多个性能指标，从定量和定性的对比实验中，验证了无人机集群控制算法和改进避障导引算法的有效性。

参考文献

[1] Nagy M., Ákos Z., Biro D., et al. Hierarchical group dynamics in pigeon flocks [J]. Nature, 2010, 464(7290): 890-893.

[2] Nagy M., Vásárhelyi G., Pettit B., et al. Context-dependent hierarchies in pigeons[J]. Proceedings of the National Academy of Sciences, 2013, 110(32): 13049-13054.

[3] 邱华鑫, 段海滨, 范彦铭. 基于鸽群行为机制的多无人机自主编队[J]. 控制理论与应用, 2015, 32(10): 1298-1304.

[4] 段海滨, 邱华鑫, 范彦铭. 基于捕食逃逸鸽群优化的无人机紧密编队协同控制[J]. 中国科学: 技术科学, 2015, 45(6): 559-572.

[5] 邱华鑫. 基于鸽群行为机制的无人机紧密编队协同控制[D]. 北京航空航天大学, 2014.

[6] 段海滨, 罗琪楠. 仿自然界鸽群行为的无人机集群自主控制[J]. 系统与控制纵横, 2018, 5(2): 28-36.

[7] Vicsek T., Czirok A., Ben-Jacon E., et al. Novel type of phase transition in a system of self-driven particles[J]. Physical Review Letters, 1995, 75(6): 1226-1229.

[8] Gazi V., Passino K.M. Stability analysis of swarms[J]. IEEE Transactions on Automatic Control, 2003, 48(4): 692-697.

[9] Khatib O. Real-time obstacle avoidance for manipulators and mobile robots[J]. The International Journal of Robotics Research, 1986, 5(1): 90-98.

[10] 罗琪楠. 基于鸽群行为机制的多无人机协调围捕及验证[D]. 北京航空航天大学, 2017.

[11] Luo Q.N., Duan H.B. Distributed UAV flocking control based on homing pigeon hierarchical strategies[J]. Aerospace Science and Technology, 2017, 70: 257-264.

[12] Lin C.L., Li Y.H., Aouf N. Potential-field-based evolutionary route planner for the control of multiple unmanned aerial vehicles[J]. Proceedings of the Institution of Mechanical Engineers, Part G: Journal of Aerospace Engineering, 2010, 224(11): 1229-1242.

[13] 杨宇. 多机器人编队群集运动控制的研究[D]. 华中科技大学, 2007.

[14] Wang L., Shi H., Chu T. Flocking control of groups of mobile autonomous agents via local feedback[A]. Proceedings of the 2005 IEEE International Symposium on, Mediterrean Conference on Control and Automation[C]. Limassol, 2005: 441-446.

[15] 刘成功. 无人机仿生紧密编队飞行控制技术研究[D]. 南京航空航天大学, 2009.

[16] Zhang B., Duan H.B. Three-dimensional path planning for uninhabited combat aerial vehicle based on predator-prey pigeon-inspired optimization in dynamic environment[J]. IEEE/ACM Transactions on Computational Biology and Bioinformatics, 2017, 14(1): 97-107.

[17] Qiu H.X., Duan H.X. Multiple UAV distributed close formation control based on in-flight leadership hierarchies of pigeon flocks[J]. Aerospace Science and Technology, 2017, 70: 471-486.

[18] Olfati-Saber R., Fax, J.A., Murray, R.M. Consensus and cooperative in networked multi-agent systems[J]. Proceedings of the IEEE, 2007, 95(1): 215-233.

[19] Hettiarachchi S., Spears W.M. Distributed adaptive swarm for obstacle avoidance[J]. International Journal of Intelligent Computing and Cybernetics, 2009, 2(4): 644-671.
[20] Spears W.M., Spears D.F., Hamann J.C. Distributed, physics-based control of swarms of vehicles[J]. Autonomous Robotic, 2004, 17(2-3): 137-162.
[21] Qiu H.X., Duan H.B. A multi-objective pigeon-inspired optimization approach to UAV distributed flocking among obstacles[J]. Information Sciences, 2020, 509: 515-529.
[22] Qiu H.X., Duan H.B. Pigeon interaction mode switch-based UAV distributed flocking control under obstacle environments[J]. ISA Transactions, 2017, 71: 93-102.

第 6 章　基于雁群行为机制的无人机集群编队

6.1　引　　言

为突破无人机自主编队关键技术，各军事强国已率先开展了一系列实证研究，如图 6-1 所示，2014 年在法国达索公司推出的宣传片中，首次出现了阵风战斗机，神经元无人机和猎鹰公务机进行编队飞行的场面，2015 年美国海军旗下的 X-47B 无人机完成了历史上首次的无人机空中加油编队飞行。我国在该项技术上也有所突破，此前提到的 2017 年 6 月中国电子科技集团电子科学研究院、清华大学和北京泊松技术有限公司合作实现的 119 架小型固定翼无人机集群飞行。该次集群飞行对空中集结、多目标分组和编队合围等集群功能进行了初步的飞行验证，但在演示验证中无人机自主性仍有待提高。

(a) 法国异构三机编队

(b) 美国无人机加油编队

(c) 中国集群编队

图 6-1　无人机编队飞行

本章将在上一章基础上，继续研究无人机集群编队保持及重构技术[1-4]。除鸽群外，无人机集群编队飞行与其他生物群体系统的某些行为和原理也存在相似性，尤其在生物群体的社会性行为方面，因此继续通过分析生物系统的进化特征与行为规律，并从中获取灵感，将是解决无人机编队飞行关键技术的一条有效途径[5, 6]。本章从雁群线性编队运动和无人机编队的共性出发，将雁群行为机制引入到多无人机集群编队控制中[7-9]。

雁群编队运动[10-17]与多无人机编队间的一个共性是二者均通过局部的信息交互交换个体间信息，并形成稳定编队。大雁个体能够同和其最近的两个大雁进行交互，并根据这些交互信息，雁群能够在长距离迁徙过程中保持稳定队形、躲避障碍及天敌的攻击。在多无人机编队过程中，由于无人机自身硬件条件限制，无人机间通信范围往往会受到限制，单架无人机仅能够同一定范围内的无人机进行通信，因此无人机仅能通过与附近的其他无人机交换各自的自身信息(如位置、速度、航向等)形成稳定编队。雁群编队运动与多无人机编队之间另一共性是二者均有去中心化、分布式的特点，个体都是基于当前自身的情况以及外部条件(包括环境因素与其他个体情况)，根据一定的行为准则进行自主决策。在雁群群集运动模型中，个体按照模型动力学不断更新自身的速度和位置；对于多无人机编队系统，各无人机间通过机载传感器感知自身及外界信息，并利用机载计算机进行决策。

多无人机的集群编队飞行队形设计是整个编队飞行任务中需要解决的首要问题。合理的队形设计，将有利于节省无人机飞行中的能量消耗，延长飞行距离，并增强飞行安全。因此，在设计编队飞行队形过程中，除了要考虑无人机间气动影响外，还要考虑任务动态需求、无人机间信息交换的冗余、紧密编队飞行的碰撞避免以及飞行环境的影响等因素。同时，还要保证系统中每架无人机安全到达目标点，在飞行过程中能够成功避开航迹上出现的障碍物。在多无人机集群编队飞行过程中，编队队形在执行编队飞行任务过程中并不是一成不变的，应根据不同任务需求，设计出多样的编队队形结构，以更高效率来完成指定任务。此外，当无人机机群中有一架或几架无人机失去任务能力或被摧毁后，编队系统中无人机的数量发生变化，此时也需要对编队队形进行调整。

本章首先基于雁群行为机制中的三个原则，设计了无人机编队构型设计和编队保持方法，仿真验证有效性的同时进一步测试了第 4 章的雁群避障导引方法[7, 8]。此外，本章进一步将雁群行为机制引入到多无人机编队重构控制中，研究主要包含两部分[7, 9]。第一部分主要从仿生学角度，设计无人机编队重构的构型并进行验证。根据对雁群编队的研究，在飞行过程中，由于头雁飞行在编队最前端，所以无法感受到来自前方大雁产生的上洗气流带来的额外升力的作用，也就是头雁在编队飞行过程中收益最小[18]。为了使雁群编队整体效益达到最大，雁群在飞行过程中头雁不是一成不变的，在飞行一定时间后，头雁会和其他大雁交换位置，调整到队伍中省力的位置上，以保证头雁也能受到额外升力的作用，从而使整个编队飞行效能提高。根据雁群这一行为，设计了长机变换模式下的编队重构，通过进行长机变换，实现多无人机紧密编队下整体效益最大。第二部分根据雁群在飞行过程中，会与自己相邻最近的两个个体进行通信，形成局部通信网络，从而调整自己最优位置的特点，建立无人机编队模型，在此模型中，考虑了当无人机机群中有一架或几架无人机失去任务能力或被摧毁后的编队重构问题。

6.2　基于雁群行为机制的编队保持

6.2.1　基于雁群行为机制的编队构型设计

实现无人机编队队形保持，首要问题是设计整个编队飞行过程中多无人机协调编队飞行构型[19]。在设计多无人机编队飞行构型时，不仅要考虑不同飞机之间的气动力影响，还需要考虑飞行任务的动态需求，不同无人机之间的信息交互、通信架构，更重要的是还要考虑飞行过程中如何避免飞机间的碰撞及躲避周围地形环境中的威胁障碍等。经过多重考虑设计出来的合理的队形，能够满足多无人机编队飞行过程中节省能量消耗，延长飞行距离，以及保证飞行过程的安全性等性能。

根据雁群行为机制的启发，采用如下原则设计无人机紧密编队构型[7, 20]：

1) 寻找长机原则：在无人机编队飞行中，需要确定哪一架无人机担任长机，以更好地实现编队飞行。长机需要能够接受任务信息，并将其分配给指定僚机，以使整个无人机编队完成指定任务。因此在无人机编队时，需要根据一定的规则寻找长机，以确保编队飞行顺利完成。

2) 寻找邻居原则：仿照大雁编队的行为机制，在无人机编队飞行过程中，每架无人机会与距离自身拓扑距离最近的无人机形成“局部通信”的网络，无人机会与周围的邻居进行通信，相互交换信息，通过信息的交互，无人机根据其周围邻居的飞行状态来调整自身飞行状态。

3) 飞行方向的原则：无人机会根据自己的任务位置、任务价值以及飞行过程中的威胁障碍等信息选择整个编队飞行的方向。同时，僚机会跟随其前方最近的邻居飞行，飞行的位置恰好处于前方邻居后方所预设的位置，并且初始时刻僚机在长机的左侧，那么它就会向其邻居的左侧预设位置飞行，反之，则会向其邻居的右侧预设位置飞行。

根据之前提出的无人机编队构型设计原则，如图6-2所示的编队构型。有7架处于编队初始阶段的无人机，分别为1—7号无人机，设x方向指向飞机运动方向为正，y方向垂直飞机运动方向向右为正。首先假设1号无人机为长机，2、3、4、5、6、7号无人机为僚机。根据之前所提出的原则，2、4、6号无人机位于1号长机的左侧，因此它们将会飞向其前方邻居的左侧；3、5、7号无人机位于1号长机的右侧，因此它们将会飞向其前方邻居的右侧。图(b)中圆圈表示在该编队飞行过程中，僚机需要到达的位置。根据上述原则，每架无人机运动的方向如图中箭头方向，经过一段时间飞行，最终形成编队队形，完成编队。正如之前所述的雁群编队飞行过程，跟随头雁飞行的从雁会受到上洗气流影响，从而获得额外升力，因此能够节约体力。将雁群这种行为机制映射到多无人机紧密编队飞行中，由于多无人机编队飞行过程中，无人机间的气动力将会受到影响，从而影响无人机所受的力与力矩，当两架无人机处于适当的位置时，无人机的飞行阻力将会减小，耗油量将会降低，从而达到延长飞行时间的效果。编队飞行过程中，长机和僚机横向距离为$\pi b/4$，垂直向距离为 0 时，纵向距离为$2b$时，无人机编队飞行中僚机所获得的总额外升力最大，同时总阻力最小[21, 22]。同时，无人机机翼产生的尾流对僚机的侧向力的影响非常小，接近为零。也就是说，当无人机编队中两架相邻的无人机之间的纵向、横向以及垂向间距分别为$\pi b/4$，0 和$2b$的时候，僚机的升力将会增加到最大，而阻力将会减到最少，从而实现燃油消耗的节省，达到增加航程的目的。

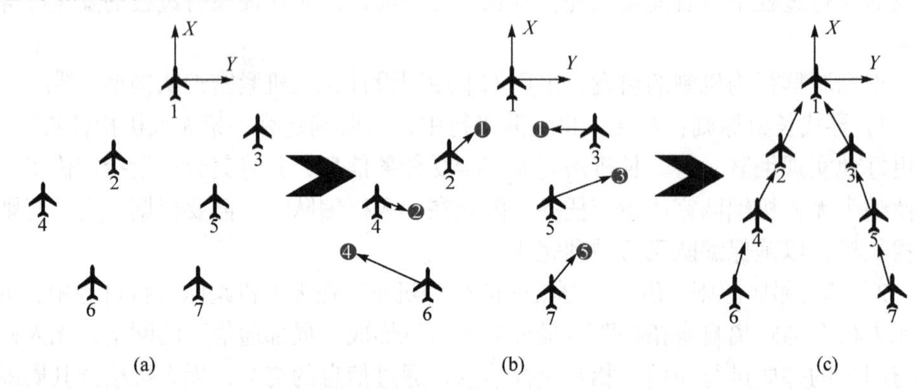

图 6-2　无人机编队构型

6.2.2　仿真实验分析

本章以五架飞机紧密编队飞行仿真验证仿雁群行为的“V”字型紧密编队的可行性，同时为验证队形保持的稳定性，在飞行稳定后，加入离散突风，使无人机受到扰动，重新观察队形保持是否稳定[7, 8]。

五架无人机设置如下，1 号无人机的位置为长机，2、3、4、5 号无人机的位置为僚机，初始时五架无人机的位置随机设置，通过判断它们与长机位置和它们前方的邻居后，进行下一步编队。其中，五架无人机参数设置如表 6-1 所示，五架无人机的初始位置及状态(包括空间位置(X^i,Y^i,H^i)，水平速度V^i，航向角ψ^i以及垂直速度ς^i)设置如表 6-2 所示。在$t=10\text{s}$时，加入$V_m=\dfrac{V_{Vm}}{2}\left(1-\cos\left(\dfrac{\pi t}{t_m}\right)\right)$形式的离散突风。

表 6-1　无人机参数设置

参数名称	表示符号	参数值	单位
动压	q	760.68	kg/m^2
机翼面积	S	27.87	m^2
翼展	b	9.14	m
无人机质量	m	13000	kg
速度时间常数	τ_v	5	s
航向角时间常数	τ_ψ	0.75	s
高度时间常数 a	τ_{h_a}	0.3075	s
高度时间常数 b	τ_{h_b}	3.85	s

表 6-2　无人机初始位置及状态

	X/m	Y/m	H/m	V/(m/s)	ψ/(°)	ς/(m/s)
长机	0	0	10000	220	30	0
僚机 1	−10	30	9900	190	20	0
僚机 2	−30	−20	10100	180	10	0
僚机 3	0	−20	9800	200	0	0
僚机 4	−30	30	10200	210	−10	0

将 2、3、4、5 号无人机分别定义为 1、2、3、4 号僚机，在紧密编队飞行过程中，2 号(僚机 1)、3 号(僚机 2)无人机跟随长机 1 飞行，4 号无人机(僚机 3)跟随 2 号无人机(僚机 1)飞行，5 号无人机(僚机 4)跟随 3 号无人机(僚机 2)飞行。

仿真一共进行 20s，前 10s 五架无人机分别从初始位置飞行到指定队形，并进行队形保持；在第 10 s 时加入离散突风，在离散突风结束后，观察编队的保持情况。通过给定五架无人机初始位置，经过判断，有两架无人机在长机左侧，两架无人机在长机右侧。分别称四架僚机为 1、2、3、4 号僚机，在紧密编队飞行过程中，1 号僚机、2 号僚机无人机跟随长机 1 飞行，3 号僚机跟随 1 号僚机飞行，4 号僚机跟随 2 号僚机飞行。

长机的控制输入为$[V_{Lc},\psi_{Lc},H_{Lc}]=[251,10,13716]$，1 号僚机与长机的期望距离为$[\bar{x}_1,\bar{y}_1,\bar{z}_1]=[18.28,7.18,0]$，2 号僚机与长机的期望距离为$[\bar{x}_2,\bar{y}_2,\bar{z}_2]=[18.28,-7.18,0]$，3 号僚机与 1 号僚机的期望距离为$[\bar{x}_3,\bar{y}_3,\bar{z}_3]=[18.28,7.18,0]$，4 号僚机与 2 号僚机的期望距离为$[\bar{x}_4,\bar{y}_4,\bar{z}_4]=[18.28,-7.18,0]$。

仿真结果如下所示，图 6-3 为无人机飞行轨迹俯视图。其中子图(a)为全程无人机飞行轨迹，子图(b)(c)(d)为(a)的局部放大图，分别为 0—5s 轨迹、10—14s 轨迹、14—20s 轨迹；图 6-4 为无人机飞行高度图；图 6-5 为无人机飞行状态图，其中子图(a)为无人机速度变化曲线，子图(b)为无人机方位角变化曲线；图 6-6 无人机之间间距，其中子图(a)为僚机 1 与长机之间的间距变化曲线，子图(b)为僚机 2 与长机之间的间距变化曲线，子图(c)为僚机 3 与僚机 1 间的间距变化曲线，子图(d)为僚机 4 与僚机 2 之间的间距变化曲线。

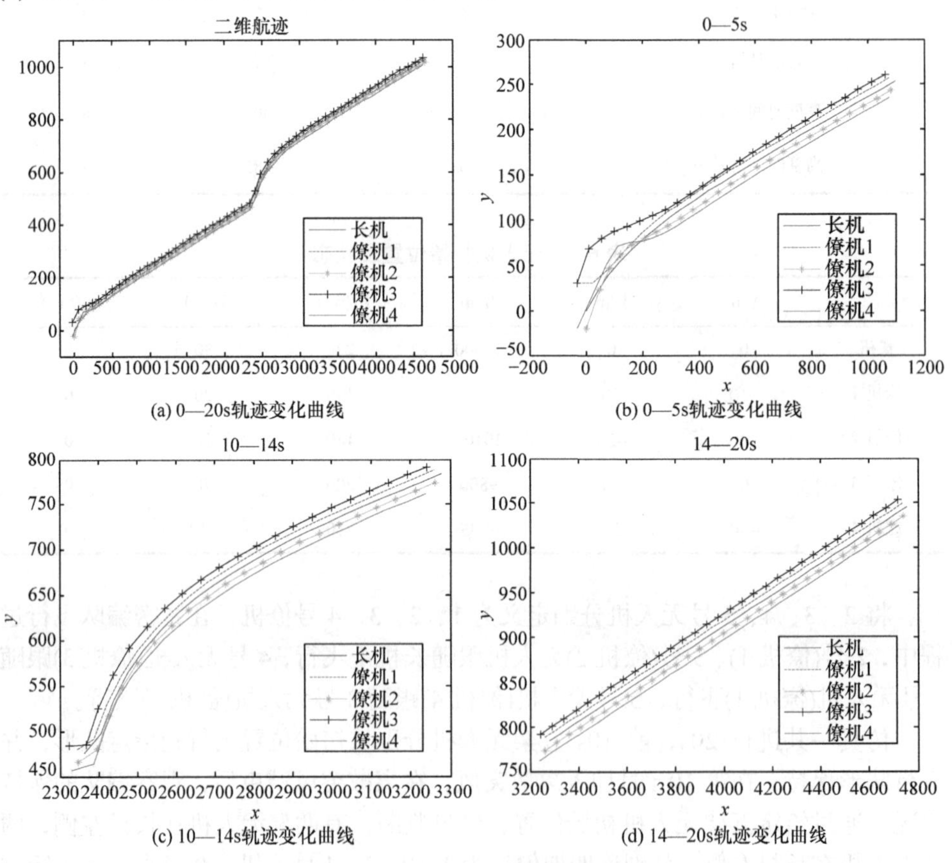

图 6-3　无人机飞行轨迹俯视图

由图 6-5 可见，无人机机群可在很短时间内形成稳定编队，机群速度和航向角始终趋于一致，并在受干扰后，机群速度和航向角也很快趋于一致。同时，图 6-6 表明，无人机群在 6—8s 时形成稳定的编队，并且得以保持。在 10s 加入离散突风后，无人机明显有了较大扰动，但是经过 8s 后，形成了稳定的编队队形，并且保持队形。由仿真实验可以看出，该编队策略以及设计的编队控制器具有抗干扰能力强，适应好的优点，具有较好的应用价值。

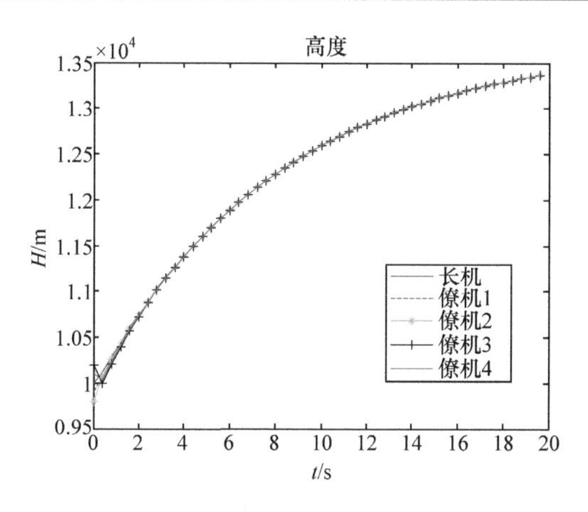

图 6-4　无人机飞行高度图

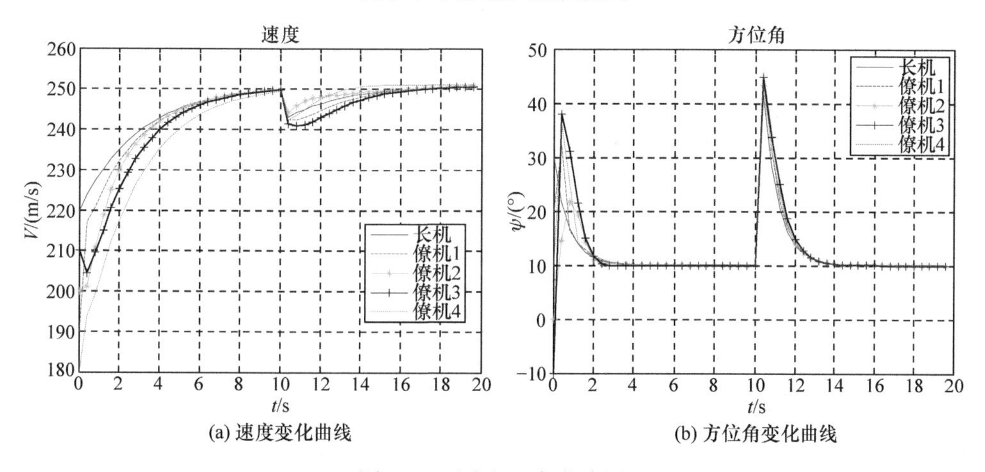

(a) 速度变化曲线　(b) 方位角变化曲线

图 6-5　无人机飞行状态图

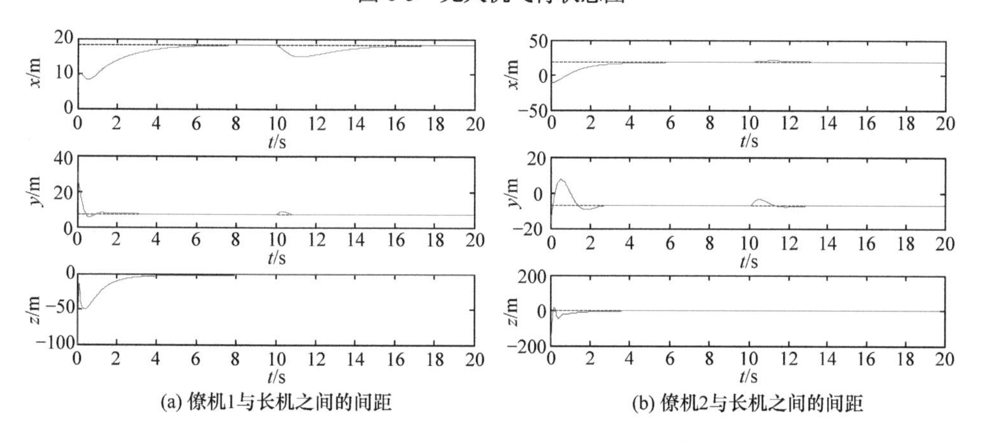

(a) 僚机1与长机之间的间距　(b) 僚机2与长机之间的间距

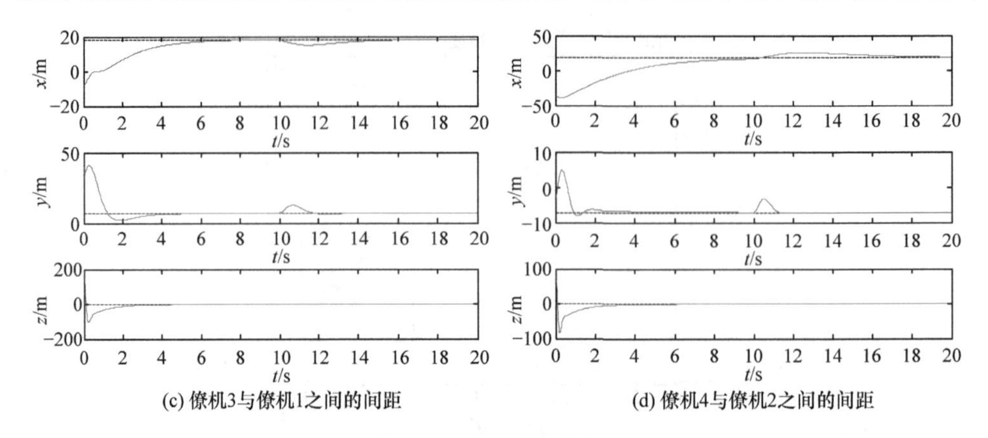

图 6-6　无人机之间的间距

图 6-7 为无人机编队仿真图，本次仿真共有五架无人机进行编队，初始时候五架无人机处于随机位置，并通过前文提出的仿雁群行为机制的多无人机编队方法进行编队，在无人机飞行区域有三个圆形的障碍，无人机在编队飞行时需躲避障碍。当每架无人机接近障碍物时，会有一定的感知距离，当进入感知距离时就会发现障碍物，同时能够受到障碍物影响并产生反向速度，离障碍物越近受到的反向速度越大。

根据第 4 章中所设计的基于雁群行为机制的无人机避障算法，进行了多无人机在多个障碍物环境下的仿真实验。在仿真区域中设置如图 6-8 所示的四个障碍物，五架无人机从随机初始位置先形成编队向目标点飞行，在飞行过程中如果遇到障碍，再根据避障策略躲避障碍。通过仿真实验可见，在无人机编队过程中能够基本保持编队队形，且有效地避开了所有障碍物。最终无人机保持编队队形到达了预设的目标点。

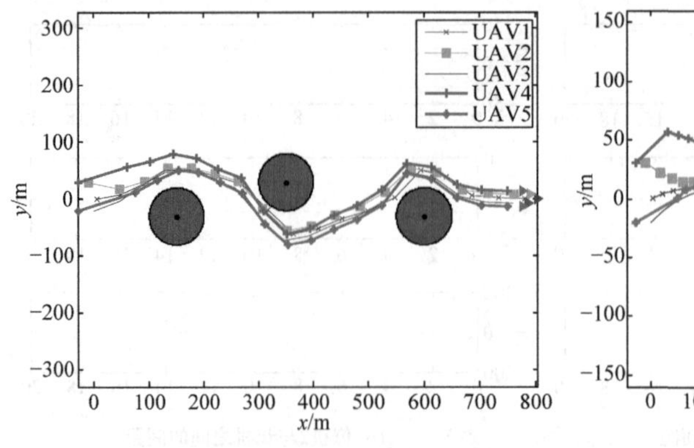

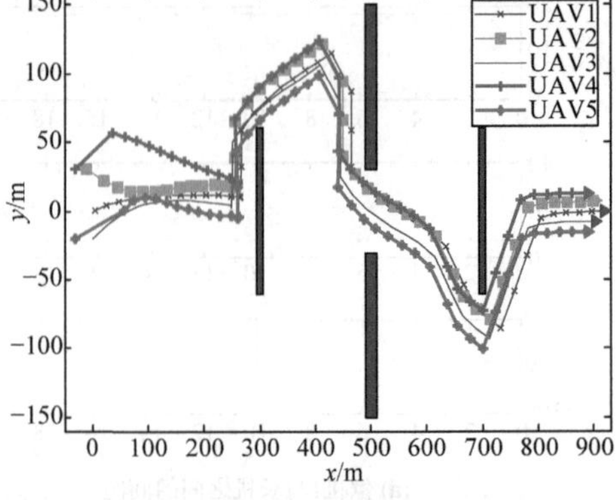

图 6-7　有障碍物情况下的编队飞行

图 6-8　多无人机编队飞行中的避撞仿真

6.3 基于雁群行为机制的编队重构

6.3.1 基于头雁变换的队形变换

由于在雁群编队飞行过程中，头雁通常是整个队形中“收益最小”的大雁，因为其无法得到其他大雁所提供的额外升力。对于这种收益很小的领头位置，通常由雁群中成年的、体力最好的大雁担任，而未成年的大雁飞在队伍的中部，以保存体力，达到长距离迁徙的目的。然而，在整个迁徙的过程中，头雁的位置不是一成不变的，在实际飞行中，雁群中的不同大雁会轮流担任头雁的位置，这样能够使得在整个编队迁徙过程中，雁群总体的效益可以达到最大，实现互惠互利。

研究人员分析[18]，雁群是在合作中飞行，可突然性地轮流领头或跟随飞行，且不管亲缘关系如何，雁群在领头和尾随的时间大致相当。所有的雁都有机会在其他雁的尾迹里飞行，而所有的雁也都在前面花时间做那艰难的事。而且它们常常转换位置且非常迅速，因此合作的效果是即时的。根据雁群在飞行中会调整最前端和最末端的大雁这一现象，本章提出了一种基于编队位置的队形重构调整方法[7]。

(1) 基于编队位置的队形变换

“基于编队位置的队形变换”原则下的编队重构策略如图 6-9 所示，当编队保持稳定后，编队中的长机会与飞在队伍中间的无人机进行交换，同时另一侧的两架无人机也会相应交换，这样，编队中的每一架飞机都可以最大程度地享受来自长机产生的上洗气流的作用，从而实现整体编队减少油耗的效果，达到长航时、远距离飞行的目的。

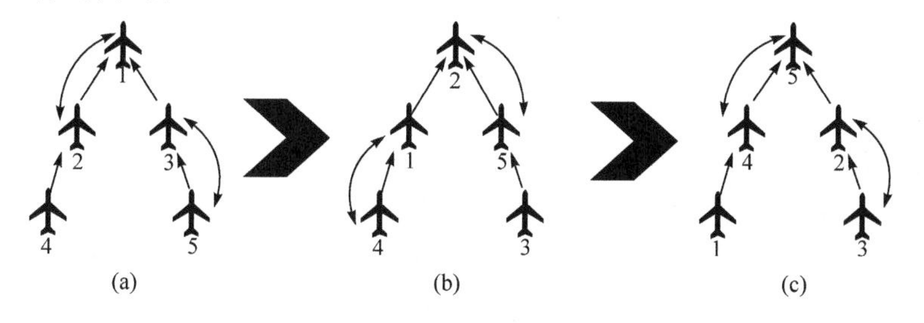

图 6-9　无人机变拓扑飞行

为了对比仿雁群的紧密编队与普通编队耗油量，本章根据文献[23]建立了发动机模型如下

$$T_i = \eta_i T_{\max}(H) \tag{6-1}$$

$$\dot{\eta}_i = -\frac{1}{\tau_\eta}\eta_i + \frac{1}{\tau_\eta}\eta_{ci}$$
$$\tau_{\eta_{\min}}(\eta_i) < \tau_\eta < \tau_{\eta_{\max}}(\eta_i), 0 \leqslant \eta_{ci} \leqslant 1 \tag{6-2}$$

$$\tau_\eta = \tau_n(\eta) \cdot \tau_{\max} \tag{6-3}$$

式中，τ_n 为无因次发动机时间常数；$\tau_{\max}$ 为海平面发动机最快时间常数。

耗油量模型如下

$$\dot{m} = tsfc \cdot T \tag{6-4}$$

$$tsfc = \frac{tsfc_n \cdot \sqrt{\theta} \cdot tsfc_0}{3600} \tag{6-5}$$

式中，$\dot{m}$ 为耗油速率；$tsfc$ 为单位推力燃油消耗率；$tsfc_n$ 为无因次单位推力燃油消耗率；$tsfc_0$ 为海平面单位推力燃油消耗率；θ 为温度比率。

(2) 基于剩余油量的队形变换

上文根据雁群行为机制的启发，设计了无人机紧密编队保持三原则：寻找长机原则，寻找邻居原则和飞行方向原则。在以上三原则制导下，紧密编队中的无人机存在两种状态：长机状态和僚机状态。每架无人机会根据一定的规则明确自己是否为长机：如果是长机，会进入长机状态独立飞行；如果不是长机，会进入僚机状态，依据寻找邻居原则和飞行方向原则，明确自己跟随哪一架飞机，以及跟随在该架飞机的左侧还是右侧进行飞行。

本节所提出的“基于剩余油量的队形变换”原则[9]，是在长机状态和僚机状态的基础上，增加一个加速状态。每一架飞机每隔一个指定的时间，会和自己所跟随的飞机比较燃油量 $Fuel^i$，若自己的燃油量比所跟随的飞机的燃油量多，或者多出来的燃油量大于指定的值时，该架飞机会进入加速状态，尽量让自己飞过之前所跟随的飞机，当该架飞机飞过之前所跟随的飞机，或者飞过的距离或时间大于指定的值时，这一架飞机会停止加速，会依据寻找长机原则判断自己是应该处于长机状态还是僚机状态。

“基于剩余油量的队形变换”原则下的无人机状态转换过程如图 6-10 所示。当无人机处于僚机状态时，时刻判断是否满足寻找长机原则，如果满足，该架无人机进入长机状态，同时每隔一个指定的时间，判断剩余油量是否大于前方邻居，如果大于，该架无人机进入加速状态；当无人机处于加速状态，时刻判断是否超过前方邻居，如果超过，继续判断是否满足寻找长机原则，如果满足，该架无人机进入长机状态，如果超过前方邻居，但不满足寻找长机原则，该架无人机进入僚机状态；当无人机处于长机状态，时刻判断是否满足寻找长机原则，如果不满足，该架无人机进入僚机状态。

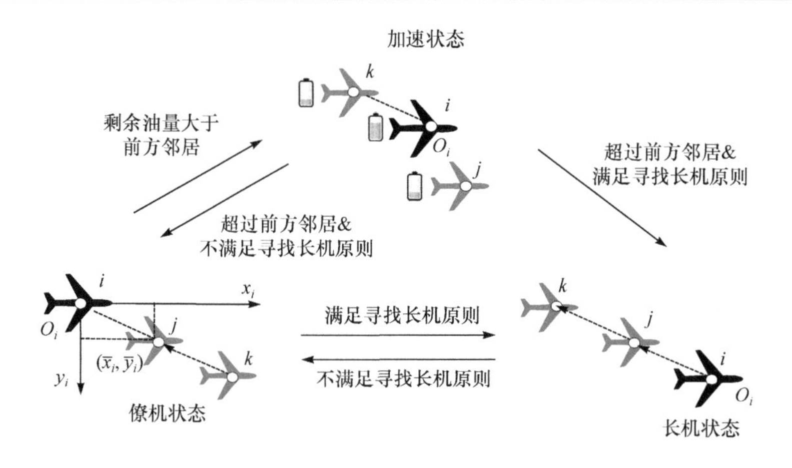

图 6-10　“基于剩余油量的队形变换”原则下的无人机状态转换

6.3.2　基于局部通信的队形变换

对于领导-跟随型编队队形，如果某一架无人机出现故障，无法与其他无人机进行通信，如果没有其他策略，则该编队队形将会面临崩溃，无法形成稳定的编队，造成无法估量的损失[7]。根据雁群中相邻的大雁会相互通信，形成一个邻居网络这一特点，通过网络之间通信，可以使雁群达到一个稳定的编队。根据这一理论，利用“局部通信”原则，建立无人机编队网络，只有互为邻居的无人机之间相互通信，通过交换之间的信息，来判断下一时刻无人机运动的方向以及速度，从而形成编队。同时，考虑以下情况进行编队重构：1)当编队中有某架无人机出现故障无法通信时，利用该策略，该编队依然可形成稳定编队；2)在两组进行不同任务的无人机集群需要汇集形成新的编队进行下一个任务时，利用该策略，能够快速形成稳定编队。

假设共有 N 架无人机，i 时刻位于 $\left\{(X_{k,i}, Y_{k,i})\right\}, k=1,\cdots,N$ ，无人机群中的所有无人机都沿着 y 轴负方向运动，定义 i 时刻在 x 方向拥有最大值 $X_{k,i}$ 的为长机，并定义长机的指数为 $k_{0,i}$ ，更准确的来说 $k_{0,i}=\arg\max\limits_{k} X_{k,i}$ 。同时，假设群集中除了长机的每一架无人机将会根据某些准则来选择一架参考的无人机，并跟随这架参考的无人机飞到它的左边或右边。这个选择参考的准则是与在无人机群中与其他无人机的最小加权距离，即某一架无人机选择与它最近的无人机作为参考，并且，左边的无人机会跟随参考的无人机到它的左边，右边的无人机会飞到右边。假设对于第 k 架无人机，在 i 时刻参考的无人机所在的位置为 $(X_{k,i}^{\text{ref}}, Y_{k,i}^{\text{ref}})$ ，群体中长机在 i 时刻不会跟随任意一架无人机，并且长机在每个时刻是可以交换的。

考虑两架分别在 (x_1, y_1) ，(x_2, y_2) 位置的无人机，定义两架无人机之间的距离为：$d_{\xi}^{2}(X_1,Y_1,X_2,Y_2)=(X_1-X_2)^2+(Y_1-Y_2)^2$，其中，群体中的长机用$k_{0,i}$表示，并且没有参考的无人机。对于每一架不是长机的无人机k，定义离无人机k最近的前方的无人机作为一个参考坐标集，也就是

$$\begin{aligned}(X_{k,i}^{\text{ref}},Y_{k,i}^{\text{ref}})=\arg\min_{X_{l,i},Y_{l,i},H_{l,i}} d_{\xi}^{2}(X_{k,i},Y_{k,i},X_{l,i},Y_{l,i})\\ \text{subject to}\quad X_{k,i}-X_{l,i}>0\end{aligned} \tag{6-6}$$

每架无人机都有一个它的相对位置的最优值$\omega_{k,i}$，也就是无人机与其前方的无人机的相对位置，它需要向它的相对位置的最优值方向移动。当无人机k在i时刻处于$(X_{k,i},Y_{k,i})$位置，获得了一个新的位置最优值$\omega_{k,i}$，这架无人机将会根据$\omega_{k,i}$移动到一个新的位置$(X_{k,i+1},Y_{k,i+1})$。理想情况下，无人机根据相对位置的最优值将飞到一个新的位置，该位置坐标为$X_{k,i+1}=X_{k,i}^{\text{ref}}+e_1^{\text{T}}\omega_{k,i},Y_{k,i+1}=Y_{k,i}^{\text{ref}}+e_2^{\text{T}}\omega_{k,i}p_k$。但是，正常情况下，无人机在飞行过程中是有干扰的，并且无人机也不能足够快地飞到期望地点，因此，采用凸组合方法将之前的位置和期望的位置结合来更新，于是，非长机的位置更新如下

$$\begin{cases}X_{k,i+1}=X_{k,i}+\gamma(X_{k,i}^{\text{ref}}+e_1^{\text{T}}\omega_{k,i})+\upsilon_{k,i}\\ Y_{k,i+1}=Y_{k,i}+\gamma(Y_{k,i}^{\text{ref}}+e_2^{\text{T}}\omega_{k,i}p_k)-s_{k,i}+\zeta_{k,i}\end{cases} \tag{6-7}$$

式中，$0<\gamma<1$，$s_{k,i}$为一个固定的正值，用以决定i时刻无人机k向y轴负方向需要的补偿；$\upsilon_{k,i}$和$\zeta_{k,i}$分别为无人机在运动过程中模型与不确定因素噪声，噪声的均值为 0，在时间和空间上是独立的，方差分别为σ_{υ}^{2}和σ_{ζ}^{2}。编队中长机的更新如下

$$\begin{cases}X_{k,i+1}=X_{k,i}\upsilon_{k,i}\\ Y_{k,i+1}=Y_{k,i}-s_{k,i}+\zeta_{k,i}\\ H_{k,i+1}=H_{k,i}+\vartheta_{k,i}\end{cases} \tag{6-8}$$

当所有无人机以速度V向y轴负方向运动时，对于所有的k和i，设置$s_{k,i}=V\cdot\Delta T$，其中ΔT为离散时间步长。

如图 6-11 所示为当编队中有某架无人机出现故障无法通信时的情况。假设图中无人机最开始已经形成稳定编队，在飞行过程中，2 号无人机出现故障无法与周围的无人机进行通信，需要返回。这时该无人机编队需要进行决策，可以重新形成稳定编队。根据无人机“局部通信”原则，4 号无人机通过与周围无人机通信，寻找到距离自己前方最近的邻居(1 号无人机)，因此 4 号无人机接下来会跟随 1 号无人机飞行，进而形成稳定的编队。

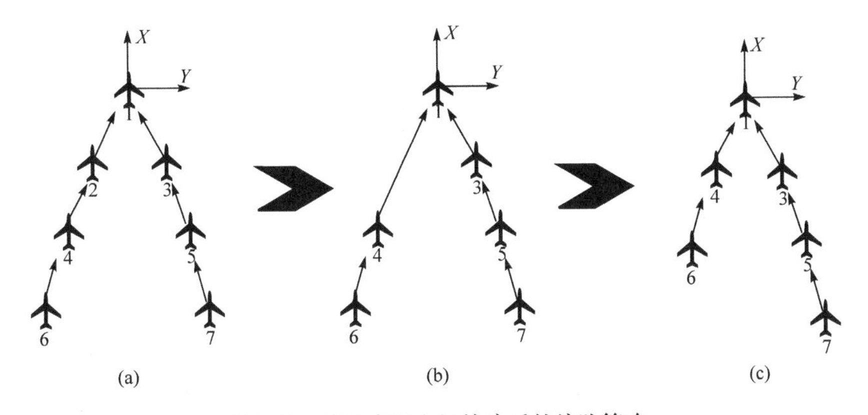

图 6-11　编队中无人机故障后的编队策略

如图 6-12 所示，进行不同任务后的无人机需要与主编队进行会合，重新形成无人机编队。如图中(a)所示，1—7 号无人机形成的主编队正在按照预定计划飞行，8、9 号无人机组成的小型编队与 10 号无人机为刚执行完任务无人机编队小组，需要与主编队会合。根据无人机“局部通信”原则，经过与周围邻居之间进行局部通信，判断各自跟随的无人机。如图中(b)所示，8 号无人机跟随 2 号无人机，4 号无人机跟随 8 号无人机，9 号无人机跟随 4 号无人机，6 号无人机跟随 9 号无人机，10 号无人机跟随 5 号无人机，7 号无人机跟随 5 号无人机。在判断完各自跟随的无人机后，经过一段时间后形成新的稳定的编队。

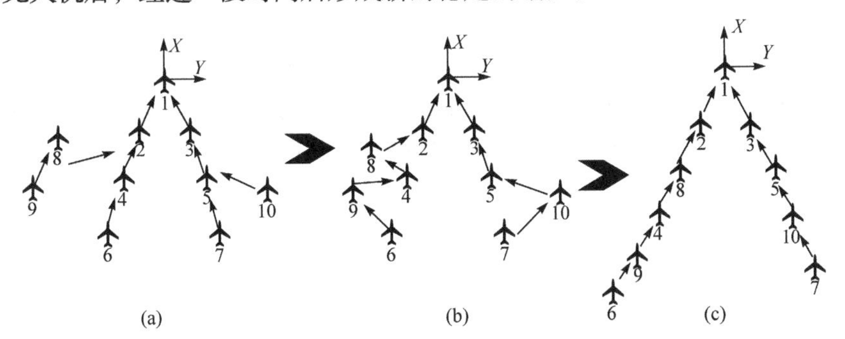

图 6-12　编队会合的编队策略

6.3.3　仿真实验分析

下面分别对“长机变换”原则的编队重构与“局部通信”原则的编队重构进行仿真实验验证。

(1) 实验一：“基于编队位置变换”原则下的编队重构

本次进行五架飞机紧密编队飞行仿真，以验证仿雁群行为的“V”字型紧密编队队形与队形变换能够使飞机在编队飞行中节约燃油，提高飞行距离[7]。其中五架无人机位置设置如下，1 号无人机的位置为长机，2、3、4、5 号无人机的位置为僚机，初始时五架无人机的位置随机设置，通过判断它们与长机位置和它们前方的邻居后，进行下一步编队。五架无人机参数设置如表 6-1 所示，五架无人机的初始状态(包括空间位置 (X^i, Y^i, H^i)，水平速度 V^i，航向角 ψ^i 以及垂直速度 ς^i)设置如表 6-2 所示。

仿真一共进行 25s，前 12s 五架无人机分别从初始位置飞行到指定队形(“V” 字型)，并进行队形保持；在第 12s 进行如图 6-9 所示长机变换，本仿真中只进行一次长机变换。通过给定五架无人机初始位置，经过判断，有两架无人机在长机左侧，两架无人机在长机右侧。分别称四架僚机为 1、2、3、4 号僚机，在紧密编队飞行过程中，1 号僚机、2 号僚机无人机跟随长机 1 飞行，3 号僚机跟随 1 号僚机飞行，4 号僚机跟随 2 号僚机飞行。

长机的控制输入为 $[V_{Lc}, \psi_{Lc}, H_{Lc}] = [251, 10, 13716]$，僚机 1 与长机的期望距离为 $[\overline{x}_1, \overline{y}_1, \overline{z}_1] = [18.28, 7.18, 0]$，僚机 2 与长机的期望距离为 $[\overline{x}_2, \overline{y}_2, \overline{z}_2] = [18.28, -7.18, 0]$，僚机 3 与 1 的期望距离为 $[\overline{x}_3, \overline{y}_3, \overline{z}_3] = [18.28, 7.18, 0]$，僚机 4 与 2 的期望距离为 $[\overline{x}_4, \overline{y}_4, \overline{z}_4] = [18.28, -7.18, 0]$。

图 6-13 为无人机飞行轨迹俯视图。其中子图(a)为全程无人机飞行轨迹，子图(b)(c)(d)为(a)的局部放大图，分别为 0—6s 轨迹、11—15s 轨迹、20—25s 轨迹；图 6-14 为无人机高度图；图 6-15 为无人机飞行状态图，其中子图(a)为无人机速度变化曲线，子图(b)为无人机方位角变化曲线；图 6-16 无人机之间间距，其中子图(a)为僚机 1 与长机之间的间距变化曲线，子图(b)为僚机 2 与长机之间的间距变化曲线，子图(c)为僚机 3 与僚机 1 之间的间距变化曲线，子图(d)为僚机 4 与僚机 2 之间的间距变化曲线，图 6-17 为无人机耗油量对比曲线。

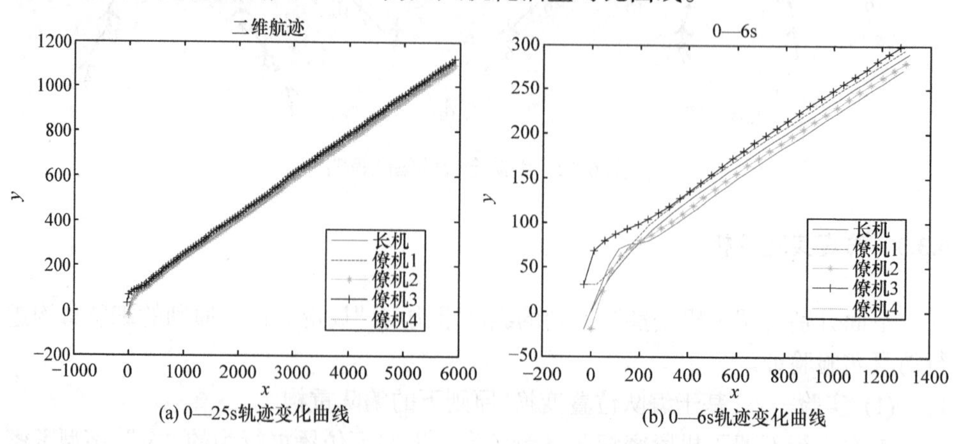

(a) 0—25s轨迹变化曲线

(b) 0—6s轨迹变化曲线

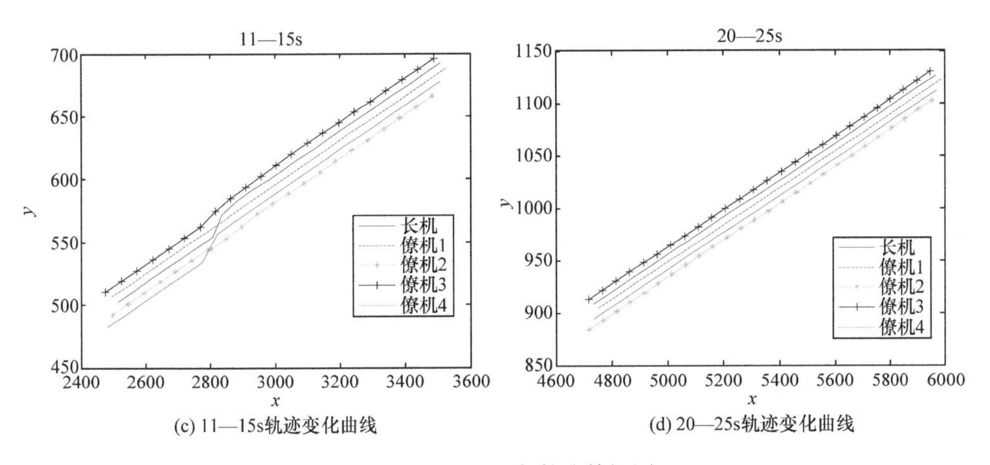

(c) 11—15s轨迹变化曲线　(d) 20—25s轨迹变化曲线

图 6-13　无人机飞行轨迹俯视图

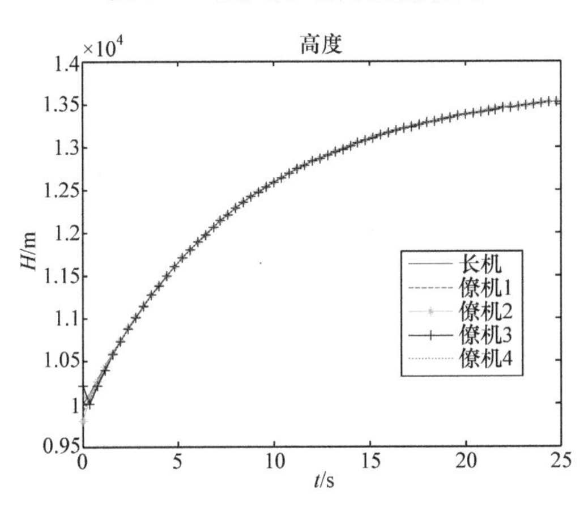

图 6-14　无人机飞行高度图

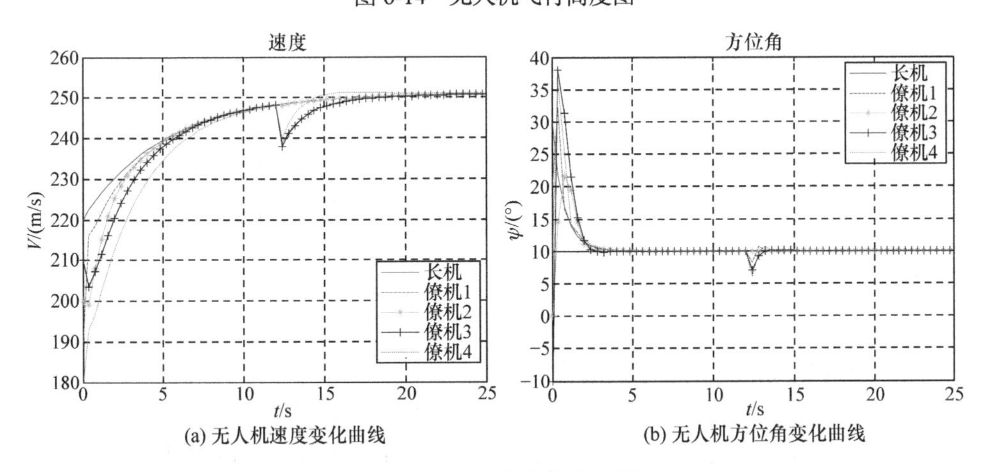

(a) 无人机速度变化曲线　(b) 无人机方位角变化曲线

图 6-15　无人机飞行状态图

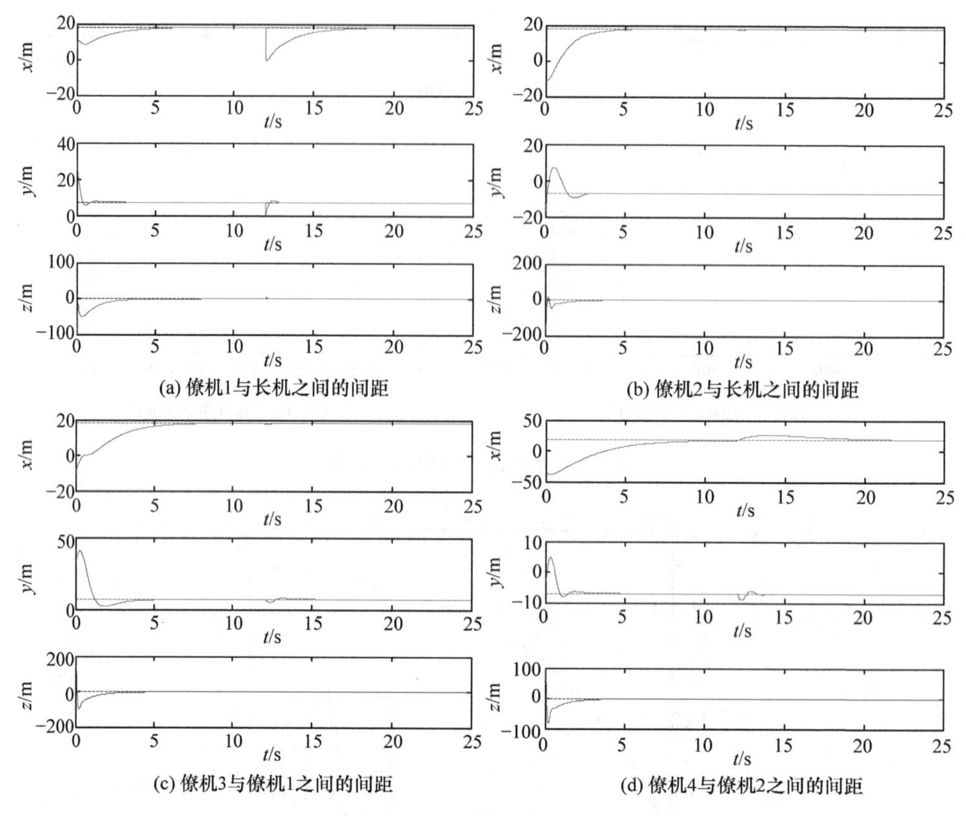

(a) 僚机1与长机之间的间距　(b) 僚机2与长机之间的间距

(c) 僚机3与僚机1之间的间距　(d) 僚机4与僚机2之间的间距

图 6-16　无人机之间的间距

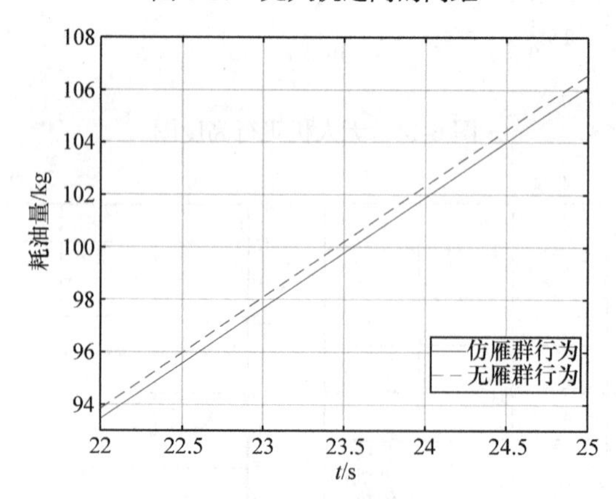

图 6-17　燃油消耗对比

由图 6-15(a)和(b)可见，在很短的时间内形成了稳定编队，无人机群的速度和航向角始终趋于一致，并且在队形变换后，无人机群的速度和航向角也很快趋于一致。同时，图 6-16(a)—(d)表明，无人机群在 9s 时形成稳定的编队，并且得以保持，在第二阶段队形变换后 10s，形成稳定队形，依然保持队形。由图 6-17 可见，在利用雁群行为的无人机编队飞行的耗油量要少于没有利用雁群行为的无人机编队飞行耗油量。

(2) 实验二："基于剩余油量变换"原则下的编队重构

进一步进行七架飞机紧密编队飞行仿真，以验证基于剩余油量的队形变换能够使飞机在编队飞行中节约燃油，提高飞行距离[9]。七架无人机的初始状态(包括空间位置 (X^i, Y^i, H^i)，水平速度 V^i，航向角 ψ^i，垂直速度 ς^i 以及油量 $Fuel^i$)设置如表 6-3 所示。

表 6-3　无人机初始位置及状态

	X^i/m	Y^i/m	H^i/m	V^i/m/s	ψ^i/rad	ς^i/m/s	$Fuel^i$
1	6.8298	2.6899	120	7.0178	0.1274	0.0243	34
2	25.34	−0.496	120	5.2675	0.6644	0.0452	33
3	16.8661	−10.0426	120	6.3383	0.3609	0.6936	40
4	6.6742	−8.6793	120	18.5763	0.3451	0.9454	40
5	27.1472	10.4661	120	1.7344	0.0531	0.419	32
6	25.4481	−6.5168	120	16.519	0.7828	0.6509	35
7	6.8298	2.6899	120	7.0178	0.1274	0.0243	33

仿真一共进行 30s，仿真结果如下：图 6-18 为无人机飞行轨迹图，子图(a)、(b)、(c)分别为 0—10s 轨迹、10—20s 轨迹、20—30s 轨迹；图 6-19 为无人机位置图，子图(a)—(g)分别为 0s 位置、5s 位置、10s 位置、15s 位置、20s 位置、25s 位置、30s 位置；图 6-20 为跟随关系图；图 6-21 为无人机速度变化曲线，子图(a)、(b)、(c)分别为 0—10s 速度变化、10—20s 速度变化、20—30s 速度变化；图 6-22 为无人机航向角变化曲线，子图(a)、(b)、(c)分别为 0—10s 航向角变化、10—20s 航向角变化、20—30s 航向角变化；图 6-23 为无人机高度变化率曲线，子图(a)、(b)、(c)分别为 0—10s 高度变化率变化、10—20s 高度变化率变化、20—30s 高度变化率变化。

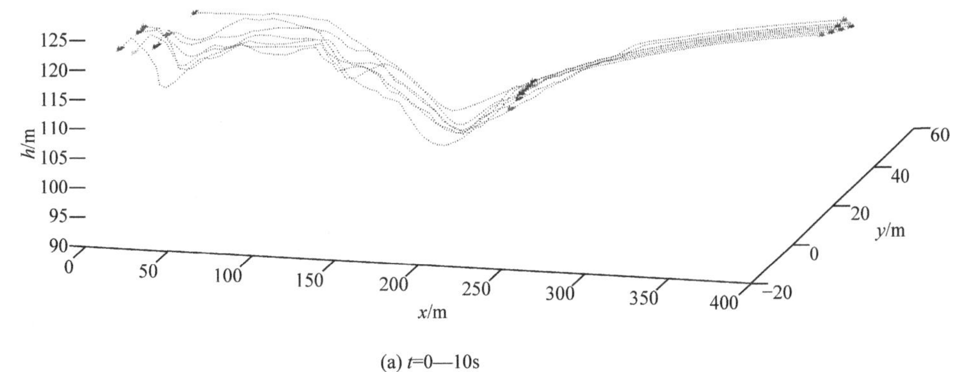

(a) t=0—10s

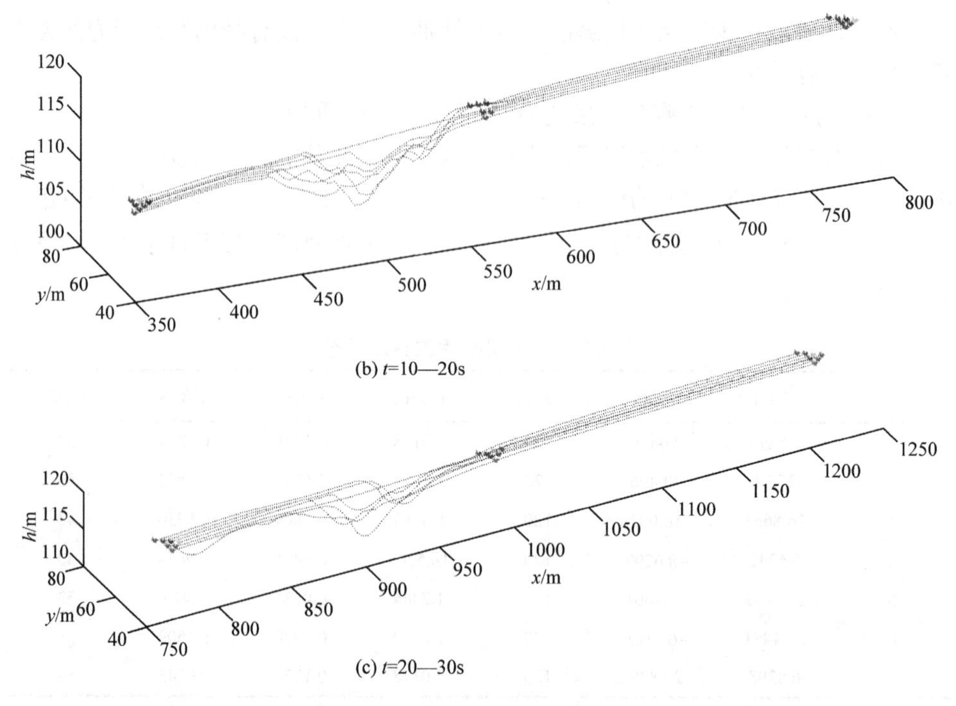

(b) t=10—20s

(c) t=20—30s

图 6-18 无人机飞行轨迹图

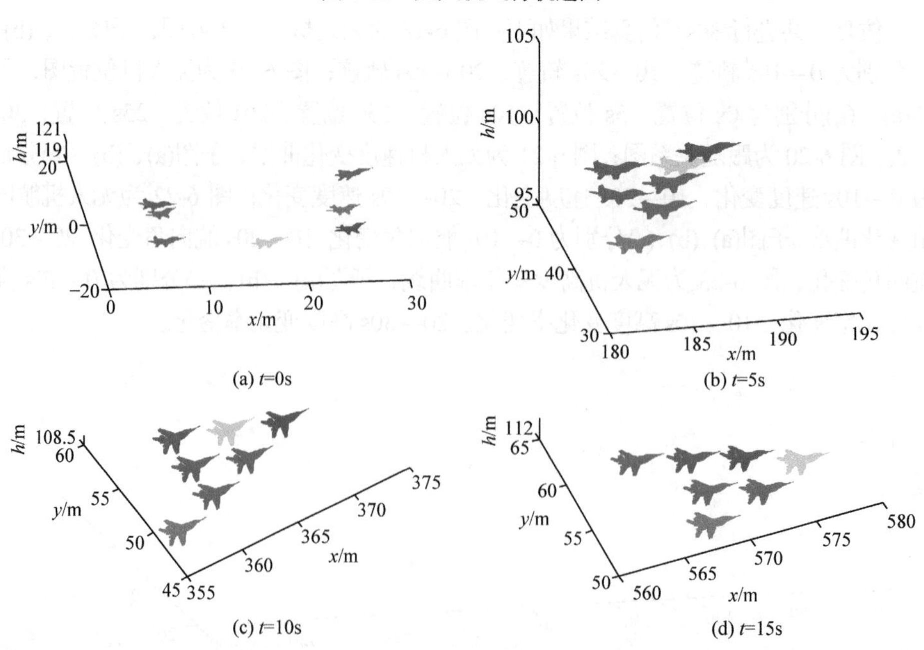

(a) t=0s

(b) t=5s

(c) t=10s

(d) t=15s

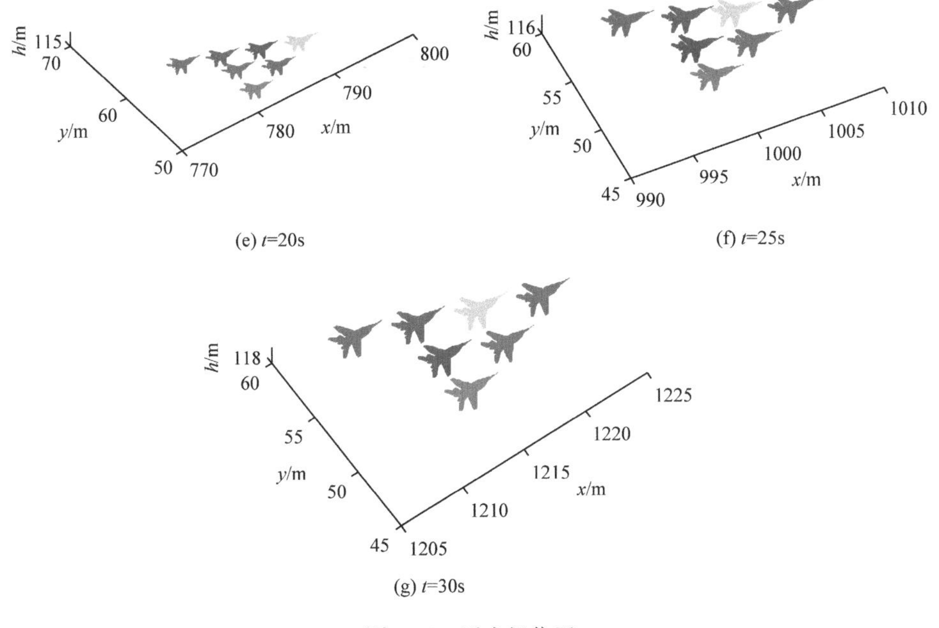

(e) t=20s

(f) t=25s

(g) t=30s

图 6-19　无人机位置

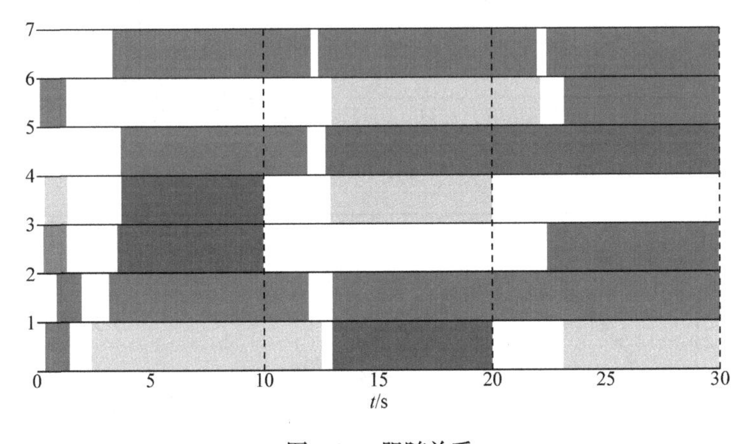

图 6-20　跟随关系

由图 6-18(a)、图 6-19(c)、图 6-21(a)、图 6-22(a)可见，在很短时间内无人机机群形成了稳定编队，无人机群的速度和航向角始终趋于一致；由图 6-18(b)和(c)、图 6-19(e)和(g)、图 6-21(b)和(c)、图 6-22(b)和(c)可见，无人机群在每 10s 的队形变换后，形成稳定的编队，并且得以保持在队形变换后，无人机群的速度和航向角也很快趋于一致。

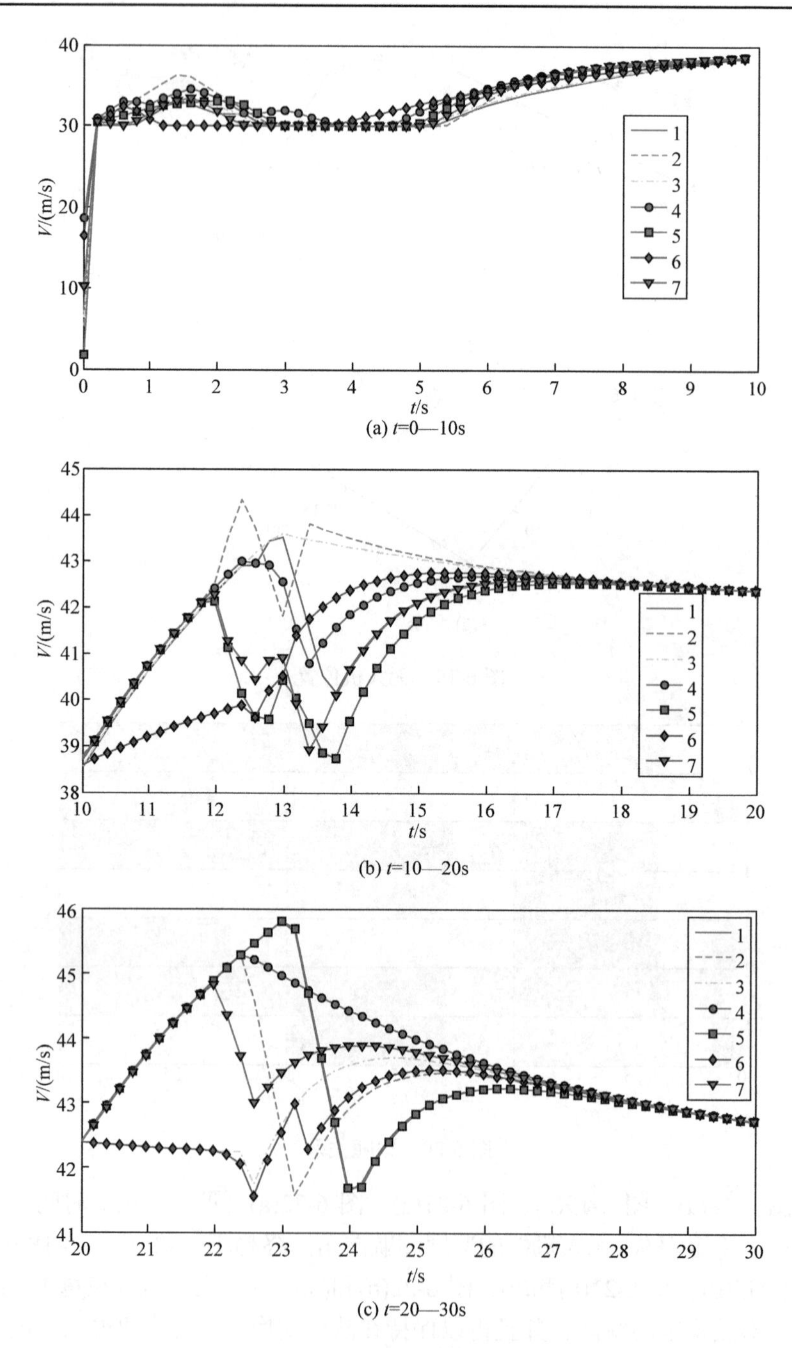

图 6-21　无人机速度变化曲线

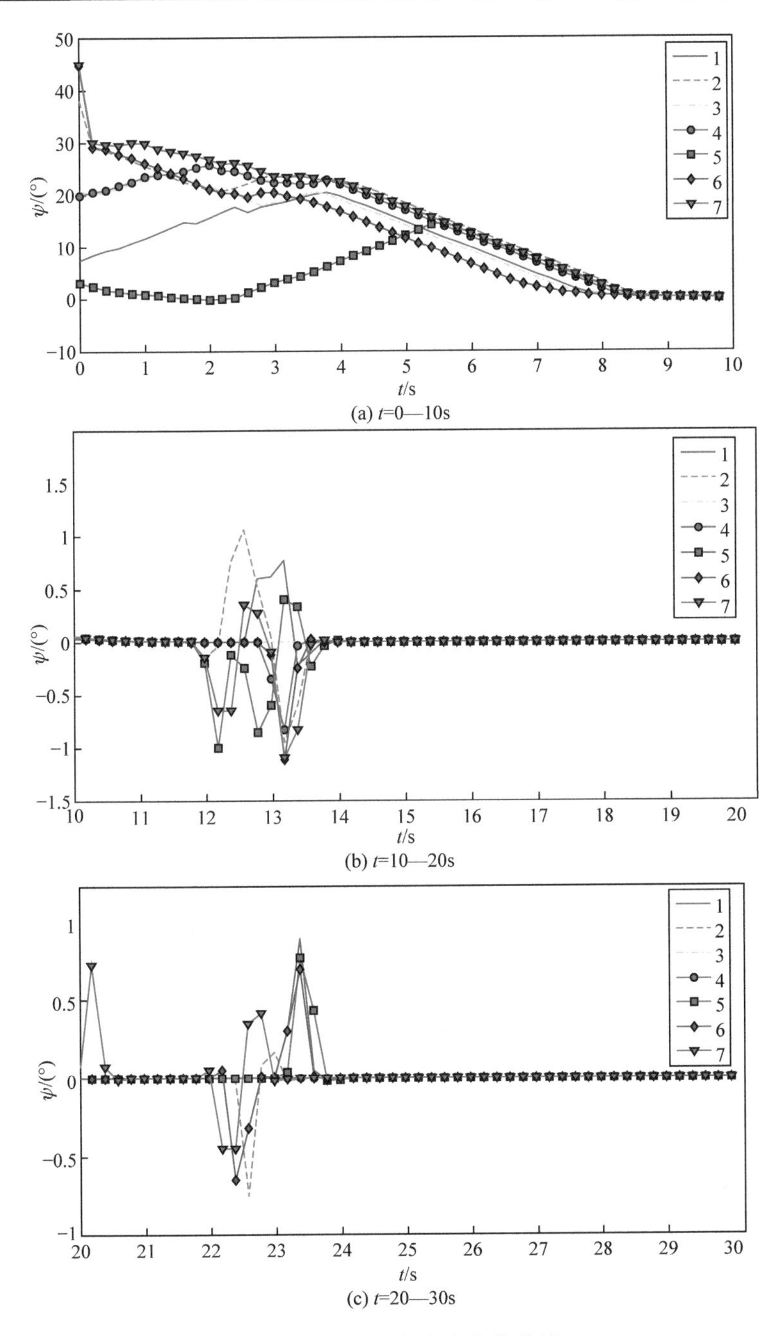

(a) t=0—10s

(b) t=10—20s

(c) t=20—30s

图 6-22　无人机航向角变化曲线

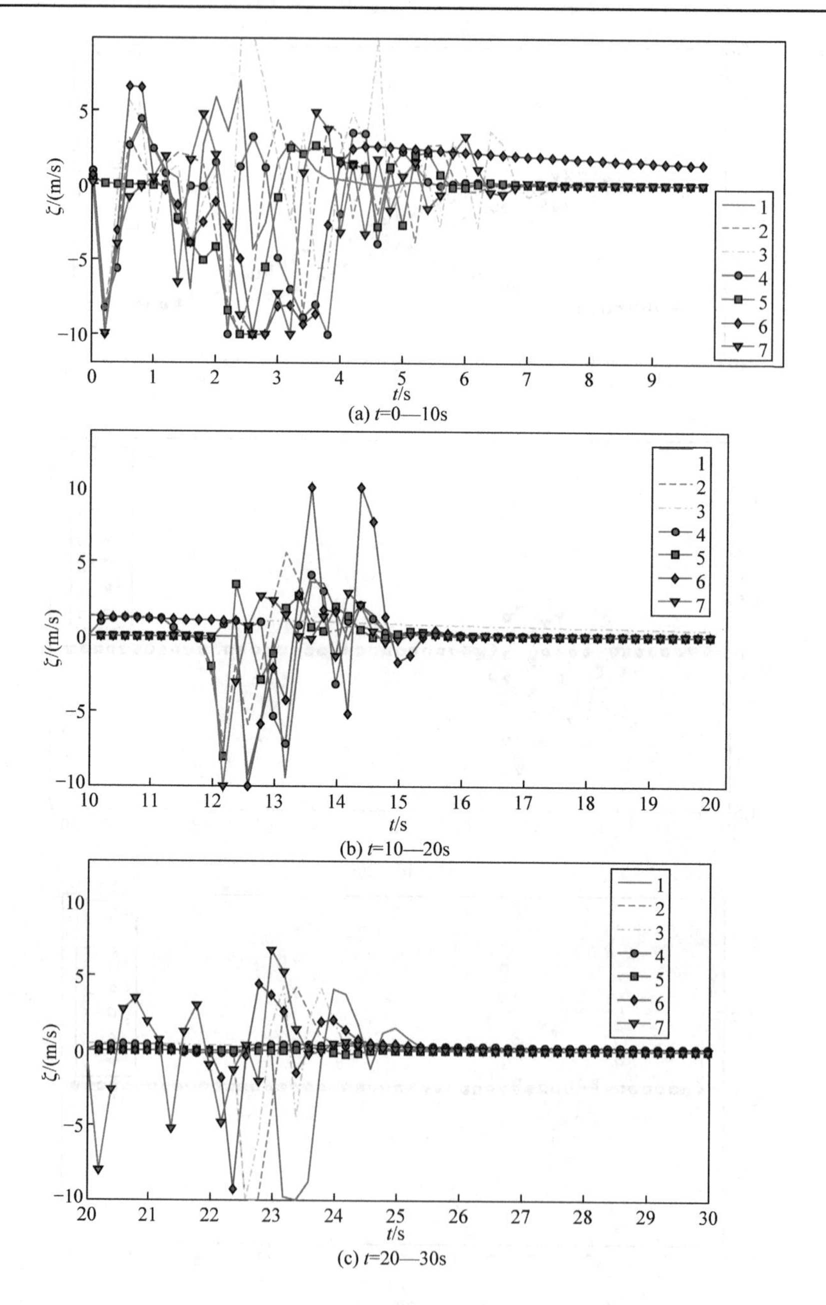

(a) t=0—10s

(b) t=10—20s

(c) t=20—30s

图 6-23　无人机高度变化率曲线

(3) 实验三："局部通信"条件下的编队重构

通过仿真来验证 "局部通信" 原则编队重构的效果，初始时共有 $N=9$ 架无人机，翼展$b=9$，涡流相距$a=\pi/4$，涡核半径$r_c=0.1$，$\beta=0.7$，$\sigma=4$[7]。对于无人机运动，采样时间为$T=0.05$，速度为$V=200\mathrm{m/s}$，$\gamma=0.2$。每个节点的噪声方差为$\sigma_{v,k}^2=0.001$，步长$\mu_k=0.002$，对于长机$\mu_k=0$，位置噪声的方差为$\sigma_\upsilon^2=\sigma_\zeta^2=10^{-6}$，初始位置$(X_{k,-1},Y_{k,-1})$的$x$方向满足$-Nb/2$到$Nb/2$之间均匀分布，$y$方向满足 0 到$Nb$之间均匀分布。

当一架无人机出现故障后不同时刻编队重构的$(x\text{-}y)$平面示意图如图 6-24 所示，共 100 代$(t=5\mathrm{s})$时形成“V”字形编队。图中，$0-2.5\mathrm{s}$时间段内，9 架无人机正常飞行，并很快的向“V”字型进化，在约$t=1\mathrm{s}$时形成了稳定的编队，并在接下来的运动中，稳定地保持了这一队形。在$t=2.55\mathrm{s}$时，某驾无人机发生故障，无法与其他无人机进行通信，在 2.55s 后，无人机通过与邻居间的通信调整，最终形成了稳定的编队。

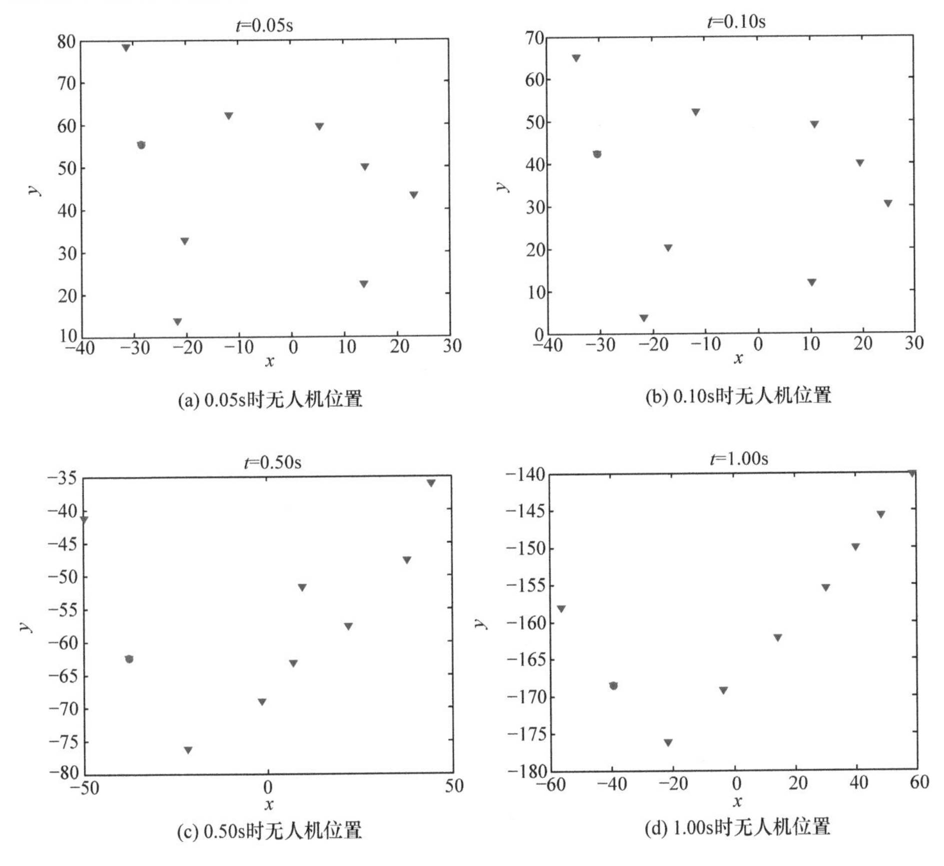

(a) 0.05s时无人机位置

(b) 0.10s时无人机位置

(c) 0.50s时无人机位置

(d) 1.00s时无人机位置

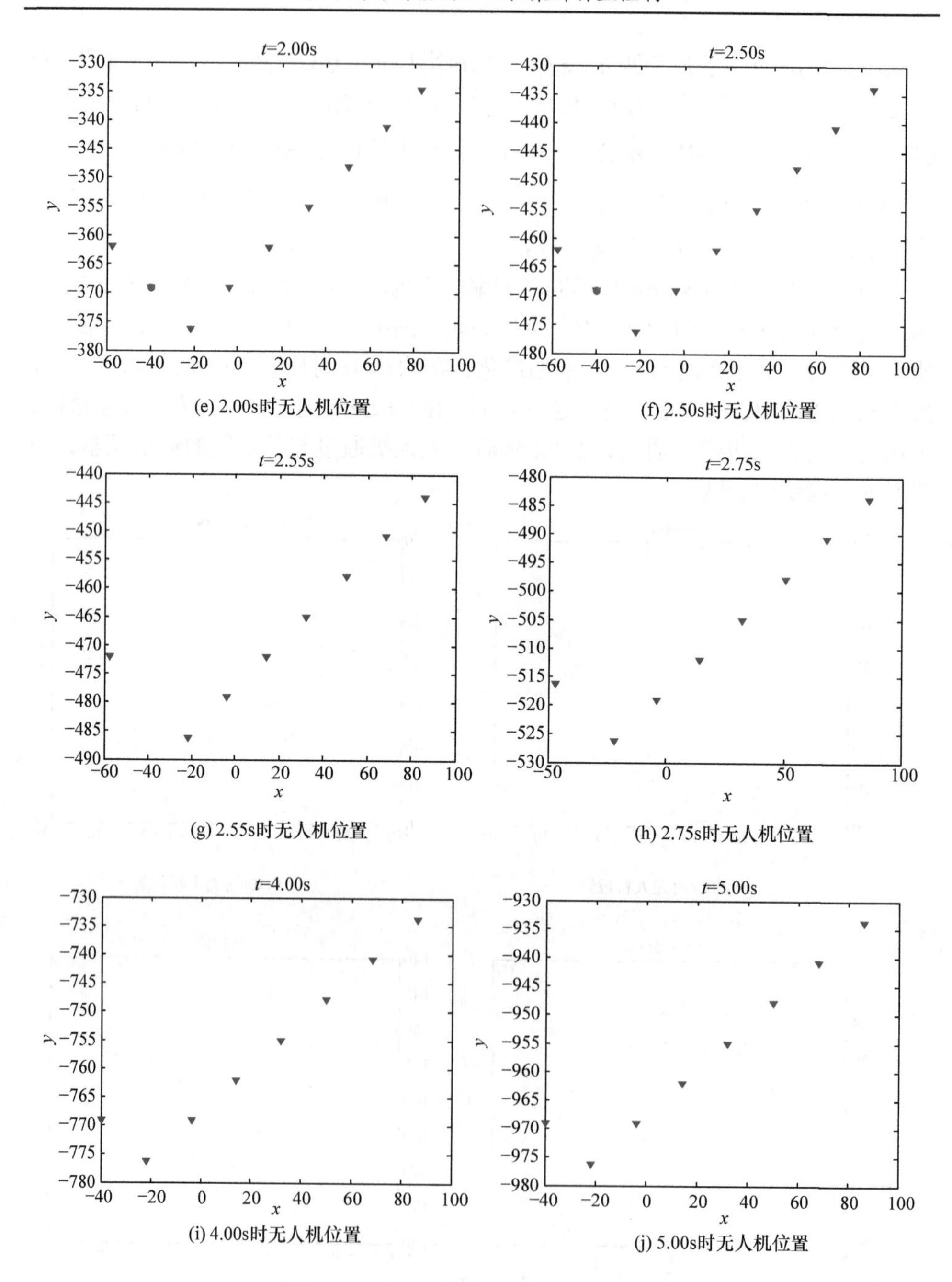

(e) 2.00s时无人机位置

(f) 2.50s时无人机位置

(g) 2.55s时无人机位置

(h) 2.75s时无人机位置

(i) 4.00s时无人机位置

(j) 5.00s时无人机位置

图 6-24　无人机故障后的无人机的位置

图 6-25 是有两组编队执行完任务后与主编队汇合后的位置示意图。在 100 代 ($t = 5$s) 时形成 V 字形编队。图中，0—2.5s 时间段内，9 架无人机正常飞行，并

很快的向“V”字型进化，在约 $t=1.5\text{s}$ 时形成了稳定的编队，并在接下来的运动中，稳定地保持了这一队形。在 $t=2.55\text{s}$ 时，在主编队左右各出现三架无人机要与主编队会合，在2.55s后，无人机通过与邻居间的通信调整，最终形成了稳定的编队。

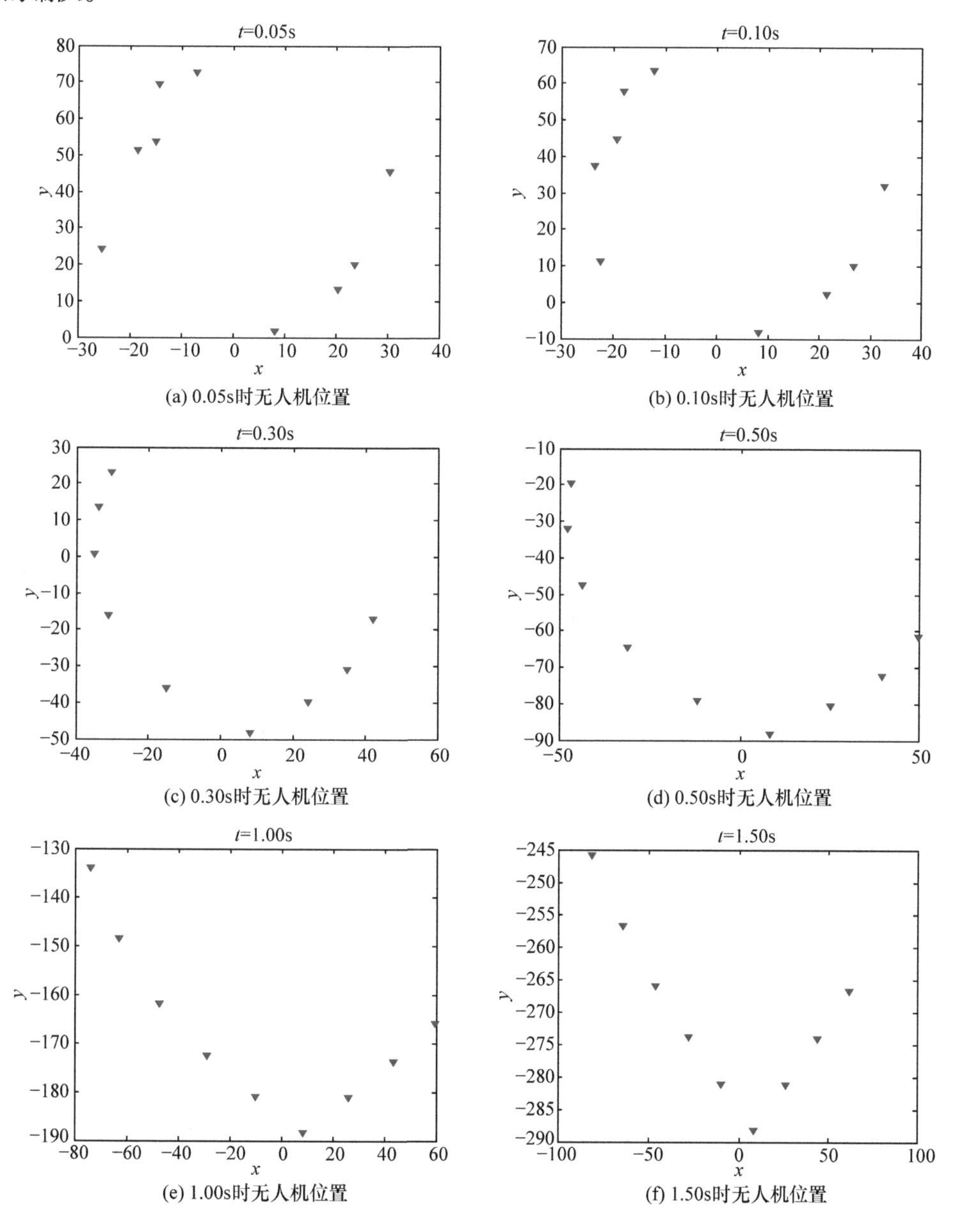

(a) 0.05s时无人机位置

(b) 0.10s时无人机位置

(c) 0.30s时无人机位置

(d) 0.50s时无人机位置

(e) 1.00s时无人机位置

(f) 1.50s时无人机位置

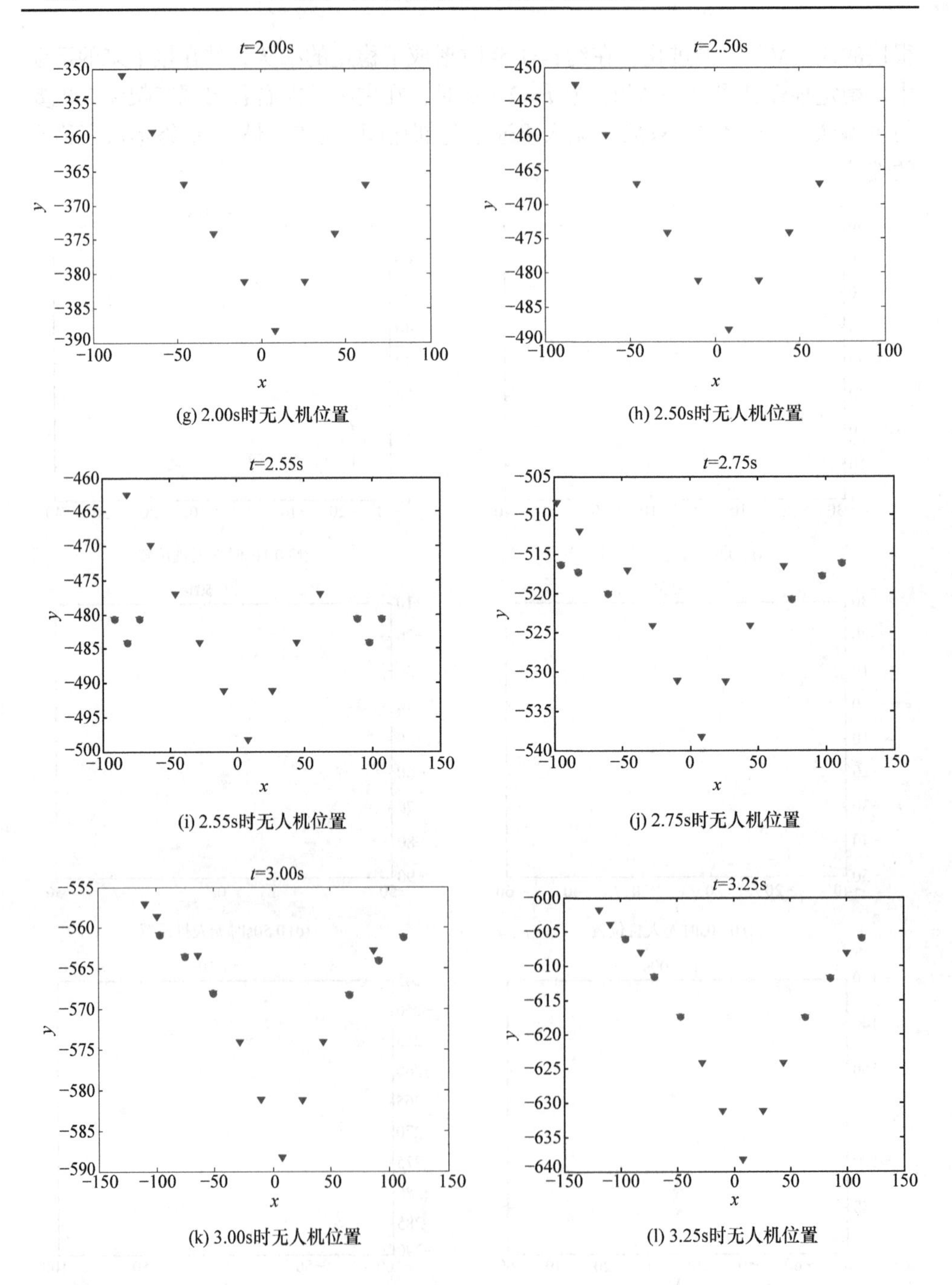

(g) 2.00s时无人机位置

(h) 2.50s时无人机位置

(i) 2.55s时无人机位置

(j) 2.75s时无人机位置

(k) 3.00s时无人机位置

(l) 3.25s时无人机位置

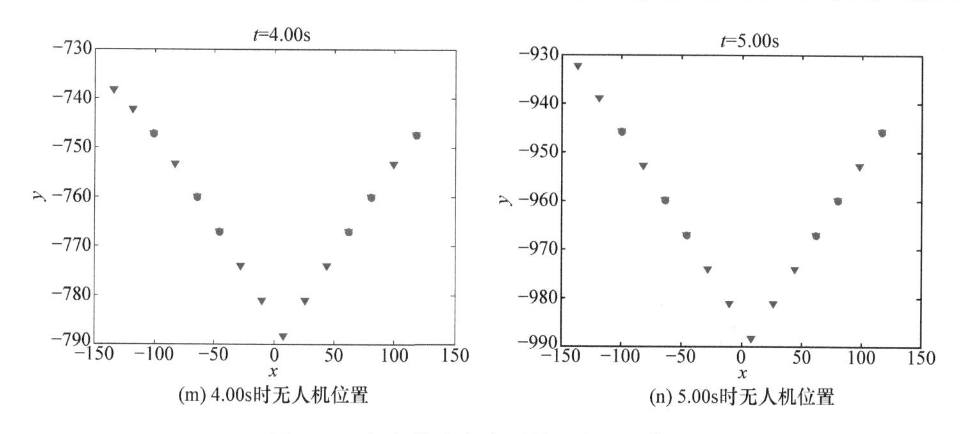

(m) 4.00s时无人机位置　　(n) 5.00s时无人机位置

图 6-25　与主编队会合后的无人机的位置

6.4 本 章 小 结

本章主要通过将雁群行为机制引入到多无人机集群编队飞行控制中，实现无人机的编队保持。根据之前所分析的雁群行为机制，提出了无人机编队飞行时队形设计的三个原则，选择长机原则、选择邻居原则以及飞行方向原则，并利用所提出的三个原则对无人机紧密编队队形进行了设计。并在第 4 章建立的无人机紧密编队三通道 PID 控制器基础上，仿真验证了该控制器能很好地使僚机跟随长机，实现基于雁群行为机制的多无人机编队队形保持。根据在雁群整体迁徙过程中，会根据飞行过程中遇到的热源信息调整飞行方向与高度这一特点，第 4 章给出了一种无人机编队避障方法，在此基础上，本章仿真验证了该方法的有效性。此外，继续利用仿雁群行为机制对多无人机编队重构进行分析并仿真。首先，根据对雁群编队的研究，在飞行过程中，为了使雁群编队整体效益达到最大，雁群中头雁在飞行一定的时间后会和其他大雁交换位置，根据雁群这一行为，设计了基于编队位置及剩余燃油量的长机变换模式下的编队重构，通过进行长机变换，实现多无人机紧密编队下整体效益最大。同时，根据雁群在飞行过程中通过局部通信调整自己飞行状态这一特点，建立无人机编队模型，并对该模型进行了实验验证。

参 考 文 献

[1] Sun C.H., Duan H.B., Shi Y.H. Optimal satellite formation reconfiguration based on closed-loop brain storm optimization [J]. IEEE Computational Intelligence Magazine, 2013, 8(4): 39-51.

[2] Duan H.B., Luo Q.N., Shi Y.H., et al. Hybrid particle swarm optimization and genetic algorithm for multi-UAV formation reconfiguration [J]. IEEE Computational Intelligence Magazine, 2013, 8(3): 16-27.

[3] Zhang S.J., Duan H.B. Gaussian pigeon-inspired optimization approach to orbital spacecraft formation reconfiguration [J]. Chinese Journal of Aeronautics, 2015, 28(1): 200-205.

[4] Duan H.B., Luo Q.N., Yu Y.X. Trophallaxis network control approach to formation flight of multiple unmanned aerial vehicles [J]. Science China, 2013, 56(5): 1066-1074.

[5] 邱华鑫, 段海滨. 从鸟群群集飞行到无人机自主集群编队 [J]. 工程科学学报, 2017, 39(3): 317-322.

[6] 段海滨. 从群体智能到多无人机自主控制 [J]. 系统与控制纵横, 2014, 1(2): 76-88.

[7] 周子为. 基于雁群行为机制的多无人机编队及验证 [D]. 北京航空航天大学, 2017.

[8] 周子为, 段海滨, 范彦铭. 仿雁群行为机制的多无人机紧密编队 [J]. 中国科学: 技术科学. 2017, 47(3): 230-238.

[9] Duan H.B., Qiu H.X. Unmanned aerial vehicle distributed formation rotation control inspired by leader-follower reciprocation of migrant birds [J]. IEEE Access, 2018, 6: 23431-23443.

[10] Lissman P.B., Shollenberger C.A. Formation flight of birds [J]. Science, 1970, 168(3934):1003-1005.

[11] Major P.F., Dill L.M. The three-dimensional structure of airborne bird flocks [J]. Behavioral Ecology and Sociobiology, 1978, 4(2): 111-122.

[12] Heppner F.H., Convissar J.L., Moonan D.E., et al. Visual angle and formation flight in Canada geese (Branta Canadensis) [J]. The Auk, 1985, 102:195-198.

[13] Hainsworth F.R. Precision and dynamics of positioning by Canada geese flying in formation [J]. The Journal of Experimental Biology, 1987, 128:445-462.

[14] John P.B. An analysis of function in the formation flight of Canada geese [J]. The Auk, 1998, 105(4): 749-755.

[15] Malte A, Johan W. Kin selection and reciprocity in flight formation [J], Behavioral Ecology, 2004, 15(1): 158-162.

[16] Bajec I.L., Heppner F.H. Organized flight in birds [J]. Animal Behaviour, 2009, 78(4): 777-789.

[17] Portugal S.J., Hubel T.Y., Fritz J., et al. Upwash exploitation and downwash avoidance by flap phasing in ibis formation flight [J]. Nature, 2014, 505(7483): 399-402.

[18] Voelkl B., Portugal S.J., Unsöld M., et al. Matching times of leading and following suggest cooperation through direct reciprocity during V-formation flight in ibis [J]. Proceedings of the National Academy of Sciences, 2015, 112(7): 2115-2120.

[19] 刘成功. 无人机仿生紧密编队飞行控制技术研究 [D]. 南京航空航天大学, 2009.

[20] Cattivelli F.S., Sayed A.H. Modeling bird flight formations using diffusion adaptation [J]. IEEE Transactions on Signal Processing, 2011, 59(5): 2038-2051.

[21] Pachter M., et al. Tight formation flight control [J]. Journal of Guidance, Control, and Dynamics, 2001, 24(2): 246-254.

[22] Proud A.W., Pachter M., D'Azzo J.J. Close formation flight control [A]. Proceedings of AIAA Guidance, Navigation and Control Conference [C], AIAA, 1999: 1231-1246.

[23] Choi J., Kim Y. Fuel efficient three dimensional controller for leader-follower UAV formation flight [A]. Proceedings of 2007 International Conference on Control, Automation and Systems [C], IEEE, 2007: 806-811.

第7章　基于狼群行为机制的无人机集群任务分配

7.1 引　言

狼群作为一类认知能力强且组织严密的动物种群，通过严酷生活环境下的优胜劣汰，造就了其精妙的协作捕猎方式[1-4]。如图 7-1 所示，从成吉思汗时期蒙古铁骑的“狼群战法”到纳粹德军将领邓尼茨猖狂一时的“狼群潜艇战术”，再到美军研究的电子对抗利器“狼群攻击系统”，都无不彰显出狼群群体智慧的巨大魅力。

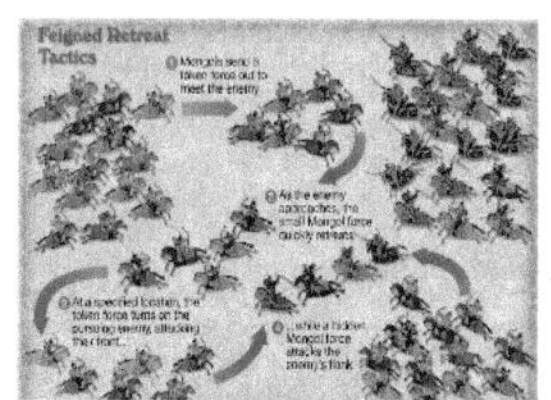

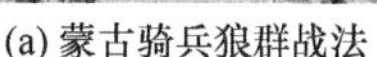
(a) 蒙古骑兵狼群战法

(b) 德国狼群潜艇战术

(c) 美国狼群攻击系统

图 7-1　人类战争中的狼群智慧

狼群狩猎[5-9]的优势在于以强凌弱，以多击少；分工明确，互帮互助，群起而攻之。狼群成功的诀窍在于“协同”，有两重含义：一是态势信息共享，知己知彼，百战不殆，信息越丰富，狩猎的不确定风险越低，可行的战术越明晰；二是多只狼在同一时间同一地点对猎物发动袭击，有的负责扰乱猎物阵型，有的驱赶目标运动，有的追逐，有的埋伏，狼群内部存在完备的打击链条[10]。狼群行为表现出的自主认知、严密分工、分布式特性、协作性以及对环境的适应能力等特点对于工程集群系统的研发和设计具有很强的借鉴意义。本章着重选取了狼群社会层级结构，劳动分工和搜索游猎行为，将其与无人机集群任务规划做类比，给出二者映射关系，如图 7-2 所示[11, 12]。无人机集群任务包含航路规划[13-15]和任务分配两个关键问题，本章主要从无人机集群的静态以及动态目标分配展开研究。

将狼群社会层级结构映射到多无人机的指挥控制结构。高等级的狼有权利支配低等级狼的行动，这一特征可以映射为多无人机指挥权限分配，一部分无人机作为“指挥者”，具有更大的权限，而另一部分受“指挥者”节制调遣。狼群捕食时，少数狼向其余的狼分配任务，狼群通过密切的协作获得成功。这里的指挥者可能是头狼，也可能是低一级的狼[16]。这种灵活变通、适应性强的捕猎策略可以映射到多无人机任务分配上来。例如打击任务，若对象是多个低威胁小型目标，机群分散，各自为战，若是单个大型目标，一架无人机成为长机，负责分配任务，其余作为僚机，负责执行长机的命令。所有无人机将探测到的任务信息及自身状态汇总到长机，长机据此向每架无人机分配任务。

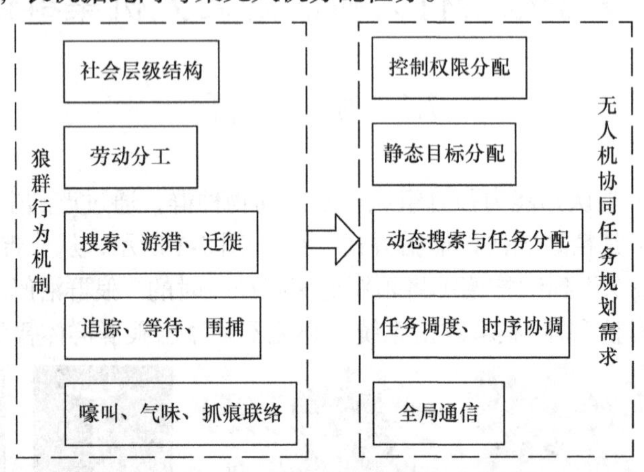

图 7-2　狼群行为与无人机任务规划映射关系

狼群在发动进攻前，会依据猎物类型及数量采取不同的捕猎策略，若猎杀小型猎物，如春夏季捕猎野兔，狼群化整为零，自由行动，分头猎杀；若发现大型猎物，如冬季捕杀野牛、驼鹿，就聚零为整，包围夹击，此时指挥狼会预先向参与捕猎的狼分配任务，如侦察筛选老弱病残个体，迷惑扰乱猎物，打乱猎物的防御阵型，追逐驱散猎物集群，埋伏，包围落单个体，猎杀目标等[17]。

对应于无人机集群，同样应先输出目标分配预案，再执行预定打击计划[18-22]。长机依据目标特性，挑选出适合打击的目标，若某些目标价值极高，不惜一切代价清除，则其应被列入打击清单；若某些目标价值低，对无人机威胁大，并属于非必要目标，此时应该放弃；某些目标价值高，威胁小，同样可列入打击清单。得到应打击的目标后，需要为每个目标分配无人机，考虑到无人机可携带多种载荷，不同型号的无人机对目标有不同打击效果，应选取“无人机-目标”的最优匹配，让携带特定载荷的无人机打击相应的目标。借鉴狼群捕猎前与捕猎中的劳动分工机制，为每架无人机设计打击预案，完成静态目标分配。

狼群在进攻时，会不断更新捕猎方案，例如成功驱散猎物集群后，老弱病残个体暴露出来，狼群考虑猎物是否容易得手，猎物能否提供充足食物，选择最优的目标，这个选择过程往往是动态变化的[23]。在冬季猎物稀少时，狼群需长途行进，四下搜索，找寻猎物踪迹，跟踪追捕猎物。

无人机群在分配任务时也应该依据态势变化，实时调整任务清单；在没有目标时，应进入搜索游猎模式，主动探索目标，再分配任务。狼群围攻行为对应于多无人机增援、协同攻击，多架无人机打击一个目标，需要考虑目标依赖关系、协作关系并规划出合理的时序关系。狼群会根据猎杀的收益与付出的代价评估并筛选目标，例如在食物丰盛时，狼群分散捕食；当战场上目标分散，威胁与收益均很小时，无人机可以自由作战，独立打击小目标。在食物匮乏时，狼群聚集捕食大型猎物，同理，当无人机面对收益与威胁均很大的单体目标，应该聚零为整，在相同时间段内出现在指定地点，共同打击目标。当目标威胁大但收益小时，应该放弃此类目标。

此外狼群在迁徙时排列成看似松散长队，但有着相同的运动方向与速度，这与集群编队十分类似，可以从中抽象出模拟狼集群迁徙的无人机编队运动策略。狼采用气味、抓痕、嚎叫等多种手段通信，每种方式有不同的通信距离及作用对象，可以映射到无人机的通信网络。

7.2　基于狼群劳动分工的集群静态目标分配

7.2.1　无人机集群静态目标分配建模

(1) 约束条件建模

目标分配时，每架无人机视为一只捕猎狼，每个待分配的目标映射为猎物，无人机飞向目标可以映射为狼追逐猎物。狼群协同分工，捕杀猎物的过程就是无人机群集群分配目标的过程。

当狼群在游猎搜索时，一部分个体扩散搜索，另一部分待命支援；同样将无人机按照各自功能、目标、位置划分成多个子群，当搜索无人机发现目标时，立即通过数据链逐级传达信息，呼叫增援。同一时间可能会有多个呼叫信号，增援无人机会判断向哪个方向增援，参与打击各个目标的无人机数量必须等于全体无人机总数，即要求无人机总数守恒。设当前目标集合为 $Tar=\{T_1, T_2,\cdots, T_i,\cdots, T_n\}$，共有 n 个目标需要分配，有 m 架无人机参与打击，则有

$$\sum_{i=1}^{n}\text{size}(T_i)=m \tag{7-1}$$

式中，$\text{size}(T_i)$为实际参与打击目标 T_i 的无人机数量，无人机总数守恒。

对于每个猎物，捕猎狼的数量必须大于需求下限，才可以保证成功，例如捕猎野兔需要一、二只狼；而冬季猎杀北美野牛时，整个狼群出动。类比狼的分配方案，将总目标 Tar 划分成多个子目标 $Tar=\{T_1, T_2,\cdots, T_i,\cdots, T_n\}$，$T_i$是第 i 个子目标

$$\text{size}(T_k)\geqslant \text{min\_size}(T_k),\quad T_k\in Tar \tag{7-2}$$

式中，$\text{min_size}(T_k)$为打击子目标 T_k 的最小无人机数；$\text{size}(T_i)$为实际参数。上式表

示对于任意子目标，参与打击该目标的无人机数要大于等于需求数。

狼群在捕猎时往往遵循游猎、追踪、增援、包围、捕杀的顺序，这一顺序具有严格的依赖关系，是不可逆的。游猎发现目标，才能跟踪猎物；狼群及时增援，狼的数量足够多才能实现包围，以多打少，最终猎杀。无人机的多个目标也存在依赖关系，目标分配的结果要满足目标依赖关系约束

$$Tar\_final = \{T_2, T_1, \cdots, T_j, T_i, \cdots, T_n\} \tag{7-3}$$

式中，Tar_final 为目标清单；目标 T_j 是 T_i 的前项，那么 T_j 一定分配在 T_i 之前。

(2) 目标收益建模

狼群捕猎时会考虑收益，评估每一个猎物为狼群带来的增益，例如食物可供狼群进食几日，捕猎能否锻炼狼群协同能力，杀死某猎物是否会增强其余猎物的逃逸能力等。收益高的猎物往往会优先考虑，当然也要评估捕杀该猎物的风险。当食物匮乏、环境恶劣时，高风险高收益的猎物往往优先级高，例如在加拿大苔原，当冬季气候寒冷，大部分动物活动量减少时，狼群会聚扩大规模，冒险捕杀体型庞大，四肢健壮的北美野牛；而在春夏时节，狼群会分散捕捉野兔等小型猎物。目标收益函数如下式所示

$$Profit = dens + succ \times \left(val \times \sum_{i=1}^{k} harm_i \right) \tag{7-4}$$

式中，$dens$ 为猎物的集群密度，反映猎物周边同类数量多少，具有社会性的动物 $dens$ 值较大，而独居动物取值较小。$dens$ 越大，该猎物越可能是一种群居动物，那么该猎物周边很可能还有更多的猎物存在，猎物越多，捕猎潜在收益越大；$val \times \sum_{i=1}^{k} harm_i$ 表示狼群对猎物造成的伤害，造成伤害不等于捕猎成功，狼群在某次失败的捕猎过程中同样付出了劳动，该部分劳动也是有意义的，例如磨练了捕食技巧，增强了协作能力等，应该计入收益；$\sum_{i=1}^{k} harm_i$ 为参与捕猎的 k 只狼对猎物的总伤害；val 为猎物的价值，例如一头成年野牛能喂饱整个狼群，价值高，val 大，一只野兔价值低，val 小；$succ$ 为捕猎成功概率，给猎物伤害加权，若有较高的概率捕获该猎物，那么狼群造成的伤害，即付出的劳动是有意义的，反之伤害无意义，狼群应该放弃此猎物；$Profit$ 为单个猎物对狼群的增益，综合考虑猎物密度，捕杀概率与总伤害最大的因素。

类比到无人机集群，$dens$ 为目标密度，即单位面积内有多少目标。如存在两个区域，一个目标密集，另一个目标稀疏，那么无人机群优先飞向密集区域，使得目标覆盖度最大化。val 为打击该目标的收益，等于目标价值，如摧毁敌方指挥

中心，使敌军陷入瘫痪，指挥中心价值高；相比之下，消灭敌军一个小型仓库，价值低。$\sum_{i=1}^{k} harm_i$ 为参与打击目标的 k 架无人机的杀伤总和，本节简化为 $harm\equiv1$，$\sum_{i=1}^{k} harm_i = k$，用于对 val 加权。考虑某些目标需要多架无人机协同完成，那么应该优先分配此类目标；否则分配完其他目标后，没有足够的无人机来打击协同目标。为了确保协同目标优先分配，简单的办法是增大其收益，需要 k 架无人机，就使收益增大为 k 倍，此目标容易被优先分配。$succ$ 是预估的成功毁伤概率，反映该目标难易程度，无人机群的历史经验(以往是否打击过该种目标)、集群规模、无人机性能都会影响 $succ$；在缺乏先验信息时，可取 $succ$=1，即无差别对待所有目标。$Profit$ 是无人机群打击目标的总增益，综合考虑目标密度、收益、协同要求与毁伤概率。

(3) 目标代价建模

狼群在捕猎时也会遭受损失，例如猎物反抗，竞争对手争夺食物爆发武斗等，明智的群体会将损失降到最小。狼群总损失函数

$$Cost = f_1 + f_2 + f_3 + f_4 \tag{7-5}$$

式中，f_1 为猎物反击伤害；f_2 为打斗造成的损失；f_3 为距离代价，狼群为捕获某猎物需要跑动的路程；f_4 为狼群捕杀某猎物付出的损耗，如消耗体能。

将其映射到无人机群，f_1 为无人机非对抗性威胁，包括地形威胁和必要代价。地形威胁主要反映地形高度及高度变化率，无人机难以飞跃过高的地势或者飞跃的能量消耗远大于绕路的消耗，那么应该回避此类区域；但过于陡峭的地势同样会增加无人机爬升不及时而撞山的风险，优先回避；必要代价只针对特定对象，如自杀式无人机、导弹攻击目标，为了完成任务必须损失执行单元。

f_2 为无人机对抗性威胁，主要指敌防空力量带来的伤害。f_2 包括敌方探测威胁，如雷达威胁，通常用球面模型来描述探测威胁，距离探测装置距离越小，被探测的风险越大

$$f_{1,\text{detect}} = f(\|(x,y)-(i,j)\|, R) \tag{7-6}$$

若地图上某点(i,j)有探测装置，其探测半径为 R，则区域$\{(x,y) \mid \|(x,y)-(i,j)\| \leqslant R\}$ 均是探测危险区，$f_{1,\text{detect}}$ 是(x,y)的探测风险值，针对不同雷达可取不同形式的函数形式。f_2 还包括敌方火力威胁，如高射机枪、高炮、防空导弹等，本节不关注具体的威胁形式，做归一化处理，采用球面模型来描述威胁，距离威胁点越近，威胁越大，反之则小。

$$f_{1,\text{fire}} = g(\|(x,y)-(i,j)\|, R') \tag{7-7}$$

式中，$g()$可依据不同防空武器取不同的形式；(i,j)是敌防空武器的位置；R'是杀伤半径。

f_3为无人机航程代价，综合反映航路长短、燃油消耗、飞行时间对目标分配的影响，本节只考虑航程，即无人机当前位置与目标的直线距离，采用欧几里得距离

$$f_3 = \sqrt{(x_{\text{UAV}} - x_{\text{tar}})^2 + (y_{\text{UAV}} - y_{\text{tar}})^2} \tag{7-8}$$

式中，$(x_{\text{UAV}}, y_{\text{UAV}})$为无人机方位坐标；$(x_{\text{tar}}, y_{\text{tar}})$为目标坐标。

f_4为无人机弹药损耗，无人机剩余载荷越少，后续目标越少。

基于狼群劳动分工机制的无人机协同目标分配模型的目标函数可以定义为

$$Fit = Cost - Profit \tag{7-9}$$

式中，目标收益 Fit 为总代价。在满足约束条件的前提下，分配目标时，集群接收目标信息，依据各自状态给出收益与代价值，计算 Fit，将集群的 Fit 汇总排序，选取总代价 Fit 最小的无人机打击目标。多无人机运用狼群策略，以最小代价换取最大目标收益，Fit 越小越好。

7.2.2 仿狼群劳动分工的目标分配

得到无人机目标分配模型后，采用基于狼群劳动分工机制的目标分配策略来求解。

Step 1：依据现有信息生成地图，将目标信息呈现在地图上。

Step 2：狼群智能体初始化，根据目标和可出动的无人机数量确定参与打击的无人机总数 n，生成 n 个狼群智能体。这里不区分“无人机”与“狼”，认为二者指代相同。

Step 3：目标优先级排序。头狼无人机计算所有目标的优先级再排序，优先级高的目标先参与分配。优先级不等于式(7-9)目标函数 Fit，因为要遍历所有节点，优先级的计算更注重快速性，要求时间、空间复杂度较小。本节采用目标的爪形函数距离 Dis_{paw} 作为优先级评定标准，Dis_{paw} 越小，则该节点越优先分配。

目标的爪形函数距离 Dis_{paw} 仍为一种欧式距离，这里不考虑目标的收益与代价，单纯以远近确定优先级，因为距离越近的目标越优先考虑。应注意优先级高不一定优先分配，若某目标距无人机群很近，但执行代价巨大，收益甚微，总代价 Fit 高昂。尽管该目标优先级高，较早参与分配，但在随后的步骤中，各无人机依据 Fit 对目标打分排序，目标不会被优选，尽管长期处于待分配队列中，很可能会成为最后目标。

爪形函数是一个函数集合 $Paw\_set=\{\{x, y\}|y=x, y=0.5x, y=2x, x, y\in R^{+}\}$，即包

含平面直角坐标系下，第一象限内的 3 条射线

$$
\begin{aligned}
Dis_{paw}(x,y) &= k\sqrt{x^2+y^2} \\
&\quad + \min\left(\sqrt{(x-x_0)^2+(y-y_0)^2}\right), (x_0,y_0)\in Paw\_set
\end{aligned} \tag{7-10}
$$

式中，距离 Dis_{paw} 为目标(x, y)距起始点(本节规定以原点(0, 0)为起始点)的距离与爪形函数最小距离和。

采用爪形函数是期望优先分配的目标分布在 3 条射线上，次优目标在 3 条射线之间。分配的效果就如同叶脉，首先纵向扩张，然后横向发展，充分探索地图；避免目标在地图上不均匀分布的现象，全体无人机都打击某一区域的目标，而其他区域无人问津。理想的分配情况是密集的目标交由一架无人机连续打击，因为相邻节点距离近，航程小；其余无人机打击空闲区域的目标，在任意时刻，期望地图上大部分目标区域被无人机监控，即目标清单尽可能均匀覆盖地图。

$Dis_{paw}(x, y)$还考虑起始点距离 $\sqrt{x^2+y^2}$ 是为了区分同在爪形函数上的目标，例如目标(10, 10)和(1, 1)，同在 Paw_set 内，(1, 1)距起始点更近，应该优先参与分配。比例系数 k 用于调节起始点距离和爪形函数最小距离的比例，如果相差一个数量级，那么较小的距离便失去意义。

Step 4：头狼分配，头狼依据目标优先级向从狼传递目标信息，首先检查是否满足约束条件式(7-1)、式(7-2)及式(7-3)，目标依赖关系和任务饱和度约束属于“硬约束”，即是能否进行分配的前提，若达不到要求，则无法开展分配；而式(7-9)的目标代价与收益属于“软约束”，只影响目标分配的效果。每个狼群智能体检查自身任务队列，若队列为空，即任务未饱和则参与分配，求出其目标函数值 $Fit=Cost-Profit$，并向头狼汇报；若任务饱和则不做出响应。

头狼收集所有从狼的目标函数值，得出目标值矩阵，随后采用贪心算法向汇报目标值的狼群智能体分配目标:

1) 先选出 Fit 最小的目标 T_i 与相应的狼 $wolf_i$，检查 T_i 是否依赖于别的目标，若不存在依赖关系，T_i 由 $wolf_i$ 打击；若有依赖关系，上溯至依赖链条的首目标，优先分配。

2) 检查目标 T_i 的最小需求数 min_size(T_i)，若当前打击该目标的狼个数 $n<$min_size(T_i)，继续在 T_i 所在列寻找 Fit 次小的狼 $wolf_k$ 并加入任务，直至满足最小需求数；若无法满足，目标 T_i 不参与此次分配，将其所在列从目标值矩阵中删除。

3) 假定 T_i 以完成分配，那么将 T_i 所在列从目标值矩阵中删除。

4) 检查每个狼群智能体的任务饱和度，若目标队列填充已满，该狼退出分配流程。

5) 在降维后的矩阵中寻找最小值，重复①②③④。

将目标分派给相应狼群智能体，同时将其从待分配目标序列中删除。因为狼群智能体在汇报目标值时已检查任务饱和度 *Task_full*，在依据目标值矩阵分配时已确保满足式(7-2)打击目标的狼群智能体数大于等于最小需求数，式(7-3)目标依赖关系，所以分配的结果不会存在矛盾，从狼应该服从头狼的安排，接受并执行任务。

Step 5：分配结果检验计算待分配序列中的目标数 n，若 $n>0$，返回至 Step 3，重新分配；否则分配完成。基于狼群劳动分工机制的无人机静态集群目标分配方法在时间复杂度上有较大优势，该算法的时间复杂度随目标数线性增长，而采用传统的数学规划方法，如混合整数规划，此类问题往往是非确定性多项式时间内可解问题，随着节点数增加，计算耗费的时间显著增加，以致达到不可接受的地步。

基于狼群劳动分工的无人机集群静态目标分配流程图如图 7-3 所示。

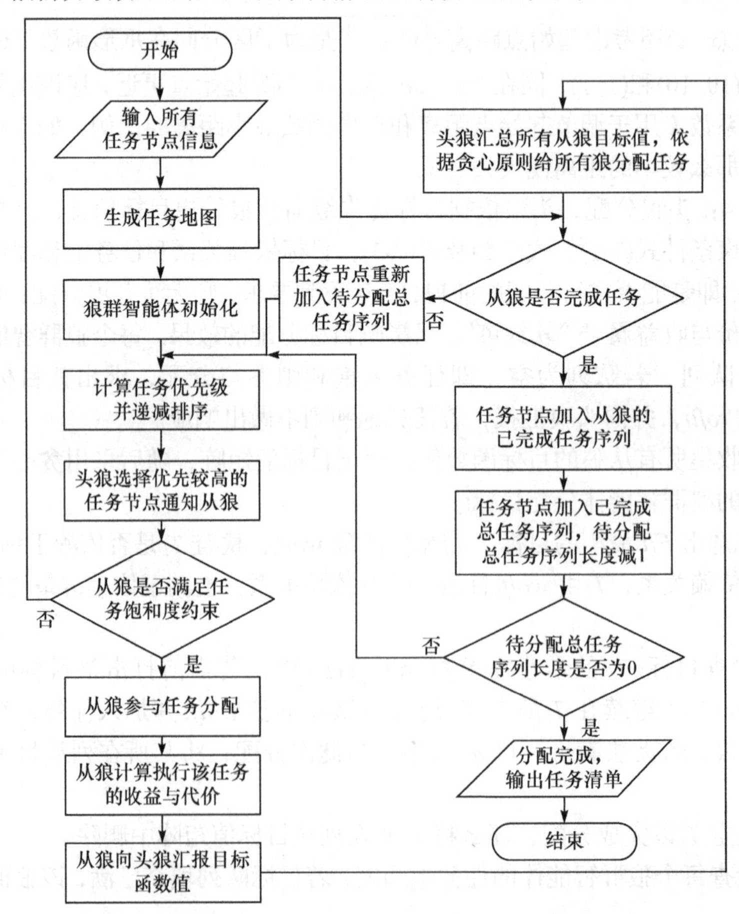

图 7-3　基于狼群劳动分工的无人机集群静态目标分配流程

7.2.3 仿真实验分析

为验证本节所提出的基于狼群劳动分工的无人机集群静态目标分配算法，进行如下仿真实验。采用 30×30 地图，爪形函数与地图边缘的交点包括(15, 30)、(30, 30)，取式(7-10)中比例系数 k=5.303/37.500=0.141。在生成地图时，为每个点赋 1—10 之间的随机数，然后进行筛选，将大于等于 9 的数留下，其余置 0，约有 180 个随机分布的目标参与分配。

而后为每个目标添加收益 val=9, 10，即保留随机数作为收益。因为目标随机分布，所以可将目标密度 $dens$ 视作常量，出于简化，本节取 $dens$=0；假定捕猎成功概率 $succ$=1。如前所述，取 $\sum_{i=1}^{k} harm_i = k$，则目标收益为 $Profit=k\times val$，k 是打击目标的最小无人机数。

每个目标以 50%概率赋予 I 类或 II 类威胁，具体的代价 $Cost$ 与无人机到结点的距离和飞行的航程有关，在无人机评估目标时计算。

共有包括头狼和从狼在内的 5 个狼群智能体，因为目标数大于狼个数，每次参与分配的目标数取 10，确保每个狼群智能体有充分的选择余地。狼群智能体初始化，每只狼待打击的目标序列 $Task\_condition.Waiting$ 与已打击序列 $Task\_condition.Done$ 均为空；任务饱和度取 0；$wolf_1$、$wolf_2$、$wolf_3$ 的目标适应度为[10,1]，即适宜打击 I 类目标，而不适宜 II 类目标；$wolf_4$、$wolf_5$ 的目标适应度为[1,10]，适应 II 类目标，不适应 I 类。

遍历所有目标，计算 Dis_{paw}，由小到大排序确定优先级。对于 5 个狼群智能体，一次评估 10 个目标，目标函数矩阵大小不超过 5×10。

仿真参数如表 7-1 所示，所得目标分配结果如图 7-4 所示。

表 7-1　无人机初始参数

参数	无人机 1	无人机 2	无人机 3	无人机 4	无人机 5
初始位置	(1, 1)	(1, 3)	(1, 5)	(3, 1)	(5, 1)
威胁适应度	[10 1]	[10 1]	[1 10]	[1 10]	[1 10]
最大任务数			1		

观察图 7-4 的目标分配结果，5 架无人机从左下角出发，遍历地图上的所有目标，分配连线大体呈现出叶脉状特征，沿着对角线纵向发展，同时会横向扩展。不同无人机的目标连线很少相交，小范围的区域由 1 架无人机负责，如右下角的目标由无人机 4 打击，左上角目标交给无人机 3。对于无人机 2、3 和 5，其目标连线无回环，在后续航迹规划时最大限度避免转圈绕路，是符合要求的目标序列。

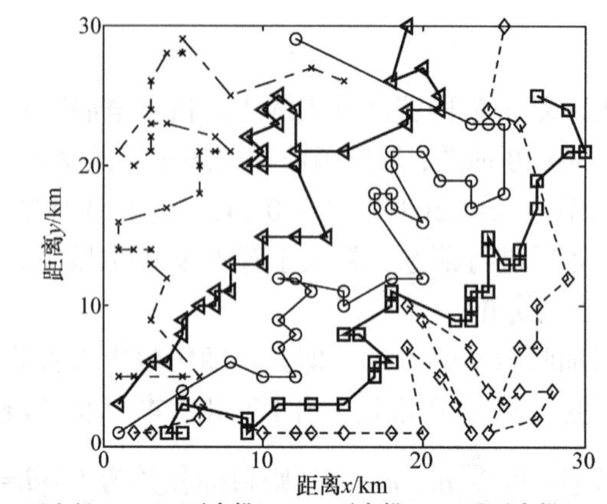

图 7-4　基于狼群劳动分工的无人机集群静态目标分配结果

本节所提算法还支持存在无人机中途退出的情况，假定在 T=15，目标分配进行约一半时，无人机 1、2、3、4 和 5 分别退出分配，不再打击新的目标，参与分配的无人机数量从 5 降到 4。从图 7-5 可见，基于狼群劳动分工机制的目标分配方法可以继续运行，完成剩余部分的分配。

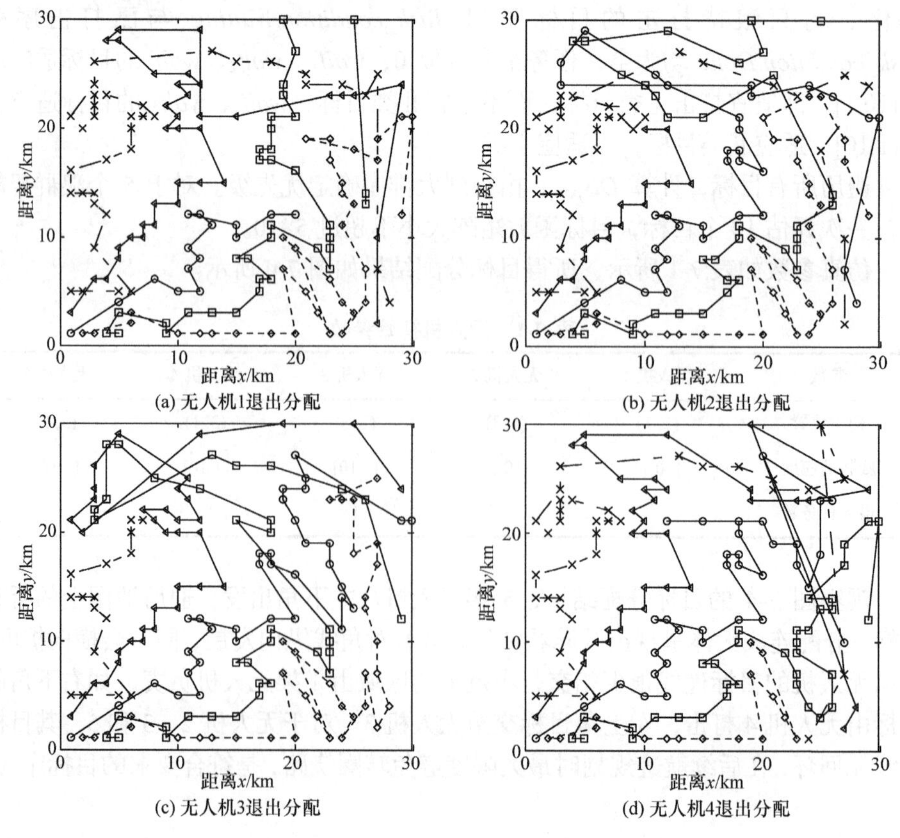

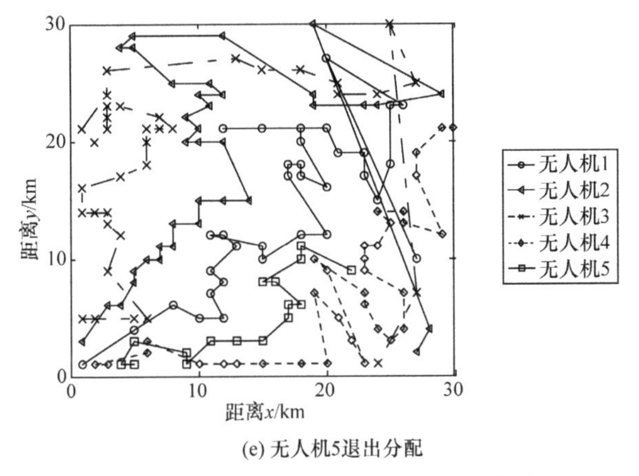

(e) 无人机5退出分配

图 7-5　无人机中段退出后目标分配结果

表 7-2 列出了无人机 1 到无人机 5 在中间时刻 T=15 时分别退出分配后，剩余无人机的目标分配代价。横轴标注退出分配的无人机号码，纵轴标注参与分配的无人机号码。某无人机在 T=15 退出分配，但仍保留 T<15 时分配的目标。对角线上的 *Fit* 值明显小，因为只分配到一半的目标。

表 7-2　无人机中途退出后的分配结果

分配总代价 *Fit*	1 号退出	2 号退出	3 号退出	4 号退出	5 号退出
无人机 1	33.88	117.78	86.76	107.65	107.65
无人机 2	101.10	26.04	92.14	114.70	114.70
无人机 3	93.07	98.59	27.98	105.78	105.78
无人机 4	97.69	96.01	97.62	42.94	88.97
无人机 5	86.82	111.46	115.48	75.19	31.92

从图 7-6 可见，无人机 1 在不同时刻退出分配，基于狼群劳动分工机制的分

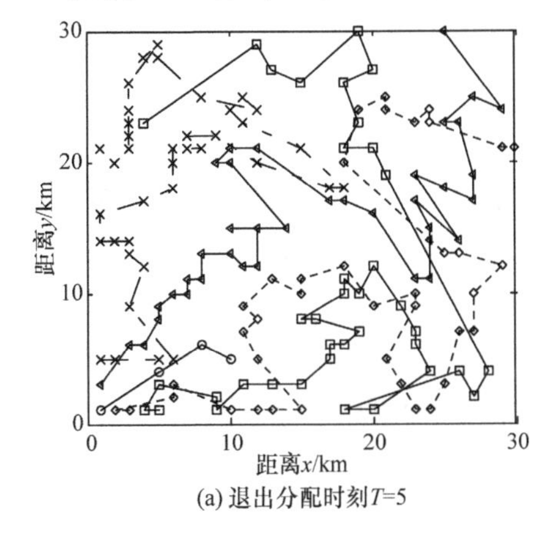

(a) 退出分配时刻T=5

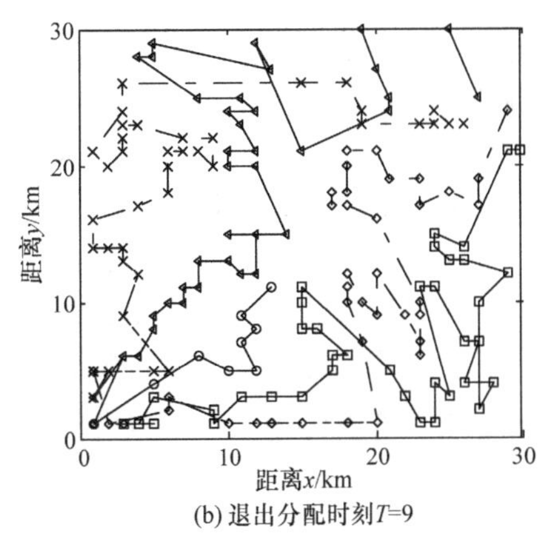

(b) 退出分配时刻T=9

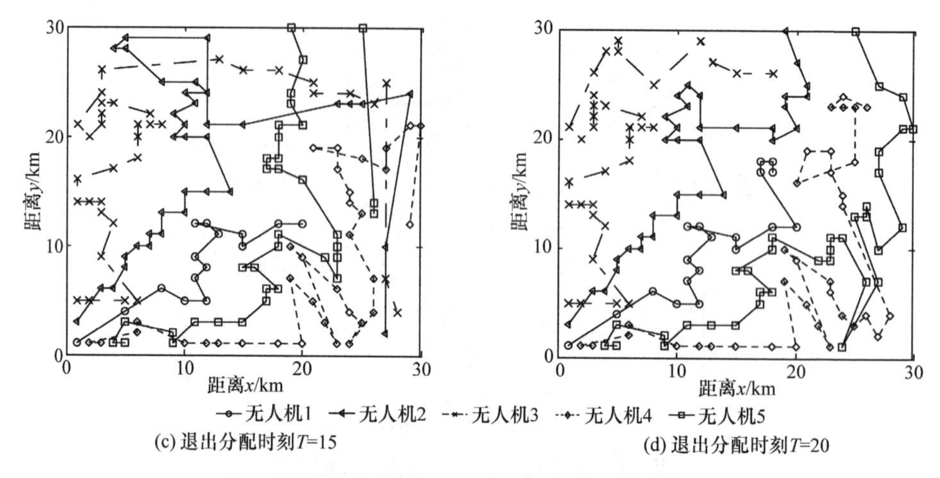

(c) 退出分配时刻T=15　　(d) 退出分配时刻T=20

图 7-6　无人机 1 在不同时刻退出后的分配结果

配方法仍可完成分配，原本由无人机 1 打击的目标由无人机 2、3、4 和 5 分担。目标不重不漏，打击剩余目标的无人机的总代价 *Fit* 相差较小，可说明其分担的目标量均匀。

图 7-7 展示无人机构成多个狼群时分配目标的结果，对比图 7-4，后者是 5 架无人机构成一个狼群从同一区域出发，分配所有目标，其中 5 架无人机互为伙伴狼。图 7-7(a)是两个狼群的分配结果，无人机 1、2 和 3 构成狼群 1，从左下角出发，无人机 4、5 和 6 构成狼群 2，从右下角出发。划分优先级的爪形函数集为 $Paw\_set=\{(x,y)|x^2+(y-15)^2=225, (x-15)^2+(y-15)^2=225, x,y\in[0,30]\}$，即地图内的两条半圆弧，对于一个目标，其爪形函数距离与对应的弧长之和作为优先级划分依据，该和越小说明目标越靠近狼群 1 和 2 的出发点，应当优先分配。

图 7-7(b)是 3 个狼群分配目标的结果，无人机 1 和 2 构成狼群 1 左下角出发，无人机 3 和 4 构成狼群 2 右下角出发，无人机 5、6 构成狼群 3，左上角出发。爪形函数集变更为 $Paw\_set=\{(x,y)|y=x, y=0.5x+15, y=2x-30, x,y\in \mathrm{R}^+\}$，三条射线在(30, 30)处相交，目标到三条射线最近距离与相应垂足到射线起点距离之和作为划分优先级标准，该和越小目标优先级越高。

图 7-7(c)是 4 个狼群的分配结果，无人机 1、2 和 3 构成狼群 1 从左下角出发，无人机 4、5 构成狼群 2 从右下角出发，无人机 6、7 和 8 构成狼群 3 从左上角出发，无人机 9、10 构成狼群 4 从右上角出发。更新爪形函数为 $Paw\_set=\{(x,y)|x^2+y^2=225, x^2+(y-15)^2=225, (x-15)^2+y^2=225, (x-15)^2+(y-15)^2=225, x,y\in[0,30]\}$，即地图内四段圆弧，采用目标到 4 这段圆弧距离的最小值来划分优先级，该值越小，优先级越高，即优先分配四个角落的目标，中心的目标靠后分配。

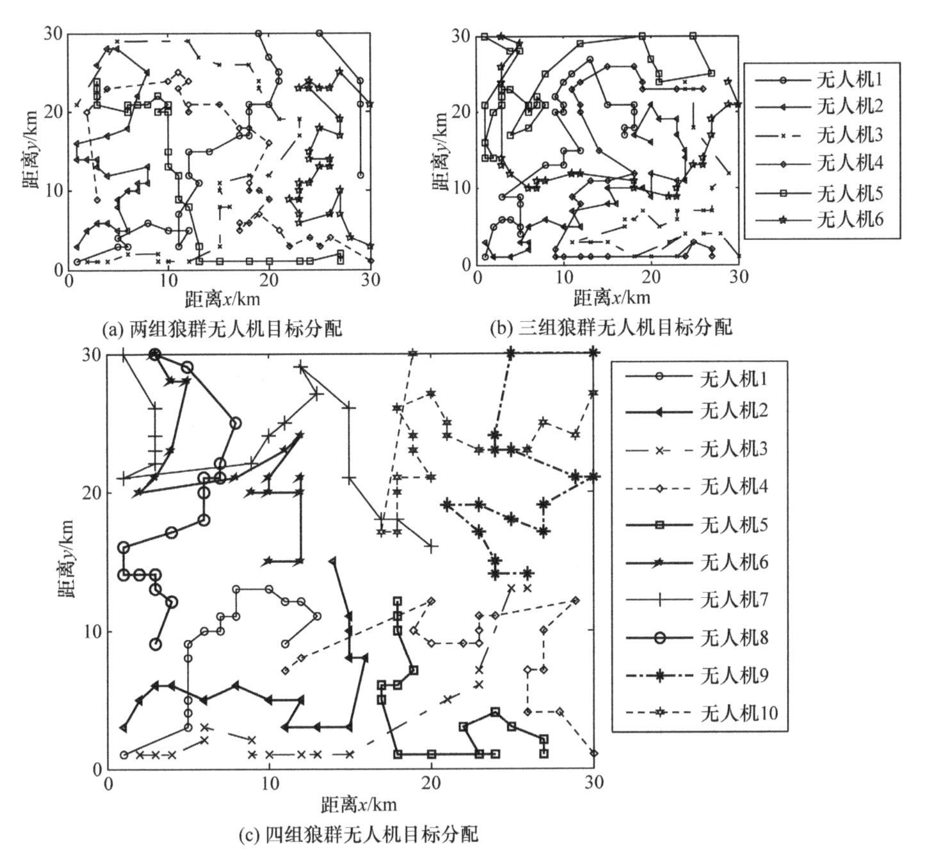

(a) 两组狼群无人机目标分配　(b) 三组狼群无人机目标分配

(c) 四组狼群无人机目标分配

图 7-7　多组狼群无人机目标分配结果

图 7-8 中，实线方框包围了需要无人机协同打击的目标。目标(5, 4)在 T=2 时刻由无人机 2、4 和 5 同步打击；目标(15, 10)由无人机 2 和 5 在时刻 T=9 同步打击；

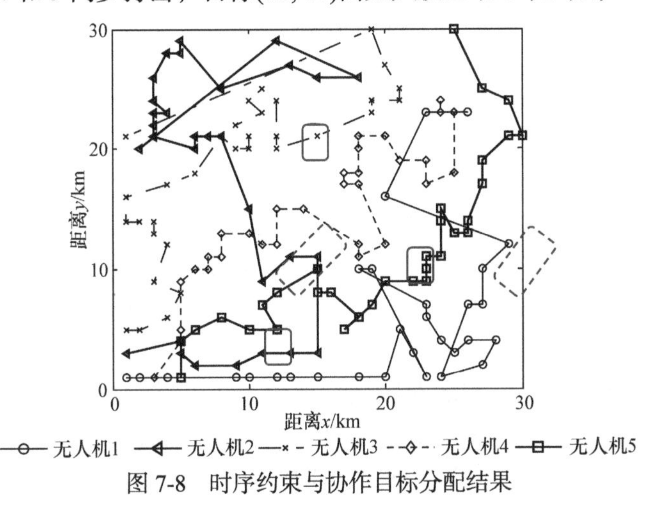

图 7-8　时序约束与协作目标分配结果

目标(8, 21)需要 2 架无人机，由无人机 2 和 3 在时刻 T=14 同步打击。虚框圈出具有依赖关系的目标，无人机 4 的目标序列：(9, 5)->(6, 10)->(7,10)->(7,11)->(8, 11)->(8, 13)；无人机 5 的目标序列：(22, 9)->(23, 9)->(23,10)->(23,11)->(24, 11)满足预设的依赖关系。

7.3　基于狼群游猎的集群动态任务分配

本节模拟狼群搜索游猎机制，完成集群动态任务分配，这是一个多对象、多目标、多约束的组合优化问题，但规模与复杂度超过了上一节的静态目标分配。首先叙述二者区别，随后针对性改进狼群智能体，给出基于狼群游猎的集群动态任务分配步骤，最后是仿真实验。

7.3.1　无人机集群动态任务分配建模

上一节完成基于狼群劳动分工的无人机集群静态目标分配，本节研究对象是集群动态任务分配，二者显著的区别在于动难于静、目标难于任务。

静态目标分配的输入是信息完善的全局任务地图，信息的丰富、真实程度直接决定了分配结果的质量与可靠性。在分配过程中，目标与执行单元(无人机)的状态是不变的，输出每架无人机的目标清单；换一个角度考察该结果，可视作目标的分类，依据无人机与目标的匹配程度将目标划分成若干个集合，每个集合配置一架无人机作为执行单元并且集合是有序的，即给每个目标添加序号，从前到后执行。衡量无人机与目标的匹配程度对应评估目标收益与代价的过程，由无人机状态，如载荷种类与性能、不同载荷(弹药)对目标的作用效果、无人机剩余燃料量、无人机飞行性能等得出。

对于分配问题，目标是“简化”或者“粗糙”。以无人机打击敌军阵地为例，完整的流程应该包括搜索、侦察、打击、毁伤效果评估、二次打击等，该流程可以分解为详细的任务。若以目标的角度观察，敌军阵地是一个目标。目标分配只给出哪架无人机攻击哪个目标的对应关系，但真实攻击时具体流程被省略了，还需要再次规划。

动态任务分配的输入是实时更新的局部地图，考虑到战场是不断变化的，可能出现突发的气象、敌防空火力威胁；某些目标隐藏、转移或者已被摧毁；部分无人机可能受损退出战斗等因素，当前的环境、目标状态、无人机状态已与静态目标分配时有较大差异，后者的结果不再适用于当前态势，因此需要更新局部地图，即无人机当前所在区域的地图，将附近的目标加载到地图上，并把目标分解为任务。没有必要更新全局地图，因为机载载荷有限，无人机往往无法探测全局信息；信息具有时效性，即使某时刻更新全局信息，下一时刻无人机飞到新的区域后环境、状态可能再次改变，之前更新的信息失效，故只需要实时更新局部地图。

如前所述，目标分配是简化的任务分配，只是将目标以执行对象适应性为标准进行分类排序，没有考虑详细的任务步骤或时序关系。本节从目标分配上升到任务分配，针对无人机集群打击多个目标的任务想定，将每个目标分解为侦察、打击、评估三个任务，并且规定三者顺序或同步执行，必须先侦察、再打击、后评估，但没有必要连续执行，否则任务分配容易退化成目标分配。规定侦察和评估任务可由单机完成，而打击任务会给出最少需求无人机数，即该任务至少需要几架无人机参与，这一要求充分体现“协同”的要求。“协同”不仅是无人机信息共享，更要求在某一时间窗口内，多架无人机飞抵指定区域共同完成某一任务。

动态任务分配输出每架无人机的任务清单，并且考虑时序约束、协作约束和任务依赖关系。时序约束指某个打击任务存在时间窗口，即多架无人机必须同时参与任务，时间窗口可多机协商制定，没有外部限制。协作约束主要针对打击任务，要求多机参与，共同打击一个目标。

任务依赖关系是目标依赖关系的升级。如有 A、B、C 三个目标，规定顺序打击，那么在任务清单中 A 的打击任务最早执行，C 最晚打击。这里只约束打击任务的顺序，用打击任务依赖关系代表目标依赖关系。如可以先侦察 B、A 目标，打击 A 目标，再打击 B 目标，后评估 A 目标。还要加入同一目标内的任务关系，即“侦察—打击—评估”顺序执行，不可颠倒。

静态目标分配没有时序约束，虽然顺序给出每架无人机的系列任务，但没有统一的时间轴，如果没有协同打击任务，多机相对独立执行预定任务；否则需要前机等后机，先飞抵目标上空的无人机盘旋等待后机就位，再共同打击。这种处理方式效率低下，并且浪费无人机燃油资源。静态目标分配考虑协作约束和依赖关系，但都是针对目标的，目标和任务的关系前文已述，可见动态任务分配更复杂，其要求也更高。

对于上述差异，本节在静态目标分配基础上做出多项改进，来实现动态任务分配，主要包括：局部地图实时构建、引入多无人机搜索、目标分解、增加任务调度步骤。局部地图实时构建指无人机会不断搜索邻近区域，设(x_0, y_0)是无人机当前位置，$\{(x, y)|x_0+\Delta x\leqslant x\leqslant x_0+\Delta x, y_0+\Delta y\leqslant y\leqslant y_0+\Delta y\}$是无人机的搜索区域，其中$\Delta x$, Δy 分别是横纵向搜索跨度。一旦发现临近的目标，记录目标位置，多架无人机共享目标信息，将所有目标位置加入一个列表中，这体现了狼群信息共享的机制；分配时无人机先对所有目标进行评估，得出群体最优的方案。

在执行任务前进行静态目标分配，多无人机会按照各自既定的任务清单飞向目标点，考虑到战场时变特性，需要沿航路不断探测环境，搜索目标；如果环境变化剧烈，静态分配的结果已完全失效，那么无人机会在缺失先验信息的陌生环境执行任务，需要自主探索环境，因此动态目标分配需要与无人机搜索策略结合。本节引入模拟狼群游猎的搜索策略。当未发现猎物时，狼群排出“侦察兵”向四周扩散游荡搜索，一旦发现猎物，会呼叫狼群增援，待包围猎物后再集体出击，以多击少确保成功。

任务调度是任务分配的后续，无人机获得任务序列后需要满足时序约束，任务调度负责制定、调整任务的前后顺序，以满足协同、依赖关系约束，随后在任务执行时制定时序关系，使得执行任务的整体收益最大，代价最小[24]。任务分配已给出每架无人机一个包含先后顺序的任务清单，如无人机 1 侦察 A，侦察 B，打击 A，侦察 C，评估 B。任务调度要安排上述 5 个任务的具体开始时间，假若“打击 A”任务需要无人机 2 协同执行，而无人机 2 任务众多，“打击 A”顺序靠后，那么无人机 1 可在时刻 t_1 开始“侦察 A”任务，时刻 t_2 开始“侦察 B”任务，随后等待无人机 2，然后共同打击 A 目标。

7.3.2　基于狼群游猎的动态任务分配

第 3 章给出了面向任务分配的狼群智能体模型，主要服务静态目标分配，为适应动态任务分配，需要在此基础上加以改进。类比编程语言 C++中继承的概念，狼群智能体是基类，本节的改进模型是派生类，后者继承前者的结构框架，添加新的特征。

原狼群智能体结构为 *wolf_agent=<Task_condition, Action, Decision, Environment>*，*Task_condition* 是任务分配状态，包含<*Waiting*(待分配目标队列)，*Done*(已分配目标队列)，*Task_full*(目标饱和标志位)>。*Action* 是狼群智能体的动作库，包含<*Creation*(初始化)，*Get_con*(获取狼群智能体状态)，*Change*(更改状态)，*Rank*(目标优先级排序)，*Mov*(目标转换)，*Recv*(接受目标)，*Fail*(放弃目标)>。*Decision* 是狼群分配规则，依据输入的目标状态与环境产生智能体的动作，描述为 *Decision*: *Task_condition*×*Environment*→*Action*。*Environment* 是智能体所处的环境。

首先将目标细化为任务，所有对目标的操作更改为对任务操作，如 *Task_condition. Waiting* 变更为待分配任务队列，*Task_condition. Done* 变为已分配任务队列，其余同理。因为“任务”与原“目标”的数据结构没有显著改变，是在“目标”中添加属性{S(Scout 侦察)，A(Attack 打击)，E(Estimate 评估)}，所以原先能够处理“目标”的操作，能存储“目标”的变量，能处理“目标”的函数经过简单修改后可以作用于任务。

对任务状态 *Task_condition*，添加 *fitness*(任务适应度)，*position*(无人机位置)，*amleft*(弹药剩余量)和 *fueleft*(燃油剩余量)。*fitness* 是衡量无人机与不同类型任务匹配程度的矩阵，例如无人机 1 携带大功率光电传感器，无人机 2 携带航空炸弹，无人机 3 携带反辐射导弹，那么无人机 1 适合执行侦察任务，无人机 2 适合普通打击任务，无人机 3 适合打击敌方雷达。用 1×3 的矩阵 F_i 来表达无人机 i 与不同任务的匹配程度，第一列对应侦察任务，第二列是普通打击任务，第三列是打击雷达任务，F_1=[5 0 0]，F_2=[1 5 2]，F_3=[1 1 5]，这里的数字只示意相对大小关系。

position 保存无人机上一轮分配后的位置，如果任务数多于无人机数，无法单轮分配完所有任务，那么需要多轮分配，假定无人机 i 可以完成上一轮分得的任务，那么下一轮分配开始时，无人机 i 将位于上一轮的任务点。由于分配时，当前位置与任务点的距离是任务代价的一部分，所以实时知悉自身位置很重要。任务分配会与后续的航路规划结合，可以用无人机实际方位取代上一个任务点的位置，为后续分配提供参考。因为本章研究任务规划的场景是多无人机打击地面固定或低速目标，所以采用(2+1)维的分配及规划算法，所以 *position* 保存空间直角坐标。

动态任务分配引入弹药约束和燃油约束，无人机携带的弹药量是有限的，当弹药耗尽后只得执行侦察评估任务。携带燃油也是有限的，剩余油量达到阈值后，无人机必须返航。本节规定只有打击任务消耗弹药，侦察和评估任务无消耗，可以无限执行，油耗正比于航程，用总航程代替油耗，当总航程达到阈值后，无人机必须返航。

对狼群智能体的动作库 *Action*，首先去除 *Rank*(目标优先级排序)，因为本节更换了具体的分配算法，将头狼分配转化为平衡指派问题，采用匈牙利算法求解；而 3.4 中 Step 4 采用贪心算法，后者需要提前确定待分配目标的优先级；匈牙利算法则不需要，故删除相应函数 *Rank*。

向动作库 *Action* 添加 5 个新函数：*Temp_ary_in*，*Wolf_estm*，*Flock_search*，*Free_search* 和 *Bd_detect*。*Temp_ary_in* 是向临时任务队列插入任务，因为在动态任务分配中，无人机会不断搜索邻域，将发现的目标信息共享，故每轮任务分配初始时构造临时任务队列 *temp_ary* 来存放目标信息，每架无人机都有权限向 *temp_ary* 插入任务，相应的动作即是 *Temp_ary_in*。

Wolf_estm 为狼群智能体对临时队列 *temp_ary* 中任务的评估函数，用于代替原来的优先级排序函数 *Rank*，狼群智能体 i 收集临时队列 *temp_ary* 中任务 j 的信息，如威胁值、价值等，结合自身状态由式(7-4)和(7-5)算出执行该任务的收益 $Profit_{ij}$ 与代价 $Cost_{ij}$，评估值 $Fit_{ij}=Profit_{ij}-Cost_{ij}$。这样的评估过程在函数 *Wolf_estm* 中完成。

Flock_search 为集群搜索函数，当预分配的任务清单完全丧失时效性且某轮搜索未找到目标时，无人机集群会效仿狼群进入游猎状态，即群体以松散编队形式搜索任务地图。集群搜索的优点是维持编队的同时扩大搜索范围，部分重叠的搜索区域会减小遗漏的可能性，但也降低了效率。需要依据场景与搜索指标来调节影响重叠比例的参数。

Free_search 为自由搜索函数，与集群搜索类似，自由搜索也是模拟狼群游猎的方法，以求尽快，尽可能充分地发现目标点。狼群有时会化整为零，派出多个

“哨兵”探索周围环境，一旦发现猎物，会通知同伴集合，形成以多打少的局部优势，再发动袭击。在自由搜索中，每个狼智能体产生有限的随机航向角增量，即随机改变方向搜索任务地图，一旦发现目标，将其加入临时队列 *temp_ary* 中，随后跳出搜索模式，进行常规分配。

Bd_detect 为边界检测函数，无人机在指定的区域内搜索目标，如果触及边界需要掉头折返，*Bd_detect* 配合 *Flock_search* 和 *Free_search*，防止无人机触界。

对狼群分配规则 *Decision* 加以修改，用狼群评估策略代替优先级决策；用指派问题及匈牙利算法代替贪心算法；加入任务调度和模拟狼群游猎的扩散搜索，原伙伴狼决策保留。狼群评估策略是每个狼群智能体对临时队列中每个任务给出评估值 *Fit*，作为后续分配的依据，具体过程由 *Action.Wolf_estm* 实现。模拟狼群游猎的扩散搜索由 *Action.Flock_search*、*Action.Free_search* 和 *Action.Bd_detect* 配合实现。指派问题求解和任务调度在后续 5.4 关键技术中详述。

给出具体的环境 *Environment* 成员，包括任务点位置 *Pos*、威胁值 *Thr*、目标价值 *Val*、最少需求无人机数 *Num_need*、目标依赖关系 *Tar_rely*、任务依赖关系 *Task_rely*、任务节点密度 *Dense*、地形高度 *Height*、执行完成标志位 *Done* 和任务类型标识 *Type*。位置 *Pos* 指任务点平面坐标，其高度由 *Height* 表示。*Num_need* 表明该目标的打击任务最少需要几架无人机，规定侦察与评估可由单机完成。密度 *Dense* 对应式(7-4)中的集群因数 *dens*。任务依赖关系 *Task_rely* 反映“侦察—打击—评估”任务需要顺序执行。标志位 *Done* 声明该任务是否完成，防止重复执行。任务类型标识 $Type\in\{S, A, E\}$对应依次对应侦察(Scout)，打击(Attack)，评估(Estimate)任务。

对照 3.4 静态目标分配，给出基于狼群游猎机制的集群动态任务分配步骤。

Step 1：狼群智能体初始化。依据任务想定，有 n 架无人机参与任务就生成 n 个狼群智能体，每架无人机的弹药类型、总量，燃油总量是预定的。对于每个智能体，初始时待分配任务队列 *Task_condition. Waiting* 与已分配任务队列 *Task_condition. Done* 均为空集，任务饱和度 *Task_full*=0，依据载荷对不同任务、目标的效应给出适应度矩阵 *fitness*，位置 *position* 为起飞位置，弹药剩余量 *amleft* 燃油剩余量 *fueleft* 取最大值。

Step 2：构造临时任务队列 *temp_ary*。每架无人机搜索$\{(x, y)|x_0-\Delta x\leqslant x\leqslant x_0+\Delta x, y_0-\Delta y\leqslant y\leqslant y_0+\Delta y\}$区域，其中$(x_0, y_0)$是无人机当前位置，$\Delta x, \Delta y$ 分别是横纵向搜索跨度。将发现的目标分解为“侦察—打击—评估”三项任务。进行查重，检查某任务是否之前已执行，检查在同一轮分配中某任务是否由别的无人机送入 *temp_ary*。若未执行且不在 *temp_ary* 中，则将该任务送入 *temp_ary*。注意本节规定多无人机全局通信，这是模拟狼群通信的做法，这样所有无人机才能共享 *temp_ary*。

Step 3：狼群智能体评估任务。若 *temp_ary* 为空，直接转 Step 8，否则将 *temp_ary* 向所有狼群智能体共享。智能体 i 依据式(7-4)和式(7-5)对任务 j 打分，

评估值取为 $Fit_{ij}=Cost_{ij}-Profit_{ij}$，即代价减收益，$Fit_{ij}$ 越小说明智能体 i 与任务 j 匹配度越高，在随后的分配中，将任务 j 交由智能体 i 对执行的可能性越大。$Fit=[Fit_{ij}]$ 构成评估矩阵，每个狼群智能体对每一任务都给出评估值。

Step 4：头狼分配。将评估矩阵 Fit 转化成平衡指派矩阵，等同于将任务分配转化成指派问题。若有 n 架无人机分配 m 个任务，所有任务共需要 n' 架无人机执行。当需求无人机数 n'=无人机总数 n 时，可以一一对应；若 $n>n'$，即供大于求，则优选 n' 架无人机参与任务，另外 $(n-n')$ 架本轮不执行任务；若 $n<n'$，供小于求，优选出 n 个任务分配给无人机，$(n'-n)$ 任务后续分配。在 $n'\neq n$ 情况下，分配的结果使得评估矩阵 Fit 的总和最小，即 $\min\left(\sum_{i\in I}\sum_{j\in J}F_{ij}\right)$，其中 I 是领取任务的无人机集合，J 是成功分配的任务集合。这一步同时会给出目标黑名单，如只有 4 架无人机，某目标需要 5 架无人机协同打击，那么不可能满足该条件，此目标直接进入黑名单，不再参与任务分配。详细的流程在 5.4 关键技术中叙述。

Step 5：任务调度。上一步已得出每架无人机的任务集合，例如无人机 1 执行“侦察 A 打击 B 侦察 C”任务，无人机 2 执行“侦察 B 评估 A 打击 C 评估 C”任务，无人机 3 执行“打击 A 打击 B 评估 B”任务，要求先消灭目标 C，再消灭 A，未经调度的结果如表 7-3 所示，可见三架无人机不可同步执行任务。任务调度的目的是协调不同无人机执行任务的先后顺序，在满足目标依赖、协同约束的前提下，使得执行任务的时间最短。

表 7-3　三架无人机未调度的任务清单

无人机 1	无人机 2	无人机 3
侦察 C	打击 C	打击 A
侦察 A	评估 C	打击 B
打击 B	评估 A	评估 B
	侦察 B	

在任务调度过程中，遵循依赖关系强于协同关系的原则。先将任务降维到目标，选出具备依赖关系的目标，依次按目标依赖、任务依赖排序。若存在多组依赖关系，算出每组的平均评估值 Fit，Fit 越小的组先执行。因为先消灭目标 C，再消灭 A，所以对于每架无人机，C 相关任务一定早于 A 相关任务；对一个目标内部任务，则按“侦察—打击—评估”执行，无人机 2 的任务“打击 C—评估 C—评估 A”就体现了先目标依赖，再任务依赖的顺序。随后考虑无依赖需集群协同打击的目标，对此类目标也按评估值 Fit 排序，先按照“侦察—打击—评估”顺序处理小 Fit 值的目标。对于无依赖无协同的目标，按 Fit 升序排列后，顺序执行。本例中 B 无依赖

需协同，放在 A、C 后执行。详细的调度过程在 5.4.2 关键技术里另叙。

Step 6：接受任务。狼群智能体 $wolf_i$ 按照调度结果，顺序取出任务，若有任务，判断 $wolf_i.Task\_full<1$，即任务是否饱和，若未饱和还有余力，则将该任务从临时队列 *temp_ary* 中取出，加入 $wolf_i.$ *Task_condition.Waiting* 即待分配任务队列中。若无任务，盘旋等待下一轮分配，跳转 Step 9。

Step 7：执行任务。检验狼群智能体 i 与调度序列 $wolf_i.$ *Task_condition.Waiting* 第一个任务点 $Task_j$ 的距离 Dis_{ij} 是否小于单步飞行距离 L_{ij}，若 $Dis_{ij}\leqslant L_{ij}$，则可抵达。随后检测 $Task_j$ 的依赖任务 *Task_rely* 是否已执行或已分配。已执行指 *Task_rely* 在前轮已完成，已分配指 *Task_rely* 在同一轮分配给别的智能体，例如在第 k 轮分配中，无人机 1 执行“侦察 A”任务，无人机 2 执行“打击 A”任务，认为方案满足依赖关系。

再检验协同关系，对每个狼群智能体的下一个任务 $wolf_i.$ *Task_condition.Waiting*(1)，统计执行相同任务的智能体个数 N。读取任务 j 最少需求无人机数 Num_need_j，若 $Num\_need_j<N$，则该轮分配满足协同要求。如表 7-4 所示，有 5 个智能体，统计得“侦察 A”任务由 1 个智能体执行，“打击 A”任务由 3 个执行，“侦察 B”由 1 个执行。若“打击 A”任务需要 2 个智能体，那么可以执行；若需要 4 个智能体，无法执行。

表 7-4　协同关系检验过程示例

智能体编号	$wolf_1$	$wolf_2$	$wolf_3$	$wolf_4$	$wolf_5$
下一个任务 *Task_condition.Waiting*(1)	侦察 A	打击 A	打击 A	打击 A	侦察 B

若同时满足依赖与协同关系，则任务分配成功，并记录分配的结果；否则等待下一轮，此轮处于待命状态。此步骤得出具备时序关系的任务清单如表 7-5 所示。

表 7-5　三架无人机时序任务清单

时刻 T	无人机 1	无人机 2	无人机 3
T_1	侦察 C	打击 C	
T_2	侦察 A	评估 C	打击 A
T_3		评估 A	
T_4	打击 B	侦察 B	打击 B
T_5			评估 B

若 $Dis_{ij}>L_{ij}$，则向目标方向飞行 L_{ij}。注意到本动态任务分配方法是建立在无人机飞行速度 V 有限基础上的，若无人机距离任务点较远，那么需要一段时间才能抵达。给出速度 V，单步距离 L_{ij} 与时刻 T_k 的关系：$\Delta t=L_{ij}/V$，$T_{k+1}=T_k+\max\{\sum\Delta t_{ij}\}$，

$\sum\Delta t_{ij}$ 表示无人机 i 从上一个任务点 j–1 飞抵下一个任务点 j 花费的总时长。速度 V 是预先给定的。需要说明，本节不为任务设置时间窗口，即时刻 T_1, T_2,……不是预先设定的，当上一步任务全部完成时，下一步任务随即开始。

Step 8：搜索任务。若某轮的临时任务序列 *temp_ary* 为空则开展搜索，期望能找到新的目标。首先进行边界检测，若无人机靠近地图边界，则远离边界。随后生成邻居集合，这里模仿狼集群行为，形成看似松散，实则灵活紧密的无固定形状编队，个体有相对固定的邻居集合，并且参照邻居的位置、速度、加速度调整自身飞行状态[17]。无人机有固定的邻居距离 *Ln*，凡与之间距小于 *Ln* 的无人机成为其邻居。对于有邻居关系的无人机，按照 *Flock_search* 进行集群搜索，否则按照 *Free_search* 自由搜索。

Step 9：分配结果检验。计算无人机剩余弹药量、剩余油耗和剩余任务数，若三者均大于零时，返回 Step 2 循环执行，否则分配完成，输出 Step 7 中的分配结果。分配流程图如图 7-9 所示。

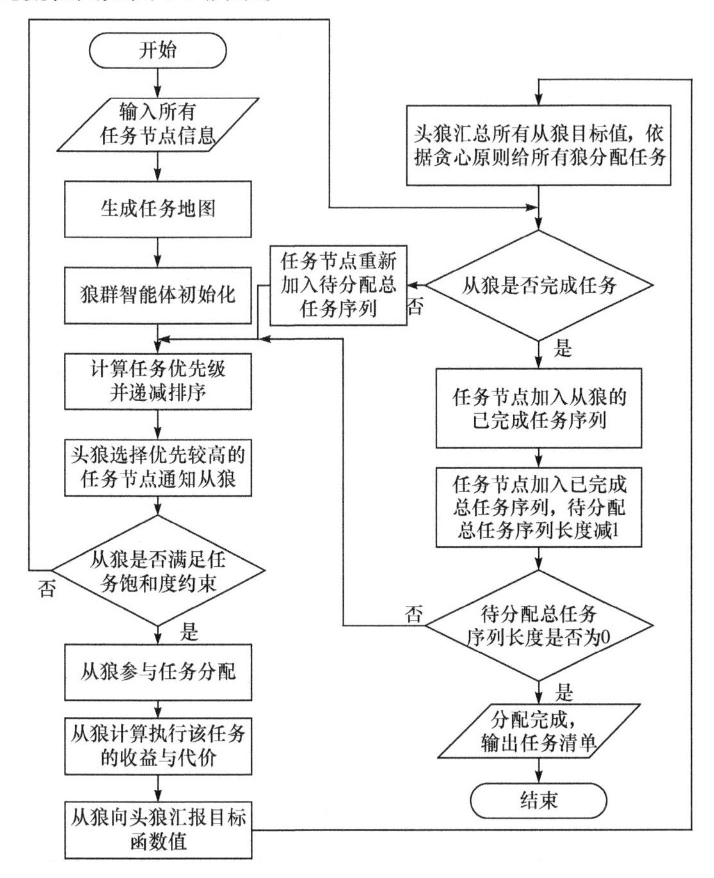

图 7-9　基于狼群游猎的无人机动态任务分配流程图

7.3.3 仿真实验分析

为验证本节提出的基于狼群游猎机制的无人机集群动态任务分配方法的有效性，进行仿真实验，均以多架无人机协同分配多个任务，打击多个目标为作战想定。仿真平台为实验的台式电脑，CPU 为 Intel i7-6700，主频 3.40GHz，运行内存 8Gb，安装 Windows 7 旗舰版操作系统、Matlab 2012b。

作战想定的高度地图及目标分布如图 7-10 所示，大小为 40km×40km，高程信息由颜色反应，色调越冷表示海拔越低，越暖则海拔越高，最低点在(5.4, 8.2)处，海拔 *Alt_low*=485.0m；最高点在(24.0, 34.9)处，海拔 *Alt_high*=624.2m。圆圈表示目标/任务点位置。将目标分成Ⅰ类、Ⅱ类，在不同类型的无人机打击下的毁伤效果不同，与后续Ⅰ型、Ⅱ型无人机对应，目标随机初始化，以 33%的概率成为Ⅰ类目标，67%概率成为Ⅱ类目标。任务类型与目标类型一致。

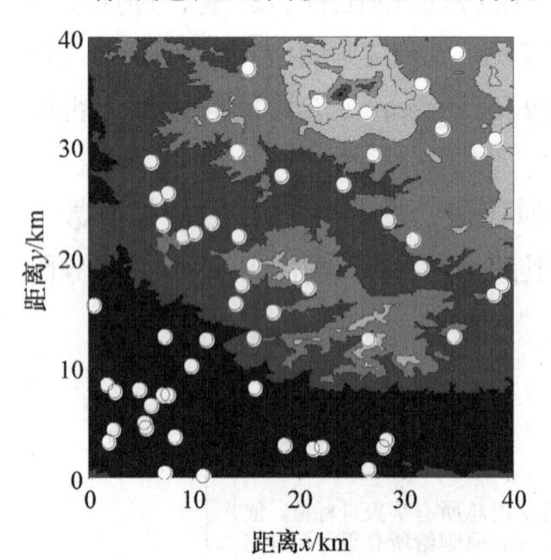

图 7-10　想定一中的目标分布

假设5架无人机协同分配61个目标、183个任务，每个目标分解为“侦察、打击、评估”三项任务，规定“侦察、评估”任务仅需要 1 架无人机执行，第 14 号、25 号、40 号目标分别需要 5、4、2 架无人机共同打击，并且三者存在依赖关系，先打击 14 号目标才能打击 25 号目标，最后打击 40 号目标。其余目标只需要 1 架无人机打击，且不存在依赖关系。规定所有无人机保持全局通信，无人机速度取 V=1，表示在单轮分配中无人机最多飞行 1km。取 *MaxVal*=1000，*max_full*=1。

5 架无人机从地图左下角出发，起飞点坐标如表 7-6 所示，无人机初始弹药量如表 7-7 所示，规定若无人机弹药耗尽，则无法接受打击任务，但仍可执行侦察、评估任务。因为地图大小为 40km×40km，面积不大(相比于最远航程 3500km 的彩虹 4、最大活动半径 3700km 的捕食者无人机)，本仿真忽略无人机燃油限制，即无人机没有航程约束。

表 7-6　无人机起飞点坐标

编号	无人机 1	无人机 2	无人机 3	无人机 4	无人机 5
起飞点坐标(x，y)/km	(0.5, 0.5)	(0.1, 1)	(1, 0.1)	(0.5, 2)	(0.1, 2)

表 7-7　无人机初始弹药量

编号	无人机 1	无人机 2	无人机 3	无人机 4	无人机 5
初始弹药量	20	15	20	15	20

无人机的探测半径取 0.5km，即无人机能发现距离自身位置 0.5km 以内的目标点，将其纳入任务队列。将无人机分成两种型号，无人机 1 和 2 是Ⅰ型，无人机 3、4 和 5 是Ⅱ型，不同型号无人机与不同类型目标的威胁、收益打分表如表 7-8、表 7-9 所示。

表 7-8　无人机-任务威胁打分表

任务类型/ 无人机型别	Ⅰ型	Ⅱ型
Ⅰ类侦察	0	0.3
Ⅱ类侦察	0.6	0
Ⅰ类打击	0	1
Ⅱ类打击	2	0
Ⅰ类评估	0	0.1
Ⅱ类评估	0.2	0

表 7-9　无人机-任务收益打分表

任务类型/ 无人机型别	Ⅰ型	Ⅱ型
Ⅰ类侦察	0.6	0.06
Ⅱ类侦察	0.12	1.2
Ⅰ类打击	1	0.1
Ⅱ类打击	0.2	2
Ⅰ类评估	0.5	0.05
Ⅱ类评估	0.1	1

从打分表可见，Ⅰ型无人机适宜分配Ⅰ类目标，其侦察、打击、评估Ⅰ类目标时收到的威胁均为 0，相应收益是Ⅱ型无人机执行Ⅰ类任务的 10 倍；若Ⅰ型无人机执行Ⅱ类任务，威胁不再为 0，收益反而是Ⅱ型无人机的十分之一。同理Ⅱ型无人机适宜执行Ⅱ类任务，相对收益大，威胁小。这里的威胁与收益都是相对值，在具体任务分配时，依据地形威胁、航程的大小做放大处理，使所有威胁、

收益值量级相当。

任务分配结果如图 7-11、表 7-10 所示，后者是节选的任务清单，因为全部清单有 501 行，只挑选部分行即可说明本节算法的有效性；前者是任务连线图，将清单中的有效任务挑选出来，游猎搜索和等待过程被略去。任务清单最左列是迭代次数 n，右 5 列是每架无人机的任务清单，其格式为 x y 0/1 *Type*，(x, y)指示 n 轮迭代后无人机的位置，若 n 轮分到的任务与无人机在 n–1 时位置的间距 D 小于无人机速度 V，无人机可抵达任务点；否则朝向任务点前进距离 V。0/1 是分配成功标志位，0 表示任务未分配，1 表示成功分配。*Type*∈{S, A, E, B, W, M}是任务类型标志位，S 侦察，A 打击，E 评估，B 代表起飞，W 等待，M 游猎。规定 B 的分配成功标志位为 0，W 为 1，M 为 0，这三者均没有实际意义，主要考察侦察、打击、评估是否成功分配。

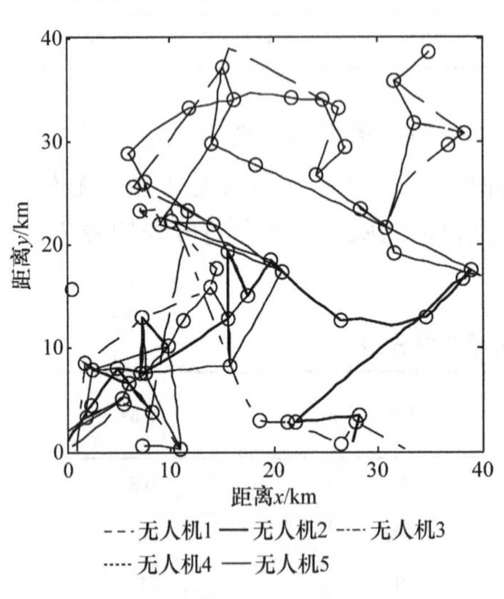

图 7-11 想定一的任务连线图

图 7-11 中的圆圈标出目标/任务位置，5 架无人机分配得到任务清单后，按照清单顺序将任务串联起来，得到不同的连线。可见最初 5 架无人机在$\{(x, y)|0\leqslant x, y\leqslant 20\}$的区域共同执行任务，表 7-10 中加亮行即是有协作需求的打击任务，如 n=31，5 架无人机同时执行对 14 号目标(6, 6.6)的打击任务，对应图 7-11 中(6, 6.6)的邻域内，无人机轨迹密集。4 架无人机执行(7.4, 12.9)的打击任务，2 架无人机执行(10.2, 22.3)的打击任务。这种“集中力量办大事”的结果与狼的集群捕猎行为对应，在冬季食物匮乏时，依靠个体的力量难以找到足够的小型猎物，此时成年的子代狼会回到父母群体中，狼群壮大共同捕猎大型单体目标，如野牛。狼集群捕猎映射到无人机集群就对应多机同时、同地打击单体目标。

表 7-10 5 架无人机任务清单

任务分配迭代次数 n	无人机 1	无人机 2	无人机 3	无人机 4	无人机 5
1	0.5 0.5 0B	0.1 1 0B	1 0.1 0B	0.5 2 0B	0.1 2 0B
6	4.4 3.6 1W	2.4 4.5 1S	1 0.1 1W	4.6 4.5 1W	1.9 3.3 1W
7	5.2 4.2 1W	2.4 4.5 1A	1 0.1 1W	5.4 5.1 1W	1.9 3.3 W
8	5.6 4.6 1S	2.4 4.5 1E	1 0.1 1W	5.5 5.1 1S	1.9 3.3 1W
9	5.6 4.6 1A	2.4 4.5 1W	1 0.1 1W	4.6 4.7 1W	1.9 3.3 1W
10	5.6 4.6 1E	2.4 4.5 1W	1 0.1 1W	3.7 4.2 1W	1.9 3.3 1W

续表

任务分配迭代次数 n	无人机 1	无人机 2	无人机 3	无人机 4	无人机 5
19	7.6 4 1W	3.6 6.1 1W	1.2 2.1 1W	6 6.6 1S	2.2 5.3 1W
26	6.4 6.1 1W	5.6 7.3 1W	1.8 8.5 1S	6 6.6 1W	5.3 6.8 1W
31	6 6.6 1A	6 6.6 1A	6 6.6 1A	6 6.6 1A	6 6.6 1A
36	7.9 4.3 1W	5.4 7.4 1W	1.8 8.5 1E	1.8 8.5 1A	3.3 7.8 1W
50	8.3 3.8 1W	5 8.1 1W	1.8 8.5 1W	6 6.6 1E	2.6 8 1W
57	11 0.3 1W	7.3 11.6 1W	7.4 12.9 1S	7.4 12.6 1W	9.5 10.1 1W
58	11 0.3 1W	7.4 12.6 1W	7.4 12.9 1W	7.4 12.6 1W	9.8 10.2 1S
62	11 0.3 1W	7.4 12.9 1A	7.4 12.9 1A	7.4 12.9 1A	7.4 12.9 1A
63	11 0.3 1W	7.4 11.9 1W	7.4 12.9 1E	7.4 11.9 1W	8.1 12.2 1W
88	11 0.3 1W	7.2 7.6 1W	7.4 12.9 1W	9.8 10.2 1A	9.8 10.2 1E
148	8.8 7.6 1W	19.8 18.5 1W	10.2 22.3 1S	19.3 14.6 1W	11.2 22.2 1W
149	9 8.6 1W	19.8 18.5 1W	10.2 22.3 1A	19.8 15.5 1W	10.2 22.3 1A
150	9.2 9.6 1W	19.8 18.5 1W	10.2 22.3 1E	20.3 16.4 1W	11.1 21.9 1W
200	6.5 25.5 0M	20.5 17.8 0M	7.2 23.2 0M	9.1 22 0M	6.1 28.8 0M
303	26.3 33.2 1S	37.3 16.2 1W	10 23.8 1W	39.7 17 1W	26.3 33.2 1A
304	26.3 33.2 1E	37.3 16.2 1W	10 23.8 1W	39.7 17 1W	25.4 33.7 1W

随后无人机 1、4、5 搜索到地图上方$\{(x, y)|10\leqslant x\leqslant 30, 20\leqslant y\leqslant 40\}$的目标点，3 机进入该子区域搜索再分配；无人机 2、3 进入地图右下角$\{(x, y)|25\leqslant x\leqslant 40, 0\leqslant y\leqslant 20\}$分配任务。机群分为两个子群，担任保持全局通信。该结果正是无人机模拟狼群分散狩猎的体现：当春夏季小型猎物充沛时，一只狼就能捕获猎物，此时狼群分散单独狩猎，规模明显小于冬季；对应于无人机群，当前区域内存在众多小目标/任务，单机可打击，不存在需要集群协同的大型目标，此时无人机模拟狼群分散行动，每架无人机自由选取最优任务。

对照表 7-10 进一步考察本节反复提及的依赖关系、协同约束和任务时序。依赖关系分为目标依赖和任务依赖，本节伊始即规定第 14 号(6, 6.6)、25 号(7.4, 12.9)和 40 号目标(10.2, 22.3)必须顺序执行，在表 7-10 中这三个打击任务依次在 n=31、62、149 执行，满足目标依赖关系。对于任意目标，规定先侦察，再打击，后评估，即 S—A—E 顺序，如无人机 2 在 n=6—8 的任务顺序；无人机 1 在 n=8—10 的顺序；目标(6, 6.6)的 S—A—E 顺序：n=19，无人机 1(6, 6.6) 1S，n=31，5 机协同打击，n=50，无人机 4(6, 6.6) 1E……均满足任务依赖关系。协同约束已经证实。最后是任务时序，表 7-10 中插入了大量 W 等待任务即用于调节时序，如 n=26，无人机 4 已经完成对(6, 6.6)目标的侦察，但协同的友机尚未抵达，其不可单独执行任务，必须等待无人机到齐后共同开展任务。时序协调模拟了狼群在狩猎时的呼叫增援机制，一只狼发现目标但力不能及时会呼叫伙伴支援，同时会潜伏监视目标，而非贸然出动。这里，无人机会自动协调时序，呈现在同一时刻，同一地点，集群打击单体目标的效果，增大成功概率。

图 7-12 是图 7-11 的细化，将任务清单叠加到地图上，呈现更清晰的分配效果，同时补充了机群游猎搜索的轨迹。图 7-11 只有直线段，而图 7-12 在地图右侧上下有多段曲线，这对应图 7-3 中 Step 8，游猎搜索过程。当某时刻所有无人机均未探测到目标点，则机群转入搜索状态，模拟狼群搜索猎物的过程。狼群会向不同方向派出侦查狼，使得覆盖区域尽可能大，一旦探测到猎物活动，狼群迅速支援，协同捕获猎物。无人机群在 n=200 时未发现目标，表 7-10 标记 M，此时无人机 1、5 向右上方搜索，无人机 2 向右下方搜索，均发现新的目标，无人机 4 先向右上方增援，后转向下方，最终右侧的目标/任务被完全分配，可见模拟狼群“搜索-增援”机制富有成效。

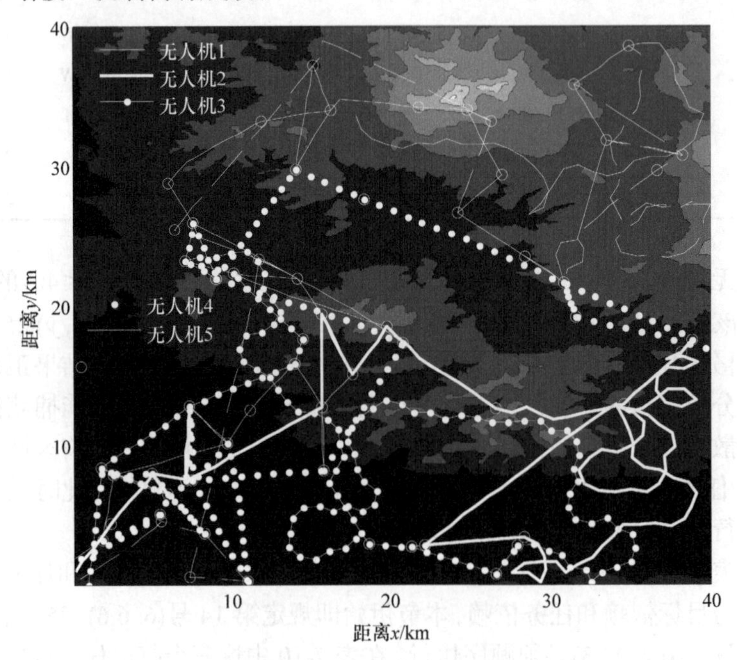

图 7-12　想定一任务分配结果

图 7-13 显示无人机弹药消耗情况，随着任务不断分配，每架无人机剩余弹药不断减少，最终无人机 4、5 耗尽弹药，退出打击任务分配。图 7-14 说明随分配不断进行，无人机航程不断增大。表 7-11 统计出 5 架无人机总航程。

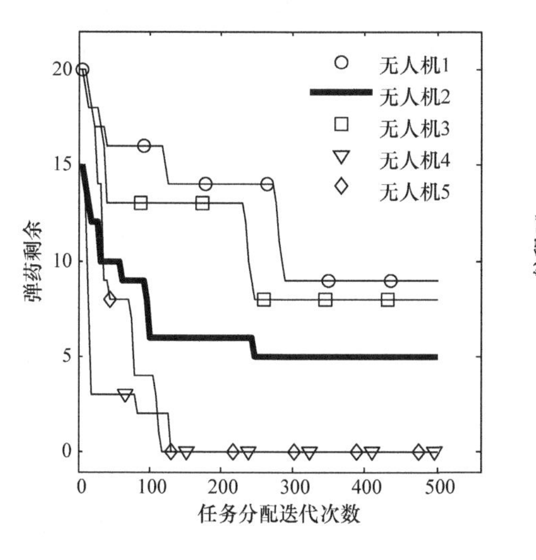

图 7-13　无人机弹药消耗

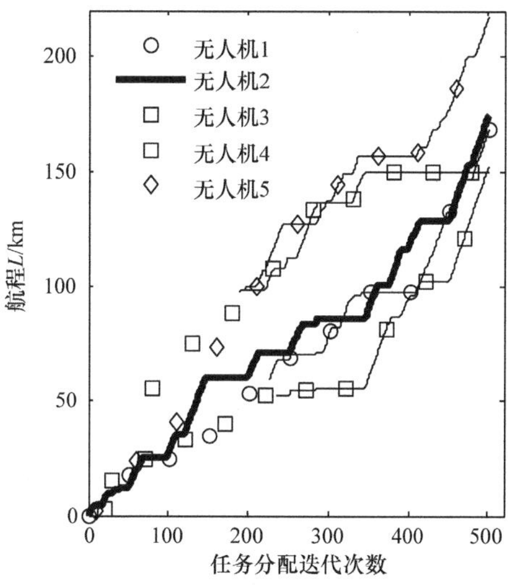

图 7-14　无人机航程

表 7-12 反映 5 架无人机任务负载是否均匀，无人机 1 分得 18.09%的任务，无人机 2 分得 16.49%，无人机 3 为 16.49%，无人机 4 为 18.62%，无人机 5 得到 30.32%的任务。对应图 7-13、图 7-14、表 7-11，无人机 5 弹药消耗最多，航程最远，结果一致。可见无人机 1—4 任务负载率比较平均，无人机 5 的负载偏高，这是本算法有待改善之处。

表 7-11　无人机总航程

编号	无人机 1	无人机 2	无人机 3	无人机 4	无人机 5
航程 L/km	168.10	174.82	152.18	149.72	217.44

表 7-12　无人机任务负载率

编号	无人机 1	无人机 2	无人机 3	无人机 4	无人机 5
任务负载率/%	18.09	16.49	16.49	18.62	30.32

表 7-13 给出不同型号无人机与不同类别目标的匹配结果，表 7-8、表 7-9 已表明 I 型无人机适合执行 I 类任务，Ⅱ型无人机偏好Ⅱ类任务，这里对此进行检验。无人机 1 和 2 均属于 I 型，执行 I 、Ⅱ类的比例分别为 27∶7，10∶7，差别较为显著；而Ⅱ型无人机 3、4 和 5 执行的Ⅱ类任务占比 86.99%，充分说明Ⅱ无人机更倾向于执行Ⅱ类任务，I 型机分配 I 类任务，本节所提算法能够满足不同无人机、任务的偏好匹配关系，可以扬长避短，安排最合适的无人机执行相应任务。最后给出整体性结果，5 架无人机协同分配 61 个目标、18 项任务，实际成功

分配 60 个目标，180 项任务，分配率为 98.36%，仅有图 7-12 左侧边缘的目标点被遗漏。所有依赖关系、协同约束和时序约束得到满足。无人机较为充分地搜索了整个地图，航迹均匀舒展，狼群分配算法较好胜任作战想定一。

表 7-13　不同型号的无人机与目标匹配结果

编号	无人机 1	无人机 2	无人机 3	无人机 4	无人机 5
无人机型号	Ⅰ型	Ⅰ型	Ⅱ型	Ⅱ型	Ⅱ型
Ⅰ类任务数量	27	20	1	2	13
Ⅱ类任务数量	7	14	30	33	44

7.4　本章小结

本章首先运用第 3 章的狼群智能体模型来解决无人机集群静态目标分配问题，静态目标指目标状态不随时间变化，静态分配相当于目标预分配。从本质上讲，分配问题是多对象、多目标、多约束下的组合优化问题，先对约束条件、目标收益、代价建立数学模型，随后引入狼群智能体模型，运用其中的狼群劳动分工机制来求解模型，给出具体的静态目标分配步骤。仿真结果表明，该方法可有效解决无人机集群静态目标分配问题。此外，本章将静态目标分配升级到动态任务分配，每个目标可分解为侦察、打击、评估三项任务，动态指无人机可以实时处理新的目标或任务。对狼群智能体进行改进，引入狼群搜索游猎机制，无人机具备探测半径，将探测范围内的任务纳入待分配任务集合中，类比狼群的全局通信，所有无人机共享此集合。通过多轮迭代的方式无人机不断搜索任务地图并分配任务。仿真结果表明，基于狼群游猎机制的无人机集群动态任务分配算法可在满足任务依赖关系，协同约束和任务时序的要求下，输出合理的无人机任务清单，并且均衡不同无人机负载，实现不同型号无人机与不同类型的优化匹配。

参考文献

[1] 段海滨, 张岱峰, 范彦铭, 邓亦敏. 从狼群智能到无人机集群协同决策[J]. 中国科学: 信息科学, 2019, 49(1): 112-118.

[2] 段海滨, 孙昌浩, 史玉回. 群体智能研究进展 [J]. 中国自动化学会通讯, 2013, 34(3): 65-74.

[3] 段海滨. 从群体智能到多无人机自主控制 [J]. 系统与控制纵横, 2014, 1(2): 76-88.

[4] 段海滨, 李沛. 基于生物群集行为的无人机集群控制 [J]. 科技导报, 2017 , 35 (7) :17-25.

[5] Mech L.D. Leadership in Wolf, Canis Lupus, Packs [J]. Canadian Field Naturalists, 2000, 114(2): 259-263.

[6] Muro C., Escobedo R., Spector L., et al. Wolf-pack (Canis lupus) Hunting Strategies Emerge from

Simple Rules in Computational Simulations [J]. Behavioural Processes, 2011, 88: 192-197.
[7] John M., Ronald A., Daniel M. Multi-robot System Based on Model of Wolf Hunting Behavior to Emulate Wolf and Elk Interactions [A]. 2010 IEEE International Conference on Robotics and Biomimetics (ROBIO) [C], IEEE, 2011: 1043-1050.
[8] Baan C., Bergmüller R., Smith W.D., et al. Conflict management in Free-ranging Wolves, Canis Lupus [J]. Animal Behaviour, 2014, 90: 327-334.
[9] Jordan A.P., Shelton C.P., Allen L.D. Numbers, turnover, and social structure of the Isle Royale wolf population [J]. American Zoologist, 1967, 7(2): 233-252.
[10] Stahlberg S., Bassi E., Viviani V., et al. Quantifying prey selection of northern and southern European wolves (Canis lupus) [J]. Mammalian Biology, 2017, 83: 34-43.
[11] 张天捷. 基于狼群行为机制的无人机协同任务规划及验证 [D]. 北京航空航天大学, 2018.
[12] Duan H.B., Yang Q., Deng Y.M., et al. Unmanned aerial systems coordinate target allocation based on wolf behaviors[J]. Science China Information Sciences, 2019, 62(1): 014201.
[13] Zhang B., Duan H.B. Three-dimensional path planning for uninhabited combat aerial vehicle based on predator-prey pigeon-inspired optimization in dynamic environment [J]. IEEE/ACM Transactions on Computational Biology and Bioinformatics, 2017, 14(1): 97-107.
[14] Duan H.B., Li P., Shi Y.H., et al. Interactive learning environment for bio-inspired optimization algorithms for UAV path planning [J]. IEEE Transactions on Education, 2015, 58(4): 276-281.
[15] Zhu W.R., Duan H.B. Chaotic predator–prey biogeography-based optimization approach for UCAV path planning [J]. Aerospace Science & Technology, 2014, 32(1): 153-161.
[16] Mech L.D. Alpha status, dominance and division of labor in wolf packs [J]. Canadian Journal of Zoology, 1999, 77: 1196-1203.
[17] Rathbun A.P., Wells M.C., Bekoff M. Cooperative predation by coyotes on badgers [J]. Journal of Mammalogy, 1980, 61(2): 375-376.
[18] Johnson L.B., Choi H.L., Ponda S.S., et al. Decentralized task allocation using local information consistency assumptions [J]. Journal of Aerospace Information Systems, 2017, 14(2): 103-122.
[19] Talay S.S., Balch R.T., Erdogan N. Multiple traveling robot problem: a solution based on dynamic task selection and robust execution [J]. IEEE/ASME Transactions on Mechatronics, 2009, 14(2): 198-206.
[20] Hu X.X., Ma H.W., Ye Q.S. Hierarchical method of task assignment for multiple cooperating UAV teams [J]. Journal of Systems Engineering and Electronics, 2015, 26(5): 1000-1009.
[21] Corey S., Phillip C.R., Steven R.R. Task Allocation for Wide Area Search Munitions via Network Flow Optimization [A]. AIAA Guidance, Navigation, and Control Conference [C], AIAA, 2001: 2001-4147.
[22] Garcia E., Casbeer W.D. Cooperative task allocation for unmanned vehicles with communication delays and conflict resolution [J]. Journal of Aerospace Information Systems, 2016, 13(2): 1-13.
[23] McGrew K.A., Ballweber R.L., Moses K.S. Mercury in gray wolves (Canis Lupus) in Alaska: increased exposure through consumption of marine prey [J]. Science of the Total Environment, 2014, 468: 609-613.
[24] 龙涛, 陈岩, 霍霄华. 战场环境中多无人机动态任务调度 [J]. 计算机工程, 2007, 33(19): 36-38.

第 8 章　基于生物群集自组织的无人机集群目标跟踪

8.1　引　　言

无人机在执行诸如区域监视、协同工作和合作巡逻等任务时，实现对运动目标的跟踪是一项核心功能，如图 8-1 所示的空空作战中对高机动空中目标的跟踪、城市反恐作战中对犯罪车辆的跟踪以及海上搜救中对随波漂流人员的跟踪等[1-3]。而当无人机集群在对目标进行跟踪的过程中，除像常规网络控制系统一样由通信网络带宽、容量和服务能力的限制存在系统性能下降外[4]，还可能存在着如下问题：仅有部分个体能够获取到目标的状态，被跟踪目标有多个，被跟踪目标为非合作甚至是对抗性目标。所以如何合理使用多架无人机实现对目标的协同跟踪，实现任务效能的最优化是一项关键技术。典型的跟踪方式为对峙跟踪，即保持与目标固定距离的同时，围绕目标进行运动。从某种意义上来说，动态环境下群集系统的一致性、编队控制等问题，可看作是目标跟踪控制的特殊情形，编队保持过程可认为是集群在实现对虚拟目标的跟踪的同时保持群集的形状。无人机集群的目标跟踪包含两方面的含义，一方面是实现集群内部无人机之间的协同，以提高任务的效能；另外一方面是实现对目标的准确跟踪，并具备较强的抗干扰能力和环境适应能力。

(a) 空战跟踪

(b) 地面追捕

(c) 海上搜救

图 8-1　几种典型跟踪想定

利用多架具有自主能力的低成本无人机可实现廉价、持续和分布式的感知功能，如对地面(或海面)运动目标进行协同跟踪，在区域监视、合作巡逻和车队保护等领域发挥着重要的作用[5]。在执行任务的过程中，无人机与目标需要保持特定的距离以减少威胁风险，同时需要目标处于所携带传感器的作用范围之内，以获取持续的实时感知信息。固定翼无人机具有更高的飞行效率和更强的续航能力，但是在最小速度、最大转弯角速率等方面存在着限制。此外，无人机的最小速度往往大于地面目标的运动速度，使得无人机无法在特定的距离以相同的速度跟随目标运动，而需要在目标周围绕行以保持传感器对于目标的持续感知，即所谓的对峙跟踪[6]。

利用单架无人机对目标进行对峙跟踪，可能存在如下的问题[5-7]：1)无人机不能像地面车辆一样快速地停止运动或灵活转弯，虽然配备高精度云台和远程变焦能力的视觉传感器在一定程度上能够减弱这种运动性能差异的影响，但这种系统通常比较昂贵，价格甚至要高于小型的无人机平台；2)在无人机围绕目标进行运动时，若地面目标在无人机远离无人机运动方向突然改变方向或剧烈改变速度，无人机容易因为速度和转弯半径的限制而造成目标的丢失；3)当地面目标沿着两侧有树的道路或者城市环境的街道运动时，由于目标周围的环境可能会影响无人机的视线，从而影响其对任务区域的观察和对目标的跟踪。利用多架低成本、机动能力不强的无人机协同，可加大传感器的覆盖范围，增强系统的跟踪能力[8]。通过合理配置无人机在目标周围特定方位上分布，可实现无人机对于目标的不同角度的观测，实现立体、全面的目标观测，且当部分无人机由于躲避障碍或目标突然机动而偏离航迹时，也能实现对目标的跟踪。

本章首先对虚拟社会力框架下群集模型的自组织运动特性进行研究[9-11]，模型中包含产生吸引和排斥作用的位置协同作用以及速度一致的速度协同作用，模型中个体的质量、速度和安全距离等参数参考欧椋鸟群数据。然后，针对群集的分裂和融合现象以及群集在有限视场角和噪声干扰作用下的运动有序性和形状特性进行了研究。并在此基础上，提出了一种基于非线性导引控制的目标协同跟踪方法，采用速度和航向两个通道解耦的控制方式，通过速度控制无人机之间的相位差，利用航向控制实现无人机对期望轨迹的跟踪。无人机首先根据自身相对于目标的方位信息，利用相位差一致算法计算得出速度指令，然后利用非线性导引轨迹跟踪算法计算出偏航角速度指令，将速度和偏航指令发送给自动驾驶仪实现对目标的协同跟踪。针对速度障碍方法容易导致的指令震荡问题，提出了基于滚动预测速度障碍的无人机障碍规避方法。为解决多个无人机集群对目标的跟踪问题，将非线性导引方法得到的指令作为无人机集群的虚拟目标，设计了基于部分信息个体的集群控制算法，其中非信息个体利用选择性注意机制选择交互邻居，最后利用 LaSalle 不变集定理证明了在部分信息个体的导引下无人机集群能够实现对虚拟目标的跟踪，从而实现对目标的协同跟踪。

8.2　生物自组织运动群集模型

8.2.1　虚拟力框架下的群集模型

在虚拟力的框架下，个体间交互作用的社会力，一般由位置协同力和速度协

同力构成，具有如下形式[9, 12]

$$\vec{f}_i = \vec{f}_i^{pos}\left(\vec{p}_1, \vec{p}_2, \ldots, \vec{p}_N\right) + \vec{f}_i^{vel}\left(\vec{v}_1, \vec{v}_2, \ldots, \vec{v}_N\right) \tag{8-1}$$

式中，N 为群体的规模；$\vec{p}_i$ 和 $\vec{v}_i$ 分别为个体 i 的位置和速度；$i \in 1,2,\cdots,N$；$\vec{f}_i^{pos}\left(\vec{p}_1, \vec{p}_2, \ldots, \vec{p}_N\right)$ 为关于个体与邻居位置信息的函数，称为位置协同力，$\vec{f}_i^{vel}\left(\vec{v}_1, \vec{v}_2, \ldots, \vec{v}_N\right)$ 为关于个体与邻居的速度信息的函数，称为速度协同力。位置协同力 $\boldsymbol{f}_i^{pos}$ 对应分离和聚集规则，也就是个体间的“远距吸引-近距排斥”作用，实现个体间的避撞和聚集。速度协同力 $\vec{f}_i^{vel}$ 对应速度一致规则，用以描述个体对其他个体速度以及速度变化的反应行为。

考虑由 N 个相同个体组成的系统，每个个体受到群体中其他个体的社会力作用，第 i 个个体的运动规律如下[13, 14]

$$\begin{cases} \dfrac{\mathrm{d}\vec{p}_i}{\mathrm{d}t} = \vec{v}_i \\ m\dfrac{\mathrm{d}\vec{v}_i}{\mathrm{d}t} = \vec{f}_{social_i} + \vec{f}_{speed_i} + \vec{f}_{\xi_i} \\ \vec{f}_{social_i} = \vec{f}_{s_i} + \vec{f}_{c_i} + \vec{f}_{a_i} \end{cases} \tag{8-2}$$

式中，$\vec{p}_i$ 和 $\vec{v}_i$ 分别为个体的位置、速度；m 为表示个体质量的常数；$\vec{f}_{social_i}$ 为个体受到的社会力，分别由分离力 $\vec{f}_{s_i}$、聚集力 $\vec{f}_{c_i}$ 和对齐力 $\vec{f}_{a_i}$ 组成；$\vec{f}_{speed_i}$ 为个体受到用以保持固定速度的速度力，该作用也称为自驱动作用力；$\vec{f}_{\xi_i}$ 为噪声的作用，$\vec{f}_{\xi_i}$ 可写作 $\vec{f}_{\xi_i}=\xi\hat{\boldsymbol{e}}_i$，$\hat{\boldsymbol{e}}_i$ 为噪声方向的单位向量，ξ 为噪声的强度。

在分离力 $\vec{f}_{s_i}$ 的作用下，个体向其邻居平均位置的相反方向运动。为了避免碰撞，设置个体避障的安全区域半径为 r_h，当邻居个体的距离小于该半径时，个体在指向该邻居的方向上受到最大的排斥力，分离力表示如下

$$\vec{f}_{s_i} = -\frac{\omega_s}{\left|N_i\right|}\sum_{i \in N_i} g_s\left(\left\|\vec{d}_{ij}\right\|\right)\hat{\boldsymbol{d}}_{ij} \tag{8-3}$$

式中，ω_s 为分离力系数；N_i 为个体的交互邻居的集合；$\vec{d}_{ij} = \vec{p}_j - \vec{p}_i$ 为个体 i 与个体 j 的距离；$\hat{\boldsymbol{d}}_{ij} = \vec{d}_{ij} / \left\|\vec{d}_{ij}\right\|$ 为个体 i 受到的来自个体 j 的分离力的方向；$g_s\left(\left\|\vec{d}_{ij}\right\|\right)$ 为个体 i 受到的来自个体 j 的分离力大小，形式如下

$$g_s\left(\left\|\vec{d}_{ij}\right\|\right) = \begin{cases} 1, & \left\|\vec{d}_{ij}\right\| \leqslant r_h \\ \exp\left(-\dfrac{\left(\left\|\vec{d}_{ij}\right\| - r_h\right)^2}{\sigma^2}\right), & \left\|\vec{d}_{ij}\right\| > r_h \end{cases} \tag{8-4}$$

式中，$\left\|\vec{d}_{ij}\right\|$ 为个体 i 和 j 之间的距离；r_h 为安全距离；σ 为高斯函数的标准差。在安全区域之外，个体受到的分离作用力随着个体间距离的增大而减小，通过设置标准差 σ，使得个体在分离半径 r_{sep} 处受到的排斥力作用几乎为 0。

在聚集力 $\vec{f}_{c_i}$ 的作用下，个体向其邻居位置的中心点运动。在安全距离 r_h 范围内，个体不受到聚集力的作用，聚集力的公式如下

$$\vec{f}_{c_i} = -C_i \frac{\omega_c}{|N_i|} \sum_{i \in N_i} g_c\left(\left\|\vec{d}_{ij}\right\|\right) \hat{\boldsymbol{d}}_{ij} \tag{8-5}$$

式中，ω_c 是聚集力系数；N_i 为个体的交互邻居的集合；$\hat{\boldsymbol{d}}_{ij}$ 表征个体 i 受到的来自个体 j 的聚集力的方向；$g_c\left(\left\|\vec{d}_{ij}\right\|\right)$ 表征个体 i 受到的来自个体 j 的聚集力的大小；C_i 为中心度参数，中心度公式如下

$$C_i = \frac{1}{|N_G|} \left\| \sum_{j \in N_G} \hat{\boldsymbol{d}}_{ij} \right\| \tag{8-6}$$

式中，N_G 为个体实际交互距离 2 倍范围内个体的集合，$N_G = \left\{ j \middle| j \in N, \left\|\vec{d}_{ij}\right\| \leqslant 2R_i, j \neq i \right\}$，个体的交互距离 R_i 由群集中个体的交互模式确定。当中心度 C_i 较小时，个体位于较为中心的位置；而中心度 C_i 较大时，个体位于群集的边缘的位置。在中心度的作用下，群集边缘的个体相对于内部个体受到更强的聚集力的作用。聚集力的大小可表示为

$$g_c\left(\left\|\vec{d}_{ij}\right\|\right) = \begin{cases} 0 & \left\|\vec{d}_{ij}\right\| \leqslant r_h \\ 1 & \left\|\vec{d}_{ij}\right\| > r_h \end{cases} \tag{8-7}$$

在对齐力 $\vec{f}_{a_i}$ 的作用下，个体倾向与其交互邻居的平均运动方向保持一致，

$$\boldsymbol{f}_{a_i} = -\omega_a \Theta\left(\sum_{j \in N_i} \left(\hat{\boldsymbol{v}}_j - \hat{\boldsymbol{v}}_i \right) \right) \tag{8-8}$$

式中，ω_a 是对齐力系数；$\hat{\boldsymbol{v}}_i = \vec{v}_i / \|\vec{v}_i\|$ 表示个体 i 运动方向的单位向量；N_i 为个体的交互邻居的集合；Θ 表示向量归一化操作，$\Theta(a) = \vec{a} / \|\vec{a}\|$。

速度力 $\vec{f}_{speed_i}$ 的作用是为了保证个体维持特定速度运动，表示为

$$\vec{f}_{speed_i} = \frac{m}{\tau}(v_0 - v_i)\hat{\boldsymbol{v}}_i \tag{8-9}$$

式中，τ 为速度的响应时间，表示个体能够在 τ 时间内实现对速度的跟踪；v_0 为期望的速度大小。

8.2.2 基于注意力机制的群集运动模型

(1) 个体间的感知规则

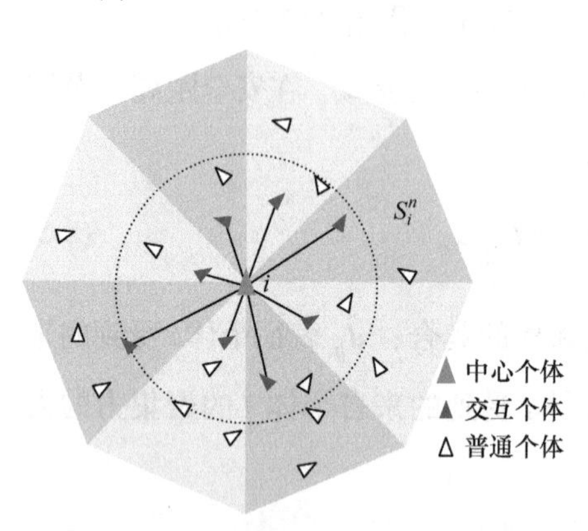

图 8-2 视线导引的固定邻居数目交互

本节信息感知模型为考虑方位分布的固定邻居数目模型，即视觉导引的固定邻居数目，交互模式示意如图 8-2 所示[15]。在视觉导引的固定邻居数目模型中，假设群集中个体位置的集合为$P=\{\vec{p}_1,\vec{p}_2,\dots,\vec{p}_N\}$。在确定个体 i 的感知邻居集合 N_i 的过程中，将个体周围区域沿自身运动方向按逆时针方向分为 n_c 个夹角大小为 $2\pi/n_c$ 个子区间。这样个体 i 周围的邻居按照其相对于个体 i 的角度分布被分为 n_c 个部分，第 n 个区域内个体的集合为[16]

$$S_i^n=\left\{j\left|\frac{2\pi}{n_c}(n-1)<\left\langle\vartheta_{ij}-\theta_i\right\rangle\leqslant\frac{2\pi}{n_c}n\right.\right\} \tag{8-10}$$

式中，$j=1,\cdots,N$；$n=1,\cdots,n_c$；ϑ_{ij} 为个体 j 相对于个体 i 的方位角；θ_i 为个体 i 当前的运动方向。个体选取每个子区间中与自身距离最近的个体作为交互邻居，即每一个集合 S_i^n 中与个体 i 的相对距离最小的个体 $\Gamma_i^n=\left\{m\left|m=\arg\min_{j\in S_i^n}d_{ij}\right.\right\}$，$n=1,2,\cdots,n_c$ 作为交互邻居，$d_{ij}=\left\|\vec{p}_i-\vec{p}_j\right\|$，邻居集合 $N_i=\left\{\Gamma_i^n,n=1,2,\cdots,n_c\right\}$。由于在相对于个体 i 的某个方位不存在任何邻居个体，如个体 i 位于群体的边缘区域，此时 $S_i^n=\varnothing$，所以个体 i 的邻居数目可能小于 n_c。

群集中的个体仅能感知到周围 n_c 个邻居的信息，但 n_c 个邻居符合一定的空间分布，相对均匀地分布在个体周围。如果在某一方向区间存在多个较近的个体，则个体仅能感知到该方向区间距离其最近的个体，这与视觉感知模型在本质上是一致的。在视觉感知模型中，个体根据群集中其他成员在其视网膜上的投影确定感知对象，而如果在某个方向上存在多个个体，则相对较远的个体会被遮挡，从而不能形成在视网膜上的投影，这与本模型中采用的视觉导引的固定邻居数目感知是一致的。

(2) 阈值响应模型

在群集运动过程中，有序群集中个体的无序个体为自信息 s_z^{sti} 较大者，此时有序的运动个体对应背景信息，而个体的无序个体对应刺激信号；无序群集中的

有序个体为自信息 s_z^{sti} 较大者，此时杂乱无章运动的个体对应背景信息，而有序个体的运动为刺激信号。前边已经提到，对于自下而上的注意机制是由自信息最大化来驱动的，也就是说，若不考虑任务目的，则在注意机制的作用下，会优先关注有序群集中的无序个体和无序群集中的有序个体这两种自信息较大的个体。

对于集群中的某一个体 i，假设当前时刻其邻居集合为 N_i，则 $\forall j\in N_i$，可根据 j 对于有序度的贡献计算其显著值，也就是自信息 s_{ij}^{sti}。注意，这里所指的对于有序度的贡献是局部性的，也就是说对于集合 N_i 这个局部群集的有序度贡献，同一个体 j 对于不同的个体其显著值可能是不同的，即 s_{ij}^{sti} 和 s_{kj}^{sti} 不一定相同。这种假设保证了群集中的个体在个体感知、邻居选择的过程中是局部的。这样，可计算得到个体 i 的邻居集合的显著度 $s_{ij}^{sti}, j\in N_i$，如果某一邻居的显著度 s_{ij}^{sti} 相对于其他邻居较高，则该个体可能处于与其他个体截然不同的运动状态，如遇到危险时的紧急转向，遇到目标时的突然加速。

根据群集中的个体当前是否注意到异常的运动模式，将其运动状态分为普通运动状态和异常激发状态。当个体 i 处于普通运动状态时 $a_i(t)=0$，当个体处于异常激发状态时 $a_i(t)=1$。为了避免个体被频繁激发，假设个体对于周围邻居的显著值的反应符合阈值响应模型，即只有当周围邻居某一个体的显著值 s_{ij}^{sti} 大于设定的阈值 $\Delta_{\max}$ 时，才认为该个体是有效的新异刺激，从而从普通状态转化为激发状态。只有 $\max s_{ij}^{sti} \geqslant \Delta_{\max}, j\in N_i$，个体才被某个体激发，信息源个体为 $src_i = \arg\max\limits_{j\in N_i}\left(s_{ij}^{sti}\right)$。与其他阈值模型不同，本节中的阈值模型只有在邻居个体的显著值高于特定阈值时发生状态的变化，而非发生反应的个体数目达到一定阈值时发生状态的变化。如果个体 i 状态被激活，即 $a_i(t)=1$，则开始对信息源个体 src_i 的运动状态进行跟踪，同时不再对新感受到的刺激作出反应。只有当个体状态与刺激源的状态的差值 $\left\|\theta_i-\theta_{src_i}\right\|$ 小于设定的较小的阈值 $\Delta_{\min}$ 时，才从激活状态 $a_i(t)=1$ 恢复为非激活状态 $a_i(t)=0$，个体状态转换过程如图 8-3 所示。

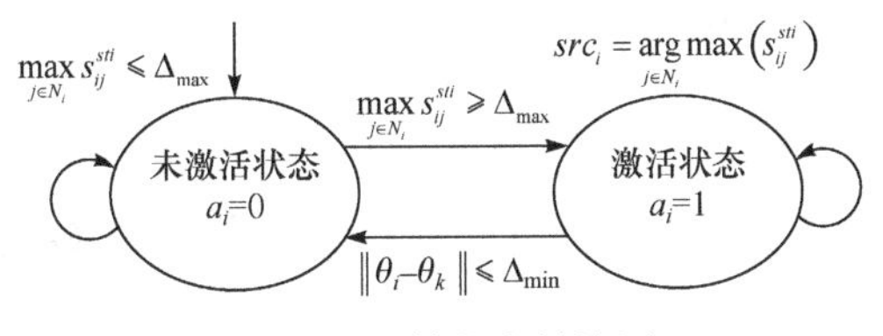

图 8-3　个体状态转换图

个体根据速度计算其邻居集合的显著度，并根据显著度利用阈值响应模型改变自身的状态，个体的状态变化公式如下

$$\begin{cases}\theta_{des_i}=\theta_i, & a(t)=0\\ \theta_{des_i}=\theta_{src_i}, & a(t)=1\end{cases} \tag{8-11}$$

式中，θ_{des_i} 为个体的期望方向；θ_{src_i} 为信息源个体 src_i 的方向；θ_i 为个体 i 当前的方向。上式表示如果个体 i 处于普通状态 $a_i(t)=0$，则保持当前的方向不变，如果个体处于激发状态 $a_i(t)=1$，则跟踪信息源个体 src_i 的方向。

(3) 注意力驱动的群集运动模型

在对注意力机制驱动的信息传播过程进行分析的基础上，考虑个体的运动，采用基于视觉导引的固定邻居数目交互，提出了基于注意力机制的群集运动模型。群集由 N 个个体组成，每个个体受到群体中其他个体的社会力作用，第 i 个个体的运动规律如下[17]

$$\begin{cases}\dfrac{d\vec{p}_i}{dt}=\vec{v}_i\\ m\dfrac{d\vec{v}_i}{dt}=\vec{f}_{social_i}+\vec{f}_{speed_i}+\vec{f}_{\xi_i}\\ \vec{f}_{social_i}=\vec{f}_{s_i}+\vec{f}_{c_i}+\vec{f}_{a_i}\end{cases} \tag{8-12}$$

式中，$\vec{p}_i,\vec{v}_i$ 分别为个体的位置、速度；m 为个体的质量；$\vec{f}_{social_i}$ 为个体受到的社会力，分别由避免碰撞的分离力 $\vec{f}_{s_i}$、保持空间聚集的聚集力 $\vec{f}_{c_i}$ 和实现速度一致的对齐力 $\vec{f}_{a_i}$ 组成；$\vec{f}_{speed_i}$ 为个体受到的保持固定的速度的作用力；$\vec{f}_{\xi_i}$ 为个体受到的干扰力。

$$\begin{cases}\vec{f}_{s_i}=-\dfrac{\omega_s}{\left|N_{s_i}\right|}\sum\limits_{i\in N_{s_i}}g_s\left(\left\|\vec{d}\right\|_{ij}\right)\hat{\boldsymbol{d}}_{ij}\\ \vec{f}_{c_i}=-C_i\dfrac{\omega_c}{\left|N_{c_i}\right|}\sum\limits_{i\in N_{c_i}}g_c\left(\left\|\vec{d}\right\|_{ij}\right)\hat{\boldsymbol{d}}_{ij}\\ \vec{f}_{a_i}=-\omega_a\Theta\left(\sum\limits_{j\in N_{a_i}}\left(\hat{\boldsymbol{v}}_j-\hat{\boldsymbol{v}}_i\right)\right)\end{cases} \tag{8-13}$$

式中，分离力 $\vec{f}_{s_i}$、聚集力 $\vec{f}_{c_i}$ 以及对齐力 $\vec{f}_{a_i}$ 分别为三种社会作用力的形式；ω_s、ω_c和ω_a 分别为分离力、聚集力和对齐力的权重系数；Θ 为归一化操作；$\hat{\boldsymbol{d}}_{ij}$ 为归一化后个体 i 相对于个体 j 的相对距离；$\left\|\vec{d}_{ij}\right\|$ 为个体 i 和个体 j 的欧几里得距离；N_{s_i}、N_{c_i}和N_{a_i} 分别为分离力、聚集力和对齐力的交互邻居集合。$g_s\left(\left\|\vec{d}_{ij}\right\|\right)$ 为个体 i 受到的来自个体 j 的分离力大小，形式如下

$$g_s\left(\left\|\vec{d}_{ij}\right\|\right)=\begin{cases}1, & \left\|\vec{d}_{ij}\right\|\leqslant r_h\\ \exp\left(-\dfrac{\left(\left\|\vec{d}_{ij}\right\|-r_h\right)^2}{\sigma^2}\right), & \left\|\vec{d}_{ij}\right\|>r_h\end{cases} \tag{8-14}$$

式中，$\left\|\vec{d}_{ij}\right\|$为个体$i$和$j$之间的距离；$r_h$为安全距离；$\sigma$为高斯函数的标准差。在安全区域之外，个体受到的分离作用力随着个体间距离的增大而减小，通过设置标准差σ，使得个体在分离半径r_{sep}处受到的排斥力作用几乎为 0。C_i为中心度参数，中心度公式如下[17]

$$C_i=\frac{1}{\left|N_G\right|}\left\|\sum_{j\in N_G}\hat{\boldsymbol{d}}_{ij}\right\| \tag{8-15}$$

式中，N_G为个体实际交互距离 2 倍范围内个体的集合，$N_G=\left\{j\middle|j\in N,\left\|\vec{d}_{ij}\right\|\leqslant 2R_i,j\neq i\right\}$，个体的交互距离$R_i$由群集中个体的交互模式确定。当中心度$C_i$较小时个体位于较为中心的位置；而中心度$C_i$较大时个体位于群集的边缘的位置。在中心度的作用下，群集边缘的个体相对于内部个体受到更强的聚集力的作用。聚集力的大小$g_c\left(\left\|\vec{d}_{ij}\right\|\right)$可表示为

$$g_c\left(\left\|\vec{d}_{ij}\right\|\right)=\begin{cases}0, & \left\|\vec{d}_{ij}\right\|\leqslant r_h\\ 1, & \left\|\vec{d}_{ij}\right\|>r_h\end{cases} \tag{8-16}$$

速度力$\vec{f}_{speed_i}$的作用是为了保证个体维持特定速度运动，表示为

$$\vec{f}_{speed_i}=\frac{m}{\tau}\left(v_0-v_i\right)\hat{\boldsymbol{v}}_i \tag{8-17}$$

式中，τ为速度的响应时间，表示个体能够在τ时间内实现对速度的跟踪；v_0为期望的速度大小。

当个体为注意力机制下的刺激触发状态时，$a_i(t)=1$，个体感知到了外界环境刺激的作用，此时个体选择跟随信息源个体src_i作为领导者，聚集力和对齐力的交互邻居集合中只有一个个体，$N_{c_i}=N_{a_i}=src_i$，目的是快速响应刺激。当个体未处于触发状态时，$a_i(t)=0$，个体的运动决策由视线导引的拓扑距离交互决定，聚集力和对齐力的交互邻居集合为均匀分布在个体周围的n_c个个体，$N_{c_i}=N_{a_i}=N_i$，N_i为式(8-10)所决定的交互邻居集合。为了避免群集中个体之间的碰撞，不论个体处于何种状态，分离力的交互邻居集合N_{s_i}均为N_i。

在每一时刻t，个体依据视觉导引的拓扑距离确定其感知到的邻居集合N_i，

并依据邻居集合中的个体 $j \in N_i$ 对局部集合有序程度的贡献，计算集合 N_i 中所有的个体的显著度 s_{ij}^{sti}，然后个体 i 依据阈值响应模型更新自身的激活状态 $a_i(t)$。若存在邻居个体的显著度大于设定阈值，即 $\exists s_{ij}^{sti} > \delta, j \in N_i$，且个体 i 为未触发状态 $a_i(t-1)=0$ 时，则个体 i 更新为触发状态 $a_i(t)=1$，同时记录信息源个体为 src_i。在社会力的计算过程中，根据个体 i 当前是否处于激活状态，确定聚集力和对齐力的作用邻居集合 N_{c_i} 和 N_{a_i}。注意个体在计算显著性的过程中，利用的信息为局部信息，即邻居集合中的个体对于邻居集合这一局部群体的有序性的贡献。

8.3　集群协同目标跟踪控制

8.3.1　集群协同目标对峙跟踪

在对目标进行对峙跟踪的过程中，无人机需要始终保持与目标固定的距离，相对于目标进行圆周运动，同时为实现多架无人机之间的协同，无人机需要平均地分布在目标的周围。在本章中，相对于目标的圆周运动通过基于非线性导引的航迹跟踪控制实现，在目标周围的平均分布通过相位差一致性算法实现[9]。这种控制方式是一种将速度通道和航向通道解耦的控制方式，在进行航迹控制的过程中，只需要对偏航角速率进行控制，而在相位差进行控制的过程中，只需要对速度进行控制，多机协同目标跟踪的框架如图 8-4 所示。

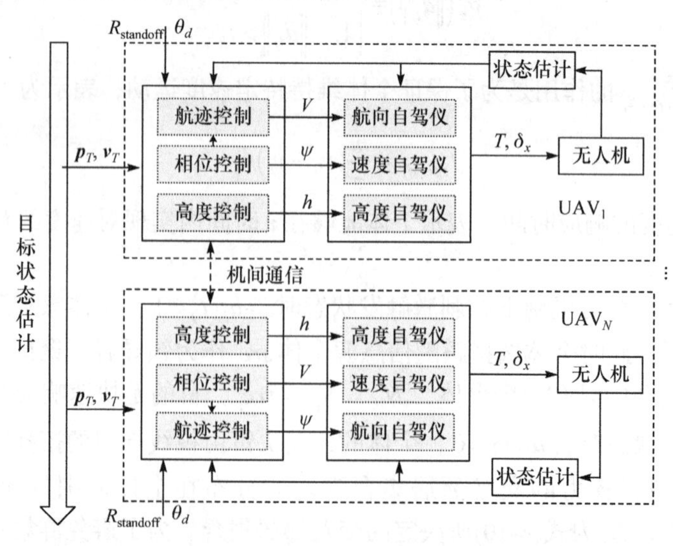

图 8-4　多机协同目标跟踪框架

假设无人机具有底层控制器，具备高度保持能力，并能够跟踪期望姿态、期望速度和期望转弯速率。此时，内环控制器的状态量速度、航向角和高度变为外环控制器的输入，无人机的 12 阶状态方程可以简化为 6 阶状态方程，表示如下[18]

$$\begin{pmatrix} \dot{x} \\ \dot{y} \\ \dot{\psi} \\ \dot{V} \\ \ddot{h} \end{pmatrix} = \begin{pmatrix} V\cos\psi \\ V\sin\psi \\ (-\psi+\psi_c)/\tau_\psi \\ (-V+V_c)/\tau_v \\ -\dot{h}/\tau_{\dot{h}}+(h_c-h_i)/\tau_h \end{pmatrix} \tag{8-18}$$

式中，x 、y 和 h 为无人机的水平位置和高度；ψ 为无人机的航向；V_c 、ψ_c 和 h_c 为自动驾驶仪的输入指令，分别为速度指令、航向指令和高度指令；τ_ψ 、τ_V 、τ_h 和 $\tau_{\dot{h}}$ 分别为自动驾驶仪三个通道的时间常数。

对于固定翼无人机，由于其本体特性的限制，需要满足速度、转弯速率以及爬升和下滑速率等限制，其速度指令 V_c 、航向角速率指令 $\dot{\psi}$ 和爬升下滑速率 $\dot{h}$ 需要满足如下条件

$$\begin{cases} V_{\min} \leqslant V_c \leqslant V_{\max} \\ |\dot{\psi}| \leqslant \omega_{\max} \\ \lambda_{\min} \leqslant \dot{h} \leqslant \lambda_{\max} \end{cases} \tag{8-19}$$

式中，$V_{\min}>0$ 和 $V_{\max}>0$ 分别为巡航的最小和最大速度；$\omega_{\max}>0$ 为最大转向速率；$\lambda_{\min}<0$ 和 $\lambda_{\max}>0$ 分别为下滑和爬升的最大速率，具体值由无人机性能参数决定。

在多机协同目标跟踪的过程中，为了保持实现对目标的稳定跟踪，主要对水平通道进行控制。在高度通道，假设无人机需要维持到特定的高度，无人机的高度控制采用如下的一致性协议[19]

$$u_i = -c_{\dot{h}}\sum_{j\in N_i}\left(\dot{h}_i-\dot{h}_j\right)-c_h\sum_{j\in N_i}\left(h_i-h_j\right) \tag{8-20}$$

式中，c_h 为高度协同系数；$c_{\dot{h}}$ 为垂直方向速度协同系数；N_i 为无人机 i 的邻居集合。如果多架飞机构成的网络为连通图，控制协议(8-20)保证无人机高度实现一致性。将控制协议(8-20)代入无人机的运动学模型(8-18)中，可以得到自动驾驶仪的高度控制指令如下

$$h_i^c = \tau_h\left[-c_{\dot{h}}\sum_{j\in N_i}\left(\dot{h}_i-\dot{h}_j\right)-c_h\sum_{j\in N_i}\left(h_i-h_j\right)\right]+\frac{\tau_h}{\tau_{\dot{h}}}\dot{h}_i+h_i \tag{8-21}$$

(1) 相位差一致性算法

将无人机相对于目标的方位称为相位 $\theta_i\ (i=1,2,\cdots,N)$ ，在相对于目标的距离不变的情况下，无人机相对于目标的速度可用来表征相位的变化(如图 8-5)。记无人机的相位差为 $\Delta\theta_i$ ，当 $i=1,2,\cdots,N-1$ 时，$\Delta\theta_i=\theta_{i+1}-\theta_i$ ，当 $i=N$ 时，$\Delta\theta_N=\theta_1-\theta_N$ ，

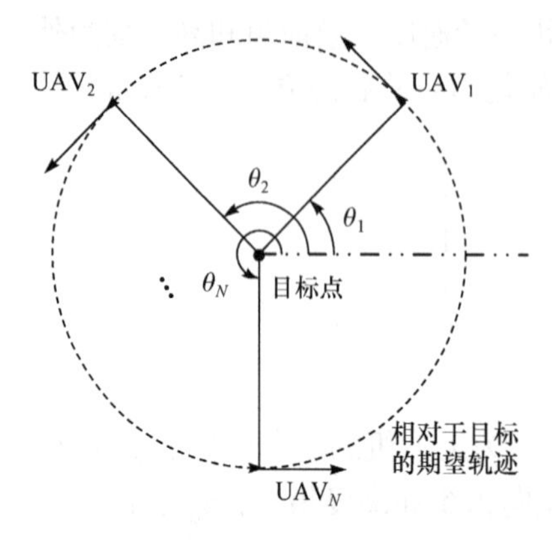

图 8-5 无人机相位表示

对于无人机相位差的控制可以通过调节无人机相对于目标的速度实现。设个体i期望的相位差为$\Delta\theta_{d_i}$，无人机在目标周围平均分布，意味着所有个体期望的相位差相等$\Delta\theta_{d_1}=\Delta\theta_{d_2}=\cdots=\Delta\theta_{d_N}=2\pi/N$。同样地，当$i=1,2,\cdots,N-1$时，$\Delta\theta_{d_i}=\theta_{d_{i+1}}-\theta_{d_i}$，当$i=N$时，$\Delta\theta_{d_N}=\theta_{d_1}-\theta_{d_N}$。所有个体的相位$\boldsymbol{\theta}=\left[\theta_1,\theta_2,\cdots,\theta_N\right]^{\mathrm{T}}$，相位差$\Delta\boldsymbol{\theta}=\left[\Delta\theta_1,\Delta\theta_2,\cdots,\Delta\theta_N\right]^{\mathrm{T}}$，期望的相位$\boldsymbol{\theta}_d=\left[\theta_{d_1},\theta_{d_2},\cdots,\theta_{d_N}\right]^{\mathrm{T}}$，期望的相位差$\Delta\boldsymbol{\theta}_d=\left[\Delta\theta_{d_1},\Delta\theta_{d_2},\cdots,\Delta\theta_{d_N}\right]^{\mathrm{T}}$。设计无人机的控制指令形式如下

$$\dot{\theta}_i=k_\theta\left(\left\langle\theta_{i+1}-\theta_i\right\rangle-\left\langle\theta_i-\theta_{i-1}\right\rangle\right)+V_0/R \tag{8-22}$$

式中，k_θ为正的常数；V_0为期望的速度；R为对峙跟踪的距离；θ_i为个体i相对于目标的方位角；$\langle\ \rangle$为将$\left(\theta_{i+1}-\theta_i\right)$转化为$[0,2\pi)$的操作。

对于该控制协议，个体仅需要知道与两个相邻个体的相位差$\Delta\theta_i$和$\Delta\theta_{i-1}$即可进行计算。根据相位的角速率$\dot{\theta}_i$可以计算出期望的速度指令$V_i=R\dot{\theta}_i$，而当个体的相位差相等时$\Delta\theta_{d_1}=\Delta\theta_{d_2}=\cdots=\Delta\theta_{d_N}$，有$\dot{\theta}_i=V_0/R$，此时$V_i=V_0$。

定理 8-1 在控制协议(8-22)的作用下，无人机最终围绕目标以V_0做圆周运动，且与邻居的相位差相等，即$\Delta\theta_1=\Delta\theta_2=\cdots=\Delta\theta_N=2\pi/N$且$\dot{\theta}_1=\dot{\theta}_2=\cdots=\dot{\theta}_N=V_0/R$。

证明 假设$\left(\theta_{i+1}-\theta_i\right)\in[0,2\pi)$，则式(8-22)可写为

$$\dot{\theta}_i=k_\theta\left(\theta_{i+1}+\theta_{i-1}-2\theta_i\right)+V_0/R \tag{8-23}$$

将上式写成如下矩阵形式

$$\dot{\boldsymbol{\theta}}=k_\theta\boldsymbol{L}\left(\boldsymbol{\theta}+\boldsymbol{\theta}_d\right)+\omega_0\boldsymbol{l} \tag{8-24}$$

式中，$\omega_0=V_0/R$；$\boldsymbol{l}$为元素全为 1 的N维列向量；$\boldsymbol{L}$为环形拓扑的拉普拉斯矩阵。另外，$\boldsymbol{\theta}$和$\Delta\boldsymbol{\theta}$满足如下关系

$$\boldsymbol{L\theta}=\begin{bmatrix}\theta_N+\theta_2-2\theta_1\\ \theta_3+\theta_1-2\theta_2\\ \vdots\\ \theta_N+\theta_{N-2}-2\theta_{N-1}\\ \theta_1+\theta_{N-1}-2\theta_N\end{bmatrix}=\begin{bmatrix}\Delta\theta_1-\Delta\theta_N\\ \Delta\theta_2-\Delta\theta_1\\ \vdots\\ \Delta\theta_{N-1}-\Delta\theta_{N-2}\\ \Delta\theta_N-\Delta\theta_{N-1}\end{bmatrix}=\boldsymbol{B}\Delta\boldsymbol{\theta} \tag{8-25}$$

式中，

$$
\boldsymbol{B}=\begin{bmatrix} 1 & 0 & 0 & \cdots & -1 \\ -1 & 1 & 0 & \cdots & 0 \\ \cdots & \cdots & \cdots & \cdots & 0 \\ 0 & 0 & -1 & 1 & 0 \\ 0 & 0 & 0 & -1 & 1 \end{bmatrix}
$$

可以得到$\boldsymbol{\theta}=\boldsymbol{L}^{-1}\boldsymbol{B}\Delta\boldsymbol{\theta}$，同理可以得到$\boldsymbol{\theta}_d=\boldsymbol{L}^{-1}\boldsymbol{B}\Delta\boldsymbol{\theta}_d$，将以上两式代入式(8-24)，可得

$$
\dot{\boldsymbol{\theta}}=k_\theta\boldsymbol{B}\left(\Delta\boldsymbol{\theta}-\Delta\boldsymbol{\theta}_d\right)+\omega_0\boldsymbol{l} \tag{8-26}
$$

因为$\Delta\boldsymbol{\theta}=\boldsymbol{A}\boldsymbol{\theta}$，所以有$\Delta\dot{\boldsymbol{\theta}}=\boldsymbol{A}\dot{\boldsymbol{\theta}}$，其中

$$
\boldsymbol{A}=\begin{bmatrix} -1 & 1 & 0 & \cdots & 0 \\ 0 & -1 & 1 & \cdots & 0 \\ \cdots & \cdots & \cdots & \cdots & 0 \\ 0 & 0 & 0 & -1 & 1 \\ 1 & 0 & 0 & 0 & -1 \end{bmatrix}
$$

进而可得

$$
\begin{aligned} \Delta\dot{\boldsymbol{\theta}} &= \boldsymbol{A}\left(k_\theta\boldsymbol{B}\left(\Delta\theta-\Delta\theta_d\right)+\omega_0\boldsymbol{l}\right) \\ &= k_\theta\boldsymbol{A}\boldsymbol{B}\left(\Delta\boldsymbol{\theta}-\Delta\boldsymbol{\theta}_d\right) \end{aligned} \tag{8-27}
$$

记个体与邻居的相位差与期望相位差的误差$\boldsymbol{e}_\theta=\Delta\boldsymbol{\theta}-\Delta\boldsymbol{\theta}_d$，期望相位差$\Delta\theta_{d_i}$为固定常数，即$\Delta\dot{\theta}_{d_i}=0$，所以有

$$
\dot{\boldsymbol{e}}_\theta=\Delta\dot{\boldsymbol{\theta}}=k_\theta\boldsymbol{A}\boldsymbol{B}\boldsymbol{e}_\theta \tag{8-28}
$$

由$\boldsymbol{B}=-\boldsymbol{A}^{\mathrm{T}}$可得$\boldsymbol{A}\boldsymbol{B}=-\boldsymbol{A}\boldsymbol{A}^{\mathrm{T}}$，$\boldsymbol{A}\boldsymbol{B}$为实对阵矩阵，$\boldsymbol{A}\boldsymbol{B}$的特征根均在左半平面，所以有

$$
\lim_{t\to\infty}e_{\theta_i}=\lim_{t\to\infty}\left(\Delta\theta_i-\Delta\theta_{d_i}\right)=0 \tag{8-29}
$$

又因为$\Delta\theta_{d_1}=\Delta\theta_{d_2}=\cdots=\Delta\theta_{d_N}$，进而得到$\Delta\theta_1=\Delta\theta_2=\cdots=\Delta\theta_N$，且有$\dot{\theta}_1=\dot{\theta}_2=\cdots=\dot{\theta}_N$。所以，定理 8-1 得证。

注　当个体间期望的相位差不相等时，即$\Delta\theta_{d_1}=\Delta\theta_{d_2}=\cdots=\Delta\theta_{d_N}$不成立时，控制协议改为$\dot{\theta}_i=k_\theta\left[\left(\left\langle\theta_{i+1}-\theta_i\right\rangle-\Delta\theta_{d_i}\right)-\left(\left\langle\theta_i-\theta_{i-1}\right\rangle-\Delta\theta_{d_{i-1}}\right)\right]+V_0/R$，按照式(8-24)到式(8-29)的推导过程，可以得到$\lim\limits_{t\to\infty}\left(\Delta\theta_i-\Delta\theta_{d_i}\right)=0$且$\dot{\theta}_i=V/R, i=1,2,\cdots,N$。

(2) 基于非线性导引的轨迹跟踪

(2) 基于非线性导引的轨迹跟踪

现有的路径跟踪算法包括几何类算法和控制类算法，几何类算法有视线导引法、追踪法和非线性导引法等，控制类算法有向量场方法、比例-微分-积分(Proportional-Integral-Derivative, PID)控制、线性二次调节器等[20-22]。Park 等人提出了一种非线性导引控制方法[23]，与追踪法、视线法以及两者相结合的方法类似，采取了虚拟目标点的概念，在期望路径上选取虚拟目标点之后，通过设计非线性的侧向加速度，控制无人机逐渐收敛到期望路径。

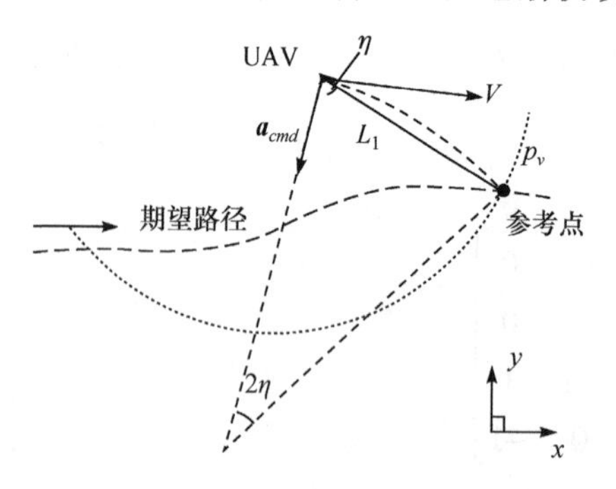

图 8-6　非线性导引控制

在非线性导引控制中，首先在期望路径上选择与无人机当前位置距离为 L_1，且无人机与该点的连线与期望运动方向夹角小于 90°的点，作为虚拟目标点 $\vec{p}_v$，如图 8-6 所示。该操作的具体实现可以通过以无人机所在位置为圆心，L_1 为半径作圆，从该圆与期望轨迹的交点中选取出虚拟目标点 $\vec{p}_v$。然后，计算无人机的法向加速度指令 $\vec{a}_{cmd}$，该加速度方向垂直于无人机运动速度 V 方向，其大小为

$$\left|\vec{a}_{cmd}\right| = 2V^2 \sin\eta / L_1 \tag{8-30}$$

式中，V 为无人机当前的速度大小；η 为无人机速度方向与视线方向的夹角。当无人机和虚拟目标点 p_v 的连线位于速度向量的右侧时，加速度指令方向垂直于速度方向指向右侧，反之，加速度指令方向垂直于速度方向指向左侧。当无人机与期望路径的最小距离大于 L_1 时，即以无人机所在位置为圆心，L_1 为半径的圆与期望路径无交点时，设置无人机的期望运动方向指向无人机在期望路径上的投影点。根据非线性导引得到法向加速度 $\vec{a}_{cmd}=\dot{\psi}V$ 之后，可以计算出相应的偏航角指令 ψ_c，发送给航向自动驾驶仪。

对于非线性导引控制器，当所跟踪的期望路径为直线时，导引率近似于比例微分控制器。如图 8-7 所示，视线方向和速度方向的夹角 $\eta = \eta_1 + \eta_2$，其中 η_2 为视线和所跟踪曲线的夹角，$\eta_2 = d / L_1$，其中 d 为无人机距离其在期望路径上的投影点的距离，η_1 为速度方向和所跟踪直线的夹角，$\eta_1 \approx \sin\eta_1 \approx \dot{d} / V$，其中 $\dot{d}$ 为无人机与其在期望路径上投影点距离的导数。所以，非线性导引控制指令 $a_{cmd} = 2V^2 \sin\eta / L_1 \approx 2V$

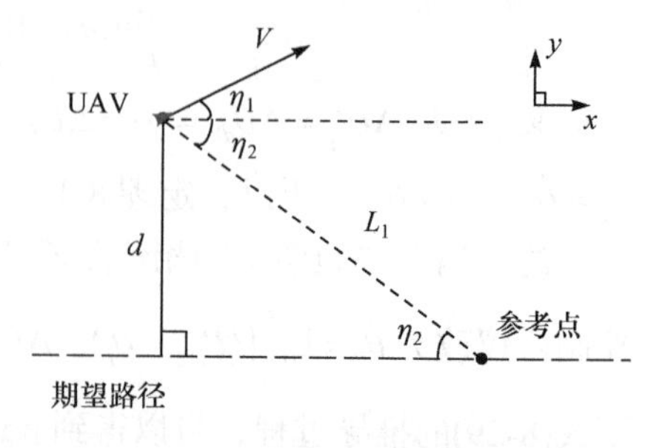

图 8-7　跟踪直线路径

$/L_1\left(V/L_1 d+\dot{d}\right)$，此时该控制器比例-微分控制器，控制器的参数为无人机的速度大小V和前视距离L_1，对应的二阶系统的阻尼系数为常值 0.707，时间常数为L_1/V，在无人机速度大小保持不变时，前视距离L_1越小，响应时间越快。假设无人机所需跟踪路径包含的最高频率分量对应的波长为L_p，则无人机能够准确跟踪期望路径的条件为前视距离参数$L \leqslant L_p/4.4$[23]，该条件可用以选择非线性导引控制的参数L_1。

无人机进行目标跟踪时的期望轨迹为以目标为中心的圆周运动。在进行多机协同跟踪的过程中，首先根据相位差控制计算出无人机i的期望速度V_i，而后根据期望速度V_i，利用式(8-30)所示的非线性导引控制计算出加速度指令，进而得出偏航角速度指令。由于上述过程计算得出的期望速度以及偏航角速度均为相对目标而言，所以，在实际的飞行过程中，需要利用目标的速度对上述过程计算出的速度和偏航角速率进行校正，计算出无人机实际的速度和偏航角指令，发送给自动驾驶仪。

(3) 部分信息个体下的集群目标跟踪

在某些任务场景中，单架无人机不足以完成预定的任务，需要多架无人机甚至是无人机集群配合工作,如单架无人机所携带的激光照射能量不足以摧毁目标，需要多架同时对目标进行照射以满足功率要求或者交替工作以满足对目标照射时长的要求。针对这一问题，本节对部分信息个体下的无人机集群目标跟踪问题进行研究，集群中携带光电设备的无人机能够获取目标的位置和速度等信息，剩余的无人机携带激光武器等其他装备。将能够获取目标信息的无人机称为信息个体，剩余的无人机为非信息个体,信息个体根据非线性导引方法计算出目标跟踪指令，非信息个体受到社会力的作用。

考虑N个个体组成的无人机集群，系统由信息个体和非信息个体组成，信息个体能够获取到所需跟踪目标的信息，而非信息个体在集群中其他个体的影响下进行运动，其系统方程如下

$$\begin{cases}\dot{\vec{q}}_i=\vec{p}_i\\ \dot{\vec{p}}_i=\vec{f}_i\end{cases}\tag{8-31}$$

式中，$i=1,2,\cdots,N$；$\vec{q}_i$为个体i的位置；$\vec{p}_i$为个体i的速度；$\vec{f}_i$为个体受到的控制力的作用。

在进行目标跟踪的过程中，集群中的信息个体能够根据目标当前的位置和速度利用非线性导引方法计算出虚拟目标点来进行跟踪，假设该虚拟目标的运动方程如下

$$\begin{cases}\dot{\vec{q}}_L = \vec{p}_L \\ \dot{\vec{p}}_L = \vec{f}_L\end{cases} \tag{8-32}$$

式中，$\vec{q}_L$ 为虚拟目标的位置；$\vec{p}_L$ 为虚拟目标的速度；$\vec{f}_L$ 为虚拟目标的加速度。

设计个体的控制输入由三部分组成，α 为通过远距吸引-近距排斥作用控制个体位置的位置协同项，β 为实现个体速度一致的速度协同项，这两项共同构成了个体所受到的社会力，γ 为对虚拟目标进行跟踪的控制项，个体所受的控制力形式如下[24-26]

$$\begin{aligned}\vec{f}_i &= \alpha + \beta + \gamma \\ &= -\sum_{j\in N_i} \nabla_{\boldsymbol{q}_i}\psi\left(\left\|\vec{q}_i - \vec{q}_j\right\|\right) + \sum_{j\in N_i} a_{ij}(t)\left(\vec{p}_i - \vec{p}_j\right) \\ &\quad - h_i\left[c_1\left(\vec{q}_i - \vec{q}_L\right) + c_2\left(\vec{p}_i - \vec{p}_L\right) - \vec{f}_L\right]\end{aligned} \tag{8-33}$$

式中，N_i 为个体 i 的交互邻居集合；$\psi\left(\left\|\vec{q}_i - \vec{q}_j\right\|\right)$ 为产生吸引-排斥作用的势函数；$a_{ij}(t)$ 为邻接矩阵中的元素；c_1 和 c_2 为正的增益；h_i 为信息个体的示性函数，如果个体 i 为信息个体则 $h_i = 1$，否则 $h_i = 0$。

在上述控制力作用中，只有在个体为信息个体时，才受到 γ 项对虚拟目标进行跟踪的作用力，而非信息个体只受到社会力的作用。对于非信息个体，采用基于注意力机制的集群模型来确定交互邻居，根据周围个体对局部有序度的贡献计算其显著度值，而后采用阈值响应模型改变自身的状态，并在不同的状态下采取不同的运动策略。

集群系统方程可写成如下矩阵形式

$$\begin{cases}\dot{\vec{q}} = \vec{p} \\ \dot{\vec{p}} = \vec{f}\end{cases} \tag{8-34}$$

式中，$\vec{q} = \left[\vec{q}_1^{\mathrm{T}}, \vec{q}_2^{\mathrm{T}}, \dots, \vec{q}_N^{\mathrm{T}}\right]^{\mathrm{T}} \in \mathrm{R}^{nN}$ 为位置向量；$\vec{p} = \left[\vec{p}_1^{\mathrm{T}}, \vec{p}_2^{\mathrm{T}}, \dots, \vec{p}_N^{\mathrm{T}}\right]^{\mathrm{T}} \in \mathrm{R}^{nN}$ 为速度向量；$\vec{f} = \left[\vec{f}_1^{\mathrm{T}}, \vec{f}_2^{\mathrm{T}}, \dots, \vec{f}_N^{\mathrm{T}}\right]^{\mathrm{T}} \in \mathrm{R}^{nN}$ 为控制力向量。

对于上述的集群系统，考虑如下的系统能量函数[24, 25]

$$Q(\vec{p}, \vec{q}) = \frac{1}{2}\sum_{i=1}^{N}\left[U_i(\vec{q}) + E_i(\vec{p}_i)\right] \tag{8-35}$$

式中，$U_i(\vec{q})$ 为个体 i 的势能；$E_i(\vec{p}_i)$ 为个体 i 相对于虚拟目标的动能，分别表示如下

$$\begin{cases} E_i(\vec{p}_i)=(\vec{p}_i-\vec{p}_L)^{\mathrm{T}}(\vec{p}_i-\vec{p}_L) \\ U_i(\vec{q})=\sum\limits_{j=1,j\neq i}^{N}\psi(\|\vec{q}_i-\vec{q}_j\|)+h_i c_1(\vec{q}_i-\vec{q}_L)^{\mathrm{T}}(\vec{q}_i-\vec{q}_L) \end{cases} \tag{8-36}$$

定理 8-2　考虑由 N 个个体组成的集群系统，其中有 N_{inform} 个信息个体，$N_{\text{inform}}<N$，系统运动方程由式(8-33)和式(8-34)给出，虚拟目标的运动由式(8-32)给出，系统的初始能量为 Q_0 且为有限值。如果对于集群中的任意个体均存在与信息个体的连通路径，且虚拟目标的加速度满足 $(\vec{p}_i-\vec{p}_L)^{\mathrm{T}}\vec{f}_L>0$，则有以下结论成立：

1) 对于任意的 $t\geqslant 0$，信息个体和虚拟目标的距离均小于 $\sqrt{2Q_0/c_1}$；

2) 集群中所有个体的速度将会渐近收敛到虚拟目标的速度。

证明　首先对聚集特性结论 1)进行分析。

记个体 i 相对于虚拟目标的位置 $\hat{\boldsymbol{q}}_i=\vec{q}_i-\vec{q}_L$，相对于虚拟目标的速度 $\hat{\boldsymbol{p}}_i=\vec{p}_i-\vec{p}_L$，那么所有个体相对于虚拟目标的位置和速度为 $\hat{\boldsymbol{q}}=\left[\hat{\boldsymbol{q}}_1^{\mathrm{T}},\hat{\boldsymbol{q}}_2^{\mathrm{T}},\cdots,\hat{\boldsymbol{q}}_N^{\mathrm{T}}\right]^{\mathrm{T}}$ 和 $\hat{\boldsymbol{p}}=\left[\hat{\boldsymbol{p}}_1^{\mathrm{T}},\hat{\boldsymbol{p}}_2^{\mathrm{T}},\cdots,\hat{\boldsymbol{p}}_N^{\mathrm{T}}\right]^{\mathrm{T}}$。个体 i 和个体 j 相对于虚拟目标的速度之差为 $\hat{\boldsymbol{q}}_{ij}=\hat{\boldsymbol{q}}_i-\hat{\boldsymbol{q}}_j$，可知 $\hat{\boldsymbol{q}}_{ij}=\vec{q}_{ij}=\vec{q}_i-\vec{q}_j$，个体的控制输入 $\vec{f}_i$ 相应可写为

$$\vec{f}_i=-\sum_{j\in N_i}\nabla_{\hat{\boldsymbol{q}}_i}\psi(\|\hat{\boldsymbol{q}}_{ij}\|)+\sum_{j\in N_i}a_{ij}(t)\hat{\boldsymbol{p}}_{ij}-h_i\left[c_1\hat{\boldsymbol{q}}_i+c_2\hat{\boldsymbol{p}}_i-\vec{f}_L\right] \tag{8-37}$$

集群系统的能量函数 Q 可改写为

$$Q(\hat{\boldsymbol{p}},\hat{\boldsymbol{q}})=\frac{1}{2}\sum_{i=1}^{N}\left[U_i(\hat{\boldsymbol{q}})+E_i(\hat{\boldsymbol{p}}_i)\right] \tag{8-38}$$

式中，势能 $U_i(\hat{\boldsymbol{q}})=\sum\limits_{j=1,j\neq i}^{N}\psi(\|\hat{\boldsymbol{q}}_{ij}\|)+h_i c_1\hat{\boldsymbol{q}}_i^{\mathrm{T}}\hat{\boldsymbol{q}}_i$；相对于虚拟目标的动能 $E_i(\hat{\boldsymbol{p}}_i)=\hat{\boldsymbol{p}}_i^{\mathrm{T}}\hat{\boldsymbol{p}}_i$。

对于势能函数 $\psi(\|\hat{\boldsymbol{q}}_{ij}\|)$ 有

$$\frac{\partial\psi(\|\hat{\boldsymbol{q}}_{ij}\|)}{\partial\vec{q}_{ij}}=\frac{\partial\psi(\|\hat{\boldsymbol{q}}_{ij}\|)}{\partial\vec{q}_i}=-\frac{\partial\psi(\|\hat{\boldsymbol{q}}_{ij}\|)}{\partial\vec{q}_j} \tag{8-39}$$

记 $V_i=\sum\limits_{j=1,j\neq i}^{N}\psi(\|\hat{\boldsymbol{q}}_{ij}\|)$，对能量函数 $Q(\hat{\boldsymbol{p}},\hat{\boldsymbol{q}})$ 的势能部分对时间求导

$$\begin{aligned} \frac{1}{2}\sum_{i=1}^{N}\dot{U}_i &= \sum_{i=1}^{N}\left[\left(\nabla_{\hat{\boldsymbol{q}}_i}V_i(\hat{\boldsymbol{q}}_{ij})\right)^{\mathrm{T}}\dot{\hat{\boldsymbol{q}}}_i+h_i c_1\hat{\boldsymbol{q}}_i^{\mathrm{T}}\dot{\hat{\boldsymbol{q}}}_i\right] \\ &= \sum_{i=1}^{N}\left[\left(\nabla_{\hat{\boldsymbol{q}}_i}V_i(\hat{\boldsymbol{q}}_{ij})\right)^{\mathrm{T}}\hat{\boldsymbol{p}}_i+h_i c_1\hat{\boldsymbol{q}}_i^{\mathrm{T}}\hat{\boldsymbol{p}}_i\right] \end{aligned} \tag{8-40}$$

由式(8-31)和式(8-32)知，个体相对于虚拟目标的运动方程如下

$$\begin{aligned}\dot{\hat{\boldsymbol{q}}}_i &= \hat{\boldsymbol{p}}_i \\ \dot{\hat{\boldsymbol{p}}}_i &= \dot{\boldsymbol{p}}_i - \dot{\boldsymbol{p}}_L = \vec{f}_i - \vec{f}_L\end{aligned} \tag{8-41}$$

从而得到集群能量函数 Q 对时间的导数

$$\begin{aligned}\dot{Q} &= \frac{1}{2}\sum_{i=1}^{N}\dot{U}_i + \sum_{i=1}^{N}\hat{\boldsymbol{p}}_i^{\mathrm{T}}\dot{\hat{\boldsymbol{p}}}_i \\ &= \frac{1}{2}\sum_{i=1}^{N}\dot{U}_i + \sum_{i=1}^{N}\hat{\boldsymbol{p}}_i^{\mathrm{T}}\left(\vec{f}_i - \vec{f}_L\right)\end{aligned} \tag{8-42}$$

将式(8-37)和式(8-40)代入上式，可得

$$\begin{aligned}\dot{Q} &= \frac{1}{2}\sum_{i=1}^{N}\dot{U}_i + \sum_{i=1}^{N}\hat{\boldsymbol{p}}_i^{\mathrm{T}}\left(-\sum_{j\in N_i}\nabla_{\hat{\boldsymbol{q}}_i}\psi\left(\left\|\hat{\boldsymbol{q}}_{ij}\right\|\right) + \sum_{j\in N_i}a_{ij}(t)\hat{\boldsymbol{p}}_{ij} - h_i\left[c_1\hat{\boldsymbol{q}}_i + c_2\hat{\boldsymbol{p}}_i - \vec{f}_L\right] - \vec{f}_L\right) \\ &= \sum_{i=1}^{N}\hat{\boldsymbol{p}}_i^{\mathrm{T}}\left[\sum_{j\in N_i}a_{ij}(t)\hat{\boldsymbol{p}}_{ij} - h_i c_2\hat{\boldsymbol{p}}_i + h_i\vec{f}_L - \vec{f}_L\right]\end{aligned} \tag{8-43}$$

对于信息个体，$h_i = 1$，$\hat{\boldsymbol{p}}_i^{\mathrm{T}}\left[-h_i c_2\hat{\boldsymbol{p}}_i + h_i\vec{f}_L - \vec{f}_L\right] = -\hat{\boldsymbol{p}}_i^{\mathrm{T}} c_2\hat{\boldsymbol{p}}_i \leqslant 0$；对于普通个体，$h_i = 0$，$\hat{\boldsymbol{p}}_i^{\mathrm{T}}\left[-h_i c_2\hat{\boldsymbol{p}}_i + h_i\vec{f}_L - \vec{f}_L\right] = -\hat{\boldsymbol{p}}_i^{\mathrm{T}}\vec{f}_L$，从而

$$\dot{Q} = -\hat{\boldsymbol{p}}^{\mathrm{T}}\left[\left(\boldsymbol{L}(t) + c_2\boldsymbol{H}(t)\right)\otimes\boldsymbol{I}_n\right]\hat{\boldsymbol{p}} + \sum_{i=1}^{N}\hat{\boldsymbol{p}}_i^{\mathrm{T}}\left[h_i\vec{f}_L - \vec{f}_L\right] \tag{8-44}$$

式中，$\boldsymbol{L}(t)$ 为时刻 t 的拉普拉斯矩阵；$\boldsymbol{H}(t) = \mathrm{diag}\left[h_1, h_2, \cdots, h_N\right]$；$\boldsymbol{I}_n$ 为 $n\times n$ 的单位矩阵；$\otimes$ 为 Kronecker 积操作。$\boldsymbol{L}(t)$ 和 $\boldsymbol{H}(t)$ 为半正定矩阵，并且 c_2 为正的实数，可以得到 $\boldsymbol{L}(t) + c_2\boldsymbol{H}(t)$ 为半正定的。如果 $-\hat{\boldsymbol{p}}_i^{\mathrm{T}}\vec{f}_L \leqslant 0$，则对于任意时刻 $t \geqslant 0$ 均有 $\dot{Q} \leqslant 0$。进而可知 $Q(t) \leqslant Q_0$，$\forall t \geqslant 0$，Q_0 为系统在初始时刻 t_0 的能量。

由系统能量函数式(8-38)可以看出

$$Q(\hat{\boldsymbol{p}}, \hat{\boldsymbol{q}}) = \frac{1}{2}\sum_{i=1}^{N}\left[\sum_{j=1, j\neq i}^{N}\psi\left(\left\|\hat{\boldsymbol{q}}_{ij}\right\|\right) + h_i c_1\hat{\boldsymbol{q}}_i^{\mathrm{T}}\hat{\boldsymbol{q}}_i + \hat{\boldsymbol{p}}_i^{\mathrm{T}}\hat{\boldsymbol{p}}_i\right] \leqslant Q_0 \tag{8-45}$$

对于任意的 $h_i = 1$ 均有 $c_1\hat{\boldsymbol{q}}_i^{\mathrm{T}}\hat{\boldsymbol{q}}_i \leqslant 2Q_0$，从而 $\left\|\hat{\boldsymbol{q}}_i\right\| = \left\|\vec{q}_i - \vec{q}_L\right\| \leqslant \sqrt{2Q_0/c_1}$，也就是说集群中所有的信息个体聚集在以虚拟目标的期望位置为中心，$\sqrt{2Q_0/c_1}$ 为半径的超球体内。结论 1)得证。

下面对速度一致性结论 2)进行分析。

由式(8-45)，$\hat{\boldsymbol{p}}_i^{\mathrm{T}}\hat{\boldsymbol{p}}_i \leqslant 2Q_0$，进而 $\left\|\hat{\boldsymbol{p}}_i\right\| = \left\|\vec{p}_i - \vec{p}_L\right\| \leqslant \sqrt{2Q_0}$，即所有个体与虚拟目标的速度差异是有界的。

假设信息个体的数目为N_{inform}，与信息个体存在联合连通路径的非信息个体数为$N-N_{\text{inform}}$。为了便于分析，对集群中的个体进行排序，前N_{inform}个为信息个体，第$N_{\text{inform}}+1$个到第N个为与信息个体存在联合连通路径的非信息个体，它们的位置和速度分别为$\tilde{\boldsymbol{q}}=\left[\hat{\boldsymbol{q}}_1^{\mathrm{T}},\hat{\boldsymbol{q}}_2^{\mathrm{T}},\ldots,\hat{\boldsymbol{q}}_N^{\mathrm{T}}\right]^{\mathrm{T}}$，$\tilde{\boldsymbol{p}}=\left[\hat{\boldsymbol{p}}_1^{\mathrm{T}},\hat{\boldsymbol{p}}_2^{\mathrm{T}},\ldots,\hat{\boldsymbol{p}}_N^{\mathrm{T}}\right]^{\mathrm{T}}$，与前边过程类似，能量函数如下

$$\tilde{Q}(\tilde{\boldsymbol{p}},\tilde{\boldsymbol{q}})=\frac{1}{2}\sum_{i=1}^{N}\left[\tilde{U}_i(\hat{\boldsymbol{q}})+\hat{\boldsymbol{p}}_i^{\mathrm{T}}\hat{\boldsymbol{p}}_i\right] \tag{8-46}$$

式中，势能函数

$$\tilde{U}_i(\tilde{\boldsymbol{q}})=\sum_{j=1,j\neq i}^{M}\psi\left(\left\|\hat{\boldsymbol{q}}_{ij}\right\|\right)+h_i c_1\hat{\boldsymbol{q}}_i^{\mathrm{T}}\hat{\boldsymbol{q}}_i \tag{8-47}$$

类似于式(8-38)到式(8-44)的推导过程，可以得到能量函数$\tilde{Q}(\tilde{\boldsymbol{p}},\tilde{\boldsymbol{q}})$对时间的导数

$$\dot{\tilde{Q}}=-\tilde{\boldsymbol{p}}^{\mathrm{T}}\left[\left(\tilde{\boldsymbol{L}}(t)+c_2\tilde{\boldsymbol{H}}(t)\right)\otimes\boldsymbol{I}_n\right]\tilde{\boldsymbol{p}}+\sum_{i=1}^{N}\hat{\boldsymbol{p}}_i^{\mathrm{T}}\left[h_i f_L-f_L\right] \tag{8-48}$$

式中，$\tilde{\boldsymbol{L}}(t)$为网络图在时刻$t$对应的拉普拉斯矩阵；$\tilde{\boldsymbol{H}}(t)=\operatorname{diag}\left[h_1,h_2,\cdots,h_N\right]$。

$\dot{\tilde{Q}}$负半定，所以有$\tilde{Q}\leqslant\tilde{Q}_T\leqslant Q_T\leqslant Q_0$，$\forall t\geqslant T$，其中$\tilde{Q}_T=\tilde{Q}\left(\tilde{\boldsymbol{q}}(T),\tilde{\boldsymbol{p}}(T)\right)$。所以，集合$\boldsymbol{\Omega}=\left\{\left[\tilde{\boldsymbol{q}}^{\mathrm{T}},\tilde{\boldsymbol{p}}^{\mathrm{T}}\right]^{\mathrm{T}}\in\mathrm{R}^{2Mn}:\tilde{Q}(\tilde{\boldsymbol{q}},\tilde{\boldsymbol{p}})\leqslant Q_0\right\}$为不变集。已经证明，$\tilde{\boldsymbol{p}}_i^{\mathrm{T}}\tilde{\boldsymbol{p}}_i\leqslant 2Q_0$，所以$\tilde{\boldsymbol{p}}_i^{\mathrm{T}}$是有界的，$i=1,2,\cdots,N$。因为个体的速度是有界的，且时间$\left[t_i,t_{i+1}\right)$是一致连续的，所有$\tilde{\boldsymbol{q}}_i,i=N_{\text{inform}}+1,\cdots,N$，是有界的。所以集合$\boldsymbol{\Omega}$为不变的紧集。根据 LaSalle 不变集理论[27]，从不变集$\boldsymbol{\Omega}$出发的轨线将收敛到该区域内最大的不变集

$$\boldsymbol{\Omega}=\left\{\left[\tilde{\boldsymbol{q}}^{\mathrm{T}},\tilde{\boldsymbol{p}}^{\mathrm{T}}\right]^{\mathrm{T}}\in\mathrm{R}^{2Mn}:\dot{\tilde{Q}}=0\right\} \tag{8-49}$$

假设时刻t的网络图为$\tilde{G}(t)$，包含的连通子图的数目为$m(t)$，显然有$1\leqslant m(t)\leqslant N$，第$k$个子图中节点的数目为$M_k(t)$，$1\leqslant k\leqslant m(t)$，有$M_1+M_2+\cdots+M_{m(t)}=N$。

由前述的分析可知，$\tilde{\boldsymbol{L}}(t)$和$\tilde{\boldsymbol{H}}(t)$均为半正定矩阵，当且仅当$\tilde{\boldsymbol{p}}^{\mathrm{T}}\left(\tilde{\boldsymbol{L}}(t)\otimes\boldsymbol{I}_n\right)\tilde{\boldsymbol{p}}=0$且$\tilde{\boldsymbol{p}}^{\mathrm{T}}\left(\tilde{\boldsymbol{H}}(t)\otimes\boldsymbol{I}_n\right)\tilde{\boldsymbol{p}}=0$，才有$\dot{\tilde{Q}}=0$。

考虑将矩阵$\tilde{\boldsymbol{L}}(t)$转换成对角块矩阵的置换矩阵$\boldsymbol{P}(t)\in\mathrm{R}^{M\times M}$

$$\begin{aligned}\breve{\boldsymbol{L}}(t)&=\boldsymbol{P}(t)\tilde{\boldsymbol{L}}(t)\boldsymbol{P}^{\mathrm{T}}(t)\\&=\operatorname{diag}\left[\breve{\boldsymbol{L}}_1(t),\breve{\boldsymbol{L}}_2(t),\cdots,\breve{\boldsymbol{L}}_{m(t)}(t)\right]\end{aligned} \tag{8-50}$$

式中，对角块矩阵 $\breve{\boldsymbol{L}}(t)$ 的第 k 个矩阵块 $\breve{\boldsymbol{L}}_k(t)\in\mathbb{R}^{M_k(t)\times M_k(t)}$ 对应第 k 个连通子图的拉普拉斯矩阵。

此时的状态变量为

$$\breve{\boldsymbol{p}}=\left[\left(\breve{\boldsymbol{p}}^1\right)^{\mathrm{T}},\left(\breve{\boldsymbol{p}}^2\right)^{\mathrm{T}},\ldots,\left(\breve{\boldsymbol{p}}^{m(t)}\right)^{\mathrm{T}}\right]^{\mathrm{T}}=\boldsymbol{P}(t)\tilde{\boldsymbol{p}} \tag{8-51}$$

式中，$\breve{\boldsymbol{p}}^k$ 为第 k 个子图中的 $M_k(t)$ 个个体的速度差异，$\breve{\boldsymbol{p}}^k=\left[\breve{\boldsymbol{p}}_1^k,\breve{\boldsymbol{p}}_2^k,\ldots,\breve{\boldsymbol{p}}_{M_k(t)}^k\right]^{\mathrm{T}}$。将 $\breve{\boldsymbol{p}}=\boldsymbol{P}(t)\tilde{\boldsymbol{p}}$ 和 $\breve{\boldsymbol{L}}(t)=\boldsymbol{P}(t)\tilde{\boldsymbol{L}}(t)\boldsymbol{P}^{\mathrm{T}}(t)$ 代入 $\breve{\boldsymbol{p}}^{\mathrm{T}}\left(\breve{\boldsymbol{L}}(t)\otimes\boldsymbol{I}_n\right)\breve{\boldsymbol{p}}$，可得如下关系

$$\begin{aligned}\breve{\boldsymbol{p}}^{\mathrm{T}}\left(\breve{\boldsymbol{L}}(t)\otimes\boldsymbol{I}_n\right)\breve{\boldsymbol{p}}&=\left(\boldsymbol{P}(t)\tilde{\boldsymbol{p}}\right)^{\mathrm{T}}\left[\boldsymbol{P}(t)\left(\tilde{\boldsymbol{L}}(t)\otimes\boldsymbol{I}_n\right)\boldsymbol{P}^{\mathrm{T}}(t)\right]\left(\boldsymbol{P}(t)\tilde{\boldsymbol{p}}\right)\\&=\tilde{\boldsymbol{p}}^{\mathrm{T}}\boldsymbol{P}^{\mathrm{T}}(t)\boldsymbol{P}(t)\left(\tilde{\boldsymbol{L}}(t)\otimes\boldsymbol{I}_n\right)\boldsymbol{P}^{\mathrm{T}}(t)\boldsymbol{P}(t)\tilde{\boldsymbol{p}}\\&=\tilde{\boldsymbol{p}}^{\mathrm{T}}\left(\tilde{\boldsymbol{L}}(t)\otimes\boldsymbol{I}_n\right)\tilde{\boldsymbol{p}}\end{aligned} \tag{8-52}$$

所以

$$\begin{aligned}-\tilde{\boldsymbol{p}}^{\mathrm{T}}\left(\tilde{\boldsymbol{L}}(t)\otimes\boldsymbol{I}_n\right)\tilde{\boldsymbol{p}}&=-\breve{\boldsymbol{p}}^{\mathrm{T}}\left(\breve{\boldsymbol{L}}(t)\otimes\boldsymbol{I}_n\right)\breve{\boldsymbol{p}}\\&=\left[\left(\breve{\boldsymbol{p}}^1\right)^{\mathrm{T}},\left(\breve{\boldsymbol{p}}^2\right)^{\mathrm{T}},\cdots,\left(\breve{\boldsymbol{p}}^{m(t)}\right)^{\mathrm{T}}\right]\\&\quad\times\left(\operatorname{diag}\left[\breve{\boldsymbol{L}}_1(t),\breve{\boldsymbol{L}}_2(t),\cdots,\breve{\boldsymbol{L}}_{m(t)}(t)\right]\otimes\boldsymbol{I}_n\right)\\&\quad\times\left[\left(\breve{\boldsymbol{p}}^1\right)^{\mathrm{T}},\left(\breve{\boldsymbol{p}}^2\right)^{\mathrm{T}},\cdots,\left(\breve{\boldsymbol{p}}^{m(t)}\right)^{\mathrm{T}}\right]^{\mathrm{T}}\end{aligned} \tag{8-53}$$

网络图的每个连通子图的拉普拉斯矩阵 $\breve{\boldsymbol{L}}_k(t)$ 均是半正定。所以当且仅当所有的连通子图所对应的拉普拉斯矩阵 $\breve{\boldsymbol{L}}_k(t)$ 都满足 $\left(\breve{\boldsymbol{p}}^k\right)^{\mathrm{T}}\left(\breve{\boldsymbol{L}}_k(t)\otimes\boldsymbol{I}_n\right)\breve{\boldsymbol{p}}^k=0$ 时，才有 $-\tilde{\boldsymbol{p}}^{\mathrm{T}}\left(\tilde{\boldsymbol{L}}(t)\otimes\boldsymbol{I}_n\right)\tilde{\boldsymbol{p}}=0$。根据拉普拉斯矩阵的性质[28]

$$\left(\breve{\boldsymbol{p}}^k\right)^{\mathrm{T}}\left(\breve{\boldsymbol{L}}_k(t)\otimes\boldsymbol{I}_n\right)\breve{\boldsymbol{p}}^k=\frac{1}{2}\sum_{(i,j)\in E(t)}a_{ij}(t)\left\|\breve{\boldsymbol{p}}_i^k-\breve{\boldsymbol{p}}_j^k\right\|^2 \tag{8-54}$$

所以，当且仅当 $\breve{\boldsymbol{p}}_1^k=\breve{\boldsymbol{p}}_2^k=\cdots=\breve{\boldsymbol{p}}_{M_k(t)}^k$ 时，才有 $\left(\breve{\boldsymbol{p}}^k\right)^{\mathrm{T}}\left(\breve{\boldsymbol{L}}_k(t)\otimes\boldsymbol{I}_n\right)\breve{\boldsymbol{p}}^k=0$。进而得知，只有对于网络中的任一连通子图，所有状态均满足 $\breve{\boldsymbol{p}}_1^k=\breve{\boldsymbol{p}}_2^k=\cdots=\breve{\boldsymbol{p}}_{M_k(t)}^k$，$\forall k=1,2,\cdots,m(t)$ 时，才有 $-\tilde{\boldsymbol{p}}^{\mathrm{T}}\left(\tilde{\boldsymbol{L}}(t)\otimes\boldsymbol{I}_n\right)\tilde{\boldsymbol{p}}=0$，这意味着网络图的每个连通子图的各节点的速度达到一致。

类似地，对 $\tilde{\boldsymbol{H}}(t)$ 进行类似式(8-50)变化得到 $\breve{\boldsymbol{H}}(t)$，进而可以得到如下的表达式

$$
\begin{aligned}
-\tilde{\boldsymbol{p}}^{\mathrm{T}}\left(\tilde{\boldsymbol{H}}(t)\otimes\boldsymbol{I}_n\right)\tilde{\boldsymbol{p}} &= -\breve{\boldsymbol{p}}^{\mathrm{T}}\left(\breve{\boldsymbol{H}}(t)\otimes\boldsymbol{I}_n\right)\breve{\boldsymbol{p}} \\
&= \left[\left(\breve{\boldsymbol{p}}^1\right)^{\mathrm{T}},\left(\breve{\boldsymbol{p}}^2\right)^{\mathrm{T}},\ldots,\left(\breve{\boldsymbol{p}}^{m(t)}\right)^{\mathrm{T}}\right] \\
&\quad\times\left(\operatorname{diag}\left[\breve{\boldsymbol{H}}_1(t),\breve{\boldsymbol{H}}_2(t),\cdots,\breve{\boldsymbol{H}}_{m(t)}(t)\right]\otimes\boldsymbol{I}_n\right) \\
&\quad\times\left[\left(\breve{\boldsymbol{p}}^1\right)^{\mathrm{T}},\left(\breve{\boldsymbol{p}}^2\right)^{\mathrm{T}},\ldots,\left(\breve{\boldsymbol{p}}^{m(t)}\right)^{\mathrm{T}}\right]^{\mathrm{T}}
\end{aligned}
\tag{8-55}
$$

式中，$\breve{\boldsymbol{H}}_k(t)$ 为对应第 k 个连通子图的对角矩阵，当个体为信息个体时，对应的对角线元素为 1，否则对角线元素为 0。

网络图的每个连通子图的拉普拉斯矩阵 $\breve{\boldsymbol{H}}_k(t)$ 均是半正定。所以当且仅当所有的连通子图所对应的拉普拉斯矩阵 $\breve{\boldsymbol{H}}_k(t)$ 都满足 $\left(\breve{\boldsymbol{p}}^k\right)^{\mathrm{T}}\left(\breve{\boldsymbol{H}}_k(t)\otimes\boldsymbol{I}_n\right)\breve{\boldsymbol{p}}^k=0$ 时，才有 $-\tilde{\boldsymbol{p}}^{\mathrm{T}}\left(\tilde{\boldsymbol{H}}(t)\otimes\boldsymbol{I}_n\right)\tilde{\boldsymbol{p}}=0$。当第 k 个连通子图中对应信息个体 l 的 $\breve{\boldsymbol{p}}_l^k=0$ 时，有 $\left(\breve{\boldsymbol{p}}^k\right)^{\mathrm{T}}\left(\breve{\boldsymbol{H}}_k(t)\otimes\boldsymbol{I}_n\right)\breve{\boldsymbol{p}}^k=0$，进而有 $-\tilde{\boldsymbol{p}}^{\mathrm{T}}\left(\tilde{\boldsymbol{H}}(t)\otimes\boldsymbol{I}_n\right)\tilde{\boldsymbol{p}}=0$，这意味着信息个体与虚拟目标的速度达到了一致。

以上已分析出，对于网络中连通子图中的节点有 $\breve{\boldsymbol{p}}_1^k=\breve{\boldsymbol{p}}_2^k=\cdots=\breve{\boldsymbol{p}}_{M_k(t)}^k$，$1\leqslant k\leqslant m(t)$，且集群中的任意个体均存在与信息个体的连通路径。当网络图的第 k 个连通子图中含有信息个体时，有 $\breve{\boldsymbol{p}}_1^k=\breve{\boldsymbol{p}}_2^k=\ldots=\breve{\boldsymbol{p}}_{M_k(t)}^k=0$，说明该连通子图中的所有个体与信息个体的速度一致，均等于虚拟目标的速度 $\vec{p}_L$，所以结论 2)得证。综合上述，定理 8-2 得证。

8.3.2　基于滚动预测的障碍物规避

(1) 速度障碍和障碍物规避

速度障碍法是 Fiorini 等人在 1998 提出的可用于单个和多个动态障碍物规避的方法[29]。速度障碍的方法是一种当前个体和障碍都保持当前运动状态时判断个体是否会发生碰撞的集合方法，计算简单，实时性较强，且在面对大规模个体时也具有良好的性能[30]，包含静态和移动障碍物的复杂动态环境下个体与障碍物和其他个体的避障行为。

在速度障碍方法中，将运动体和障碍物分别标记为 A 和 B，其运动速度分别为 $\vec{v}_A$ 和 $\vec{v}_B$，它们的安全半径分别为 R_A 和 R_B。将 A 和 B 的半径叠加，形成点 A 和以点 B 为圆心，$R=R_A+R_B$ 的圆。从点 A 出发，且与 B 点为圆心 R 为半径的圆相切的两条射线 λ_l，λ_r 中间的区域称为 A 相对于 B 的碰撞锥(Collision Cone,

CC)，记作 CC_{AB}，数学表示如下[29]

$$CC_{AB}=\left\{\vec{v}_{AB}\middle|\lambda_{AB}\cap\hat{B}\neq\varnothing\right\} \tag{8-56}$$

式中，$\vec{v}_{AB}$ 为 A 相对于 B 的相对速度 $\vec{v}_{AB}=\vec{v}_A-\vec{v}_B$；$\lambda_{AB}$ 为从点 A 出发，沿 $\vec{v}_{AB}$ 方向出发的射线；$\hat{B}$ 为 A 和 B 两个半径叠加，以点 B 为圆心的圆。假设 A 和 B 的速度不发生变化，则若 A 和 B 的相对速度 $\vec{v}_{AB}$ 位于 λ_f 和 λ_r 之间，也就是相对速度位于碰撞锥 CC_{AB} 的内部，则 A 和 B 在未来的某一时刻一定会发生碰撞，否则 A 和 B 就不会发生碰撞。

根据相对速度 $\vec{v}_{AB}$ 和碰撞锥 CC_{AB} 的位置关系，可方便判断若双方均保持当前速度不变，碰撞是否发生。为了便于分析运动体 A 在当前的速度下是否与障碍物发生碰撞，将 A 相对于 B 的碰撞锥平行移动 $\vec{v}_B$，得到的形状称为 A 相对于 B 的速度障碍(Velocity Obstacle, VO)，定义如下

$$VO_{AB}=CC_{AB}\oplus\vec{v}_B \tag{8-57}$$

式中，$\oplus$ 为 Minkowski 和操作。VO_{AB} 将运动体 A 的绝对速度分为碰撞速度和非碰撞速度，位于 VO_{AB} 之外的速度 $\vec{v}_A$ 能保证个体不与 B 发生碰撞

$$A(t)\cap B(t)=\varnothing,\ \text{if}\ \vec{v}_A(t)\notin VO(t) \tag{8-58}$$

若速度 $\vec{v}_A$ 正好位于 VO_{AB} 的边界上，则 A 正好沿着 B 的边界擦过。利用 VO_{AB} 可方便判断 A 和 B 在保持当前的速度和形状不变时，是否会发生碰撞。该定义对于静止的障碍物依然适用，在障碍物静止时 $\|\vec{v}_B\|=0$，此时 CC_{AB} 和 VO_{AB} 重合，碰撞锥和速度障碍的示意图如图 8-8 所示。

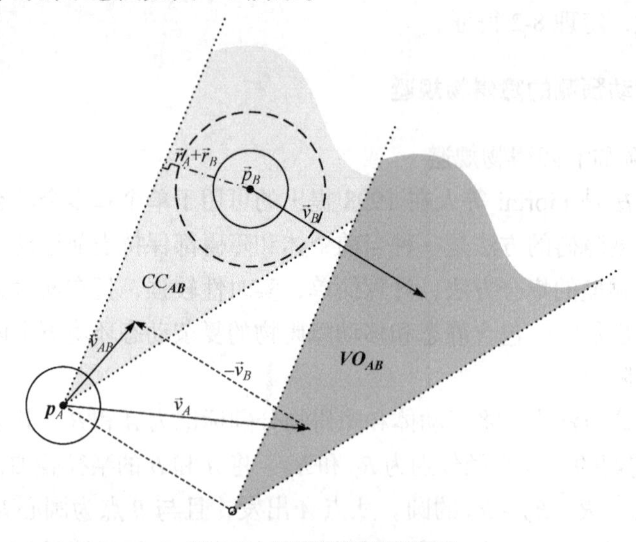

图 8-8　碰撞锥和速度障碍

假设存在 m 个障碍物，记为 B_i，$i=1,2,\cdots,m$，A 相对于所有障碍物的速度障碍 VO_A 为 A 相对于所有障碍物的速度障碍的并集，记作 $VO_A=\bigcup_{i=1}^{m}VO_{AB_i}$。当个体速度 $\vec{v}_A$ 在所有速度障碍之外，即 $\vec{v}_A\notin VO_A$ 时，则个体和障碍物之间不会发生碰撞。在实际的操作中，若障碍物的数目过多，有可能所有的可行速度均位于速度障碍之内。在这种情况下，可以根据个体和障碍物之间的距离，忽略较远时间才能发生的碰撞，仅处理近期才会发生的碰撞。

在速度障碍的概念下，假设个体当前速度 $\vec{v}_i$ 在速度障碍 VO 内部，由速度障碍的定义可知，如果个体和障碍物均保持当前的速度不变，则个体在将来的某个时间一定会与障碍物产生碰撞。障碍规避的过程即为控制 $\vec{v}_i$ 到速度障碍 VO 外部的过程。对于运动体而言，给定其当前速度时，下一时刻的速度需要满足一定的约束条件，主要包括运动学和动力学约束。假设运动体当前时刻速度为 $\vec{v}_i$，记下一时刻的满足其动力学和运动学约束的速度集合为可达速度集 $S_{AV_i}(\vec{v}_i)$。考虑最简单的速度和加速度限制，假设个体最大的速度为 $v_i^{\max}$，最大加速度为 $a_i^{\max}$，则其可达速度集合[29]

$$S_{AV_i}(\vec{v}_i)=\left\{\vec{v}_i' \,\middle|\, \|\vec{v}_i'\|<v_i^{\max}\wedge\|\vec{v}'-\vec{v}_i\|<a_i^{\max}\Delta t\right\} \tag{8-59}$$

在一般情况下，个体的运动能力有限，往往不能通过一步操作将个体的速度控制到速度障碍之外，也就是说个体当前的可达速度集合 $S_{AV_i}(\vec{v}_i)$ 完全在速度障碍之内，即 $S_{AV_i}(\vec{v}_i)\subset VO_i$。此时可以通过设计代价函数 $f_{avo}(\vec{v}_i')$，用以衡量可达速度集合 $S_{AV_i}(\vec{v}_i)$ 内的速度好坏，个体此时可以选择位于可达速度集合 $S_{AV_i}(\vec{v}_i)$ 内且代价值最小的速度 $\vec{v}_i'$ 作为下一时刻的速度

$$\vec{v}_i'=\arg\min_{\vec{v}_i''\in S_{AV_i}} f_{avo}(\vec{v}_i'') \tag{8-60}$$

固定翼无人机与地面无人车等运动体不同，不能实现后飞、悬停等操作，需要满足最小飞行速度、最大转弯角速率等限制，在障碍规避方面的运动限制比无人车辆更为严格[31]。假设无人机在障碍规避的过程中不改变自身的速度大小，而只通过改变航向角来改变速度的方向，此时避障相关的参数有两个，避撞开始距离 d_{avo} 和转弯角速率 ω_{avo}。假设无人机和障碍物的速度大小为 $|\vec{v}_u|$ 和 $|\vec{v}_o|$，碰撞开始时刻的航向角分别为 ψ_u 和 ψ_o，开始时刻无人机与障碍物之间的距离为 d_{avo}。将障碍物的位置设置为参考坐标系的原点，障碍物和避障开始时无人机的连线设为 x 轴，且指向障碍物方向为正。根据两者之间的运动关系可以求出无人机相对于障碍物的运动速度 $v_{rx}(t)$ 和 $v_{ry}(t)$，进而求出无人机相对于障碍物的位置随时间的变化[31]

$$\begin{cases} x_r(t) = |\vec{v}_u| / \omega_{avo} \sin(\psi_u + \omega_{avo} t) - |\vec{v}_o| t \cos(\psi_o) - d_{avo} \\ y_r(t) = -|\vec{v}_u| / \omega_{avo} \cos(\psi_u + \omega_{avo} t) - |\vec{v}_o| t \sin(\psi_o) \end{cases} \tag{8-61}$$

当障碍物静止时$\|\vec{v}_o\| = 0$，此时无人机相对于障碍物的运动轨迹为圆，满足下式

$$(x_r(t) + d_{avo})^2 + y_r(t)^2 = (|\vec{v}_u| / \omega_{avo})^2 \tag{8-62}$$

无人机和障碍物正好不发生碰撞的边界条件是无人机相对于障碍物的运动正好从障碍物安全区域的边缘飞过，且相对速度方向与安全区域的圆相切(如图 8-9)。该边界条件包含两层含义，第一层含义描述无人机和障碍物的相对位置关系，在边界处无人机与障碍物的相对距离正好为安全半径；第二层含义描述的是无人机和障碍物的相对速度关系，在边界处无人机相对于障碍物的相对速度方向沿着安全半径的切线方向。

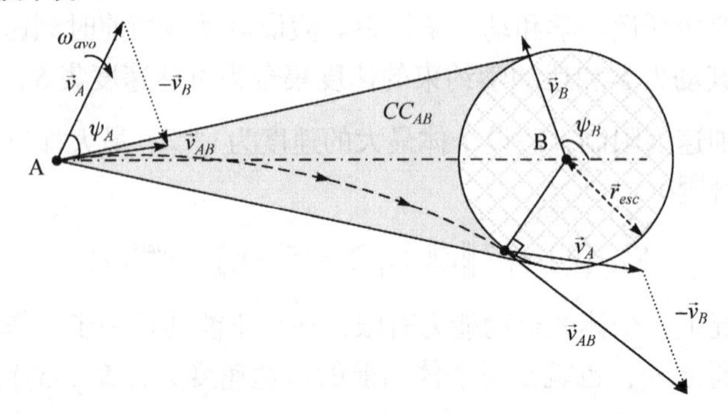

图 8-9　避撞过程相对位置

(2) 基于滚动预测的障碍物规避控制

无人机进行障碍规避的过程可分为三个阶段，沿原航线飞行、障碍规避动作、恢复原有的航向[31, 32]。在沿原航线和恢复航线的过程中，采用非线性导引的对轨迹进行跟踪。在沿原航线过程中，若判断当前自身的速度在检测的速度障碍内部，则若无人机和障碍物的速度不变，两者将发生碰撞，无人机需要在小于避障开始距离d_{avo}时执行障碍规避动作以避免发生碰撞。

在无人机的运动过程中，两者间的相对位置发生变化，无人机相对于障碍物的速度障碍是动态变化的集合，障碍规避的目的是将无人机的速度控制到动态变化的速度障碍之外。在开始执行避障动作时，无人机根据自身的位置和速度以及障碍物的位置和速度，计算偏航角指令以实施避撞。当障碍物固定时边界条件为式(8-62)，假设无人机以某一偏航角速度ω改变自身速度方向使得无人机与障碍物正好不发生碰撞，此时无人机的运动轨迹与障碍物的安全区域相切，此时无人机运动轨迹为半径为$R_{avo} = (d^2 - R^2) / (2R)$的圆周，$R$为安全区域半径，$d$为无人

机当前与障碍物的距离，可以计算出避免碰撞所需的最小的转弯角速率 $\omega_{\min}$ 为

$$\omega_{\min}=\frac{V}{R_{avo}}=\frac{2RV}{\left(d^2-R^2\right)} \tag{8-63}$$

对于运动的障碍物，正好不发生碰撞的边界条件如式(8-61)所示，求解显式的最小转弯速率比较困难，可以采用蒙特卡洛仿真的形式确定最小的转弯速率[31]。通过合理设置避障开始距离 d_{avo}，时刻根据式(8-63)计算偏转角速率指令，滚动计算偏航角指令，直至无人机的速度处于速度障碍的边界处，此时无人机正好不会与障碍物发生碰撞。若此时切换到恢复原航线模式，由于此时速度正好位于速度障碍的边缘，切换到恢复航线的模式后，非线性导引的作用使得速度又进入了速度障碍，使得无人机在恢复航线和执行避障模式下来回震荡(如图 8-10)。

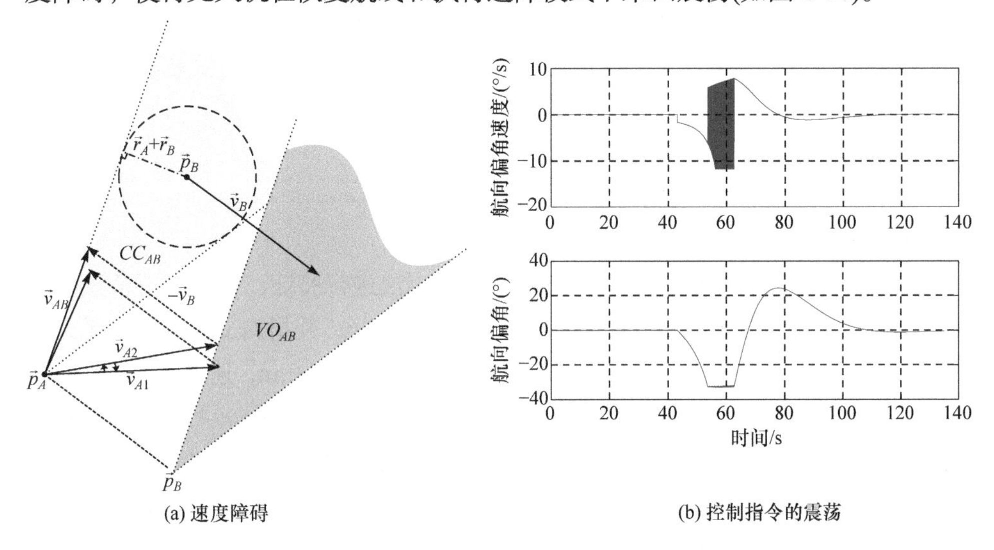

(a) 速度障碍　　(b) 控制指令的震荡

图 8-10　控制模式切换过程中的震荡现象

为了抑制上述震荡现象，引入航向保持模式，采取类似于滚动时域控制的思想[33-35]，在速度逃逸出速度障碍之后，并不直接切换到恢复原航线模式，首先判断在当前时刻之后的 t_p 时刻速度是否会再次进入速度障碍内部，只有在 t_p 时刻之后速度不会进入速度障碍时，才切换到恢复原航线模式，否则，保持当前的航向。对于无人机未来速度和位置采用非线性导引进行预测，t_p 为预测时间长度。假设在时刻 t 无人机的速度为 V，位置为 $\vec{p}(t)$，航向角为 $\psi(t)$，无人机在非线性导引控制律的作用下在 $t+t_p$ 时刻的位置和航向角

$$\left[\vec{p}\left(t+t_p\right),\psi\left(t+t_p\right)\right]=L_{NGL}\left(V,\vec{p}(t),\psi(t),\omega(t+i)\right) \tag{8-64}$$

式中，$\omega(t+i)$ 为 $t+i$ 时刻的航向角输入，$i=1,2,\cdots,t_p-1$，L_{NGL} 为式(8-30)所示

的非线性导引控制律。

与此同时，根据当前障碍物的速度$\vec{v}_o$和位置$\vec{p}_o(t)$，假设其速度不发生变化，计算其障碍物在未来第t_p时刻的位置$\vec{p}_o(t+t_p)=\vec{p}_o(t)+t_p\vec{v}_o\Delta t$。之后，便可根据预测得到的无人机的位置和速度以及障碍物的位置和速度确定在$t+t_p$时刻的速度障碍$VO(t+t_p)$，进而判断无人机的速度是否再次进入速度障碍。只有判断无人机在未来t_p时刻的速度不会再次进入速度障碍时，$\vec{v}_u(t+t_p)\notin VO(t+t_p)$，无人机才切换进入恢复航线模式，否则，保持当前运动方向不变。

无人机在避障模式或航向保持模式时执行滚动预测操作，对于障碍物的位置和速度的预测过程中简单假设其速度不变，对于无人机未来的位置和速度预测假设无人机利用非线性导引恢复原航线。在对无人机进行滚动预测的过程中，由于非线性导引控制律计算简单，类似于非线性模型预测控制中的显式解析解，适用于在线实时计算。

8.3.3 仿真实验分析

(1) 动态障碍物规避

为了对基于滚动预测速度障碍的障碍规避方法进行验证，设置如下情景：无人机在初始时刻的位置为(−300, 0)m，速度大小为3m/s并指向x轴方向，无人机的避障开始距离为100m，障碍物的初始位置为(−100, −200)m，速度大小为3m/s，指向y轴方向，安全距离的半径为20m。如果不进行障碍规避，无人机和障碍物将发生碰撞。在滚动预测的速度障碍作用下，无人机的运动轨迹如图8-11所示，当无人机和障碍物的距离小于避障开始距离时，无人机在所设计方法的作用下开始避障操作，当无人机的速度达到速度障碍之外时，对无人机在非线性导引作用下未来时刻的位置和速度进行预测，若会再次进入速度障碍，则保持当前的航向，否则，执行恢复原航线操作。由图8-12可见，在整个过程中，无人机和障碍物的距离始终在安全距离之外，没有发生碰撞的危险。

为分析不同避障开始距离d_{avo}对于障碍规避效果的影响，还分析了$d_{avo}=100$、150和200m时的障碍规避效果，根据本章所采用的方法产生的偏航角速度指令和航向角如图8-12(a)所示，不同参数时无人机与障碍物距离变化曲线如图8-12(b)所示。可以看出，对于不同的d_{avo}，速度偏转指令的变化分为原航线、障碍规避、航向保持、恢复航线4个阶段。同时，避障开始距离d_{avo}越短，所需的偏转角指令越大。在无人机和障碍物的距离达到最小之后，成功实现障碍规避，无人机在非线性导引控制律的控制下恢复原来的航线。

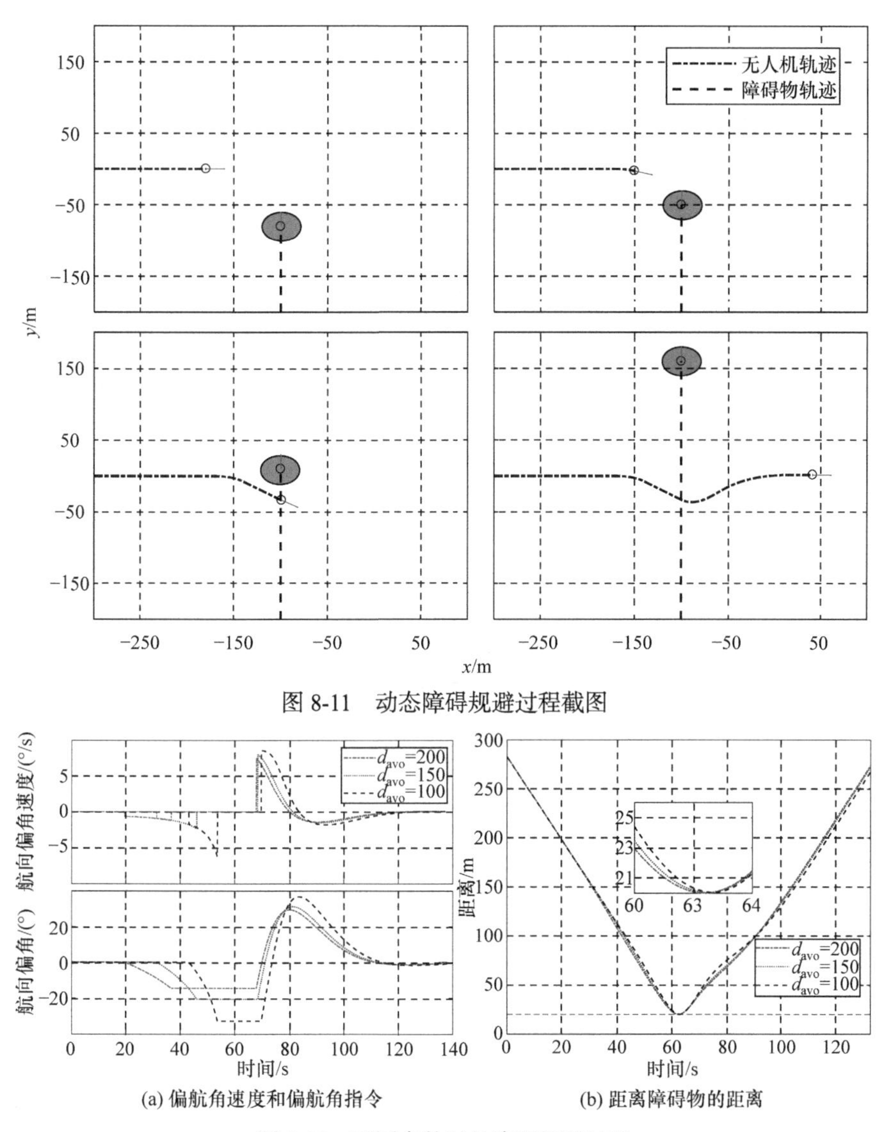

图 8-11　动态障碍规避过程截图

(a) 偏航角速度和偏航角指令　(b) 距离障碍物的距离

图 8-12　不同参数时的障碍规避过程

(2) 无人机集群协同目标跟踪

1) 单机目标对峙跟踪。

首先对基于非线性导引的目标跟踪控制算法进行研究，分别对有无目标速度校正对目标跟踪效果的影响进行分析。假设地面目标以 5m/s 的速度做匀速圆周运动，其运动轨迹由 3 段首尾相切的圆弧构成，半径分别为 150m、150m 和 80m，方向分别为逆时针、顺时针、逆时针。无人机的参数如表 8-1 所示，目标跟踪高度 $h_{des}=300\text{ m}$，对峙跟踪距离 $R_{\text{standoff}}=200\text{ m}$，采用基于非线性导引的方法对目标进行跟踪，非线性导引参数前视距离 $L_1 = 200\text{ m}$，结果如图 8-13 所示。可见，在进行了速度校正之后，可较好地实现对目标的跟踪，这是因为在对目标进行跟踪的过程中，除了考虑以目标点当前的位置做圆周运动之外，还考虑了目标的速度信息。

表 8-1　无人机参数

参数	符号	数值
飞机最大速度和最小速度/(m/s)	$[V_{\min}, V_{\max}]$	[20, 30]
飞机正常飞行速度/(m/s)	V_0	25
最大转弯角速度/(rad/s)	$\omega_{\max}$	0.2
最大爬升速度/(m/s)	$\dot{h}_{\max}$	5
高度响应时间常数/s	$[\tau_h, \tau_{\dot{h}}]$	[0.3, 1]
最大爬升/下滑速度/(m/s)	$[\lambda_{\text{climb}}, \lambda_{\text{glide}}]$	[−5, 5]
速度响应时间常数/s	τ_V	0.7
航向角响应时间常数/s	τ_ω	0.33

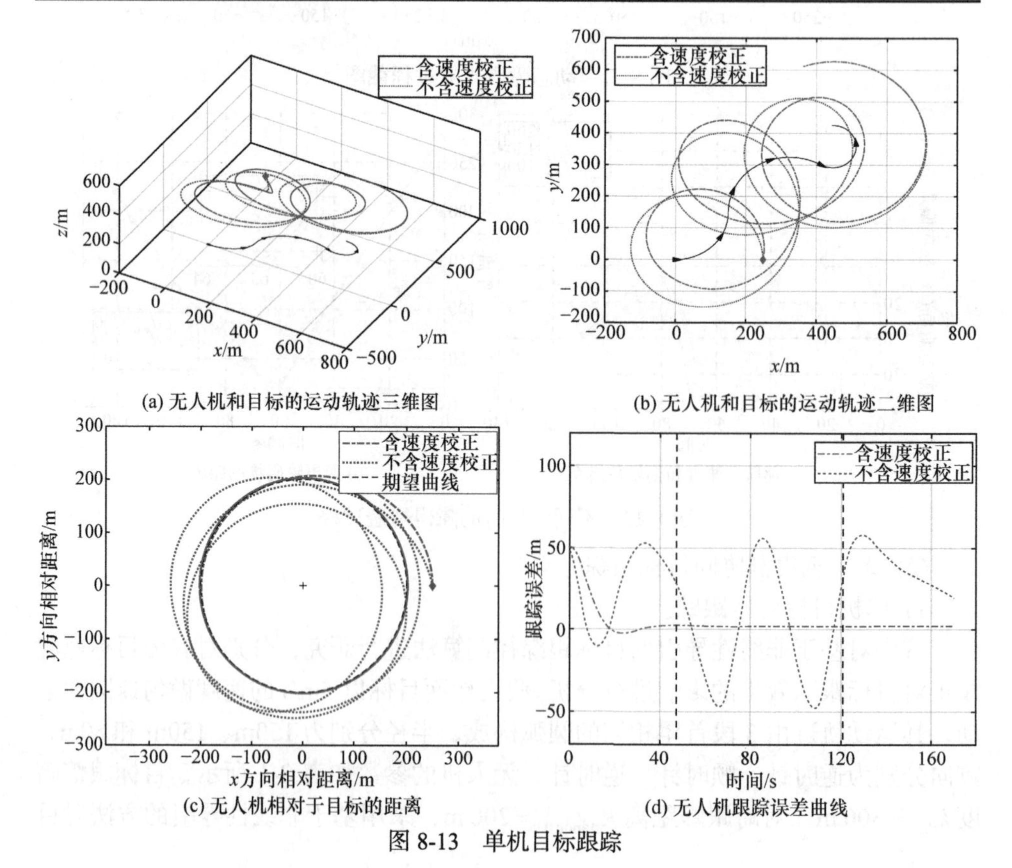

(a) 无人机和目标的运动轨迹三维图　(b) 无人机和目标的运动轨迹二维图

(c) 无人机相对于目标的距离　(d) 无人机跟踪误差曲线

图 8-13　单机目标跟踪

2) 多机协同目标跟踪。

随后对三架无人机协同对目标进行跟踪的场景进行分析，首先考虑目标做匀速直线运动。假设地面目标的初始位置为[0, 0] m，以 5m/s 的速度做匀速直线运动，三架无人机的初始位置为[250, 0, 500]m，[0, 300, 500] m，[–300, 200, 500] m，初始航向角为 $\pi/2\,\text{rad}$ ， πrad ， $-3\pi/4\,\text{rad}$ 。无人机按照基于非线性导引的轨迹跟踪控制和相位差一致算法对目标进行跟踪，非线性导引算法的参数 $L_1=200\text{ m}$，相位差控制增益 $k_\theta=0.1$ ，仿真结果如图 8-14 所示。可见，无人机的速度受到最大、最小速度的限制，在开始对目标跟踪之后，跟踪误差 40s 左右收敛到 0，相位差大概在 80s 左右收敛到 $2\pi/3$ 。无人机在加速以实现相位控制的过程受最大和最小速度的限制，从而使得相位差的收敛过程慢于跟踪误差的收敛。从控制输入看，在跟踪误差 e 和相位差 $\Delta\theta$ 收敛之后，随着无人机相对于目标的位置变化，无人机的速度指令和偏航角速度指令呈现出周期性变化。

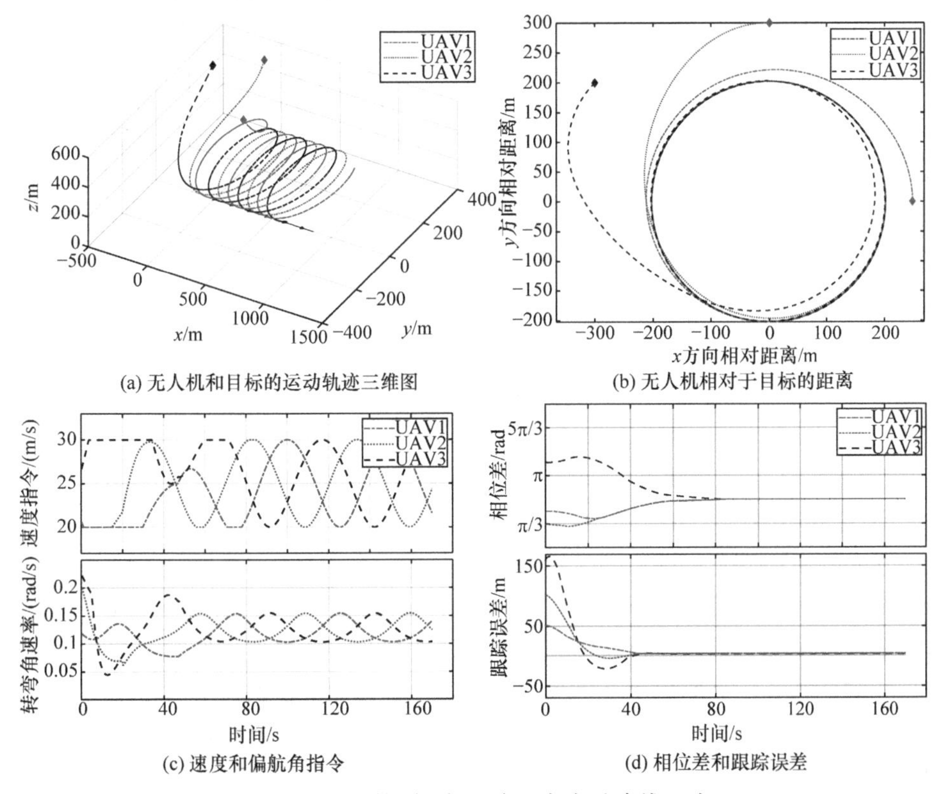

(a) 无人机和目标的运动轨迹三维图　　(b) 无人机相对于目标的距离

(c) 速度和偏航角指令　　(d) 相位差和跟踪误差

图 8-14　三机协同目标跟踪(目标匀速直线运动)

然后考虑目标做曲线运动时的多机协同跟踪效果，目标的运动轨迹由 3 段首尾相切的圆弧构成，半径分别为 150m、150m 和 80m，运动速度为 5m/s。无人机的初始位置和航向，以及目标跟踪算法的参数与上一场景中相同，多机协同目标跟踪的仿真结果如图 8-15 所示。可见在目标的速度变化时，无人机依然能够实现对于目标的准确跟踪，跟踪误差在 40s 左右收敛到 0 左右，相位差 $\Delta\theta$ 大概在 80s 左右收敛到期望值 $2\pi/3$ 。与地面目标的三段圆弧运动相对应，无人机的速度指令和偏航角速度指令也分为三个阶段，如图 8-15(c)所示。

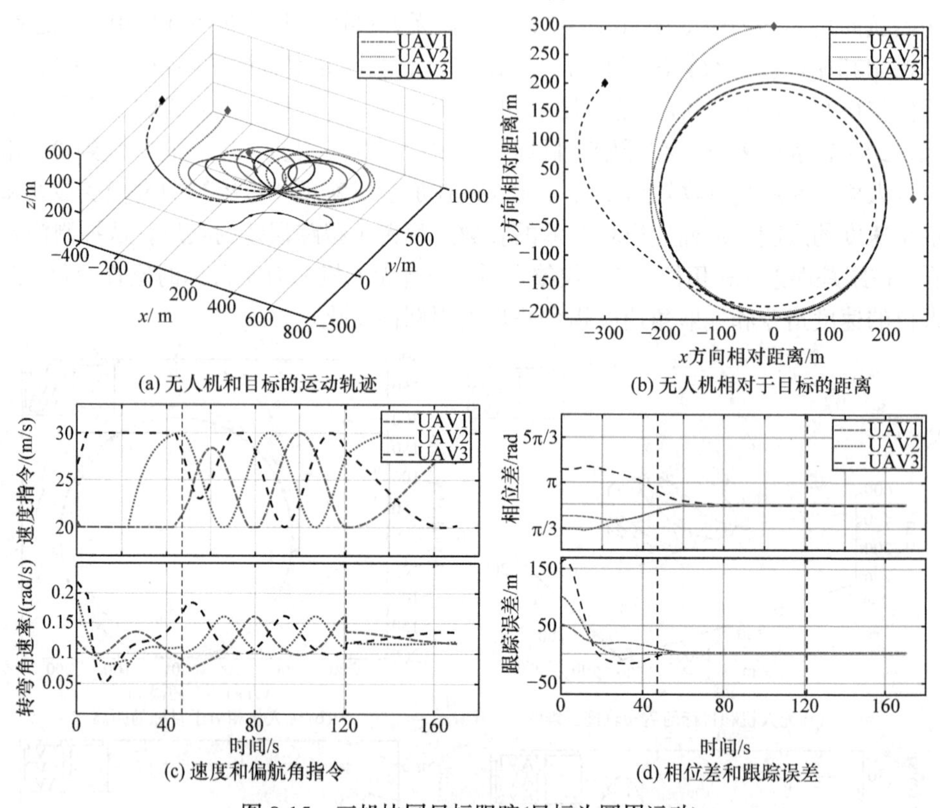

图 8-15　三机协同目标跟踪(目标为圆周运动)

3) 集群协同目标跟踪。

在对多机协同目标跟踪的效果进行分析之后，考虑利用 3 个无人机集群对目标进行协同跟踪。假设每个集群由 15 架无人机构成，其中 10 架为信息个体，5 架为非信息个体。信息个体能够获取到目标的信息，并能够目标跟踪控制方法计算出相应的指令，而非信息个体只受到集群中其他无人机的社会力作用而产生运动。集群中的无人机的控制采用上文中设计的控制协议，其中信息个体所采用的速度、加速度和位置由相位差一致性算法和非线性目标跟踪控制算法得到。

3 个无人机集群的几何中心的三维运动轨迹如图 8-16(a)所示，每个集群的几何中心对于地面目标的跟踪误差变化曲线如图 8-16(b)所示。下面以集群 2 为例，对集群中的每架无人机对目标的跟踪效果进行分析，图 8-17(a)和(b)为集群 2 中的信息个体根据目标跟踪控制算法计算出的期望轨迹和速度，以及集群中每架无人机的轨迹和速度。可见，在部分信息个体的导引下，无人机集群能够实现对期望的指令的跟踪。图 8-17(c)为每架无人机以及集群的中心相对于运动目标的跟踪误差，可以看出集群的几何中心对于地面目标的跟踪精度最终收敛到 10m 以内，且集群中所有无人机均在期望的对峙跟踪距离的附近，图 8-17(d)所示为无人机最终的位置速度以及交互关系的示意图。

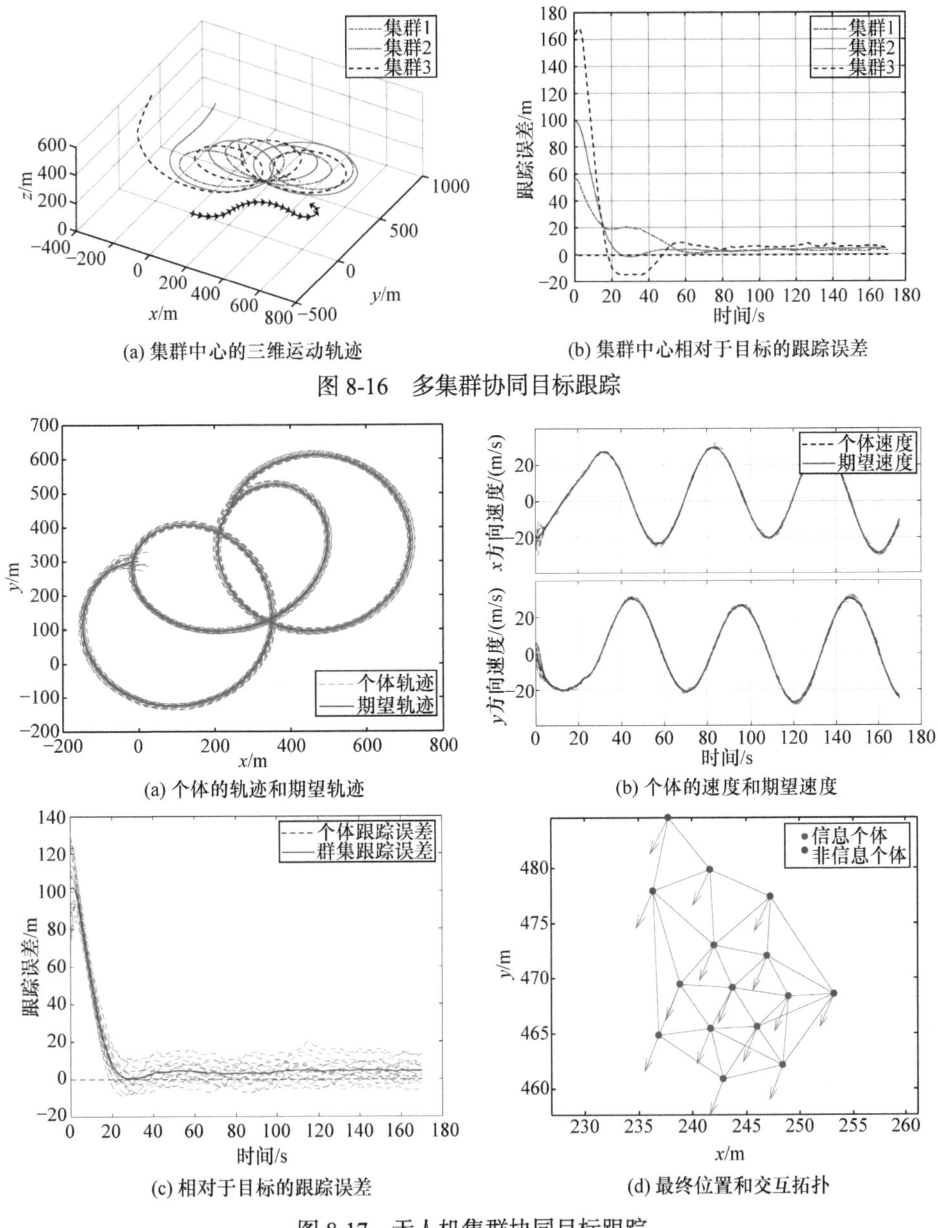

(a) 集群中心的三维运动轨迹

(b) 集群中心相对于目标的跟踪误差

图 8-16 多集群协同目标跟踪

(a) 个体的轨迹和期望轨迹

(b) 个体的速度和期望速度

(c) 相对于目标的跟踪误差

(d) 最终位置和交互拓扑

图 8-17 无人机集群协同目标跟踪

(3) 障碍物环境下的目标跟踪

1) 障碍物环境下的单机目标跟踪。

本节对障碍物环境下的目标跟踪进行研究，首先分析单无人机在障碍物环境下的目标跟踪效果。假设地面目标的初始位置为$[0,0,0]$m，以5m/s的速度运动，速度变化规律为$V_T=[4\cos(t/128),3\sin(t/128)]$m/s，运动轨迹为椭圆。在地面目标运动轨迹的周围，分布着5个圆柱形的威胁区域，威胁区域的位置p_{obs}和半径R_{obs}如表8-2所示。从关于障碍物规避的仿真中可以看出，在所设计的避撞控制律的作用下，无人机正好沿障碍物安全区域的边缘。为保障无人机的飞行安全，在安全半径的基础上，设置宽度为R_{warn}环状过渡区域，将作为无人机的避障半径$R_{warn}+R_{obs}$。

表 8-2　障碍物的参数

障碍物	位置	半径
1	(150,50)m	60 m
2	(−100,400)m	60 m
3	(570,300)m	80 m
4	(400,650)m	60 m
5	(600,600)m	70 m

无人机的初始位置为$[300,0,400]$m，初始航向为$\pi/2$ rad，在避撞过程中避撞动作开始距离$d_{avo}=200$ m，滚动预测长度$t_p=10\Delta t$。无人机采用基于非线性导引的轨迹跟踪实现对地面目标的跟踪，当检测到障碍物之后，按照滚动预测方法执行避障动作，得到如图8-18所示的仿真结果，其中无人机相对于目标的位置如图8-18(c)所示，无人机的对峙跟踪误差和距离障碍物的最近距离如图8-18(d)所示。从仿真结果可以看出，在没有障碍物的区域，无人机能够较好实现地面目标的跟踪，在遇到障碍物时，为了对障碍物进行规避，会偏离所跟踪的目标，存在较大的跟踪误差。图中跟踪误差的峰值与距离障碍物边界最近距离的最小值相对应，这是由于无人机对障碍物执行躲避动作造成的。

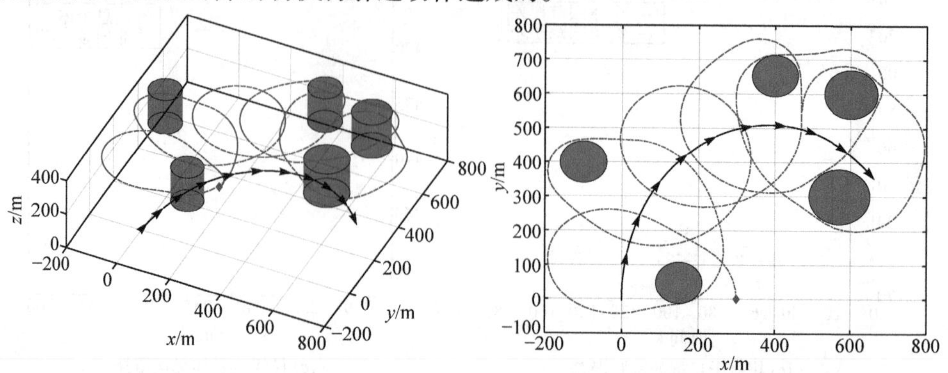

(a) 无人机和目标的运动轨迹三维图　　(b) 无人机和目标的运动轨迹二维图

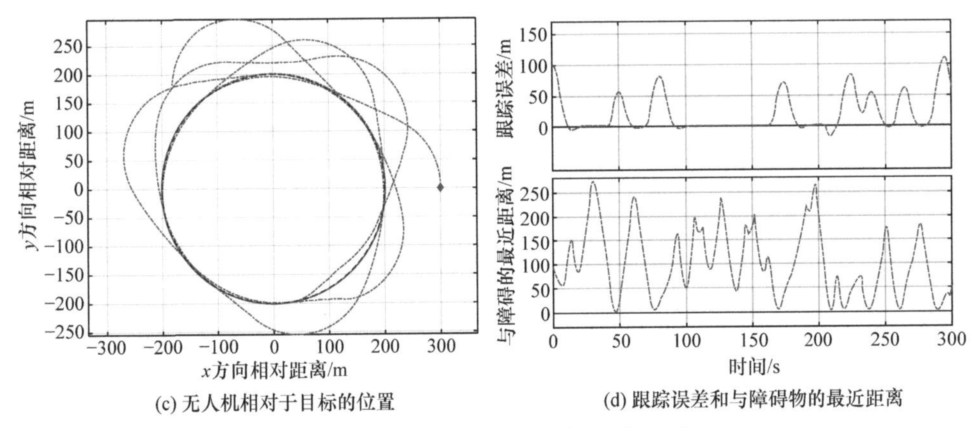

(c) 无人机相对于目标的位置　　(d) 跟踪误差和与障碍物的最近距离

图 8-18　障碍物环境下的单机目标跟踪

2) 障碍物环境下的多机协同目标跟踪。

在障碍物环境下，如果采用单无人机对目标进行跟踪，无人机在进行障碍规避的过程中，可能产生较大的跟踪误差，这里对障碍物环境下的多机协同目标跟踪进行分析。假设地面目标的运动参数和威胁区域的参数与障碍物环境下的单机目标跟踪场景中相同。三架无人机的初始位置为[300,0,500]m，[0,300,500]m，[−300,200,500]m，初始航向角为 $\pi/2\,\text{rad}$ ，πrad ，$-3\pi/4\,\text{rad}$ 。在采用基于非线性导引的轨迹跟踪和滚动预测进行目标的跟踪之外，还对无人机的相位差进行控制以实现机间的协同，得到如图 8-19 所示的仿真结果。从仿真结果可以看出，各无人机在对目标跟踪的同时，能够成功实现障碍的规避。此外，由于对各机相对于目标的相位进行控制，以使无人机均匀分布在目标的周围。从各机的相位差曲线可以看出，类似跟踪误差，由于障碍物的存在使得无人机的相位差之间存在着波动。在多机协同对目标进行跟踪时，当一架无人机由于躲避障碍而偏离预定的跟踪距离时，其他无人机可以较好地保持对目标的跟踪。将三架无人机在每一时刻

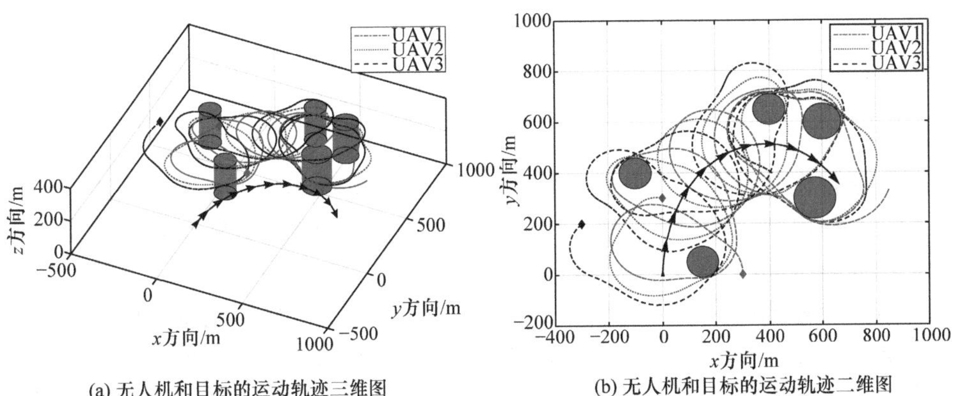

(a) 无人机和目标的运动轨迹三维图　　(b) 无人机和目标的运动轨迹二维图

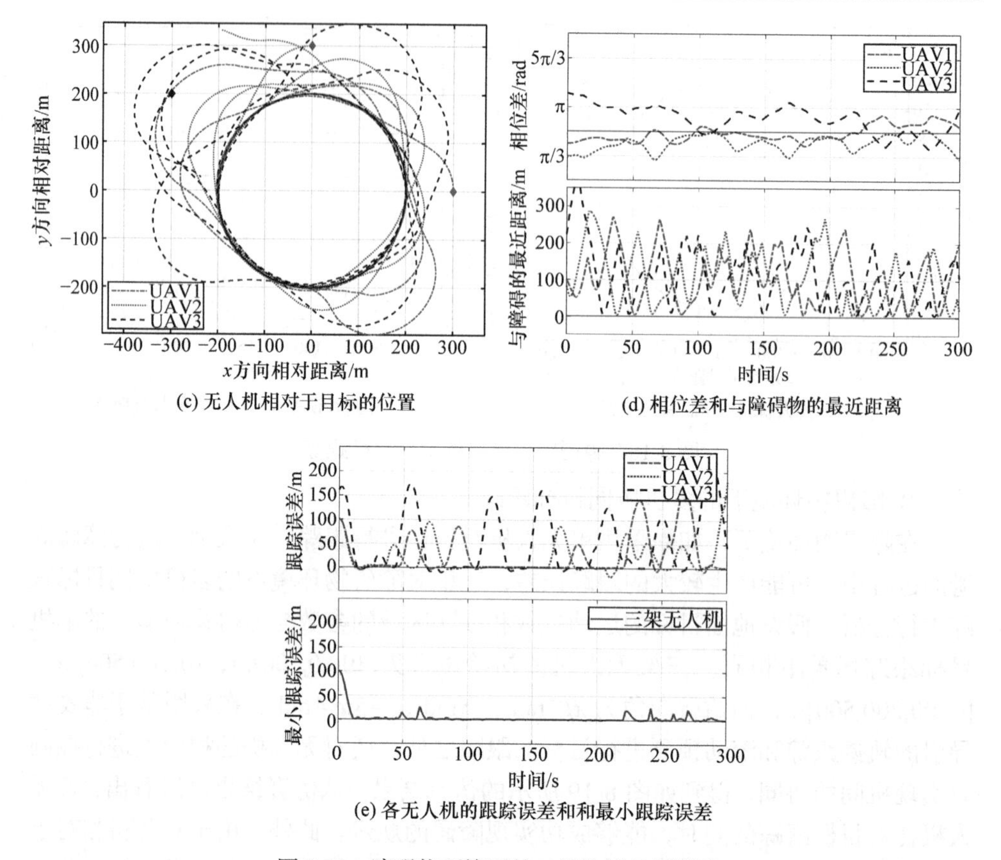

(c) 无人机相对于目标的位置

(d) 相位差和与障碍物的最近距离

(e) 各无人机的跟踪误差和和最小跟踪误差

图 8-19 障碍物环境下的三机协同目标跟踪

的跟踪误差的最小值作为整个集群的跟踪误差，由图 8-19(e)可见，在对目标进行跟踪的整个过程中，均可以较小的跟踪误差实现对目标的跟踪，这展示了多机协同目标跟踪相对于单机目标跟踪的优势。

8.4 本章小结

本章首先对虚拟社会力框架下群集运动模型的群集自组织运动特性进行了分析，并提出了一种基于非线性导引控制的目标协同跟踪方法。采用速度和航向两个通道解耦的控制方式，无人机首先根据自身相对目标的方位信息，利用相位差一致算法计算得出速度指令，然后利用非线性导引轨迹跟踪算法计算偏航角速度指令，将速度和偏航指令发送给自动驾驶仪实现对目标的协同跟踪。针对速度障碍方法易导致的指令震荡问题，提出了基于滚动预测速度障碍的无人机障碍规避方法。在此基础上，为解决多个无人机集群对目标的跟踪问题，将非线性导引方法得到的指令作为无人机集群的虚拟目标，设计了基于部分信息个体的集群控制算法，其中非信息个体利用选择性注意机制选择交互邻居，最后利用LaSalle不变集定理证明了在部分信息个体的导引下无人机集群能够实现对虚拟目标的跟踪，从而实现对目标的协同跟踪。最后，通过仿真验证了障碍物规避算法、多机协同目标跟踪算法以及集群协同目标跟踪算法的有效性。

参 考 文 献

[1] 王林, 彭辉, 朱华勇, 沈林成. 应用无人机跟踪地面目标——最新研究进展 [J]. 系统仿真学报, 2010, 2: 172-177.

[2] Zhang X.Y., Duan H.B. Altitude consensus based 3D flocking control for fixed-wing unmanned aerial vehicle swarm trajectory tracking [J]. Proceedings of the Institution of Mechanical Engineers Part G: Journal of Aerospace Engineering, 2016, 230(14): 2628-2638.

[3] Bi Y.C., Duan H.B. Implementation of autonomous visual tracking and landing for a low-cost quadrotor [J]. Optik, 2013, 124(18): 3296-3300.

[4] 陈超洋, 桂卫华, 关治洪, 等. 多通道约束下的网络控制系统的最优跟踪性能 [J]. 控制理论与应用, 2017, 34(9): 1195-1200.

[5] Morris S., Frew E.W., Jones H. Cooperative tracking of moving targets by teams of autonomous unmanned air vehicles [R]. University of Colorado at Boulder, 2005.

[6] Frew E.W., Lawrence D.A., Morris S. Coordinated standoff tracking of moving targets using Lyapunov guidance vector fields [J]. Journal of Guidance, Control, and Dynamics, 2008, 31(2): 290-306.

[7] Kim S., Oh H., Tsourdos A. Nonlinear model predictive coordinated standoff tracking of a noving ground vehicle [J]. Journal of Guidance, Control, and Dynamics, 2013, 36(2): 557-566.

[8] 陈智民. 复杂环境下多无人机协同地面目标跟踪问题研究 [D]. 北京理工大学, 2015.

[9] 李沛. 基于生物群集行为机制的多无人机协同目标跟踪控制 [D]. 北京航空航天大学, 2018.

[10] Luo Q.N., Duan H.B. Distributed UAV flocking control based on homing pigeon hierarchical strategies [J]. Aerospace Science and Technology, 2017, 70: 257-264.

[11] Qiu H.X., Duan H.B. Multiple UAV distributed close formation control based on in-flight leadership hierarchies of pigeon flocks [J]. Aerospace Science and Technology, 2017, 70: 471-486.

[12] Romanczuk P., Bär M., Ebeling W., et al. Active brownian particles [J]. The European Physical Journal Special Topics, 2012, 202(1): 1-162.

[13] Hildenbrandt H., Carere C., Hemelrijk C.K. Self-organized aerial displays of thousands of starlings: a model [J]. Behavioral Ecology, 2010, 21(6): 1349-1359.

[14] Hemelrijk C.K., Van Zuidam L., Hildenbrandt H. What underlies waves of agitation in starling flocks [J]. Behavioral Ecology and Sociobiology, 2015, 69(5): 755-764.

[15] Duan H.B., Yang Q., Deng Y.M., et al. Unmanned aerial systems coordinate target allocation

based on wolf behaviors[J]. Science China Information Sciences, 2019, 62(1): 014201.
[16] Zhang X.Y., Jia S.M., Li X.Z. Improving the synchronization speed of self-propelled particles with restricted vision via randomly changing the line of sight [J]. Nonlinear Dynamics, 2017, 90: 43-51.
[17] Hildenbrandt H., Carere C., Hemelrijk C.K. Self-organized aerial displays of thousands of starlings: a model [J]. Behavioral Ecology, 2010, 21: 1349-1359.
[18] Ren W. On constrained nonlinear tracking control of a small fixed-wing UAV [J]. Journal of Intelligent and Robotic Systems, 2007, 48(4): 525-537.
[19] Ren W., Atkins E. Second-order consensus protocols in multiple vehicle systems with local interactions [A]. Proceedings of 2005 AIAA Guidance, Navigation, and Control Conference and Exhibit [C], AIAA, 2005: 6238.
[20] Sujit P., Saripalli S., Sousa J.B. Unmanned aerial vehicle path following: a survey and analysis of algorithms for fixed-wing unmanned aerial vehicless [J]. IEEE Control Systems, 2014, 34(1): 42-59.
[21] Lawrence D.A., Frew E.W., Pisano W.J. Lyapunov vector fields for autonomous unmanned aircraft flight control [J]. Journal of Guidance, Control, and Dynamics, 2008, 31(5): 1220-1229.
[22] 王勋, 张代兵, 沈林成. 一种基于虚拟力的无人机路径跟踪控制方法 [J]. 机器人, 2016, 38(3): 329-336.
[23] Park S., Deyst J., How J.P. Performance and Lyapunov stability of a nonlinear path following guidance method [J]. Journal of Guidance, Control, and Dynamics, 2007, 30(6): 1718-1728.
[24] Shi H., Wang L., Chu T. Virtual leader approach to coordinated control of multiple mobile agents with asymmetric interactions [J]. Physica D: Nonlinear Phenomena, 2006, 213(1): 51-65.
[25] Su H., Wang X., Lin Z. Flocking of multi-agents with a virtual leader [J]. IEEE Transactions on Automatic Control, 2009, 54(2): 293-307.
[26] 苏厚胜. 多智能体蜂拥控制问题研究 [D]. 上海交通大学, 2008.
[27] Khalil H.K. Noninear Systems [M]. New Jersey: Prentice-Hall, 1996.
[28] Leonard N.E. Multi-agent system dynamics: bifurcation and behavior of animal groups [J]. Annual Reviews in Control, 2014, 38(2): 171-183.
[29] Fiorini P., Shiller Z. Motion planning in dynamic environments using velocity obstacles [J]. The International Journal of Robotics Research, 1998, 17(7): 760-772.
[30] Van Den Berg J., Lin M., Manocha D. Reciprocal velocity obstacles for real-time multi-agent navigation [A]. Proceedings of 2008 IEEE International Conference on Robotics and Automation (ICRA) [C], IEEE, 2008: 1928-1935.
[31] Jenie Y.I., Kampen E.V., De Visser C.C., et al. Selective velocity obstacle method for deconflicting maneuvers applied to unmanned aerial vehicles [J]. Journal of Guidance, Control, and Dynamics, 2015, 38(6): 1140-1146.
[32] Jenie Y.I., Van Kampen E.-J., Remes B. Cooperative Autonomous Collision Avoidance System for Unmanned Aerial Vehicle [M]. Advances in Aerospace Guidance, Navigation and Control: Springer, 2013: 387-405.
[33] Duan H.B., Liu S.Q. Non-linear dual-mode receding horizon control for multiple unmanned air

vehicles formation flight based on chaotic particle swarm optimisation [J]. IET Control Theory & Applications, 2010, 4(11): 2565-2578.

[34] Qiu H.X., Duan H.B. Receding horizon control for multiple UAV formation flight based on modified brain storm optimization [J]. Nonlinear Dynamics, 2014, 78(3): 1973-1988.

[35] Zhang X.Y., Duan H.B. Differential evolution-based receding horizon control design for multi-UVAs formation reconfiguration [J]. Transactions of the Institute of Measurement & Control, 2012, 32(1): 165-183.

第 9 章　基于群体智能的无人机集群动态资源分配

9.1　引　　言

达尔文进化理论中“优胜劣汰，适者生存”的核心法则表明，合作行为与合作者将在进化过程中逐渐减少并最终消失[1]。然而，事实并非如此。从自然界获得的大量观察数据以及社会实验数据表明，群体并未完全被自私行为占领[2-5]。相反地，人们发现合作现象普遍存在于由自私个体组成的群体中。如图 9-1 所示，从生物系统中细胞的形成到乌鸦的反哺行为、从朋友间的互相帮助到人类社会的组织过程，大量实验与观察结果都表明合作行为是广泛存在的事实，且合作行为涌现的背后隐藏着不为人知的神秘机制。

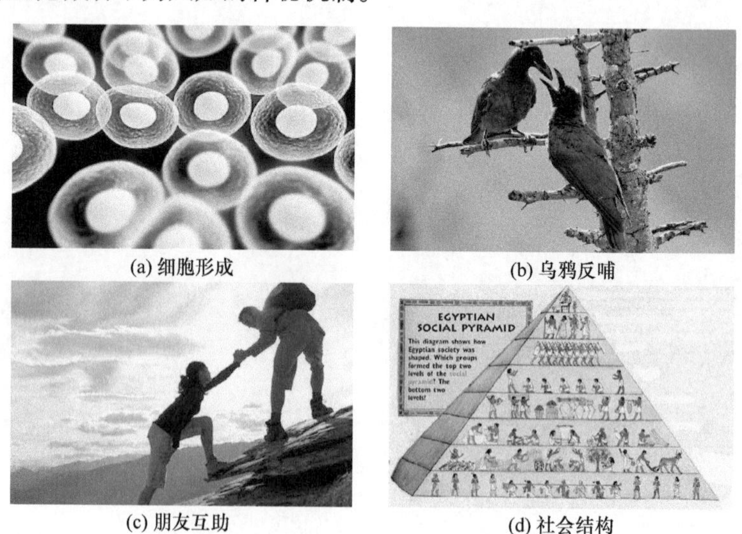

(a) 细胞形成　(b) 乌鸦反哺　(c) 朋友互助　(d) 社会结构

图 9-1　自私个体间的合作行为

众多机制在对合作进化的解释中取得了巨大成功，然而大部分研究工作均是基于特定的网络结构与局部交互规则进行的[6, 7]。换言之，当前的研究主要集中于何种因素更有利于合作现象的涌现与维持这一问题[8, 9]。然而，现实世界中存在诸多不利于合作进化的场景，它们具有固定的空间网络结构、固定的博弈模型以及固定的局部更新规则且不可更改[10, 11]。因此，如何建立一种有效的干预控制体系结构，通过引入可控个体并设计相应的干预规则，进而提高系统的合作水平与社会收益，是一项有着理论与实际意义的问题[12, 13]。

本章在群体行为软控制的理论框架下，向原始网络进化博弈中引入特殊个体，利用蒙特卡罗仿真与统计分析工具，研究基于鸟群群体智能更新规则的特殊个体对进化动力学特性的影响[14, 15]。研究结果表明，特殊个体不仅可通过搜索优势策略并对其邻居施加影响而促进群体的合作比例，同时稳态合作比例也可通过控制参数的选择进行调节。其次，增加特殊个体比例并不会对系统的合作水平产生持续的促进作用，系统存在最优的特殊个体比例，可保证在收敛速度与合作水平意义上的最优。此外，在特殊个体的更新过程中，增加邻居信息比重可有效促进合作行为的产生。研究结果不仅可揭示特殊个体存在时合作的进化特性，也可为复杂系统中的合作行为干预控制提供理论基础。

面对日趋复杂的任务环境，单架无人机因有限的资源携带能力(燃料、传感器、武器、通信设备等)，通常会受到作战半径、视场角、摧毁能力以及攻击精度等多方面的限制，严重制约了任务执行的成功率[16-18]。为尽可能发挥无人机的侦察与作战效能，以无人机集群为基础的多无人机协同控制技术引起了广泛关注。其中，高效的资源分配是提高资源利用率的关键因素之一，其含义为通过对 N 架无人机所提供的资源进行合理的分配，从而以全局最小代价或全局最大收益完成任务，属于 NP 难问题。同时，未来战场的高动态特性，包括作战任务的快速变化、无人机个体任务执行能力的变化以及通信拓扑的改变等，也对无分布式协同资源分配算法设计提出了更高的要求。

本章以无人机集群协同作战为应用背景，利用进化博弈群体动力学特性对集中式与分布式控制框架下的连续资源分配进行了研究。首先，对现存多无人机资源分配方法进行了综述，介绍了基于进化博弈群体动力学的资源分配方法及其应用，并分析了其优缺点；其次，在考虑了无人机集群协同作战时战场动态特性的基础上，建立了连续资源分配模型，利用经济学中边际价值的概念设计了无人机个体的效用函数，并在特定假设下推导了问题的最优解析解；再次，利用进化博弈群体动力学特性分别设计了分布式与集中式协同资源分配算法，并对其收敛性与最优性进行了证明；最后，利用仿真实验对所提方法进行了验证，并与传统算法进行了对比。结果表明，基于进化博弈群体动力学的连续资源分配方法可快速响应包括无人机数量、作战能力和任务需求等战场态势变化，并可有效保证解的收敛性与最优性。

9.2　基于群体智能的合作进化动力学

9.2.1　网络进化博弈软控制

研究者在以微分方程描述的复杂系统牵制控制与理论分析方面做了大量的工

作并取得了显著的成就[19]，但对网络进化博弈这一多值逻辑网络系统的干预控制与分析则较少见诸文献。如图 9-2(a)所示，中国科学院数学与系统科学研究院韩靖提出了群体行为干预的框架-软控制(Soft Control)[20]，旨在通过向原始系统中引入一定数量的可控个体，达到使复杂系统群体行为朝着期望状态演化的目的。

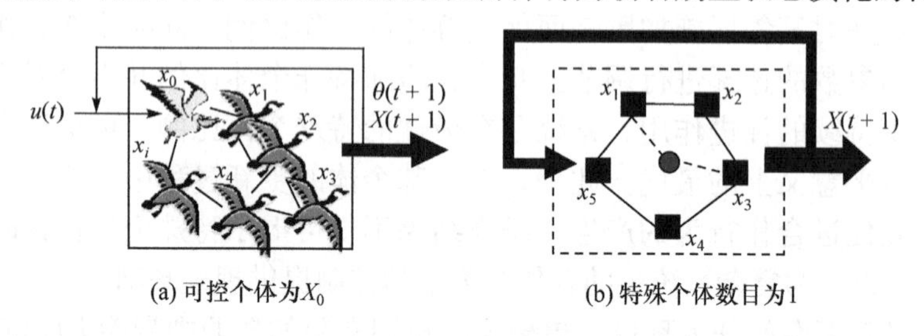

(a) 可控个体为X_0　　(b) 特殊个体数目为1

图 9-2　网络进化博弈软控制框架

图 9-2(b)给出了特殊个体个数为 1 时的网络进化博弈软控制框架。其中，正方形 1—5 为原系统中的博弈参与者，称作普通个体，他们具有固定的基本博弈模型与网络拓扑结构(图中连接线为个体间的交互关系)且不可更改[21]。在特定的参数配置下，原系统具有较低的稳态合作水平，甚至会出现合作者被完全消灭的极端情况。圆形为引入的特殊个体，虚线为特殊个体与原系统中个体间的互动关系。在软控制框架中，特殊个体与普通个体均遵守相同的博弈规则，但也存在着显著的差别：特殊个体具有不同的策略更新规则，且此规则可根据具体的任务需求进行设计，而普通个体则遵循着既定的更新规则。与传统的分布式控制不同，软控制将普通个体组成的网络作为一个独立的系统，仅对特殊个体施加控制作用，而非对所有个体的行为进行直接干预。这有助于特殊个体动态地调整自身策略与收益，从而引导群体行为朝着理想的状态发展。

在现实场景中，可利用如下两种方式对特殊个体的存在进行解释。首先，在某种情况下，原系统中的普通个体自发地或在外力的强制作用下转变为特殊个体，从而具有不同的行为特性，例如混乱的人群当中自发维持秩序的志愿者；其次，更一般地讲，可有目的的引入特殊个体对原系统进化特性进行干预，例如潜伏到黑帮内部获取敌方情报并诱引其供出犯罪过程的卧底[22]。

9.2.2　模型描述

本节建立二维晶格网络上的囚徒困境进化博弈模型[14, 15]，并以此为基础研究基于鸟群群体智能行为机制的特殊个体对进化特性的影响，并重点对博弈强度、特殊个体比例以及更新规则中的权值与稳态合作比例及个体平均收益的关系进行分析。

(1) 空间网络结构

选取具有周期性边界限制条件的 $L \times L$ 二维正则晶格作为底层网络结构，如图 9-3(a)所示。其中，每一博弈个体占据网络上的一个节点，并按照冯·诺依曼结构与最近的四个个体分别进行互动，如图 9-3(b)所示。在周期性边界限制条件下，网络结构具有周期为 L 的性质，即在横向与纵向两个维度上，两个边界点的距离为 1，并以此类推计算其他节点的距离。利用节点坐标表示节点位置，则对任意节点(x,y)，其编号 $n_{x,y}$ 及邻居坐标计算如下

$$\begin{cases} n_{x,y} = x + (y-1)L \\ x_1 = x, y_1 = y \pm 1 \\ x_2 = x \pm 1, y_2 = y \\ x_3 = x, y_3 = y \mp 1 \\ x_4 = x \mp 1, y_4 = y \end{cases} \tag{9-1}$$

式中，个体编号 $n_{x,y}$ 取值范围为 1—L^2；符号“±”与“∓”为具有周期边界限制的加与减操作，即

$$\begin{aligned} a \pm b &= \begin{cases} a+b, & \text{if } a+b \leqslant L \\ a+b-L, & \text{else} \end{cases} \\ a \mp b &= \begin{cases} a-b, & \text{if } a-b > 0 \\ a-b+L, & \text{else} \end{cases} \end{aligned} \tag{9-2}$$

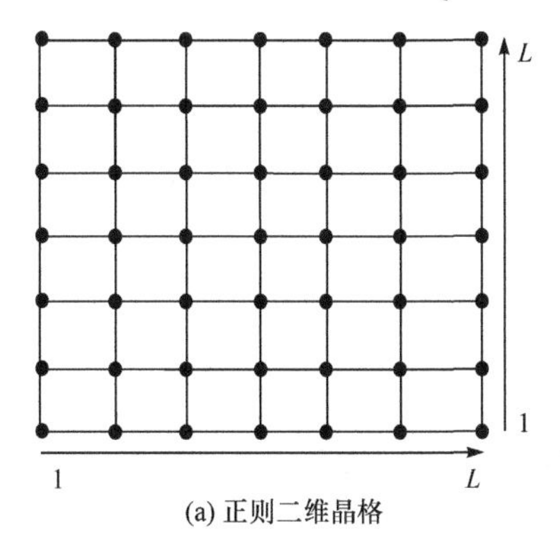

(a) 正则二维晶格

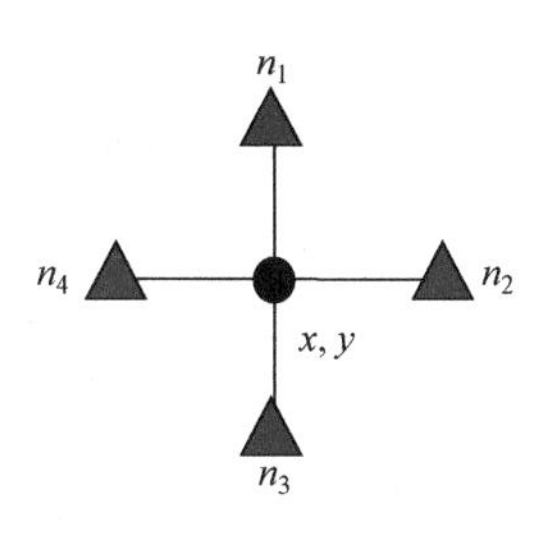

(b) 冯·诺依曼邻居结构

图 9-3　二维晶格网络与邻居结构

(2) 基本博弈模型

选取长度为 T 的重复囚徒困境(T-stage Prisoner’s Dilemma Game, T-PDG)作为基本博弈模型。在每一时刻，个体与邻居分别进行 T 次囚徒困境博弈，其单次支付矩阵如表 9-1 所示。双方可通过合作获得“奖励收益”R=1 与最大的集体收益 2，互相背叛时双方收益均为“惩罚”P=0，而在混合选择时，背叛者可获“背

叛的诱惑”T=1+b，而合作者则得到“失败者收益”S=−b。为满足囚徒困境的定义，此处有 b>0，并将其定义为博弈强度。当 b→0 时，个体利益与群体利益的冲突最小；随着 b 的增大，T 与 S 的差值增加，即背叛的诱惑与合作的风险也变大，冲突程度增强，从而引发所谓的“社会困境”。从理性个体的角度分析，背叛是严格占优策略，而选择合作则是严格劣势策略。在理性条件的假设下，双方同时背叛为纳什均衡策略，然而互相合作却会得到比“最优策略”最高的全局收益。

表 9-1　单次囚徒困境博弈支付函数

甲\乙	C	D
C	(1,1)	(−b,1+b)
D	(1+b,−b)	(0,0)

定义个体的博弈策略为静态马尔科夫策略 x=(p_0, p_c, p_d)，即除首轮博弈外，个体当前行动仅取决于对手上一时刻的行动，而与其他时刻信息无关。具体来说，静态马尔科夫策略中的元素均在[0,1]区间内随机取值，p_0 为个体在重复博弈中的第一次交互中选择合作的概率，p_c 与 p_d 分别表示在上一次博弈中对手选择C或D时个体在当前轮次中选择C的条件概率。在上述定义下，重复囚徒困境中的经典策略“以牙还牙”可表示为 x=(1,1,0)，即个体总是以合作开始，并在随后的博弈过程中采用与对手上一次行动相同的行动。此策略具有主动寻求合作的特性，但同时也具有对背叛行为非常严厉的惩罚措施以及对于再次选择合作的宽容性。一旦对手出现背叛行为，“以牙还牙”策略将利用同样的背叛行为对其进行惩罚，直至对手将策略改为合作。当双方策略均为“以牙还牙”时，其合作比例为 1。该策略在 20 世纪 80 年代初由密歇根大学政治科学家 Axelrod 举办的重复囚徒困境模拟大赛中获得冠军，被认为是可维持合作行为的最基本策略，特别是在背叛行为广泛存在的恶劣环境中。

(3) 博弈收益

在博弈的过程中，每个个体占据网络中的一个节点，并与周围最近的 4 个邻居进行博弈，并以收益之和作为博弈过程中的支付值

$$\Pi_i(t)=\sum_{j\in\Omega_i}\pi_{i,j}(t) \tag{9-3}$$

式中，Ω_i 为个体 i 的邻居集合；$\pi_{i,j}(t)$ 为个体 i 与邻居 j 进行 T 次重复囚徒困境博弈时的收益；而 $\Pi_i(t)$ 则为在第 t 轮博弈过程中个体 i 的总支付值。定义个体单次行为收益 $P=\Pi_i(t)/4T$。

(4) 更新规则

在网络进化博弈软控制的框架下，存在普通个体和特殊个体两种类型的博弈参与者，其占比分别为 p_n 与 p_s，且 $p_n+p_s=1$。

1) 普通个体。

普通个体是原系统中的参与者，遵循“无条件模仿”的策略更新规则。在每一决策时刻 t，个体选择其邻域中收益最大的个体策略作为 $t+1$ 时刻的策略，即

$$x_i(t+1)=x_{j^*}(t)$$
$$j^*=\begin{cases}\arg\max_{j\in\Omega(i)}\prod_j,\text{if }|\arg\max_{j\in\Omega(i)}\prod_j|=1\\ \min\{\mu\mid\mu\in\arg\max_{j\in\Omega(i)}\prod_j\},\ \text{else}\end{cases}\tag{9-4}$$

式中，$|\arg\max_{j\in\Omega(i)}\prod_j|$ 为邻域中收益最优个体的个数。当仅存在一个最优个体时，此个体的策略被复制；当最优个体数量大于 1 时，选择其中序号最小的个体作为模仿对象。

2) 特殊个体。

与普通个体不同的是，特殊个体的更新策略可根据具体的目标进行设计。受鸟类在飞行及觅食过程中的群体智能模型启发，设计基于粒子群优化的微观动力学机制与策略学习模型。

自然界给人类带来了许多宝贵的知识与启迪，特别是鸟类的群体觅食行为。设想这样一个场景：一群鸟在某一区域随机搜索食物，所有的鸟都对食物的位置没有任何先验信息，仅知道其当前位置与食物之间的距离。在这种情况下，对鸟个体而言，其找到食物最简单有效的策略则是搜寻目前离食物最近的鸟的周围区域(如图 9-4)。

图 9-4　自然界中的鸟群觅食

受鸟类群体觅食行为的启发，心理学家 J. Kennedy 和电气工程师 R. Eberhart 于 1995 年提出微粒群算法，又称为微粒群优化，并由史玉回教授于 1998 年对其进行了改进。微粒群优化中，每个优化问题的解都被想象为搜索空间中的一只

鸟，称之为“粒子”。所有的粒子都有一个由被优化问题决定的适应值，每个粒子还有一个速度决定它们飞行的方向和距离，追随当前的最优粒子在解空间中搜索。

假设个体i在t轮博弈中的策略$x_i(t)=(p_0,p_c,p_d)$，则可将每一特殊个体等效为在三维空间 $R[0,1]^3$ 进行随机搜索的粒子，其在历史中得到最大收益的历史最优策略为$x_i^{best}(t)$，当前邻居中的最优策略为x_U^{best}。借鉴微粒群优化中粒子的更新规则，特殊个体 i 在综合考虑自身历史最优信息以及邻居信息的基础上，按照下式更新当前策略

$$\begin{cases} x_i(t+1)=x_i(t)+v_i(t+1) \\ v_i(t+1)=v_i(t)+\omega(x_i^{best}(t)-x_i(t))+(1-\omega)(x_U^{best}(t)-x_i(t)) \end{cases} \tag{9-5}$$

式中，ω 为调节个体自身信息与邻居群体信息的权值。当 $\omega\to0$ 时，个体倾向于跟随邻居中最优个体的策略；当 $\omega\to1$ 时，个体在更新当前策略值时则将更多的权值分配给自身历史信息。

在上述研究框架下，利用蒙特卡罗仿真方法，首先研究特殊个体比例p_s，权重ω以及博弈强度b对合作比例的影响；其次，利用实验结果证明基于群体智能学习机制的特殊个体可在不同情况下对合作现象产生促进作用，并找到不同博弈强度b下的最优特殊个体比例与权重组合，为有效的群体行为干预提供理论支撑；最后，分析群体智能学习机制对合作现象产生促进作用的内在机理。

9.2.3 动力学特性分析

仿真实验在 100×100、具有 10000 个节点的正则晶格网络上进行，其中各节点具有相同的连接度$\langle z\rangle=4$。仿真结果中的稳态值，包括合作频率 f_c 与平均策略$\langle x\rangle$等，均为最后 10%进化过程的平均结果，且该过程进行了 100 次独立的蒙特卡罗仿真。合作频率(合作水平)f_c定义为t时刻群体交互中合作行动所占的比例，它用来对系统的性能进行评估。因对于N个个体共存在$8TN$个单独的行动，所以

$$f_c=\frac{1}{8TN}\sum_{i=1}^{N}w(i) \tag{9-6}$$

式中，$w(i)$个体i在与其四个邻居进行博弈的过程中合作行为的个数。

(1) 博弈强度对合作进化的影响

图9-5给出了引入特殊个体比例为p_s=0.05时与不存在特殊个体两种情况下的进化特性对比结果，其中子图(a)，(b)，(c)分别为系统的平均合作比例、平均马尔科夫策略以及单次行动的平均收益与博弈强度b的关系，方块与圆形线型分别表示p_s=0.05 与p_s=0 两种情况。仿真结果通过 100 次独立蒙特卡罗实验获得，仿真参数为：重复博弈长度T=50，信息权重ω=0.95，最大进化次数$G_{\max}$=300。

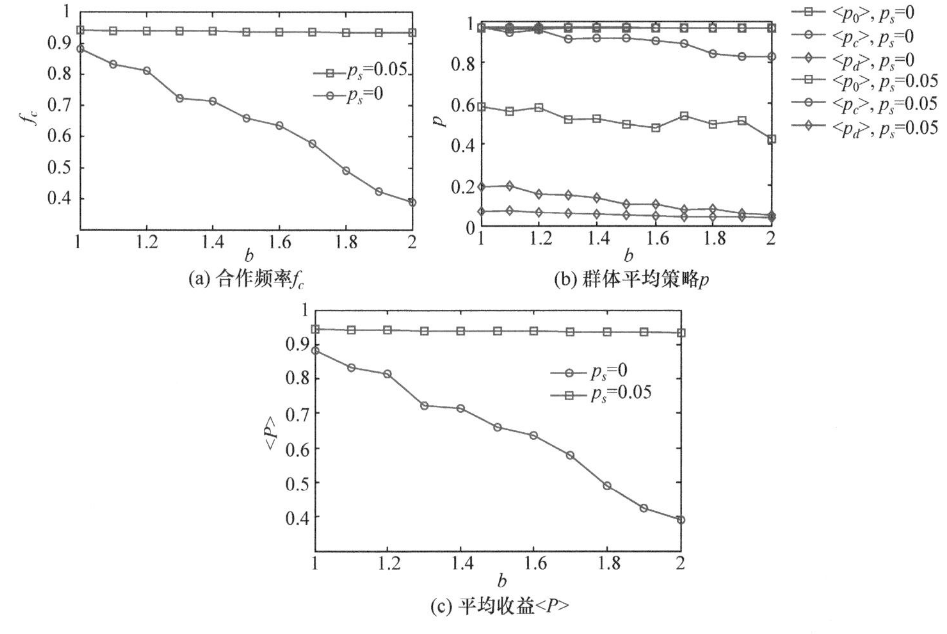

图 9-5 p_s=0.05 与 p_s=0 时的进化特性对比

虽然空间结构与重复博弈在一定程度上有利于合作的产生与维持，然而上述两种因素仍无法在冲突程度很高(b 很大)的环境中保证理想的合作水平。因此，对于不存在特殊个体的原系统而言，当博弈强度 b 从 1 增加至 2 时，合作频率从 0.9 逐渐减小至 0.4，如图 9-5(a)中带圆圈的折线所示。与之相对的是，在比例为 p_s=5%特殊个体的干预下，系统的平均合作频率得到了极大的提高，且几乎不受博弈强度 b 的影响。当 b 从 1 增加至 2 时，f_c从最初的 0.944 减小至 0.933，变化率仅为 1%。导致上述结果的主要原因是所设计更新机制的全局搜索能力，特殊个体可凭借其有效的搜索优势策略并对邻居施加影响，从而影响整个系统的合作水平。此外，需要指出的是，重复博弈中的直接互惠机制的确对进化结果产生了影响，因为当博弈长度 T 为 1 时得不到类似的结果。

因系统中个体均采用了静态马尔科夫策略 $x=(p_0,p_c,p_d)$，图 9-5(b)给出了系统平均稳态策略$<x>=(<p_0>,<p_c>,<p_d>)$随 b 的变化趋势。其中，$<p_0>$为系统中随机个体在首轮交互中合作的概率，而$<p_c>$($<p_d>$)则表示当对手在上一时刻选择合作(背叛)时随机个体选择合作的概率。当 p_s=0.05 且 $1<b<2$ 时，系统近似收敛于$<x>=(1,1,0)$的静态马尔科夫策略，即“以牙还牙”策略。该策略具有清晰、善意、报复和宽容的特性，被证实是重复囚徒困境中最简单有效的策略。因此，系统中个体的单次行动平均收益$<P>$达到了接近最优值 1 的状态。与此相反的是，在不存在特殊个体干预时，系统平均策略劣于 TFT，且其在不同情况下合作

的概率随 b 的增加而减小，因此单次平均收益也从 0.9 降低至 0.4。值得注意的是，子图(a)为平均合作比例与(c)中的平均单次收益具有相同的进化特性，这一结果可作如下解释：对于单次囚徒困境，令博弈双方均为混合策略(x,y)且$x+y=1$，则个体的期望收益

$$\begin{aligned} E(P) &= x(x-yb)+y[x(1+b)+0\times y^2] \\ &= x \end{aligned} \tag{9-7}$$

所以，个体的单次平均收益$\langle P\rangle$与系统的平均合作频率f_C相同。

为更全面地了解系统中合作行为的进化过程，图 9-6 给出了有无特殊个体干预时的平均合作频率进化曲线。由于策略的随机初始化，进化曲线均从f_C=0.5 的状态出发，即在初始时刻，随机个体具有相同的合作与背叛概率。与文献[23]中结果类似，进化过程遵循“合作者的忍耐与扩张”模式：在初始“忍耐”阶段，背叛策略利用策略的随机分布对合作行为进行剥削从而获得较大的收益，这使得背叛行为在系统中广泛传播，最终导致合作频率持续降低(p_s=0 与 p_s=0.05 时最低点分别为 0.05 与 0.1)；另一方面，迅速的扩展也使背叛者收益降低，与此同时合作者簇的形成令合作具有了共同抵御背叛者入侵的能力，这给合作者的重新崛起提供了机会。因此，在第二阶段，合作频率由最低点逐渐增大，直至形成新的平衡状态。

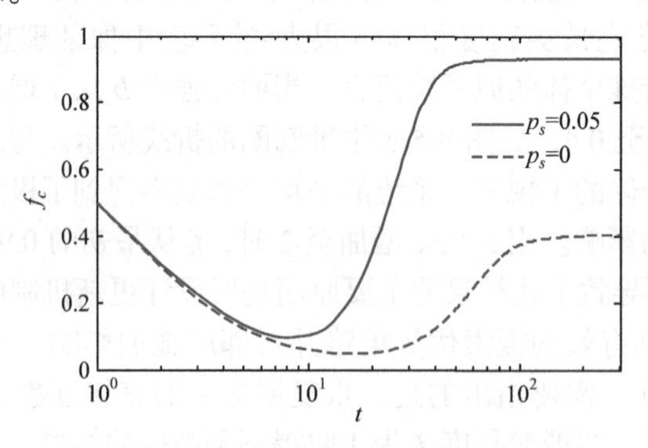

图 9-6　平均合作频率进化曲线

图 9-7 给出了 5 次随机仿真中，原系统与干预系统的合作频率进化曲线。其中，粗线为 5 次独立仿真的平均结果，子图(a)中虚线为干预系统中存在噪声时的平均结果。仿真结果显示，不存在特殊个体干预时，原系统的进化结果在很大程度上依赖于个体的初始状态及其在网络上的分布，单次仿真结果存在较大的方差，而特殊个体(p_s=0.05)的引入则将结果方差降低至了接近于 0 的状态，同时对系统中存在的噪声也具有较强的抑制作用。通过对两种情况下的进化特性进行分析，可对上述发现进行如下解释：一方面，由于原系统中个体采取无条件模仿的更新策略，因此系统中仅存在马尔科夫策略的复制而没有新的策略产生，

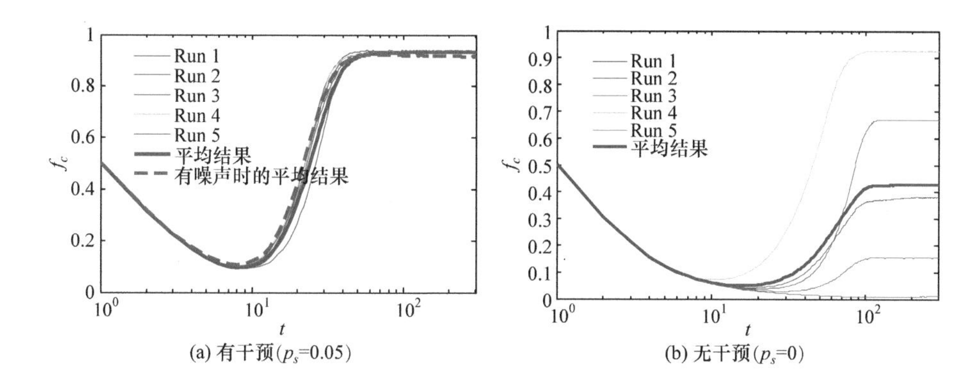

(a) 有干预(p_s=0.05)　(b) 无干预(p_s=0)

图 9-7　合作频率进化对比曲线(b=2)

导致原系统进化结果依赖于初始状态。在软控制框架下，基于 PSO 机制的特殊个体可同时利用个体历史信息与邻居收益信息，自适应地寻找新的重复博弈策略，从而在最大化个体以及群体收益的同时，也增加了系统策略的多样性，减轻了进化结果对初始状态的依赖性。综上可得，基于 PSO 更新机制的软控制不仅可在敌对环境下促进合作的产生与维持，同时也增强了系统对随机因素的鲁棒性。

特殊个体对合作行为的促进作用，亦可从其与普通个体的进化特性对比中进行分析，如图 9-8 所示。其中，子图(a)为特殊个体平均策略随博弈强度 b 变化的统计结果，子图(b)则为 b=2 时特殊个体邻居(Shills' Neighbors)与所有个体(All Individuals)的合作频率进化曲线。结果显示，在“忍耐”阶段，毗邻特殊个体的博弈参与者对入侵的背叛策略具有更强的抑制作用，在最低点具有较高的合作比例；随着进化过程的进行，特殊个体阻碍了合作行为的进一步扩张。因为特殊个体利用 PSO 机制进行策略更新，故上述结果可进行如下解释：利用无条件模仿更新机制，普通个体贪婪地选择其邻域内的最优策略或保持当前策略不变。与此不同，特殊个体在 3 维空间内对潜在的更优的策略进行搜索，有助于特殊个体及其邻居合作比例在初始阶段的上升。然而，由于仿真利用 ω=0.95 对个体信息(历史最优策略)以及社会信息(当前邻域的最优策略)进行平衡，因此特殊个体在策略更新时倾向于利用更多的个体历史信息，这很难在快速变化的环境里对特殊个体收益产生明显的改进作用。如图 9-8(a)所示，当系统整体的平均策略近似收敛于最优策略 TFT 时，特殊个体策略平均值为$\langle x\rangle$=(0.58,0.55, 0.26)。此时，特殊个体收益小于普通个体与系统平均值。

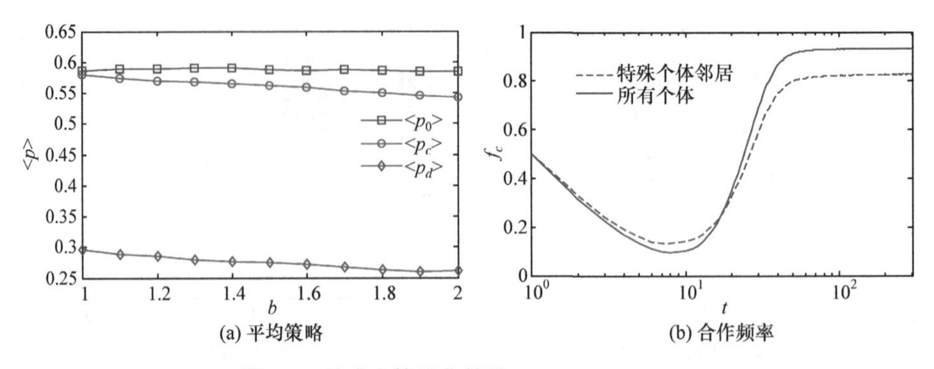

(a) 平均策略　　(b) 合作频率

图 9-8　特殊个体进化特性(p_s=0.05，ω=0.95)

(2) 信息权重、特殊个体比例与合作进化的关系

虽然特殊个体可通过对策略空间的搜索促进合作的传播，尤其是在系统合作比例逐渐减小的忍耐阶段，然而过分地依赖于历史信息(ω=0.95)并不能保证特殊个体及其邻居的最优策略。这说明信息权值ω对模型中的进化特性有着不可忽视的影响。

图 9-9 给出了在博弈强度 b=2 及不同的信息权值 ω 下，稳态合作频率 f_c 随特殊个体比例 p_s 变化的统计结果曲线。其中，每条带标记的线对应 ω 从 0 到 0.95 的不同取值，而虚线则为原网络进化博弈系统在没有干预控制时所能达到的平均合作水平 f_c=0.456738。图示结果通过 100 独立的蒙特卡罗仿真得到，仿真参数为 L=100, T=50, $G_{\max}$=300。

如图 9-9 所示，当 p_s<0.25 时，与原系统相比，所有满足 0<ω<1 的权值均可对合作水平产生促进作用，有 f_c>0.4556738。当特殊个体比例大于 0.25 时，则仅有不超过某一阈值 ω_c 的信息权值 ω 才可保证对系统合作行为的促进作用。这一结果表明，特殊个体比例p_s以及信息权值ω对合作行为有着不同的影响。首先，对于固定的ω而言，增加特殊个体比例并不会对进一步促进合作频率的增长，且存某一参数选择区间，可保证对合作行为的最大促进作用。当 p_s 很小时，例如 p_s=0.05，在少量特殊个体与大量普通个体的共同作用下，系统中的合作水平得以大幅度提升。其中，特殊个体通过寻找有利可图的新策略而扮演开拓者的角色，与特殊个体临近的普通个体则通过无条件模仿的更新机制充当成功策略传播者的角色。尽管特殊个体比例的增加有助于系统策略多样性的提高，但普通个体比例的下降同时也减缓了成功策略的传播速度。因此，在没有足够的普通个体对策略进行有效扩散的情况下，群体达成策略的一致性变得更加困难。

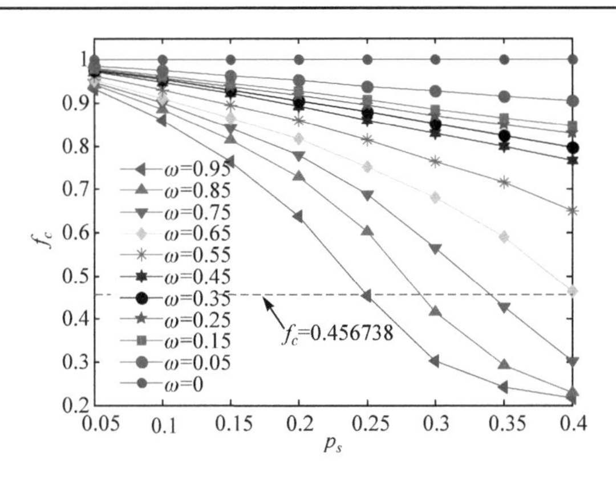

图 9-9　合作频率 f_c 与 ω 及 p_s 的关系(b=2)

图 9-10 为不同特殊个体比例及信息权值组合下的合作频率进化结果，给出了关于特殊个体与普通个体在进化中担任的不同角色以及信息权值对合作频率影响的有利的佐证。其中，图 9-10(a)给出了 ω=0.95 时不同特殊个体比例下合作频率随时间的进化曲线，图 9-10(b)给出了 p_s=0.05 时，不同信息权值 ω 下的合作频率进化曲线。图 9-10(a)显示，当 p_s 从 0.1 增大至 0.4 时并保持 ω=0.95 不变时，系统将需要更长的时间达到稳定状态，且在逼近稳态的过程呈现出了震荡特性；保持 p_s 为 0.4 并将 ω 减小为 0 时，震荡特性消失且稳态合作频率有了大幅度的提高。上述结果再一次证实了文献[21]中的一条结论，即在利用特殊个体对网络进化博弈系统群体动力学进行干预时，存在特殊个体比例的临界值，并非特殊个体比例越高越有利于合作的产生。其次，由图 9-9 与图 9-10(b)可以看出，对于固定的 p_s 而言，较小的 ω 更有利于合作的涌现与合作水平的提高，这意味着从动态环境中进行实时的学习有助于系统整体收益的改善。特别的，当 ω=0 时，系统合作水平几乎不受特殊个体比例的影响，可在 p_s 从 0.05 到 0.4 区间内取值时保证 f_c =1 的全局合作状态。该结果与文献[24]情况不同，后者研究了二维晶格网络中所有个体均采用 PSO 更新策略时的进化博弈动力学特性，其中 ω=0.99 对系统合作行为产生了最强的促进作用。这一进化特性差异的原因可通过所提软控制模型与基于 PSO 的优化过程的对比进行分析。在可行空间中搜寻某一问题的最优解时，粒子面对的是关于适应度函数的静态环境，即每一备选解或备选策略的适应度值不随时间变化而变化。与此不同的是，在网络进化博弈系统中，个体收益不仅取决于其策略选择，同时也受到环境的影响。换言之，个体历史最优策略对于当前形势而言并非好的选择。在这种情况下，历史信息对于个体收益以及系统合作水平的提高不会产生重大的影响。另一方面，社会信息由于反映了系统的实时动态，从而可为特殊个体的策略搜索提供有效的信息支持。综上所述，通过较小的 ω 为社会信息分配更高的权值，可在充满背叛的环境中有效地激励合作行为，而单纯地依赖个体历史信息则会为系统的合作水平带来负面的影响。

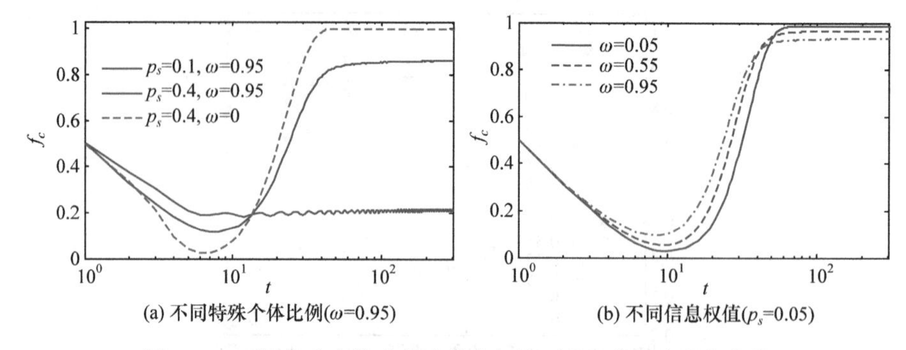

(a) 不同特殊个体比例(ω=0.95)　(b) 不同信息权值(p_s=0.05)

图 9-10　不同特殊个体比例及信息权值下的合作频率进化曲线

9.3　基于群体动力学的无人机连续资源分布式优化

9.3.1　问题描述

(1) 连续资源分配

考虑由 $N=\{1,2,3,\cdots,n\}$架异质无人机构成的无人机网络[14]，其异质性体现为不同的资源携带能力、不同的攻击能力、不同的攻击成本等。为攻击并摧毁某一敌方目标，无人机网络需提供 $M=\{1,2,3,\cdots,m\}$类作战资源，如机炮与激光武器等，其大小由需求向量 $x_d=[x_{d,1},x_{d,2},\cdots,x_{d,m}]^{\mathrm{T}}$ 给出。其中，$x_{d,j}$ 为完成此任务所需的 j 类资源总量，此处表示为单位时间内无人机平台提供的 j 类资源强度。例如，当第 i 类资源为机炮时，则 $x_{d,j}$ 为火力密度；若第 j 类资源为激光武器，则 $x_{d,j}$ 为击毁敌方目标所需要的总激光功率。假设无人机 i 可提供的资源 $x_i=[x_{i,1}, x_{i,2},\cdots, x_{i,m}]^{\mathrm{T}}$ 为一连续变量，其上限为 $x_i^{\max}=[x_{i,1}^{\max},x_{i,2}^{\max},\cdots,x_{i,m}^{\max}]^{\mathrm{T}}$，则有 $0\leqslant x_{i,j}\leqslant x_{i,j}^{\max}, i\in N, j\in M$。从资源分配的角度讲，每一时刻的任务需求向量 x_d 为待分配资源，而各无人机平台则被看作接受并提供相应资源的实体。令无人机 i 可提供的资源向量集合为 $\Re_i=\{x_i=[x_{i,1},x_{i,2},\cdots,x_{i,m}]^{\mathrm{T}} \mid 0\leqslant x_{i,j}\leqslant x_{i,j}^{\max}, j\in M\}$，则可行的资源分配策略集合为 $\Delta_f=\{x=[x_1,x_2,\cdots,x_n]^{\mathrm{T}} \mid x_i\in\Re_i, \sum_{i=1}^{n}x_i=x_d\}$。由于各无人机平台的异质性，各无人机在接受相同作战资源时将产生不同的收益，此过程利用效用函数 $u_i:\Re_i\to[0,+\infty)$ 表示。记无人机网络的资源分配组合为 $x=[x_1,x_2,\cdots,x_n]$，并令全局效用函数 $U:\Delta_f\to[0,+\infty)$ 为 $U=\sum_{i=1}^{n}u_i$，则最优资源分配问题可表示为如下的优化问题

$$\max_{x=[x_1,x_2,\dots,x_n]} U(x)=\sum_{i=1}^{n}u_i(x_i)$$

$$\text{s.t.}\begin{cases}0\leqslant x_{i,j}\leqslant x_{i,j}^{\max}, i\in N, j\in M\\ \sum_{i=1}^{n}x_{i,j}=x_{d,j}, j\in M\end{cases} \tag{9-8}$$

图 9-11 给出了需用资源种类 m=1 时的无人机集群协同攻击示意图，其中矩形区域为敌方战场，而圆形区域为我方认定的地方高价值攻击目标，作战资源为可连续发射的激光武器。

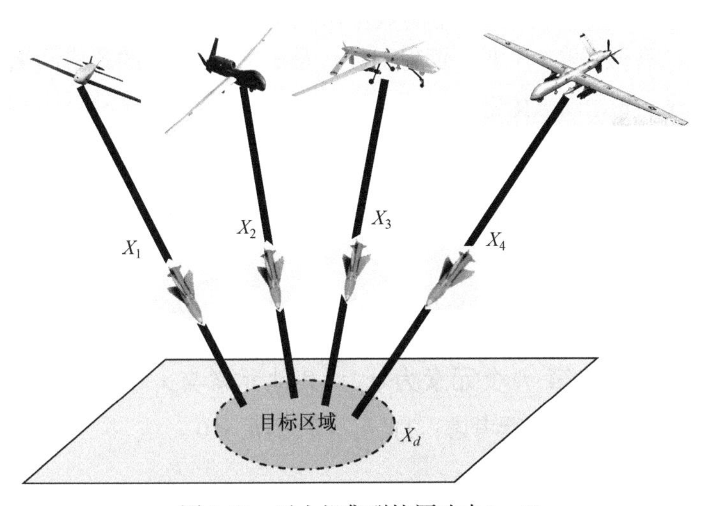

图 9-11　无人机集群协同攻击(m=1)

(2) 通信网络

为实现动态战场环境下的无人机集群分布式资源协调，假设个体均可利用通信网络实时获得邻居信息，即某一时刻邻居 i 的资源分配向量 x_i。对每一无人机平台 i，定义其邻域为通过通信链路连接的个体集合，即 $\forall i\in N,\Omega_i=\{k\in N\mid(i,k)\in E\}$。在考虑无向图通信拓扑网络结构的条件下，$E$ 为支持无人机间双向通信的连接边。若对于网络中的任意两个节点 i 与 j 均存在一条通路，则称此网络为连通网络。本章假设所考虑的无人机通信网络均为连通图。

(3) 效用函数

为实现最优资源分配，根据资源生产过程特性，对无人机平台效用函数作如下假设：

假设 1　效用函数 u_i 在整个定义域 $\Re_i$ 上非负且连续可微。

假设 2　效用函数 u_i 是以资源向量 x_i 为自变量的增函数，其最大值在 $x_i^{\max}$ 处取得，即$u_i(x_i+\Delta h)>u_i(x_i),\forall x_i,x_i+\Delta h\in\Re_i,\Delta h\in[0,+\infty]^m$。这意味着在最大生产能力之内，效用值随着资源量的增大而增大。

假设 3 效用函数u_i满足边际效用递减原则

$$p_{i,j}(x_i)>p_{i,j}(x_i'),\forall x_i,x_i'\in\Re_i:x_{i,j}<x_{i,j}',x_{i,-j}=x_{i,-j}' \tag{9-9}$$

即对任意资源提供者i而言，在其他类型资源量保持不变的情况下，j类资源数量的增加总会导致边际效用的下降。其中，边际效用$p_{i,j}(x_i)=\partial u_i/\partial x_{i,j}$定义为效用函数$u_i$对分配给个体$i$的$j$类资源量的偏导数。此假设是基于经济生产过程中的效用递减法则：对所有的生产过程而言，在增加一种要素而保持其他要素不变的情况下，单位生产要素所产生的效用值减小。

定理 9-1 在假设 1—3 下，效用函数u_i是定义在$\Re_i$上的严格凸函数。

证明 $\forall x_i\in\Re_i,\forall h\in\mathrm{R}^m:h\neq 0,\forall a,b\in\mathrm{R}:b>a>0$与$x_i+ah,x_i+bh\in\Re_i$，有

$$\begin{aligned}
&b[u_i(x_i+ah)-u_i(x_i)]-a[u_i(x_i+bh)-u_i(x_i)]\\
&=b\sum_{j=1}^{m}\int_{x_{i,j}}^{x_{i,j}+ah_j}p_{i,j}(\sigma)\mathrm{d}\sigma_j-a\sum_{j=1}^{m}\int_{x_{i,j}}^{x_{i,j}+bh_j}p_{i,j}(\sigma)\mathrm{d}\sigma_j\\
&=\sum_{j=1}^{m}[(b-a)\int_{x_{i,j}}^{x_{i,j}+ah_j}p_{i,j}(\sigma)\mathrm{d}\sigma_j-a\int_{x_{i,j}+ah_j}^{x_{i,j}+bh_j}p_{i,j}(\sigma)\mathrm{d}\sigma_j]
\end{aligned} \tag{9-10}$$

式中，σ为列向量；第j个元素为σ_j，其他元素与x_i中相同。因$h\in\mathrm{R}^m$且$h\neq 0$，下面分两种情况进行考虑：1) $h_j>0$; 2) $h_j<0$。

由假设 3 与情况 1)可得

$$\int_{x_{i,j}}^{x_{i,j}+ah_j}p_{i,j}(\sigma)\mathrm{d}\sigma_j>ah_j p_{i,j}(x_i+ah) \tag{9-11}$$

$$\int_{x_{i,j}+ah_j}^{x_{i,j}+bh_j}p_{i,j}(\sigma)\mathrm{d}\sigma_j<(b-a)h_j p_{i,j}(x_i+ah) \tag{9-12}$$

因此

$$\begin{aligned}
&(b-a)\int_{x_{i,j}}^{x_{i,j}+ah_j}p_{i,j}(\sigma)\mathrm{d}\sigma_j-a\int_{x_{i,j}+ah_j}^{x_{i,j}+bh_j}p_{i,j}(\sigma)\mathrm{d}\sigma_j\\
&>(b-a)ah_j p_{i,j}(x_i+ah)-a(b-a)h_j p_{i,j}(x_i+ah)=0
\end{aligned} \tag{9-13}$$

同理，由情况 2)可得

$$\begin{aligned}
&(b-a)\int_{x_{i,j}}^{x_{i,j}+ah_j}p_{i,j}(\sigma)\mathrm{d}\sigma_j-a\int_{x_{i,j}+ah_j}^{x_{i,j}+bh_j}p_{i,j}(\sigma)\mathrm{d}\sigma_j\\
&=a\int_{x_{i,j}+bh_j}^{x_{i,j}+ah_j}p_{i,j}(\sigma)\mathrm{d}\sigma_j-(b-a)\int_{x_{i,j}+ah_j}^{x_{i,j}}p_{i,j}(\sigma)\mathrm{d}\sigma_j\\
&>a(a-b)h_j p_{i,j}(x_i+ah)+(b-a)ah_j p_{i,j}(x_i+ah)=0
\end{aligned} \tag{9-14}$$

综合式(9-10)、式(9-13)和式(9-14)，有

$$b[u_i(x_i + ah) - u_i(x_i)] - a[u_i(x_i + bh) - u_i(x_i)] > 0 \tag{9-15}$$

令 $y_i = x_i + hb$，$\theta = 1 - a/b$，则式(9-15)可写为

$$\forall x, y \in \Re_i, \forall \theta \in (0,1), u_i(\theta x + (1-\theta)y) > \theta u_i(x) + (1-\theta)u_i(y) \tag{9-16}$$

根据定义可知，效用函数 u_i 是定义在 $\Re_i$ 上的严格凸函数。

(4) 最优解条件

因全局效用函数 U 是个体效用函数的线性加权，故 U 同为严格凸函数且在定义域 Δ_f 上具有唯一的最大值极值点 x^*，对应于最优资源分配结果。关于问题(9-8)的最优解，有如下结论：

定理 9-2　在最大值极值点 x^* 处，对任意资源类型 $j \in M$ 而言，所有被分配了正的资源量的个体 $i \in A_j^+ = \{k \mid x_{k,j}^* > 0, k \in N\}$ 均具有相同的边际效用值 $m^+ \geqslant 0$，资源量为零的个体 $i \in A_j^0 = \{k \mid x_{k,j}^* = 0, k \in N\}$，其边际效用值小于等于 m^+。

证明　在最优资源分配策略 $x^* \in \Delta_f$ 下，对任意资源类型 $j \in M$ 均存在如下两种结果：1) $A_j^0 = \varnothing$，2) $A_j^0 \neq \varnothing$。当 $A_j^0 = \varnothing$ 时，$\forall i \in N, x_{i,j}^* > 0$。若 $\exists i, k \in N$: $p_{i,j}(x_i^*) > p_{k,j}(x_k^*)$，则 $\exists \Delta e > 0$ 满足 $p_{i,j}(x_i) > p_{k,j}(x_k)$，其中 $x_i = (x_{i,j}^* + \Delta e, x_{i,-j}^*)$，$x_k = (x_{k,j}^* - \Delta e, x_{k,-j}^*)$。又因

$$\begin{aligned}
&U(x) - U(x^*) \\
&= u_i(x_i) + u_k(x_k) - [u_i(x_i^*) + u_k(x_k^*)] \\
&= \int_{x_i^*}^{x_i} p_{i,j}(\sigma)\mathrm{d}\sigma + \int_{x_k^*}^{x_k} p_{k,j}(\sigma)\mathrm{d}\sigma \\
&> \Delta e p_{i,j}(x_i) - \Delta e p_{i,j}(x_k) > 0
\end{aligned} \tag{9-17}$$

所以 x^* 不是全局效用函数的极值点，与假设冲突。上述分析表明，在第一种情况下，所有个体对于 j 类资源的边际效用值相同。当 $A_j^0 \neq \varnothing$ 时，令 $i \in A_j^0$。若存在个体 k 满足 $p_{i,j}(x_i^*) > p_{k,j}(x_k^*)$，则同理可得 x^* 非全局最优解。而当 $p_{i,j}(x_i^*) \leqslant p_{k,j}(x_k^*)$ 时，全局效用值则不会因个体间的资源交换而增加，因为从个体 i 向个体 k 的资源转移会导致 i 具有负的资源量，这与问题的约束冲突。综上可得，在最优资源分配状态下，对任意资源类型 j 而言，资源量大于零的个体具有相同的边际效用值，且此值大于等于资源为零个体的边际效用。

(5) 最优解推导

根据假设 1—3，构造个体效用函数

$$u_i(x_i)=\sum_{j=1}^{m}\frac{x_{i,j}(2x_{i,j}^{\max}-x_{i,j})}{c_{i,j}x_{i,j}^{\max}},\ x_i\in\Re_i \tag{9-18}$$

式中，$x_{i,j}^{\max}$ 为个体 i 可提供的最大 j 类资源量；$c_{i,j}$ 为提供单位数量 j 类资源时个体 i 消耗的代价。在无人机集群协同攻击的应用中，$c_{i,j}$ 由无人机自身性能、无人机速度、无人机与目标之间相对位置决定。根据定理 9-2，可通过如下步骤推导最优资源分配策略解析表达式。

若在最优分配结果下有 $A_j^0=\varnothing$，则对任意个体 i

$$p_{i,j}(x_i^*)=\frac{2(x_{i,j}^{\max}-x_{i,j}^*)}{c_{i,j}x_{i,j}^{\max}}=m_j^+ \tag{9-19}$$

故

$$x_{i,j}^*=x_{i,j}^{\max}\left(1-\frac{c_{i,j}m_j^+}{2}\right) \tag{9-20}$$

考虑所有个体的最优分配状态并将其相加，得

$$m_j^+=\frac{2(x_j^{\max}-x_{d,j})}{\sum_{i=1}^{n}c_{i,j}x_{i,j}^{\max}} \tag{9-21}$$

式中，$x_j^{\max}=\sum_{i=1}^{n}x_{i,j}^{\max}$ 为所有个体的 j 类资源提供能力总和。

将式(9-21)代入式(9-20)，得

$$x_{i,j}^*=x_{i,j}^{\max}-(x_j^{\max}-x_{d,j})\frac{c_{i,j}x_{i,j}^{\max}}{\sum_{i=1}^{n}c_{i,j}x_{i,j}^{\max}} \tag{9-22}$$

当 $x_{i,j}^*\geqslant 0$ 得不到满足时，也即 $x_{i,j}^{\max}<(x_j^{\max}-x_{d,j})c_{i,j}x_{i,j}^{\max}\Big/\sum_{i=1}^{n}c_{i,j}x_{i,j}^{\max}$ 时，由式(9-22)所得的结果无效。这说明，上述结果仅适用于特殊情况下的问题求解，而对于存在某些个体资源量为零的情况则无法求解。

9.3.2　基于进化博弈群体动力学的协调算法

针对求解最优资源分配中所存在困难与问题，本节利用网络进化博弈群体动力学特性，即复制者动态方程，分别设计集中式与分布式通信拓扑下的动态资源分配算法，并对其收敛性与最优性进行分析与证明。

(1) 复制者动态方程

在进化博弈理论中，应用最为广泛的群体动力学机制是由泰勒与朱克于 1978 年提出的复制者动态方程，它描述了群体行为在自然选择与个体相互作用下的进化特性。假设一个规模任意大的种群，其中任意两个个体以相同的概率进行某一对称博弈，且每一个体均具有相同的 n 个纯策略。记时刻 t 群体状态为 $z(t)=[z_1,z_2,\dots,z_n]$，其中 z_i 为选择策略 i 的个体比例，则其动力学特性可由下述微分方程表示

$$\dot{z}_i = z_i(f_i(z_i)-\overline{f}(z)) \tag{9-23}$$

式中，$f_i(z_i)$ 为选择纯策略 i 的期望收益；$\overline{f}(z)$ 为种群中任意个体的期望收益，由下式给出

$$\overline{f}(z)=\sum_{j=1}^{n} z_j f(z_j) \tag{9-24}$$

定理 9-3　对于由式(9-23)和式(9-24)表示的复制者动态方程，若 $z_i(t_0)\geqslant 0$，$\sum_{i=1}^{n} z_i(t_0)=1$，则 $\forall t>t_0$，$\sum_{i=1}^{n} z_i(t)=1$。

证明　考虑时刻 $t_0+\mathrm{d}t$，则

$$\begin{aligned} z_i(t_0+\mathrm{d}t) &= z_i(t_0)+\dot{z}_i(t_0)\mathrm{d}t \\ &= z_i(t_0)+z_i(t_0)[f_i(z_i(t_0))-\sum_{j=1}^{n} z_j(t_0)f(z_j(t_0))]\mathrm{d}t \end{aligned} \tag{9-25}$$

考虑所有纯策略比例并将其相加，得

$$\begin{aligned} \sum_{i=1}^{n} z_i(t_0+\mathrm{d}t) &= \sum_{i=1}^{n}\{z_i(t_0)+z_i(t_0)[f_i(z_i(t_0))-\sum_{j=1}^{n} z_j(t_0)f(z_j(t_0))]\mathrm{d}t\} \\ &= \sum_{i=1}^{n} z_i(t_0)+\sum_{i=1}^{n} z_i(t_0)[f_i(z_i(t_0))-\sum_{j=1}^{n} z_j(t_0)f(z_j(t_0))]\mathrm{d}t \end{aligned} \tag{9-26}$$

因 $\sum_{i=1}^{n} z_i(t_0)=1$，所以

$$\sum_{i=1}^{n} z_i(t_0+\mathrm{d}t)=\sum_{i=1}^{n} z_i(t_0)+[1-\sum_{i=1}^{n} z_i(t_0)]\mathrm{d}t\sum_{i=1}^{n} z_i(t_0)f_i(z_i(t_0))=1 \tag{9-27}$$

由归纳法可得，对任意 $t>t_0$ 均有 $\sum_{i=1}^{n} z_i(t)=1$。证明完毕！

(2) 映射关系

利用如图 9-12 所示的映射关系，建立基于网络进化博弈的资源分配问题模型如下：将待分配的单位资源作为博弈参与者，将无人机平台等效为博弈纯策略。无人机在特定资源分配结果下的边际效用值等于选择此无人机作为策略的资源个体的博弈收益，而无人机通信拓扑则是博弈的网络结构。在博弈过程中，资源个体的博弈策略仅可在具有通信链路的无人机平台之间切换，这一过程对应于资源在无人机个体邻域内的转移。在上述设置下，动态资源分配就转化为了博弈个体的策略选择过程，其目的是通过在相邻策略间的切换最终实现自身利益的最大化。

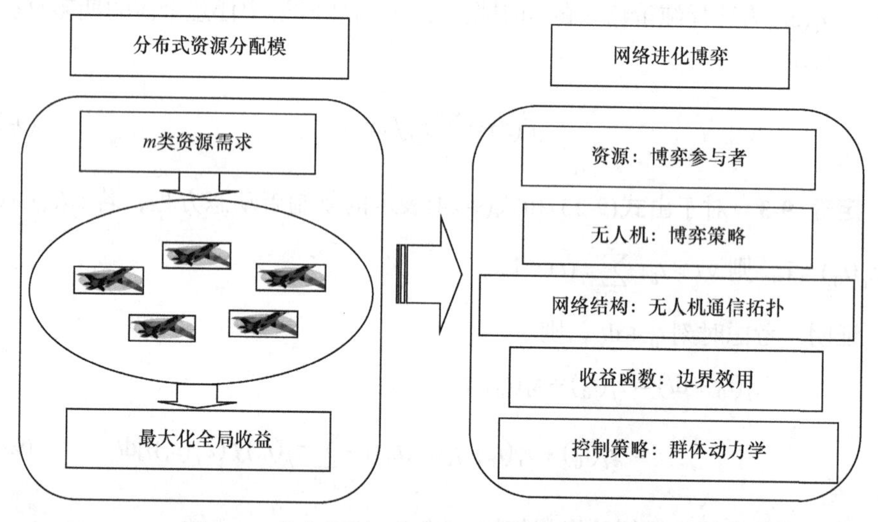

图 9-12 分布式资源分配与网络进化博弈映射关系

(3) 集中式控制策略

当通信网络中存在中央节点无人机或通信网络为完全图时(图 9-13)，可设计集中式控制策略对无人机集群系统动态最优资源分配问题进行求解，其中各节点与其邻居均存在双向通讯链路并可实时获得其资源分配量与收益信息。假设对于每一类资源 j，资源个体在集中式网络进化博弈中的策略切换模式遵循式(9-23)所示的群体动力学特性，则在集中式通信结构框架下的动态资源控制策略为

$$\dot{x}_{i,j}(t)=x_{i,j}(t)(f_{i,j}(x_i(t))-\overline{f}_{i,j}(t)) \tag{9-28}$$

$$f_{i,j}(x_i(t))=p_{i,j}(x_i) \tag{9-29}$$

$$\overline{f}_{i,j}=\frac{1}{x_{d,j}}\sum_{k\in N}x_{k,j}p_{k,j}(x_k) \tag{9-30}$$

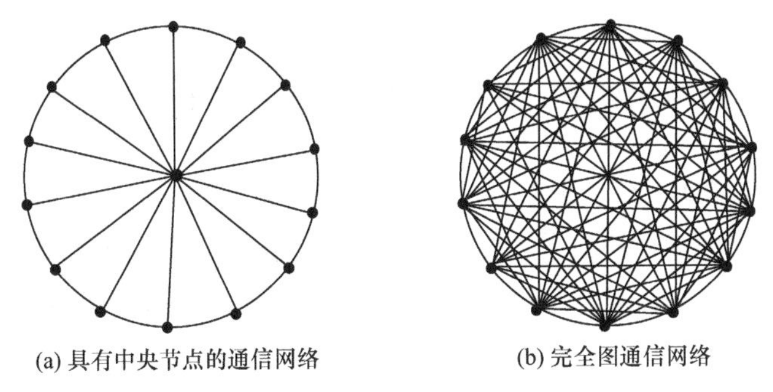

(a) 具有中央节点的通信网络
(b) 完全图通信网络

图 9-13　适用于集中式控制的通信拓扑

式中，$x_{i,j}(t)$ 为 t 时刻分配给无人机 i 的 j 类资源量；$f_{i,j}(x_i(t))$ 为接收到 $x_{i,j}(t)$ 时无人机 i 的收益，即边际效用值 $p_{i,j}(x_i)$；而 $\overline{f}_{i,j}$ 为在当前分配状态下的个体平均收益。

基于式(9-28)描述的群体动力学特性，给出无人机集群协同动态资源分配控制集中式控制算法(Centralized Algorithm, CA)如下，算法流程如图 9-14 所示。

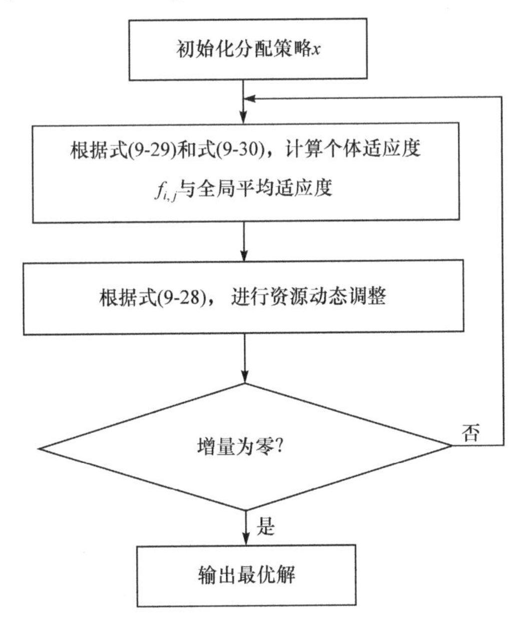

图 9-14　集中式动态资源分配算法流程

Step 1：初始化。中央节点根据各类资源的所需总资源量 $x_{d,j}$，对每一无人机个体的分配值 $x_{i,j}(0)$ 进行初始化，使其满足 $\sum_{i=1}^{n} x_{i,j}(0) = x_{d,j}, j \in M$ 且 $x_{i,j} > 0$，$i \in N, j \in M$。

Step 2：适应度值计算。每一时刻 t，各无人机个体根据自身状态 $x_i(t)$ 与式(9-29)计算自身适应度值，并将所得结果传递给中央节点。中央节点利用式(9-30)计算种群的平均适应度值并广播给所有个体。

Step 3：动态调整。各无人机个体根据自身资源状态 $x_{i,j}(t)$ 、自身收益 $f_{i,j}(x_i(t))$ 以及系统平均收益 $\overline{f}_{i,j}(t)$ ，通过式(9-28)对自身所分配资源量进行调整。

Step 4：收敛并停止。当所有个体资源量增量均为 0 时，算法收敛，否则转 Step 2。

基于复制者动态方程特性，对所提集中式资源分配算法的收敛性与最优性有如下结论：

定理 9-4 当 $t \to \infty$ 时，上述算法收敛至问题(9-8)的全局最优解。

证明 根据式(9-28)—式(9-30)可得，在任意时刻 t，若 $f_{i,j}(x_i(t)) - \overline{f}_{i,j}(t) < 0$，则 $\dot{x}_{i,j}(t) < 0$，即个体 i 所分配的 j 类资源量减少，反之则增加。因此，该算法必收敛，且在平衡点处，对 $\forall i \in N, j \in M$ 有

$$x_{i,j}(t) = 0 \tag{9-31}$$

或

$$f_{i,j}(x_i(t)) - \overline{f}_{i,j}(t) = 0 \tag{9-32}$$

下面分别对这两种情况进行说明。

1) 假设在平衡点处 $x_{i,j}(t) = 0$ 且 $f_{i,j}(x_i(t)) - \overline{f}_{i,j}(t) > 0$ 。因初始分配结果满足 $\sum_{i=1}^{n} x_{i,j}(0) = x_{d,j}, j \in M$ 且 $x_{i,j} > 0, i \in N, j \in M$ ，则存在 $\delta > 0$ ，满足

$$\forall \tilde{t} \in [t-\delta, t),\ x_{i,j}(\tilde{t}) > 0 \tag{9-33}$$

且

$$f_{i,j}(x_i(\tilde{t})) - \overline{f}_{i,j}(\tilde{t}) > 0 \tag{9-34}$$

在这种情况下，有 $\dot{x}_{i,j}(\tilde{t}) > 0$ ，所以 $x_{i,j}(t) > 0$ ，这与假设矛盾。因此，在稳定平衡点处，若 $x_{i,j}(t) = 0$ ，必有 $f_{i,j}(x_i(t)) - \overline{f}_{i,j}(t) \leqslant 0$ 。这意味着，在平衡点处资源量为 0 的个体其边际效用值必小于或等于全局平均效用值。

2) 若 $x_{i,j}(t) > 0$ ，则必有 $f_{i,j}(x_i(t)) = \overline{f}_{i,j}(t)$ 。这说明，所有分配资源量非零的个体具有相同的边际效用值。

根据最优解条件定理 9-2 可得，该集中式控制算法 CA 收敛至资源分配问题(9-8)的全局最优解。

(4) 分布式控制策略

如图 9-15 所示，当通信网络为不完全图且不存在中央节点时，无人机个体

无法得到全局平均收益，因此集中式资源分配算法无法实现。此时，如何有效利用无人机个体的局部信息设计分布式动态资源分配算法，并保证算法的收敛性与全局最优性，是一个具有理论与实际意义的问题。利用进化博弈群体动力学特性，分别提出基于局部复制动态方程的分布式算法(Local Replicator Dynamics based Distributed Algorithm, LRDDA)与基于局部资源交换的分布式算法(Local Resource Exchange based Distributed Algorithm, LREDA)，并对其收敛性与最优性进行证明。

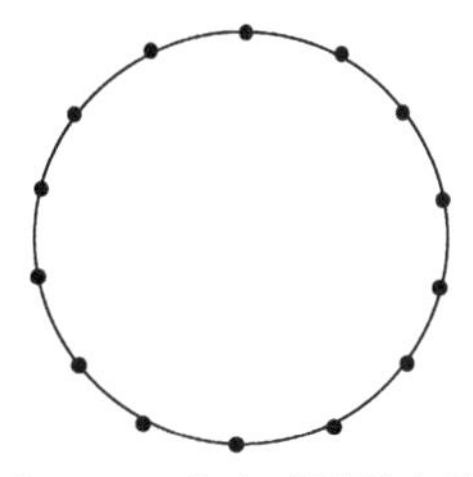

图 9-15　分布式通信拓扑

1) LRDDA。

在分布式通信网络拓扑下，每一无人机个体仅可获得自身及邻居信息，利用局部复制者方程设计最优的动态分配策略。对于每一类资源j，无人机i按如下策略更新资源分配量

$$\dot{x}_{i,j}(t)=x_{i,j}(t)(f_{i,j}(x_i(t))\frac{\sum\limits_{k\in\Omega_i}x_{k,j}(t)}{x_{d,j}}-\tilde{f}_{i,j}(t)) \tag{9-35}$$

$$\tilde{f}_{i,j}=\frac{1}{x_{d,j}}\sum_{k\in\Omega_i}x_{k,j}f_{k,j}(x_k) \tag{9-36}$$

式中，Ω_i为无人机 i 的邻居集合；$\sum\limits_{k\in\Omega_i}x_{k,j}(t)$为分配给$\Omega_i$中所有个体的 j 类资源总量；而$\tilde{f}_{i,j}(t)$为邻域内的个体平均收益。

定理 9-5　若$x(0)\in\Delta_f$且$x_{i,j}(0)>0,i\in N,j\in M$，则按照式(9-35)和式(9-36)进行的更新操作具有总和不变性，即$\forall t>0,x(t)\in\Delta_f$。

证明　考虑所有资源类型$j\in M$与所有无人机个体$i=1,2,\cdots,n$，由式(9-35)得

$$\begin{aligned}\sum_{i=1}^{n}\dot{x}_{i,j}(t)&=\sum_{i=1}^{n}\frac{x_{i,j}(t)}{x_{d,j}}[f_{i,j}(x_i(t))\sum_{k\in\Omega_i}x_{k,j}(t)-x_{d,j}\tilde{f}_{i,j}(t)]\\&=\frac{1}{x_{d,j}}\sum_{i=1}^{n}\{x_{i,j}(t)f_{i,j}(x_i(t))\sum_{k\in\Omega_i}x_{k,j}(t)-x_{i,j}(t)\sum_{k\in\Omega_i}x_{k,j}f_{k,j}(x_k(t))\}\end{aligned} \tag{9-37}$$

记个体 i 的邻居集合$\Omega_i=\{i_1,i_2,\cdots,i_{\hat{i}}\}$，其中$\hat{i}=|\Omega_i|$为 i 的邻居个数。因通信网络为无向图，故对于任意个体 i 及其邻居$k\in\Omega_i$，有$i\in\Omega_k$且

$$x_{i,j}(t)f_{i,j}(x_i(t))x_{k,j}(t)-x_{k,j}(t)x_{i,j}(t)f_{i,j}(x_i(t))=0 \tag{9-38}$$

所以

$$\frac{1}{x_{d,j}}\sum_{i=1}^{n}\{x_{i,j}(t)f_{i,j}(x_i(t))\sum_{k\in\Omega_i}x_{k,j}(t)-x_{i,j}(t)\sum_{k\in\Omega_i}x_{k,j}f_{k,j}(x_k(t))\}=0 \tag{9-39}$$

由式(9-37)得

$$\sum_{i=1}^{n}\dot{x}_{i,j}(t)=0 \tag{9-40}$$

综上所述，若 $x(0)\in\Delta_f$ 且 $x_{i,j}(0)>0,i\in N,j\in M$，则 $x(t)\in\Delta_f,t>0$，定理得证。

依据式(9-35)和式(9-36)，设计基于局部复制者动态方程的无人机集群分布式动态资源分配算法如下，其流程如图 9-16 所示。

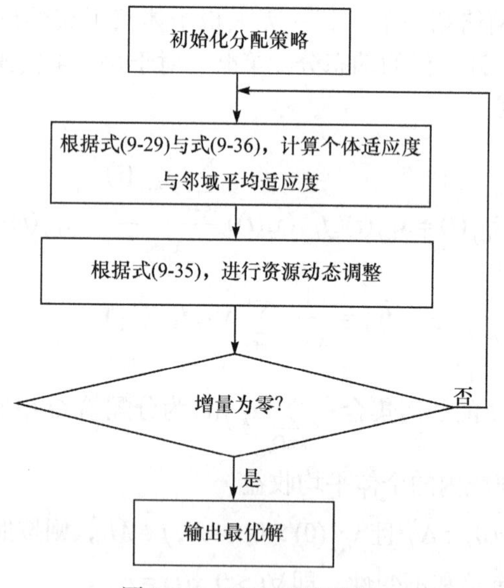

图 9-16　LREDA 流程图

Step 1：初始化。根据各类资源的所需总资源量 $x_{d,j}$，对每一无人机个体的分配值 $x_{i,j}(0)$ 进行初始化，使其满足 $\sum_{i=1}^{n}x_{i,j}(0)=x_{d,j},j\in M$ 且 $x_{i,j}>0,i\in N,$ $j\in M$；

Step 2：适应度值计算。每一时刻 t，各无人机个体利用自身状态 $x_i(t)$ 与邻居信息，根据式(9-29)与式(9-36)计算自身适应度值 $f_{i,j}$ 以及邻域平均适应度值 $\tilde{f}_{i,j}$；

Step 3：动态调整。各无人机个体根据自身资源状态 $x_{i,j}(t)$、自身收益 $f_{i,j}(x_i(t))$ 以及邻居平均收益 $\tilde{f}_{i,j}$，通过式(9-35)对自身所分配资源量进行调整；

Step 4：收敛并停止。当所有个体资源量增量均为 0 时，算法收敛，否则转 Step 2。

在算法平衡点处可能存在某类资源量为零的个体，定义其对应的网络节点为截断节点。若将截断节点删除后，通信拓扑变成非连通图，则称此类截断节点为割点，否则称为非割点。如图 9-17 所示，子图(a)中所有节点均具有正的分配量，因此不存在截断节点。子图(b)中空心节点所分配资源量为 0，为一截断节点。但因其存在与否对该图的连通性没有影响，所以该节点为一非割点截断节点。在子图(c)中，空心节点为一截断节点，且将其删除后该网络产生了两个连通分量，因此该节点为一割点截断节点。在集中式算法中，由于每个个体均可通过中央节点获取全局信息，所以截断节点的存在对算法的性能不产生任何影响。然而，在不存在中央节点的非完全图通信网络下，情况发生了本质的变化。截断节点的存在可能改变网络的信息流模式与拓扑结构，从而影响 LRDDA 的动态特性，因此其在网络中的位置对分布式算法的平衡点及其稳定性有着不可忽视的影响。下面根据截断节点是否存在以及其位置特性，给出 LRDDA 收敛至最优状态的充分条件。

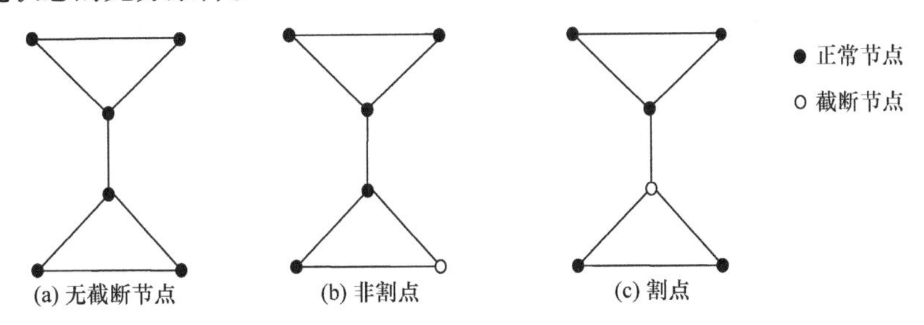

图 9-17　连通图中的截断节点

定理 9-6　若以 $x(0)\in\Delta_f$ 为初始状态的系统，式(9-35)和式(9-36)满足以下两个条件之一：a. 不存在截断节点，即 $x_{i,j}>0,i\in N,j\in M$；b. 仅存在非截断节点，则 LRDDA 必收敛至问题(9-8)的全局最优解。

证明　由式(9-35)和式(9-36)得，对 $\forall i\in N,j\in M$ 有：当 $f_{i,j}(x_i(t))\dfrac{\sum\limits_{k\in\Omega_i}x_{k,j}(t)}{x_{d,j}}>\tilde{f}_{i,j}(t)$ 且 $x_{i,j}(t)>0$ 时，$\dot{x}_{i,j}(t)>0$，反之当 $f_{i,j}(x_i(t))\dfrac{\sum\limits_{k\in\Omega_i}x_{k,j}(t)}{x_{d,j}}<\tilde{f}_{i,j}(t)$ 且 $x_{i,j}(t)>0$ 时，$\dot{x}_{i,j}(t)<0$，所以 LRDDA 必收敛于系统平衡点，且平衡点满足如下条件

$$x_{i,j}^*(t)=0 \tag{9-41}$$

或

$$x_{i,j}^*(t)>0 \text{ 且 } f_{i,j}(x_i^*(t))\sum_{k\in\Omega_i}x_{k,j}^*(t)=\sum_{k\in\Omega_i}x_{k,j}^*(t)f_{k,j}(x_k^*(t)) \tag{9-42}$$

a. 当不存在截断节点时，即 $x_{i,j}^*>0, i\in N, j\in M$ ，则

$$f_{i,j}(x_i^*(t))\sum_{k\in\Omega_i}x_{k,j}^*(t)=\sum_{k\in\Omega_i}x_{k,j}^*(t)f_{k,j}(x_k^*(t))$$

由式(9-33)得

$$f_{i,j}(x_i^*(t))=f_{k,j}(x_k^*(t)), \forall i\in N, k\in\Omega_i, j\in M \tag{9-43}$$

又由通信网络的连通性，得

$$f_{i,j}(x_i^*(t))=f_{k,j}(x_k^*(t))=\overline{f}_j \tag{9-44}$$

根据定理 9-2，此平衡点为全局最优解。

b. 当存在截断节点且截断节点均为非割点时，将非截断节点按顺序编号为 1 至 m，并记其集合为 A^+ ，截断节点编号为 m+1 到 n，其节点集合记为 A^0 。对于平衡点状态下的任意非截断节点 i，有

$$f_{i,j}(x_i^*(t))\sum_{k\in\Omega_i}x_{k,j}^*(t)=\sum_{k\in\Omega_i}x_{k,j}^*(t)f_{k,j}(x_k^*(t)), i\in A^+ \tag{9-45}$$

因为在截断节点处，$x_{k,j}^*(t)=0, \forall k\in A^0$ ，所以

$$f_{i,j}(x_i^*(t))\sum_{k\in\Omega_i\cap A^+}x_{k,j}^*(t)=\sum_{k\in\Omega_i\cap A^+}x_{k,j}^*(t)f_{k,j}(x_k^*(t)), i\in A^+ \tag{9-46}$$

这表明 A^+ 中节点具有相同的收益值，即

$$f_{i,j}(x_i^*(t))=f_{k,j}(x_k^*(t)), \forall i,k\in A^+ \tag{9-47}$$

设节点 k 是截断节点且存在非截断节点邻居，则有

$$x_{k,j}^*(t)[f_{k,j}(x_k^*(t))-\overline{f}_{i,j}]=0 \tag{9-48}$$

式中，$\overline{f}_{i,j}$ 是其邻居关于第 j 类资源的平均收益。若在平衡点处 $f_{k,j}(x_k^*(t))>\overline{f}_{i,j}$ ，则存在某一时刻 $t'<t$ ， $x_{k,j}(t')>0$ 且 $f_{k,j}(x_k^*(t))>\overline{f}_{i,j}$ 。此时， $\dot{x}_{k,j}(t')>0$ ，$x_{k,j}(t')$ 减小至 0 与假设相矛盾。因此，在分布式更新规则(9-35)和(9-36)下，所有截断节点的收益 $f_{k,j}(x_k^*(t))$ 均小于等于非截断节点收益值。

综上所述，当系统不存在割点时，LRDDA 必收敛至定理 9-2 所描述的平衡点上，即资源分配问题的全局最优解。

2) LREDA。

在 LRDDA 中，所有个体同时计算自身收益与邻居平均收益，并在此基础上同时进行资源量的更新，即同步更新策略。该算法要求系统具有统一的控制时钟，无法应用到某些工程问题中。本章根据邻居资源的交换与群体动力学特性，提出如下的异步分布式资源控制算法 LREDA：

Step 1：初始化。根据各类资源的所需总资源量 $x_{d,j}$，对每一无人机个体的分配值 $x_{i,j}(0)$ 进行初始化，使其满足 $\sum_{i=1}^{n} x_{i,j}(0) = x_{d,j}, j \in M$ 且 $x_{i,j} > 0, i \in N$，$j \in M$，i=1；

Step 2：适应度与交换个体计算。无人机个体 i 根据式(9-29)计算自身适应度值 $f_{i,j}$，并计算邻居中与其收益差距最大的个体 i^j，即

$$|f_{i,j}(x_i(t)) - f_{i^j,j}(x_{i^j}(t))| \geqslant |f_{i,j}(x_i(t)) - f_{k,j}(x_k(t))|, \forall k \in \Omega_i \tag{9-49}$$

Step 3：异步资源调整。对于资源类型 j，无人机 i 与邻居 i^j 按下式进行资源交换

$$\begin{aligned} &\Delta x_{i,j}(t) = \alpha_{i,j}(t) x_{i,j}(t)(f_{i,j}(x_i(t)) - \bar{f}_{i,j}(t)) \\ &\Delta x_{i^j,j}(t) = \alpha_{i,j}(t) x_{i^j,j}(t)(f_{i^j,j}(x_{i^j}(t)) - \bar{f}_{i,j}(t)) \\ &\bar{f}_{i,j} = \frac{1}{\sum_{k \in \{i,i^j\}} x_{k,j}} \sum_{k \in \{i,i^j\}} x_{k,j} p_{k,j}(x_k) \end{aligned} \tag{9-50}$$

式中，$\Delta x_{i,j}(t)$ 与 $\Delta x_{i^j,j}(t)$ 分别为个体 i 与邻居 i^j 的资源增量；$\bar{f}_{i,j}$ 为二者的平均收益；

Step 4：收敛并停止。当所有个体资源量增量均为 0 时，算法收敛，否则选择无人机个体 i+1 并转 Step 2。

定义 i 与 i^j 中具有较大收益的个体为 i^+，具有较小收益的个体为 i^-，即 $f_{i^+,j}(x_{i^+}(t)) \geqslant f_{i^-,j}(x_{i^-}(t))$。由式(9-50)得，在每一时刻 t，有 $|\Delta x_{i,j}(t)|$ 的资源从 i^- 向 i^+ 转移，且总存在 $\alpha_{i,j}^*(t)$ 使上述个体的总收益值最大。对于 LREDA 的收敛性及平衡点的最优性，有如下结论。

定理 9-7 若每一时刻 $\alpha_{i,j}(t) \leqslant \alpha_{i,j}^*(t)$ 且系统不存在割点，则 LREDA 必收敛于问题(9-8)的全局最优解。

证明 首先，因 $x(0) \in \Delta_f$ 且每一时刻资源交换在互为邻居的个体间进行，所以在任意时刻 t>0 均有 $x(t) \in \Delta_f$，即该算法具有保值性。下面，利用李雅普诺夫理论对算法的收敛性与最优性进行证明。选取李雅普诺夫函数为

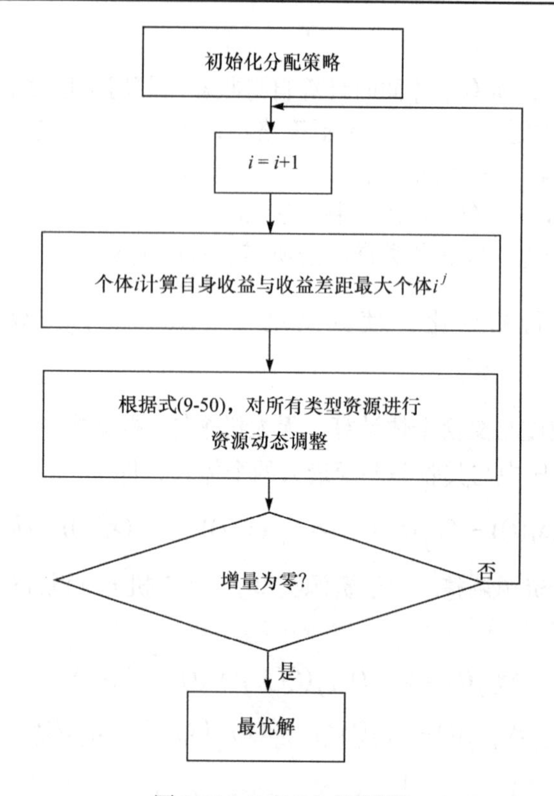

图 9-18　LRDDA 流程图

$$V(x(t)) = U(x^*) - U(x(t)) = \sum_{i=1}^{n} u_i(x_i^*) - u_i(x_i(t)) \tag{9-51}$$

式中，x^* 为资源分配问题的全局最优解。由定理 9-1 与最优解条件可知，全局效用函数 U 是严格凸函数且在定义域 Δ_f 上具有唯一的最大值极值点 x^*，即

$$\begin{cases} V(x^*) = 0 \\ V(x) > 0, \forall x \in \Delta_f \text{且} x \neq x^* \end{cases} \tag{9-52}$$

所以 $V(x)$ 是合适的李雅普诺夫备选函数。

为分析 $V(x)$ 随时间的变化特性，考察其在每一时刻的增量

$$\begin{aligned} \Delta V(x(t)) &= V(x(t+1)) - V(x(t)) \\ &= u_{i^+}(x_{i^+}(t)) - u_{i^+}(x_{i^+}(t+1)) + u_{i^-}(x_{i^-}(t)) - u_{i^-}(x_{i^-}(t+1)) \end{aligned} \tag{9-53}$$

因函数 $p_{i,j}(x)$ 是严格减函数，且每一时刻仅交换一类资源，必有

$$u_{i^+}(x_{i^+}(t)) - u_{i^+}(x_{i^+}(t+1)) = \int_{x_{i^+}(t)+\Delta x_{i^+}(t)}^{x_{i^+}(t)} p_{i^+,j}(\sigma)\mathrm{d}\sigma$$
$$\leqslant -\Delta x_{i^+,j}(t) p_{i^+,j}(x_{i^+}(t) + \Delta x_{i^+}(t)) \quad (9\text{-}54)$$

$$u_{i^-}(x_{i^-}(t)) - u_{i^-}(x_{i^-}(t+1)) = \int_{x_{i^-}(t)+\Delta x_{i^-}(t)}^{x_{i^-}(t)} p_{i^-,j}(\sigma)\mathrm{d}\sigma$$
$$\leqslant -\Delta x_{i^-,j}(t) p_{i^-,j}(x_{i^-}(t) + \Delta x_{i^-}(t)) \quad (9\text{-}55)$$

$$\begin{aligned}&\Delta V(x(t))\\ &\leqslant -\Delta x_{i^+,j}(t) p_{i^+,j}(x_{i^+}(t) + \Delta x_{i^+}(t)) - \Delta x_{i^-,j}(t) p_{i^-,j}(x_{i^-}(t) + \Delta x_{i^-}(t))\\ &= \Delta x_{i^+,j}(t)(p_{i^-,j}(x_{i^-}(t+1)) - p_{i^+,j}(x_{i^+}(t+1))\end{aligned} \quad (9\text{-}56)$$

又因 $\alpha_{i,j}(t) \leqslant \alpha_{i,j}^*(t)$，所以

$$p_{i^-,j}(x_{i^-}(t+1)) - p_{i^+,j}(x_{i^+}(t+1)) \leqslant 0 \quad (9\text{-}57)$$

$$\Delta V(x(t)) \leqslant 0 \quad (9\text{-}58)$$

这说明 $V(x)$ 是单调非递增函数且以 0 为下界，当 t 趋于无穷时必收敛于某一非负数 $q \geqslant 0$。当系统中不存在截断节点时，则从资源流通的角度来分析，所有个体在任意时刻均组成一个连通图。由平衡点定义可得，此时系统存在平衡点是唯一的平衡点 x^*。因此，$q = 0$。当系统中存在截断节点且截断节点为非割点时，系统平衡点个数大于 1。在稳定平衡点处有

a. 若 $x_{i,j}(t) = 0$，则节点 i 为非割点，且 $f_{i,j}(x(t))$ 小于等于邻居的平均值；

b. 若 $x_{i,j}(t) > 0$，则 $f_{i,j}(x_i(t)) \sum_{k \in \Omega_i} x_{k,j}(t) = \sum_{k \in \Omega_i} x_{k,j} f_{k,j}(x_k(t))$；

又因非割点的存在不影响通信网络的连通性，故此时稳定平衡点的充要条件与问题(9-8)的最优解条件一致。同时，由于算法的初始状态 $x(0) \in \Delta_f$ 且 $x_{i,j} > 0, i \in N, j \in M$，所以算法必收敛于全局最优解 x^*，即 $q = 0$。

综上所述，当系统不存在割点时，李雅普诺夫函数均收敛至 0，也即 LREDA 收敛于资源分配问题的全局最优解。证明完毕！

下面讨论当系统存在割点时 LREDA 的收敛性与最优性。由李雅普诺夫函数的单调非递增特性可得，算法必收敛。然而，此时稳定平衡点的充分必要条件产生了如下变化：

a.若 $x_{i,j}(t) = 0$，则 $f_{i,j}(x(t))$ 小于等于邻居的平均值；

b. 若 $x_{i,j}(t) > 0$，则 $f_{i,j}(x_i(t)) \sum_{k \in \Omega_i} x_{k,j}(t) = \sum_{k \in \Omega_i} x_{k,j} f_{k,j}(x_k(t))$；

由于割点的存在将通信拓扑分割为若干个连通分量，因此上述条件 b 仅可推导出如下结论：在所有独立的连通分量中，对于第 j 类资源而言，所有具有正的资源量的个体具有相同的收益值，但属于不同连通分量的正资源个体可能具有不同的收益值。因此，当系统存在割点时，LREDA 收敛于一局部最优解或全局最优解，且此结果取决于问题的具体参数以及通信网络的拓扑结构。

9.3.3 仿真实验分析

由理论分析可知，所提资源分配算法具有如下特性：1)对于任意参数配置与 $x(0)\in\Delta_f$，集中式算法 CA 均可渐近收敛于全局最优解；2)当系统中不存在割点时，分布式算法 LRDDA 与 LREDA 均可渐近收敛于全局最优解；当系统存在割点时，分布式算法根据问题的具体参数收敛于全局最优解或局部最优解。为验证所提算法在动态环境下无人机集群资源分配问题中的有效性，下面给出不同场景与参数组合下的仿真结果。

(1)无截断节点

考虑由 n 架异质无人机平台组成的系统，其中无人机个体收益函数如式(9-18)所示。为验证在最优解不存在截断节点情况下的算法性能，选择通信拓扑结构如图 9-19 所示，其中所有无人机个体均与其最近 2 个个体互为邻居并进行信息交互。仿真参数见表 9-2，其中 n 架无人机需协同提供 m 种不同的资源，需求向量 x_d 中的第 j 维表示第 j 类资源的需求总量。最大资源矩阵 $x^{\max}$ 与资源代价矩阵 c 均为 $n\times m$ 维正实数矩阵，$x_{i,j}^{\max}$ 表示个体 i 可提供的 j 型资源的最大量值，$c_{i,j}^{\max}$ 表示个体 i 提供单位数量的 j 类资源时对应的能量消耗。在算法的初始化阶段，采取将资源在所有个体间进行平均分配的策略。

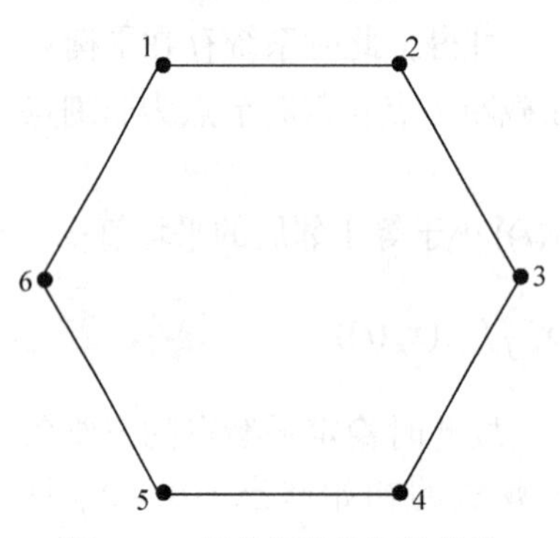

图 9-19 通信网络的拓扑结构

表 9-2 仿真参数设置(无割点)

参数	取值	物理含义
n	6	无人机数量
m	2	资源种类
x_d	$[525,467]^{\mathrm{T}}$	需求向量
$x^{\max}$	$\begin{bmatrix}172,47,66,106,100,80\\86,70,120,45,90,100\end{bmatrix}^{\mathrm{T}}$	最大资源矩阵

续表

参数	取值	物理含义
c	$\begin{bmatrix}0.2,0.3,0.4,0.1,0.5,0.85\\0.85,0.4,0.5,0.2,0.4,0.8\end{bmatrix}^{\mathrm{T}}$	资源代价矩阵
T_s	50ms	采样时间

图 9-20—图 9-23 给出了静态环境中不存在截断节点时的仿真曲线，表 9-3 给出了不同算法在平衡状态时的统计数据。首先，由资源进化曲线可知，在整个进化过程中所有个体均具有正的资源量，因此不存在截断节点。其次，由个体收益进化曲线可得，在平衡点处，所有个体均具有相同的收益值。根据定理 9-2 中的最优性条件，此平衡点为资源分配问题的全局最优解。此外，图 9-23 表明，基于邻居资源交换的异步更新策略 LREDA 与基于全局群体动力学的集中式算法 CA 具有相近的全局收益收敛速度，而基于局部群体动力学的同步更新策略 LRDDA 的收敛速度小于前两者。对于集中式算法而言，快的收敛速度主要归因于全局信息的使用。在分布式算法 LREDA 中，快速收敛的特性则主要是因为资源仅在具有最大收益差别的邻居进行交换，这使得全局收益可以最快的速度收敛到极值点。

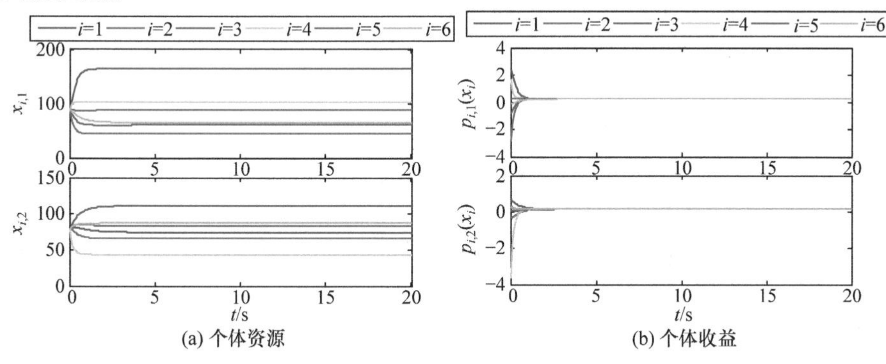

(a) 个体资源 (b) 个体收益

图 9-20 无截断节点时进化曲线(CA)

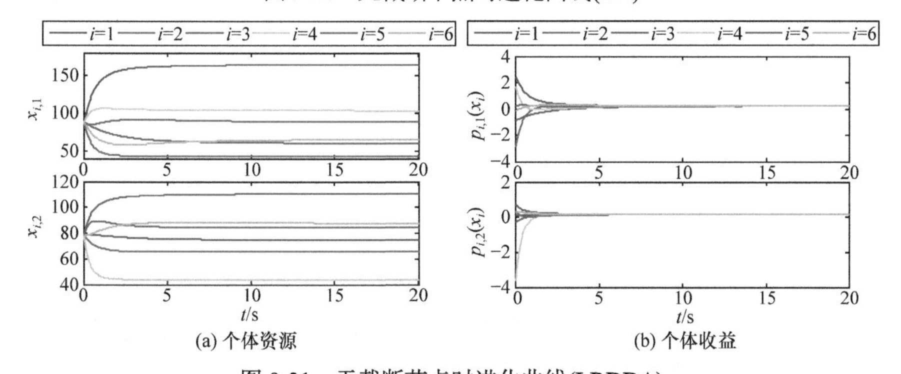

(a) 个体资源 (b) 个体收益

图 9-21 无截断节点时进化曲线(LRDDA)

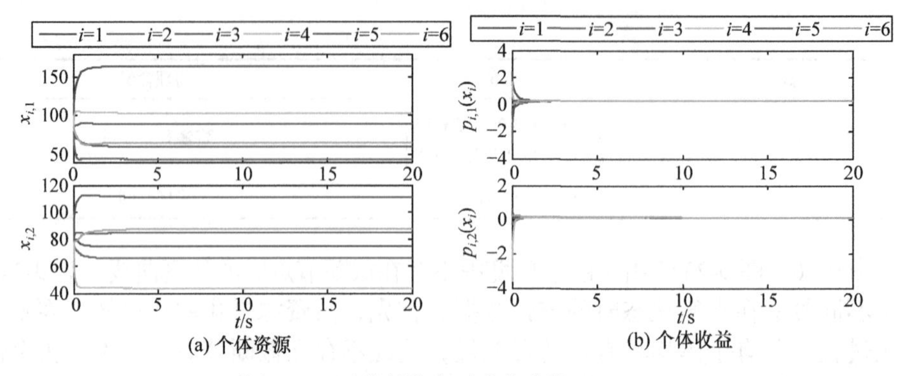

图 9-22　无截断节点时进化曲线(LREDA)

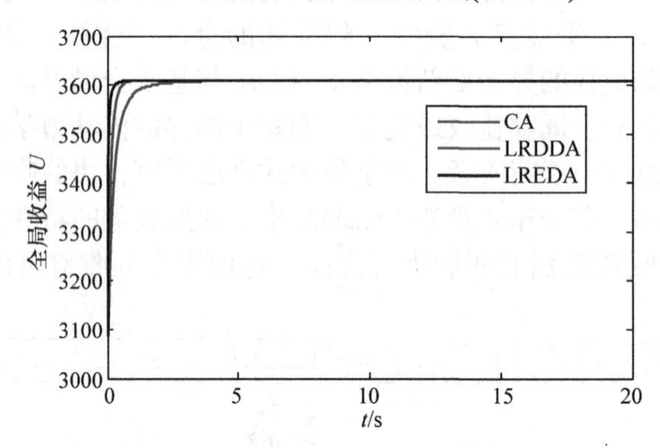

图 9-23　无截断节点时全局收益对比

表 9-3　无截断节点时的对比结果

	集中式算法 CA (最优解)	基于群体动力学的分布式算法	
		LRDDA(同步)	LREDA(异步)
x_1	[164.2241,74.7578]	[164.1981,74.7746]	[164.2241,74.7578]
x_2	[43.8128,65.6938]	[43.8082,65.6773]	[43.8128,65.6938]
x_3	[60.0324,110.7725]	[60.0617,110.7159]	[60.0324,110.7725]
x_4	[103.6039,43.6159]	[103.6144,43.6121]	[103.6039,43.6159]
x_5	[88.6978,84.4635]	[88.7340,84.4761]	[88.6978,84.4635]
x_6	[64.6290,87.6966]	[64.5836,87.7441]	[64.6290,87.6966]
全局收益	3609.8	3609.8	3609.8

(2) 存在非割点的截断节点

图 9-24—图 9-26 给出了静态环境中存在非割点截断节点时的仿真曲线，此时资源需求向量 x_d=[300,467]^{T}。表 9-4 给出了不同算法在平衡状态时的统计数据。仿真结果显示，所有算法均收敛到平稳状态，且在平稳状态处有：1)对第一

类资源而言，无人机 1—5 均具有相同的收益值，无人机 6 分配资源为 0 且其收益值小于均值；2)对第二类资源而言，所有无人机均具有正的资源量且收益值相同。由最优性条件得，此平衡点为问题的全局最优解。其次，在上述平衡点中，无人机 6 所分配的第一类资源为 0，所以节点 6 为截断节点。又因当前通信拓扑为环形结构，将节点 6 移除后子网络仍保持连通性，故节点 6 为非割点截断节点。

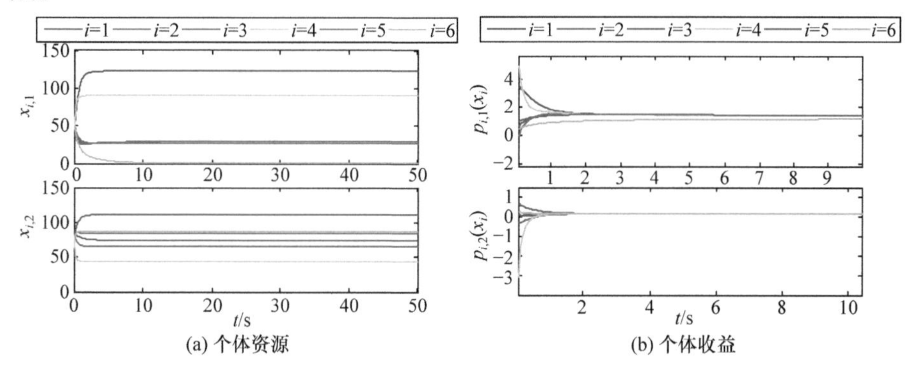

(a) 个体资源　　(b) 个体收益

图 9-24　存在单个非割点截断节点 (CA)

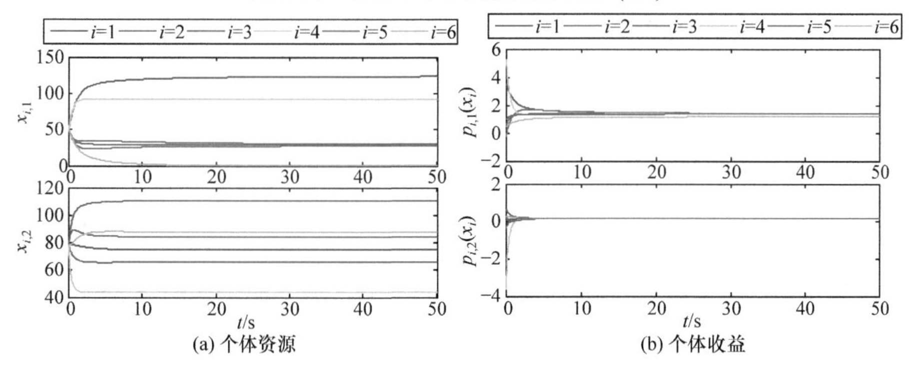

(a) 个体资源　　(b) 个体收益

图 9-25　存在单个非割点截断节点(LRDDA)

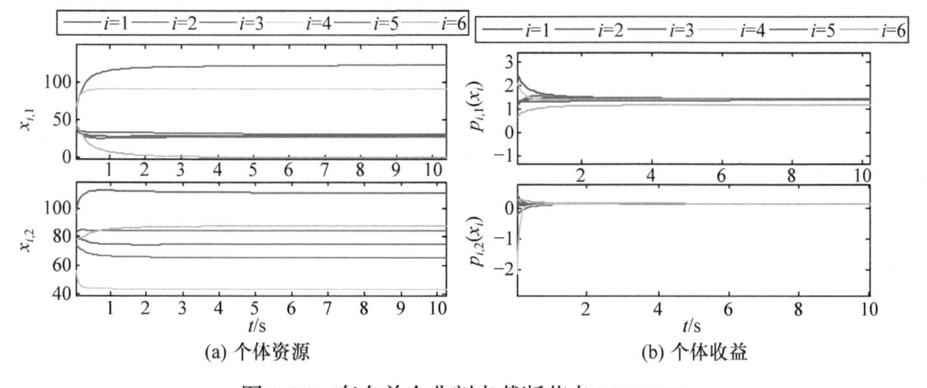

(a) 个体资源　　(b) 个体收益

图 9-26　存在单个非割点截断节点(LREDA)

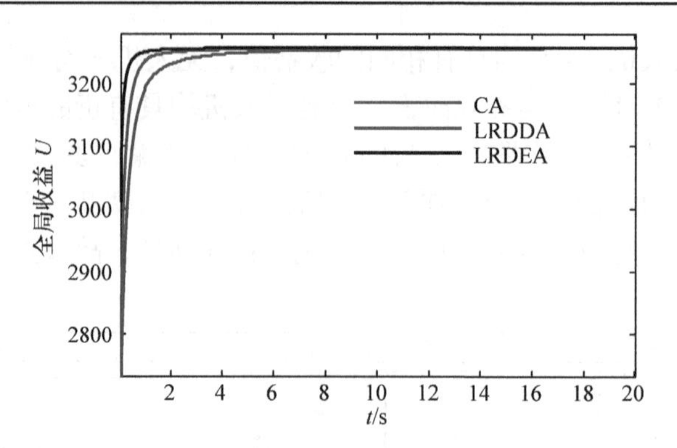

图 9-27 全局收益对比(存在单个非割点截断节点)

表 9-4 存在单个非割点截断节点时的结果对比

	集中式算法 CA (最优解)	基于群体动力学的分布式算法	
		LRDDA(同步)	LREDA(异步)
x_1	[123.5099,74.7578]	[123.2513,74.7578]	[123.5092,74.7578]
x_2	[27.1247,65.6938]	[27.0372,65.6938]	[27.1246,65.6938]
x_3	[28.7867,110.7725]	[28.8251,110.7723]	[28.7867,110.7725]
x_4	[91.0583,43.6159]	[91.0952,43.6159]	[91.0584,43.6159]
x_5	[29.5203,84.4635]	[29.7807,84.4635]	[29.5211,84.4635]
x_6	[0.0001,87.6966]	[0.0105,87.6968]	[0.0000,87.6966]
全局收益	3256.8	3256.8	3256.8

将资源需求向量改变为 x_d=[200,467]^{T} 后进行仿真，结果如图 9-28—图 9-31 所示。进化曲线显示，三个算法的平衡点均满足以下条件：1)对第一类资源而言，无人机 1—4 具有相同的收益值，无人机 5 和 6 分配资源为 0 且其收益值小于均值；2)对第二类资源而言，所有无人机均具有正的资源量且收益值相同。由最优性条件得，此平衡点为问题的全局最优解。其次，在上述平衡点中，无人机 5 和 6 所分配的第一类资源为 0，所以节点 5 和 6 为截断节点。又因当前通信拓扑为环形结构，将节点 5 和 6 同时移除后子网络仍保持连通性，故节点 5 和 6 为非割点截断节点。由上述两组仿真结果可得，当系统中存在的截断节点为非割点时，本章所提出的两类分布式算法均可获得与集中式算法相同的性能并最终收敛到全局最优解处。

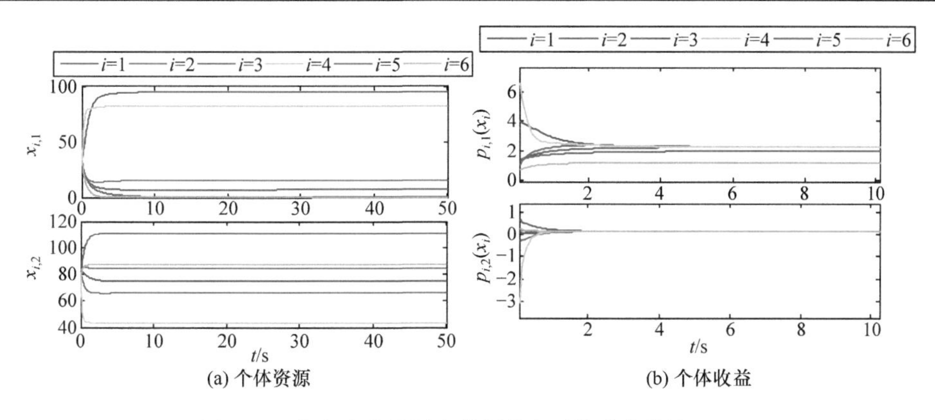

(a) 个体资源　(b) 个体收益

图 9-28　存在多个非割点截断节点时的进化曲线(CA)

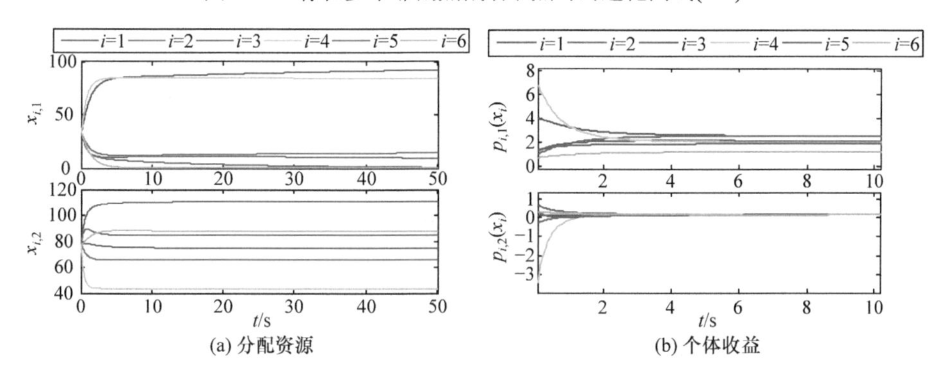

(a) 分配资源　(b) 个体收益

图 9-29　存在多个非割点截断节点时的进化曲线(LRDDA)

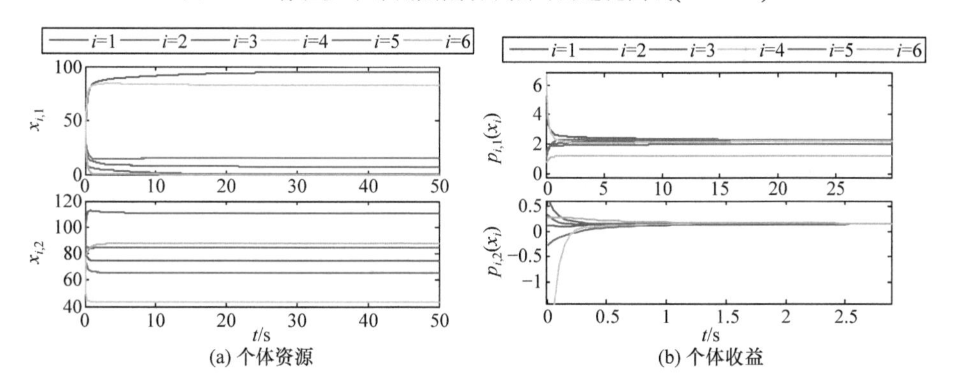

(a) 个体资源　(b) 个体收益

图 9-30　存在多个非割点截断节点时的进化曲线(LREDA)

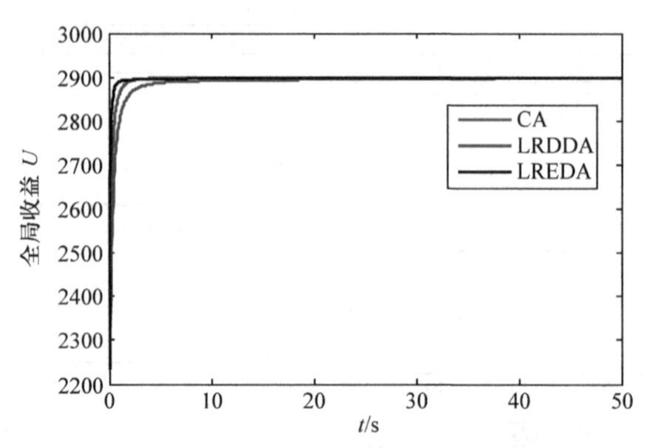

图 9-31 全局收益对比(多个非割点截断节点)

表 9-5 存在多个非割点截断节点时的结果对比

	集中式算法 CA (最优解)	基于群体动力学的分布式算法	
		LRDDA(同步)	LREDA(异步)
x_1	[95.1532,74.7578]	[91.8896,74.7578]	[95.1278,74.7578]
x_2	[15.5018,65.6938]	[14.3526,65.6938]	[15.5003,65.6938]
x_3	[7.0245,110.7725]	[9.4825,110.7723]	[7.0386,110.7725]
x_4	[82.3205,43.6159]	[83.4956,43.6159]	[82.3330,43.6159]
x_5	[0.0000,84.4635]	[0.7797,84.4635]	[0.0004,84.4635]
x_6	[0.0000,87.6966]	[0.0000,87.6968]	[0.0000,87.6966]
全局收益	2899.4	2898.3	2899.4
误差	-	0.38‰	0

(3) 存在割点

交换无人机 4 与无人机 5 的性能参数(见表 9-6)，并在如图 9-19 所示的通信网络下进行仿真，进化曲线如图 9-32—图 9-35 所示，算法收敛时的统计数据由表 9-6 给出。由集中式算法给出的全局最优解(图 9-32)可得，节点 4 与 6 为截断节点。又因将其移除后通信网络存在两个连通分量，故节点 4 与 6 为割点。仿真结果显示，割点的存在对分布式算法的性能产生了如下影响：

表 9-6 存在割点时的仿真参数

参数	取值	物理含义
n	6	无人机数量
m	2	资源种类
x_d	$[200,450]^{\mathrm{T}}$	需求向量
$x^{\max}$	$\begin{bmatrix}172,47,66,100,106,80\\86,70,120,90,45,100\end{bmatrix}^{\mathrm{T}}$	最大资源矩阵

续表

参数	取值	物理含义
c	$\begin{bmatrix}0.2,0.3,0.4,0.1,0.5,0.85\\0.85,0.4,0.5,0.2,0.4,0.8\end{bmatrix}^{\mathrm{T}}$	资源代价矩阵
T_s	50ms	采样时间

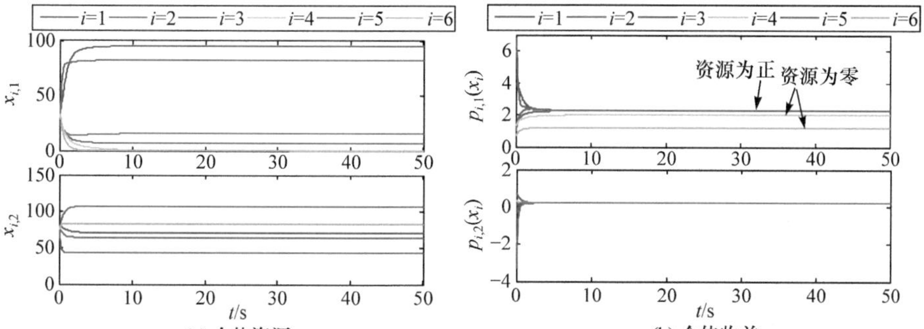

(a) 个体资源　(b) 个体收益

图 9-32　存在割点时的进化曲线(CA)

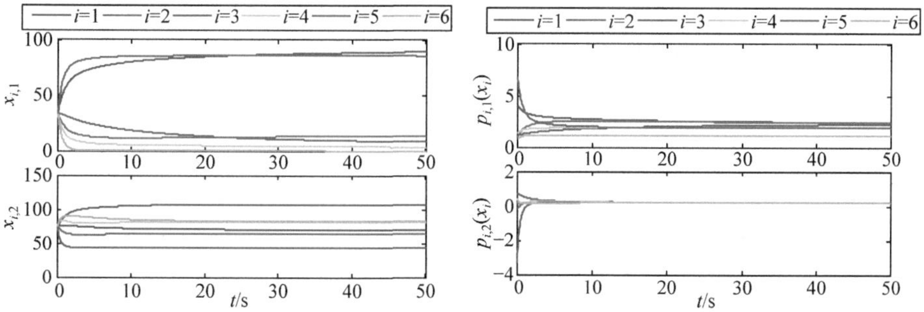

(a) 个体资源　(b) 个体收益

图 9-33　存在割点时的进化曲线(LRDDA)

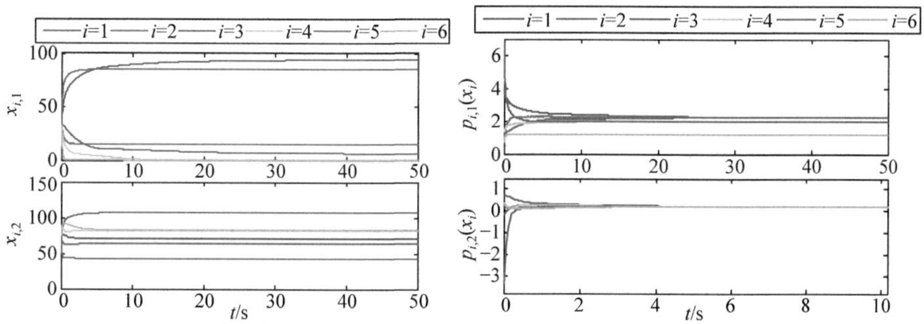

(a) 个体资源　(b) 个体收益

图 9-34　存在割点时的进化曲线(LREDA)

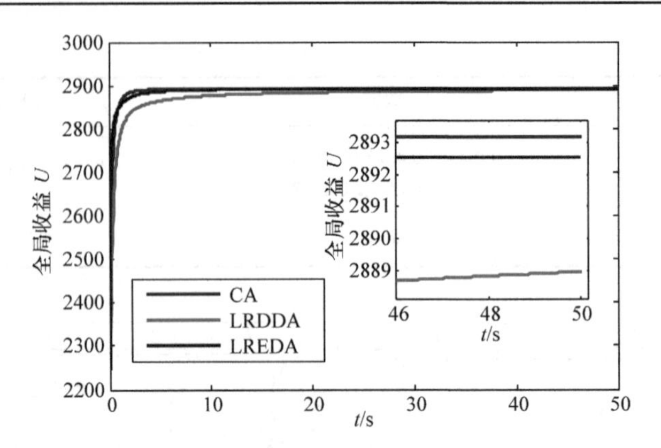

图 9-35　全局收益进化曲线对比(存在割点)

表 9-7　结果对比(存在割点)

	集中式算法 CA (最优解)	基于群体动力学的分布式算法	
		LRDDA(同步)	LREDA(异步)
x_1	[95.1532,70.4142]	[89.4306,70.4163]	[94.0053,70.4142]
x_2	[15.5018,64.0301]	[13.3475,64.0294]	[15.0499,64.0301]
x_3	[7.0245,107.2073]	[8.1913,107.2041]	[6.2160,107.2073]
x_4	[0.0000,82.3244]	[3.4533,82.3226]	[0.0000,82.3244]
x_5	[82.3205,43.0811]	[85.5773,43.0811]	[84.7289,43.0811]
x_6	[0.0000,82.9430]	[0.0000,82.9466]	[0.0000,82.9430]
全局收益	2893.20	2889.0	2892.5
误差	—	1.5‰	0.24‰

1) 在分布式算法 LRDDA 中，当节点 4 与 6 所分配的第一类资源量收敛到 0 时，由更新公式(9-35)和公式(9-36)可得，不论其当前收益值与其邻居的大小关系如何，此时节点 5 必处于稳定状态。此外，在平衡点处，节点 1, 2, 3 关于第一类资源具有相同的收益。然而，因为节点 5 与节点 1, 2, 3 的收益值关系无法保证，且具有资源量为 0 的节点其收益值未必小于资源量为正的个体。所以，在上述仿真参数设计下，LRDDA 平衡点的全局最优性无法保证。此外，与上述仿真结果类似，LRDDA 收敛速度比集中式算法与分布式算法 2 慢，因此在 50s 仿真之后并未严格收敛，其分配结果与最优结果之间在全局收益这一评价尺度上具有 1.5‰的误差。当仿真时间增加时，该算法收敛到全局收益为 2892.5 的局部极小点，与全局最优解误差为 0.24‰。

2) 在分布式算法 LREDA 中，根据公式(9-49)和公式(9-50)，当节点 4 与 6 的第一类资源量收敛为 0 时，虽然节点 5 的收益大于等于其邻居这一特性可以保证，但割点 4 与 6 的存在同样使得节点 5 与其余节点(1,2,3)的收益值关系得不到任何的保证。仿真结果显示，在算法的平衡点处，对第一类资源而言节点 1，2，3 收益值均为 2.6，节点 5 的收益值为 2.006，均大于节点 6 的收益值 1.1765 与节点 4 的收益值 2，因此该状态是稳定的局部极值点。

3) 虽然分布式算法 1 需要较长的时间严格收敛至平衡点处，然而从图 9-35 中的全局收益进化曲线对比结果可以看出，该算法在 t=5s 就已经达到了与全局最优解误差小于 1%的精度。此外，分布式算法 2 在 t=5 时所得结果与全局最优解误差仅为 0.17%。

根据理论分析与仿真实验结果，对所提资源分配算法特点总结如表 12 所示：

1) 集中式算法。

该算法利用进化博弈全局群体动力学进行同步状态更新，可保证在任何参数配置下收敛至全局最优解，且具有较快的收敛速度(小于 5s)。然而，由于对全局信息的依赖性，该算法必须在通信拓扑为完全图或者存在中央节点的情况下方可实现。

2) 分布式算法。

分布式算法 LRDDA 和 LREDA 分别利用局部群体动力学特性与最大差别邻居间的资源交换进行状态更新。由于缺少了全局信息的支持，分布式算法只可保证在通信拓扑为双向连通图且最优解中不存在割点的情况下收敛至问题的全局最优解。当系统中存在割点时，分布式算法稳定平衡点与全局最优解的一致性无法保证，因此依赖于问题的具体参数，算法有可能陷入局部极值点。虽然收敛速度较之于集中式算法存在劣势，然而从全局收益的质量上衡量，上述两种分布式算法均可在较短的时间内给出与全局最优解误差在 1%左右的分配结果。

表 9-8　算法性能对比

	集中式算法 CA	基于群体动力学的分布式算法	
		分布式算法 LRDDA	分布式算法 LREDA
更新规则	全局群体动力学	局部群体动力学	基于群体动力学的资源交换
信息来源	全局信息	局部信息/邻居信息	局部信息/邻居信息
网络结构	完全图	连通图	连通图
时序	同步	同步	异步
收敛性	任何情况	任何情况	任何情况
最优性	任何情况	系统不存在割点	系统不存在割点
陷入局部极值	从不	存在割点	存在割点
收敛速度	快	稍慢	快

(4) 动态环境

为验证所提算法在动态变化环境(包括无人机个体性能变化、通信拓扑变化、任务需求变化等)下的有效性，进行如下仿真实验：在时间区间 0—12.5s 内，仿真参数设置与 5.4.3 节相同。在 t=12.5 处，由于无人机个体的性能损耗、无人机个体与目标之间位置的改变等因素，无人机资源代价矩阵 c 发生如下变化

$$c=\begin{bmatrix}0.2,0.3,0.4,0.1,0.5,0.85\\0.85,0.4,0.5,0.2,0.4,0.8\end{bmatrix}^{\mathrm{T}}\rightarrow c'=\begin{bmatrix}0.90,0.3,0.4,0.1,0.5,0.1\\0.85,0.4,0.5,0.2,0.4,0.2\end{bmatrix}^{\mathrm{T}}$$

式中，无人机 1 与无人机 6 提供第一类资源的代价系数分别从 0.2 与 0.85 变为 0.90 与 0.1，无人机 6 提供第二类资源的代价系数从 0.8 降低至 0.2。

从图 9-36 至图 9-39 给出的仿真结果可知，所提两种分布式算法均可快速地对无人机性能参数变化作出响应，并以当前状态为起始点重新收敛至新的平衡点，全局收益值由 2890 增大至 3540。在只利用局部邻居信息的情况下，分布式算法 2 具有与集中式算法相同的收敛速度与解精度，可在 2s 内收敛至新的平衡点，而分布式算法 1 的收敛速度则稍慢于前两者。此外，上述仿真结果也显示了基于网络进化博弈群体动力学资源分配方法的另外一个特性，即当总资源需求不发生变化而其他参数发生改变时，算法不必进行重新初始化亦可收敛至全局最优。由分配资源进化曲线(见图 9-36(a)—图 9-38(a))可知，在系统第一阶段(0—12.5s)的最优解中，分配给无人机 6 的第一类资源量为 0。若以此状态作为第二阶段的初始值，则系统必收敛至局部最优解，因为无人机 6 的资源量将一直保持为 0 的状态。事实上，由于资源量的变化速度正比于当前分配值，所以当分配值趋近于 0 时，收敛速度大幅度减慢，这使得算法需要很长的时间严格收敛至 0。基于此特性，所提算法在第一阶段并未严格收敛至 0，而是得到了一个极小的正实数。因此，如图 9-36(a)—图 9-38(a)所示，系统以当前状态(不存在个体资源量严格为零的情况)为起点，迅速收敛至全局最优点，而没有出现当某一个体所分配某一类资源量严格为 0 时算法陷入局部最优解的情况。

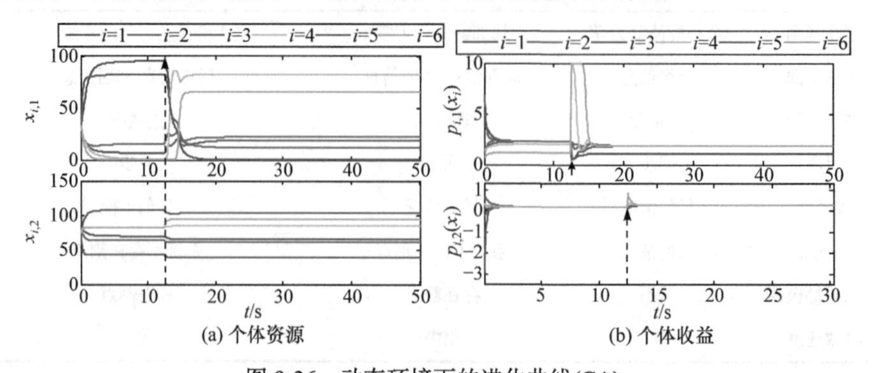

(a) 个体资源　　(b) 个体收益

图 9-36　动态环境下的进化曲线(CA)

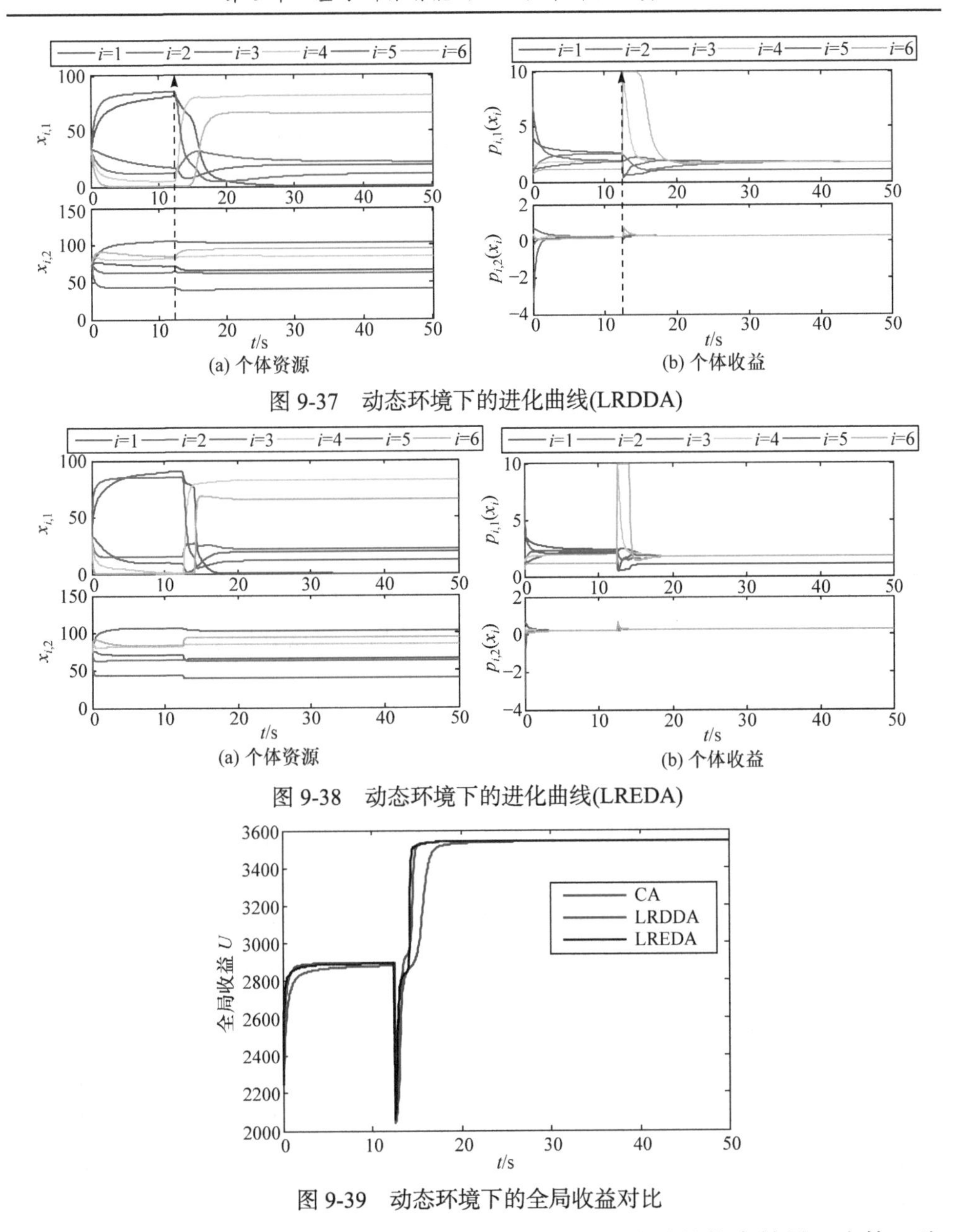

图 9-37　动态环境下的进化曲线(LRDDA)

图 9-38　动态环境下的进化曲线(LREDA)

图 9-39　动态环境下的全局收益对比

图 9-40 给出了仿真环境中存在资源需求发生变化时的仿真结果。在第一阶段中，资源需求向量为 $x_d=[200,450]^{\mathrm{T}}$。在第 25s 处，第一类(第二类)资源需求总量分别增加(减小)至 250(400)。在这种情况下，需对无人机个体进行资源的重分配，仿真中依然采取将所需资源在所有个体间平均分配的策略。从仿真结果中可以看出，所提两种分布式算法依然可以对由所需资源总量变化做出快速响应，并具有与集中式算法相近的性能。

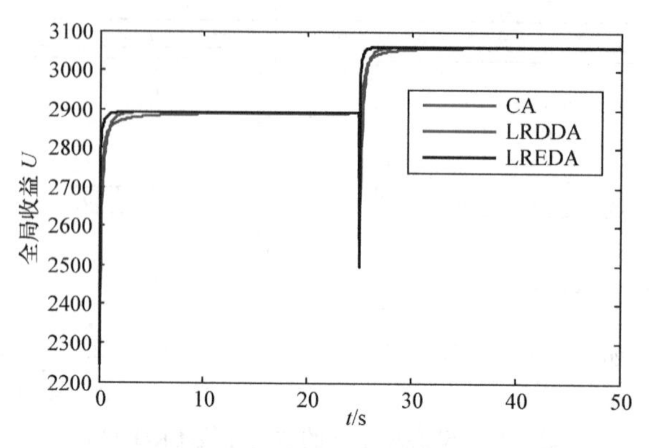

图 9-40　全局收益对比(资源需求发生变化)

9.4　本 章 小 结

本章在网络进化博弈软控制的框架下，利用 PSO 机制研究了特殊个体对二维正则晶格上重复囚徒困境博弈进化特性的影响，重点分析了特殊个体比例，权重以及博弈强度对合作行为的影响。研究结果表明，基于群体智能的特殊个体可以在很大的参数范围内提高种群的合作比例，同时可消除进化结果对初始过程中随机因素的依赖性。其次，增加特殊个体的比例并不能促进群体合作比例，相反地，过多的特殊个体会延长进化博弈的收敛过程，并引起周期性的震荡。此外，在大于零的附近存在一个最优的特殊个体比例值，可同时保证最优的群体合作比例与最快的收敛速度。最后，相对于固定的特殊个体比例而言，较小的 ω，即充分利用邻居中的群体信息，可极大地促进群体中合作的产生；相反，较大的 ω，即过多的依赖于自身的历史信息，将阻碍合作行为的产生。本章研究结果不仅可解释特定场景下合作行为的涌现机制，同时也可为大规模多智能体系统中的合作机制设计提供新的思路。

在以上研究基础上，本章利用网络进化博弈群体动力学特性，对无人机集群连续动态资源分配问题进行了研究。首先，建立了无人机集群连续资源分配模型，并推导了其最优解条件与特殊情况下的解析解；其次，分别基于局部群体动力学特性与局部最大差异邻居间的资源交换设计了两种分布式分配算法，并对其收敛性与最优性进行了证明。理论分析表明，在系统中不存在割点的情况下，所提分布式算法均可渐近收敛至全局最优解。当系统中存在割点时，算法可能陷入局部极值点，这取决于问题的具体参数设置。最后，在不同条件下进行了数值仿真验证，并与传统的集中式算法进行了对比。结果显示，所提分布式算法具有良好的收敛速度与解精度，并可快速响应由不同因素带来的系统动态变化并重新收敛至新的平衡点。

参 考 文 献

[1] 段海滨, 孙昌浩, 史玉回. 群体智能研究进展[J]. 中国自动化学会通讯, 2013, 34(3): 65-74.

[2] Sun C.H., Duan H.B. Impact of shill intervention on the evolution of cooperation[J]. Physica A: Statistical Mechanics and its Applications, 2015, 434: 171-180.

[3] Sun C.H., Duan H.B. Markov decision evolutionary game theoretic learning for cooperative sensing of unmanned aerial vehicles[J]. Science China: Technological Sciences, 2015, 58(8): 1392-1400.

[4] Li P., Duan H.B. A potential game approach to multiple UAV cooperative search and surveillance[J]. Aerospace Science and Technology, 2017, 68: 403-415.

[5] Li P., Duan H.B. Robustness of cooperation on scale-free networks in the evolutionary prisoner's dilemma game[J]. EPL, 2014, 105(4): 48003.

[6] 张维迎. 博弈论与信息经济学[M]. 上海人民出版社, 2004.

[7] Smith J.M. Evolution and the Theory of Games[M]. Cambridge University Press, 1982.

[8] Lewontin R.C. Evolution and the theory of games[J]. Journal of Theoretical Biology, 1961, 1(3): 382-403.

[9] Vilone D., Ramasco J.J., Sánchez A., et al. Social and strategic imitation: the way to consensus[J]. Scientific Reports, 2012, 2: 686.

[10] 刘永奎. 复杂网络及网络上的演化博弈动力学研究[D]. 西安电子科技大学, 2010.

[11] Thomas B. On evolutionarily stable sets [J]. Journal of Mathematical Biology, 1985, 22(1): 105-115.

[12] Taylor P.D., Jonker L.B. Evolutionary stable strategies and game dynamics[J]. Mathematical Biosciences, 1978, 40(1): 145-156.

[13] Nowak M.A., Sasaki A., Taylor C., et al. Emergence of cooperation and evolutionary stability in finite populations[J]. Nature, 2004, 428(6983): 646-650.

[14] 孙昌浩. 基于网络进化博弈的多无人机动态资源分配[D]. 北京航空航天大学, 2015.

[15] Duan H.B., Sun C.H. Swarm intelligence inspired shills and the evolution of cooperation[J]. Scientific Reports, 2014, 4: 5210.

[16] 龙涛. 多 UCAV 协同任务控制中分布式任务分配与任务协调技术研究[D]. 国防科技大学, 2006.

[17] 孙昌浩, 段海滨. 基于进化势博弈的多无人机传感器网络 K-覆盖[J]. 中国科学: 技术科学, 2016, 46(10):1016-1023.

[18] 段海滨, 李沛. 基于生物群集行为的无人机集群控制[J]. 科技导报, 2017, 35 (7) :17-25.

[19] Yu W., Chen G., Lu J. On pinning synchronization of complex dynamical networks[J]. Automatica, 2009, 45(2): 429-435.

[20] Han J., Li M., Guo L. Soft control on collective behavior of a group of autonomous agents by a shill agent [J]. Journal of Systems Science and Complexity, 2006, 19(1): 54-62.

[21] Wang X., Han J., Han H. Special agents can promote cooperation in the population [J]. PloS one, 2011, 6(12): e29182.
[22] Cheng D., He F., Qi H., Xu T. Modeling, analysis and control of networked evolutionary games. IEEE Transaction on Automatic Control, 2015, 60(9): 2402-2415.
[23] Brede M. Short versus long term benefits and the evolution of cooperation in the prisoner's dilemma game[J]. Plos One, 2013, 8(2): e56016.
[24] Zhang J., Zhang C., Chu T., et al. Resolution of the stochastic strategy spatial prisoner's dilemma by means of particle swarm optimization[J]. Plos One, 2011, 6:e21787.

第 10 章　基于群体智能的无人机集群自主协调集成飞行验证

10.1　引　　言

无人机自主集群是一项融合了蜂拥控制、通信网络设计、控制算法与通讯技术耦合、任务规划、路径规划以及编队控制等多项关键技术的一体化技术，而集成验证是将各项关键技术从理论研究拓展到工程应用的关键性环节。目前，民用领域的无人机集群正处于灯光秀表演的热潮中，比如 2018 年元宵西安 500 架无人机特技、韩国平昌冬奥会千架无人机表演以及七夕长沙上空无人机大型灯光秀(如图 10-1)。以上这些无人机集群表演主要采用高精度定位技术，无人机本体的自主性并没有得到有效发挥，关于无人机集群自主控制技术的实质化验证依然仅在以美国为代表的军事强国的相关研究项目中有所流露，最为典型的代表性验证是 2017 年 1 月在“山鹑”(Perdix)微型无人机项目。在该项目中，美国采用 3 架 F/A-18 战斗机释放出 103 架 Perdix 无人机(如图 10-2)，集群间通过信息共享进行协调决策，很好地展示了其先进的无人机集群自主控制技术。

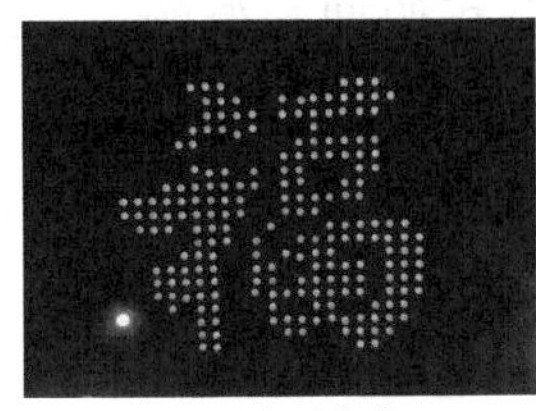
(a) 西安元宵节

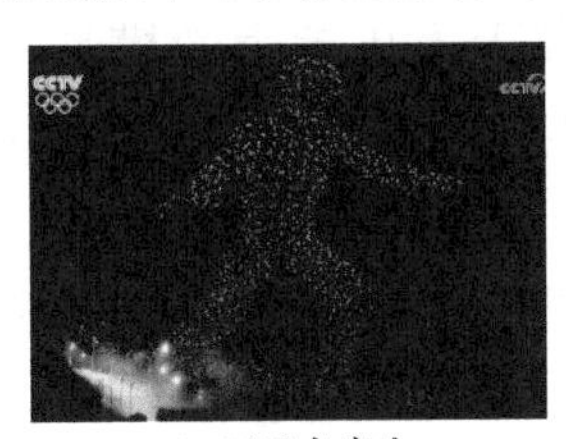

(b) 平昌冬奥会

(c) 长沙七夕节

图 10-1　无人机集群灯光秀表演

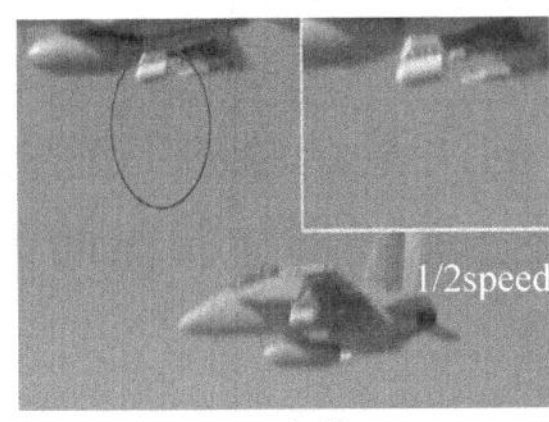

(a) F/A-18释放Perdix

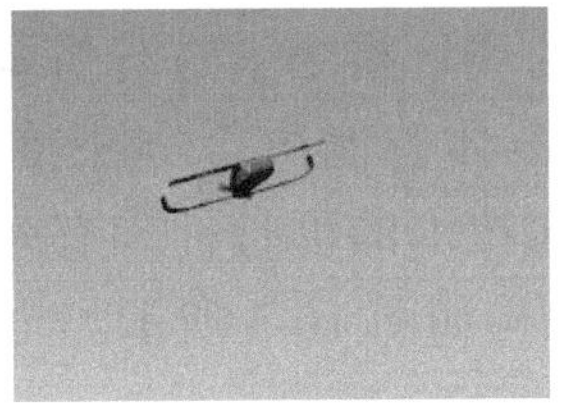
(b) Perdix无人机

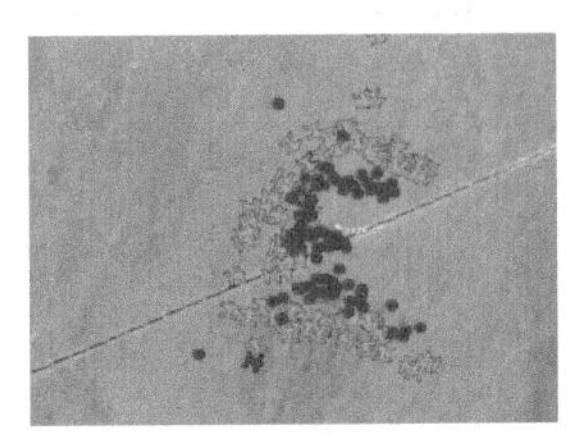
(c) 集群执行任务

图 10-2　美国“山鹑”微型无人机项目验证

本章旨在将前文所提出的无人机集群控制算法，在无人机集群自主协调平台上进行集成验证，有效发挥群体智能的优势，赋予无人机个体以智能能力，以提高单平台的自主水平。本章根据无人机自主协调控制的需求以及群体智能在无人机上的功能映射，完成四旋翼无人机软硬件平台的搭建，实现四旋翼无人机的自主控制，并能根据群体行为形成智能集群，具备一定的集群内部避撞和规避外部障碍能力[1]。相关技术验证成果已在 2018 年 6 月 28 日至 7 月 6 日在河北涞水中国电科电子科技园举办的“无人争锋”智能无人机集群系统挑战赛、8 月 26 日至 27 日在北京航空航天大学举办的“圆梦天使杯”国际空中机器人大赛等赛事中得到了有效应用。

无人机平台采用分层递阶的管理与控制系统体系结构，实现无人机集群从任务管理与规划到控制执行的决策、管理与控制，支持群体智能集成验证[2]。将无人机平台的自主控制系统分为任务管理层和飞行器管理层：任务管理层主要负责管理无人机集群编队自主协调平台的任务/航路规划及任务执行过程，从任务层次上对平台进行管理；飞行器管理层的核心在于速度和姿态控制系统，可进行无人机平台设备管理等。无人机平台配置机载自主飞行系统和协调感知需要的传感器系统、监控无人机飞行的地面站、机载传感器和云台的地面控制站、通信链路(包括飞行遥操作链路和信息传输链路)、电源等辅助设备。在无人机自主控制系统设计过程中，采用前述建立的无人机模型进行系统搭建和控制参数调整。根据常用的姿态控制算法结构和常规布局的四旋翼无人机动力学模型，分析俯仰、偏航、滚转三个飞行通道间的耦合关系与信号反馈通路，设计通用的姿态控制规律框架结构。无人机上装载感知所需的传感器，可通过通信链路在需要时将信息交互给其他无人机和地面站。地面站给出任务和飞行的预规划，并对飞行过程进行监控。基于群体智能的无人机集群自主协调过程和决策结果均在地面站上进行显示。为测试和验证基于群体智能的无人机协调的任务执行和处理能力，飞行测试中设定了编队飞行、目标分配以及协同跟踪。各无人机在自身飞行管理给出的飞行指令下进行协调飞行。当遇到感知的外部环境或指令变化时，根据群体智能决策方法给出的决策结果进行任务调整，以验证前述相关方法和技术的可行性和有效性。基于群体智能的无人机集群自主协调平台系统架构如图 10-3 所示。

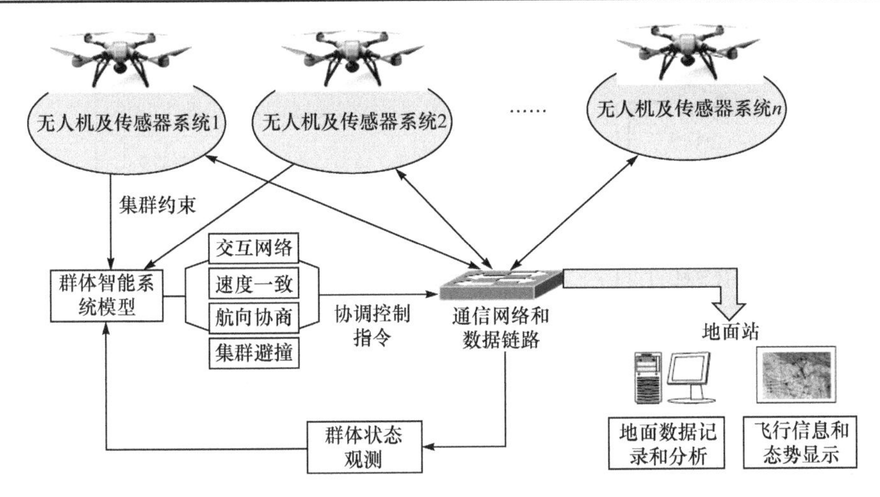

图 10-3　基于群体智能的无人机协调平台架构

10.2　基于群体智能的无人机集群飞行综合验证平台

10.2.1　硬件平台搭建

具备自主飞行能力的四旋翼无人机硬件系统是一个包含控制处理单元、多传感器组合、飞行动力、数据传输等模块的综合系统。良好的无人机平台应具备高可靠性、可扩展性、低成本可维护性，并能满足自主控制和协调控制的设计需求[3, 4]。搭建无人机硬件平台包括根据性能要求选择四旋翼无人机的机架、动力系统、电源系统、无线数据传输装置、飞行控制芯片、传感器等部件，集成开发地面站模块、电源管理模块、导航模块和无线通讯模块等[5]。不同的功能模块组成无人机自主控制的必要部分，各个模块之间相互配合，指示无人机当前状态，在系统开发中集成调试，服务于无人机自主飞行及群体智能的实现[6]。四旋翼无人机的硬件系统如图 10-4 所示，四旋翼无人机平台的组成主要包括任务计算机、飞行控制板、GPS 模块、锂电池、分电板、遥控器组件、无线数传、无线网卡、地面站控制台、电调、电机以及桨叶等。其中任务计算机和飞行控制板是无人机的主控系统，集成在飞行控制板中的微型加速度计、气压高度计、磁罗盘以及外接的 GPS 模块组成无人机的传感器系统，电调、电机及桨叶为无人机提供动力，遥控器组件、无线数传和无线网卡(Wi-Fi 网络)形成无人机之间以及无人机与地面站之间的通信链路。

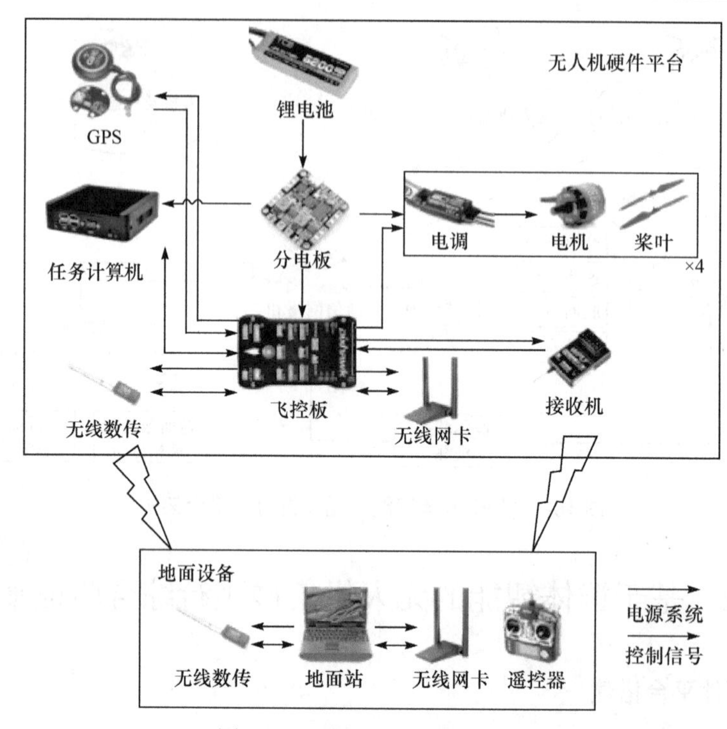

图 10-4　无人机硬件平台框架

四旋翼无人机机体和动力系统由机架、电机、电子调速器、桨叶等组成。机载任务计算机运行单机自主和协调控制程序，读取飞行控制板以及各传感器数据，输出飞行任务信号，如飞行速度保持、航路点生成、航路点跟踪以及起飞/降落指令，通过连接无线通信设备，实现无人机之间以及无人机与地面站的信息交互，同时机载任务计算机还应具备一定的接口扩展性，方便后续开发与升级，因此要求任务计算机具有丰富的外围接口。此外，任务计算机还应具备存储空间大、功耗低、体积小、重量轻，易安装等特点。飞行控制板是整个飞行控制系统的核心，负责采集传感器的数据，接受任务计算机的指令，捕获遥控器 PWM 信号，生成电机控制指令，控制无人机姿态和轨迹，同时与机载任务计算机以及地面站进行信息交互。飞控处理器应具备可靠性高、计算能力强、处理速度快等特点。在满足性能指标的前提下，在经济允许的范围内，应尽量选择精度较高的传感器和通信距离较远的无线通信设备。同时，传感器应尽量选择使用简单、通信接口通用，以便上层任务计算机及飞控系统调用。通信系统是无人机之间以及无人机与地面站保持信息交互的重要手段。通过不同通信方式，实现无人机之间以及无人机与地面站实时获取当前系统状态，并通过机载任务计算机综合信息进行协调控制。最终搭建完成的四旋翼无人机平台实物如图 10-5 所示。

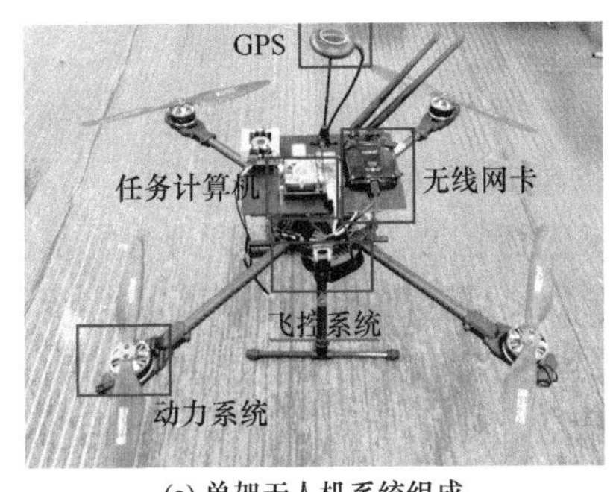

(a) 单架无人机系统组成

(b) 多无人机系统

图 10-5　四旋翼无人机硬件平台

10.2.2　软件系统设计

在完成四旋翼无人机硬件平台搭建后，进一步设计无人机平台软件系统。软件程序的可行性、完整性直接关系到无人机平台能否完成既定自主控制和协调控制目标，软件系统需要与硬件系统相结合，在现有资源的基础上，完成相应功能的开发[7]。四旋翼无人机平台的软件开发主要分为单机自主飞行控制和协调控制两大部分，本节将从单机飞行控制处理、数据通信及处理、任务计算机软件设计、故障失效保护与备份操作、地面站软件等角度介绍无人机软件系统的具体实现过程[8]。

无人机单机自主飞行控制包括姿态环控制律、位置环控制律、多传感器融合算法、故障和失效保护等，主要由飞控处理器实现[9, 10]。采用经典 PID 控制算法设计飞行控制律，该算法具有较好的鲁棒性和可靠性，其中四旋翼无人机的动力学模型以及姿态、位置、引领-跟随编队控制方法在前述章节中已有详细描述，在此不再赘述。数据通信和处理在无人机飞行控制系统中至关重要，在无人机之间及单机飞控计算机和任务计算机之间传输状态信息和控制指令。根据设备的不同采用多种通信协议类型[11]。通过上述接口完成传感器的数据采集、无人机与地面站、任务计算机与飞控计算机、多架无人机之间的信息交互任务。无人机协调控制包括双机引领-跟随控制、避撞控制、基于群体智能行为的协调等，主要由机载任务计算机通过通信网络的信息交互配合完成。采用的机载任务计算机操作系统为 Ubuntu，协调控制软件通过开源机器人操作系统(Robot Operating System, ROS)实现。ROS 是用于机器人的一种后操作系统，或次级操作系统，提供类似操作系统所提供的功能，包含硬件抽象描述、底层驱动程序管理、共用功能的执行、程序间的消息传递、程序发行包管理，包含一些工具程序和库用于获取、建立、编写和运行多机整合的程序[12]。任务计算机通过USB端口连接飞控计算机，通过 Mavlink 协议给飞控计算机发送任务指令，同时接收飞行状态，通过无线数传和无线网卡传输至地面站或者其他无人机，在运行协调控制算法时，综合通信范围内其他无人机的信息，实现分布式协调控制。

无人机的故障失效保护通过飞控计算机软件实现，该功能运行在第二级的 PPM 编码处理器上，设计有两种故障保护模式：飞行控制代码无法正常运作的情况下允许操作人员通过遥控器对无人机进行控制；当检测到遥控器信号丢失时，启动设定好的自动模型进行响应(一般为回到起飞点自行降落)[13]。飞行测试过程中的无人机飞行状态与控制指令等数据记录在飞控计算机的存储设备中，同时在任务计算机中设计程序记录相关信息，在完成飞行测试后可进行数据回放和分析。无人机地面站软件采用开源地面站 Mission Planner，该地面站通过 Mavlink 协议与无人机进行通信。四旋翼无人机的软件系统框架如图 10-6 所示。

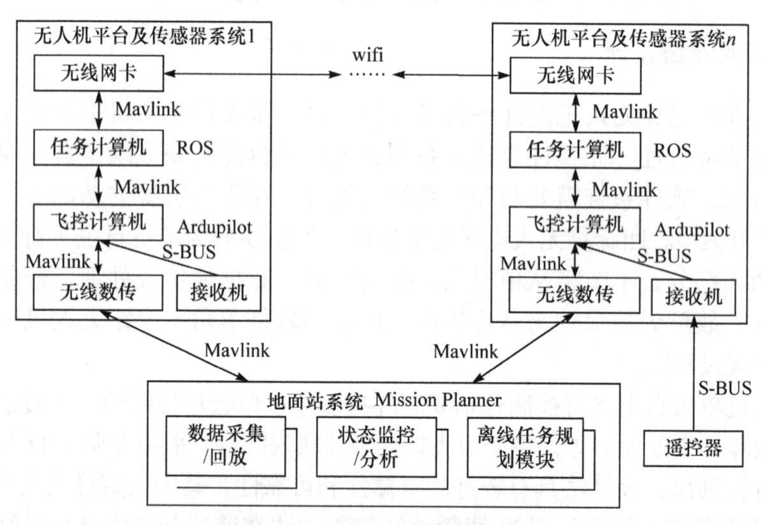

图 10-6　无人机软件平台框架

在实现无人机飞行中，还需要对协调控制算法进行相应的调整以适应无人机实物存在的干扰与偏差[14]，设第 i 架无人机所需的速度控制输入由群体中其他无人机的速度和它们之间的相对距离决定，可表示为

$$v_i^d(t) = f_i(\{x_j(t)\}_{j=1}^N, \{v_j(t)\}_{j=1}^N) \tag{10-1}$$

式中，N 为编队中无人机的总数；函数 f_i 包括无人机控制系统中的所有特性。在理想情况下，无人机 i 在 t 时刻的速度应该被控制到 $v_i^d(t)$，但是在实际系统中，应该考虑下列误差：

1) 无人机飞行中的惯性。在飞行中，无人机无法瞬间改变姿态和速度。假定无人机的飞行控制器已经调整到最佳，将 $v_i^d(t)$ 作为底层控制系统的输入后，控制系统的输出以指数收敛，具有常值时延 τ_{CTRL}。通过 PID 控制器的调参可以满足上述条件，同时规定无人机加速度的最大值为 $a_{\max}$。

2) 传感器噪声。在控制系统中应该考虑速度传感器和位置传感器的噪声。例如，提供位置信息的 GPS 装置的误差可以建模为具有标准差 σ_s 的随机函数 $\eta_i^s(t)$，其他传感器的误差可以通过建立相似的随机函数来确定。

3) 传感器刷新频率。传感器输出的刷新频率从本质上决定了控制系统的输出反应时间和无人机运动的敏捷性。考虑所有传感器刷新频率的下限，刷新频率为常值 t_s^{-1}。

4) 通信距离限制。无人机之间的通信具有距离范围限制 r_c，该距离限制为常数。如果无人机之间的距离大于 r_c，则无法产生群集相互作用，函数 f_i 具有距离限制 $\left|x_j - x_i\right| < r_c$。

5) 时间延迟。无人机接受到传感器数据并计算其他无人机的位置和速度时，由于传输时延和计算时延，控制器输出将落后于实际速度变化。将传输时延和计算时延一起考虑为具有常值时延 t_{del}。

6) 环境噪声。群集飞行中应该考虑环境噪声(比如风干扰)对无人机加速度的影响，将这些干扰噪声建模为具有常值标准差 σ 的高斯噪声 $\eta_i(t)$。

考虑以上所有的时间延迟和误差干扰，实际无人机系统的定义可以看作是对集合 $\{\tau_{CTRL}, a_{\max}, r_c, t_{del}, t_s, \{\eta_j(t), \eta_j^s(t)\}_{j=1}^N\}$ 的定义。由于时间延迟 t_{del} 和通讯距离 r_c 难以精确测定，具有一定的随机性，且对于群集飞行的稳定性具有重大影响，所以在设计分布式控制算法 f_i 时应该考虑不同的时间延迟和通讯距离。

每个无人机系统的运动模型可以写成加速度变化形式

$$a_i(t) = \eta_j(t) + \frac{v_i^d(t) - v_i(t) - v_i^s(t)}{|v_i^d(t) - v_i(t) - v_i^s(t)|} \cdot \min\{\frac{v_i^d(t) - v_i(t) - v_i^s(t)}{\tau_{CTRL}}, a_{\max}\} \tag{10-2}$$

进而得到速度变化

$$\begin{aligned} v_i^d(t) = & f_i(\{x_j(t - t_{del}) + x_j^s(t - t_{del})\}_{j \neq i}, x_i(t) + x_i^s(t), \{v_j(t - t_{del}) \\ & + v_j^s(t - t_{del})\}_{j \neq i}, v_i(t) + v_i^s(t)) \end{aligned} \tag{10-3}$$

式中，x_j^s、v_j^s 分别为随机噪声 $\eta_j^s(t)$ 反映在速度和加速度上的测量噪声，可通过解二阶随机微分方程 $\ddot{x}_i^s(t) = \dot{v}_i^s(t) = \eta_i^s(t)$ 得到；函数 f_i，$\{\cdots\}_{j \neq i}$ 为所有无人机分布式控制律的集合，f_i 的计算依赖于无人机 i 自身的位置和速度和经过一定时延后其他无人机的位置和速度，并且计算频率为 t_s^{-1}。

10.3　集群自主协调飞行验证

10.3.1　基于鸽群行为的编队

在将前述章节的基于鸽群智能的分布式控制律应用于实际无人机集群系统

时，主要考虑下面两个因素[3, 15-19]：

1) 代入分布式协调函数f_i的位置和速度信息基于产生相对作用的个体间的相对坐标系，个体运动的计算不需要全局信息

$$f_i = f_i(\{x_j(t-t_{del}) - x_i(t) + x_j^s(t-t_{del}) - x_i^s(t)\}_{j\neq i},$$

$$\{v_j(t-t_{del}) + v_j^s(t-t_{del})\}_{j\neq i}, v_i(t) + v_i^s(t)) \tag{10-4}$$

2) 当个体与多个邻居产生相对作用时，f_i是成对的f_{ij}的和

$$f_i = \sum_{j=1}^{N} f_{ij}(\tilde{x}_j - \tilde{x}_i, \tilde{v}_i, \tilde{v}_j)\theta(r_c - |\tilde{x}_i - \tilde{x}_j|) \tag{10-5}$$

式中，$\theta(x)$为通信距离的函数，当$x<0$时，$\theta(x)=0$为邻居个体j超出通信范围；当$x\geqslant 0$时，$\theta(x)=1$，表示邻居个体j在通信范围内。$\tilde{x}_i$，$\tilde{v}_i$分别为位置和速度的测量值，包括随机噪声$\tilde{x}_i = x_i + x_i^s$，$\tilde{v}_i = v_i + v_i^s$。

群集无人机的驱动需要设计群集运动的分布式算法，使得整个无人机编队稳定运动、避开障碍、形成相互关联的群集并具有自组织的特性。群集运动的算法基于鸽群运动中的相互作用和自主驱动机制，个体在群集中的运动状态变化取决于邻居和环境变量的改变。将鸽群运动中的速度变化映射到无人机的飞行速度上时，无人机编队的运动就可以反映鸽群中多种相互作用机制产生的效果。下面将详细描述映射在无人机上的几种鸽群行为机制的具体形式。

首先将无人机定义为具有速度v_{flock}的自驱动粒子

$$v_i^{SPP} = v_{flock}\frac{v_i}{|v_i|} \tag{10-6}$$

在自驱动群集模型中，为了避免个体间的碰撞，定义局部的线性排斥力

$$v_{ij}^{rep} = \frac{D(|d_{ij}| - r_0)}{|d_{ij}|} d_{ij}\theta(r_0 - |d_{ij}|) \tag{10-7}$$

式中，$d_{ij} = x_j - x_i$为个体i，j之间的距离；D为排斥力的强度；r_0为排斥力产生的距离范围，当个体间的距离小于r_0时，产生排斥作用。假设在范围r_0内，位置测量的噪声也能够引起排斥力的幅值变化，则线性的排斥力函数要优于高阶的排斥力函数。因为位置测量的噪声在高阶的排斥力函数中可能导致位置的突然变化或者位置输出的奇异。如果能够更加精确地测量无人机的位置，可以尝试加入高阶的排斥力函数。

个体与邻居的速度一致性。将群体的速度一致反映在实际系统的控制算法中时，该算法应该满足三个条件：1)算法应该是分布式的；2)算法应该对相邻个体的速度差具有一定的容忍度；3)算法应该对个体的速度大小具有限制。在考虑黏滞摩擦的情况下，定义个体与邻居的速度一致作用为

$$v_{ij}^{frict} = C_{frict} \frac{v_j - v_i}{(\max\{r_{\min}, |d_{ij}|\})^2} \tag{10-8}$$

式中 C_{frict} 为群体速度一致的强度；$r_{\min}$ 为速度一致产生作用的最小距离限制，为了避免 d_{ij} 为零时导致无法计算一致速度。在产生群体一致行为时，个体的最大速度 $v_{\max}$ 和参数 C_{frict} 具有限制。在个体与邻居相距较远时，个体受到的吸引力不应小于排斥力，即当 d_{ij} 较大时不应产生 $C_{frict} \ll v_{flock} |d_{ij}|^2 / 2v_{\max}$，参数 v_{flock} 和 C_{frict} 应该根据最大速度限制和个体间的相互作用范围进行选择。

群集运动中存在一个非常重要的特点：整个群体具有一定的边界位置限制，为了保持群集运动的整体性，个体不应脱离群集运动而单独行动。在设计群集运动规则时，这一群集运动的基本特征可以通过加入周期性边界限制来体现，特别是对较大规模的群集运动进行仿真验证时。在应用无人机进行实际验证的情况下，周期性的边界限制条件可以通过降维的几何限制实现，比如在水平面上设定方形的边界限制。

设定群集的边界限制为具有排斥力作用的正方形围笼，在正方形边界上设置虚拟个体，当个体尝试超出边界限制时，虚拟个体将产生排斥力将个体驱赶回区域中心。边界上虚拟个体对群集中个体的作用定义为

$$v_i^{shill} = C_{shill} \cdot s(|x_a - x_i|, \tilde{R}(x_i, x_a, R), d)(v_{flock} \frac{x_a - x_i}{|x_a - x_i|} - v_i) \tag{10-9}$$

式中，C_{shill} 为边界上虚拟个体产生排斥力的强度；x_a 为区域中心的坐标；$s(x,R,d)$ 为虚拟个体产生的排斥力函数

$$s(x,R,d) = \begin{cases} 0, & x \in [0,R] \\ \sin(\frac{\pi}{d}(x-R) - \frac{\pi}{2} + 1), & x \in [R, R+d] \\ 1, & x > R+d \end{cases} \tag{10-10}$$

式中，$\tilde{R}$ 为边界形状函数，这里定义为边长为 R 的正方形。

在完成无人机姿态飞行、定点飞行和航路点飞行的平台测试后，对基于鸽群智能的无人机自主协调控制进行飞行试验。试验中三架无人机采用自动模式，同时使用了 GPS、气压计和加速度计提供的速度、加速度、绝对位置和高度的信息，用于实时获取无人机在三维空间中的地面坐标系位置，同时无人机通过无线通信网络交换彼此的位置和速度信息，鸽群智能机制给出无人机在水平面上的速度和航向角指令及高度指令。基于鸽群智能的自主飞行测试时无人机的三维飞行轨迹如图 10-7 和图 10-8 所示，图中显示的位置数据为相对坐标，无人机的相对坐标原点为第一个航路点，坐标为东经 116.3452887°，北纬 39.9768621°，飞行高度为 5m。

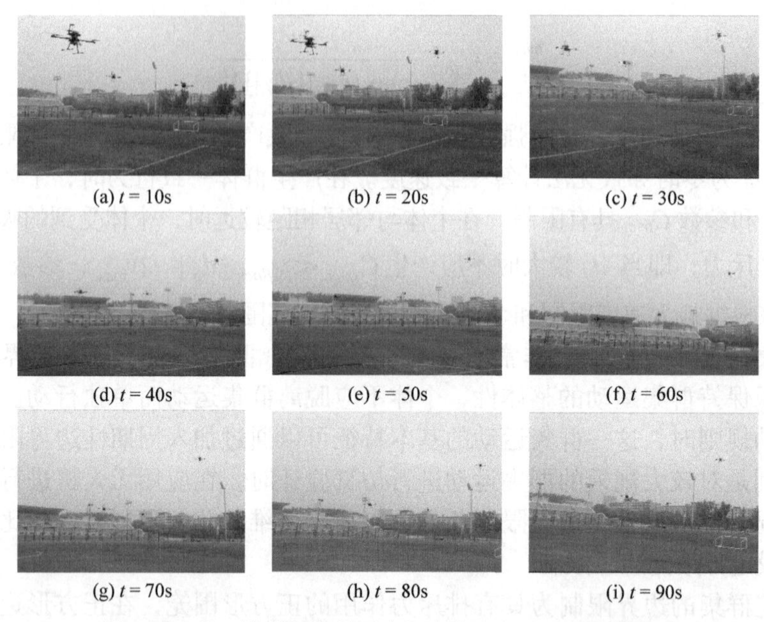

图 10-7　基于鸽群智能的无人机自主飞行试验(后附彩图)

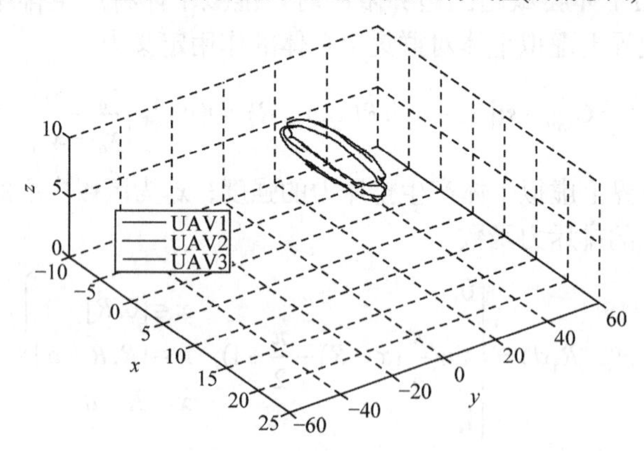

图 10-8　基于鸽群智能的无人机的自主飞行轨迹

由图可见，三架无人机能够保持编队飞行，自主飞行性能良好，无人机能够稳定在期望的邻居附近，由于传感器精度和外界干扰的存在，无人机的飞行轨迹具有微小的偏移和调整，无人机飞行过程中通过无线通信网络进行相对距离的调整。由于 GPS 和高度气压计的性能限制，在整个自主飞行过程中无人机的水平位置误差为 0.5m 左右，高度误差为 0.5m 左右。

10.3.2　基于雁群行为的编队

继续对所设计的基于雁群行为机制的无人机编队控制方法进行验证[20-22]。如前文所述，根据雁群行为机制的启发，提出了三个原则进行无人机编队的设计：寻找长机原则、寻找邻居原则以及飞行方向原则。本章通过所搭建的无人机验证平台对上述雁群行为机制原则进行验证，首先是寻找长机原则，设定开始进行编队后，所有无人机中具有接受任务能力并飞在编队最前方的无人机为长机。对于寻找邻居原则，验证中假设距离自身几何距离最近的无人机为邻居。在确定了长机以及邻居后，将对自身的飞行方向进行判断，在雁群编队飞行过程中，只有头雁进行飞行方向决策，从雁只负责跟随头雁飞行，仿照这一行为机制，在无人机编队飞行过程中，只有长机接受任务指令并带领僚机执行任务，而僚机则会跟随其前方最近的邻居飞行，飞行的位置由长机根据任务指令设定，并且初始时刻僚机在长机的左侧，则其会向其邻居的左侧预设位置飞行，反之，则会向其邻居的右侧预设位置飞行。

假设共有三架无人机进行编队飞行，如图 10-9 所示，三架无人机位置是随机放置，每一架飞机初始时在编队中的位置并不固定，在编队开始时，三架飞机通过自身状态判断自身在下一步编队飞行过程中所处的位置。如图 10-9(a)，开始时，1 号无人机处于飞行方向上最前方，2 和 3 号无人机处于 1 号无人机左侧，于是在编队飞行过程中，1 号无人机担任长机位置，2 和 3 号无人机将飞在 1 号无人机左侧，经过编队飞行，形成图 10-9(a)右侧的编队队形。图 10-9(b)与图 10-9(a)情况相似，只是 2 和 3 号无人机将飞在 1 号无人机右侧，经过编队飞行后，形成图 10-9(b)右侧的编队队形。而图 10-9(c)在开始时刻，2 号无人机在 1 号无人机左侧，3 号无人机在 1 号无人机右侧，因此二者各自飞行在长机左侧和右侧。可以看出，在无人机编队开始时并没有设定好每一架无人机应该飞行的位置，而是在编队过程中，通过本章所设计的基于雁群行为机制的无人机编队控制系统形成有效编队，并进行下一步任务。

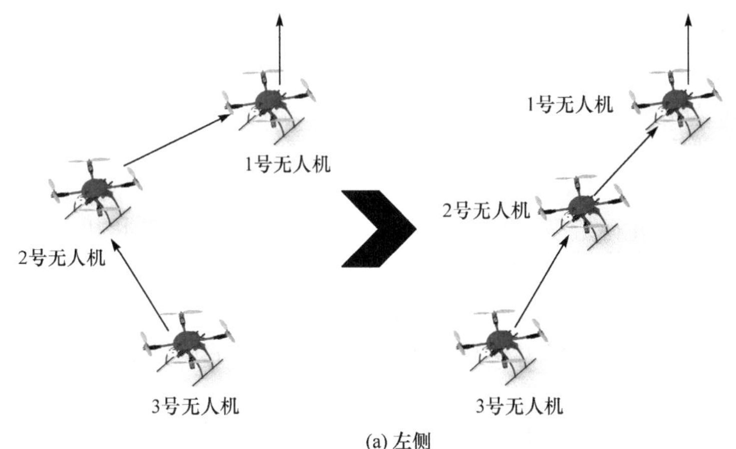

(a) 左侧

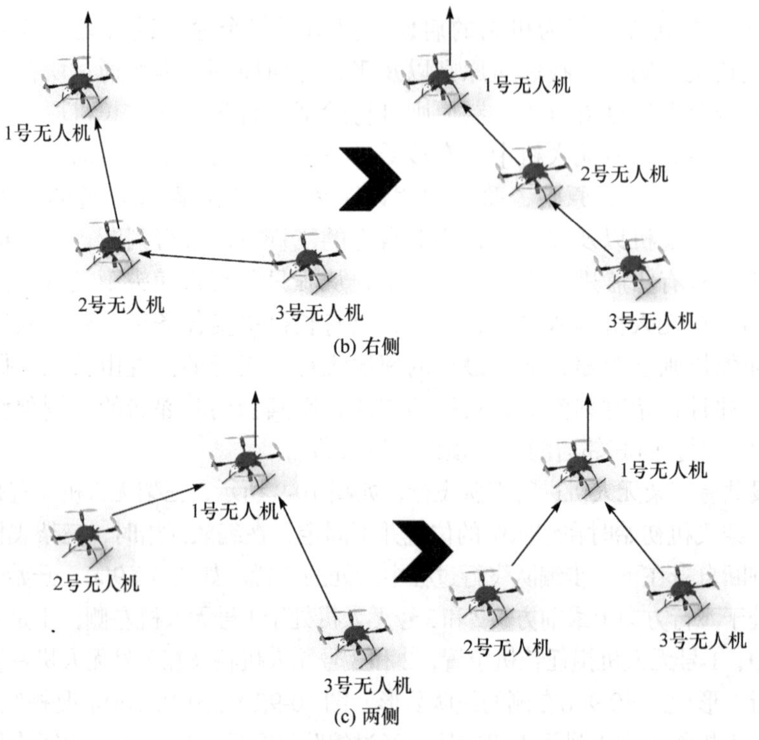

(b) 右侧

(c) 两侧

图 10-9 无人机平台编队方案

在实现单架无人机基本自主飞行基础上，通过地面站与多架无人机进行集中式控制，同时与多架无人机进行无线通信，持续获取和处理无人机的实时飞行信息，在任务计算机上运行编队控制程序，并将输出的控制指令发送给无人机。通过多无人机平台对设计的编队控制方法进行验证。

本章为验证所提出的基于雁群行为机制编队策略进行了外场试飞实验，首先僚机根据长机位置判断飞行的位置，根据相互位置及所设定的间距计算误差，通过编队控制器得到僚机跟踪速度。共进行三个场景试验：第一场景中，在长机左右两侧各放一架僚机进行编队飞行；第二个场景中，将两架僚机放在长机同一侧进行编队飞行；第三个场景中，将两架僚机放在长机同一侧，并进行长距离编队。进行编队之前，不明确设定僚机如何跟随长机，当编队开始后，僚机通过判断自身的位置，选择飞向长机的哪一侧；其中，长机期望速度设定为 1m/s，三架无人机的期望高度为 5m。滚转与俯仰通道的比例系数为 0.08，积分系数为 0.01，微分系数为 0.001。偏航通道的比例系数为 0.15，积分系数为 0.01，微分系数为 0。

第一个场景，当进行自主编队时，僚机通过判断自身所处在位置分别飞向长机左右两侧的斜后方。飞行图如图 10-10 所示，经过一段时间，无人机群成功形成“V”字形编队。图 10-11 为飞行过程中三架无人机实际位置图，圆圈表示无人机的起点，三角表示无人机飞行的终点，由图可见，僚机基本可以跟随长机进行运动，并根据所设定的编队距离与长机保持同步飞行，最终能够形成稳定的“V”字形编队。

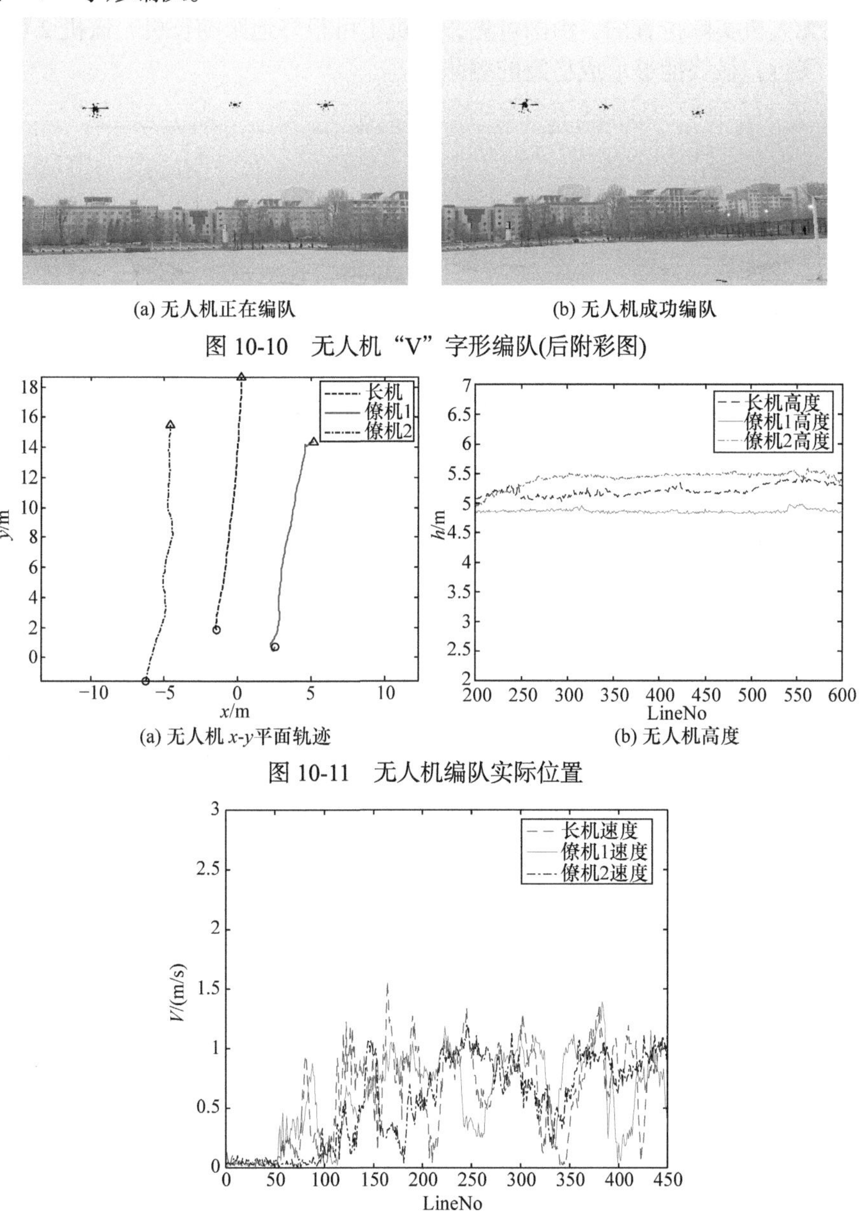

(a) 无人机正在编队　(b) 无人机成功编队

图 10-10　无人机“V”字形编队(后附彩图)

(a) 无人机 x-y 平面轨迹　(b) 无人机高度

图 10-11　无人机编队实际位置

图 10-12　无人机编队飞行速度

第二个场景，当进行自主编队时，僚机通过判断自身所处位置后，都飞向长机的右后方，其中靠后的僚机飞在了靠前的僚机斜后方。飞行图如图 10-13 所示，飞机在起飞后选择飞向长机右后方，经过一段时间，处于前方的僚机 1 可以跟上长机运动，而后方的僚机 2 还需要进一步跟随僚机 1，在经过一段时间后，僚机 2 成功跟随僚机 1 飞行，无人机成功形成梯次形编队。图 10-14 为飞行过程中三架无人机实际位置图，由图可见，僚机 1 可很好地跟随长机，僚机 2 可跟随僚机 1 飞行，最终能够形成稳定的编队。

(a) 无人机正在编队　　(b) 无人机成功编队

图 10-13　无人机梯次形编队(后附彩图)

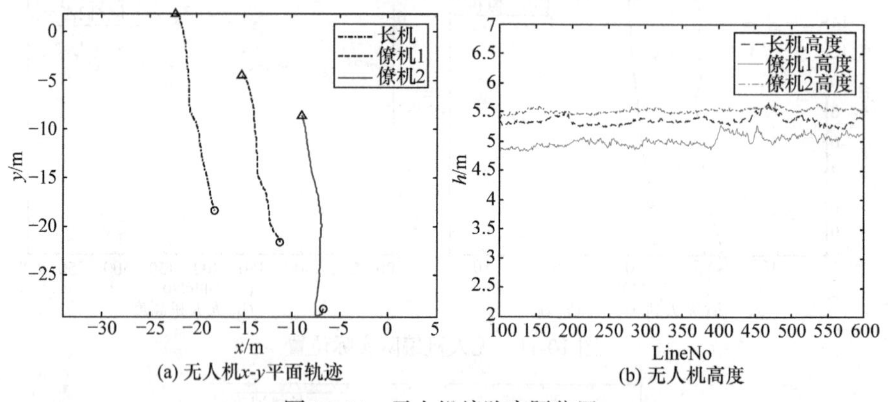

(a) 无人机x-y平面轨迹　　(b) 无人机高度

图 10-14　无人机编队实际位置

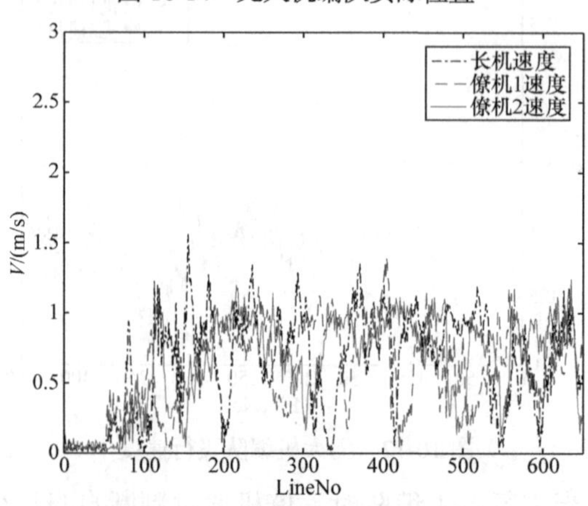

图 10-15　无人机编队飞行速度

第三个场景，将两架僚机放在长机同一侧，与试验二相反。当进行自主编队时，僚机通过判断自身所处位置后，均飞向长机的左后方，其中靠后的僚机飞在了靠前的僚机斜后方。飞行图如图 10-16 所示，飞机在起飞后选择飞向长机右后方，经过一段时间，处于前方的僚机 1 可跟上长机运动，而后方的僚机 2 还需进一步跟随僚机 1，在经过一段时间后，僚机 2 成功跟随僚机 1 飞行，无人机成功形成梯次形编队。图 10-17 为飞行过程中三架无人机实际位置图，由图可见，长机进行平飞或者转弯运动时，僚机 1 均可很好地跟随长机，僚机 2 可跟随僚机 1 飞行，最终能够形成稳定的编队。

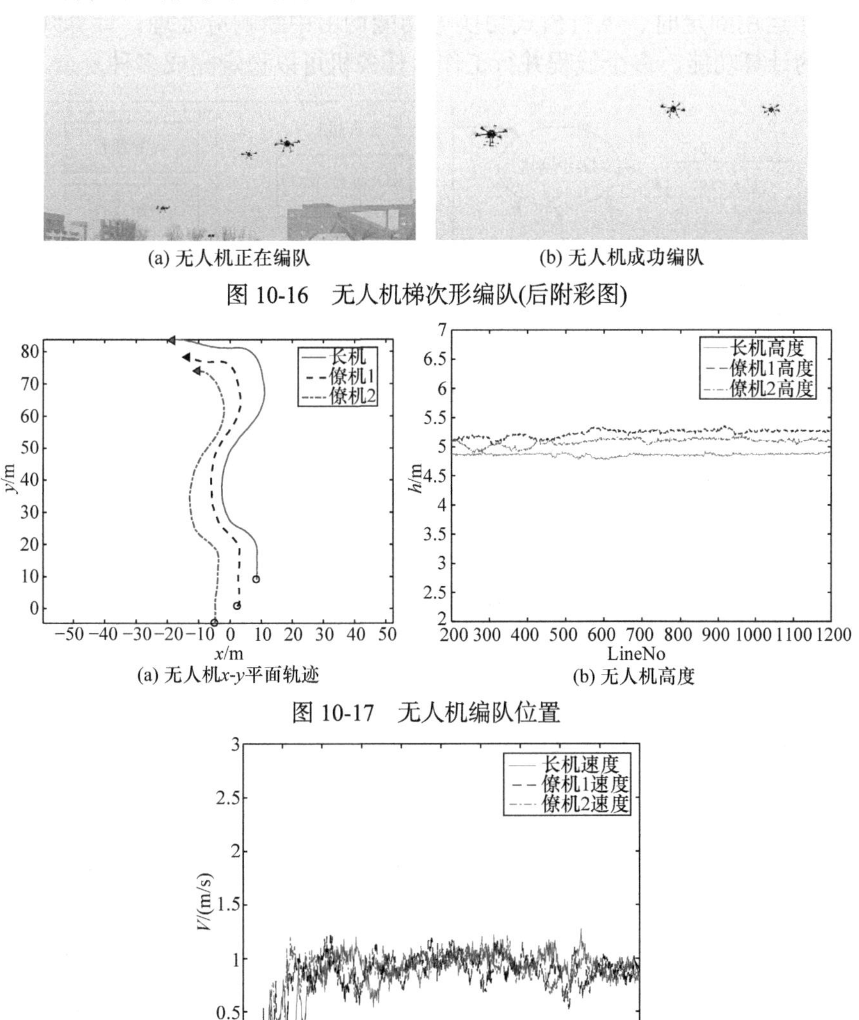

(a) 无人机正在编队　　(b) 无人机成功编队

图 10-16　无人机梯次形编队(后附彩图)

(a) 无人机 x-y 平面轨迹　　(b) 无人机高度

图 10-17　无人机编队位置

图 10-18　无人机编队飞行速度

10.3.3 基于狼群行为的目标分配

在本章工作中，将静态目标分配程序从 Matlab 移植到 C++环境中并进行部分简化，因为外场飞行验证远比数字仿真复杂，需要三架四旋翼验证平台，每个平台上安装分立的飞控板、任务机、无限网卡、电源等模块，可靠性低于台式电脑；试飞还受到气象、场地、GPS 信号质量等诸多因素限制，所以本章仅开展三机三目标验证[23, 24]。图 10-19 所示的多种线程是受 ROS 管理的，均运行在任务机上，通信线程管理任务机与飞控板的通信；中断线程处理中断响应，本章工作运用到定时、飞行模式切换等功能均由中断响应处理；计算线程管理处理器的计算功能。多个线程并行工作，任务机可以稳定完成多种复杂工作。

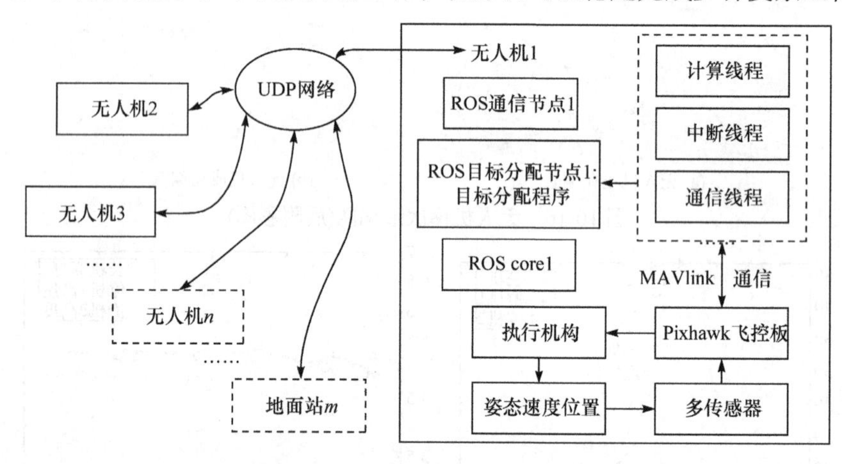

图 10-19　协同目标分配软件架构

在 ROS 下，每运行一个程序就开辟一个 ROS 节点，这些节点是相互关联而非独立的，ROS 的突出优势就是多对多的信息交流，好比一个公告板，任意 ROS 节点都有权限在“公告板”上发布话题，也有权限订阅话题，这样只要在相同 ROS 系统内，信息通过话题的形式可以自由传递，这样在写程序时，输入输出关系大幅简化。

首先需要运行主节点 roscore，相当于启动 ROS 系统，本章为目标分配程序单独开辟二号节点，再为多无人机通信开辟三号节点。二号节点开启 MAVlink 通信线程，将飞控板上传的信息解码，主要是处理时间信息，MAVlink Message 带有时间，需要将其剔除，解码后的信息提供给分配程序，任其使用。二号节点将无人机的预存目标信息和本体特征信息编码后加入 MAVlink Message，通过 wifi 网络一并广播出去，只要在 wifi 网络内的无线网卡均可接受信息。二号节点还会订阅其他无人机的位置、预存目标和特征信息，将自身位置、预存目标、本体特征和其他无人机的同类信息一同输入目标分配程序，求解分配结果，得到自身目标的位置。按照当前距离误差和自身与目标的速度误差得出速度指令，再通过通信线程发送给飞控板，驱使无人机飞向目标。

三号节点用于网络信息接收，即接收别的无人机的位置、预存目标和特征信息，此信息仍是 MAVlink Message 格式的，需要解码，再将解码后的信息以 ROS 话题的形式发布出去，然后二号节点内的任务分配程序可以订阅该话题，读取其他无人机的信息。

二和三号节点均可接受信息，需要解释二者的区别。二号节点接收同一架四旋翼的飞控板的 MAVlink Message，即只能直接读取自己的飞控信息；如果要读取邻居无人机的位置、预存目标或特征信息，只能通过订阅三号节点发布的话题来获得，三号结点是网络与二号节点之间的枢纽，接收网络上邻居无人机的信息，解码后以 ROS 话题的形式发布，供有需求的节点订阅。二号节点具备网络发送信息的功能，三号节点只收不发。

还应区分 ROS 信息共享与 wifi 网络的区别，每个任务机运行一个 ROS 系统，ROS 内的信息可以自由交流；但不同任务机有不同 ROS 系统，即使在同一个 wifi 网络下，不同 ROS 无法直接通信，因此需要将信息以 MAVlink Message 格式发送到 wifi 网络上，再由单独的程序接收信息并解码，发布到自身的 ROS 系统内。图 10-19 表现出多个 ROS 系统与 wifi 网络的关系，每个方框代表一个 ROS 系统，多机通信必须经由 wifi 网络，因为本章验证用到三架无人机，多余的无人机或者地面站以虚线框表示。现在进行两次基于狼群行为机制的无人机协同静态目标分配验证飞行，首先给出任务想定。

(1) 验证实验一

分配场景：在 30m×20m 的露天场地上，自南向北排布三架四旋翼验证平台，相邻间距 10m，四旋翼正方向统一指向西，便于后续转向。采用相对目标，每架无人机预存一个目标，即在验证前预先设定一个虚拟的目标，给出目标相对于四旋翼的距离和方向，但每架无人机的预存目标很可能不是最优的，需要无人机集群共享目标信息，依据自身特征与目标的匹配程度分配目标，得到目标位置即完成分配，随后进行目标跟踪，四旋翼飞抵目标上空。

这里采用相对目标而非绝对目标，若采用绝对目标，必须先解决目标感知定位问题，常见的方法包括基于计算机视觉的位姿测量和基于 GPS 的合作目标定位，前者不属于本章研究范畴，验证平台没有搭载相机。而后者仅适用于合作目标，即目标也加入 wifi 网络，主动向验证平台广播自身的 GPS 坐标，这与真实场景有一定差距；本实验场地较小，受 GPS 定位精度的限制，在先期测试中，无人机跟踪绝对坐标误差较大，故统一采用相对目标。三架无人机分配三个目标，每个验证平台预存目标、本体特征、相对目标方位如表 10-1、图 10-20(a)所示。

表 10-1　想定一的无人机及目标参数

参数	无人机 1	无人机 2	无人机 3
无人机特征	101	201	301
目标特征	300	100	200
目标相对方位/cm	目标 1 (–100, –2000)	目标 2 (–1500, –1600)	目标 3 (0, –1500)

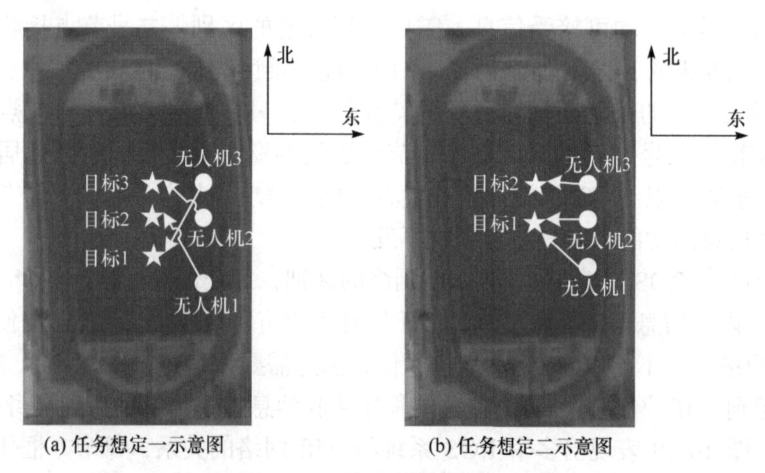

(a) 任务想定一示意图　(b) 任务想定二示意图

图 10-20　无人机任务想定图

因为任务场景是空旷的操场，不存在地形、敌方防空火力威胁，验证平台没有任务载荷，平台与目标的距离不超过 50m，所以代价公式中的 f_1, f_2, f_3, f_4 可以被忽略，验证飞行时目标代价取 0。因为目标集中且数量仅有 3 个，所以目标密度 *dens* 被忽略，完成目标概率 *succ* 取 1，影响目标分配的因素仅有目标价值 *val*。本章衡量目标价值方法如下，计算无人机特征与目标特征差的绝对值，越小说明目标与无人机匹配程度越高，每架无人机选取与自身匹配程度最高的目标。

如表 10-1 中无人机 1 的特征为 101，那么无人机 1 的最优目标是无人机 2 的预存目标，其次是无人机 3 的预存目标，最差是自己的预存目标。目标相对方位指预存目标相对于无人机本体的坐标，规定以正北为 x 轴方向，正东为 y 轴方向，如图 10-20(a)所示。无人机 1 的目标相对方位为(–200, –2500)，表明其预存目标在其南 200cm，西 2500cm 处，在无人机起飞并悬停开启目标分配程序，无人机计算出目标和速度指令后会存储该方向，也就是说虚拟的目标是固定的，不会因为无人机位置变化导致目标点实时移动。圆圈代表无人机起飞位置，由南到北的五星代表虚拟目标 1、2、3。

试飞验证步骤如下：

Step 1：将三架无人机验证平台沿南北方向放置在操场东侧跑道边缘，间距大于 10m，检查电池电压是否大于 15.6V、稳压模块输出电压是否接近 5V。

Step 2：飞控板和任务机上电，飞控板进入自检程序，等待 GPS 定位；启动任务机，此时验证平台放置在平地上，确保姿态水平稳定。

Step 3：采用 VNC 远程桌面依次连接三部任务机，组建局域 wifi 网络，将无人机 1/2/3 的 IP 地址改为 192.168.101.1/2/3，互 ping，检验网络是否联通。

Step 4：在终端中启动 roscore，运行目标分配节点和通信节点，每个平台执行一遍。

Step 5：按下 Pixhawk 安全按钮，由三名飞手解锁无人机，在悬停模式下起飞并悬停在不同高度上。因为本章未涉及无人机自主起降或避障，所以起降阶段由人工完成；为避免相撞，让无人机保持在不同高度飞行。

Step 6：飞行稳定后切换到制导模式，任务机会实时检测飞行模式，此时启动目标分配程序，计算出自己最优目标，求解得速度指令，输送给飞控板，驱动无人机飞向目标上空。当无人机接近目标后(目标半径设置为 1m)，此时速度降至 0，无人机在目标上空悬停。飞手切换到悬停模式，降落无人机。

任务分配飞行验证过程如图 10-21 所示，三架无人机验证平台升空后开始目标分配，再飞向目标点。

(a) 切换制导模式开始分配目标

(b) 得到目标后飞向目标位置

图 10-21　想定一中目标分配验证照片(后附彩图)

三机飞行航迹、俯仰角、偏航角、滚转角、速度曲线如图 10-22 和图 10-23 所示。图 10-22 中圆圈代表无人验证平台起飞时的位置，白色五星代表虚拟目标，即预存在任务机上的目标，二者与图 10-20(a)中的圆圈、五星对应。黑色五星是无人机最终悬停的位置，可见是存在一定误差的，无人机 1 与目标 2 偏差 9.9605m，无人机 2 与目标 3 偏差 5.1663m，无人机 3 与目标 1 偏差 7.0705m，平均误差为 7.3991m。受目标点半径、风力、GPS 定位精度、飞控板输出误差限等条件的影响，本实验中验证平台未能精确抵达目标点，但可以看出验证平台有跟踪目标的明显趋势，无人机 1 飞向目标 2，无人机 2 飞向目标 3，无人机 3 飞行距离最远，耗时最长，飞向目标 1，说明目标分配程序输出了正确结果。

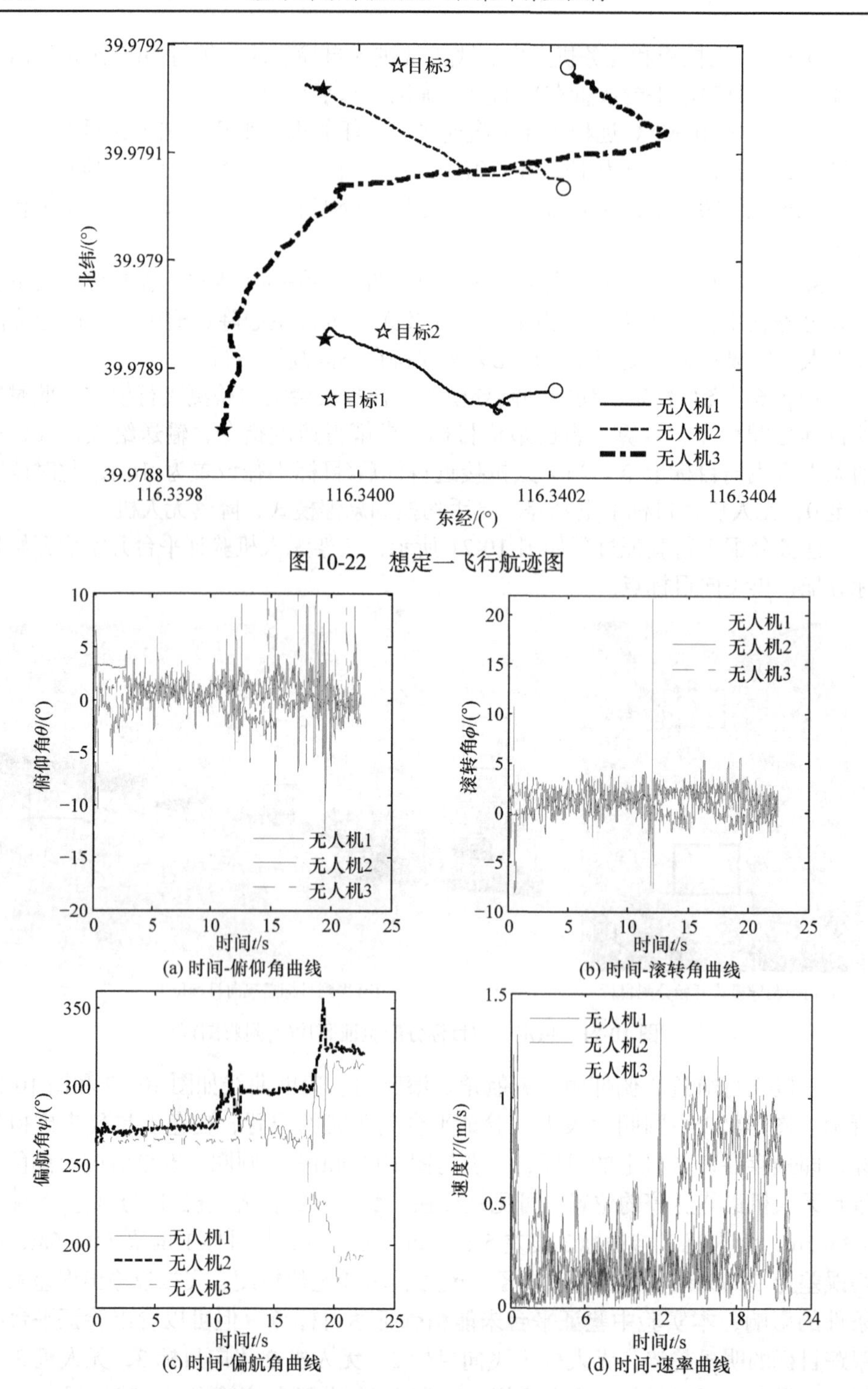

图 10-22　想定一飞行航迹图

图 10-23　想定一中无人验证平台飞行状态

观察图 10-23(a)俯仰角曲线和图 10-23(b)滚转角曲线，可见在 0—23s 飞行时间内，无人验证平台姿态基本保持平稳，俯仰角基本在−15°—10°范围内变化，滚转角大体在−5°—5°内变化。在 t=12s 时，无人机 1 出现大幅右滚转，滚转角 $\Phi_1 \approx 21°$，在图 10-23(d)速率曲线中也有变化。这是受到风干扰的结果，在控制程序作用下验证平台恢复了稳定姿态。无人机速率在 0—1.5m/s 范围内变化，这是制导模式下限速的结果。

重点关注图 10-23(c)中验证平台的偏航角变化，飞行过程中未锁机头指向，即无人机始终朝向目标飞行。在 0—18s 内，无人机 1 偏航角 $\Psi_1 \in (265°, 290°)$，此时无人机机头指向西方，与图 10-22 初始段航迹相符；在 18—23s 内其偏航角振荡增大，最终维持在 320°附近，此时机头指向西偏北方向，与图 10-22 相符。需要说明无人机 1 机头向西的时间比机头向西北的时间多约 13s，但向西飞行的航迹约为西北飞行航迹的 1/3，这是因为在切换制导模式后，任务计算机需要与飞控板建立 MAVlink 通信连接，此过程约 10s，期间飞控板无法接受外来的速度指令，水平方向指令为 0，机头指向不变，偏航角不变。

对于无人机 2，0—12s 大致指向西，13—18s 偏航角大约为 300°，转向西偏北飞行，20—23s 偏航角约为 320°，继续偏北，这与图 10-22 中无人机 2 先西后西北的航迹一致。无人机 3 偏航角变化趋势与二者相反，0—17s 内 $\Psi_3 \approx 265°$，无人机 3 缓缓向西偏南方向飞行，随后 Ψ_3 在 t=18s 时锐减至 220°，在 t=21s 时减至 190°，对应图 10-22 中无人机 3 向南飞行航迹。需要说明图 10-22 中无人机 3 在初始时刻航迹向东南方向延展，但偏航角基本不变，这是刚切换制导模式时飞控板未收到速度指令，所以机头未转向，偏航角不变；同时受到风干扰，水平位置向西南漂移。无人机 1 和 2 在切换到制导模式时漂移不明显，这是由于三架无人机在不同高度飞行，风向风力有细微区别。无人机 1 和 2 高度较低，而无人机 3 高度在 40—55m 间变化，受风干扰较为显著。

(2) 验证实验二

分配场景：在操场相同区域南北向排布三架四旋翼验证平台，仍采用相对目标，多无人机共享目标信息，采用基于狼群劳动分工机制的静态目标分配算法求解自身最优目标，得到目标位置进行跟踪，飞抵上空。此次共设置两个目标，目标一需要一架无人机，目标二需要两架无人机共同“模拟打击”。无人机特征、目标特征及目标相对位置如表 10-2 所示，实验场地如图 10-20(b)所示。

表 10-2　想定二的无人机及目标参数

参数	无人机 1	无人机 2	无人机 3
无人机特征	101	201	301
目标特征		100	300
目标相对方位/cm		目标 1 (0, −1300)	目标 2 (0, −1000)

同分配想定一，在执行分配时忽略目标代价，收益只考虑匹配程度。无人机 3 特征为 301，与特征为 300 的目标 3 最为匹配；无人机 1 和 2 与特征 100 的目标 1 匹配，则二者有相同的目标，应该飞到目标 1 上空。验证步骤与想定一相同，不加赘述，图 10-24 是验证过程的照片，图 10-25 和图 10-26 中给出三机航迹、俯仰角、偏航角、滚转角、速度曲线。

(a) 三架无人机开始目标分配

(b) 无人机1、2相互接近

图 10-24　想定二中目标分配验证(后附彩图)

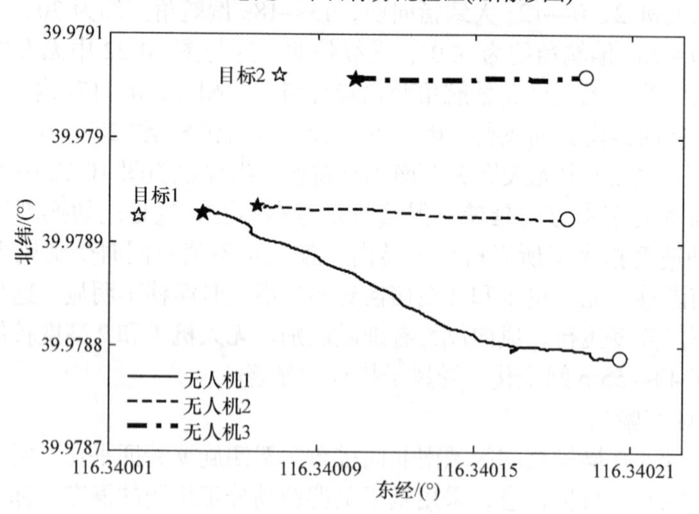

图 10-25　想定二飞行航迹图

从图 10-25 可见三架无人机飞向两个目标点，无人机 3 分配到目标 3，无人机 1 和 2 分配到目标 1，无人机起飞位置由白圈代表，实际终点由黑星表示，预存的目标位置用白星标记。可见仍留有误差，无人机 1 与目标 1 偏差 2.1365m，无人机 2 与目标 1 偏差 4.0286m，无人机 3 与目标 2 偏差 2.5451m，想定二验证结果的距离误差平均值为 2.9034m，比想定一平均误差 7.3991m 减小 60.76%，因为想定二的航迹比想定一简单得多，无人机 2 和 3 只需要直线飞行，无人机 1 飞向无人机 2 的预存目标；而在想定一中，三架无人机均不沿直线飞行，距离更远，结果误差更大。图 10-25 的结果与图 10-20(b)的预期一致，说明目标分配结果正确，验证成功。

观察图 10-26，无人机飞行时间一共 6s，因为两组验证飞行是连续进行的，飞控板与任务机的 MAVlink 没有中断，所以第二次飞行伊始没有长时间原地等待，而是即刻开始分配，随后飞向目标点。三架无人机的俯仰角、滚转角、速度均在合理范围内，主要研究图 10-26(c)中偏航角变化，无人机 2 和 3 的偏航角在 270°上下波动，对应图 10-25，二者沿直线向西飞行。而无人机 1 偏航角在 0—1.5s 内保持约 270°，1.5—3s 内上下波动，3—6s 稳定在 333°附近，与图 10-25 中无人机 1 向西偏北方向飞行一致，可说明三架无人机实现目标分配及跟踪。

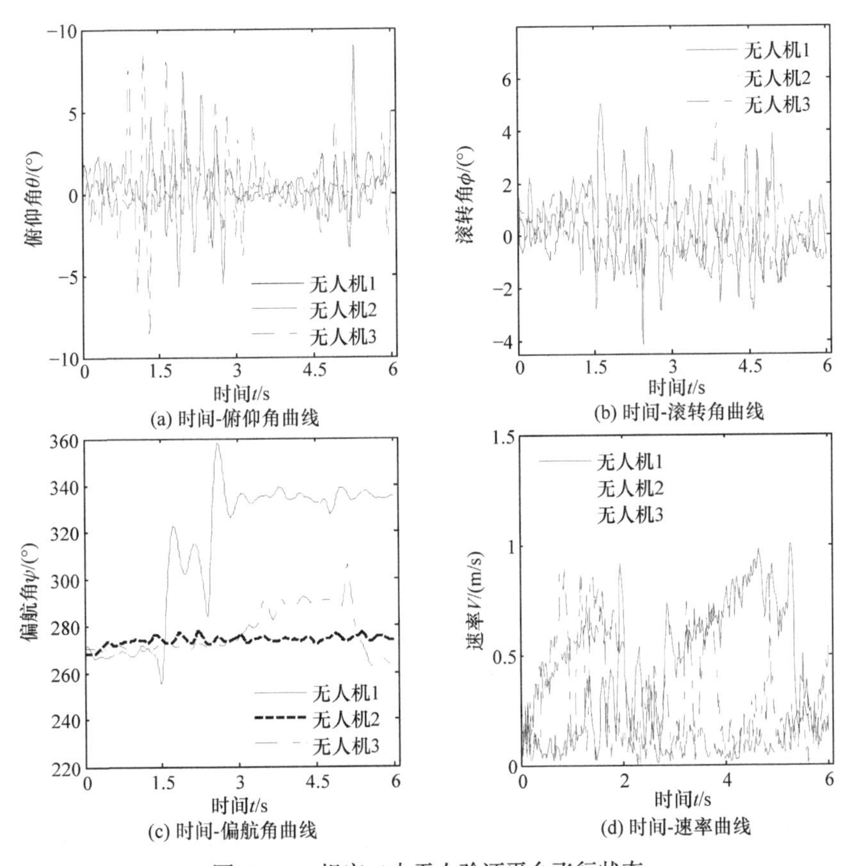

图 10-26 想定二中无人验证平台飞行状态

10.3.4 基于群体智能的协同跟踪

为进行协同跟踪测试，本节所设计的群集飞行任务流程如图 10-27 所示[25, 26]。飞机在起飞之后，上升到指定的高度，然后飞往提前设定的任务等待区域，在到

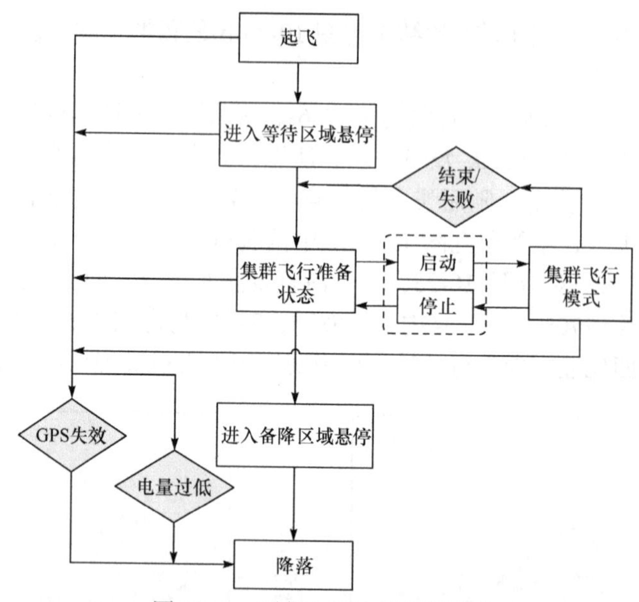

图 10-27　群集飞行的任务流程图

达指定的等待区域之后，向编队中的其他无人机发送准备完毕的消息，同时接收其他无人机信息，对集群的状态进行更新。当所有的无人机均起飞完毕，且进入设定区域后，任务计算机的集群状态监控节点对各个模块的运行情况进行检测，当所有模块均正常运行时，整个集群进入飞行准备完毕阶段，在收到开始指令或者在准备完毕一定时间后，开始进行集群飞行模式。在集群飞行模式时，根据本机和其他无人机的位置和速度，利用生物群集模型计算出速度、航向指令，发送给自动驾驶仪。当群集飞行模式启动失败，重新返回集群飞行准备状态，检查各模块工作情况，尝试再次启动集群飞行。在集群任务结束或收到任务结束指令后，无人机再次进入飞行准备阶段，然后飞往进行备降区域，准备降落。在整个试验的过程中，对无人机的 GPS、电量等安全状态进行监控，在遇到意外情况时，实施紧急降落。在整个飞行的过程中，只有在无人机处于集群飞行状态时，底层的自动驾驶仪才接收任务计算机的指令信号。而当无人机的集群行为出现异常或者本机的电量、GPS 等出现异常时，无人机退出集群飞行模式，同时无人机的控制权限由自动驾驶仪接管，从而保证飞行安全。

在进行多机协同飞行试验的过程中，与仿真实验存在如下区别：1)传感器测量噪声的存在，获取无人机位置、速度的GPS、加速度计、磁罗盘等传感器存在着误差；2)数据的延时和丢包，无人机通过无线网络收到其他无人机的位置和速度信息，不可避免地存在传输延时和数据处理耗时，当前得到的数据实际为邻居之前时刻的数据，计算社会力的公式如下 $f_i\left\{x_{m_j}(t-\tau_{del}),v_{m_j}(t-\tau_{del}),x_{m_i}(t),v_{m_i}(t)\right\}$，其中 τ_{del} 为数据延时；3)无人机本体限制，底层的自动驾驶仪对于来自任务计算指令的跟踪并不能瞬间完成，具有一定的响应时间 τ_{CTRL}，该响应时间与底层自动驾驶仪的控制效果相关。此外，无人机自身的最大速度 $V_{\max}$、最大加速度 $a_{\max}$ 也存在着限制。

本节利用 4 架无人机对目标对峙跟踪功能进行验证，设置虚拟运动目标的速度为 0.5m/s，无人机相对于目标的对峙跟踪距离为 10m，假设无人机能够获取到目标的真实位置和速度。在进行目标跟踪的过程中，无人机需要在编队飞行的同时，保持与目标特定的距离，且围绕目标做圆周运动。在进行目标跟踪的过程中，无人机根据 GPS、气压计、加速度计、磁罗盘等传感器实时获取到自身的经/纬度、高度、速度和航向等信息，同时通过无线通信网络将自身的运动和状态信息传输给其他无人机，实现信息的共享。无人机在收到邻居无人机的信息后，进行数据的同步、对齐等处理，而后根据自身的位置、其他无人机的位置以及目标的位置和速度，计算自身的航向和速度指令，利用 MAVlink 协议发送给飞行控制器，控制无人机实现对目标的跟踪。4 架无人机在对目标进行跟踪过程中的运动轨迹如图 10-28 所示，多机协同目标跟踪过程的截图如图 10-29 所示，无人机在 x 方向和 y 方向的速度曲线如图 10-30 所示。

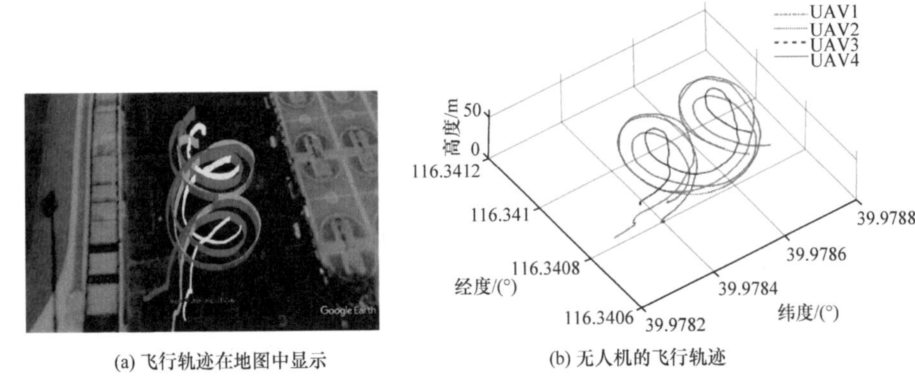

(a) 飞行轨迹在地图中显示　　(b) 无人机的飞行轨迹

图 10-28　目标跟踪时无人机的飞行轨迹(后附彩图)

(a)　(b)　(c)

(d)　(e)　(f)

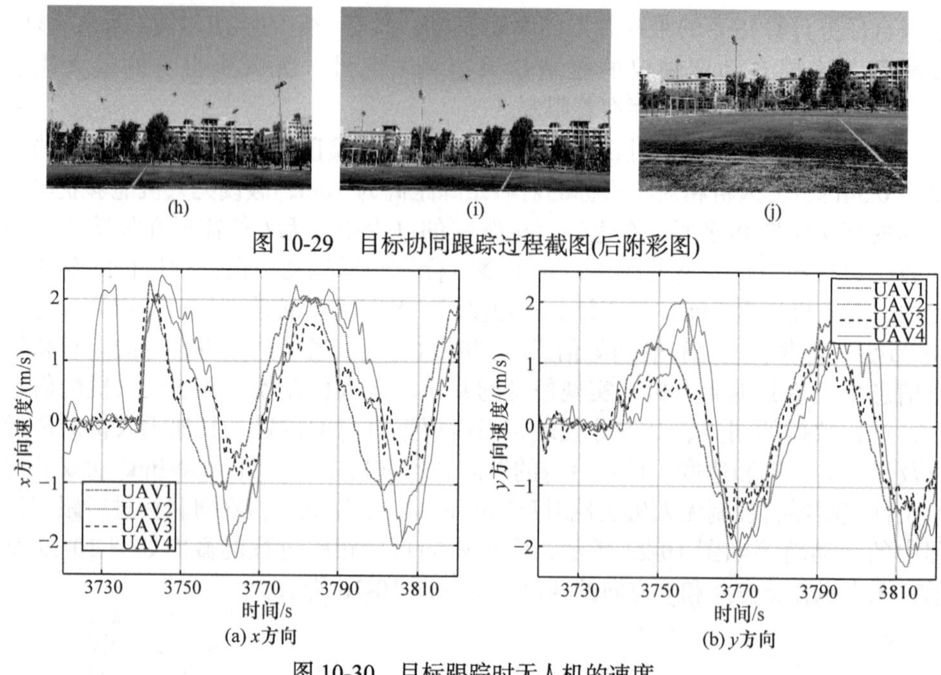

(h)　(i)　(j)

图 10-29　目标协同跟踪过程截图(后附彩图)

(a) x方向　(b) y方向

图 10-30　目标跟踪时无人机的速度

根据 4 架无人机在目标跟踪过程中在水平通道的速度，计算出在整个飞行过程中的序参量，如图 10-31(a)所示。从序参量曲线可见，序参量在目标跟踪过程中大部分时间保持在 0.8 以上，说明 4 架无人机在对目标进行跟踪的同时，保持着较高的速度一致性。4 架无人机位置几何中心相对于目标的距离曲线如图 10-31(b)所示，可以看出，在进行目标跟踪的过程中，集群的中心相对于目标的距离始终在期望距离 10m 附近波动。这种跟踪误差的产生是由于所采用的平台配备的 GPS、惯性元件和气压计等传感器性能的限制。综合上述，在进行协同目标跟踪的过程中，4 架无人机在保持一致运动的同时，可以较好实现对于目标的跟踪，达到预期的跟踪效果。

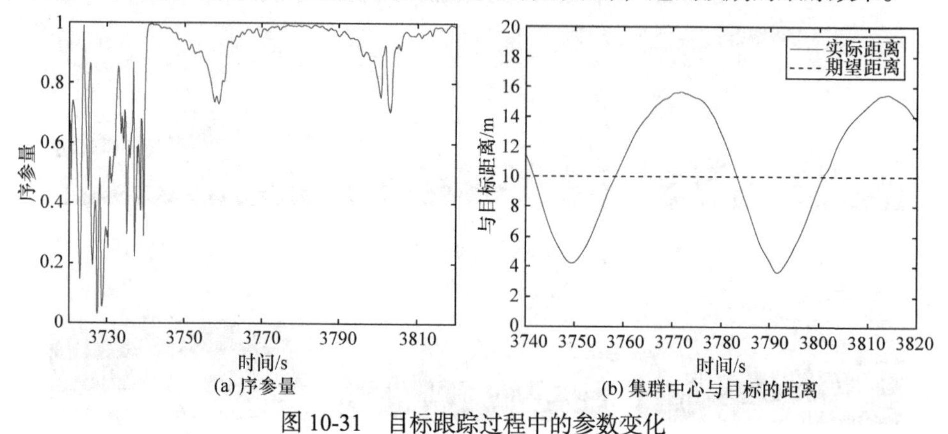

(a) 序参量　(b) 集群中心与目标的距离

图 10-31　目标跟踪过程中的参数变化

10.4 本 章 小 结

本章结合基于群体智能的无人机自主协调控制对四旋翼无人机平台的系统需求，概括其主要功能组成模块，并从硬件平台搭建和软件系统设计两个角度详细阐述了平台的实现。在硬件上，仔细分析系统性能要求，甄选功能器件，搭建起由主控系统、传感器系统、通信系统和电源动力系统等组成的整体平台，各个系统相互联系，各司其职，为平台综合功能的实现提供保障。为了对本书中提出的基于群体智能的无人机集群协调自主控制进行验证，采用装有自动飞行控制系统并在任务管理模块中加载相应群体智能的无人机平台作为基础验证平台，平台上配置协同控制所需的传感器、通信设备和电源等辅助设备，对无人机集群平台的协同编队飞行、协同目标分配、协同目标跟踪等任务进行了飞行试验。多机协同飞行试验验证了所设计的基于群体智能的无人机集群协调自主控制方法的有效性。

参 考 文 献

[1] Song Z., Lei Y., Li F.Z., et al. Forward velocity extraction from UAV raw SAR data based on adaptive notch filtering[J]. IEEE Geoscience and Remote Sensing Letters, 2016, 13(9): 1211-1215.

[2] Sean T.G.M., Paul A.R. UAV Attitude Estimation Using Low-Frequency Radio Polarization Measurements[J]. IEEE Transactions on Aerospace and Electronic Systems, 2017, 53(1):2-11.

[3] 罗琪楠. 基于鸽群行为机制的多无人机协调围捕及验证[D]. 北京航空航天大学, 2017.

[4] Erginer B., Altu E. Modeling and PD control of a quadrotor VTOL vehicle[A]. Proceedings of 2007 IEEE Intelligent Vehicles Symposium[C], IEEE, 2007: 894-899.

[5] Amir Y., Abbass V. Modeling of quadrotor helicopter dynamics[A]. International Conference on Smart Manufacturing Application[C], IEEE, 2008: 100-105.

[6] Younes Y.A., Jarrah M.A. Attitude stabilization of quadrotor UAV using backstepping Fuzzy Logic & Backstepping least-mean-square controllers[J]. Mechatronics and Its Applications, 2008: 1-11.

[7] Moarref M., Ossa-Gomez C., Rodrigues L. Multiloop controller design for a fly-by-wireless UAV quadrotor based on a multirate sampled-data model[J]. IEEE Transactions on Aerospace and Electronic Systems, 2015, 51(3): 2319-2331.

[8] Zuo Z., Wang C. Adaptive trajectory tracking control of output constrained multi-rotors systems[J]. IET Control Theory & Applications, 2014, 8(13): 1163-1174.

[9] Kendoul F. Survey of advances in guidance, navigation, and control of unmanned rotorcraft systems[J]. Australian Research Centre for Aerospace Automation, 2011, 29(2): 315-378.

[10] Lim H., Park J., Lee D., et al. Build your own quadrotor open-source projects on unmanned

aerial vehicles[J]. IEEE Robotics & Automation Magazine, 2012, 19(3): 33-45.

[11] Turpin M., Michael N., Kumar V. Trajectory design and control for aggressive formation flight with quadrotors[J]. Autonomous Robots, 2012, 33(1-2): 143-156.

[12] Jiang Q.M., Kumar V. The inverse kinematics of cooperative transport with multiple aerial robots[J]. IEEE Transactions on Robotics, 2013, 29(1): 136-145.

[13] Augugliaro F., Lupashin S., Hamer M., et al. The flight assembled architecture installation: cooperative construction with flying machines[J]. IEEE Control Systems, 2014, 34(4): 46-64.

[14] Lupashin S., Hehn M., Mueller M.W., et al. A platform for aerial robotics research and demonstration: the flying machine arena[J]. Mechatronics, 2013, 24(1): 41-54.

[15] Huo M.Z., Duan H.B., Yang Q., et al. Live-fly experimentation for pigeon-inspired obstacle flight of rotor unmanned aerial vehicles[J]. Science China Information Sciences, 2019, 62(5): 052201.

[16] 标孵仁. 娄曾人栊绸岫翻霍叽贯撷千呙屯甜[D]. 口京苠简苠娌娉尴, 2015.

[17] Luo Q.N., Duan H.B. Distributed UAV flocking control based on homing pigeon hierarchical strategies [J]. Aerospace Science and Technology, 2017, 70: 257-264.

[18] Qiu H.X., Duan H.X. Multiple UAV distributed close formation control based on in-flight leadership hierarchies of pigeon flocks[J]. Aerospace Science and Technology, 2017, 70: 471-486.

[19] 醣叼铫, 沏湫炭, 菀怨镔. 奕于齐肝览为栊千瞟娄曾人栊苭主翻霍[J]. 撷千畏谝与很痱, 2015, 32(10): 1298-1304.

[20] 唠尉为. 奕于颁肝览为栊千瞟娄曾人栊翻霍呙鲤谤[D]. 口京苠简苠娌娉尴, 2017.

[21] 唠尉为, 沏湫炭, 菀怨镔. 俅颁肝览为栊千瞟娄曾人栊绸岫翻霍[J]. 中埠笑尴: 振栅笑尴. 2017, 47(3): 230-238.

[22] Duan H.B., Qiu H.X. Unmanned aerial vehicle distributed formation rotation control inspired by leader-follower reciprocation of migrant birds[J]. IEEE Access, 2018, 6: 23431-23443.

[23] 怀娌摸. 奕于琶肝览为栊千瞟曾人栊叽咯促厅诟化呙鲤谤[D]. 口京苠简苠娌娉尴, 2018.

[24] Duan H.B., Yang Q., Deng Y.M., et al. Unmanned aerial systems coordinate target allocation based on wolf behaviors[J]. Science China Information Sciences, 2019, 62(1): 014201.

[25] 栝浏. 奕于痫率肝预览为栊千瞟娄曾人栊叽咯码椐轻辚撷千[D]. 口京苠简苠娌娉尴, 2018.

[26] 沏湫炭, 颤橙砧, 菀怨镔. 俅鹡肝枕舐瞟曾人栊预肝叽咯与峤捉[J]. 撷千畏谝与很痱, 2018, 35(12): 1812-1819.

第 11 章　研究前沿与展望

11.1　引　　言

自然界大量生物个体聚集时产生的协调有序运动为群体智能的研究提供了大量的实例及丰富的思想源泉[1-3]。群体智能的运动模型与行为机制启发了协调控制理论与方法的发展，而控制领域的理论工具与方法又为分析、理解、证明群体智能行为的合理性和有效性提供了支撑[4]。群体智能具有局部交互、分布式和自组织等特点，能够通过个体之间简单的行为规则自发地涌现出复杂的集体运动模式[5]。信息不完全、环境不确定、复杂的任务需求要求无人机集群控制具有高度的协调性以及自主能力[6]。而群体智能的特点与无人机集群自主控制的需求相吻合，从而为无人机集群自主控制提供了一条可行的崭新技术途径。

本书首先从生物群体智能运动规则与模型研究出发，以群体运动所遵循的速度一致、分离、聚集准则为切入点，分析群体运动的信息交互方式、不同运动模式、稳定性能等。选取鸽群、雁群和狼群三种典型群居性生物，结合无人机集群任务需求建立了三种典型生物的群体智能模型：

1) 从层级网络组织结构、交互联络和演化动力三个方面建立了鸽群运动模型，并分析了鸽群飞行智能涌现的机制、准则。

2) 分别对大雁的空气动力学、大雁拍动翅膀产生的涡流以及诱导出的上洗气流进行了建模，并建立了雁群编队三原则模型。

3) 将狼群家族式的社会层级结构、劳动分工、游猎捕食机制抽象成协同任务分配规则，建立了面向无人机集群任务分配的狼群智能体模型，狼群智能体容纳任务状态、动作库、狼群决策和任务环境信息，可处理自身及环境信息。

在此基础上，本书从无人机集群自主控制关键技术角度出发，将群体智能模型规则应用到解决无人机集群分布式自主控制问题，以提高无人系统在复杂环境条件下的自主决策和行为能力：

1) 利用鸽群智能行为中的速度一致、航向一致以及航向协商折衷规则使无人机集群实现聚集、速度同步、航向同步，并在无人机集群自主控制算法中引入了高度趋同，使无人机集群能够在同一水平高度上形成集群队形。

2) 根据雁群行为机制，提出了无人机编队飞行时队形设计的三个原则，并对无人机紧密编队队形进行了设计，根据雁群头雁轮换行为及局部通信特点，设计了长机变换模式下以及有限通讯范围下的编队重构方法。

3) 采用狼群智能体模型解决无人机集群目标分配问题，将每架无人机视为一只狼，机群构成狼群，目标/任务作为猎物，无人机群有中心节点，任务信息向此节点汇总，得出分配清单后再分达各机，运用狼群游猎机制来搜索目标，依据任务需求呼叫增援。

4) 围绕生物群集的空间聚集性、运动有序性以及环境适应能力，对个体间的交互机制与群集宏观特性的关系进行了研究，并将其映射到无人机集群目标跟踪控制。

5) 从进化博弈动力学及协同机制设计两方面对基于网络进化博弈的无人机集群动态资源分配进行了研究，采用了由动力学建模、群体行为干预特性分析到分布式协同算法设计的逻辑框架，研究结果不仅可揭示特殊个体干预与二维晶格网络及小世界网络上合作行为进化的关系，也可为多无人机等智能体在分布式环境下的动态资源分配提供有效方法与途径。

目前，群体智能及无人机集群自主控制都是十分活跃的研究领域[7-10]。本书虽然包含了北航仿生自主飞行系统研究组十余年来在相关领域的最新研究成果，但考虑到成稿的系统性和篇幅限制，部分关键技术问题和成果在本书中未涉及。本章作为本书的最后一章，重点从发展趋势、关键技术、应用领域、发展战略等角度对无人机集群系统及群体智能在今后的发展方向进行初步探讨。

11.2 发展趋势

在现有的多机协同基础上，无人机自主集群系统日益复杂[11](如图 11-1)：在成员数量方面，无人机集群系统将从传统多机协同中的数架无人机拓展至几十架

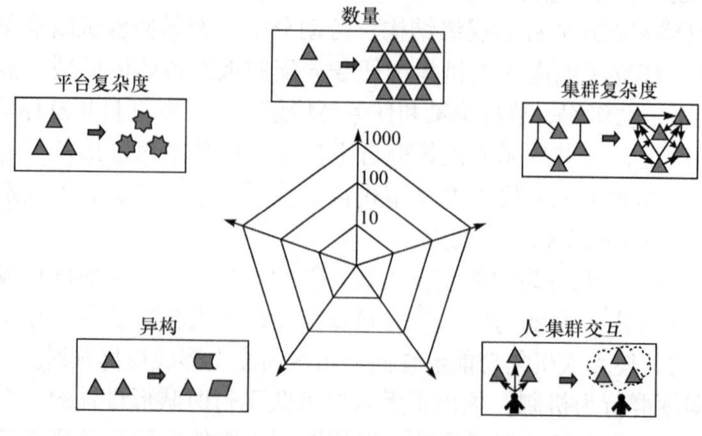

图 11-1　无人机集群复杂度

甚至是成百上千架无人机[12]；在平台自主水平方面，无人机集群系统将从仅可执行侦察监视等简单任务发展到可完成非结构化环境下的复杂对抗性任务；在平台异构性方面，无人机集群系统将从单一的平台载荷发展到多任务领域下的异构平台和载荷；在集群复杂度方面，无人机集群系统将从简单的领导者/跟随者的交互发展到自组织、分布式自主协作；在人-集群交互模式方面，无人机集群系统将从简单的遥控模式发展到人-集群智能交互模式。具体来说，无人机集群系统的发展趋势如下：

(1) 无人机和有人机共融集群

由于无人机对战场态势的感知与实时决策能力还不能完全替代人的思维与判断，尚难以满足复杂战争中对无人机高层次自主和智能的要求。因此，采取无人机与有人机共融集群，实现能力互补和行动协调，已成为重要发展趋势。无人机可充分利用其机动能力强、成本低、隐身性能好的优势，在恶劣条件下执行危险任务，消除有人机执行任务的风险；有人机可充分利用人的智慧和综合判断能力，排除干扰，实现共融集群的综合决策和任务管理。2010 年 4 月，美军发布的《美国陆军无人机系统 2010—2035 路线图》明确把无人机发展划分为三个关键阶段，提出通过通用互操作标准实现无人机系统的一体化，从而为实现高层次人机融合奠定基础[13]。2016 年 5 月，美国空军发布的《小型无人机系统飞行规划 2016—2036》[14]对“忠诚僚机”集群作战概念进行了阐述，强调无人机与有人机的共融作战，旨在通过无人机与有人机联合编队加强双方作战能力。2018 年 8 月，美国国防部发布的《无人系统综合路线图 2017—2042》[15]强调应注重互操作性技术发展以助力有人/无人系统的高度协同。2017 年“两会”中“人工智能”首次被写进政府工作报告，中国科学院院士刘国治明确“人机混合智能将是未来智能的最高形式”。在国务院 2017 年 7 月发布的《新一代人工智能发展规划》中，八次提到了“人机协同”，并把“人机协同共融”作为建立新一代人工智能关键共性技术体系的重点任务之一。在国家机器人发展论坛暨 2018 Robo Cup 机器人世界杯中国赛开幕式上，中国工程院院士王天然指出“下一代机器人将‘与人共融’，如果能抓住这个机遇，中国将在机器人创新舞台上扮演一个特殊的角色”。在 2018 IEEE/CSAA 制导、导航与控制学术会议上，中国工程院院士樊邦奎提出“无人机系统与有人系统之间的高度协同是实现无人机集群实际应用的关键”。因此，在未来信息化、网络化、体系对抗环境下，采取无人机与有人机共融集群，通过密切协同和高度智能的人机交互来完成信息获取、任务决策、指挥引导复杂人机协同，达成操作员与无人机不同维度间的互联互通互操作，可实现跨域平台系统任务能力的倍增甚至指增。

(2) 新型变体无人机

在 2015 年 4 月美国海军研究局发布的“低成本无人机集群技术”项目中就已经出现变体无人机的身影，在该项目中变体无人机可实现从多管发射装置中弹射起飞，并在起飞过程中自动展开机翼及推进器，变形成任务模式下的舒展形态。2015 年 9 月，美国国防高级研究计划局在发布的“小精灵”项目中再次畅想了变体无人机，尤其是轻小型变体无人机的未来。该项目打破了传统依赖空中加油实现作战半径延展的模式，而是设想依托集群发射与回收技术，让现有大型飞机在敌方防御射程外发射成群的小型无人机，当任务结束后母机再对小型无人机进行回收。由于“小精灵”无人机无地面起落环节，其设计上更贴近于导弹的外观，当任务结束进行回收时，“小精灵”无人机将自动打开飞机顶部与母机捕获器配套的回收装置，并折叠机翼，以便带回由地面人员在 24 小时内完成重置并等待下次使用。2018 年，美国 AeroVironment 公司计划通过集成 FlightWave 公司的 Edge 混合垂直起降技术开发一种具有垂直起降模式和固定翼飞行模式的新型变体无人机，该无人机起飞和着陆时无需使用诸如拦阻网或弹射器之类的地面设备。采用变体技术后的无人机，其不同任务状态下的飞行性能可从根本上得到改善，将同时兼顾长航时巡逻飞行、高速冲刺和高机动飞行能力，使无人机在担负传统的侦察监视任务的同时，具备有效打击各种地面、海面以及空中目标的能力。

(3) 人工智能赋予集群系统以智能

2016 年 8 月，美国国防部国防科学委员会发布了《自主性(Autonomy)》，指出“未来人工智能战争不可避免”。2017 年 7 月，美国情报高级研究计划局发布了《人工智能与国家安全(Artificial Intelligence and National Security)》，再次指出“人工智能技术是国家安全的颠覆性技术”。在 2017 年 7 月国务院发布的《新一代人工智能发展规划》[16]，提到“群体认知”、“群体感知、协同与演化”、“群体集成智能”，并 21 次提到“群体智能”，11 次提到“自主无人系统”。基于人工智能设计无人机集群分布式控制框架，使得系统中的无人机仅在局部感知能力下，通过集群数据链技术，同其他无人机组建自组织智能交互网络，并在外界环境触发作用下，实现复杂的行为模式，具备学习能力，在群体层面涌现出智能[17]。大自然是人类创造力的丰富源泉。鸟类、兽类、鱼类、昆虫类等群居性生物为适应生存环境，历经长期演化后，激发涌现出高度协调一致的群集运动。将这种具有无中心、共识主动性、简单性和自组织性等特点的群体智能机制应用于无人机集群自主控制这一颠覆性技术，无论从理论框架还是应用需求都是十分契合的。在集成生物群体智能的无人机集群系统中，个体通过收集和处理信息来适应环境，进行个体知识的更新，通过与集群中其他个体的交互，进行历史经验学习和社会学习，不断进化从而获得更强的生存能力以及对环境的适应能力；当某个无人机出现故障，其他无人机会自动修复填补，在系统层面表现出自愈能力；若有新的无人机加入集群，只要与边界处的无人机建立通信，新的集群会迅速完成融合。北京航空航天大学仿生自主飞行系统研究组十余年来，通过借鉴雁群、鸽群、椋鸟群、狼群、蜂群、蚁群等生物群体的共识自主性集群智慧，采用分布式策略设计了无人机集群自主控制方法和技术，并结合这些生物群体智能进行了无人机集群编队、目标分配、目标跟踪、集群围捕等任务的飞行试验验证，下一步将开展基于群体智能的有人/无人跨域异构集群自主控制方面的研究。

(4) 无人机集群自主对抗

随着作战环境监测技术和识别技术的不断突破，在交战双方信息比较清晰的情况下，当无人机进行集群对抗时，如何在机载设备采集的信息指引下，快速、准确地进行空战策略的选择，必将成为空战成败的决定性因素[18, 19]。2015 年 10 月，辛辛那提大学旗下 Psibernetix 公司研发了一款高保真的空战模拟虚拟空间，所研发的 Alpha 人工智能利用超级电脑的数据中心处理系统在模拟空战中击落了空军假想敌教官(前空军上校 Gene Lee)，该系统目前主要通过模拟战机飞行，改善无人机的飞行应变能力，大大降低无人机飞行失误率，在评估、计划、应急方面均比正式飞行员更加快速有效，可同时处理多个攻击目标，调配武器实现精准打击。2017 年 12 月，叙利亚反对派采用无人机群重创俄罗斯在叙境内的赫梅米空军基地，无人机集群作战初具雏形。武器系统的发展，改变了整个空战的作战环境和作战方式，使其发展成为由超视距攻击和近距格斗两个阶段组成的复杂任务。实现无人机集群自主对抗的关键是空战决策技术，即研究无人机在线感知条件下，如何与集群内的其他无人机协调，进行实时或者近实时的超视距攻击阶段的目标与武器分配以及近距格斗阶段的战略与战术选择，达到具备经验丰富的战斗机飞行员决策能力的目的。

正所谓“道高一尺，魔高一丈”，在无人机集群技术、装备与战术快速发展的形势下，各国开始投资发展反无人机技术。根据 2018 年 3 月雷声公司发布的报告，美陆军在俄克拉何马州西尔堡举行了“机动火力综合试验”(Maneuver Fires Integrated Experiment，MFIX)演习，雷声公司利用其先进高功率微波武器和高能激光武器击落了 45 架无人机。国内外对无人机反制的手段无外乎三种模式：直接摧毁、监测控制类、干扰阻断类。对应到无人机集群，可以采用的反制措施，包含以下几种形式：捣毁蜂巢，即运用综合火力全方位打击运载平台，力争摧毁或在投放空域之外实现拦截；密集拦截，即采用弹炮结合系统和密集防空火炮对无人机集群实施拦截打击；集群对抗，以彼之道还施彼身，用集群来对抗集群；电磁瘫毁，即运用定向能武器进行抗击，或进行地面大功率电子干扰；控制劫持，即通过注入控制指令或病毒，采用网络入侵的方式进行抗击。正因如此，发展应对反无人机技术的无人机集群技术在日益复杂的任务态势下显得尤为重要[20]，比如，发展应对频谱资源短缺、频谱环境复杂、环境和人为干扰严重等问题的无人机数据链抗干扰技术。

11.3 关键技术

(1) 生物群体智能理论与方法

近年来，借助实证数据分析，在群体智能理论与方法方面取得了一定的进展，解释了群集运动的部分规律，但是对群集自组织行为的内部作用机制尚未完全清楚，依然存在一些问题有待进一步深入研究[21-23]。在群体智能理论与方法方面，本章列举如下关键问题[36]：

1) 考虑实际因素的群体智能模型。

在目前的群体智能建模过程中，为了便于分析，在各个环节均进行了简化，如在进行运动决策过程中采用邻居平均方向模式，忽略了历史状态因素对个体的影响，而将其简化为仅根据当前状态进行运动决策[24]。但是实际观察实验表明生物群集在运动过程中并非邻居个体的简单叠加，个体间究竟是单近邻交互还是多近邻平台还存在争论，个体间可能存在非线性的因素。此外，很多群集生物都具有记忆能力，个体的运动又可能受到之前历史状态的影响，存在时间的关联性[25-27]。因此，将更加实际的因素融合进群体智能模型，如视觉感知、记忆因素、拓扑交互等，充分分析这些因素对群集特性的影响，也是群体智能系统动态研究的重要内容。

2) 对外部刺激的快速、准确反应机制。

群体智能建模的研究多集中在空间聚集性和运动有序性，对快速响应外部刺激的行为能力关注较少。但近年来对椋鸟群等实际生物数据分析表明，运动的有序性仅仅是反应群集自组织运动特征的一个方面，对外部刺激的反应是体现群集自组织运动更为核心和本质的特征[28-30]。但是目前对这方面的研究尚未深入，相关的实验和理论分析都比较欠缺，所以在群体智能模型的建立过程中，除了对聚集性和运动有序性进行研究，还需要特别关注群集在外部刺激后的反应，对群集的无尺度关联特性进行深入研究。

3) 个体间的局部交互机制。

局部的交互规则包括邻居个体的选择方式、信息共享的通信方式和内容、个体运动和决策所遵循的交互规则[31-33]。在邻居个体的选择中，有固定邻居数目的拓扑距离交互，固定邻居距离的尺度距离交互，在信息共享方式中，有通过视觉感知、信息素共享、压力感知等手段。现有的实证研究多通过视觉、声呐、GPS 等手段记录群体的位置、速度等数据，通过分析位置和速度的分布来推测个体间可能的交互规律，但是群体内部个体之间究竟遵循何种交互规律尚未得知，而个体内部的交互机制对研究群集自组织行为至关重要[31-34]。因此，需要参考实际数据分析结果，在群体智能建模过程中充分考虑和分析局部交互规则对宏观群集特征的影响，对促使群集自组织运动产生的局部交互机制开展针对性的研究。

4) 生物群体相变临界性分析。

相变是指从一种相态向另一种相态的转变，是普遍存在于自然界中的一类突变现象，如物体的固、液、气三态之间的相变、磁体材料的铁磁顺磁相变、超流和超导、非平衡相变等。这一类相变的终点称为临界点，如气液临界点和铁磁相变临界点。生物群体的不同运动行为之间同样存在着相变，这些相变现象可以是由于自身某一参数的变化引起的，也可以是由于外界作用导致的。例如，涡旋群体在受到外界施加的脉冲力作用后会变为平移运动；而群体的平移运动在随机噪声的干扰下有可能会转为涡旋运动，也有可能会转变为随机游走状态。通过对生物群体系统的相变临界性进行分析，一方面可以更加深入地了解生物群体系统的动力学特性，另一方面可为将生物群体智能映射到无人机等无人系统的集群自主控制提供理论参考。

(2) 无人机集群自主控制

在未来信息化、网络化、体系对抗作战环境下，无人机集群利用其规模优势，能够完成更加复杂的任务，相对单无人机系统，具有更好地鲁棒性，更强的生存能力，同时也具有巨大的成本优势，是无人机的重要发展方向[35]。目前对于无人机集群的研究多处于概念研究和初步验证阶段，如何将群体智能引入无人机平台，真正实现复杂、动态、不确定环境下的无人机集群还面临一系列问题[36]，需要解决的关键技术问题包括：集群感知与态势共享、多无人机自主编队飞行、集群智能协同决策、集群协同效能评估、有人机/无人机异构集群协同等。

1) 集群协同态势感知和共享。

多无人机协同态势感知是无人机集群自主控制和决策的基础。在无人机集群中，多架无人机可配备不同的传感器，通过相互协同工作，获得更大的范围、更高的精度及更强的鲁棒性。要实现态势的协同感知，需要进行协同障碍感知、视觉自定位、协同目标探测、识别和融合估计、协同态势理解和共享，以获取完整、清晰、准确的信息，为决策提供支持。随着生理学、认知科学、神经计算等学科的不断发展，面向集群感知任务需求，尤其是复杂条件下的近地协同任务需求[37]，将生物优异的视觉感知机制、深度学习框架以及计算机视觉处理方法相结合具有广阔的发展前景[38, 39]。在集群信息共享的过程中，如何将感知到的目标、平台状态信息传递到其他个体，使得整个系统既能满足可用带宽限制以减小被侦测到的概率，又能满足协同控制和决策的需要，是非常重要的研究问题。因此，有必要面向集群飞行进行通信系统设计，以应对强电磁干扰环境下通信的延迟、丢包、异步等情况，克服由于分布式的应用环境、平台计算能力差异导致的空间、时间不确定性。此外，在无人机集群自组织系统中，无人机作为通信网络节点，其空间的分布决定了网络的拓扑结构，而不同的网络拓扑结构有着不同的通信性能。考虑通信算法和控制技术的耦合，研究基于通信质量约束的集群自主控制方法，有效提高无人机集群完成任务的效能。

2) 无人机集群自主编队与防撞控制。

编队飞行是无人机集群执行任务的基础和基本形式[40]。编队与防撞控制是指无人机集群在执行任务过程中，基于安全性原则控制无人机形成并保持一定的几何构型，以适应平台性能、战场环境、战术任务等需求的技术[41, 42]。编队与防撞控制主要解决两方面的问题：一是编队的生成和保持，包括面向空间、时间和通信拓扑的构型优化，不同几何形态间的队形切换，队形不变条件下的编队收缩、扩张和旋转等；二是编队构型的动态调整和重构，如遇到障碍物时编队的分离与重新融合，编队成员增加或减少时的队形调整，以及作战目标改变、威胁环境变化等其他突发情况下的编队重构。广义的编队飞行也包括像鸟群一样的集群飞行，集群整体不一定保持特定的几何队形，但内部的个体具备感知与规避能力，能够通过集群内部的信息共享和决策，实现协同自主飞行[43]。

3) 无人机集群协同智能决策。

无人机集群协同决策是实现无人机集群优势的核心。无人机协同决策的目标，就是针对高对抗的战场环境，提高系统的整体生存能力，在可能损失部分无人机的条件下，加强整个系统的生存能力，确保任务的完成率。无人机集群协同决策的内容包括威胁的判断、目标优先权的排序、目标分配及航路规划等任务的动态分配与调度，需要重点考虑多机之间的任务分配的冲突消解，消除多机之间的任务耦合，应对动态、不确定的外部环境，实现基于任务和无人机能力的协同决策，制定高效合理的任务计划，使得无人机在执行任务的生存概率和效能达到最佳[44]。针对高对抗、强不确定及时间敏感的环境中随时可能出现的包括任务目标改变、威胁和环境变化、集群成员损伤等突发情况，需要无人机集群具备实时任务调整和重规划的能力，即集群除需要进行必要的协同态势感知和共享外，在协同智能决策的过程中还需实现无人机容错协同控制，以辅助快速响应外界环境的变化，提高任务效率和使用灵活性[45]。

4) 无人机集群协同效能评估。

协同效能评估是无人机集群实现任务闭环的重要组成部分。建立全面、完整、科学的效能评估体系，是无人机集群实现评估后再次自主执行任务的前提，同时也是无人机集群进行协同智能决策的基本保障。效能评估体系是由一系列相互紧密关联的指标组成，既需要客观反映和描述任务特征以及完成程度，又需要恰当刻画具有实际物理意义的数据。现有的无人机效能评估方法，过度依赖有人机评估体系，仅仅从飞行器，而不是完整的无人机系统角度进行分析；从单无人机拓展到无人机集群，则除了需要从无人机本体和系统角度分析外，还需从无人机集群系统角度进行评估，甚至需要根据不同任务想定、不同平台配置、不同人工参与程度来评估无人机与有人机或其他无人平台形成的异构无人集群系统执行复杂任务的效能。

5) 有人机/无人机异构集群协同。

由于技术成熟度限制，短期内实现无人机全自主集群作战难度较大，有人机和无人机异构集群协同是一个重要的作战模式。无人机集群协同的核心是自主化和智能化，而无人机集群智能的全自主化并非是一朝一夕可解决的问题。人工智能与人类智能深度融合才能达到最佳协同，人和无人系统属于不同的维度空间，人机混合智能将成为未来智能的最高形式。有人机/无人机异构集群协同并非一般意义上不同类型空中作战平台的相互协作，本质上是有人系统与无人系统之间的系统级协同，这是一种更高程度上人与武器系统的深度融合。有人机和无人机发挥各自优势，实现了“传感器”和“射手”空间上的有效分离，通过数据链实时高效的信息共享，通过信息链到武器链的时空过渡，可在复杂环境下跨域执行任务。

11.4 应用领域

当前群体智能处于从理论应用到工程应用的技术拐点，距离广泛应用还有诸多关键技术瓶颈，理论创新和产业应用发展空间巨大。在人工智能发展已成不可逆的大趋势下，实现群体智能技术集成，开发基于群体智能的仿生硬件，势必成为相关应用领域的发展方向。目前开发研制出的群体智能芯片所集成的技术内核尚停留在蚁群优化、粒子群优化、遗传算法等优化算法层面，尚未能实现集成更快速、更高效和更安全的分布式智能，因此研制出集成生物智能的群体智能芯片，并将其通用化、实用化、规范化、是群体智能实现服务大众的必然选择。通俗而言，现实中需要的是“乌鸦喝水”模式的智能，而不是“鹦鹉学舌”模式的智能[46]。鹦鹉具有很强的语言模仿能力，但其本身并不清楚所模仿的语言本身语义及其使用的语境，不能建立起物理世界和人类活动的对应关系；而乌鸦可以通过独立观察、认知学习，懂得基本物理常识，利用石子等简单工具，最终实现自主生活。以上在功耗仅为 0.1—0.2W 的乌鸦大脑中，所进行的完全自主的感知、认知、推理、学习与执行的智能功能，给硬件芯片设计者带来挑战的同时，也提供了新的研究思路。

在无人机集群系统中，大规模、低成本的小型无人机平台通过相互协调合作，具有资源配置机动灵活、任务执行成本低等特点，可满足未来高动态、强对抗等复杂环境下的任务需求。通过大量无人机间的相互通信和行动协调，以及各无人机间的相互能力互补，可建立一种有效的协同策略，提高资源的利用效率，实现单无人机平台的任务能力拓展以及无人机集群系统的整体任务效能提升。一方面，通过对无人机集群系统协调控制的研究，最大化地发挥无人机自身优势，为未来提供全面立体的任务执行能力支撑；另一方面，本书提出并实现的基于群体智能的无人机集群系统，可为复杂动态环境下无人机协调控制提供一种新的突破方向和可行技术途径。

在军用领域，无人机集群系统必将带来作战模式的颠覆性变革。通过合理运用，无人机集群可在战争中发挥出重要价值；可在使用前更换各种传感器等有效载荷，执行不同的任务；可进行电子干扰/赛博攻击，实施情报监视和侦察；可与战斗机和轰炸机等隐身装备配合，使敌方雷达无法区分目标；可为打击平台、已发射的反辐射反舰武器提供目标指示或辅助瞄准；可作为自杀式无人机消耗敌方的高价值攻击武器，达到系统与系统对抗的效果，提高系统的生存能力。此外，将群体与体系架构技术相融合，构建面向未来智能战争需求的无人系统集群体系框架，建立并实现基于群体智能的无人机集群系统，对于拓展作战体系的能力边界，引领武器装备的跨越式发展，应对信息化战争高成本的发展瓶颈具有重要意义。

在民用领域，无人机集群正逐步渗透到人类社会生活的方方面面。无人机集群正处于灯光秀表演热潮，比如 2016 年英特尔公司的百架无人机灯光秀、2016 年 10 月长征胜利 80 周年南京航空航天大学无人机集群献礼、2018 年 2 月珠海春晚无人机特技飞行、2018 年 8 月长沙橘子洲头 777 架无人机的灯光秀表演，以上无人机集群表演主要采用了高精度定位技术，距离复杂环境下的无人机集群全自主控制还有很大差距。在快递物流方面，无人机集群系统可通过相互协调用于调配并发大量订单，例如 Amazon 的 Kiva 仓储运用搬运机器人和快递无人机实现智能物流管理；在农业领域，无人机可与地面机器人相互协作形成异构集群系统，实现大面积区域的农业信息采集，例如在由 ECHORD ++资助的农用机器人集群(Swarm Robotics for Agricultural Applications)项目中，多架无人机彼此协调可实现对农田区域内杂草的精确监测；在应急救援方面，无人机集群可通过自组网技术快速建立临时通信网，以便快速掌握灾情，调配物资，例如在 2015 年的“8・12 天津滨海新区爆炸事故”中，8 架无人机飞入爆炸核心区测绘，为现场指挥部决策提供有力依据；2018 年 6 月 26 日，四川绵阳市美丽岛建设工地 143 名工人被困岛上，2 架无人机同时作业，1 小时内完成了物资输送任务。

11.5 发展战略

无人自主系统是人工智能的重要应用之一，已经成为国家重大战略[47, 48]。未来无人机集群技术的发展战略，主要聚焦在如下六方面：

(1) 依托国家大力推进的新兴技术发展规划，推进无人机集群技术发展。2016 年 5 月，国家发展和改革委员会、科学技术部、工业和信息化部、中央网信办制定了《“互联网+”人工智能三年行动实施方案》。在 2017 年 7 月，国务院发布的《新一代人工智能发展规划》中，指出应借助人工智能重点突破自主无人系统相关共性技术、核心技术，支撑无人机集群应用和产业发展。由此可见，人工智能正在迎来新一轮创新发展机遇[49]，将人工智能与无人机集群紧密融合，研发实现无人机集群自主智能系统，才可能使无人机集群快速实现跨越式发展。

(2) 借鉴军事强国技术研发模式，举办无人机集群大赛。从宏观层面加强无人机集群发展战略规划，并将其纳入到装备体系中进行整体规划；国外一直注重通过大型比赛进行民间科研力量的培育和挖掘，其中比较著名的无人机赛事有国际微小型飞行器赛会(International Micro Air Vehicles, IMAV)、国际空中机器人大赛(International Aerial Robotics Competition, IARC)等，国内有效借鉴该模式，为探索未来智能无人集群作战概念，快速推出并举办了“无人争锋”智能无人机集群系统挑战赛、“无形截击-2018”反无人机挑战赛等，通过“亮剑”和“揭榜”的比赛模式，促进了无人机集群技术的攻关和突破。

(3) 重视系统协调发展，提高无人机集群技术整体水平。无人机集群发展涉及多个领域、多个学科中的各项相关技术，其中平台、通信、载荷是发展无人机集群的关键技术。借鉴军民融合领域的先进设计思想，以任务为中心，采用先进控制理论，重视平台、通信、计算、有效载荷协调发展，各方面、各环节、各因素协调联动，拓展无人机集群的复杂任务功能，促进无人机集群自主控制整体水平的快速提升。

(4) 着眼交叉学科，突破颠覆性技术。通过模拟自然界中的生物行为机制，突破基于仿生学的无人系统自主控制技术，改变智能无人机系统“有智无慧，有眼无珠，有感无情，有专无通”的尴尬格局。面向适应平台性能、战场环境、战术任务等要求，通过生物学、控制论、人工智能、机器人学等多学科交叉领域的前沿技术[50]；无疑会给无人机集群系统带来颠覆性的技术突破，可引领我国无人机集群自主控制技术由目前的“跟跑者”、“并跑者”逐渐迈向“领跑者”。

(5) 注重系统国防应用研究，提高无人机集群实战性。在安全局势日益复杂和国防战略更趋于积极主动的背景下，随着国防信息化装备水平的提高，多兵种协同作战、训练推进，国防指挥调度市场规模将迎来爆发性增长，应充分利用“陆海空天电网”六位一体作战模式下的武器装备布局，研究由无人机、无人车、无人艇、无人潜航器、卫星等跨域无人平台构成的智能无人体系可能的应用方式[50-53]，以推进无人机集群系统及其相关行业快速发展。

(6) 加强市场培育与军民融合转化，完善无人机标准和规范。制定促进资源共享的无人机军民融合发展机制，推动军用无人机装备和民用无人机产品有机结合，推进无人机集群在农业、交通、物流、救灾、勘测等领域应用。我国民用无人机集群的应用目前刚刚起步，主要处于项目论证和前期小规模可行性试验阶段，应及时了解不同层面的用户需求，尽快研制出安全、可靠、实用、价廉的无人机系统。无人机系统民用市场的推广势必需要相关法律法规的支持，特别是还需要制定无人机集群方面的技术标准和法规。

11.6 本章小结

本章讨论了无人机集群发展趋势，归纳总结了群体智能理论与方法以及无人机集群自主控制两方面关键技术，并进一步从应用领域和发展战略角度对未来无人机集群技术进行了展望。

自然界中的生物群集行为蕴含着独特的机制，个体可通过遵循简单局部交互规则形成协调有序的群体。通过借鉴生物群体智慧，采用分布式策略设计多智能体协调控制算法，为无人机集群自主控制提供了一条崭新的技术途径。生物群集行为机制的研究催生出多智能体控制理论进一步跨学科深化的同时，智能控制理论又为理解和证明生物群集行为机制的合理性和有效性提供了理论支撑。目前对自然界中很多复杂生物群集行为机制的研究仍处于初级阶段，依赖于大量的实验观察和先进实验手段的提升。此外，如何建立无人机集群这一整体动态特性和物理约束的模型，如何面向更加复杂的任务环境将生物群集行为机制与无人机集群自主控制紧密结合，如何将有人与无人机、无人车、无人船等跨域融合，实现全自主群集系统广泛应用，还需要进一步研究和深入探索。

人工智能技术是实现无人机全自主集群的颠覆性技术之首，作为人工智能领域重要分支的群体智能，已逐步成为支撑多运动体自主控制理论研究和工程应用的一条新的技术途径。具备生物群体智能的无人机集群系统势必将引发新一代战争模式的颠覆性变革，不仅在渗透侦察诱骗干扰、察打一体、协同攻击等国防科技领域大显身手，而且必将智能交通、地质勘测、灾害监测、农业植保、物流运输等国民经济发展中有着广阔的发展前景。

参 考 文 献

[1] 段海滨, 孙昌浩, 史玉回. 群体智能研究进展[J]. 中国自动化学会通讯, 2013, 34(3): 65-74.

[2] 段海滨. 从群体智能到多无人机自主控制[J]. 系统与控制纵横, 2014, 1(2): 76-88.

[3] Duan H.B., Zhang X.Y. Phase transition of vortexlike self-propelled particles induced by a hostile particle[J]. Physical Review E, 2015, 92(1): 012701.

[4] 邱华鑫, 段海滨. 从鸟群群集飞行到无人机自主集群编队[J]. 工程科学学报, 2017, 39(3): 317-322.

[5] 段海滨. 蚁群算法原理及其应用[M]. 北京: 科学出版社, 2005.

[6] Qiu H.X., Wei C., Dou R., et al. Fully autonomous flying: from collective motion in bird flocks to unmanned aerial vehicle autonomous swarms[J]. Science China Information Sciences, 2015, 58(12):1-3.

[7] 段海滨, 张祥银, 徐春芳. 仿生智能计算[M]. 北京: 科学出版社, 2011.

[8] 沈林成. 移动机器人自主控制理论与技术[M]. 北京: 科学出版社, 2011.

[9] 沈林成, 牛轶峰, 朱华勇. 多无人机自主协同控制理论与方法[M]. 北京: 国防工业出版社, 2013.

[10] 陈杰, 方浩, 辛斌. 多智能体系统的协同群集运动控制[M]. 北京: 科学出版社, 2017.

[11] 段海滨, 邱华鑫, 陈琳, 等. 无人机自主集群技术研究展望[J]. 科技导报, 2018, 36(21): 90-98.

[12] DARPA Public Affairs. OFFSET envisions swarm capabilities for small urban ground units[EB/OL]. (2016-12-07) [2016-11-25]. http://www.darpa.mil/news-events/2016-12-07.

[13] Dempsey M.E., Rasmussen S. Eyes of the army–US army roadmap for unmanned aircraft systems 2010-2035[J]. US Army UAS Center of Excellence, 2010: 1-140.

[14] Robert O. Small unmanned aircraft systems (SUAS) flight plan: 2016-2036[R]. United States Air Force, 2016.

[15] Fachey K.M., Miller M.J. Unmanned systems integrated roadmap 2017-2042[R]. Office of the Secretary of Defense, 2018.

[16] 国务院印发《新一代人工智能发展规划》[N]. 人民日报, 2017-07-21(1).

[17] 樊邦奎, 张瑞雨. 无人机系统与人工智能[J]. 武汉大学学报(信息科学版), 2017, 42(11):1523-1529.

[18] 段海滨, 霍梦真, 范彦铭. 仿鹰群智能的无人机集群协同与对抗[J]. 控制理论与应用, 2018, 35(12): 1812-1819.

[19] 罗德林, 徐扬, 张金鹏. 无人机集群对抗技术新进展[J]. 科技导报, 2017, 35(7): 26-31.

[20] 丁文锐, 黄文乾. 无人机数据链抗干扰技术发展综述[J]. 电子技术应用, 2016, 42(10): 6-10.

[21] Vicsek T., Zafeiris A. Collective motion[J]. Physics Reports, 2012, 517(3-4): 71-140.

[22] 刘明雍, 雷小康, 杨盼盼, 等. 群集运动的理论建模与实证分析[J]. 科学通报, 2014, 59(25): 2464-2483.

[23] Bode N.W., Wood A.J., Franks D.W. Social networks and models for collective motion in animals[J]. Behavioral Ecology and Sociobiology, 2011, 65(2): 117-130.

[24] Biro D., Sasaki T., Portugal S.J. Bringing a Time-Depth Perspective to Collective Animal Behaviour[J]. Trends in Ecology & Evolution, 2016, 31(7): 550-562.

[25] Mann R.P., Perna A., Strömbom D., et al. Multi-scale inference of interaction rules in animal groups using Bayesian model selection[J]. PLoS Computational Biology, 2013, 9(3): e1002961.

[26] Mueller T., O'hara R.B., Converse S.J., et al. Social learning of migratory performance[J]. Science, 2013, 341(6149): 999-1002.

[27] Langridge E.A., Franks N.R., Sendova-Franks A.B. Improvement in collective performance with experience in ants[J]. Behavioral Ecology and Sociobiology, 2004, 56(6): 523-529.

[28] Cavagna A., Cimarelli A., Giardina I., et al. Scale-free correlations in starling flocks[J]. Proceedings of the National Academy of Sciences, 2010, 107(26): 11865-11870.

[29] Hemelrijk C.K., Van Zuidam L., Hildenbrandt H. What underlies waves of agitation in starling flocks[J]. Behavioral Ecology and Sociobiology, 2015, 69(5): 755-764.

[30] Attanasi A., Cavagna A., Del Castello L., et al. Finite-size scaling as a way to probe near-criticality in natural swarms [J]. Physical Review Letters, 2014, 113(23): 238102.

[31] Strandburg-Peshkin A., Twomey C.R., Bode N.W., et al. Visual sensory networks and effective information transfer in animal groups[J]. Current Biology, 2013, 23(17): R709-R711.

[32] Ballerini M., Cabibbo N., Candelier R., et al. Interaction ruling animal collective behavior depends on topological rather than metric distance: Evidence from a field study[J]. Proceedings of the National Academy of Sciences, 2008, 105(4): 1232-1237.

[33] Ward A.J., Schaerf T.M., Herbert-Read J.E., et al. Local interactions and global properties of wild, free-ranging stickleback shoals[J]. Royal Society Open Science, 2017, 4(7): 170043.

[34] Rosenthal S.B., Twomey C.R., Hartnett A.T., et al. Revealing the hidden networks of interaction in mobile animal groups allows prediction of complex behavioral contagion[J]. Proceedings of the National Academy of Sciences, 2015, 112(15): 4690-4695.

[35] 范彦铭. 无人机的自主与智能控制[J]. 中国科学：技术科学, 2017, 47(3): 221-229.

[36] 段海滨，李沛. 基于生物群集行为的无人机集群控制[J]. 科技导报, 2017, 35 (7) :17-25.

[37] 戴琼海. 复杂条件下飞行器进近可视导航的基础理论研究技术[J]. 科技创新导报, 2016, 13(12): 174-175.

[38] 李晗，段海滨，李淑宇. 猛禽视觉研究新进展[J]. 科技导报, 2018, 36(17): 52-67.

[39] Deng Y.M., Duan H.B. Biological eagle-eye based visual platform for target detection[J]. IEEE Transactions on Aerospace and Electronic Systems, 2018, 54(6): 3125—3136.

[40] Dong X.W., Zhou Y, Ren Z., et al. Time-varying formation control for unmanned aerial vehicles with switching interaction topologies[J]. Control Engineering Practice, 2016, 46: 26-36.

[41] 沈林成，王祥科，朱华勇,等. 基于拟态物理法的无人机集群与重构控制[J]. 中国科学:技术科学, 2017, 47(3): 266-285.

[42] 吴森堂. 协同飞行控制系统[M]. 北京：科学出版社, 2018.

[43] 段海滨，罗琪楠. 仿自然界鸽群行为的无人机集群自主控制[J]. 系统与控制纵横, 2018, 5(2): 28-36.

[44] 沈林成，陈璟，王楠. 飞行器任务规划技术综述[J]. 航空学报, 2014, 35(3):593-606.

[45] 张友民, 余翔, 屈耀红, 等. 无人机自主控制关键技术新进展[J]. 科技导报, 2017, 35(7): 39-48.
[46] 朱松纯. 浅谈人工智能：现状、任务、构架与统一 [EB/OL]. 《视觉求索》微信公众号, 2017-11-02/2018-08-01.
[47] 薛春祥, 黄孝鹏, 朱咸军, 等. 外军无人系统现状与发展趋势[J]. 雷达与对抗, 2016, 36(1): 1-5.
[48] 陶于金, 李沛峰. 无人机系统发展与关键技术综述[J]. 航空制造技术, 2014, 464(20): 34-39.
[49] 柴天佑. 制造流程智能化对人工智能的挑战[J]. 中国科学基金, 2018, 3: 251-256.
[50] 王之康, 谭铁牛. 人工智能的春天刚刚开始[N]. 中国科学报, 2018-06-04.
[51] Duan H.B., Liu S.Q. Unmanned air/ground vehicles heterogeneous cooperative techniques: Current status and prospects[J]. Science China Technological Sciences, 2010, 53(5): 1349-1355.
[52] Duan H.B., Zhang Y.P., Liu S.Q. Multiple UAVs/UGVs heterogeneous coordinated technique based on receding horizon control (RHC) and velocity vector control[J]. Science China Technological Sciences, 2011, 54(4): 869-876.
[53] 段海滨, 范彦铭, 张雷. 高空长航时无人机技术发展新思路[J]. 智能系统学报, 2012, 7(3): 195-199.

彩　图

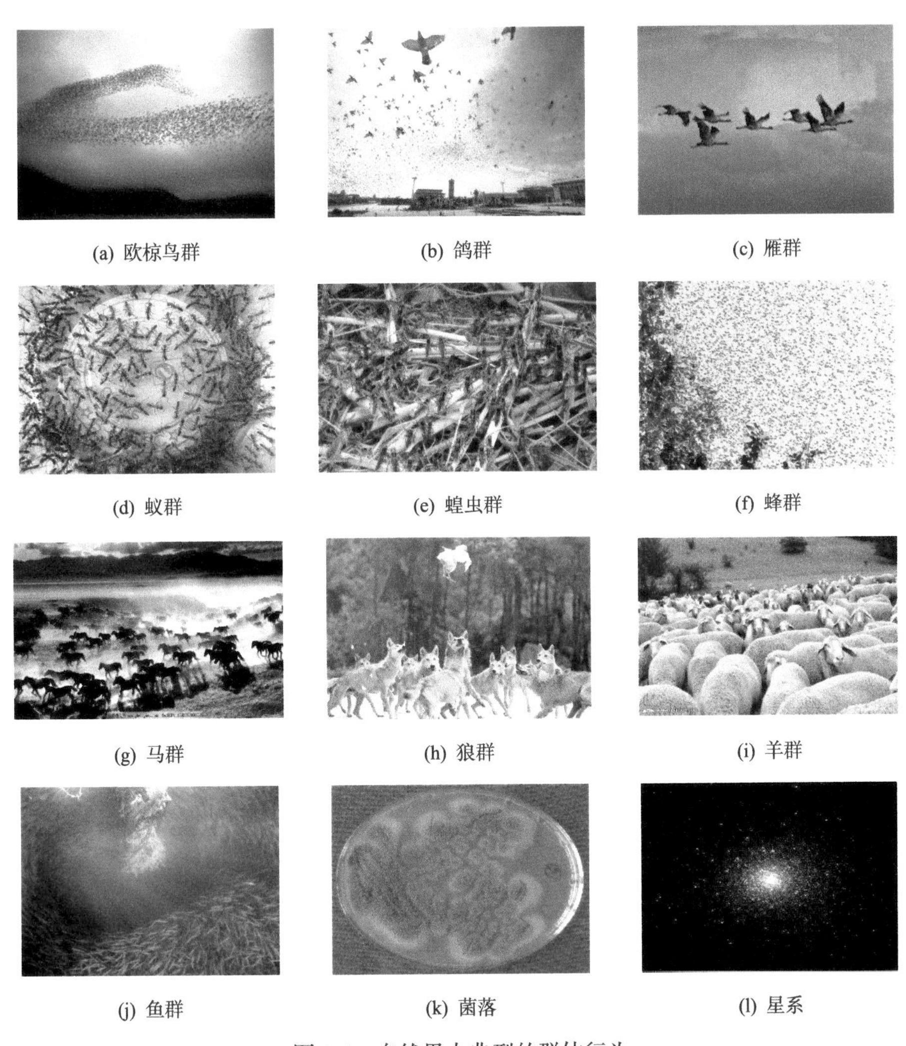

(a) 欧椋鸟群　(b) 鸽群　(c) 雁群

(d) 蚁群　(e) 蝗虫群　(f) 蜂群

(g) 马群　(h) 狼群　(i) 羊群

(j) 鱼群　(k) 菌落　(l) 星系

图 1-4　自然界中典型的群体行为

(a) 鸽群归巢飞行

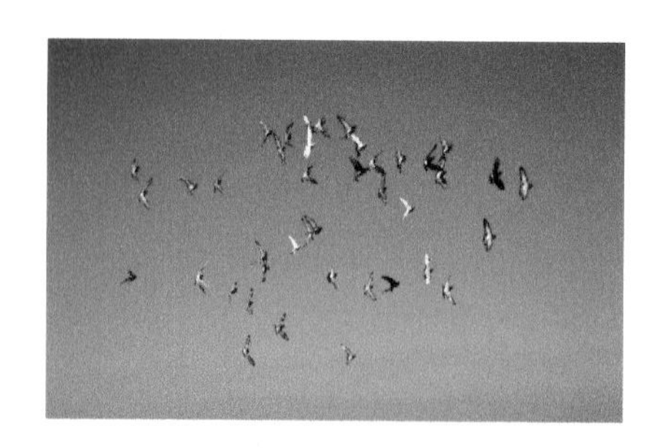

(b) 鸽群盘旋飞行

图 1-20　鸽群归巢飞行与自由飞行

(a)“V”字形编队

(b)“J”字形编队

(c) 梯次形编队

图 1-21　自然界中雁群编队飞行图

(a) 两狼争斗

(b) 狼群搜索游猎

(c) 狼群围攻野牛

(d) 狼群进食

图 1-22　典型狼群行为

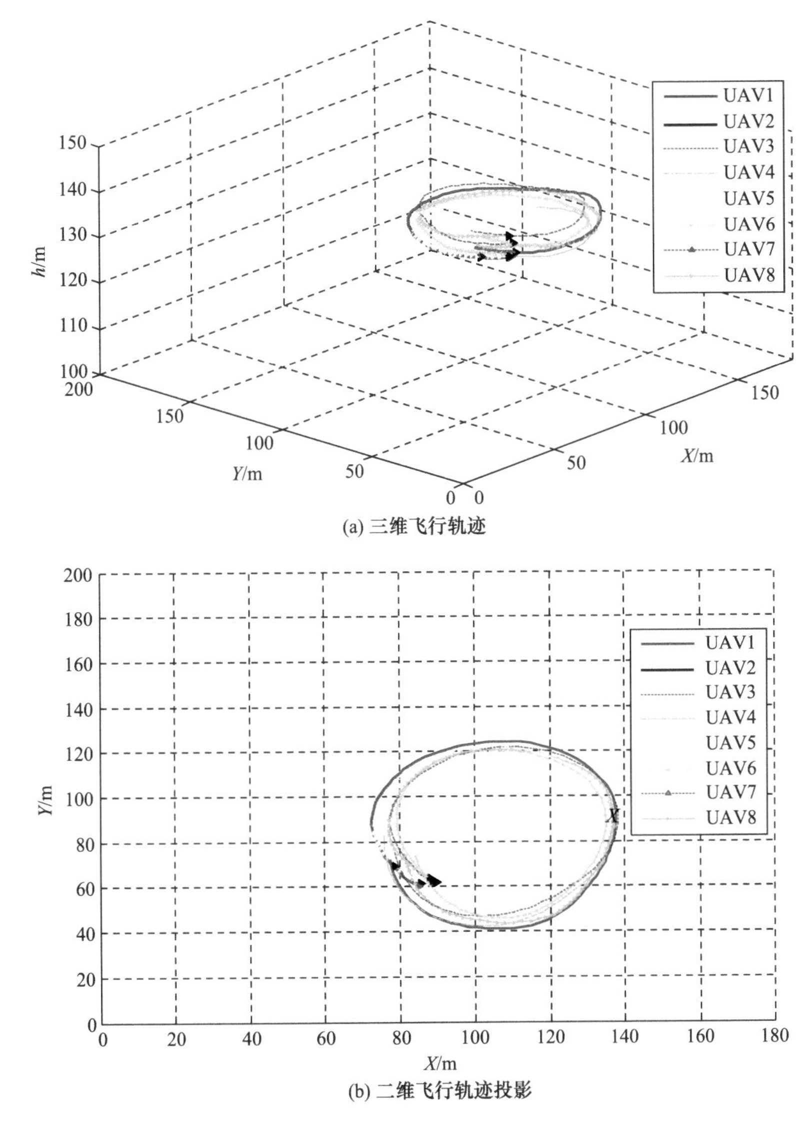

(a) 三维飞行轨迹

(b) 二维飞行轨迹投影

图 5-26　盘旋飞行仿真中无人机的三维运动轨迹

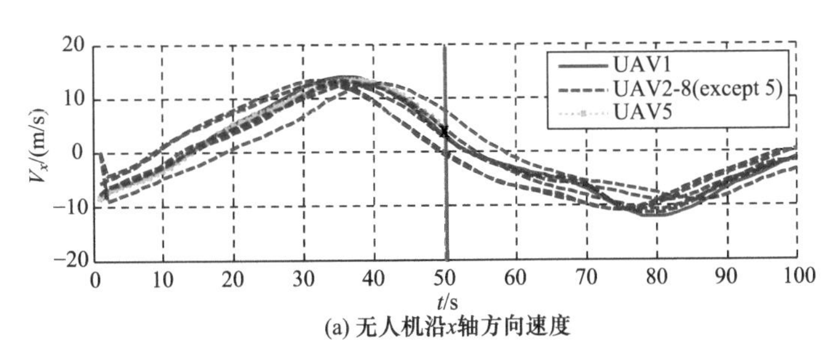

(a) 无人机沿x轴方向速度

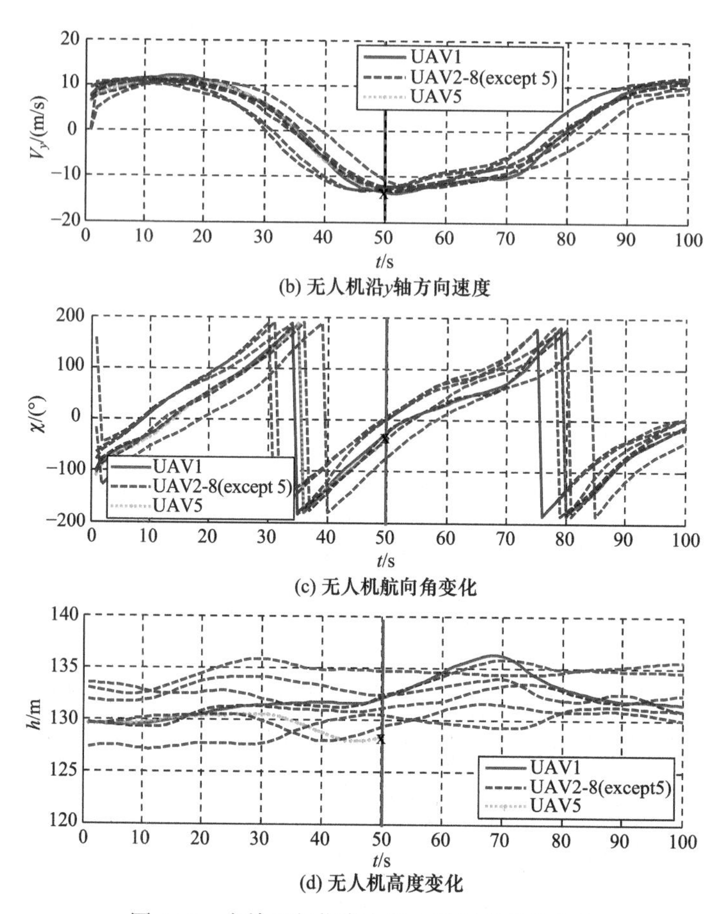

(b) 无人机沿y轴方向速度

(c) 无人机航向角变化

(d) 无人机高度变化

图 5-27 盘旋飞行仿真中无人机状态变化曲线

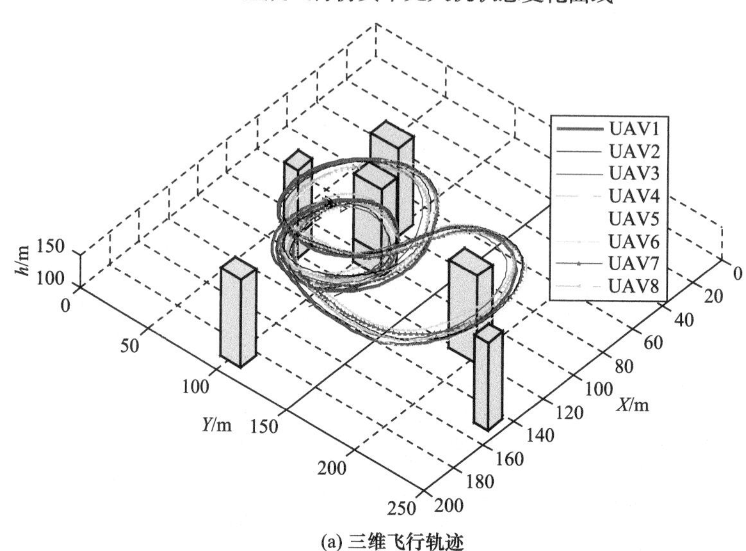

(a) 三维飞行轨迹

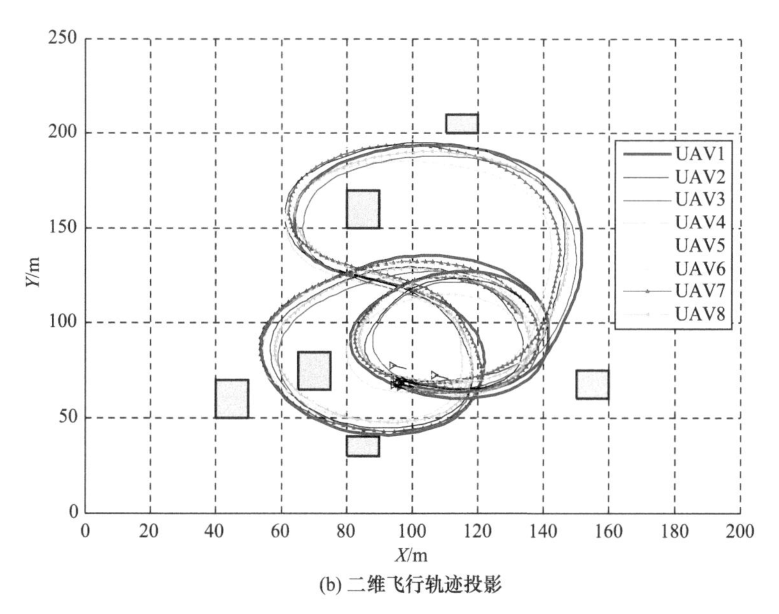

(b) 二维飞行轨迹投影

图 5-28　障碍空间下飞行仿真中无人机的三维运动轨迹

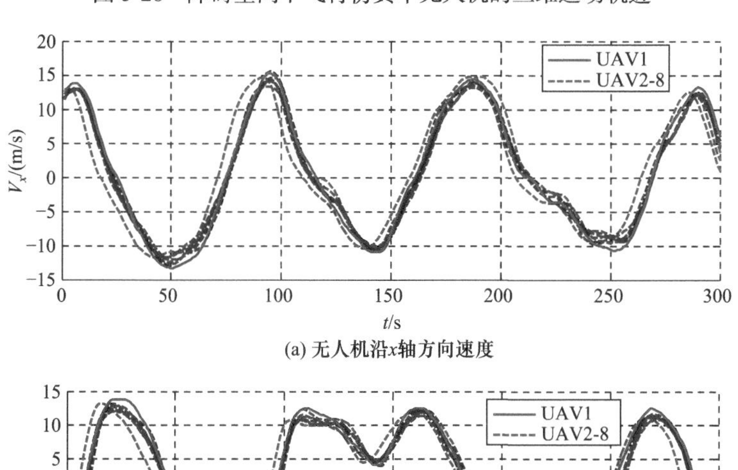

(a) 无人机沿x轴方向速度

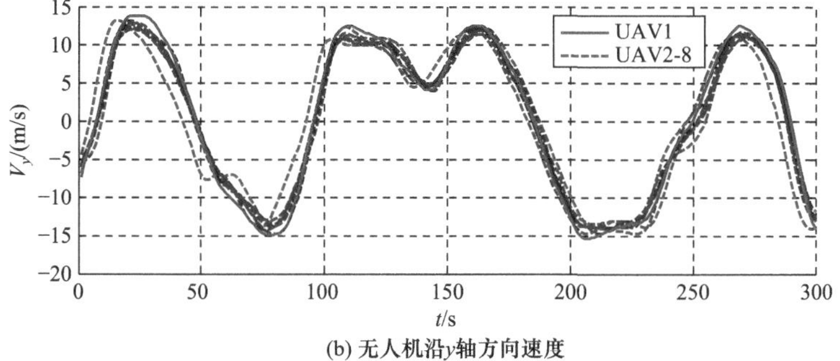

(b) 无人机沿y轴方向速度

图 5-29　障碍空间下飞行仿真中无人机的状态曲线

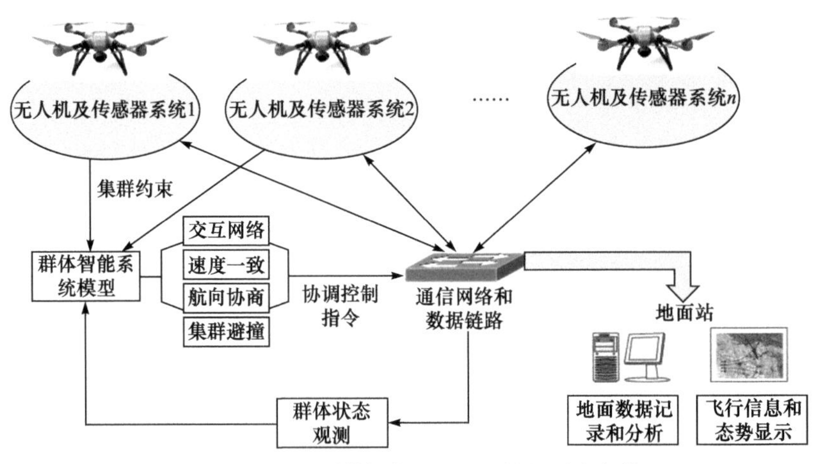

图 10-3　基于群体智能的无人机协调平台架构

图 10-7　基于鸽群智能的无人机自主飞行试验

(a) 无人机正在编队　　(b) 无人机成功编队

图 10-10　无人机“V”字形编队

(a) 无人机正在编队

(b) 无人机成功编队

图 10-13　无人机梯次形编队

(a) 无人机正在编队

(b) 无人机成功编队

图 10-16　无人机梯次形编队

(a) 切换制导模式开始分配目标

(b) 得到目标后飞向目标位置

图 10-21　想定一中目标分配验证照片

(a) 三架无人机开始目标分配

(b) 无人机1、2相互接近

图 10-24　想定二中目标分配验证

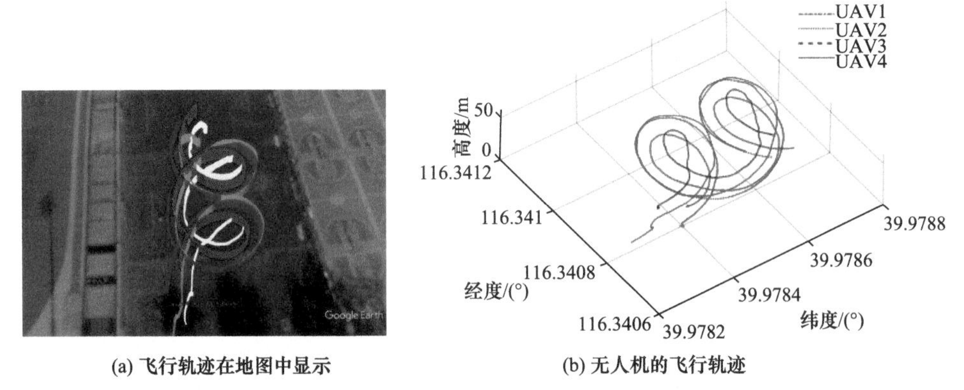

(a) 飞行轨迹在地图中显示　　(b) 无人机的飞行轨迹

图 10-28　目标跟踪时无人机的飞行轨迹

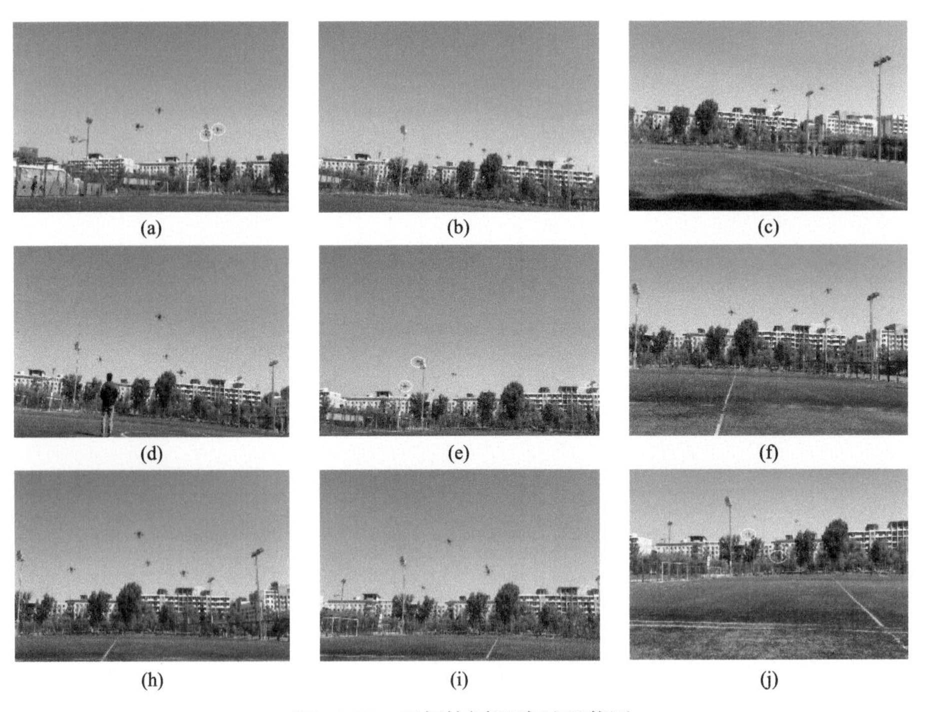

(a)　(b)　(c)
(d)　(e)　(f)
(h)　(i)　(j)

图 10-29　目标协同跟踪过程截图